Strukturuntersuchungen an Biopolymeren mit spektroskopischen und hydrodynamischen Methoden

von

H. Fritzsche, L. Kittler, G. Löber, K. E. Reinert,

D. Tresselt, H. Triebel und Ch. Zimmer

AKADEMIE-VERLAG · BERLIN

1976

Autorenkollektiv
aus dem Zentralinstitut für Mikrobiologie und
experimentelle Therapie der AdW der DDR, Jena,
unter der Leitung von Dr. sc. nat. H. Fritzsche

Dr. sc. nat.	H. Fritzsche	Kapitel 1, 5, 6
Dr. rer. nat.	L. Kittler	Kapitel 3
Dr. habil. rer. nat.	G. Löber	Kapitel 3
Dr. rer. nat.	K. E. Reinert	Kapitel 1, 2
Dipl.-Phys.	D. Tresselt	Kapitel 6
Dr. rer. nat.	H. Triebel	Kapitel 2
Dr. rer. nat.	Ch. Zimmer	Kapitel 4

Erschienen im Akademie-Verlag, 108 Berlin, Leipziger Straße 3—4

Lizenznummer: 202 · 100/475/76
Gesamtherstellung: VEB Druckhaus „Maxim Gorki", 74 Altenburg
Einband und Schutzumschlag: Rolf Kunze
Bestellnummer: 762 191 2 (6294) · LSV 1275, 1235
Printed in GDR
DDR 68,— M

VORWORT

Unter den sich stürmisch entwickelnden naturwissenschaftlichen Disziplinen wird oft die Molekularbiologie als charakteristisch für die zweite Hälfte unseres Jahrhunderts herausgestellt. Die Entwicklungsgeschichte dieser noch jungen Forschungsrichtung wird nicht zuletzt von der Aufstellung zweier Strukturmodelle geprägt, die 1962 zur Verleihung der Nobelpreise an Watson und Crick einerseits und an Perutz und Kendrew andererseits führte. Die Preisverleihung an Watson und Crick gründete sich auf die Postulierung des Doppelhelix-Modells der Desoxyribonucleinsäure, diejenige an Perutz und Kendrew auf die Strukturaufklärung der globulären Proteine Myoglobin und Hämoglobin. Die Strukturmodelle basierten in beiden Fällen im wesentlichen auf Resultaten der Röntgenstrukturanalyse. In der Folgezeit konnten eine Fülle von Strukturinformationen über Nucleinsäuren und Proteine durch den Einsatz weiterer physikalischer Meßmethoden und durch deren Kombination mit biochemischen Arbeitstechniken erhalten werden.

In der vorliegenden Darstellung wollen wir uns bewußt auf die Nucleinsäuren und Proteine als die zwei wichtigsten Klassen der Biopolymeren beschränken. Daher wird im folgenden der Terminus „Biopolymere" ausschließlich als Oberbegriff für Nucleinsäuren und Proteine verwendet.

Von den zahlreichen zu Strukturuntersuchungen an Biopolymeren geeigneten Methoden werden — wie bereits im Titel angedeutet — nur die wichtigsten hydrodynamischen und spektroskopischen Methoden ausführlicher behandelt. Im hydrodynamischen Teil werden die analytische Sedimentation sowie Diffusion und Viskosität besprochen. Die spektroskopischen Methoden umfassen die Elektronenspektroskopie, den Circulardichroismus und die optische Rotation, die Infrarot- und Raman-Spektroskopie, die Elektronenspinresonanz und die kernmagnetische Resonanz.

Bei jeder Abgrenzung und Einschränkung sind willkürliche Trennungen unvermeidlich. So konnten einige wichtige Methoden keine oder nur eine kurze Erwähnung finden, obwohl sie teilweise mit den hier behandelten eng verwandt sind. Dazu zählen u. a. die Lichtstreuung, die Strömungsdoppelbrechung, die Röntgenkleinwinkelstreuung, die chemischen Relaxationsmethoden und die elektrochemischen Meßverfahren. Aber auch innerhalb der ausführlicher dargelegten Methoden haben wir dort Einschränkungen vorgenommen, wo neuere leicht zugängliche Werke in deutscher Sprache vorliegen (Anwendungen der Elektronenspinresonanz).

Bei der Konzipierung des Buches haben wir uns von einer schwierig zu realisierenden doppelten Zielstellung leiten lassen. Einerseits soll hiermit eine elementare Einführung in die Problematik gegeben werden, die auch zur Ausbildung von Studenten der Fachrichtungen Medizin und Biologie in Physik geeignet ist. Nicht zuletzt spielt dabei die Vorlesungstätigkeit einiger der Autoren an der Friedrich-Schiller-Universität Jena eine Rolle, zumal kein entsprechendes Lehrmaterial für diesen Teil der Physikausbildung der Medizin- und Biologiestudenten verfügbar ist. Dabei steht nicht so sehr die Faktenvermittlung im Vordergrund, als vielmehr das Wecken eines Verständnisses für die physikalische Denkweise bei der Behandlung grundlegender biologischer Prozesse. Andererseits war es sowohl Absicht des Verlages als auch unsere eigene, einen Beitrag zur postgradualen Weiterbildung auf dem Gebiet der spektroskopischen und hydrodynamischen Untersuchungen von Biopolymeren zu leisten. Wir hoffen, mit diesem Buch bei Biologen und Medizinern ein Verständnis der behandelten Methoden sowie ihrer spezifischen Anwendungsmöglichkeiten und -grenzen zu fördern.

Es ist durchaus nicht unser Ziel, alle Anwendungsbeispiele erschöpfend zu beschreiben, eine derartige Darstellungsweise würde erfahrungsgemäß eher verwirren als anregen. Um die Anwendungsbreite zu demonstrieren, ist aber doch ein Nebeneinanderstellen einer Anzahl von Problemen und Resultaten oft unumgänglich. Hier wird es sicher dem Kritiker leichtfallen, dieses und jenes als überflüssig zu empfinden und dafür anderes zu vermissen.

Im Sinne einer einführenden Darstellung haben wir auf eine direkte Zitierung von Literatur verzichtet. Nach jedem Kapitel wird eine Zusammenstellung wichtiger weiterführender Monographien und Originalarbeiten gegeben, untergliedert in allgemeine (*A*) und spezielle (*B*) Literatur. Um dem Leser eine Vorauswahl der Literatur zu ermöglichen, ist auch bei den zitierten Originalarbeiten der volle Titel angegeben.

Wir wären sehr dankbar, wenn kritische Äußerungen vor allem der Hochschullehrer, aber auch aus dem gesamten Nutzerkreis an uns herangetragen würden. Wir möchten mit diesem Buch eine Lücke in der deutschsprachigen Literatur schließen helfen. Unser Ziel wäre erreicht, wenn dadurch Anregungen zur Anwendung der hier vorgestellten Methoden zur Lösung molekularbiologischer Probleme vermittelt würden.

Für fördernde Unterstützung sind wir den Herren *Prof. Dr. rer. nat. habil. H. Berg* (Zentralinstitut für Mikrobiologie und experimentelle Therapie Jena der AdW der DDR) und *Prof. Dr. med. habil. H. Frunder* (Friedrich-Schiller-Universität Jena) zu großem Dank verpflichtet. Weiterhin möchten wir einigen Kollegen der Abteilung Biophysikochemie unseres Institutes für tätige Mithilfe unseren Dank aussprechen. Schließlich haben wir uns bei dem Akademie-Verlag, insbesonders bei Herrn *Ing.-Chem. Schulz* (Leiter der Lektoratsgruppe Chemie) für die stets verständnisvolle Zusammenarbeit bei der Herausgabe dieses Buches zu bedanken.

Die Autoren

INHALT

1. Einführung

(H. Fritzsche)

1. EINFÜHRUNG

Das einführende Kapitel soll zunächst die notwendigen Kenntnisse über Aufbau und Struktur von Nucleinsäuren und Proteinen vermitteln. Über diesen Themenkreis liegen eine Reihe leicht zugänglicher deutschsprachiger Darstellungen vor. Wir können uns deshalb auf eine knappe und oft sehr stark vereinfachende Darstellung beschränken. Weiterhin werden die schwachen Wechselwirkungskräfte, die den Biopolymeren in Lösung eine bestimmte Gestalt aufprägen, in ihrem physikalischen Inhalt kurz umrissen. Schließlich wird das Zusammenspiel dieser schwachen Wechselwirkungskräfte unter strukturellen und funktionellen Aspekten diskutiert.

1.1. Chemischer Aufbau der Nucleinsäuren

Allen Nucleinsäuren liegt ein gemeinsamer Bauplan zugrunde. An ein alternierend aus Zucker- und Phosphatgruppen aufgebautes Gerüst sind N-heterocyclische Basen über eines ihrer Stickstoffatome an das Zuckermolekül kovalent gebunden. Als Zucker finden wir sowohl D-Ribose als auch 2′-Desoxy-D-Ribose

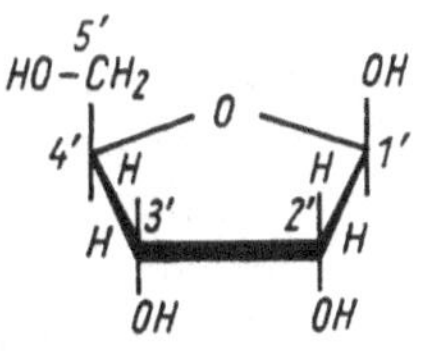

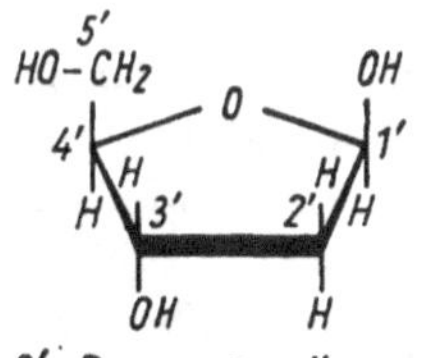

Abb. 1-1. Die in den Nucleinsäuren vorkommenden Zucker.

D-Ribose findet sich in den Ribonucleinsäuren, 2′-Desoxyribose in den Desoxyribonucleinsäuren.

(Abb. 1-1), wodurch sich die beiden Substanzgruppen der *Ribonucleinsäuren* (*RNA* = ribonucleic acid; deutsch: *RNS*) und der *Desoxyribonucleinsäuren* (*DNA* = deoxyribonucleic acid; deutsch: *DNS*) ergeben. Die Pentosen sind durch 3′, 5′-Phosphodiesterbindungen miteinander verknüpft, die Basen sind β-N-glycosidisch in 1′-Position an die Zuckerreste gebunden.

In den Ribonucleinsäuren finden sich gewöhnlich die vom Pyrimidin abgeleiteten Basen Uracil und Cytosin und die vom Purin abgeleiteten Basen Adenin und Guanin. In den Desoxyribonucleinsäuren wird Uracil durch Thymin (= 5-Methyl-uracil) ersetzt (Abb. 1-2). Die β-N-glycosidische Bindung zwischen Base und Zucker erfolgt bei den Pyrimidinbasen am N-1,* bei den Purinbasen am N-9.

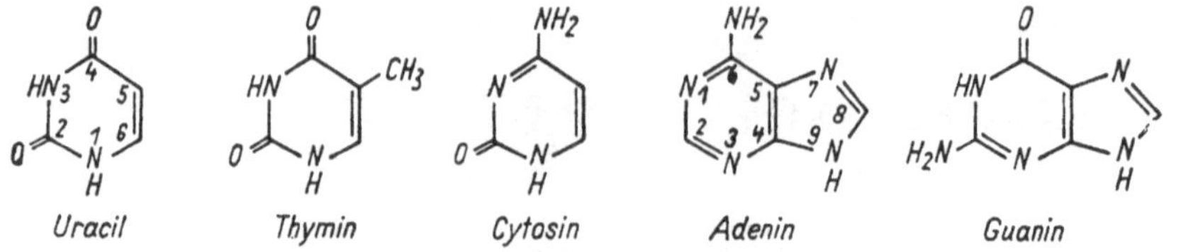

Abb. 1-2. Die Basen der Nucleinsäuren.

Thymin kommt nur in der Desoxyribonucleinsäure, Uracil dagegen nur in Ribonucleinsäuren vor. Die Numerierung entspricht den derzeitigen Empfehlungen der internationalen Nomenklatur-Kommissionen. Die davon abweichende ältere Numerierung bei den Pyrimidinen findet sich noch häufig im Schrifttum.

Nach Verknüpfung der drei Bausteine Zucker, Phosphorsäure und Base ergibt sich z. B. für Ribonucleinsäure folgendes Bild (Abb. 1-3), wobei in dem gewählten Ausschnitt zufällig alle vier möglichen Basen vorkommen sollen.

Neben diesen fünf genannten Basen (Abb. 1-2) kommen sowohl in den Desoxyribonucleinsäuren als auch in den Ribonucleinsäuren weitere Basen vor, die als Minoritätsbasen, modifizierte oder seltene Basen bezeichnet werden. Es handelt sich durchweg um Derivate der häufigen Basen.

Erwähnenswert als Strukturbesonderheit ist die häufigste Minorkomponente der Ribonucleinsäuren, das Pseuduridin, in dem Uracil in 5-Position über eine C-glycosidische Bindung mit dem Zucker-Phosphatgerüst verknüpft wird (Abb. 1-4).

Für die Bausteine der Nucleinsäuren werden folgende Bezeichnungen verwendet. Sind die Basen mit den Zuckern verknüpft, so bezeichnet man diese Bausteine als *Nucleoside*. Die Ribonucleoside (Ribose als Zucker) heißen Uridin, Cytidin, Guanosin, Adenosin; die entsprechenden Desoxyriboside (2′-Desoxyribose als Zucker) heißen analog Desoxyuridin, Desoxycitidin usf. Die Nucleoside können durch Buchstabensymbole abgekürzt werden: *U, C, G, A* bzw. *dU, dC, dG, dA, dT*, je nachdem, ob Riboside oder Desoxyriboside (Praefix „*d*“) gemeint sind. Exakterweise wären für die Nucleoside die Dreibuchstabensymbole *Ado, Guo, Cyd, Urd, Thd* zu verwenden, um sie eindeutig von den Basen *Ade, Gua, Cyt, Ura* und *Thy* abzugrenzen. Diese umständlichere Schreibweise konnte sich noch nicht durchsetzen, so daß oft sowohl für die Basen als auch für die Nucleoside dieselben Einbuchstabensymbole Verwendung finden.

*) Im deutschsprachigen Schrifttum findet sich häufig eine abweichende Numerierung, wonach die Bindung zwischen Base und Zucker am N-3 der Pyrimidinbase erfolgt.

Die *Nucleotide* entstehen aus den Nucleosiden, wenn an dem Zuckerrest die Phosphorsäure esterartig angeknüpft wird. Je nach der Verknüpfungsstelle bezeichnet man die Nucleotide als 5'-, 3'- oder 2'-Monophosphate, also z. B. 3'-

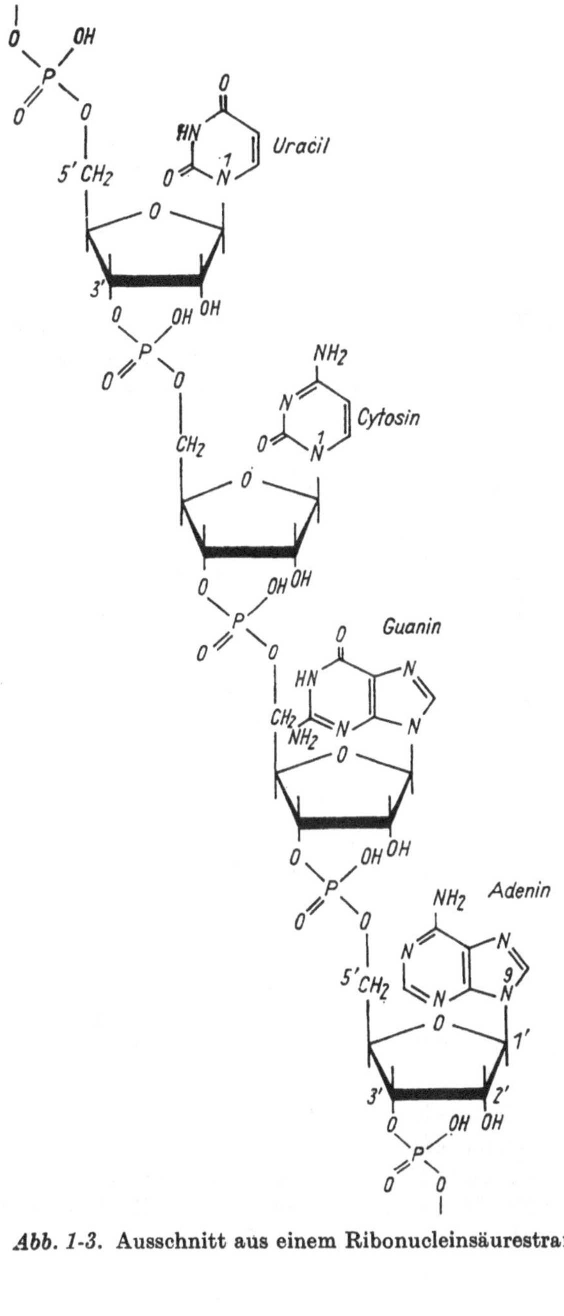

Abb. 1-3. **Ausschnitt aus einem Ribonucleinsäurestrang (schematisch).**

Guanosin-monophosphat, 5'-Uridin-monophosphat oder auch als 5'-Uridylsäure. Die entsprechenden Desoxyderivate, bei denen natürlich 2'-Verknüpfungen mit Phosphorsäure nicht möglich sind, werden völlig analog als z. B. 5'-Desoxyadenosin-monophosphat (Abb. 1-5) bezeichnet. Als übliche Abkürzungen dienen

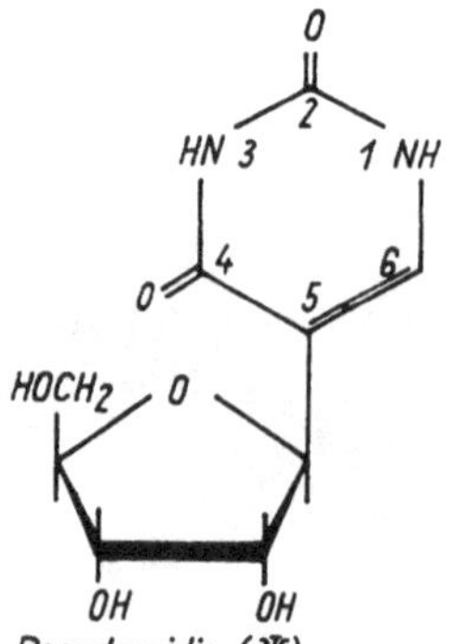

Pseudouridin (Ψ)

Abb. 1-4. Im Pseudouridin, der häufigsten Minorkomponente der Ribonucleinsäuren, ist der Uracilrest C-glycosidisch mit der Ribose verknüpft.

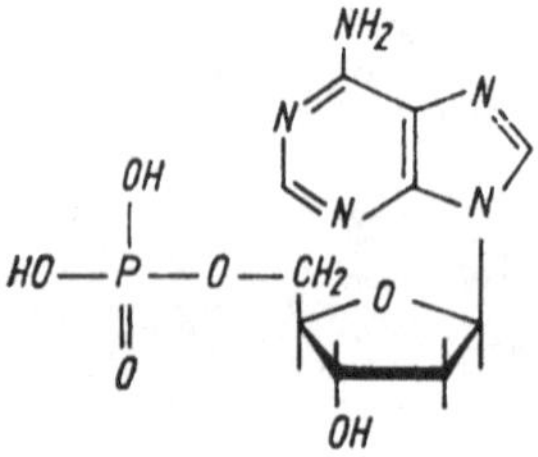

5'-Desoxyadenosin-monophospat (5'-dAMP=dAdo-5'-P=pdA)

Abb. 1-5. Beispiel eines Nucleotidmonophosphats (Nucleotid).

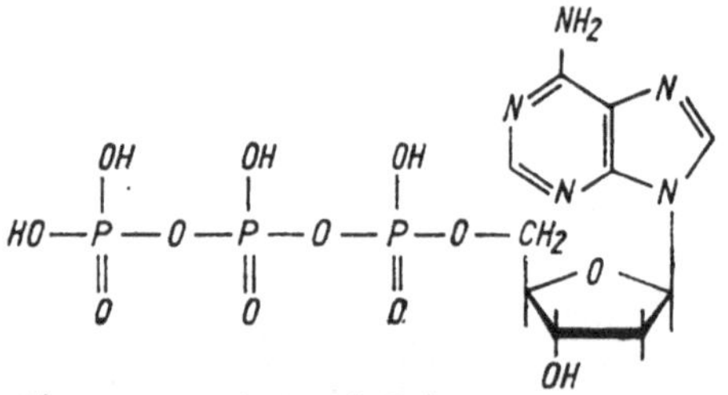

5'-Adenosintriphoshat (ATP)

Abb. 1-6. Beispiel eines Nucleotidtriphosphats.

bei den Nucleotiden die Symbole *5'-NMP*, 3'-*NMP*, 2'-*NMP* bzw. 5'-*dNMP*, 3'-*dNMP* bei den Desoxynucleotiden (*N* = beliebige Base).

Die im Stoffwechsel wichtigen Di- und Triphosphate der Nucleoside schließlich werden durch die Symbole *NDP* und *NTP* abgekürzt, z. B. *ADP* = Adenosindiphosphat, 5'-*ATP* = 5'-Adenosintriphosphat (Abb. 1-6).

Durch Zusammenfügen einiger Nucleotide erhalten wir die *Oligonucleotide*. Liegt dabei wie in den Nucleinsäuren durchweg eine 3'—5'-Verknüpfung vor (vgl. Abb. 1-3), so wird die Reihenfolge der verwendeten Nucleotide in der 3' → 5'-Richtung durch Verwendung der Einbuchstabensymbole für die Basen angegeben. Ein Pentanucleotid könnte dann z. B. in der Form

(3'-OH-Ende) *A-C-U-G-A* (5'-OH-Ende) oder *A* → *C* → *U* → *G* → *A* geschrieben werden. Oligodesoxyribonucleotide werden durch ein „*d*" und Einklammern der betreffenden Symbole gekennzeichnet: z. B. *d*(*G-A-T-T-C*).

Häufig wird diese Bezeichnungsweise in Übereinstimmung mit den internationalen Empfehlungen präzisiert durch die Angabe der Position der Phosphatgruppe im Zuckerrest: Vorangestelltes „*p*" bezeichnet Phosphat in 5'-, nachgestelltes „*p*" in 3'-Position. Zum Beispiel ist *ApU* ein Dinucleotid aus Adenosin und Uridin, wobei die verknüpfende Phosphatdiestergruppe beim Adenosin in 3'- und beim Uridin in 5'-Position angreift. *ApGpUp* ist ein Trinucleotid mit endständiger 3'-Phosphatgruppe (oft auch verkürzt als *A-G-Up*).

Analog wird auch die Basenreihenfolge (Basensequenz) der natürlichen Polynucleotide *DNA* und *RNA* angegeben. Besonders bei der *RNA* sind für die dort häufig auftretenden modifizierten Basen besondere Symbole erforderlich (z. B. Ψ für Pseudouridin, vgl. Abb. 1-4).

Durch Polymerisation der Nucleotide können Produkte erhalten werden, deren Polymerisationsgrad wesentlich über $n = 10$ liegt. Diese ***synthetischen Polynucleotide*** erhalten ein Praefix „*Poly*", z. B. *Poly*(*A*) für Polyadenylsäure, d. h. *A-A-A-A-* ..., *Poly[d(A-T)]* für *d(A-T-A-T-...)*. Komplementäre Basenpaarung*) wird durch einen Punkt symbolisiert: z. B. *Poly(A)·Poly(U)*, *Poly(I)·Poly(C)***), *Poly d(A)·Poly d(T)*, nicht zu verwechseln mit dem oben erwähnten einsträngigem Polynucleotid *Poly[d(A-T)]*! Prinzipiell werden also kovalente chemische Bindungen durch einen waagerechten Strich, Basenpaarungen über Wasserstoffbrücken (dieser Begriff wird ausführlich im Abschnitt 1.3.2. erläutert) aber durch einen Punkt symbolisiert.

Im nativen (biologisch aktiven) Zustand liegen die Desoxyribonucleinsäuren bekanntlich im allgemeinen doppelsträngig vor, während die Ribonucleinsäuren zumeist einsträngig sind. Wir werden die Begriffe Primär-, Sekundär- und Tertiärstruktur von Biopolymeren noch eingehender behandeln, doch sei schon vorweggenommen, daß die Doppelhelix der *DNA* die Sekundärstruktur dieses Biopolymeren darstellt. Auch bei den Ribonucleinsäuren kennen wir definierte Sekundärstrukturen, die dann jedoch durch Rückfaltung eines Stranges entstehen. Die bekannteste *RNA*-Sekundärstruktur ist das Kleeblatt-Modell der Transfer-*RNA* (*tRNA*). Die ausführliche Behandlung dieser geordneten Strukturen bleibt dem Abschnitt 1.4. vorbehalten.

*) Die komplementäre Basenpaarung wird im Abschnitt 1.4.3. erläutert.

**) *I* symbolisiert Inosin, eine dem Guanosin verwandte Substanz, die sich durch den Ersatz der NH_2-Gruppe des Guanosins in 2-Position durch ein Proton auszeichnet. Inosin kommt vor allem in der *tRNA* vor.

Die biologische Funktion von *DNA* und *RNA* ist völlig unterschiedlich. Die *DNA* dient zur Speicherung und Weitergabe der genetischen Information, worin der gesamte Bauplan des entsprechenden Lebewesens enthalten ist. Dagegen sind die verschiedenen Ribonucleinsäuren in der Regel funktionell an der Umsetzung der in der *DNA* verschlüsselten Information in biochemische Aktionen, speziell an der Proteinsynthese, beteiligt.

Obwohl bei den Ribonucleinsäuren die Phosphodiesterbindung theoretisch an drei Positionen der Ribose (2′, 3′ und 5′) angreifen kann und somit Verzweigungen denkbar wären, hat man bei allen natürlich vorkommenden Ribonucleinsäuren stets nur 3′- und 5′-Veresterungen und damit nur *lineare unverzweigte Ketten* vorgefunden.

1.2. Chemischer Aufbau der Polypeptide und Proteine

In Analogie zu den Nucleinsäuren werden auch beim Aufbau der Polypeptide und Proteine ähnliche Bausteine durch ein- und dieselbe Bindung zu einem linearen Polymerstrang zusammengefügt. Bei den Nucleinsäuren hatten wir ein konstantes Zucker-Phosphat-Gerüst, entstanden durch die Phosphorsäurediester-Verknüpfung der Zucker, während die an die Zucker gebundenen Basen variierten (4 Möglichkeiten). Die Polypeptide und Proteine haben ebenfalls einen konstanten Teil und einen variablen Teil. Es werden Aminosäuren, genauer gesagt, L-α-Aminosäuren amidartig miteinander verknüpft. Diese amidartige Verknüpfung wird (aus historischen Gründen) *Peptidbindung* genannt. Es entsteht eine lineare, unverzweigte Kette (Abb. 1-7). Die Polypeptidkette ist der konstante Teil in allen Polypeptiden (synthetische Polymere mit übersichtlichem Aufbau)

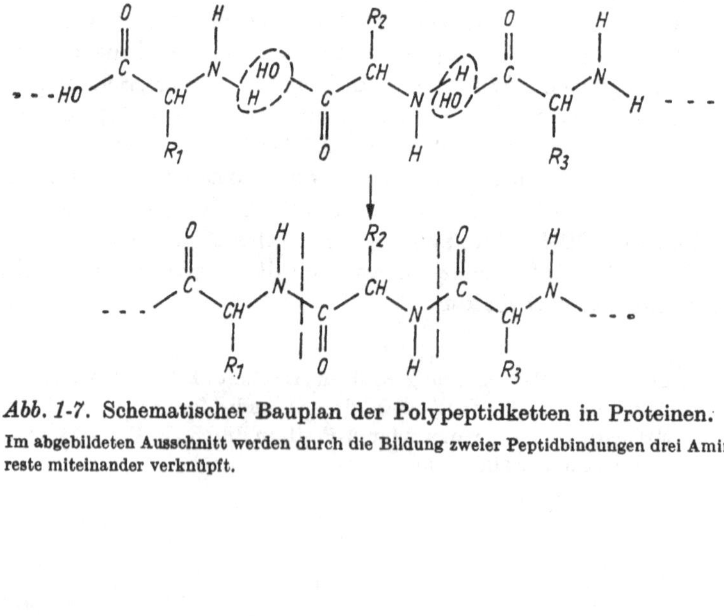

Abb. 1-7. Schematischer Bauplan der Polypeptidketten in Proteinen.
Im abgebildeten Ausschnitt werden durch die Bildung zweier Peptidbindungen drei Aminosäurereste miteinander verknüpft.

und Proteinen (in biologischen Systemen vorkommende komplizierte Polymere), variiert durch einen spezifischen Rest $-R$, der oft auch als Seitengruppe oder Seitenkette bezeichnet wird. Dieser Rest $-R$ hängt in seiner chemischen Struktur davon

Tabelle 1-1
Seitenketten $-R$ und wichtigste chemische Eigenschaften der in Proteinen auftretenden Aminosäuren $HOOC-CH(R)-NH_2$

Bezeichnung der Aminosäure	Symbol	Rest $-R$	Eigenschaften
Glycin	*Gly*	$-H$	a) hydrophil, klein
Alanin	*Ala*	$-CH_3$	
Prolin	*Pro*	*)	
Glutamin	*Gln*	$-CH_2CH_2CONH_2$	Säureamid, leicht basisch
Asparagin	*Asn*	$-CH_2CONH_2$	Säureamid, leicht basisch
Glutaminsäure	*Glu*	$-CH_2CH_2COOH$	Säure, Carboxylgruppe
Asparaginsäure	*Asp*	$-CH_2COOH$	
Serin	*Ser*	$-CH_2OH$	klein, Hydroxylgruppe
Threonin	*Thr*	$-CH(CH_3)OH$	
			b) Sulfhydrylgruppe
Cystein	*Cys*	$-CH_2SH$	reaktiv, klein
			c) aliphatisch
Valin	*Val*	$-CH(CH_3)_2$	untereinander ähnlich, verzweigt
Leucin	*Leu*	$-CH_2CH(CH_3)_2$	
Isoleucin	*Ile*	$-CH(CH_3)CH_2CH_3$	
Methionin	*Met*	$-CH_2CH_2SCH_3$	
			d) basisch
Lysin	*Lys*	$-(CH_2)_4NH_2$	groß, N-Atom
Arginin	*Arg*	$-(CH_2)_3NHC(NH)NH_2$	
Histidin	*His*	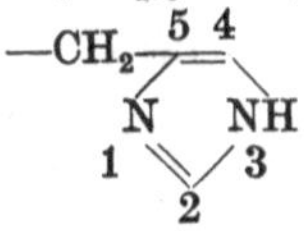	
			e) aromatisch
Phenylalanin	*Phe*	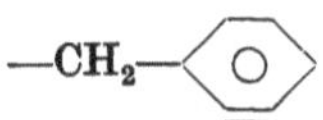	groß, hydrophob
Tyrosin	*Tyr*	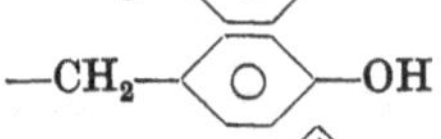	
Tryptophan	*Trp*	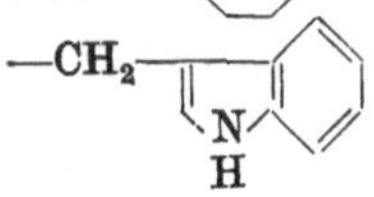	

*) Iminosäure, Struktur:

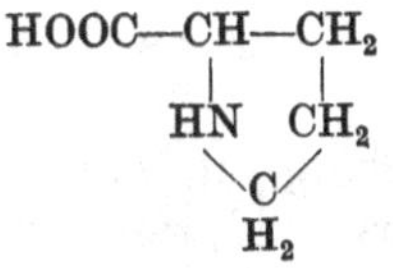

ab, welche Aminosäure an der betreffenden Stelle eingebaut worden ist. Die Kette wird also durch die sich wiederholende Sequenz

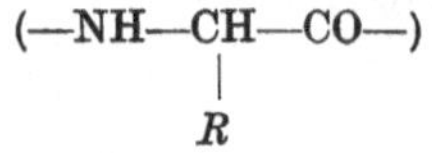

gebildet. Die Seitengruppen —*R* sitzen am α-Kohlenstoffatom und bestimmen durch ihre Eigenschaften den chemischen Charakter und auch den räumlichen Aufbau der Proteine. In den Proteinen finden wir ca. 20 wichtige Aminosäuren. Tabelle 1-1 vermittelt einen Überblick über diese Aminosäuren, ihre wichtigsten chemischen Eigenschaften und die zur Abkürzung verwendeten Dreibuchstabensymbole.

Der einfache Bauplan wird geringfügig modifiziert, wenn die α-Iminosäuren Prolin und Hydroxyprolin eingebaut werden. In diesem Fall besteht ein Ringschluß zwischen N und dem α-C:

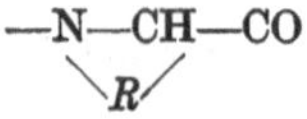

Liegen ionische Gruppen in den Seitenketten vor, so weisen diese je nach der Lage ihres Dissoziationsgleichgewichts — charakterisiert durch den *pK*-Wert (vgl. Gl. 1-4) — unter physiologischen Bedingungen saure oder basische Eigenschaften auf (Tab. 1-2).

Tabelle 1-2
pK-Werte von ionisierbaren Gruppen in Seitenketten von Proteinen

Gruppe (Aminosäure)	*pK* (25°)
Phenolische -OH (*Tyr*)	9,8···10,4
α-COOH (Endgruppe, Cystin)	3,0··· 3,2
γ-COOH (*Asp*)	3,0··· 4,7
δ-COOH (*Glu*)	4,4
NH_3^+ (Endgruppe, Cystin)	6,5··· 8,5
NH_3^+ (*Lys*)	9,4···10,6
Guanidinogruppe (*Arg*)	11,6···12,6
Imidazol (*His*)	5,6··· 7,0
Sulfhydryl (*Cys*)	9,1···10,8

Die *pK*-Werte der ionisierbaren Gruppen in den Seitenketten von Proteinen werden durch ihre nächste Umgebung beeinflußt. Deswegen treten Erwartungsbereiche an Stelle scharfer *pK*-Werte (Tab. 1-2). Ausgesprochen saure Eigenschaften werden durch die Seitengruppen von Glutamin- und Asparaginsäure, ausgesprochen basische Eigenschaften durch die Seitengruppen von Lysin und Arginin hervorgerufen.

Cystein nimmt eine gewisse Sonderstellung ein, da es eine sehr reaktionsfähige SH-Gruppe trägt. Durch Verschiebung des Reduktions-Oxidations-Gleichgewichts kann die SH-Gruppe mit der eines anderen Cystein-Moleküls reagieren und eine Disulfidbrücke (S—S-Brücke) ausbilden:

$$-SH + HS- \underset{Red}{\overset{Ox}{\rightleftharpoons}} -S-S-$$

Cystein Cystin

Das Reaktionsprodukt wird als Cystin bezeichnet und findet sich auch als natürliche Aminosäure in biologischen Systemen mit einer Seitenkette $R = -CH_2-S-S-CH_2-CH(NH_2)-COOH$.

In wäßriger Lösung liegen die freien Aminosäuren in der Regel nicht in der ungeladenen Form vor, sondern als Zwitterionen: $H_3N^+-CH(R)-COO^-$

Auch die Seitengruppen in der Peptidkette können je nach Lage ihres *pK*-Wertes bei physiologischen pH-Werten geladen sein (positiv oder negativ), je nachdem, ob es sich um eine basische oder saure Gruppe handelt), wie wir bereits der Tab. 1-2 entnehmen konnten.

Im Verband der Polypeptidkette werden die einzelnen Aminosäurereste durch Dreibuchstabensymbole (Tab. 1-1) gekennzeichnet. Disulfidbrücken werden mit —S—S— und Säureamide oft mit $-NH_2$ bezeichnet. Die Kette wird von der N-terminalen Gruppe (Aminogruppenende) zur C-terminalen Gruppe (Carboxylgruppenende) hin geschrieben. Zur Verdeutlichung wird manchmal das N-terminale Ende mit H- und das C-terminale Ende mit —OH charakterisiert. In der Nomenklatur erhalten alle Aminosäurereste, deren Carboxylgruppe an der Peptidbindung beteiligt ist, die Endung *-yl*: z. B. Glycyl-alanyl-leucin (H-*Gly-Ala-Leu*-OH oder *Gly-Ala-Leu*). Oft wird die Richtung vom CO zum NH der Peptidbindung durch Pfeile symbolisiert, was zur eindeutigen Festlegung vor allem bei cyclischen Peptiden wichtig ist.

Zwischen einigen Aminosäuren treten verwandtschaftliche Züge hinsichtlich Form oder Wechselwirkungsverhalten auf. Über die in Tab. 1-1 angedeuteten Gruppen hinaus lassen sich nach anderen Merkmalen weitere Gruppen zusammenstellen, so z. B. Aminosäuren mit enger Formverwandtschaft (*Cys, Thr, Ser*) oder mit hydrophoben Eigenschaften (s. Abschnitt 1.3.3.) und ähnlicher Raumerfüllung (*Phe, Leu, Ile, Met*).

1.3. Schwache Wechselwirkungskräfte bei Biopolymeren

Moleküle üben prinzipiell aufeinander Kräfte aus, die pauschal als Wechselwirkungskräfte zusammengefaßt werden können. Bei einer formal-thermodynamischen Betrachtungsweise interessiert die qualitative Eigenart der auftretenden Kräfte nicht. Es wird nur gefragt, wieviel der wechselwirkenden Moleküle miteinander gebunden und wieviel frei sind. Diese Aussage liefert die Gleichgewichtskonstante $K = c_{AB}/c_A \cdot c_B$, wobei c_A und c_B die Konzentrationen der wechselwirkenden Partner in mol/*l* und c_{AB} die Konzentration des gebildeten „Komplexes“ darstellen. Bei spontanem Ablauf der Reaktion $A + B \rightarrow AB$

sollte eine gewisse Energie freiwerden. Wir nennen diese Energie die „freie Energie" ΔG; bei Energieabgabe des betrachteten Systems (= „Freiwerden") ist ΔG negativ. Die Gleichgewichtskonstante K und die freie Energie ΔG sind exponentiell verknüpft:

$$\Delta G = -RT \ln K \quad \text{oder}$$
$$K = e^{-\Delta G/RT} \qquad \text{(Gl. 1-1)}$$

In diesen Gleichungen ist R die universelle Gaskonstante (= 1,987 cal · grd^{-1} · mol^{-1}) und T die absolute Temperatur (298 °K bei Raumtemperatur von 25 °C).

Freiwillig verlaufende Reaktionen (ΔG negativ) können durch freiwerdende Energie (negative Werte der Enthalpie ΔH der Reaktion), aber auch durch zunehmende Entropie ΔS bewirkt werden:

$$\Delta G = \Delta H - T \cdot \Delta S \qquad \text{(Gl. 1-2)}$$

Bei Erreichen des chemischen Gleichgewichts wird $\Delta G = 0$. Die bis zu diesem Zeitpunkt freigewordene Energie kann demzufolge als Wärme ($-\Delta H$) oder im Term $T \cdot \Delta S$ als Entropie ($+\Delta S$) in Erscheinung treten. Die Entropie ist ein thermodynamisches Maß für die Unordnung. Sie ist um so größer, je mehr Anordnungsmöglichkeiten für die Teilchen in einem betrachteten System existieren. So beobachten wir beim (spontan verlaufenden) Lösen von NaCl in Wasser eine Abkühlung (= Wärmezufuhr von außen). Trotzdem sinkt aber die freie Energie ΔG, weil das Anwachsen der Anordnungsmöglichkeiten für die Na^+- und Cl^--Ionen nach Herauslösen aus dem starren Kristallgitter eine enorme Entropiezunahme bewirkt.

Ausführliche Darstellungen der hier nur grob skizzierten thermodynamischen Grundlagen finden sich in jedem Lehrbuch der Chemie oder der Physikalischen Chemie.

Wir können die uns interessierenden schwachen Wechselwirkungen von den kovalenten chemischen Bindungen abgrenzen, indem wir die bei der Wechselwirkung freiwerdenden Energien betrachten.

Während kovalente chemische Bindungen Energien von 50···110 kcal/mol aufweisen, treten bei den durch schwache Wechselwirkungen geknüpften Bindungen nur 1···7 kcal/mol auf. Damit liegen diese schwachen Bindungen nicht wesentlich über der kinetischen Wärmeenergie (0,6 kcal/mol bei Raumtemperatur). Durch lokale Energiefluktuationen werden die schwachen Bindungen bei physiologischen Temperaturen daher laufend geöffnet und wieder geschlossen. Gerade derartige Kräfte werden in den biologischen Systemen benötigt, um einerseits durch die schwachen Wechselwirkungen geprägte Molekülformen zu erzeugen und zu stabilisieren, andererseits aber ein schnelles Knüpfen und Lösen von Bindungen zu ermöglichen. Nur dadurch kann z. B. ein Enzym schnell und produktiv arbeiten. (Es sei daran erinnert, daß es die Aufgabe der Enzyme ist, durch Erhöhung der Reaktionsgeschwindigkeit das Knüpfen oder Lösen kovalenter Bindungen unter physiologischen Bedingungen zu ermöglichen. Dazu werden die

Substrate in eine aktivierte Form überführt.) Wir werden im Abschnitt 1.5. nochmals auf diese Aspekte eingehen:

- Gestaltgebung durch die schwachen Wechselwirkungskräfte,
- Gestaltspezifität (topologische Komplementarität) der schwachen Wechselwirkungen und
- schnelle Fluktuation zwischen den gebundenen und nicht gebundenen Zuständen bei Wirken der schwachen Wechselwirkungen.

1.3.1. Van-der-Waals-Kräfte

Organische Moleküle oder Molekülgruppen lassen sich in *polare* und *unpolare* einteilen. Polare Moleküle oder Gruppen haben ein *Dipolmoment*, d. h., es existiert eine gewisse Ladungstrennung zwischen positiver und negativer Ladung im Molekül. Diese Ladungstrennung verursacht ein *permanentes* Dipolmoment.

Unpolare Moleküle oder Gruppen sind durch das Fehlen eines permanenten Dipolmoments charakterisiert. Zwar können auch in diesen Molekülen oder Gruppen Ladungstrennungen induziert werden, doch sind die dabei *induzierten* Dipolmomente wesentlich kleiner als bei polaren Molekülen. Die Ladungstrennung kann sowohl durch ein polares Molekül als auch durch Fluktuation der elektrischen Ladungen induziert werden.

Alle Wechselwirkungskräfte zwischen ungeladenen Teilchen fassen wir als VAN-DER-WAALS-*Kräfte* zusammen (Tab. 1-3). Ist ein permanentes Dipolmoment in beiden Wechselwirkungspartnern vorhanden, so treten die stark temperaturabhängigen *Richteffekte* auf.

Tabelle 1-3
Schematische Übersicht über die VAN-DER-WAALS-Kräfte

Partner	Bezeichnung der Kräfte	Abhängigkeit der Energie vom Abstand r
Dipol-Dipol	Richteffekt	$1/r^3$
Dipol-induz. Dipol (polar-unpolar)	Induktionseffekt	$1/r^6$
Induz. Dipol-induz. Dipol (unpolar-unpolar)	Dispersionseffekt	$1/r^6$

Treten ein polarer und ein unpolarer Partner in Wechselwirkung, so beobachten wir die nur schwach temperaturabhängigen *Induktionseffekte*. Durch die Ladungsfluktuation tritt auch bei unpolaren Partnern eine Wechselwirkungsenergie auf, die von den wechselseitig induzierten Dipolen herrührt und *Dispersionseffekt* genannt wird.

Sehen wir von dem Richteffekt ab, so können wir der Tab. 1-3 entnehmen, daß die Wechselwirkungsenergie mit $1/r^6$ abfällt. Eine annehmbare Wechselwirkungsenergie wird also nur bei sehr geringen Abständen zwischen den wechselwirkenden Teilchen auftreten. Bei noch kleineren Abständen tritt dann eine Abstoßung auf, die aber sehr steil mit ungefähr $1/r^{12}$ abfällt. Der Abstand, in dem sich Anziehung und Abstoßung die Waage halten, nennen wir den VAN-DER-WAALS-*Radius* (*vdW*-Radius). Einige wichtige *vdW*-Radien finden wir in Tab. 1-4.

Die Wechselwirkungsenergien beim Induktions- und Dispersionseffekt sind relativ gering. Bei der Wechselwirkung zweier Atome mittlerer Größe liegt die Energie bei 1 kcal/mol, was nur geringfügig über der thermischen Energie (0,6 kcal/mol) liegt. Eine wirkliche effektive Bindung benötigt die Wechselwirkung von mehreren Atomen des einen Partners mit mehreren des anderen. Es muß also eine topologische Komplementarität vorhanden sein, wobei jeweils zwischen den komplementären Wechselwirkungsstellen der Partner der Abstand kleiner als die Summe der *vdW*-Radien (Tab. 1-4) sein muß. Ist diese topologische Komplementarität nach dem „Schlüssel-Schloß"-Prinzip über einen größeren Teil der Moleküloberfläche von wechselwirkenden Moleküloberflächen realisiert, so können die Bindungsenergien bis auf Werte von 10 kcal/mol anwachsen, obwohl die Bindung ja nur auf den schwachen *vdW*-Kräften beruht. So läßt sich z. B. die hohe Spezifität und Stabilität von Antigen-Antikörper-Komplexen auf eine topologische Komplementarität (ein herausragender Molekülteil z. B. des Antigens paßt genau in eine Vertiefung im Antikörper-Molekül) über einen großen Bereich beider Makromoleküle hinweg erklären.

Wir hatten die *vdW*-Kräfte als typische Wechselwirkungskräfte zwischen unpolaren Molekülen oder Gruppen kennengelernt. Prinzipiell können natürlich auch polare Moleküle auf diese Weise wechselwirken (Tab. 1-3). Allerdings beobachten wir für polare Moleküle oder Gruppen meist andere, energetisch effektivere Bindungsmechanismen.

Tabelle 1-4
VAN-DER-WAALS-Radien für einige wichtige Atome

Atom	Radius in nm
H	0,12
N	0,15
O	0,14
P	0,19
CH_3-Gruppe	0,20

1.3.2. *Wasserstoffbrücken*

Eine *Wasserstoffbrücke* (H-Brücke) wird zwischen einer Protonendonorgruppe $X—H$ und einer Protonenacceptorgruppe Y ausgebildet: $X—H\cdots Y$. Die punktierte Linie deutet die im Vergleich zu einer chemischen Kovalenz (ausgezogene

Linie) geringere Wechselwirkungsenergie an. Eine H-Brücke wird nur dann gebildet, wenn H eine positive und Y eine negative Partialladung tragen:

$$\overset{\delta-}{X}-\overset{\delta+}{H}\cdots\overset{\delta-}{Y}$$

Im allgemeinen ist die H-Brücke um so stärker, je größer diese Partialladungen an H und Y sind, im Extremfall bei geladenen Gruppen ($-NH_3^+$, $-COO^-$) werden besonders starke H-Brücken ausgebildet. Die Energie der H-Brücken variiert bei den biologisch wichtigen Typen zwischen 3 und 7 kcal/mol. Der Abstand in den H-Brücken (Tab. 1-5) ist mit der Stärke der gebildeten schwachen Bindung korreliert und ist stets wesentlich geringer als die Summe der *vdW*-Radien; z. B. beträgt der Abstand für die biologisch sehr wichtige H-Brücke N—H···O nur 0,304 nm, verglichen mit dem aus den *vdW*-Radien errechneten Wert von 0,41 nm. Gehören die an einer H-Brücke beteiligten Protonendonor- und Protonenacceptorgruppen zum gleichen Molekül, so sprechen wir von *intra*molekularen H-Brücken. Treten Protonendonor- und Protonenacceptorgruppen verschiedener Moleküle in Wechselwirkung, so haben wir *inter*molekulare H-Brücken vorliegen.

Tabelle 1-5
Ungefähre Bindungslängen für einige biologisch wichtige H-Brücken

Typ	Länge [nm]
N—H···O	0,30
N^+—H···O	0,29
N—H···N	0,31
O—H···N	0,29
O—H···O	0,27
O—H···O^-	0,26

Die H-Brücke hat mit einer chemischen Kovalenz einige Gemeinsamkeiten: Sie ist durch einen Bindungspartner absättigbar und hat eine fixierte Bindungsrichtung. Dadurch unterscheidet sich die H-Brückenbindung sowohl von den elektrostatischen Wechselwirkungen als auch von den im vorigen Abschnitt besprochenen schwachen *vdW*-Wechselwirkungen. Eine Abgrenzung von der chemischen Kovalenz ist durch die wesentlich geringere Bindungsenergie (3 bis 7 kcal/mol) der H-Brücken möglich.

Aus diesen Eigenschaften folgt die Wechselwirkung einer bestimmten Protonendonorgruppe mit jeweils nur *einer* Protonenacceptorgruppe. Das Energieoptimum der Wechselwirkung ist dann erreicht, wenn X, H und Y auf einer Geraden liegen (*Colinearitätsbedingung*). Abweichungen von dieser linearen Anordnung um den Winkel θ bewirken eine starke Energieabnahme um den Faktor $\cos^2 \theta$ (Abb. 1-8).

Die Bindungsenergien der H-Brücken sind vom chemischen Charakter der jeweils beteiligten Gruppen X—H und Y abhängig. An einer Vielzahl von Systemen konnten diese Energien gemessen werden. Zur Illustration seien hier die relativen Abstufungen der Protonenacceptorstärken bei gleichbleibenden Protonendonoren für —O—H (Phenol) und —N—H (Indol) einiger typischer Protonenacceptoren aufgeführt (Tab. 1-6). H-Brücken vom Typ N—H···N und O—H···N sind demzufolge deutlich stärker als O—H···O und N—H···O, gleichgültig, ob ein Äther- oder Carbonylsauerstoff als Protonenacceptor fungiert.

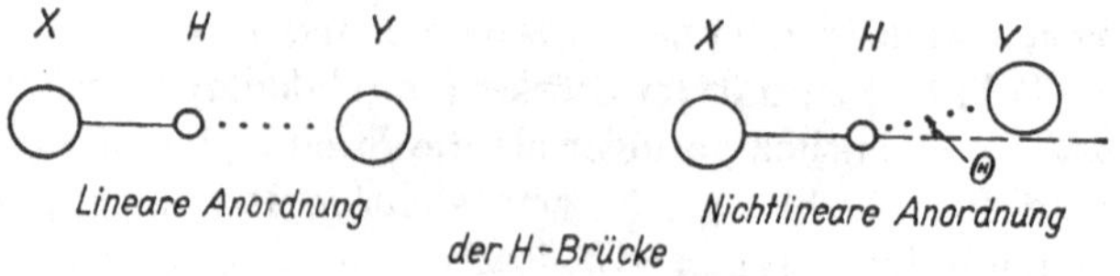

Abb. 1-8. Abweichung von der linearen Anordnung in der H-Brücke bewirkt eine Energieabnahme um den Faktor $\cos^2 \theta$.

Wir hatten bereits erfahren, daß besonders kräftige H-Brücken ausgebildet werden, wenn Anionen oder Kationen an der Brücke beteiligt sind. Wir haben hier den Spezialfall einer gerichteten elektrostatischen Wechselwirkung vorliegen. In biologischen Systemen treten uns häufig die Typen N^+—H···O^- und N—H···O^- (als NH_3^+ und COO^-) entgegen.

Tabelle 1-6
Relative Protonenacceptorstärken, bezogen auf Aceton (nach infrarotspektroskopischen Messungen in CCl_4)

Protonenacceptor	O—H (Phenol/Aceton: 4,70 kcal/Mol)	N—H (Indol/Aceton: 2,65 kcal/Mol)
Acetonitril (C≡N)	0,91	0,55
Benzophenon (>C=O)	0,93	0,74
1,4-Dioxan (>O)	1,06	0,68
Tetrahydrofuran (>O)	1,17	0,61
N,N-Dimethylformamid (-N<)	1,32	1,28
Pyridin 	1,38	1,34

Zur Richtungsabhängigkeit von H-Brücken (Linearitätsbedingung) muß noch angefügt werden, daß die Linearität von X—H···Y allein noch keine optimalen Verhältnisse schafft. Entscheidend ist die Elektronendichteverteilung am Protonenacceptor Y. So ist bei der biologisch wichtigen H-Brücke N—H···O=C wegen der sp^2-Hybridisierung am Carbonylsauerstoff keineswegs die größte Bindungsenergie erreicht, wenn die N—H- und die C=O-Bindungsrichtung auf einer Geraden liegen, sondern erst, wenn beide Bindungen einen Winkel von 120° bilden (Abb. 1-9). Natürlich ist Voraussetzung, daß die drei Atome N, H und O

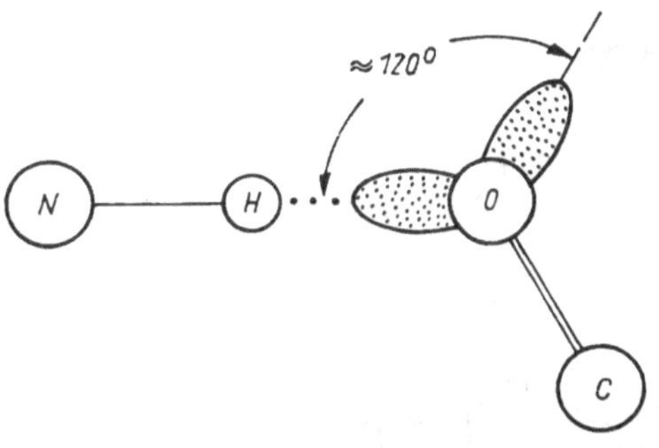

Abb. 1-9. Optimale Anordnung von N—H- und Carbonylgruppe in der H-Brücke N—H···O=C.

Die Elektronendichteverteilung der beiden hybridisierten einsamen Elektronenpaare am Sauerstoff bestimmt den Winkel zwischen N—H- und C=O-Bindungsrichtung.

auf einer Geraden liegen. Besonders wichtige Konsequenzen hat diese Richtungsabhängigkeit der H-Brücken für die *Struktur des Wassers.* Die beiden vom Sauerstoffatom des Wassers abgehenden Kovalenzen zu den Protonen und die Vorzugsrichtungen der beiden einsamen Elektronenpaare am Sauerstoff weisen in die Ecken eines Tetraeders. Beide Protonen können als Protonendonoren, beide Elektronenpaare können als Protonenacceptoren fungieren. Das Wasser ist bestrebt, möglichst viele der H-Brücken zwischen den einzelnen Molekülen auszubilden. Der Grenzfall ist eine tetraedrische Struktur, in der jedes Wassermolekül über 4 H-Brücken mit vier anderen Wassermolekülen (Wasser-Wasser-Brücken) verbunden ist (Abb. 1-10). Diese Struktur ist im Eis ausgeprägt, aber auch im flüssigen Wasser herrscht diese Struktur bei physiologischen Temperaturen vor. Im flüssigen Wasser sind aber noch zusätzlich H_2O-Moleküle in den Hohlräumen des tetraedrischen Gitters, wobei der Anteil dieser „ungeordneten" H_2O-Moleküle mit der Temperatur ansteigt.

Da biologische Zellen überwiegend aus Wasser bestehen (z. B. werden 70% einer *E. coli*-Zelle von Wasser gebildet), hat diese tetraedrische Struktur auch biologische Konsequenzen. Wir wollen uns hier vor allem mit den durch die Wasserstruktur bedingten Modifizierungen der schwachen zwischenmolekularen Wechselwirkungen beschäftigen.

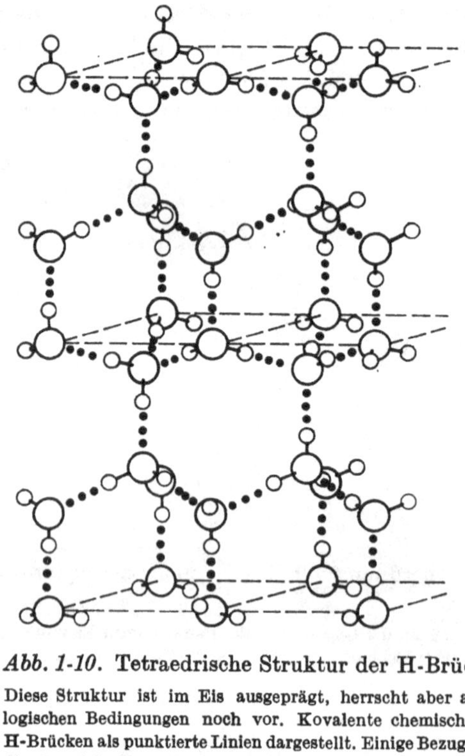

Abb. 1-10. Tetraedrische Struktur der H-Brücken des Wassers.

Diese Struktur ist im Eis ausgeprägt, herrscht aber auch im flüssigen Wasser unter physiologischen Bedingungen noch vor. Kovalente chemische Bindungen sind als ausgezogene, die H-Brücken als punktierte Linien dargestellt. Einige Bezugsebenen (gestrichelt eingezeichnet) sollen die räumliche Vorstellung erleichtern.

1.3.3. Besonderheiten der schwachen Wechselwirkungen in wäßrigen Lösungen. Hydrophobe Bindungen

H-Brücken ergeben eine merklich höhere Bindungsenergie als Wechselwirkungen vom Typ der *vdW*-Kräfte. Wenn wir daher eine organische Substanz, die keine H-Brücken auszubilden vermag (z. B. Hexan), in Wasser zu lösen versuchen, so beobachten wir spontane Entmischung. Das Wasser ist bestrebt, seine tetraedrische H-Brückenstruktur zu erhalten und verdrängt daher die organische Substanz. Diese Substanzen nennen wir *hydrophob*.

Kann dagegen die organische Substanz ebenfalls H-Brücken ausbilden, so kann sich eine begrenzte Löslichkeit in Wasser ergeben (*hydrophile* Substanzen). Das Aufbrechen der Wasser-Wasser-Brücken wird hier wenigstens teilweise kompensiert durch die Ausbildung von H-Brücken zwischen Wasser und der gelösten

Substanz. Die Energiebilanz wird aber immer ungünstiger sein als im Fall der Wasser-Wasser-Wechselwirkungen, so daß die Löslichkeit der organischen Substanzen meist begrenzt ist.

Ganz generell können wir bei der Betrachtung der Wechselwirkungen der Moleküle in wäßrigen Lösungen die besondere Wasserstruktur nicht außer Betracht lassen. Die Stärke der zwischenmolekularen Wechselwirkungen ist nicht allein von der Möglichkeit der Ausbildung von H-Brücken und *vdW*-Wechselwirkungen bedingt, sondern auch im entscheidenden Maße von dem Erhalt oder der Störung der Wasserstruktur. Um unpolare Moleküle (oder Molekülgruppen) bildet das Wasser eine geordnete Struktur aus, was wegen des Verlustes von Rotations- und Translationsfreiheitsgraden eine Entropieabnahme bedeutet. Das Wasser ist aber bestrebt, die durch das Vorliegen „ungeordneter" Wassermoleküle in den Hohlräumen des Tetraedergitters charakterisierte Struktur zu erhalten (Entropiezunahme). Das Wasser versucht daher, die unpolaren Moleküle oder Gruppen aus dem tetraedrischen Gitter herauszudrängen. Die unpolaren Moleküle oder Gruppen werden dadurch so eng zusammengedrängt, daß *vdW*-Kräfte wirksam werden.

Eine genauere Analyse, auf die wir hier verzichten müssen, ergibt für diesen Vorgang bei spontanem Ablauf (ΔG ist negativ) meist nur einen geringen Wert für die Enthalpie ΔH, aber dafür einen großen Wert für die Entropie ΔS. Die größere Zahl der Anordnungsmöglichkeiten für die Wassermoleküle in der ungestörten Wasserstruktur und für die Zusammenlagerung hydrophober Moleküle bewirkt einen ***großen positiven Entropiebetrag***, der den geringen negativen Entropiebetrag infolge der größeren Ordnung bei Fixierung der miteinander wechselwirkenden hydrophoben Moleküle oder Gruppen bei weitem überwiegt.

Dieser Vorgang wird als *hydrophobe Bindung* (oder Wechselwirkung) bezeichnet. Es wird durch diesen Mechanismus eine zusätzliche Stabilität für die Wechselwirkung zwischen unpolaren Molekülen oder Gruppen bewirkt. Unterscheiden sich zwei Substanzen nur durch die An- oder Abwesenheit einer unpolaren Gruppe, so wird deren Bindungsenergie zu einem dritten möglichst komplementären Partner nicht sehr unterschiedlich sein, wenn wir die Wechselwirkung im nichtwäßrigen Medium messen (ca. 1 kcal/mol durch die fehlende unpolare Gruppe). In wäßriger Lösung wird aber die Wechselwirkung der Substanz mit der unpolaren Gruppe eine um 2···3 kcal/mol höhere Energie aufweisen als bei der analogen Wechselwirkung der ähnlichen Substanz ohne diese unpolare Gruppe. Der zusätzliche Beitrag wird durch die Tendenz des Wassers, die unpolare Gruppe aus seinem Gitter herauszudrängen, geliefert. Oft werden alle Wechselwirkungen zwischen unpolaren Gruppen oder Molekülen in wäßrigen Lösungen unter dem Begriff der hydrophoben Bindung zusammengefaßt. Exakterweise sollte aber wie in unserem Beispiel nur die Differenz der Wechselwirkungsenergien in nichtwäßrigem und in wäßrigem Milieu diesem Begriff zugeordnet werden.

Wie wir gesehen haben, ist die Triebfeder für diese zusätzlichen Kräfte bei der hydrophoben Bindung das Bestreben des Wassers nach Ausbildung möglichst vieler H-Brücken durch zusätzliche H_2O-Moleküle in den Hohlräumen des tetraedrischen Gitters, wobei thermodynamisch aber nicht die Energiebilanz entscheidend ist, sondern die ***Entropiebilanz***, die durch die größere Anzahl der möglichen Teilchenanordnungen bestimmt wird.

1.3.4. Elektrostatische Wechselwirkungen

Biopolymere sind in der Regel Polyelektrolyte, d. h., sie besitzen ionisierbare Gruppen, die positive und negative Ladungen tragen können. Deren Wechselwirkung spielt in vielen molekularen Systemen und Teilsystemen eine bedeutende funktionelle Rolle. Die Hydratisierung geladener Gruppen fördert entscheidend die Löslichkeit der Polymere.

Geladene Gruppen: Zu den wichtigsten ionisierbaren Gruppen der zu betrachtenden Biopolymere gehören die Basenreste und Phosphatgruppen der Nucleinsäuren sowie einige Seitengruppen der Aminosäuren in Proteinen (vgl. 1.1. und 1.2.). Hinsichtlich ihres physikochemischen Verhaltens unterscheidet man basische und saure Gruppen. In klassischem Sinne sind organische *Basen* (B) Substanzen, die ein Proton aufnehmen können — meist durch Bindung an das freie Elektronenpaar eines Stickstoffatoms — und danach eine positive Ladung tragen:

$$B + \mathrm{H}^+ \rightleftharpoons B\mathrm{H}^+$$

Saure Gruppen (AH) werden bei Dissoziation negativ geladen:

$$A\mathrm{H} \rightleftharpoons A^- + \mathrm{H}^+$$

Das Ausmaß der Protonenbindung und Dissoziation hängt von der Gleichgewichtskonstanten der Protonisierungsreaktion und der freien H^+-Konzentration (Aktivität!), also dem pH-Wert, ab. So sind bei pH 7 die stark basischen Aminosäure-Seitengruppen von Arginin und Lysin vollständig, der Imidazolring der Aminosäure Histidin partiell und die schwachen Nucleinsäurebasen nicht oder kaum protonisiert. Die sauren Aminosäure-Seitengruppen von Asparaginsäure und Glutaminsäure sind in neutralen wäßrigen Lösungsmitteln normalerweise vollständig dissoziiert, also negativ geladen, während z. B. endständige (sekundäre) Phosphatgruppen durch Dissoziation in Säurerest und Proton bei pH 7 in einen im Mittel etwa eineinhalbfach negativ geladenen Zustand übergehen.

Titrationskurven und pK-Werte: Im einfachen Falle von durch Nachbarladungen ungestörten basischen und sauren Gruppen wird der Protonisierungs- und Deprotonisierungsvorgang durch das Massenwirkungsgesetz beschrieben. Die Dissoziationskonstante K wird also als Quotient aus den Konzentrationen (korrekter: Aktivitäten) der dissoziierten und der dissoziierbaren Spezies definiert. Bezeichnen wir die molare Konzentration C_{A^-} der dissoziierten sauren Gruppen, bezogen auf ihre Konzentration vor dem Zerfall, als den Dissoziationsgrad α, dann gilt für saure (und analog für basische) Gruppen

$$K = \frac{C_{A^-} \cdot C_{H^+}}{C_{AH}} = \frac{\alpha C_{H^+}}{1 - \alpha} \tag{1-3a}$$

oder

$$\alpha = \frac{1}{1 + C_{H^+}/K} \tag{1-3b}$$

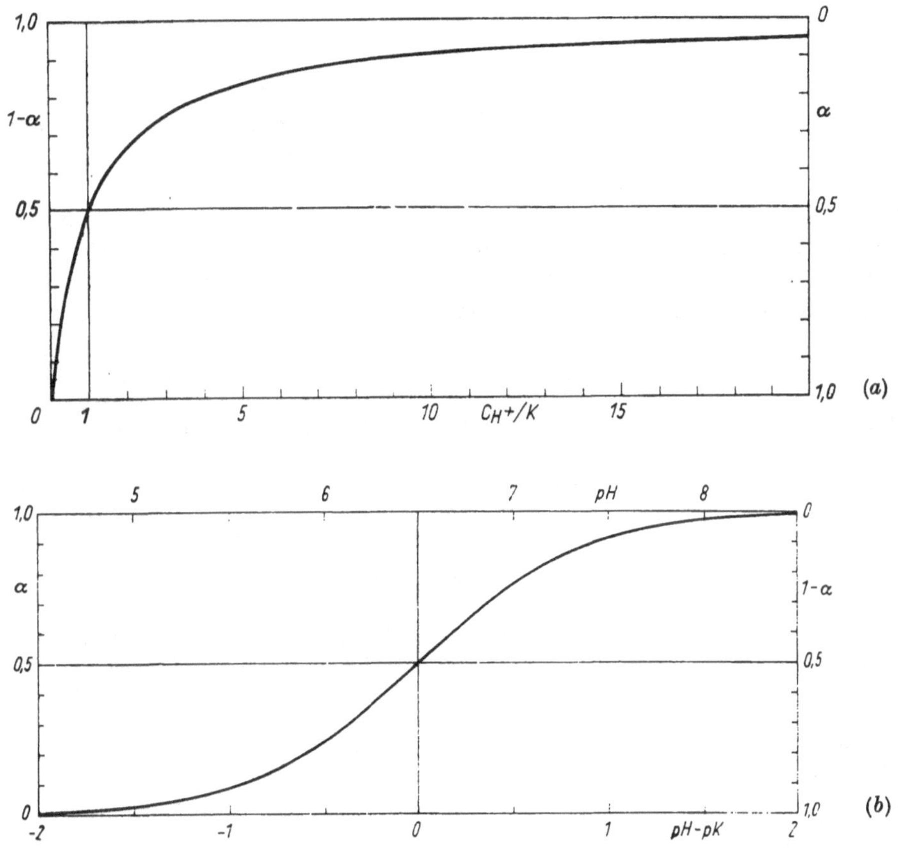

Abb. 1-11. (*a*) Protonisierungsgrad $(1 - \alpha)$ und Dissoziationsgrad α einer Einzelgruppe als Funktion der H^+-Konzentration (K – Dissoziationskonstante). – (*b*) Darstellung nach (*a*) über pH$-pK$. Obere Abszisse für $pK = 6{,}5$.

C_{H^+} und C_{AH} sind die Konzentrationen von H^+ bzw. AH. Mit $(1 - \alpha)$ als Protonisierungsgrad ergibt sich der in Abb. 1-11a dargestellte Verlauf von α bzw. $(1 - \alpha)$ als Funktion von C_{H^+}/K.

Die Wasserstoffionenaktivität wird üblicherweise durch den pH-Wert (pH $= -\lg (C_{H^+}/\text{mol}\, l^{-1})$ angegeben. Analog definiert man den sog. *pK*-Wert als Maß für die Gleichgewichtskonstante *K* durch

$$pK = -\lg (K/\text{mol}\, l^{-1}) \tag{1-4}$$

(lg symbolisiert den Logarithmus zur Basis 10).

Damit wird aus Gl. (1-3a) durch Logarithmieren

$$pK = \text{pH} - \lg \frac{\alpha}{1-\alpha} \tag{1-5}$$

und α bzw. $(1 - \alpha)$ als Funktion von pH$-pK$ haben die in Abb. 1-11b dargestellte Form. Für $\alpha = 0{,}5$ ist pH $= pK$. Bei pH-Werten, die kleiner sind als der *pK*-Wert einer Gruppe, ist diese im Mittel mehr, bei pH $> pK$ weniger als zur Hälfte protonisiert.

Ein praktisches Beispiel nach Abb. 1-11b mit der oberen Abszisse liefert $pK = 6{,}5$, d. h. mit Gl. (1-4) $K = 0{,}316 \cdot 10^{-6}$ mol/*l*. Dieser Fall entspricht etwa dem Verhalten des Imidazolrestes der Aminosäure Histidin oder dem der endständigen Phosphatgruppen in Poly- und Oligonucleotiden (vgl. Tab. 1-7).

Tabelle 1-7
pK-Werte wichtiger basischer und saurer Gruppen bei 25 °C in wäßriger Lösung (*AS* = Aminosäure)

Gruppe	*pK*	Gruppe	*pK*
Guanidingruppe der *AS Arginin*	~ 12	α-Carboxylgruppe	~ 3,7
ε-NH_2-Gruppe der *AS Lysin*	~ 10,0	Carboxylseitengruppen der *ASn Glutaminsäure* und *Asparaginsäure*	~ 4,6
α-NH_2-Gruppe der *ASn*	~ 7,5	Phenolgruppe der *AS Tyrosin*	~ 9,8
Imidazolgruppe der *AS* Histidin	~ 6,7	Phosphatgruppe (pK_1)	~ 1
		(pK_2)	~ 6,6

Elektrostatische Wechselwirkungskräfte: Zwei isolierte elektrische Punktladungen Q_1 und Q_2 im Abstand r üben nach dem COULOMBschen Gesetz eine Kraft

$$F \sim \frac{Q_1 Q_2}{\varepsilon_r r^2} \tag{1-6}$$

aufeinander aus, wobei ε_r die relative Dielektrizitätskonstante des Mediums ist

Bei Biopolymeren unter *physiologischen* Bedingungen liegen in der Regel kompliziertere Verhältnisse vor, da auch die positiven und negativen Ladungen des dissoziierten niedermolekularen Salzes an der Wechselwirkung beteiligt sind.

Physiologische Systeme enthalten niedermolekulare dissoziierte Salze mit einem osmotischen Druck entsprechend demjenigen einer 0,15 molaren (0,9%igen) Kochsalzlösung. Die Wechselwirkung von mehr als zwei geladenen Teilchen ist — analog zum Mehrkörperproblem der Astronomie — mathematisch nicht in geschlossener Form exakt zu behandeln. Das Erfassen der dabei auftretenden Gesetzmäßigkeiten bringt jedoch für das Verständnis der strukturellen und funktionellen Eigenschaften biologischer Polyelektrolytmoleküle erheblichen Gewinn.

Makroionen, Gegenionen und Ionenatmosphäre: Die wichtigsten Biopolymere wie Nucleinsäuren und Proteine liegen in wäßrigen Lösungen als Makroionen vor. Auf Grund der Elektroneutralitätsbedingung sollte z. B. ein Polyanion (etwa ein Nucleinsäuremolekül) bestrebt sein, eine der Anzahl seiner Anionenbausteine äquivalente Menge von Kationen, die dann als Gegenionen bezeichnet werden, zu binden.

Die starke Hydratisierungstendenz verhindert die Ausbildung von fixierten Ionenpaaren, jedoch sorgt die COULOMBsche Wechselwirkung dafür, daß sich die Gegenionen in der unmittelbaren Umgebung des Polyelektrolytmoleküls anreichern. Diese Gegenionen bleiben auch dann in der Nachbarschaft des Polyions, wenn das niedermolekulare Salz durch Dialyse*) gegen Wasser maximal entfernt wird. Daher sind auch die Konzentrationen (genauer: Aktivitäten) der niedermolekularen Ionen nach Gleichgewichtsdialyse einer Polyelektrolytlösung zu beiden Seiten der Dialysemembran im allgemeinen nicht gleich (DONNAN-Effekt).

Die Gegenionen bilden zusammen mit den Ladungen des Polyions eine elektrische Doppelschicht; sie sind in einer „Ionenatmosphäre" angeordnet. Deren Aufbau unterliegt letztlich den gleichen Gesetzmäßigkeiten wie die Dichteverteilung in der Erdatmosphäre, die durch die barometrische Höhenformel (2-24) beschrieben wird. Dennoch ist das Problem der Berechnung der Gegenionenverteilung wesentlich komplizierter. Das hat seinen Grund u. a. darin, daß die niedermolekularen Ionen der Lösung unter sich Kräfte großer Reichweite und von vergleichbarer Stärke wie zum Makroion ausüben und obendrein in der Regel Ladungen verschiedenen Vorzeichens tragen.

Im vereinfachten Bilde enden viele vom Polyelektrolyten ausgehende Feldlinien des elektrischen Feldes an Gegenionen. Es resultiert also eine Abschirmung des Kraftfeldes des zentralen Polyions durch die Gegenionen. Die wesentlichsten Merkmale dieser Mechanismen werden durch die DEBYE-HÜCKEL-Theorie beschrieben.

Abschirmung der Polyionen: Die DEBYE-HÜCKEL-Theorie liefert den modifizierten Verlauf der potentiellen Energie in der Umgebung der Polyionen.

In einem salz*freien* Medium gilt für das sog. elektrostatische Potential V (= potentielle Energie pro Einheitsladung) einer Punktladung Q_1 nach COULOMB

$$V \sim \frac{Q_1}{\varepsilon_r \cdot r} \qquad (1\text{-}7)$$

*) Diffusion durch engporige Membranen, die Polymere zurückhalten

worin r den Abstand einer beliebigen Ladung von Q_1 darstellt. In Gegenwart niedermolekularer Ionen tritt dazu ein Faktor $f(\varkappa)e^{-\varkappa r}$, der die Abschirmung des Feldes von Q_1 beschreibt, und der daher stets kleiner als 1 ist:

$$V \sim \frac{Q_1}{\varepsilon_r r} \cdot f(\varkappa)e^{-\varkappa r} \qquad (1\text{-}8)$$

$e^{-\varkappa r}$ beschreibt den durch die Abschirmwirkung der niedermolekularen Ionen bedingten rascheren exponentiellen Abfall der Feldwirkung von Q_1 mit zunehmendem Abstand. Der Parameter $\varkappa$ hängt von der relativen Dielektrizitätskonstante ε_r, der absoluten Temperatur T und der sog. Ionenstärke I ab gemäß

$$\varkappa = \sqrt{\frac{8\pi N_A e^2}{1000\varepsilon_r kT}}\sqrt{I} \qquad (1\text{-}9)$$

N_A ist die AVOGADROsche Konstante, e die Elementarladung und k die BOLTZMANN-Konstante. Die Ionenstärke I ergibt sich aus den molaren Konzentrationen C_i der verschiedenen niedermolekularen Ionenarten mit jeweils z_i Elementarladungen zu

$$I = \sum_i \frac{1}{2} C_i z_i^2 \qquad (1\text{-}10)$$

Für den wichtigsten Fall 1-1 wertiger Salze ist I gleich der molaren Konzentration der Salzlösung.

Der Abklingfaktor $e^{-\varkappa r}$ in Gl. (1-8) nimmt bei $r = 1/\varkappa$ den Wert $e^{-1} = 0{,}37$ an. $1/\varkappa$ ist also ein Maß für die Reichweite der elektrostatischen Wechselwirkung unter den durch I und die weiteren in $\varkappa$ eingehenden Parameter charakterisierten Milieubedingungen. Für Wasser und Zimmertemperatur gilt die folgende Zahlengleichung, wenn I in mol/l gemessen wird

$$(1/\varkappa)_w = \left(0{,}31/\sqrt{I}\right)\,\text{nm} \qquad (1\text{-}11)$$

Tabelle 1-8
Der DEBYE-HÜCKEL-Abschirmradius $1/\varkappa$ (bei 25 °C) in 1-1 Elektrolyten wie z. B. NaCl.

ε_r	I/mol l^{-1}	$(1/\varkappa)$/nm
80	*0,1*	*0,97*
	0,01	2,95
	0,001	9,7
	0,0001	29,5
2	0,010	0,465
	0,0025	*0,97*
	0,0010	1,53
	0,00010	4,63

Tab. 1-8 korreliert I mit $1/\varkappa$ und Abb. 1-12 demonstriert halbquantitativ den Verlauf des r-abhängigen Teils des elektrostatischen Potentials bei verschiedenen Ionenstärken. Wie die Rechnung zeigt, findet sich die überwiegende Mehrheit der Gegenionen innerhalb eines Abstandes $2/\varkappa$ vom Zentralion.

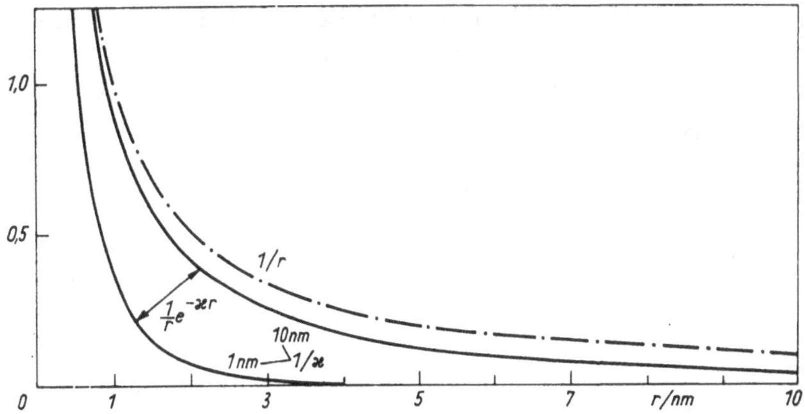

Abb. 1-12. Modifizierung der Ortsabhängigkeit der potentiellen Energie einer Punktladung (COULOMB-Potential) durch ein niedermolekulares Salz (z. B. NaCl).

Einfluß der Dielektrizitätskonstante: Bringt man Polyelektrolytmoleküle in eine Umgebung mit veränderter mittlerer effektiver relativer Dielektrizitätskonstante ε_r, dann kann dies eine Erhöhung wie auch eine Verminderung der Wechselwirkungsenergie nach sich ziehen. Welcher Fall eintritt, hängt von den speziellen Bedingungen ab.

Wenn das COULOMB-Gesetz (1-7) die Wechselwirkung genähert beschreibt, d. h., wenn *keine* niedermolekularen Ionen am Wechselwirkungsprozeß beteiligt sind, dann bewirkt eine Verminderung von ε_r eine Erhöhung von V. Ein solcher Fall wird etwa realisiert, wenn Ladungen tragende Biopolymere derart zusammentreten, daß das Wasser ($\varepsilon_r \approx 80$) und mit ihm das niedermolekulare Salz verdrängt werden, so daß das elektrische Feld in einem salzfreien Milieu geringerer effektiver Dielektrizitätskonstante verläuft. Eine solche Umgebung mag z. B. genähert durch Protein- und/oder Lipidkomponenten realisiert sein.

Wenn wir andererseits das isolierte Polyelektrolytmolekül in ein Lösungsmittel verminderter Dielektrizitätskonstante überführen, wie es bei *in-vitro*-Untersuchungen oft erforderlich ist, dann hat man zu bedenken, daß auch die Abschirmwirkung aller niedermolekularen Ionen zunimmt. Der Exponentialfaktor in Gl. (1-8) fällt in diesem Fall stärker ab, $1/\varkappa$ nimmt kleinere Werte an (Tab. 1-8).

Gegenionenkondensation: Löst man z. B. das Natriumsalz der *DNA* in wäßriger Salzlösung, so dissoziieren die Na^+-Ionen so lange ab, wie der Gewinn an freier Energie bei der Hydratisierung der einwertigen Ionen größer ist als bei der

Bindung von Na^+ und *DNA*-Phosphatgruppen. In weniger polaren Lösungsmitteln mit kleinerem ε_r ist daher auch die Dissoziationstendenz geringer.

Polyelektrolytmoleküle, insbesondere Polyionen hoher Ladungsdichte, zeigen jedoch eine spezielle Gegenionen„kondensation“, die mit vielen experimentellen Methoden nachweisbar ist. Nach der theoretischen Behandlung durch MANNING kondensieren bei linearen Polyionen in einwertigen Salzlösungen stets so viele Gegenionen, daß in wäßrigen Lösungen die effektive Ladungsdichte des Makroions nicht größer als eine Elementarladung pro 0,7 nm ist.

Quantitativ ergibt sich daraus, daß der Parameter

$$\bar{\xi} = e^2/\varepsilon_r kTb \tag{1-12}$$

mit b als mittlerem Abstand der ionisierten Gruppen längs der Kette nicht größer als 1 werden darf.

In analoger Weise folgt, daß in Lösungen zweiwertiger Gegenionen maximal eine Polyionenladung pro 1,4 nm ($b_{\min} = 1{,}4$ nm) nach außen wirksam werden kann, um für den Aufbau der Ionen*atmosphäre* zu sorgen.

1.4. Die räumliche Struktur von Biopolymeren

1.4.1. Wodurch wird die räumliche Struktur von Biopolymeren bestimmt?

Die räumliche Struktur eines Biopolymeren wird entscheidend durch seine chemische Konstitution determiniert. Diese chemische Konstitution (Sequenz der Aminosäuren bei Proteinen, Nucleotidsequenz bei Nucleinsäuren) bezeichnen wir als *Primärstruktur* der Biopolymeren. Die Herausbildung einer bestimmten räumlichen Struktur ist thermodynamisch gleichbedeutend mit der Einstellung der niedrigsten Energie des Systems. Dabei spielen alle im Abschnitt 1.3. besprochenen schwachen Wechselwirkungskräfte eine Rolle, und zwar sowohl innerhalb des Biopolymermoleküls als auch zwischen Biopolymermolekül und Umgebung (Lösungsmittel). Die Biopolymermoleküle werden also in einem bestimmten Milieu (z. B. in physiologischer NaCl-Lösung bei Zimmertemperatur) eine bestimmte Gestalt annehmen, bei der der Energiegewinn durch die schwachen Wechselwirkungskräfte (H-Brücken, elektrostatische Wechselwirkungen, Dispersionswechselwirkungen einschließlich hydrophober Wechselwirkungen) maximal ist. Es ist einleuchtend, daß wir nicht schlechthin von *einer* räumlichen Struktur sprechen können, sondern daß Milieueinflüsse unterschiedliche Raumstrukturen bewirken können, weil dann auch jeweils die Wechselwirkungen zwischen Lösungsmittel und Biopolymeren sowie die intramolekularen Wechselwirkungen im Biopolymermolekül unterschiedlich sein werden.

Somit können wir die große Vielfalt der Raumstruktur von Biopolymeren und auch die Möglichkeit von Umwandlungen von einer Raumstruktur in eine andere verstehen. Diese Umwandlungen können durch Milieueinflüsse — wozu auch

Wechselwirkungen mit anderen Substanzen zählen sollen — induziert werden. Wir bezeichnen sie als *Konformationsübergänge* der Biopolymeren.

Die Vielfalt der räumlichen Anordnungen oder Konformationen von Biopolymeren beruht auf der *freien Drehbarkeit um chemische Einfachbindungen.* Bei bestimmten Drehwinkeln werden die energetisch günstigsten Anordnungen erreicht. Dazwischen liegen Potentialbarrieren, die bei Einfachbindungen aber im allgemeinen klein oder nicht allzu groß gegenüber der thermischen Energie bei Zimmertemperatur sind. Man spricht dann von freier oder nahezu freier Drehbarkeit. Eine wichtige Ausnahme bildet die C—N-Bindung der Peptidgruppe, die nur formal eine Einfachbindung darstellt.

Generell können wir feststellen, daß diejenige Konformation eines Biopolymeren bevorzugt wird, die unter den betrachteten Milieubedingungen (Temperatur, pH, Zusammensetzung der Lösung) einen optimalen Energiegewinn durch das Zusammenspiel aller schwachen Wechselwirkungskräfte sowohl im Biopolymermolekül als auch zwischen Biopolymermolekülen und Umgebung erzielt. Prinzipiell ist die sich dabei einstellende bevorzugte Raumstruktur (Konformation) bereits durch die chemische Konstitution vorgegeben.

Alle Versuche, die sich einstellende gefaltete räumliche Struktur von Proteinen aus der Aminosäuresequenz (Primärstruktur) theoretisch abzuleiten, haben bisher nur zu Teilerfolgen geführt.

Die drei sich durch zunehmende Komplexität unterscheidenden Struktur ebenen von Biopolymeren sind in Abb. 1-13 schematisch für ein Protein dar gestellt: Wir unterscheiden die Primärstruktur (Aminosäure- bzw. Nucleotid-

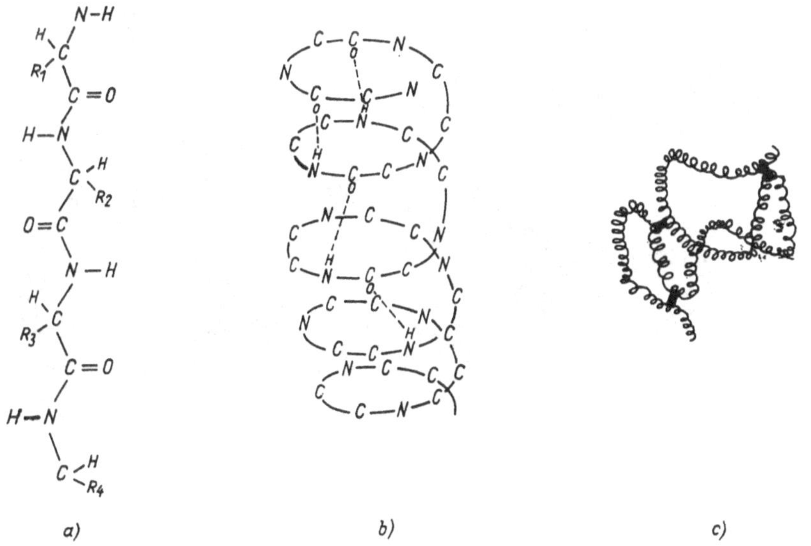

Abb. 1-13. Schematische Darstellung der drei Strukturebenen von Proteinen.
a) Primärstruktur, *b)* Sekundärstruktur, *c)* Tertiärstruktur.

sequenz), die Sekundärstruktur (überwiegend durch H-Brücken bedingte geordnete Strukturen) und die Tertiärstruktur (definierte räumliche Anordnung, bei Proteinen hauptsächlich durch Seitengruppen-Wechselwirkungen stabilisiert).

1.4.2. *Primärstruktur*

Primärstruktur von Proteinen: Die über Peptidbindungen erfolgende Verknüpfung von Aminosäuren zu einer Polypeptidkette zeichnet sich durch eine sehr große Anordnungsvielfalt aus, da bekanntlich über 20 verschiedene Aminosäuren eingebaut werden können (vgl. Tab. 1-1). Die Aufklärung der Aminosäuresequenz von Enzymen und Proteinen erforderte früher jahrelange Arbeit. In jüngerer Zeit sind Apparaturen entwickelt worden (Aminosäure-Sequenatoren), die in günstigen Fällen eine weitgehend automatische Ermittlung der Aminosäuresequenz und damit der Pirmärstuktur von Proteinen ermöglichen. Wie bereits im Abschnitt 1.2. erwähnt, wird die Sequenz durch die Dreibuchstabensymbole der Aminosäurereste (vgl. Tab. 1-1) von der N-terminalen zur C-terminalen Gruppe hin aufgeschrieben. Als Beispiel sei die Primärstruktur des Enzyms Lysozym angeführt (Abb. 1-14).

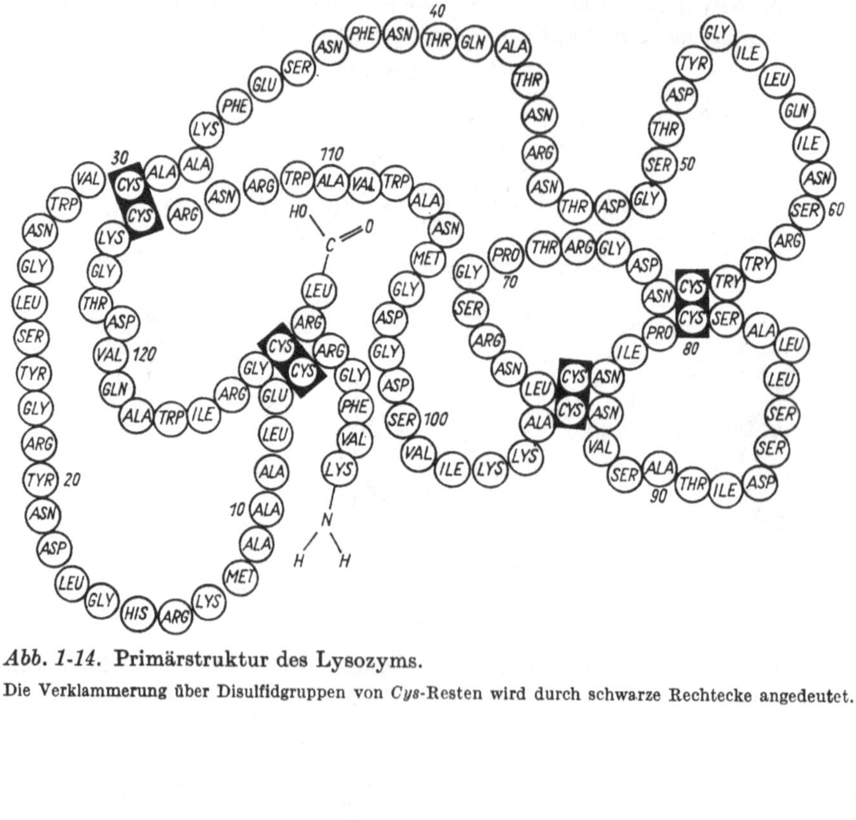

Abb. 1-14. Primärstruktur des Lysozyms.
Die Verklammerung über Disulfidgruppen von *Cys*-Resten wird durch schwarze Rechtecke angedeutet.

Primärstruktur von Nucleinsäuren: In Nucleinsäuren wird die Sequenz durch die Reihenfolge der vier Basen *A, T, G, C (DNA)* bzw. *A, U, G, C (RNA)* gegeben. Dazu kommen allerdings noch die verschiedenartig modifizierten Basen, die Minoritätsbasen (vgl. Abschnitt 1.1.). Am besten bekannt sind die Primärstrukturen (Nucleotidsequenzen) der relativ kleinen Transfer-*RNA*-Moleküle *(tRNA)* und der ribosomalen *RNA (rRNA)*. In den *tRNA*-Spezies kommt stets eine Reihe von Minoritätsbasen vor.

Eine Sequenzanalyse an der hochmolekularen *DNA* konnte dagegen bisher nur an bestimmten Teilabschnitten durchgeführt werden. Jedoch konnte die Sequenz durch die Synthese biologisch aktiver *DNA*-Abschnitte (Gene) ermittelt werden.

Die Kenntnis der Primärstruktur der Proteine und Nucleinsäuren ist Voraussetzung für eine theoretische Voraussage über wahrscheinliche Sekundär- und Tertiärstrukturen. Umgekehrt aber können durchaus Aussagen über Sekundär- und Tertiärstrukturen von Biopolymeren aus physikalischen Messungen getroffen werden, ohne daß eine genaue Kenntnis über die Primärstruktur vorliegt.

1.4.3. Sekundärstruktur

Sekundärstruktur von Polypeptiden und Proteinen: Die Konformationsvielfalt wird — wie bereits erläutert — durch die freie Drehbarkeit um chemische Einfachbindungen ermöglicht. Eingehende Untersuchungen an Modellpeptiden und Polypeptiden ergaben aber, daß die Drehbarkeit um die CO—NH-Bindung trotz deren formalen Einfachbindungscharakters nur unter Aufbringung größerer Energiebeträge möglich ist. Aus der Röntgenstrukturanalyse und aus den Infrarotspektren geht hervor, daß die C—N-Bindung partiellen Doppelbindungscharakter hat. Der C—N-Abstand ist mit 0,132 nm wesentlich geringer als für normale C—N-Einfachbindungen mit 0,147 nm. Chemisch läßt sich dieser partielle Bindungsausgleich zwischen Carbonyl-Doppelbindung und C—N-Einfachbindung mit der Mesomerie zwischen einer polaren und einer unpolaren Grenzstruktur erklären:

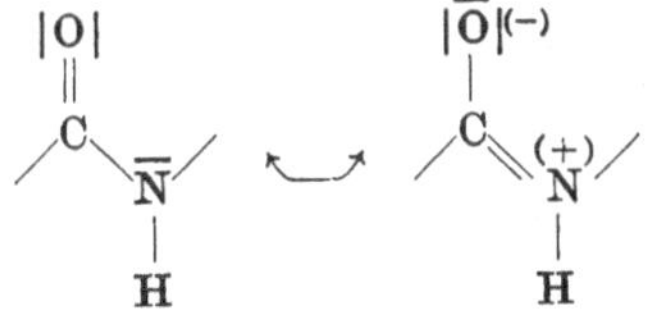

Außerdem wurde stets eine *trans*-Anordnung von CO- und NH-Gruppe zueinander gefunden, d. h., in der Polypeptidkette stehen Carbonylsauerstoff und Amidproton einer Peptidgruppe immer auf verschiedenen Seiten der Kette. Insgesamt ergibt sich daraus eine Anordnung der Peptidgruppe in einer Polypeptidkette (Abb. 1-15), in der wegen der freien Drehbarkeit um die N—C_α- und die C_α—CO-Bindungen noch zahlreiche Konformationsmöglichkeiten existieren, aber stets die 6 Atome C_α—CO—NH—C_α' in einer Ebene liegen. Die freien Drehbarkeiten werden charakterisiert durch die Torsionswinkel $\psi(C_\alpha—CO)$ und $\varphi(N—C_\alpha)$.

Die Röntgenstrukturanalyse kristallisierter Polypeptide und Proteine ergab Hinweise auf die Existenz geordneter Bereiche in den Polypeptidketten. Eingehende Untersuchungen und Modellbetrachtungen konnten sicherstellen, daß diese geordneten Strukturanteile auf der Ausbildung von H-Brücken des Typs N—H···O=C beruhen. Wir bezeichnen diese Ordnung als *Sekundärstruktur*. Es konnten verschiedene Typen von geordneten Strukturen nachgewiesen werden, wobei die H-Brücken sowohl innerhalb einer Polypeptidkette (intracatenar) als auch zwischen verschiedenen Polypeptidketten (intercatenar) ausgebildet werden können.

Die in Proteinen vorkommenden verschiedenen geordneten Strukturen konnten an synthetischen Polypeptiden ausführlich untersucht werden.

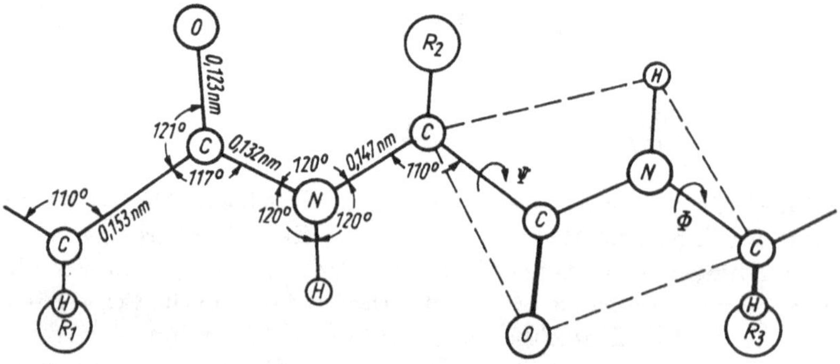

Abb. 1-15. Zur Konformation von Polypeptiden.

In der Peptidgruppe liegen alle Atome innerhalb des gestrichelten Rechtecks in einer Ebene. Es verbleiben freie Rotationen um die C_α—CO-Bindung (Torsionswinkel Ψ) und um die N—C_α-Bindung (Torsionswinkel Φ).

Tabelle 1-9

Durch Röntgenstrukturanalyse ermittelte Anteile an geordneten (α, β) und ungeordneten (ϱ) Strukturen in Proteinen (in % der Aminosäurereste)

Protein	α	β	ϱ
Ribonuclease	12	36	52
Lysozym	35	10	55
Myoglobin	71	0	29
Papain	21	5	74
Lactatdehydrogenase	29	13	58

Es existieren zwei wichtige Typen der geordneten Strukturen in Polypeptiden und Proteinen, die α-Helix und die β-Struktur. In Tab. 1-9 sind einige wichtige Proteine aufgeführt, deren Sekundärstruktur durch die Röntgenstrukturanalyse im kristallisierten Zustand bekannt ist. Der Anteil ungeordneter Bereiche (präziser: der Anteil nichtsymmetrischer Strukturen) wird mit dem Symbol „ϱ“ bezeichnet: $\varrho = 100 - (\alpha + \beta)$ (in %).

Die *α-Helix* entsteht bei Polypeptidketten durch Ausbildung von H-Brücken zwischen einer Peptidgruppe und jeweils ihren beiden dritten Nachbargruppen längs der Kette. Durch diese intracatenaren H-Brücken erhält die Polypeptidkette einen schraubenförmigen Aufbau mit 3,6 Aminosäureresten pro Windung (Abb. 1-16). Die Richtung der dabei gebildeten H-Brücken fällt dabei ungefähr mit der Schraubenachse (Helixachse) zusammen. Die Ausbildung der α-Helix wird unterbunden bzw. unterbrochen, wenn Prolin in die Polypeptidkette eingebaut ist, denn deren Aminosäurerest hat kein NH-Proton zur Ausbildung einer H-Brücke zur Verfügung (vgl. Tab. 1-1). Offensichtlich wird auch bei Anwesenheit einiger anderer Aminosäurereste wie *Ser, Thr, Val, Cys, Ile* die Ausbildung helicaler Bereiche erschwert. Als Modellsubstanzen zum Studium der reinen

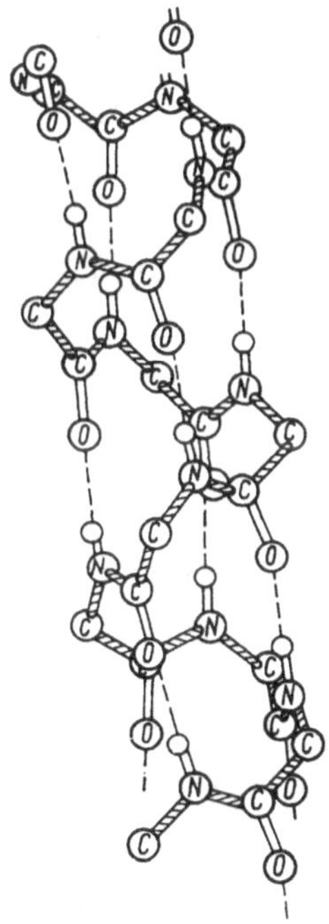

Abb. 1-16. α-Helix in Polypeptiden (nach PAULING und COREY).

Die H-Brücken zwischen N—H und O=C sind durch gestrichelte Linien angedeutet. Die Seitengruppen werden durch *R* symbolisiert, die unbezeichneten Kreise stellen H-Atome dar.

α-Helix werden die synthetischen Polypeptide Poly-L-lysin und Poly-γ-benzyl-L-glutamat verwendet. Durch Lösungsmittelvariation kann hierbei der Übergang von der geordneten α-helicalen Form in den ungeordneten Zustand des statistischen Knäuels induziert werden. An diesem Helix-Knäuel-Übergang können dann mit den verschiedensten Methoden die Änderungen wichtiger physikalisch-chemischer Eigenschaften bei Verlust der Sekundärstruktur studiert werden.

Neben der α-Helix tritt noch die *β-Struktur* als zweiter wichtiger Typ einer geordneten Sekundärstruktur von Proteinen auf. Es können diese auch als *Faltblattstrukturen* bezeichneten β-Strukturen durch Zusammenlagerung von Polypeptidketten in paralleler oder antiparalleler Weise gebildet werden. Parallele Ketten liegen dann vor, wenn die Richtung von der N-terminalen zur C-terminalen Gruppe übereinstimmen. Der häufigere Fall der β-Struktur mit antiparallelen Ketten ist dann realisiert, wenn die Aufeinanderfolge NH—CO—C_α in den beiden Ketten gegensinnig verläuft (Abb. 1-17). Die β-Strukturen können sowohl durch Rückfaltung in einer Polypeptidkette (intracatenar) als auch durch Zusammenlagerung unterschiedlicher Ketten (intercatenar) gebildet werden. Aus der Abb. 1-17 ist zu ersehen, daß die H-Brücken in der β-Struktur (Faltblattstruktur) senkrecht zur Kettenachse verlaufen.

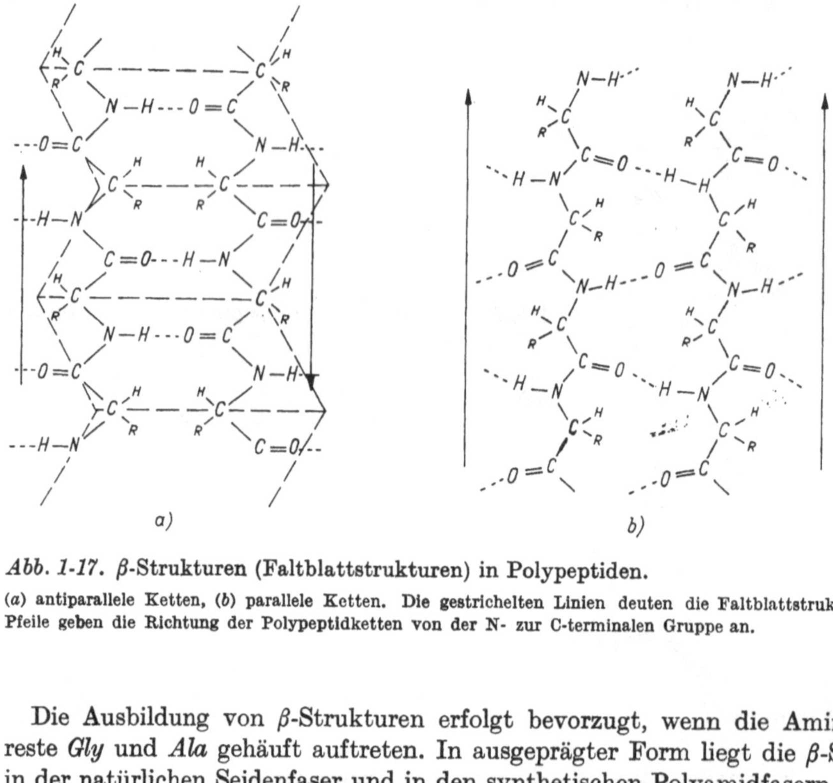

Abb. 1-17. β-Strukturen (Faltblattstrukturen) in Polypeptiden.

(*a*) antiparallele Ketten, (*b*) parallele Ketten. Die gestrichelten Linien deuten die Faltblattstruktur an, die Pfeile geben die Richtung der Polypeptidketten von der N- zur C-terminalen Gruppe an.

Die Ausbildung von β-Strukturen erfolgt bevorzugt, wenn die Aminosäurereste *Gly* und *Ala* gehäuft auftreten. In ausgeprägter Form liegt die β-Struktur in der natürlichen Seidenfaser und in den synthetischen Polyamidfasern (Nylon) vor.

Die Sekundärstruktur von Polypeptiden und Proteinen wird also durch die Ausbildung von H-Brücken zwischen NH- und C=O-Gruppen der Aminosäurereste bewirkt. Dadurch können verschiedene geordnete Strukturen aufgebaut werden, von denen besonders die α-Helix und die β-Strukturen häufig auftreten. Die α-

Helix bildet intracatenare H-Brücken parallel zur Helixachse und die β-Struktur intra- oder intercatenare H-Brücken senkrecht zur Kettenachse aus.

Durch physikalische oder chemische Einflüsse (Temperaturerhöhung, pH- und Lösungsmitteländerung, Zusatz bestimmter Substanzen wie Harnstoff) kann die Sekundärstruktur zerstört und das Protein bzw. Polypeptid in den ungeordneten Zustand eines statistischen Knäuels überführt werden.

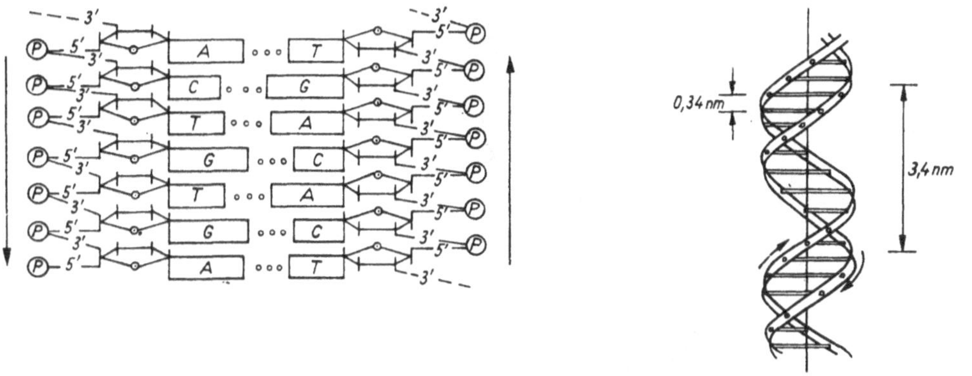

a) b)

Abb. 1-18. Doppelhelix der *DNA* (nach Watson und Crick).

Die Pfeile an den Einzelsträngen deuten die 3'–5'-Richtung der Phosphatdiesterbindungen an. (*a*) Schematische Darstellung der spezifischen Basenpaarung und der entgegengesetzten 3'–5'-Bindungsrichtungen in den beiden Strängen der Doppelhelix. Die Wasserstoffbrücken zwischen den komplementären Basen sind durch Punkte symbolisiert. – (*b*) Schematische Darstellung der räumlichen Anordnung von Basenpaaren und Zucker-Phosphat-Gerüst in der *DNA*-Doppelhelix.

Sekundärstruktur von Nucleinsäuren: Ähnlich wie die Polypeptide und Proteine sind auch die Nucleinsäuren zur Ausbildung inter- oder intracatenarer H-Brücken befähigt und können dadurch zu einer geordneten Struktur (Sekundärstruktur) gelangen. Grundlage hierfür ist die ***komplementäre Basenpaarung***, die zuerst im bekannten Doppelhelix-Modell der *DNA* von Watson und Crick postuliert wurde (Abb. 1-18). In diesem Modell werden zwei gegensinnig verlaufende (antiparallele) Polydesoxynucleotid-Stränge zu einer Doppelhelix verklammert, indem jeder Adeninrest des einen Strangs mit einem Thyminrest des anderen Strangs und jeder Guaninrest des einen Strangs mit einem Cystosinrest des anderen Strangs über H-Brücken verknüpft werden. Es existieren in der *DNA* nur die beiden komplementären Basenpaare Adenin-Thymin ($A \cdot T$) und Guanin-Cytosin ($G \cdot C$). Die komplementären Basen sind in den *DNA* so zueinander gelagert, daß sie zwei ($A \cdot T$) bzw. drei ($G \cdot C$) H-Brücken vom Typ N—H···O=C und N—H···N ausbilden können. Es liegt also eine sterische und elektronische Komplementarität vor (Abb. 1—19). Die Komplementarität von A und T bzw. G und C ist von entscheidender Bedeutung für die Weitergabe der gesamten genetischen

Information in lebenden Systemen. Bei der Ablesung (Transkription) wird bekanntlich eine *RNA* gebildet (Nachrichten-*RNA*, *mRNA*), die gewissermaßen das Negativ des einen *DNA*-Stranges darstellt. Dabei tritt in der *mRNA* und allen anderen *RNA*-Spezies Uracil an die Stelle von Thymin, d. h. in Ribonucleinsäuren haben wir die beiden komplementären Basenpaarungen *A* · *U* und *G* · *C*.

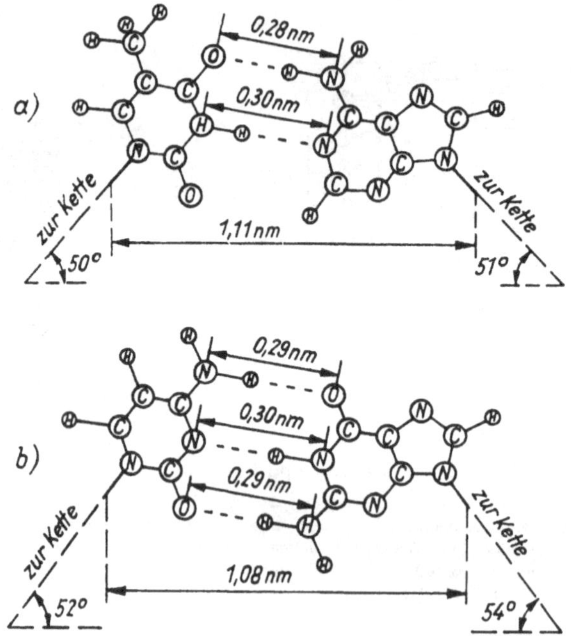

Abb. 1-19. **Die komplementären Basenpaare der *DNA*.**
(*a*) Adenin-Thymin (*A* · *T*), (*b*) Guanin-Cytosin (*G* · *C*).

Als Sekundärstruktur der *DNA* können wir also die doppelhelicale Anordnung der komplementären Polynucleotidstränge ansehen. Nach der Röntgenstrukturanalyse lassen sich mehrere Konformationen der *DNA* unterscheiden, die sich unter verschiedenen Bedingungen im Kristallzustand bilden. Über die biologische Relevanz der verschiedenen Konformationen liegen zahlreiche Spekulationen vor. Sicher ist jedoch, daß die bei höherer Feuchtigkeit in *DNA*-Fasern vorliegende Konformation (sie wird *B*-Konformation genannt) auch unter *In-vivo*-Bedingungen existieren kann. In fester Form (Faser oder Film) kann die *DNA* durch Feuchtigkeitsentzug reversibel aus der *B*- in die *A*-Konformation überführt werden. Unter speziellen Bedingungen können noch weitere Konformationen der *DNA* gebildet werden, die sich aber alle in die zwei Familien der *B*- und *A*-Konformationen unterbringen lassen. So kann man die sog. *C*-Konformation als eine gestörte *B*-Konformation auffassen. Die wichtigsten strukturellen Daten von *B*-,

A- und *C*-Konformation sind in der Tab. 1-10 zusammengestellt. Abbildung 1-20 veranschaulicht die unterschiedliche Lage der komplementären Basenpaare in der *B*- und *A*-Konformation der *DNA*. In wäßriger Lösung liegt die *DNA* in der *B*-Konformation vor.

Untersuchungen über die *DNA*-Konformationen werden im 4. und 5. Kapitel besprochen.

Tabelle 1-10
Strukturdaten der *B*-, *A*- und *C*-Konformation der *DNA*

Parameter	*B*	*A*	*C*
Basenpaare pro Windung	10	11	9,3
Ganghöhe [nm]	3,37	2,82	3,10
Neigungswinkel der Basenpaare zur Helixachse	0°	20°	−6°
Faltung des Furanoserings des 2′-Desoxyribose-Rests*)	*C*-3′-exo	*C*-3′-endo	*C*-3′-exo

*) Zur Faltung des Furanoserings vgl. Abb. 4-16.

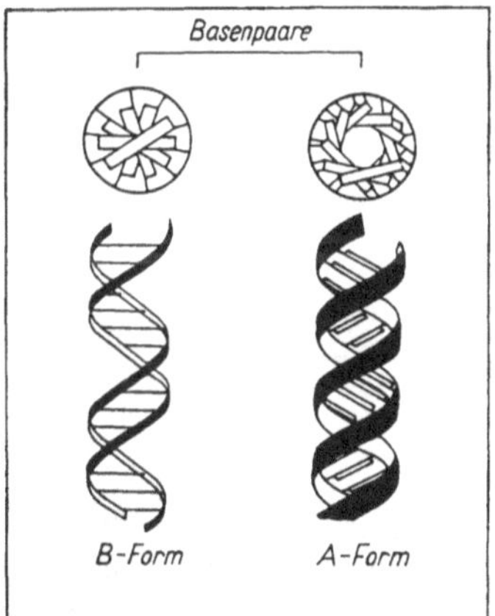

Abb. 1-20. *B*- und *A*-Konformation der *DNA*.
In der Aufsicht ist die unterschiedliche Anordnung der Basenpaare in den beiden Konformationen zu erkennen.

Bisher haben wir analog zu den Proteinen die Sekundärstruktur der Nucleinsäuren ausschließlich auf die Ausbildung von H-Brücken zwischen komplementären Basen zurückgeführt. Das ist auch vom Standpunkt der topologischen Komplementarität der beiden Stränge in der *DNA*-Doppelhelix völlig berechtigt. Bei näherer Untersuchung der energetischen Verhältnisse in der Doppelhelix ist man aber zu dem Schluß gekommen, daß der größere Energiebeitrag zur Stabilisierung der Doppelhelix nicht von den gebildeten H-Brücken herrührt. Vielmehr wird die Doppelhelix entscheidend durch das Übereinanderstapeln der hydrophoben Basenpaare stabilisiert. Diese *Basenstapelung* bringt die Ringebenen der benachbarten Basen dicht aneinander, in der *B*-Konformation beträgt der Abstand nach den Angaben der Tab. 1-10 3,46 nm/10 = 0,346 nm. Bei diesen kleinen Abständen werden die VAN-DER-WAALS-Kräfte (vgl. Abschnitt 1.3.1.) wirksam. Im Gegensatz zu den bisherigen Annahmen wird die freie Energie bei der Basenstapelung wahrscheinlich nicht von der hydrophoben Wechselwirkung im strengen Sinn (Entropiebilanz als Triebkraft, vgl. Abschnitt 1.3.3.), sondern vom Induktionseffekt aufgebracht. Dabei wird durch das permanente Dipolmoment einer Base ein

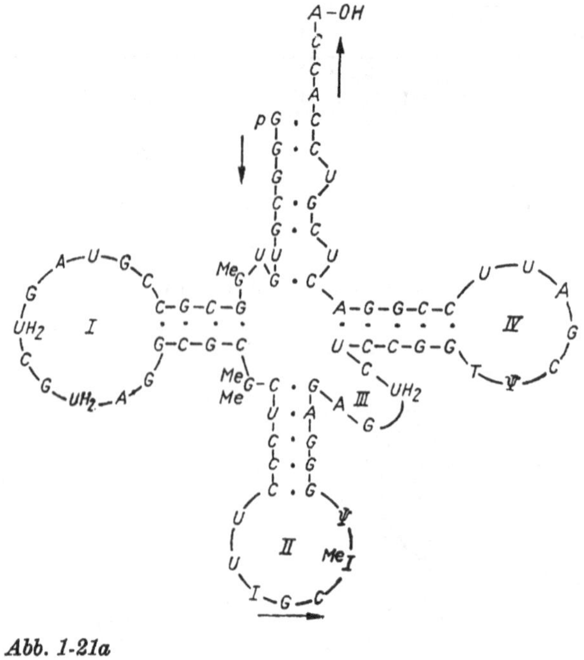

Abb. 1-21a

Dipolmoment in einer darüber (oder darunter) gestapelten Base induziert (vgl. Abschnitt 1.3.1.). Allerdings spielt auch hier die Struktur des Wassers eine entscheidende Rolle. Das Wasser versucht seine energetisch günstige Struktur zu erhalten und drängt deswegen die hydrophoben Basen auf einen möglichst engen Raum zusammen, so daß die Oberfläche dem Wasser gegenüber ein Minimum wird. Das wird durch die Basenstapelung am günstigsten verwirklicht. Trotz dieser entropischen Beiträge überwiegen aber die Beiträge der Energie (Enthalpie) durch den Induktionseffekt bei der Stapelung. Da aber auch hier die Wasserstruktur entscheidend mitwirkt, wird die Basenstapelung oft in erweitertem Sinn als „hydrophobe Basenstapelung“ bezeichnet.

Insgesamt wird also die Sekundärstruktur der *DNA* durch die Doppelhelix charakterisiert, in der zwei im Hinblick auf die 3′,5′-Zucker-Phosphatdiesterbindungen gegensinnig verlaufende *DNA*-Stränge über H-Brücken zwischen komplementären Basen verknüpft und die Basen innerhalb jedes Stranges übereinander gestapelt sind. Da die Ganghöhe einer Windung in der *DNA* (*B*-Konformation) 10 Basenpaare beträgt (Tab. 1-10), wird bei der Stapelung jeweils eine Versetzung um 360°/10 = 36° gegenüber der vorhergehenden Base bewirkt, wodurch eine Schraube (Helix) entsteht, in der die Basenpaare wie die Stufen einer Wendeltreppe angebracht sind.

Verlust der Sekundärstruktur der *DNA* bedeutet sowohl Aufhebung der kom-

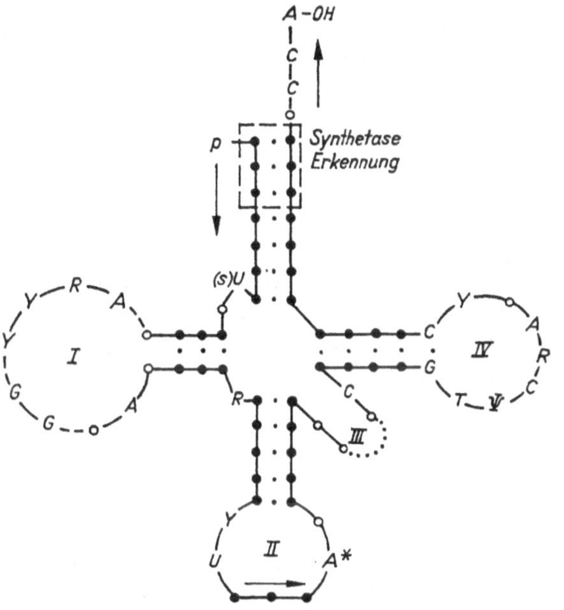

Abb. 1-21. (*a*) *und* (*b*) Kleeblatt-Modell der Sekundärstruktur der *tRNA*.

(*a*) *tRNA*^{Ala} (aus Hefe); (*b*) verallgemeinertes Schema. – Die Pfeile markieren die 3'–5'-Richtung. Die Punkte symbolisieren die H-Brücken zwischen komplementären Basen. Die ungepaarten Regionen („Schlaufen") tragen die Bezeichnungen *I* = Dihydrouracil-Schlaufe, *II* = Anticodon-Schlaufe, *III* = Extra-Schlaufe (fehlt in einigen Spezies), *IV* = „*TΨC*"-Schlaufe. In (*b*) repräsentieren die schwarzen Kreise die Basen in helicalen (meist gepaarten) Bereichen, die weißen Kreise die meist ungepaarten Basen. – Abkürzungen und Symbole: *Ψ* = Pseudouridin; *I* = Inosin; UH_2 = Dihydrouracil; *Me* = Methylsubstituent; * = modifizierte Base.

plementären Basenpaarung zwischen beiden Strängen als auch Aufhebung der Basenstapelung innerhalb der einzelnen Stränge. Mit verschiedenen Meßmethoden können diese Effekte gemeinsam oder auch getrennt beobachtet werden.

Auch in Ribonucleinsäuren können mehr oder weniger große Bereiche mit geordneter Struktur gefunden werden, deren Ordnung ebenfalls auf der komplementären Basenpaarung beruht. Dabei wird durchweg die *A*-Konformation ausgebildet, was letztlich auf die in der *RNA* vorhandene 2'-OH-Gruppe der Ribose zurückgeführt wird, die eine *B*-Konformationsausbildung offensichtlich verhindert. Aber auch in ungepaarten Bereichen sind durch die Basenstapelung im Einzelstrang entstandene Helices nachgewiesen worden (vgl. Abschnitt 5.9.7.), ähnliche Verhältnisse liegen auch in synthetischen Homopolynucleotiden wie *Poly(C)* und *Poly(A)* vor (vgl. Abschnitt 4.4.2.).

Am besten bekannt ist die Sekundärstruktur der Transfer-*RNA (tRNA)*. Die *tRNA* bildet intracatenar komplementäre Basenpaare aus, wobei sich gepaarte Bereiche mit ungepaarten Bereichen (Schlaufen, „loops") abwechseln. Dadurch bildet sich eine Struktur heraus, die bei zweidimensionaler Darstellung wegen ihres Aussehens als „Kleeblatt-Struktur" bezeichnet wird (Abb. 1-21 a). Den einzelnen Bezirken in der *tRNA* können dabei die verschiedenen biologischen Funktionen zugeordnet werden. Wir wollen hier nur die Sequenz der mittleren drei Nucleotide im mittleren „Blatt" (Schlaufe) betrachten; sie dienen als Anticodon zur Ablesung des Codons der *mRNA* („Nachrichten"-*RNA*). Dieser gesamte Abschnitt wird deshalb als „Anticodon-Schlaufe" bezeichnet. Ein generalisiertes Schema für alle *tRNA*-Spezies finden wir in Abb. 1-21 b.

Ähnliche Strukturen werden auch für die anderen Ribonucleinsäure-Arten *(rRNA, mRNA)* diskutiert. Für die 5*S-rRNA* wurden auch konkrete Modelle vorgeschlagen, die den Kleeblattmodellen für die *tRNA*-Spezies ähneln. Jedoch ist fraglich, ob die *in vitro* isolierte *rRNA* dieselbe Sekundärstruktur wie die *in situ* am Ribosom gebundene *rRNA* besitzt.

1.4.4. Tertiärstruktur

Intra- und intermolekulare Wechselwirkungen: Die Biopolymere können in Lösung unter bestimmten Milieubedingungen eine definierte räumliche Struktur ausbilden, die *Tertiärstruktur*. In der Einleitung zu diesem Abschnitt haben wir bereits erfahren, daß diese Tertiärstruktur durch eine optimale Ausnutzung aller Wechselwirkungen im Polymermolekül und mit der Umgebung (H-Brücken, hydrophobe und elektrostatische Wechselwirkungen) zum Minimum der freien Energie des Systems führt.

Für die Einstellung einer bestimmten Tertiärstruktur der *DNA* spielen wegen deren Polyelektrolytcharakters vor allem elektrostatische Kräfte eine Rolle (vgl. Abschnitt 1.3.4.). Dadurch wird die Flexibilität der Doppelhelix in Lösung und damit die angenommene Struktur vor allem von der Ionenstärke abhängen (vgl. Abschnitt 2.8.4.). Spezielle Überstrukturen (Tertiärstrukturen) können in ringförmiger *DNA* durch zusätzliches „Aufwinden" oder „Abwinden" entstehen („Superhelices"). Auf diese Weise können auch sehr kompakte Tertiärstrukturen ausgebildet werden (vgl. Abb. 2-48).

Dagegen wird für die *tRNA* direkt eine Faltung zu einer kompakten Tertiärstruktur angenommen, wobei nach einigen Modellen zusätzliche komplementäre

Basenpaare gebildet werden sollen. Ein auf Röntgenbeugungsuntersuchungen basierendes Modell für die Tertiärstruktur der *tRNA* ist in Abb. 1-22 wiedergegeben.

Bei Proteinen wiederum ist für die Faltung der Polypeptidkette zu einer nativen

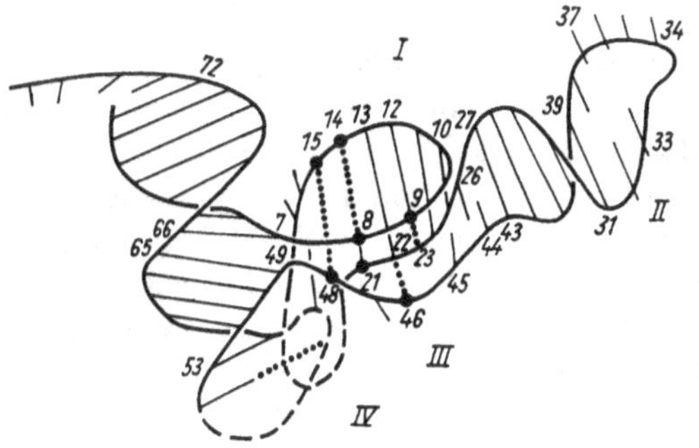

Abb. 1-22. Vorgeschlagenes Modell für die Tertiärstruktur von *tRNA* (nach ROBERTUS et al.).

Numerierung der Schlaufen wie in der vorangehenden Abbildung.

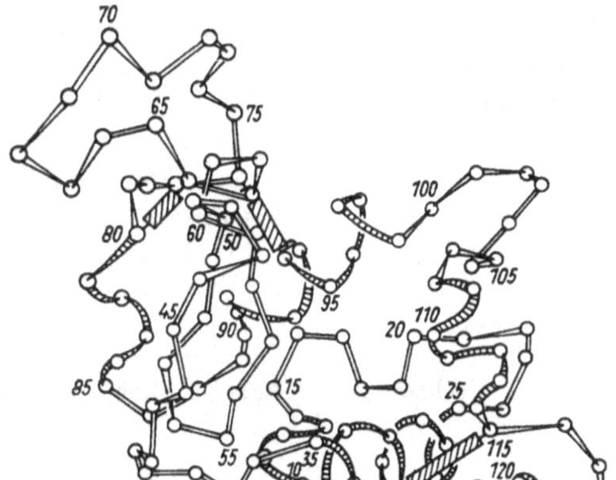

Abb. 1-23. Schematische Darstellung der mittels Röntgenstrukturanalyse ermittelten Tertiärstruktur von Lysozym.

Antiparallele β-Strukturen werden zwischen den Abschnitten 41–48 und 49–54 gebildet.

Tertiärstruktur das Wirken der hydrophoben Wechselwirkungen charakteristisch. Für das Enzym Lysozym z. B. ist die Tertiärstruktur bekannt (Abb. 1-23). Es ist ersichtlich, daß die Faltung der teilweise geordneten Polypeptidkette (35%

α-Helix, 10% β-Struktur) zu einer kompakten Struktur führt, in der ein großer Teil der unpolaren Seitengruppen im Innern des Proteins liegen und somit einer Wechselwirkung mit dem Wasser entzogen sind. Durch die Kompaktheit werden die Seitengruppen oft so stark zusammengedrängt, daß die nur über kurze Abstände wirkenden VAN-DER-WAALS-Kräfte zur Geltung kommen (vgl. Abschnitt 1.3.2.).

Die Tertiärstruktur kann aber auch große irreguläre Bereiche aufweisen. Einige Proteine haben z. B. überhaupt keine helicalen Strukturanteile. Wir hatten bereits bei der Diskussion der Sekundärstruktur von der Unterbrechung der Helix durch eingebaute Prolin-Reste erfahren. Auch die anschließend näher zu besprechenden Disulfidbrücken können wegen der Verklammerung verschiedener Kettenabschnitte die Ausbildung einer geordneten Struktur unterbinden. Der Hauptgrund ist aber in der unterschiedlichen chemischen Natur der Seitengruppen zu suchen. So werden Valin- und Leucin-Reste wegen ihres hydrophoben Charakters bestrebt sein, in das Innere des gefalteten Moleküls zu gelangen und dabei in engen Kontakt mit anderen unpolaren Resten zu treten. Hydrophile Reste wie Glutaminsäure- und Lysin-Reste werden mit dem Wasser in Wechselwirkung zu treten versuchen und sich deshalb möglichst „außen" halten. Andere Gruppen (z. B. —OH vom Tyrosinrest) streben wiederum Ausbildung von H-Brücken an. Das sich einstellende Maximum der Wechselwirkungen zwischen den einzelnen Resten und mit ihrer Umgebung ist ein entscheidender Faktor bei der Ausbildung der gefalteten nativen Tertiärstruktur. Dadurch kann durchaus die Ausbildung geordneter (z. B. helicaler) Bereiche in den Hintergrund gedrängt werden.

Disulfidbrücken: Wenn wir nochmals die etwas willkürlich getrennten drei Strukturebenen der Primär-, Sekundär- und Tertiärstruktur von Proteinen im Hinblick auf die jeweils dominierenden Wechselwirkungskräfte betrachten, so können wir stark vereinfacht folgende Korrelationen treffen:

Primärstruktur	— chemische Kovalenz
Sekundärstruktur	— H-Brücken
Tertiärstruktur	— VAN-DER-WAALS-Wechselwirkungen, hydrophobe und polare Wechselwirkungen

Dieses Schema muß allerdings bei den Proteinen noch erweitert werden. Bei der Faltung zur Tertiärstruktur werden oft auch chemische Kovalenzen geknüpft, nämlich *Disulfidbrücken* (S—S-Brücken) zwischen zwei Cysteinresten durch Oxidation der SH-Gruppen, wobei sich das Dimere Cystin bildet (vgl. Abschnitt 1.2.). Durch Reduktion können die Disulfidbrücken wieder aufgespalten werden:

$$\underset{\text{Cystein}}{R\text{—S—H}} + \underset{\text{Cystein}}{\text{H—S—}R} \underset{Red}{\overset{Ox}{\rightleftharpoons}} \underset{\text{Cystin}}{R\text{—S—S—}R}$$

Die Disulfidgruppen verklammern die kompakte gefaltete Polypeptidkette in Proteinen, wodurch eine zusätzliche Stabilisierung erreicht wird. In der Tertiärstruktur des Lysozyms können wir vier derartige Disulfidbrücken erkennen (Abb. 1-23), die bereits in der Primärstruktur dieses Enzyms (Abb. 1-14) angedeutet wurden.

Durch gleichzeitig durchgeführte Denaturierung und Reduktion von Enzymen kann eine völlige Entfaltung der Polypeptidketten erreicht werden. Nach Entfernung der denaturierenden und reduzierenden Agenzien bildet sich z. B. bei Ribonuclease nach Reoxidation durch Luftsauerstoff die native Tertiärstruktur wieder zurück (Abb. 1-24). Diese Experimente belegen eindrucksvoll, daß die primäre Ursache für die Kettenfaltung nicht in der Ausbildung von Disulfidbrücken zu suchen ist. Diese stabilisieren lediglich die sich unabhängig davon einstellende spontane Faltung der Polypeptidkette zur Tertiärstruktur. Darüber hinaus wird dadurch bestätigt, daß die native gefaltete Tertiärstruktur von Enzymen gleichzeitig auch die thermodynamisch stabilste Konformation ist. Damit wird eine andere Möglichkeit ausgeschlossen, daß nämlich die Tertiärstruktur durch den Synthesemechanismus festgelegt wird und eine metastabile, nur durch Energiebarrieren an Konformationsumwandlungen gehinderte Form ist.

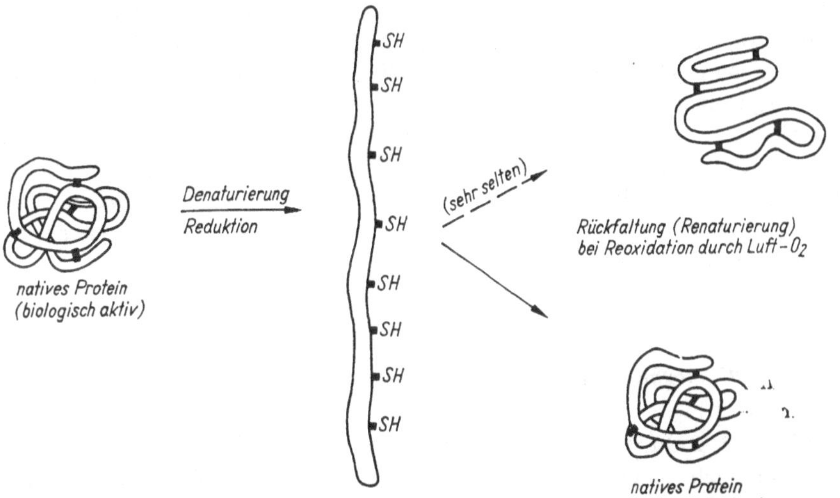

Abb. 1-24. Schematische Darstellung der reversiblen Entfaltung bei der reduzierenden Denaturierung von Enzymen und der Rückfaltung bei anschließender Reoxidation durch Luftsauerstoff.

Dynamischer Charakter der Tertiärstruktur: Sowohl Nucleinsäuren als auch Proteine können in wäßriger Lösung definierte räumliche Strukturen ausbilden, die dem Optimum der freien Energie aller intra- und intermolekularer Wechselwirkungen in der Lösung entsprechen. Die ausführlichsten und genauesten Informationen über die Tertiärstruktur werden durch die Röntgenstrukturanalyse vermittelt, die aber an Messungen im Kristallzustand gebunden ist. Es sind deshalb immer wieder Zweifel aufgekommen, ob die im Kristallverband ermittelten räumlichen Strukturen mit denen in wäßriger Lösung überhaupt identisch sind. Bis heute stehen aber alle an wäßrigen Lösungen gewonnenen Resultate nicht in Widerspruch zu den Ergebnissen der Röntgenstrukturanalyse, so daß wir die so erhaltenen Raumstrukturmodelle auch für eine Diskussion der molekularbiologischen Mechanismen verwenden können.

Aber natürlich vermittelt uns die Röntgenstrukturanalyse nur einen statischen Eindruck von der Tertiärstruktur. Es wurde der Vergleich zu einer Momentaufnahme einer Fußballmannschaft gezogen, die keine Informationen über die Art des Zusammenspiels vermittelt. Aus Messungen des H-Isotopenaustauschs und anderen Resultaten muß geschlossen werden, daß durch Energiefluktuationen der thermischen Energie der Lösung statistisch an unterschiedlichen Stellen des Biopolymeren Torsionen oder Aufweitungen der Tertiärstruktur ausgelöst werden können. Dadurch werden Bezirke, die nach dem statischen Modell von der wäßrigen Lösung streng abgeschirmt sind, kurzzeitig dem Lösungsmittel zugänglich und können so z. B. einen H-Isotopenaustausch durchführen. Diese Untersuchungen belegen die Einseitigkeit des statischen Modells, das wir um den dynamischen Aspekt erweitern müssen. Durch statistische Energiefluktuationen in der Lösung wird also an bestimmten Stellen die Tertiärstruktur kurzzeitig aufgelockert („Atmen" der Tertiärstruktur).

An Nucleinsäuren kann der dynamische Charakter der Tertiärstruktur experimentell ebenfalls nachgewiesen werden. Dieser Mechanismus dient auch zur Interpretation von verschiedenen Interaktionsprozessen der *DNA*, wobei z. B. Moleküle mit ebenen Ringsystemen zwischen die gestapelten Basenpaare der starren Doppelhelix eingelagert werden können („Intercalation").

1.4.5. Quartärstruktur und höhere Organisationsformen

Quartärstruktur: Bei Proteinen verwendet man oft den Begriff der Quartärstruktur, wenn sich mehrere Protein-„Untereinheiten" zu biologisch aktiven Proteinstrukturen zusammenlagern. Dabei kann die Zahl der sich zusammenlagernden Polypeptidketten sehr unterschiedlich sein. Die Untereinheiten können verschieden oder aber auch gleich sein. So entsteht die Quartärstruktur im Hämoglobin durch die Zusammenlagerung von vier Polypeptidketten, nämlich zwei α- und zwei β-Ketten. Dagegen sind im Tabakmosaikvirus (*TMV*) rund 2100 Polypeptidketten zusammengelagert. Der Zusammenhalt erfolgt im allgemeinen durch schwache Wechselwirkungskräfte. Viele bekannte Enzyme bestehen aus 2—8 Untereinheiten.

Eine Dissoziation in die Untereinheiten kann durch verschiedene physikalische und chemische Einflüsse wie Temperaturänderung, pH- und Ionenstärkevariation, Harnstoffzusatz u. a. m. ausgelöst werden.

Der Zusammentritt von mehreren Polypeptidketten (Untereinheiten) zu einer Quartärstruktur ist oft die strukturelle Voraussetzung für verfeinerte funktionelle Wirkungen im biologischen Geschehen.

Höhere Organisationsformen: Im biologischen System erscheinen die Proteine oft nicht isoliert, sondern im Komplex mit anderen Zellbestandteilen. Diese Komplexe werden im deutschen Sprachgebrauch als *Proteide* oder auch als konjugierte Proteine bezeichnet. Je nach der Natur des Komplexpartners sprechen wir von Metallproteiden (Komplexe mit Metallen), Chromoproteiden (mit Farbstoffen), Glycoproteiden (mit Kohlenhydraten), Lipoproteiden (mit Lipiden in Membranen), Nucleoproteiden (mit Nucleinsäuren) z. B. in Chromosomen u. a. m.

Auch viele *Enzyme* gehören zu den Proteiden. Enzyme (Fermente) sind Biokatalysatoren, deren Aufgabe es ist, die Aktivierungsenergie zur Knüpfung von kovalenten chemischen Bindungen so herabzusetzen, daß ein Ablauf unter physiologischen Bedingungen ermöglicht wird. Es gibt Enzyme, die reine Proteine sind, d. h. nur aus einer oder mehreren Polypeptidketten bestehen. So werden Ribonuclease oder auch Lysozym aus einer einzigen Polypeptidkette gebildet (Abb. 1-14 und Abb. 1-23). Andere Enzyme werden aus mehreren Polypeptidketten (Untereinheiten) gebildet, wie z. B. Aspartattranscarbamylase und Lactatdehydrogenase.

Im Gegensatz dazu sind einige Enzyme aus einer Proteinkomponente und einer *prosthetischen Gruppe* zusammengesetzt; diese beiden Bestandteile werden auch als Apoenzym und Coenzym bezeichnet. Aber auch andere biologisch wichtige Proteide wie z. B. die Hämoproteide (Hämoglobin, Cytochrome) bestehen aus einer prosthetischen Gruppe und der Proteinkomponente. So setzt sich das Hämoglobin aus der prosthetischen Gruppe, der Hämgruppe, und dem Proteinanteil, den 4 Polypeptidketten des Globins, zusammen.

Die prosthetischen Gruppen sind für die funktionelle Aktivität des Proteids entscheidend, sie sind für sich allein biologisch inaktiv. So vermag die Hämgruppe den Sauerstoff nur irreversibel zu binden. Die biologisch entscheidende Reversibilität der O_2-Bindung wird erst von der am Globin gebundenen Hämgruppe geleistet.

In den Nucleoproteiden sind die beiden wichtigsten Biopolymergruppen miteinander verknüpft. In dem Eukaryotenchromosom z. B. liegt die *DNA* als Nucleoproteid mit sauren und basischen Proteinen vor. Die basische Komponente besteht aus Histonen (vgl. Abschnitt 4.4.2., 5.10. und 6.4.7.). Die Basizität der Histone beruht auf Lysin- und Argininresten (vgl. Tab. 1-1 und Tab. 1-2). Die biologische Funktion der Histone ist noch ungeklärt, vermutlich wirken sie regulatorisch bei der Abdeckung von Genabschnitten der *DNA*. Auch die Viren sind Nucleoproteide. Als Nucleinsäurekomponente kommen sowohl *DNA* (*DNA*-Viren wie *E. coli-T2-*, *T4-*, *T6*-Phagen) als auch *RNA* (*RNA*-Viren wie Tabakmosaikvirus, Grippeviren) vor. Die Art der Nucleinsäure-Protein-Wechselwirkung kann in den einzelnen Viren völlig unterschiedlich sein.

Ebenfalls aus Nucleinsäuren *(rRNA)* und Proteinen sind die Ribosomen aufgebaut, an denen sich die Proteinsynthese abspielt.

Eine weitere wichtige Gruppe bilden die Lipoproteide, in denen Lipoide mit Proteinen komplex verbunden sind. Sie sind für den Aufbau und die Funktion der Membran von großer biologischer Bedeutung (vgl. auch Abschnitt 5.10.2.).

1.5. Struktur und biologische Funktion der Biopolymere

Wenn wir uns in den folgenden Kapiteln ausschließlich mit Strukturuntersuchungen an Biopolymeren beschäftigen, so soll damit keineswegs der Eindruck erweckt werden, daß die Strukturermittlung als Selbstzweck betrieben wird. Vielmehr ist es das erklärte Ziel aller dieser Untersuchungen, die gewonnenen Strukturinformationen zum Verständnis der Lebensvorgänge auf molekularer Ebene zu nutzen.

Wir kennen heute eine Vielfalt von biologischen Prozessen, die das Leben in einer Zelle aufrechterhalten, ohne aber bisher deren molekulare Mechanismen völlig zu verstehen. Eine Reihe interessanter Beziehungen zwischen Struktur der daran beteiligten Moleküle und ihrer biologischen Funktion sind aber bereits jetzt aufgedeckt worden. Es würde den Rahmen dieses einleitenden Kapitels sprengen, wenn hier diese Struktur-Funktions-Beziehungen auch nur einigermaßen vollständig dargestellt werden sollten. Wir können uns nur über einige wichtige Begriffe und Zusammenhänge verständigen, auf die in den nachfolgenden methodischen Kapiteln zurückgegriffen wird.

Identische Reduplikation der DNA: Wir wissen heute, daß der gesamte Bauplan eines komplizierten Organismus in Form eines Triplett-Codes in der Nucleotidsequenz der *DNA* von Generation zu Generation weitergegeben wird. Bei der Vermehrung muß demnach die genetische Information identisch redupliziert werden, was durch die Erzeugung zweier identischer *DNA*-Doppelhelices aus der ursprünglichen Doppelhelix erreicht werden kann. Die strukturelle Basis für diesen mit unwahrscheinlich hoher Präzision erfolgenden Prozeß ist die topologische und elektronische Komplementarität der Basen. Nur in den zwei komplementären Basenpaarungen *GC* und *AT* „passen" die Basen in der Doppelhelix zueinander (vgl. Abb. 1-19). Bei der Reduplikation wird enzymatisch der zu jedem Einzelstrang der Doppelhelix komplementäre Strang synthetisiert. Aus diesem Prozeß gehen somit zwei identische *DNA*-Doppelhelix-Moleküle hervor, in denen jeweils ein Strang vom ursprünglichen Molekül herrührt und der dazu komplementäre Strang neu synthetisiert worden ist. Wir bezeichnen deshalb diesen Vorgang als *semikonservative Reduplikation* der *DNA*.

Transkription, Translation, Proteinsynthese: Es sind eine Reihe von komplizierten Prozessen erforderlich, um den in der *DNA* verschlüsselten Bauplan zu realisieren. Zunächst muß die Information an der *DNA* abgelesen werden. Dazu wird enzymatisch eine zum abgelesenen *DNA*-Strang komplementäre *RNA*, die Nachrichten-*RNA (mRNA)*, synthetisiert. Diesen Vorgang nennen wir *Transkription*. Auch für die Transkription ist also die komplementäre Basenpaarung die strukturelle Basis.

Für den richtigen Ablauf der Transkription ist die *Erkennung* bestimmter Abschnitte der *DNA* durch das beteiligte Enzym (*RNA*-Polymerase) erforderlich. Sicher ist hierbei eine topologische Komplementarität Voraussetzung für das „Einrasten" des Enzyms an einer bestimmten Stelle des *DNA*-Strangs zu Beginn des Ablesevorgangs. Es ist aber noch nicht bekannt, welcher Typ der schwachen Wechselwirkungen (H-Brücken, VAN-DER-WAALS-Kräfte, hydrophobe oder elektrostatische Kräfte) für die Spezifität dieser Protein-Nucleinsäure-Wechselwirkung überwiegend verantwortlich ist.

Noch wesentlich komplexer verläuft der zweite Schritt, die *Translation*, wobei die abgelesene Nucleotidtriplett-Sequenz als Bauanleitung für die Proteine dient. Dieser Vorgang findet an den *Ribosomen* statt, die einen aus ribosomaler *RNA* (*rRNA*) und Proteinen aufgebauten Komplex darstellen. Die mittels der *mRNA* herantransportierte Information der *DNA* wird im Ribosom in eine Aminosäuresequenz umgesetzt, wobei die Transfer-*RNA* (*tRNA*) die jeweils gewünschten Aminosäuren in die richtige Position dirigiert. Für jede Aminosäure existiert mindestens eine *tRNA*. Dabei korrespondieren jeweils ein Nucleotidtriplett der *mRNA* (Codon) mit einem komplementären Triplett (Anticodon) der *tRNA* (vgl. Abb. 1-21). Nach dem im vergangenen Jahrzehnt völlig aufgeklärten *genetischen Code* (Tab. 1-11) werden somit Start, Reihenfolge der einzubauenden Aminosäuren und Polypeptidkettenende völlig durch die Sequenz der Nucleotidtripletts determiniert.

Dieser zweite Schritt der Proteinsynthese besteht aus einer Vielzahl komplizierter Wechselwirkungen zwischen Nucleinsäuren und Nucleinsäuren sowie zwischen Proteinen und Nucleinsäuren. Die Informationsweitergabe von der *mRNA* an die *tRNA* wird dabei wieder von der komplementären Basenpaarung gesteuert (Codon-Anticodon-Wechselwirkung), während die übrigen Wechselwirkungen strukturell noch weitgehend unbekannt sind.

Kooperativität: Sowohl bei Interaktionen als auch bei Konformationsumwandlungen der Biopolymeren begegnet uns das Phänomen der Kooperativität. Wir verstehen unter Kooperativität allgemein die gegenseitige Beeinflussung von irgendwelchen Vorgängen. Wenn in einem Biopolymerenmolekül eine Veränderung an einer beliebigen Stelle induziert wird, so sprechen wir dann von kooperativem Verhalten, wenn diese Veränderung auch das Reaktionsverhalten in den angrenzenden Bereichen im Biopolymeren beeinflußt. Der erste Reaktionsschritt beeinflußt also die nachfolgenden gleichen oder ähnlichen Reaktionsschritte.

Oft ist der erste Reaktionsschritt („Keimbildung") mit der größten Aktivierungsenergie verknüpft, während die nachfolgenden Schritte durch den ersten erleichtert werden, d. h. deren Aktivierungsenergie herabgesetzt wird (kooperatives Verhalten). Umgekehrt kann der erste Reaktionsschritt auch die folgenden Schritte erschweren (antikooperatives Verhalten).

Kooperative Reaktionen zeichnen sich durch einen scharfen Übergang vom Ausgangs- in den Endzustand aus. Ein typisches Beispiel dafür ist die *thermische Denaturierung* der *DNA*. Wenn die thermische Energie in der Lösung groß genug ist, um ein Basenpaar durch Aufbrechen der H-Brücken aufzutrennen und die

Basenreste aus dem Stapelungsverband des jeweiligen Stranges herauszuschwenken, werden auch die benachbarten Basenpaare labilisiert, da deren VAN-DER-WAALS-Wechselwirkungen sich nun nur noch auf einen Nachbarn beschränken. Dadurch pflanzt sich das Aufbrechen der H-Brücken in den komplementären Basenpaaren mit nachfolgendem Herausschwenken aus dem Stapelungsverband vom ersten Keim aus sehr rasch nach beiden Richtungen wie bei einem Reißverschluß fort. Innerhalb eines sehr kleinen Temperaturintervalls werden wir also einen Übergang der *DNA* vom geordneten Zustand (Doppelhelix) in den ungeordneten Zustand (Knäuel der beiden Einzelstränge) beobachten. Der Prozeß der thermischen Denaturierung der *DNA* ähnelt deshalb dem Schmelzvorgang in Festkörpern und wird analog als „Schmelzen" der *DNA* bezeichnet. Die Temperatur, bei der gleich viel freie und in komplementären Paaren gebundene Basen vorliegen, bezeichnen wir als „Schmelztemperatur" T_m der *DNA* (Abb. 1-25). Es hat sich gezeigt, daß die thermische Stabilität der *DNA* mit zunehmendem Anteil der *GC*-Basenpaare anwächst. In der Natur finden wir *DNA* mit einem *GC*-Anteil von 73% bis herab zu fast 0%, wodurch die Schmelztemperatur unter sonst gleichen Milieubedingungen um rund 30° differieren kann.

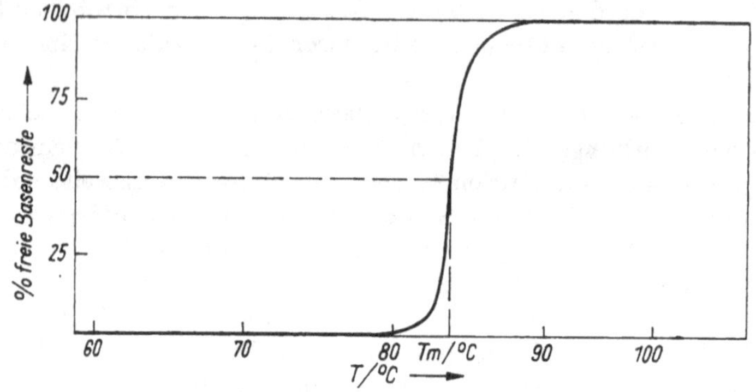

Abb. 1-25. „Schmelzkurve" der *DNA*.

Der Prozentsatz der nicht mehr über H-Brücken komplementär verbundenen Basen ist über der Temperatur aufgetragen. Die Steilheit der Kurve wird durch die Kooperativität des Vorgangs bewirkt. Die Temperatur T_m, bei der 50% der Basenpaare aufgebrochen und 50% noch über H-Brücken gebunden sind, wird als „Schmelztemperatur" (engl.: melting temperature) bezeichnet.

Auch bei Proteinen können die Denaturierungsvorgänge kooperativ verlaufen. Die Entropiebilanz dieser Denaturierungsprozesse setzt sich aus einem positiven und einem negativen Beitrag zusammen. Durch den Übergang des Biopolymeren von der geordneten in die ungeordnete Form wird ein positiver Entropiebeitrag freigesetzt (Entropie = Maß der Unordnung); dagegen wird das Wasser einen negativen Entropiebeitrag liefern, denn in der Umgebung der nunmehr dem Lösungsmittel ausgesetzten hydrophoben Biopolymeranteile nimmt das Wasser eine geordnete Struktur an (vgl. Abschnitt 1.3.3.).

Topologische Komplementarität: Viele entscheidende biologische Prozesse werden auf molekularer Ebene durch die Wechselwirkung topologisch komplementärer Partner bedingt. Die reine topologische Komplementarität (Schlüssel-Schloß-Prinzip) ist dann ausreichend, wenn ausschließlich schwache VAN-DER-WAALSsche Kräfte die Wechselwirkung bestimmen. Wie bereits besprochen (Abschnitt 1.3.2.), ist für das Freisetzen einigermaßen über der thermischen Energie

Tabelle 1-11
Der genetische Code.
Ein aus drei Nucleotiden bestehendes Codon determiniert den Einbau einer bestimmten Aminosäure in die Polypeptidkette des zu synthetisierenden Proteins bzw. den Kettenabbruch.

1. Position (5'-Ende)	*U*	*C*	*A*	*G*	3. Position (3'-Ende)
U	*Phe*	*Ser*	*Tyr*	*Cys*	*U*
	Phe	*Ser*	*Tyr*	*Cys*	*C*
	Leu	*Ser*	Ende	Ende	*A*
	Leu	*Ser*	Ende	*Trp*	*G*
C	*Leu*	*Pro*	*His*	*Arg*	*U*
	Leu	*Pro*	*His*	*Arg*	*C*
	Leu	*Pro*	*Gln*	*Arg*	*A*
	Leu	*Pro*	*Gln*	*Arg*	*G*
A	*Ile*	*Thr*	*Asn*	*Ser*	*U*
	Ile	*Thr*	*Asn*	*Ser*	*C*
	Ile	*Thr*	*Lys*	*Arg*	*A*
	*Met**)	*Thr*	*Lys*	*Arg*	*G*
G	*Val*	*Ala*	*Asp*	*Gly*	*U*
	Val	*Ala*	*Asp*	*Gly*	*C*
	Val	*Ala*	*Glu*	*Gly*	*A*
	Val	*Ala*	*Glu*	*Gly*	*G*

*) gleichzeitig Start (*AUG* ist Start-Codon)

der Lösung liegender Energiebeträge ein dichtes Zusammenlagern der beiden Wechselwirkungs-Partner mit einem größeren Teil ihrer Moleküloberflächen erforderlich, was nur bei topologischer Komplementarität über mehr oder weniger große Molekülbereiche hinweg gewährleistet ist. Sind noch H-Brücken oder elektrostatische Kräfte an den schwachen Wechselwirkungen zweier Partner beteiligt, so reicht die topologische Komplementarität allein nicht mehr aus. Es muß dann noch eine Komplementarität der Elektronendichteverteilung (elektronische Komplementarität) vorliegen, d. h. die Protonendonorgruppe $X{-}H$ des einen Partners benötigt eine Protonenacceptorgruppe *Y* in der korrespondierenden Position des Partners, ein Elektronendichteüberschuß (partielle oder vollständige negative Ladung) wiederum einen Elektronendichtemangel (positive Ladung) im Partner usf.

Mit diesem Komplementaritätsprinzip in der erweiterten Form können wir die biokatalytische Wirkung von Enzymen, die Enzymregulation, die Antigen-Antikörper-Reaktionen, aber auch die komplementären Basenpaarungen in Nucleinsäuren vom Prinzip her verstehen. Die sterisch genau ineinander passenden und elektronisch komplementären Partner erlauben eine optimale Ausbildung der schwachen Wechselwirkungen (H-Brücken, VAN-DER-WAALS-Kräfte und hydrophobe Wechselwirkungen, elektrostatische Wechselwirkungen) und somit die Freisetzung eines maximalen Betrages der freien Energie.

Aber nicht nur bei Wechselwirkungen zwischen verschiedenen Partnern, sondern auch bei der Ausbildung der nativen Tertiärstruktur von Biopolymeren haben wir die maximale Ausnutzung der schwachen Wechselwirkungen innerhalb des Biopolymermoleküls und bei dessen Wechselwirkung mit dem Lösungsmittel als herrschendes Prinzip erkannt (vgl. Abschnitt 1.4.). Somit ist die Tertiärstruktur auch die thermodynamisch stabilste, d. h. energieärmste Konformation. Eindrucksvolle Versuche haben belegt, daß nicht nur bei der reversiblen Renaturierung (vgl. Abb. 1-24), sondern sogar beim Spalten kovalenter Bindungen in der Polypeptidkette die für sich inaktiven Spaltstücke durch bloßes Zusammengeben nach kurzer Zeit wieder die biologisch aktive Tertiärstruktur annehmen können, obwohl die zerstörten kovalenten Bindungen nicht wieder geknüpft worden sind. So kann z. B. das aus 124 Aminosäureresten aufgebaute Enzym Ribonuclease *A* durch ein anderes Enzym (Subtilisin) in zwei Spaltstücke mit 104 und 20 Aminosäureresten zerlegt werden:

$$\underset{\text{(124 Reste)}}{\textit{RNase A}} \xrightarrow{\textit{Subtilisin}} \underset{\text{(104 Reste)}}{\textit{RNase S}} + \underset{\text{(20 Reste)}}{\textit{S}\text{-Peptid}}$$

Die biologisch inaktiven Spaltprodukte können nach einiger Zeit im Gemisch wieder enzymatische Aktivität entwickeln, d. h., sie haben die native gefaltete Tertiärstruktur trotz der Spaltung einer kovalenten Bindung wieder ausgebildet.

Analoge Versuche wurden auch an *tRNA* durchgeführt, wo Spaltungen der Zucker-Phosphat-Kette an verschiedenen Stellen möglich sind. Auch hier können sich wieder biologisch aktive Produkte beim Stehenlassen eines Gemisches der Spaltprodukte rekonstituieren.

Enzyme als Biokatalysatoren: Enzyme dienen als Katalysatoren biochemischer Reaktionen. Ein Katalysator zeichnet sich bekanntlich dadurch aus, daß er die Geschwindigkeit einer bestimmten Reaktion beeinflußt, selbst aber aus der Umsetzung unverändert wieder hervorgeht. Enzyme haben als Biokatalysatoren die Aufgabe, unter physiologischen Bedingungen sonst äußerst langsam verlaufende Reaktionen (z. B. Knüpfen oder Lösen von kovalenten Bindungen) ausreichend zu beschleunigen. Die Enzyme sind für diese Aufgabe vor allem durch folgende Eigenschaften geeignet:

a) Hohe Spezifität sowohl für das umzusetzende Substrat als auch für die zu katalysierende chemische Reaktion.
b) Hohe Effektivität durch enorme Reaktionsbeschleunigung (um den Faktor $10^8 \cdots 10^{11}$) und durch großen Durchsatz ($10^3 \cdots 10^6$ umgesetzte Substratmoleküle pro Minute an einem einzigen Enzymmolekül).
c) Große Vielfalt der katalysierten Reaktionen. Enzyme sind an nahezu allen biochemischen Reaktionen beteiligt.

Jedes Enzym hat also die Fähigkeit, einen nur zu ihm passenden biochemischen Reaktionspartner, das *Substrat*, im sog. *aktiven Zentrum* des Enzyms zu binden. Im Enzym-Substrat-Komplex wird das Substrat für die angestrebte Reaktion aktiviert, d. h. in der Elektronendichteverteilung und oft auch in der sterischen Anordnung so deformiert, daß an dem Substratmolekül die chemische Reaktion ansetzen kann und zum gewünschten Reaktionsprodukt führt.

Wir könnten nun annehmen, daß für eine optimale Substrat-Enzym-Wechselwirkung das aktive Zentrum des Enzyms bereits genau komplementär zum zu aktivierenden Substrat geformt ist (*Schlüssel-Schloß-Modell*). Diese einfache Vorstellung ist nicht immer zutreffend. Es kann auch vorkommen, daß die Wechselwirkungsenergie zwischen Enzym und Substrat genutzt wird, um erst eine vollkommenere topologische Komplementarität im aktiven Zentrum zu schaffen, indem eine für das bloße Enzym thermodynamisch ungünstigere Konformation induziert wird. Bei Annäherung des Substrats an das Enzym wird also eine Konformationsumwandlung im Enzym ausgelöst, die erst eine biokatalytische Wir-

Abb. 1-26. Schematische Darstellung des Modells der induzierten Anpassung.
Bei Annäherung des Substrats *S* an das Enzym mit einer Tertiärstruktur *E* wird eine Konformationsumwandlung ausgelöst. Dadurch nimmt das Enzym eine Tertiärstruktur *E'* an, die im aktiven Zentrum eine verbesserte topologische Komplementarität zum Substrat aufweist. Der Enzym-Substrat-Komplex *E'S* kann nun z. B. mit den Aminosäureresten *X* und Y des aktiven Zentrums in Wechselwirkung treten.

kung des Enzyms auf das Substrat (Aktivierung) erlaubt (Abb. 1-26). Ein direkter Beweis für dieses *Modell der induzierten Anpassung* konnte durch die Röntgenstrukturanalyse erbracht werden. Im Enzym Carboxypeptidase *A* wird der Aminosäurerest *Tyr*-248 bei Substratbindung um die beträchtliche Strecke von 1,2 nm bewegt, wodurch die Seitengruppe des Tyrosinrests in Kontakt mit dem Substratmolekül treten kann. Es wird also eine für den Enzym-Substrat-Komplex energetisch günstigere Konformation des Enzyms induziert.

Wir können demnach die Spezifität der Enzyme strukturell durch das erweiterte Komplementaritätsprinzip (Schlüssel-Schloß-Modell oder Modell der induzierten Anpassung) erklären. Um einen genügend großen Stoffumsatz (Durchsatz) der katalysierten Reaktion zu gewährleisten, darf dabei die Energie der Enzym-Substrat-Wechselwirkung nicht zu groß sein. Wie bereits im Abschnitt 1.3. angedeutet, sind die bei der Enzym-Substrat-Bindung auftretenden schwachen Wechselwirkungskräfte gering genug, um durch die thermische Energie der Lösung dauernd ein Aufbrechen und Neubilden der Enzym-Substrat-Bindung zu ermöglichen. Die dadurch bedingte Kurzlebigkeit des Enzym-Substrat-Komplexes erlaubt einen großen Durchsatz für die zu katalysierende Reaktion. Verwenden wir eine dem Substrat chemisch verwandte, aber an das Enzym stärker bindende Substanz, so ist die Dissoziation des Komplexes mit dem Enzym erschwert, das Enzym kann nur noch langsam arbeiten. Derartige Substanzen hemmen die enzymatische Aktivität des Enzyms, da sie das aktive Zentrum wesentlich länger besetzt halten, als es das eigentliche Enzym tut. Wir bezeichnen solche Substanzen als *Inhibitoren*.

Auch die große Vielfalt der enzymatisch beeinflußten biologischen Reaktionen ist von der Struktur her zu verstehen, denn die praktisch unbegrenzte Anordnungsvielfalt der rund 20 Aminosäurereste in der Polypeptidkette erlaubt, für jedes Substrat auch ein dazu komplementäres aktives Zentrum zu modellieren.

Die Reaktionsbeschleunigung durch das Enzym ist — wie bereits angedeutet — auf Elektronendichteänderungen im Substratmolekül bei Bindung an das aktive Zentrum zurückzuführen. Es werden derartige Elektronendichteänderungen induziert, daß die zu katalysierende biochemische Reaktion erleichtert wird. Thermodynamisch sprechen wir von einem Herabsetzen der Aktivierungsenergie dieser Reaktion. Für einige Enzym-Substrat-Komplexe gibt es bereits begründete Strukturvorstellungen für das aktivierte Substrat.

Allosterie: Bei einer genauen Analyse der Enzymkinetik wurde für eine Reihe von Enzymen ein vom bisherigen Bild abweichendes Verhalten gefunden. Wir müssen für diese Enzyme und auch für eine Reihe anderer biologisch aktiver Proteine die Beeinflussung der biologischen Aktivität durch *Effektoren* annehmen. Die Effektoren sind niedermolekulare Substanzen, die durch Bindung an das betreffende Protein dessen Konformation ändern können. Dieses Verhalten der Proteine, in Konformationszuständen unterschiedlicher biologische Aktivität existieren zu können, bezeichnen wir als *Allosterie*. Die allosterischen Effektoren werden in Inhibitoren und Aktivatoren eingeteilt, je nachdem, ob sie bei der von ihnen induzierten Proteinkonformationsänderung dessen biologische Aktivität herab- oder heraufsetzen. Die Bindung an den Proteinen erfolgt an besonderen allosterischen Zentren, die allerdings in Ausnahmefällen auch mit dem aktiven Zentrum zusammenfallen können.

Allosterie wird überwiegend bei Proteinen mit Quartärstruktur beobachtet,

d. h. bei aus Untereinheiten zusammengesetzten Proteinen. Die Quartärstruktur ist im allgemeinen sehr flexibel, eine Inaktivierung kann deswegen schon durch geringe Änderungen der Quartärstruktur ausgelöst werden.

Bei allosterischen Enzymen können die Effektoren sowohl auf die Substratspezifität, auf den Durchsatz als auch direkt auf die Quartärstruktur (z. B. durch Dissoziation in inaktive Untereinheiten) einwirken. Die Regulation der Enzymaktivität kann ebenfalls über die Allosterie erfolgen. Stellen wir uns vor, daß am Ende einer Biosynthesekette ein Produkt S_E gebildet wird, das gleichzeitig ein (inhibitierender) Effektor für das am Anfang der Kette benötigte Enzym E ist. Bei ausreichender Konzentration des Effektors (Endprodukt) S_E werden in den Molekülen des Start-Enzyms E allosterische Konformationsumwandlungen in einen inaktiven Zustand E' des Enzyms bewirkt. Dadurch wird die gesamte Biosynthesekette „abgeschaltet". Die Lage des Effektor-Enzym-Gleichgewichts

$$S_E + E \rightleftharpoons S_E \cdot E' \tag{1-13}$$

reguliert somit die Enzymaktivität. Verringert sich die Effektorkonzentration im System z. B. durch dessen Weiterverarbeitung, so dissoziiert der Komplex $S_E \cdot E'$, und das Enzym wird wieder in den aktiven Zustand E zurückverwandelt (Abb. 1-27).

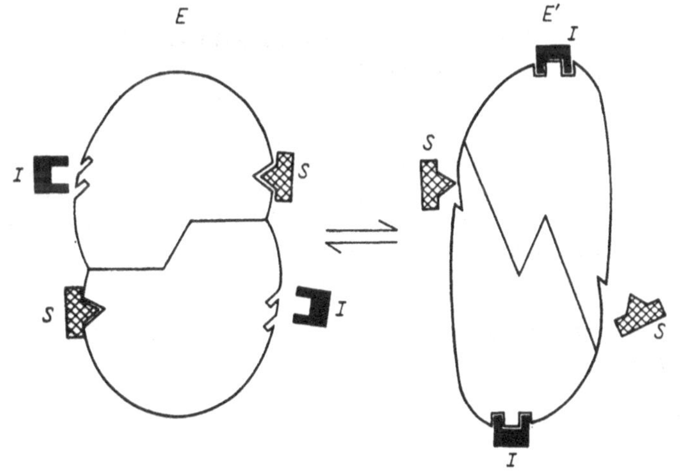

Abb. 1-27. Modell einer Enzymregulation durch die Wirkung des Endprodukts einer Biosynthesekette als allosterischer Inhibitor I auf das Enzym E am Beginn derselben Biosynthesekette.

Das Enzym wird durch den Inhibitor I in die inaktive Konformation E' übergeführt. Dadurch wird das aktive Zentrum so verändert, daß das Substrat S nicht mehr gebunden werden kann.

In biologischen Systemen sind tatsächlich derartige einfache Rückkopplungsmechanismen nachgewiesen worden. Natürlich gibt es darüber hinaus noch eine Reihe komplizierter Regulationsmechanismen für die Enzymaktivität.

Literatur

A) Allgemeine Literatur

(1) S. M. Rapoport: *Medizinische Biochemie.* 5. Auflage, VEB Volk und Gesundheit, Berlin (1973)

(2) H. Bielka (Herausgeber): *Molekulare Biologie der Zelle.* VEB Gustav-Fischer-Verlag, Jena (1969)

(3) L. Träger: *Einführung in die Molekularbiologie.* VEB Gustav-Fischer-Verlag, Jena (1969)

(4) E. Geissler (Herausgeber): *Desoxyribonucleinsäure.* 2. Auflage, Akademie-Verlag, Berlin (1972)

(5) E. Hofmann: *Eiweiße und Nucleinsäuren als biologische Makromoleküle* (*Dynamische Biochemie,* Teil I). 2. Auflage, Akademie-Verlag, Berlin (1970)

(6) H. D. Jakubke und H. Jeschkeit: *Aminosäuren, Peptide, Proteine.* Akademie-Verlag, Berlin (1969)

(7) J. D. Watson: *Molecular Biology of the Gene.* 2nd Edition, W. A. Benjamin Inc., Menlo Park, California (1970)

(8) Ch. Tanford: *Physical Chemistry of Macromolecules.* John Wiley and Sons, New York (1961)

(9) R. Brdička: *Grundlagen der physikalischen Chemie.* 7. Auflage, Deutscher Verlag der Wissenschaften, Berlin (1968)

(10) J. H. Spencer: *The Physics and Chemistry of DNA and RNA.* W. B. Saunders Company, Philadelphia-London-Toronto (1972)

B) Spezielle Literatur

(1) G. S. Manning: *Limiting Laws and Counterion Condensation in Polyelectrolyte Solutions. I. Colligative Properties.* J. Chem. Phys. **51** (1969) 924

(2) K. Ruckpaul und H.-G. Müller: *Gesetzmäßigkeiten der Struktur von Eiweißmolekülen.* Wiss. Fortschr. **22** (1972) 75

(3) W. Pfeil: *Biokatalyse — Merkmale und Einsatzmöglichkeiten.* Wiss. Fortschr. **23** (1973) 77

(4) H. G. Zachau: *Zur Struktur und Funktion von Transfer-Ribonucleinsäuren.* Angew. Chem. **81** (1969) 645

(5) S. Arnott und D. W. L. Hukins: *Optimised Parameters for A-DNA and B-DNA.* Biochem. Biophys. Res. Communic. **47** (1972) 1504

2. Hydrodynamische Methoden

(K. E. Reinert und H. Triebel)

2. HYDRODYNAMISCHE METHODEN

2.1. Einführung

Nachdem im vorangehenden Kapitel nachhaltig auf den Zusammenhang zwischen Struktur und Funktion der Biopolymere hingewiesen wurde, befassen sich die folgenden Teile mit der experimentellen Gewinnung von quantitativen Informationen über Struktureigenschaften und deren Änderungen.

Untersuchungsgegenstand hydrodynamischer Meßmethoden sind Makromoleküle in *Lösung*. Die Struktureigenschaften von Biopolymeren beeinflussen z. B. deren Diffusionsverhalten, die Viskosität (oder Zähigkeit) der Polymerlösungen und das Verhalten in hohen Kraftfeldern, wie sie bei der Sedimentation in der analytischen Ultrazentrifuge auftreten. Insbesondere sind es Informationen über die *äußeren Abmessungen* der Teilchen und ihre Änderungen, die aus entsprechenden Experimenten ermittelt werden können.

Die zu behandelnden Methoden ermöglichen ferner, die *Molmasse* M als eine der wichtigsten charakteristischen Eigenschaften der Biopolymere zu bestimmen. Dies kann entweder mit Hilfe spezieller Einzelmethoden oder durch Kombination mehrerer Meßverfahren geschehen. Im Falle linearer Polymere homologer Reihen ist eine Molmassenbestimmung mit geringem Aufwand mit einer hydrodynamischen Methode allein möglich, nachdem Eichrelationen zwischen M und der Sedimentationskonstante oder der Grenzviskosität ermittelt wurden.

Die Tertiär- und Quartärstruktur von Biopolymeren ist keine absolute Größe. Sie ist dadurch gekennzeichnet, daß ihr unter den gegebenen Bedingungen von Lösungsmitteleigenschaften und Einwirkung anderer Komponenten ein Minimum an freier Energie zukommt. Änderungen *eines* Parameters können die Energiebilanz und damit die räumliche Struktur beeinflussen.

Man untersucht Konformationsänderungen von Biopolymeren unter zwei verschiedenen Aspekten. Zunächst interessiert natürlich der Einfluß von nieder- wie auch hochmolekularen Bindungspartnern oder Liganden, die unmittelbare *biologische* Bedeutung haben. Zu dieser Gruppe gehören Effektoren und Inhibitoren, wie z. B. Coenzyme, Antibiotika sowie spezielle Ionen wie Mg^{++}, H^{+} und andere.

Darüber hinaus ist es oft sinnvoll, Milieuparameter zu verändern, die die freie Energie des Systems beeinflussen, um quantitative Informationen über energetische Aspekte zu erhalten. Dies gilt für hydrodynamische Untersuchungen ebenso wie für andere Methoden. So ist es z. B. allgemein üblich, die sog. Schmelztemperatur T_m der doppelhelicalen *DNA* zu messen (s. Abschnitt 3.9.2.) und als ein Maß für ihre Stabilität (oder freie Energie) zu betrachten, obgleich Temperaturen nahe 100 °C für *in vivo*-Systeme undiskutabel sind. In analoger Weise kann die Veränderung der Ionenstärke der Lösung, des pH-Wertes oder der Lösungsmittelzusammensetzung als energetische Sonde benutzt werden.

Eine Besonderheit bei der hydrodynamischen Untersuchung von Polymeren in Lösung ergibt sich aus deren starker gegenseitiger Beeinflussung bei endlichen Konzentrationen c (hier generell definiert durch Masse Polymer pro Volumen Lösung). Sie erfordert in der Regel, daß Messungen bei *mehreren* endlichen Konzentrationen durchgeführt werden und die Meßgröße auf die Konzentration $c = 0$ extrapoliert wird. Auf diese Weise erhält man die Polymereigenschaften der durch Nachbarmoleküle ungestörten Teilchen. Dies gilt auch für eine Reihe anderer Methoden, die mit den hydrodynamischen in ihren Aussagemöglichkeiten (Molmasse, Moleküldimensionen usw.) verwandt sind und deshalb in Abschnitt 2.6. kurze Erwähnung finden.

2.2. Allgemeine Grundlagen

2.2.1. Einheitlichkeit und Uneinheitlichkeit; Molmassenmittelwerte

Eine makromolekulare Substanz, deren Moleküle alle die gleiche Masse aufweisen, wird als *molekulareinheitlich* bezeichnet. Molekulareinheitliche Stoffe sind z. B. hochgereinigte Enzyme oder sehr schonend isolierte *DNA*-Präparate aus Viren. Bei allen synthetischen Hochpolymeren und bei einer Vielzahl von Naturstoffen hat man es jedoch nicht mit Molekülen gleicher Masse, sondern mit einem Gemisch von Molekülen verschiedener Masse (und gegebenenfalls verschiedener Art) zu tun. Bei solchen molekularuneinheitlichen Stoffen unterscheidet man zwischen paucimolekularen und polymolekularen Systemen.

Paucimolekulare (ältere Bezeichnung: „paucidisperse") Substanzen bestehen aus einem Gemisch weniger Molekülsorten, von denen jede selbst wieder molekulareinheitlich ist. Ein typisches paucimoleculares System bilden die im Blutserum von Säugetieren enthaltenen Serumproteine, die aus einer ganzen Reihe molekulareinheitlicher Proteinklassen mit jeweils unterschiedlichen Molmassen bestehen. Paucimolekularität beobachtet man häufig bei ungenügend gereinigten Naturstoffen oder bei Systemen, in denen Assoziations-Dissoziationsvorgänge (z. B zwischen Proteinen und ihren Untereinheiten) ablaufen.

Polymolekulare (ältere Terminologie: „polydisperse") Substanzen schließlich bestehen aus einem Gemisch sehr vieler Moleküle unterschiedlicher Größe mit einer statistischen Molmassenverteilung. Polymolekularität kann, wie bei allen durch eine statistische Bildungsreaktion entstehenden synthetischen und natürlichen Makromolekülen, eine Eigenschaft des Stoffes selbst sein oder als methodisches Artefakt auftreten (z. B. durch Scherabbau bei der Isolierung hochmolekularer *DNA*).

Der Begriff „*Molmasse einer Substanz*" ist nur bei molekulareinheitlichen Stoffen eine eindeutig definierte Größe. Bei der Untersuchung molekular*un*einheitlicher Stoffe erhält man bestimmte Mittelwerte der Molmasse. Der Zahlenwert eines solchen Mittelwertes hängt davon ab, auf welchen physikalischen Parameter (Anzahl, Größe oder Masse der Makromoleküle) die zu seiner Bestimmung benutzte Meßgröße anspricht. Daher erhält man je nach der verwendeten Meßmethode die verschiedensten Mittelwerte.

Das *Zahlenmittel* der Molmasse $\overline{M}_n$ (engl.: *number average*) ist definiert als

$$\overline{M}_n = \frac{\sum_i n_i M_i}{\sum_i n_i} = \frac{\sum_i c_i}{\sum_i c_i/M_i}, \tag{2-1}$$

wobei n_i die *Anzahl* der im Lösungsvolumen V enthaltenen Moleküle mit der Molmasse M_i bedeutet. Die Summation ist über alle Molekülsorten i zu erstrecken; die Gesamtzahl aller Moleküle ist dann durch $\sum_i n_i$ gegeben. Bei Verwendung der entsprechenden Konzentrationen c_i (Masse/Volumen) ergibt sich wegen $c_i = n_i M_i / V N_A$ (N_A: Avogadrosche Konstante) der in Gl. (2-1) rechts stehende Ausdruck. Osmotische Messungen (vgl. Abschnitt 2.6.1.) oder die Methode der chemischen Endgruppenanalyse, die beide auf die Anzahl der Moleküle ansprechen, liefern das Zahlenmittel der Molmasse.

Für das *Gewichtsmittel* der Molmasse $\overline{M}_w$ (engl.: *weight average*) gilt entsprechend

$$\overline{M}_w = \frac{\sum_i m_i M_i}{\sum_i m_i} = \frac{\sum_i c_i M_i}{\sum_i c_i} = \frac{\sum_i n_i M_i^2}{\sum_i n_i M_i}, \tag{2-2}$$

wobei m_i jetzt die *Masse aller* im Lösungsvolumen V vorhandenen Moleküle mit der Molmasse M_i bedeutet. $\overline{M}_w$ wird aus Lichtstreuungs- und Sedimentationsgleichgewichtsmessungen sowie aus Sedimentationsmessungen im Übergangszustand erhalten, bei denen der Meßeffekt von der Molekülmasse abhängt.

Aus Sedimentationsgleichgewichtsmessungen ergibt sich bei Anwendung spezieller Auswerteverfahren das *z-Mittel* der Molmasse (Index z von Zentrifugenmittel)

$$\overline{M}_z = \frac{\sum_i c_i M_i^2}{\sum_i c_i M_i} = \frac{\sum_i n_i M_i^3}{\sum_i n_i M_i^2}, \tag{2-3}$$

das gegenüber $\overline{M}_n$ und $\overline{M}_w$ in der Praxis eine untergeordnete Rolle spielt.

Für molekulareinheitliche Substanzen ist $\overline{M}_n = \overline{M}_w = \overline{M}_z$, d. h. die nach verschiedenen Verfahren (z. B. aus Osmose und Sedimentationsgleichgewicht) bestimmten Molmassen müssen innerhalb der methodisch bedingten Fehlergrenzen übereinstimmen. Damit ist ein empfindliches Kriterium gegeben, um die molekulare Einheitlichkeit einer Substanz zu testen.

Bei molekularuneinheitlichen Stoffen muß stets

$$\overline{M}_n < \overline{M}_w < \overline{M}_z \tag{2-4}$$

und insbesondere $\overline{M}_w/\overline{M}_n > 1$ sein. Der Quotient $\overline{M}_w/\overline{M}_n$ (oder die Größe $U = \overline{M}_w/\overline{M}_n - 1$) wird als quantitatives Maß für die molekulare Uneinheitlichkeit benutzt. Für Polymere mit einer GAUSS- oder Normalverteilung der Molmassen gilt $\overline{M}_w/\overline{M}_n = 2$.

Den aus kombinierten Sedimentations- und Diffusionsmessungen (Gl. (2-84)) oder Sedimentations- und Viskositätsmessungen (Gl. (2-85)) erhaltenen Mittelwerten der Molmasse $\overline{M}_{s,D}$ und $\overline{M}_{s,[\eta]}$ kommt bei polymolekularen Substanzen keine unmittelbare physikalische Bedeutung zu. Sie hängen sowohl von der Breite der Molmassenverteilung und deren Typ als auch von der Gestalt der Moleküle ab und sind mit keinem der in den Gln. (2-1) bis (2-3) angegebenen Mittelwerte identisch. Bei Kenntnis der Sedimentationskonstantenverteilung und der Formfaktoren a_s bzw. a_η (s. Abschnitt 2.7.3.) lassen sich jedoch $\overline{M}_{s,D}$ und $\overline{M}_{s,[\eta]}$ in definierte Mittelwerte umrechnen.

2.2.2. *Zur Gestalt globulärer Biopolymere*

Hinsichtlich ihrer äußeren Gestalt unterscheidet man bei Biopolymeren die beiden Grenzfälle der kompakten „globulären" Teilchen sowie der linearen Fadenmoleküle. Zur ersten Gruppe zählt die Mehrzahl der Proteine, zur zweiten vor allem die Desoxyribonucleinsäure (*DNA*) sowie Polysaccharide und andere. Beiden Klassen von Polymeren sind bei der Untersuchung ihrer äußeren Struktur unterschiedliche Betrachtungsweisen adäquat.

Hydrodynamisch wirksame Teilchen: Wie in den Abschnitten 2.4., 2.5. und 2.7. näher erläutert wird, kann das hydrodynamische Verhalten von idealen Kugeln und Rotationsellipsoiden mathematisch exakt behandelt werden. Reale globuläre Makromoleküle besitzen eine Struktur, die diesen Grenzfällen mehr oder weniger gut nahe kommt. Wie wir heute aus der vollständigen Röntgenstrukturanalyse einer beträchtlichen Anzahl von Proteinen wissen, müssen wir mit einer starken „Rauheit" der Proteinoberfläche rechnen.

Die sich überwiegend außen befindenden ionisierten sowie polaren Gruppen der Proteine führen zu einer starken Wasserbindung oder Hydratation. Neben diesem relativ spezifisch gebundenen Lösungsmittel wird auch solches mitgeführt, das sich in Einschnitten und Hohlräumen des Makromoleküls befindet. Damit erscheinen Masse und Volumen des hydrodynamisch wirksamen Teilchens größer, als es der Masse und dem Volumen des „trockenen" Makromoleküls entspricht, und seine Oberfläche erscheint stärker geglättet. Es ist daher möglich, die Teilchen mit idealen Kugeln oder idealen Rotationsellipsoiden zu vergleichen, die dieselben hydrodynamischen Eigenschaften besitzen wie das reale Makromolekül.

Die hydrodynamisch wirksame Masse m_h des Teilchens ergibt sich im einfachsten Falle des reinen Zweikomponentensystems Lösungsmittel (Index o) + Polymer als Summe aus der Masse m des „trockenen" Makromoleküls und der Masse m_o' des gesamten vom Makromolekül mitgeführten Lösungsmittels: $m_h = m + m_o' = m(1 + m_o'/m)$. Mit $m_o'/m = \Gamma_o$ als Solvatationsgrad (bei Biopolymeren in wäßrigen Lösungen: Hydratationsgrad) wird daraus

$$m_h = m(1 + \Gamma_o) = \frac{M}{N_A}(1 + \Gamma_o), \tag{2-5a}$$

wobei M die Molmasse des „trockenen" Polymers und N_A die AVOGADROsche Konstante bedeuten.

Für das hydrodynamisch wirksame Volumen des Teilchens $V_h = V + V_o'$ (V: Volumen des „nackten" Makromoleküls, V_o': Volumen des mitwandernden Lösungsmittels) folgt, wenn man die Volumina durch die spezifischen Volumina $\bar{v} = V/m$ und $\bar{v}_o' = V_o'/m_o'$ ausdrückt,

$$V_h = m(\bar{v} + \Gamma_o\bar{v}_o') = \frac{M}{N_A}(\bar{v} + \Gamma_o\bar{v}_o') \tag{2-5b}$$

$\bar{v}_o'$ hat hier die Bedeutung eines mittleren spezifischen Volumens, da das durch spezifische Wechselwirkung gebundene Lösungsmittel ein anderes spezifisches Volumen besitzen wird als das freie (oder als das in Hohlräumen des Makromoleküls eingeschlossene) Lösungsmittel. Eine Berücksichtigung der unterschiedlichen spezifischen Volumina von assoziiertem und freiem Lösungsmittel (vgl. z. B. ELIAS, 1972) führt zu

$$V_h = m(\bar{v} + \Gamma_o\bar{v}_o) = \frac{M}{N_A}(\bar{v} + \Gamma_o\bar{v}_o), \tag{2-5c}$$

worin $\bar{v}_o$ das spezifische Volumen des freien Lösungsmittels und $\bar{v} = (\partial V_{Lsg}/\partial m)_{m_o,T,p}$ das partielle spezifische Volumen des Polymers, gewonnen bei konstanter Lösungsmittelmasse m_0, Temperatur T und konstantem Druck P (V_{Lsg}: totales Volumen der Lösung), sind.

Bei Lösungsmitteln aus mehreren Komponenten (Gemische organischer Lösungsmittel, bei Polyelektrolyten wäßrige Salzlösungen) werden die verschiedenen Komponenten durch das Makromolekül meist unterschiedlich stark assoziiert. Eine exakte experimentelle Untersuchung solcher Systeme ist schwierig und selten durchgeführt worden. Polyelektrolytsysteme werden meist wie Zweikomponentensysteme behandelt, doch bedarf diese Vereinfachung im allgemeinen einer kritischen Diskussion (vgl. COHEN u. EISENBERG, 1968).

2.2.3. Flexible lineare Polymere

Viele lineare Biopolymere, wie z. B. Polysacharide, sind — ebenso wie die meisten synthetischen organischen Makromoleküle — relativ flexibel. Sie können, bedingt durch die Freiheitsgrade der inneren Rotation um Einfachbindungen (s. Abb. 2-2), verschiedene Konformationen annehmen. Andere lineare Biopolymere, wie z. B. die doppelhelicale Desoxyribonucleinsäure (*DNA*) oder Kollagen, besitzen eine wesentlich größere Steifheit. Doch zeigt es sich, daß im Grenzfall hinreichend langer Moleküle, d. h. sehr hoher Molmasse, viele für flexible Polymere gültige Überlegungen auch dann anwendbar sind.

Die hydrodynamisch meßbaren Größen linearer Polymerer (Sedimentationskonstante, Diffusionskonstante und Grenzviskosität) sind von den Abmessungen der Makromoleküle abhängig. Die quantitative Erfassung geometrischer Daten geht davon aus, daß man die mittlere Konformation der Makromoleküle in einer hochverdünnten Polymerlösung durch Mittelung über alle möglichen Konformationen eines einzelnen Moleküls gewinnt.

Mittlerer Endenabstand und Trägheitsradius: Eine sehr geläufige Größe zur quantitativen Beschreibung der Abmessungen linearer Polymerer ist der mittlere Endenabstand h_{av} (*average* = Durchschnitt, Mittelwert). Es sei h der Abstand zwischen den beiden Enden eines linearen Makromoleküls in einer beliebigen Konformation (vgl. Abb. 2-1), dann ist h_{av} definiert durch

$$h_{av} = \sqrt{\overline{h^2}} \tag{2-6}$$

wobei der Querstrich über h^2 die Mittelung über alle Werte von h^2 für alle möglichen Konformationen bezeichnet. Diese Art der Mittelung hängt nicht von den Richtungen der einzelnen Endenabstände h ab.

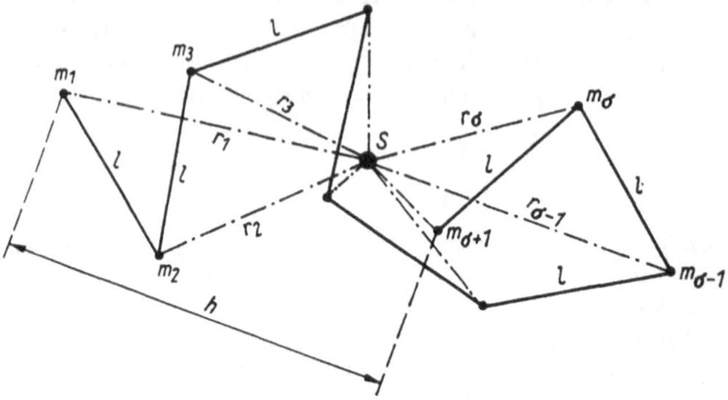

Abb. 2-1. **Modell eines idealen flexiblen statistischen Kettenmoleküls.**

h – Abstand der Molekülenden; r_i – Abstand der Zentren der Massenelemente m_i vom Schwerpunkt S ($i = 1, 2, 3, \ldots \sigma + 1$; im Beispiel: $\sigma = 8$).

Wenn wir h statt h^2 mitteln würden, wären die unterschiedlichen Richtungen von h für alle möglichen Konformationen zu berücksichtigen. Im statistischen Mittel ergäbe sich bei hinreichend langen flexiblen Polymeren $\bar{h} = 0$, da alle Richtungen gleich wahrscheinlich sind.

Die zweite häufig verwendete Größe für die Beschreibung der räumlichen Ausdehnung eines Makromoleküls ist der Trägheitsradius. Es seien die m_i die Massen der Elemente des in geeigneter Weise (z. B. in Monomere) zerlegten Kettenmoleküls und die r_i ihre Abstände vom Schwerpunkt S des Systems (Abb. 2-1). Dann ist

$$R^2 = \sum_i m_i r_i^2 / \sum_i m_i \tag{2-7a}$$

das Quadrat des Trägheitsradius R für eine spezielle Konformation.

Es interessiert wieder der Mittelwert für alle möglichen Konformationen, der Trägheitsradius R_G (radius of gyration) für molekulareinheitliche Polymere:

$$R_G = \sqrt{\overline{R^2}} \tag{2-7b}$$

Abmessungen idealer statistischer Kettenmoleküle: Wir betrachten zunächst das Modell eines idealisierten flexiblen Kettenmoleküls. Seine Glieder (Segmente) der Länge l seien derart miteinander verbunden, daß alle Winkel zwischen benachbarten Kettenelementen gleich wahrscheinlich sind (Abb. 2-1) und sich die einzelnen Segmente des Makromoleküls dennoch nicht gegenseitig behindern. Dieser Fall ist zwar aus sterischen Gründen nicht realisierbar, doch können die Eigenschaften realer Moleküle auf diesen Grenzfall zurückgeführt werden.

Wir suchen den Zusammenhang zwischen mittlerem Endenabstand h_{av} bzw. Trägheitsradius R_G und der Kettengliedlänge l sowie der Anzahl $(\sigma + 1)$ an Kettengliedern pro Polymer. (σ gibt die Anzahl der Verknüpfungen an). Die Annahme einheitlicher Kettengliedlängen l schränkt die Allgemeinheit der in Gl. (2-8) folgenden Aussagen nicht wesentlich ein. Für das idealisierte Kettenmolekül hinreichender Länge ergibt eine relativ einfache Rechnung für das Quadrat des mittleren Endenabstandes

$$h_{av}^2 = \overline{h^2} = \sigma l^2 \tag{2-8}$$

und für das Quadrat des Trägheitsradius

$$R_G{}^2 = \overline{R^2} = \frac{1}{6}\,\overline{h^2}, \tag{2-9}$$

speziell also

$$R_G{}^2 = \frac{1}{6} \cdot \sigma l^2 \tag{2-10}$$

Auf eine Herleitung der Gln. (2-8), (2-9) sowie (2-10) muß im Rahmen dieser Darstellung verzichtet werden (s. z. B. Tanford, 1961).

Abmessungen realer Kettenmoleküle: Bei realen linearen flexiblen Polymeren basiert die Konformationsvariabilität auf der Möglichkeit der *freien* oder partiell *behinderten* Rotation um (Einfach-)Bindungen. Scharniereffekte, also Änderungen der Winkel zwischen benachbarten Bindungen, wie sie das idealisierte Modell ausdrücklich zuläßt, treten nicht auf. Vielmehr bleiben die Bindungswinkel fest, und es sind lediglich mehr oder weniger freie Rotationen um die Bindungen möglich (Abb. 2-2). φ sei der Winkel zwischen benachbarten Bindungen, dann sind, wie gezeigt werden kann, die Gln. (2-8) und (2-10) noch um den Faktor $(1 + \cos\varphi)/(1 - \cos\varphi)$ zu ergänzen. h_{av} und R_G sind also um einen definierten Faktor größer als für den idealisierten Grenzfall.

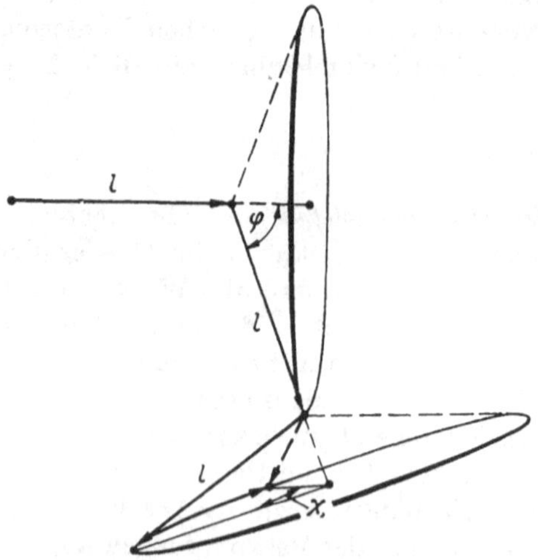

Abb. 2-2. Rotationsmöglichkeiten der Bindungen in einem Molekül vom Typ aliphatischer Ketten.

Bei behinderter Rotation sind nicht alle Winkel χ gleich wahrscheinlich.

Bei Behinderung der inneren Rotation tritt ein zweiter analoger Faktor $(1 + \overline{\cos\chi})/(1 - \overline{\cos\chi})$ mit dem Mittelwert $\overline{\cos\chi}$ (vgl. Abb. 2-2) hinzu.

Es zeigt sich also, daß — bei hinreichender Moleküllänge — der Ausdruck für h_{av}^2 generell aus *zwei* Faktoren besteht. Der erste ($\sigma + 1 \approx \sigma = M/M_0$) hängt nur von der Moleküllänge, also der Molmasse ab (M_0: Molmasse der Struktureinheit), während der zweite durch Bindungslänge und -winkel (und die Stärke der — temperaturabhängigen — Rotationsbehinderung) bestimmt ist. Daher kann verallgemeinert geschrieben werden

$$h_{av}^2 = \sigma\bar{\beta}^2 = \frac{M}{M_0}\bar{\beta}^2 \qquad (2\text{-}11)$$

$\bar{\beta}^2$ ist eine für den jeweiligen Polymertyp charakteristische Größe und tritt an die Stelle von l^2 in Gl. (2-8) für das idealisierte Polymermodell. Gl. (2-11) sollte im Rahmen der Voraussetzungen unabhängig von Polymerisationsgrad und Lösungsmittel sein. Die Raumerfüllung der Segmente und ihre Wechselwirkung mit dem Lösungsmittel verlangen jedoch eine weitere Verallgemeinerung (siehe nächste Seiten). Für eine repräsentative Auswahl von typischen (synthetischen) Polymeren liegen die experimentell ermittelten Werte von $\bar{\beta}$ zwischen 1,3 l und 3,2 l. Bei unterschiedlichen Einzelbindungslängen ist l als Mittelwert zu verstehen.

Eine andere Art der Interpretation von Gl. (2-11) faßt eine hinreichend große Zahl von μ Struktureinheiten zu einem „statistischen Segment" zusammen. Dieses neue Kettenelement wird als Glied eines statistischen Kettenmoleküls mit entsprechend größerer Grundeinheit angesehen. Das neue Segment ist in der Lage, alle Orientierungen mit gleicher Wahrscheinlichkeit anzunehmen. Wir erhalten also jetzt $\sigma_K = \sigma/\mu$ statistische Segmente der KUHN*schen statistischen Segmentlänge* l_K und somit (bei hinreichender Molekülgesamtlänge)

$$h_{av}^2 = \sigma_K l_K{}^2 = \frac{\sigma}{\mu} l_K{}^2, \tag{2-12}$$

also gemäß Gl. (2-9)

$$R_G{}^2 = \frac{1}{6} \sigma_K l_K{}^2 \tag{2-13}$$

Der Zusammenhang zwischen $\bar{\beta}$, l_K und dem mittleren l kann mit Hilfe der Gln. (2-11) und (2-12) sowie der Beziehung (Fadenlänge =) $\sigma l = \sigma_K l_K$ leicht hergeleitet werden:

$$\bar{\beta}^2 = l_K \cdot l \tag{2-14}$$

Wechselwirkungen von Polymersegmenten: Bei realen Kettenmolekülen muß berücksichtigt werden, daß auf Grund der eigenen, bisher vernachlässigten Raumerfüllung ein Polymersegment die gleichzeitige Anwesenheit eines anderen Segments (des gleichen Makromoleküls) ausschließt. Dieser Einfluß des sog. ausgeschlossenen Volumens sollte daher zu einer zusätzlichen Vergrößerung von R_G und h_{av} führen, die mit wachsender Molmasse zunimmt.

Eine zweite Ursache für Abweichungen vom idealen Verhalten hängt mit der Wechselwirkung zwischen Polymersegmenten und Lösungsmittel zusammen. Die schwache Solvatation in schlechten Lösungsmitteln ermöglicht den verschiedenen Polymersegmenten eines Moleküls in stärkerem Maße eine zeitweilige gegenseitige Assoziation. Das Resultat ist eine Erhöhung der Segmentdichte, R_G und h_{av} verringern sich.

Ein analoger Effekt kann bei *DNA* beobachtet werden. Wie aus hydrodynamischen Messungen folgt, führen bei Kalbsthymus-*DNA* oberhalb $M = 10^7$ g/mol intramolekulare Assoziationen, die durch „Restprotein" begünstigt werden, zu einer Verminderung des Trägheitsradius.

Bei Polyelektrolytmolekülen führt z. B. eine Erhöhung der Ionenstärke zur Verminderung der Lösungsmittelgüte.

In guten Lösungsmitteln überwiegt die Assoziation der Polymersegmente mit dem Lösungsmittel. Dies führt zur Vergrößerung des effektiven Fadendurchmessers, i. a. auch zu einer Versteifung und folglich zu einer Knäuelaufweitung.

Zur phänomenologischen Beschreibung dieser Einflüsse auf h_{av} und R_G wird gern ein empirischer Faktor α herangezogen:

$$h_{av}^2 = \alpha^2 \overline{h_\theta^2} = \sigma \alpha^2 \bar{\beta}^2 = \frac{M}{M_0} \alpha^2 \bar{\beta}^2 \tag{2-15}$$

$\overline{h_\theta^2}$ ist der Wert von h_{av}^2 für den Fall idealer Bedingungen ($\alpha = 1$). α steigt mit zunehmender Molmasse M, wenn der Einfluß der gegenseitigen Segmentverdrängung Anziehungseffekte überkompensiert.

Man schreibt nach Peterlin

$$\alpha^2 = \text{const}\, M^\varepsilon \tag{2-16}$$

Nach der Theorie von Flory und Kriegbaum ergibt sich in vereinfachter Darstellung

$$\alpha^5 - \alpha^3 = \text{const}\left(1 - \frac{\theta}{T}\right) M^{0,5} \tag{2-17}$$

Die Konstante θ hat die Dimension einer Temperatur und hängt von den thermodynamischen Konstanten der Wechselwirkung zwischen Segment und Lösungsmittel ab. Bei der sogenannten *θ-Temperatur* ($T = \theta$) ist $\alpha^5 - \alpha^3 = 0$, d. h. $\alpha = 1$, und es liegt scheinbar ideales Verhalten der Polymere vor.

θ kann oft durch Veränderung der Lösungsmittelzusammensetzung, bei Polyelektrolyten durch Variation der Ionenstärke, auf einen der Zimmertemperatur entsprechenden Wert gebracht werden. Wir sprechen dann von einem *θ-Lösungsmittel.*

Es sei nochmals besonders betont, daß h_{av} und R_G, wie sie auf den vorangegangenen Seiten behandelt wurden, Mittelwerte über alle möglichen Konformationen eines Einzelmoleküls darstellen. Die entsprechenden Relationen gelten also für molekular-einheitliche Polymerproben. Bei uneinheitlichen Proben ist das Meßresultat ein methodenspezifischer Mittelwert über alle Subfraktionen.

Segmentdichte und hydrodynamisch äquivalente Kugel: Wie dicht sind die Segmente eines Polymers vom Trägheitsradius R_G im statistischen Mittel im Raum angeordnet? Für ein ideales Knäuelmolekül kann diese Aufgabe mathematisch als „Irrflugproblem" behandelt werden. Bei hinreichend langen Ketten aus ($\sigma + 1$) Elementen folgt für die Segmentdichte ϱ, gemessen als Anzahl von Segmenten pro Volumeneinheit,

$$\varrho = \sigma \left(\frac{3}{2\pi R_G^2}\right)^{3/2} \cdot e^{-3r^2/2R_G^2} \tag{2-18}$$

Danach verringert sich die durchschnittliche Segmentdichte mit dem Abstand r vom Schwerpunkt nach einer Gaussschen Funktion (Glockenkurve). Im Knäuelzentrum ($r = 0$) nimmt mit zunehmendem M wegen $\sigma \sim M$ und $R_G^2 \sim M^{1+\varepsilon}$ (Gln. 2-9, 2-15 und 2-16) die Segmentdichte proportional $M^{-(1+3\varepsilon)/2}$ ab!

Das Lösungsmittel zwischen den Segmenten des flexiblen Knäuelmoleküls ist nahezu immobilisiert, ähnlich wie das Wasser einer Agarkugel, deren fädiges Stützgerüst ebenfalls nur einen Bruchteil des Gesamtvolumens ausfüllt. Daher verhält sich ein solches „undurchspültes" Knäuelmolekül hydrodynamisch ähnlich wie eine kompakte Kugel mit einem Radius, der bis auf einen Faktor ξ gleich dem Trägheitsradius R_G ist:

$$R_{\ddot{a}} = \xi R_G \tag{2-19}$$

$R_{\ddot{a}}$ ist der Radius der dem Knäuel *hydrodynamisch äquivalenten Kugel*. Zahlenwerte für ξ finden sich in den Gln. (2-57a) und (2-75).

2.2.4. *Halbstarre lineare Polymere*

Einige lineare Biopolymere wie die doppelhelicale *DNA* besitzen eine wesentlich größere Steifheit als einsträngige Makromoleküle. Für die Beschreibung ihrer Abmessungen eignet sich besonders das von Kratky und Porod eingeführte Modell des wurmartigen oder persistenten Kettenmoleküls.

Wir gehen von einem relativ starren Kettenmolekül mit Elementen endlicher Länge aus. Es sei das erste Element parallel zur x-Achse orientiert (analog Abb. 2-3). Ein Molekülende falle mit dem Nullpunkt der x-Achse zusammen. Wegen der vorausgesetzten Steifheit kann das zweite Element nur einen sehr kleinen Winkel ψ mit der x-Achse bilden. Daher ist die mittlere Richtung einer beträchtlichen Zahl folgender Polymerelemente durch die des ersten beeinflußt (Persistenz!). Dies hat zur Folge, daß das arithmetische Mittel des Endenabstandes $\bar{h}$ (nicht $h_{av} = (\overline{h^2})^{1/2}$!) mit zunehmender Moleküllänge einem *endlichen* Grenzwert zustrebt, und nicht — wie im Falle flexibler Kettenmoleküle — verschwindet. Gehen wir gleichzeitig zu immer kleinerer Kettenelementlänge über, so nimmt der Grenzwert von $\bar{h}$ einen definierten Wert an, den wir als *Persistenzlänge a* bezeichnen. Sie ist eine für wurmartige oder halbstarre Polymere charakeristische Größe, wie unten in Gl. (2-23) quantitativ erläutert wird.

Wir geben hier die wichtigsten Relationen für den mittleren Endenabstand h_{av} und den Trägheitsradius R_G halbstarrer Kettenmoleküle an:

$$h_{av}^2 = \overline{h^2} = 2aL[1 - a/L + (a/\mathrm{L})e^{-L/a}] \tag{2-20}$$

$$R_G{}^2 = \overline{R^2} = \frac{aL}{3}\,[1 - 3a/L + 6(a/L)^2 - 6(a/L)^3\,(1 - e^{-L/a}] \tag{2-21}$$

L ist die Konturlänge des Moleküls, d. h. die Länge des gestreckten Fadens ($L = \sigma l = \sigma_K l_K$).

Die Persistenz der lokalen Orientierung des Moleküls wird beschrieben durch die Relation

$$\overline{\cos\psi} = e^{-L/a} \tag{2-22}$$

$\overline{\cos\psi}$ ist der Wert des Richtungscosinus (s. Abb. 2-3) des Moleküls im Abstand L vom Molekülende, gemittelt über alle möglichen Konformationen, wenn das Molekül bei $L = 0$ in die Richtung $\psi = 0$ orientiert ist. (L kann in dieser Gleichung auch als laufende Koordinate ängs der Kette betrachtet werden.)

Der Vergleich der Gln. (2-20) und (2-21) mit den Gln. (2-6) und (2-10) zeigt, daß unter Berücksichtigung der Relation $\sigma_K l_K = L$ im Grenzfall sehr langer Moleküle (mit sehr großem Wert für L/a) die entsprechenden Ausdrücke für h_{av} und R_G übereinstimmen, wenn wir schreiben

$$2a = l_K. \tag{2-23}$$

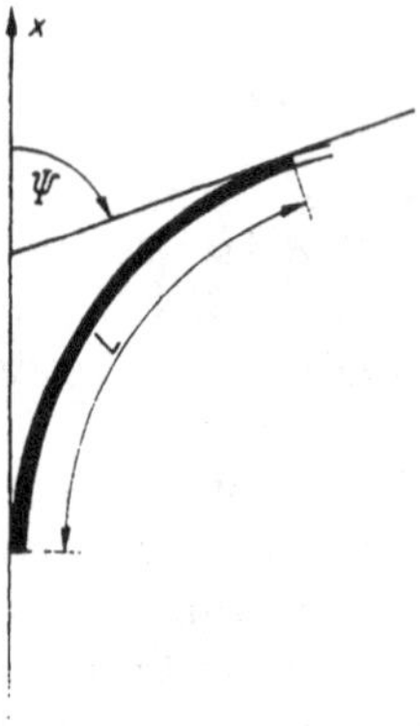

Abb. 2-3. Mittlere Änderung der Orientierung eines halbstarren linearen Polymers (wurmartige Kette) der Länge $L = a$ nach Gl. (2-22).

Die Persistenzlänge ist also gleich der halben KUHNschen Länge. Damit ist der Zusammenhang zwischen den beiden Betrachtungsweisen der flexiblen und halbstarren oder wurmartigen Kettenmoleküle gegeben.

2.3. Sedimentation in der analytischen Ultrazentrifuge

2.3.1. Vorbemerkung

Die Tatsache, daß in einer Flüssigkeit suspendierte Teilchen unter dem Einfluß der Erdgravitation mit konstanter, von der Teilchenmasse abhängiger Geschwindigkeit sedimentieren (d. h. nach unten sinken), wurde schon frühzeitig für die Untersuchung dispergierter Substanzen ausgenutzt. Im Falle kugelförmiger Partikel bekannter Dichte konnten durch Messung der *Sedimentationsgeschwindigkeit* Größe und Masse der Teilchen bestimmt und Schlüsse bezüglich ihrer Größenverteilung gezogen werden.

Eine zweite wohlbekannte Erscheinung ist die Abnahme der Luftdichte in der Erdatmosphäre mit wachsender Höhe. Physikalisch handelt es sich hierbei um ein dynamisches Gleichgewicht zwischen der Sedimentation der Gaspartikel im Erdfeld und ihrer ungeordneten BROWNschen Molekularbewegung (Diffusion), die überall gleiche mittlere Dichte einzustellen sucht. Durch Anwendung der barometrischen Höhenformel

$$\varrho_h = \varrho_0 e^{-mgh/kT} \tag{2-24}$$

(ϱ_0 und ϱ_h: Teilchendichten in den Höhen 0 und h, g: Erdbeschleunigung, k: BOLTZMANN-Kontante, T: Temperatur) auf das *Sedimentationsgleichgewicht* in Suspensionen gelang es, die Teilchenmasse m mikroskopisch kleiner Partikel zu ermitteln.

Die Ausdehnung beider Meßprinzipien auf die Molmassenbestimmung an hochmolekularen Substanzen scheitert an dem relativ niedrigen Wert der Erdbeschleunigung. Angeregt durch das Bedürfnis, nähere Kenntnisse über die Molmassen von Proteinen zu sammeln, versuchte SVEDBERG, das Prinzip der Sedimentationsgeschwindigkeits- und Sedimentationsgleichgewichtsmessung auf Makromoleküle zu übertragen. Seine Konzeption der Erzeugung hoher Kraftfelder durch Rotation führte 1924 zum Bau der ersten analytischen Ultrazentrifuge, mit der die Sedimentation in einem Zentrifugalfeld quantitativ verfolgt werden konnte. Heute stellt die analytische Ultrazentrifuge eines der wichtigsten und am weitesten verbreiteten Hilfsmittel der molekularbiologischen Forschung dar.

2.3.2. Apparatives

Als *analytische Ultrazentrifugen* bezeichnet man hochtourige Zentrifugen, die mit Hilfe optischer Methoden eine quantitative Verfolgung des Sedimentationsprozesses erlauben. Kommerzielle Geräte besitzen meist ein elektrisches Antriebssystem und weisen bei einem Drehzahlbereich von 800—72000 U/min Zentrifugalbeschleunigungen von 45 g—375000 g in der Mitte der Meßzelle auf (g: Erdbeschleunigung). Die mittlere Geschwinigkeitskonstanz beträgt (bei mittleren und hohen Drehzahlen) etwa $\pm$ 0,1%. Um hohe Drehzahlen erreichen zu können und um eine Aufheizung des Rotors (Vermeidung von Konvektion in der Meßküvette!) durch Gasreibung zu verhindern, läuft der Rotor in einer (explosionssicheren) Kammer, in der mittels Vakuumpumpen ein Druck von 10^{-3} Torr aufrechterhalten wird. Mit Hilfe eines speziellen Regelsystems wird eine Langzeit-Temperaturkonstanz von ca. $\pm$0,1 grd erreicht.

Eine Auswahl verschiedener *Rotoren* erlaubt es, mit Meßzellen unterschiedlicher Schichtdicke (1,5—30 mm in Durchstrahlungsrichtung) zu arbeiten. Die Rotoren sind aus Aluminiumlegierungen (geringe Dichte!) oder Titan (besonsers hohe Zugfestigkeit für höchste Drehzahlen) gefertigt und besitzen in der Standardausführung zwei Bohrungen zur Aufnahme von Meß- und Gegengewichtszelle (Abb. 2-4). Rotoren mit vier oder sechs Bohrungen können mit mehreren Meßzellen bestückt werden, wodurch die Simultanuntersuchung mehrerer Proben möglich wird.

Die *Meßzellen* enthalten in einer hohlzylindrischen Aluminiumhülle ein zwischen zwei Quarz- oder Saphirfenstern liegendes Mittelstück aus geeignetem Kunststoff oder Aluminium. Der zur Aufnahme der Lösung (Lösungsvolumen: je nach Schichtdicke 0,1—2 ml) bestimmte *sektorförmige* Ausschnitt des Mittelstücks (Abb. 2-4) erlaubt eine ungestörte Sedimentation der Teilchen in radialer Richtung. Für Messungen im Zweistrahlverfahren werden Doppelsektorzellen (ein Sektor für das reine Lösungsmittel) benutzt (Abb. 2-4). Von den recht zahlreichen Spezialzellen seien nur die Vielkanalzellen nach Yphantis (Abb. 2-4) für an mehreren Proben gleichzeitig durchführbare Sedimentationsgleichgewichtsmessungen bei kleinen Füllhöhen (s. Abschnitt 2.3.4.) erwähnt.

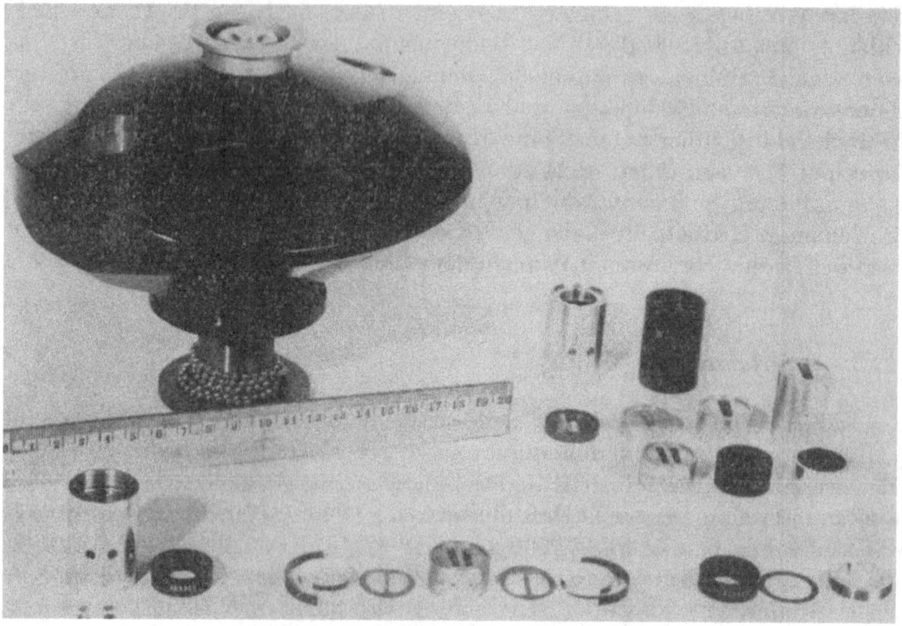

Abb. 2-4. Analytischer Rotor (Beckman) für zwei Zellen.

Rechts oben: Meßzelle (zusammengesetzt) und Gegengewichtszelle. Rechts Mitte: Einzelsektor Mittelstücke verschiedener Schichtdicke. Rechts unten: Doppelsektor-Mittelstück (links), daneben Vielkanal-Mittelstücke nach Yphantis für Sedimentationsgleichgewichtsmessungen bei kleinen Füllhöhen. Vordergrund: Einzelbestandteile einer Meßzelle.

Eine *Beobachtung* des Sedimentationsvorganges wird dadurch ermöglicht, daß die Meßzelle bei jeder Umdrehung des Rotors einmal durch den optischen Strahlengang läuft. Zur fotografischen Aufzeichnung der in der Meßzelle vorliegenden momentanen Konzentrationsverteilung kann entweder die konzentrationsproportionale Extinktion der makromolekularen Substanz (Absorptionsoptik) oder der konzentrationsproportionale Unterschied zwischen den Brechzahlen von Lösung und Lösungsmittel (Interferenzoptik) ausgenutzt werden. Ferner kann das dem Konzentrationsgefälle dc/dr proportionale Brechzahlgefälle dn/dr aufgezeichnet werden (Schlierenoptik). Kommerzielle analytische Ultrazentrifugen sind meist mit allen drei Systemen ausgerüstet, die wahlweise eingesetzt werden können. Für Biopolymere ist heute die Absorptionsmethode wegen ihrer hohen Empfindlichkeit und Selektivität (variable Wellenlänge!) häufig die Methode der Wahl; für die Untersuchung von Nucleinsäuren kommt allein sie in Frage. In jüngster Zeit haben die absorptionsoptischen Systeme kommerzieller Geräte durch den Einbau eines Monochromators und einer Einrichtung zur fotoelektrischen Registrierung im Zweistrahlverfahren (über einen Sekundärelektronenvervielfacher, der das Bild der Meßzelle abtastet) erheblich an Präzision gewonnen.

2.3.3. *Sedimentationsgeschwindigkeit*

Elementare Beschreibung der Methode: Bei der Sedimentationsgeschwindigkeitsmethode läßt man den Rotor der Ultrazentrifuge mit hohen Drehzahlen umlaufen, sodaß die ursprünglich gleichmäßig über die Lösung verteilten Makromoleküle

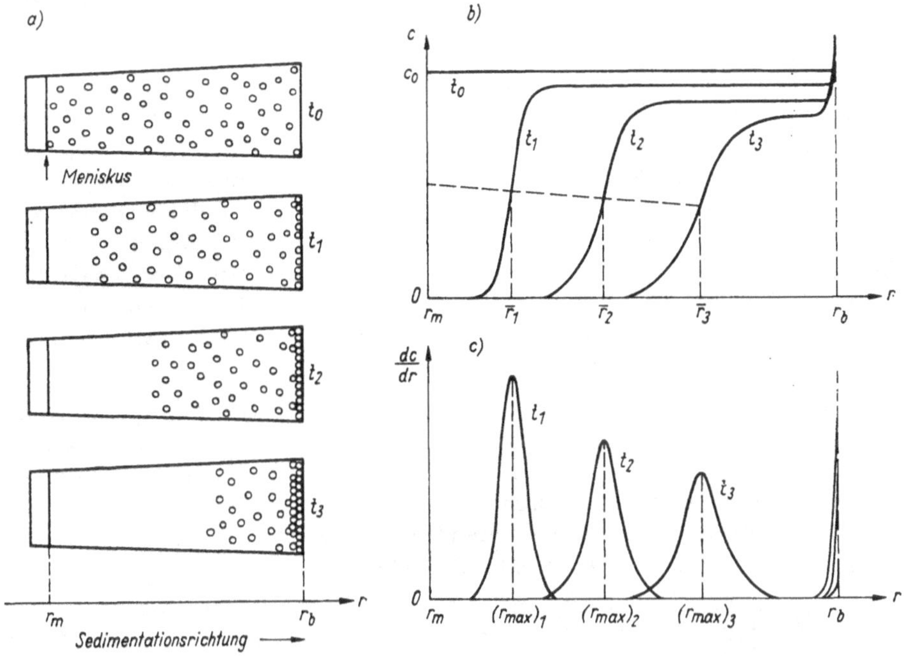

Abb. 2-5. Schematische Darstellung der Geschwindigkeitssedimentation einer molekulareinheitlichen Substanz.

(*a*): Zeitlicher Ablauf des Sedimentationsvorganges in der sektorförmigen Meßzelle
(*b*): Konzentrationsverteilung in der Meßzelle nach verschiedenen Sedimentationszeiten (c_0: Anfangskonzentration) unter Berücksichtigung der Diffusionsverbreiterung der Grenzschicht.
(*c*): Verlauf des Konzentrationsgradienten in der Meßzelle zu unterschiedlichen Zeiten.

zu einer radial nach außen gerichteten Sedimentation gezwungen werden (Abb. 2-5a). Abbildung 2-5b veranschaulicht, wie sich dabei die Konzentrationsverteilung innerhalb der Meßzelle zeitlich ändert. Während sich in der Umgebung des Meniskus eine Schicht reinen Lösungsmittels (Polymerkonzentration $c = 0$) ausbildet, liegt im „Konzentrationsplateau“ eine örtlich konstante Konzentration vor. Wegen der Sektorform der Meßzelle und wegen der Zunahme der Zentrifugalkraft mit dem Abstand vom Rotationszentrum erfährt die Konzentration im Plateaugebiet eine zeitliche Abnahme (Abb. 2-5b). Dieser *radiale Verdünnungseffekt* wird beschrieben durch

$$c_{p,t} = c_0(r_m/r_t)^2 \tag{2-25}$$

(c_0: Anfangskonzentration; r_m: Abstand des Meniskus vom Rotationszentrum; r_t und $c_{p,t}$: Position der Grenzschicht und Plateaukonzentration im Zeitpunkt t). Das zwischen Lösungsmittel- und Konzentrationsplateau liegende Gebiet, in dem die Konzentration von Null bis zu dem durch Gl. (2-25) beschriebenen Maximalwert ansteigt, wird als *Grenzschicht* bezeichnet. Die Messung der Wanderungsgeschwindigkeit der Grenzschicht und die Analyse ihrer Gestalt bilden die eigentliche Grundlage der Sedimentationsgeschwindigkeitsmethode.

Besitzen die gelösten Makromoleküle gleiche Masse, Form und Dichte und ist ihre Diffusion (wie im Falle hochmolekularer Phagen-*DNA*) vernachlässigbar klein, so bildet sich bei der Sedimentation eine extrem scharfe Grenzschicht aus. Bei den meisten realen Polymeren wird jedoch der durch den Sedimentationsvorgang aufgebaute Konzentrationsgradient durch BROWNsche Molekularbewegung teilweise abgebaut. Die Grenzschicht erfährt dadurch eine im Laufe der Zeit anwachsende Diffusionsverbreiterung (Abb. 2-5b). Darüber hinaus wird die Gestalt der Grenzschicht durch den „Selbstschärfungseffekt" (s. S. 85) sowie durch molekulare Uneinheitlichkeit des Polymeren (s. S. 86) und die damit verbundenen spezifischen Wechselwirkungseffekte beeinflußt.

Definition des Sedimentationskoeffizienten: Die bei der Geschwindigkeitssedimentation in der Ultrazentrifugenküvette ablaufenden Prozesse können durch eine Kräftebilanz erfaßt werden. Die auf ein Teilchen mit der hydrodynamisch wirksamen Masse m_h und dem hydrodynamisch wirksamen Volumen V_h in einer mit der Winkelgeschwindigkeit ω rotierenden Flüssigkeit wirkende Zentrifugalkraft F_Z ist unter Berücksichtigung des Auftriebs

$$F_Z = m_h\omega^2 r - V_h\varrho_0\omega^2 r, \tag{2-26}$$

wobei r den Abstand des Teilchens vom Rotationszentrum und ϱ_0 die Dichte des Lösungsmittels bedeuten. Drückt man m_h und V_h durch die Gln. (2-5a) und (2-5c) aus, so ergibt sich

$$F_Z = m\omega^2 r(1 - \bar{v}\varrho_0) \tag{2-27}$$

mit m als der „Trockenmasse" und $\bar{v}$ als partiellem spezifischen Volumen des Makromoleküls.

Der Zentrifugalkraft F_Z wirkt eine Reibungskraft F_R entgegen, die der Geschwindigkeit $\mathrm{d}r/\mathrm{d}t$ des Teilchens proportional ist:

$$F_R = f\,\mathrm{d}r/\mathrm{d}t \tag{2-28}$$

Der Proportionalitätsfaktor f ist dabei der *molekulare Reibungskoeffizient*. Das Teilchen bewegt sich mit gleichförmiger Geschwindigkeit, wenn $F_Z = F_R$ ist. Diese Bedingung liefert

$$m\omega^2 r(1 - \bar{v}\varrho_0) = f\,\mathrm{d}r/\mathrm{d}t \tag{2-29}$$

Multipliziert man Gl. (2-29) mit der AVOGADROschen Konstante N_A ($6{,}02 \cdot 10^{23}$ mol^{-1}), so erhält man mit $N_A m = M$ (M: Molmasse des Polymeren)

$$\frac{\mathrm{d}r/\mathrm{d}t}{\omega^2 r} = \frac{M(1 - \bar{v}\varrho_0)}{N_A f} \tag{2-30}$$

Da der auf der rechten Seite der Gl. (2-30) stehende Quotient bei festem M, $\bar{v}$, ϱ_0 und f konstant ist, muß auch der links stehende Ausdruck eine (von der Drehzahl des Rotors unabhängige!) Konstante sein. Der Quotient Sedimentationsgeschwindigkeit/Zentrifugalbeschleunigung stellt demnach eine für eine gegebene Molekülart unter gegebenen experimentellen Bedingungen (Lösungsmittel, Temperatur, Polymerkonzentration) charakteristische Größe dar und wird als *Sedimentationskoeffizient* s bezeichnet:

$$s = \frac{\mathrm{d}r/\mathrm{d}t}{\omega^2 r} \tag{2-31}$$

s hat die Dimension einer Zeit und wird in SVEDBERG-Einheiten (S) gemessen: $1\,S = 1 \cdot 10^{-13}$ s.

Aus Gl. (2-30) und Gl. (2-31) ergibt sich für s der allgemeine Zusammenhang

$$s = \frac{\mathrm{M}(1 - \bar{v}\varrho_0)}{N_A f}, \tag{2-32}$$

d. h. der Sedimentationskoeffizient ist der Molmasse des Polymeren direkt und dem molekularen Reibungskoeffizienten umgekehrt proportional. Der molekulare Reibungskoeffizient f seinerseits hängt von den Eigenschaften des Makromoleküls (Masse, Molekülform und räumliche Ausdehnung), von den Eigenschaften des umgebenden Mediums (Viskosität η), von der Wechselwirkung zwischen Makromolekül und Lösungsmedium (Solvatation; Ionenatmosphäre bei Polyelektrolyten) und auch von der *Konzentration* der gelösten Substanz ab. In idealen Lösungen oder im Grenzfall unendlicher Verdünnung hat f die Bedeutung des molekularen Reibungskoeffizienten des *ungestörten* Teilchens, und an die Stelle des Sedimentationskoeffizienten s in Gl. (2-32) tritt dann die durch Gl. (2-39) definierte Sedimentationskonstante s^0.

Die SVEDBERG-*Gleichung:* Nach einer von EINSTEIN angegebenen, nur für *ideale* Lösungen gültigen Beziehung

$$f = \frac{kT}{D} \tag{2-33}$$

kann der molekulare Reibungskoeffizient durch Messung des Diffusionskoeffizienten D (vgl. Abschnitt 2.4.) ermittelt werden. Einsetzen von Gl. (2-33) in Gl. (2-32) liefert mit $N_A k = R$ (R: allgemeine Gaskonstante, $8{,}314 \cdot 10^7$ erg grd^{-1} $\times$ mol^{-1}) die SVEDBERG-Gleichung

$$M = \frac{s}{D} \frac{RT}{(1 - \bar{v}\varrho_0)} \tag{2-34}$$

für die Bestimmung der Molmasse von Polymeren aus Sedimentationsgeschwindigkeits- und Diffusionsmessungen.

Bei der hier gewählten Ableitung der Gl. (2-34) wurde implizit vorausgesetzt, daß s und D konzentrationsunabhängige Größen sind. Die SVEDBERG-Gleichung gilt daher streng nur für ideale Lösungen oder als *Grenzgesetz* für unendliche Verdünnung. Da sowohl s als auch D von der Konzentration abhängen (s. S. 82 und S. 106), müssen zur Berechnung der Molmasse nach Gl. (2-34) die durch *Extrapolation auf die Polymerkonzentration Null* erhaltenen Grenzwerte s^0 und D^0 eingesetzt werden (vgl. Gl. (2-84)).

Experimentelle Bestimmung des Sedimentationskoeffizienten: Die meisten Verfahren zur Bestimmung von s basieren auf der Messung der zeitlichen Wanderung der Grenzschicht. Durch einfache Umformung der Definitionsgleichung (2-31) für s und Integration unter der Anfangsbedingung $r = r_m$ für $t = 0$ (r_m: Abstand des Meniskus vom Rotationszentrum) ergibt sich

$$\int_{r_m}^{r} \frac{\mathrm{d}r}{r} = \int_0^t \omega^2 s \,\mathrm{d}t \tag{2-35}$$

$$\ln \frac{r}{r_m} = \omega^2 s t \tag{2-36a}$$

und nach Übergang zum dekadischen Logarithmus

$$\lg \frac{r}{\mathrm{cm}} = \frac{\omega^2 s}{2{,}303} t + \lg \frac{r_m}{\mathrm{cm}} \tag{2-36b}$$

Nach Gl. (2-36b) ist der Logarithmus des Abstandes r der Grenzschicht vom Rotationszentrum (nicht aber r selbst!) eine lineare Funktion der Zeit, sofern s während des Versuches als konstant angesehen werden kann (Abb. 2-6). Aus der Steigung der Geraden läßt sich s berechnen.

Bei Anwendung der Gl. (2-36b) auf zwei Wertepaare (r_1,t_1) und (r_2,t_2) ergibt sich ferner

$$s = \frac{2{,}303 \lg (r_2/r_1)}{\omega^2(t_2 - t_1)} \tag{2-37}$$

Es ist üblich, die Verschiebung des 50%-Punktes der Konzentrationskurve ($r = \bar{r}$ in Abb. 2-5b) oder — bei Aufzeichnung mit der Schlierenoptik — die Verschiebung des Maximums der Konzentrationsgradientenkurve ($r = r_{max}$ in Abb. 2-5c) als Maß für die Wanderungsgeschwindigkeit der Grenzschicht heranzuziehen. Bei polymolekularen Substanzen stellen die so gewonnenen „mittleren Sedimentationskoeffizienten" allerdings keine definierten Mittelwerte dar.

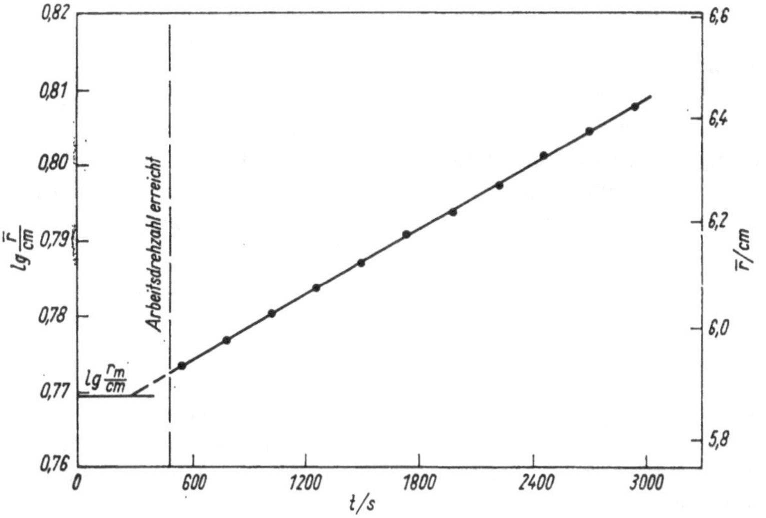

Abb. 2-6. $\log \frac{\bar{r}}{\text{cm}}$ *versus* t/s — Diagramm als Ergebnis eines Sedimentationsgeschwindigkeitsexperimentes mit *P. mirabilis-DNA* in 0,2 m NaCl.

Verwendete Drehzahl: 35600 U/min ($\omega = 3{,}728 \cdot 10^3\ \text{s}^{-1}$). Aus der Steigung der Geraden berechnet sich der mittlere Sedimentationskoeffizient gemäß Gl. (2-36b) zu $s = 24{,}0 \cdot 10^{-13}\ \text{s} = 24{,}0\ \text{S}$.

Die strenge Theorie zeigt, daß nicht das Maximum der Gradientenkurve, sondern der durch die Quadratwurzel aus dem sog. zweiten Moment der Konzentrationsgradientenkurve gegebene Abstand vom Rotationszentrum sich mit derselben Geschwindigkeit bewegt wie die vorausssedimentierenden Moleküle. Bei relativ symmetrischen Grenzschichten, wie sie besonders bei molekulareinheitlichen Biopolymeren meist erhalten werden, beträgt jedoch der durch Zugrundelegung der Position des Kurvenmaximums verursachte Fehler bei der Bestimmung von s nur einige Promille.

Um bei verschiedenen Temperaturen in verschiedenen Lösungsmedien gemessene Sedimentationskoeffizienten miteinander vergleichen zu können, müssen sie auf Standardbedingungen reduziert werden. Bei Biopolymeren ist es üblich, die aus Gl. (2-36b) oder Gl. (2-37) berechneten s-Werte auf die Dichte und Viskosität des Wassers bei 20 °C zu beziehen.

Unter der Voraussetzung, daß sich der Reibungskoeffizient beim Übergang von der Meßtemperatur T zu $T = 293\,°\text{K}$ außer durch die Viskosität η des Lösungsmittels (vgl.

Gl. (2-32) und Gl. (2-55)) nicht ändert, ergibt sich die Umrechnung auf Standardbedingungen aus

$$s_{20,w} = s_{T,LM} \frac{\eta_{T,w}}{\eta_{20,w}} \frac{\eta_{T,LM}}{\eta_{T,w}} \frac{(1 - \bar{v}_{20,w}\varrho_{20,w})}{(1 - \bar{v}_{T,LM}\varrho_{T,LM})} \tag{2-38}$$

Die Bedeutung der einzelnen Größen wird anhand der Indizierung (w: Wasser, LM: Lösungsmedium = Lösungmittel + Salzzusätze, T: Meßtemperatur, 20: Bezugstemperatur von 20°C) unmittelbar klar. Von den verschiedenen Korrekturfaktoren ist insbesondere der Quotient $\eta_{T,w}/\eta_{20,w}$ tabelliert.

Konzentrationsabhängigkeit von s; Definition der Sedimentationskonstanten: Die Erfahrung zeigt, daß die Sedimentationskoeffizienten makromolekularer Substanzen von der Konzentration des Gelösten abhängen. Trotz zahlreicher theoretischer Untersuchungen mangelt es gegenwärtig immer noch an einem vollständigen quantitativen Verständnis dieser Konzentrationsabhängigkeit von s. Für ihr Zustandekommen scheinen die effektive Viskosität und Dichte des ein einzelnes Makromolekül umgebenden Mediums, ein der Sedimentationsrichtung der Partikel entgegengesetzter Rückfluß des Lösungsmittels sowie eine mechanische Wechselwirkung (sterische Behinderung) benachbarter Makromoleküle verantwortlich zu sein.

Eine Ausschaltung des Einflusses dieser Wechselwirkungseffekte gelingt, indem man die bei verschiedenen endlichen Konzentrationen gemessenen Sedimentationskoeffizienten auf $c = 0$ extrapoliert. Der so erhaltene Grenzwert für unendliche Verdünnung

$$s^0 = \lim_{c \to 0} s(c) \tag{2-39}$$

wird als *Sedimentationskonstante* bezeichnet. Untersuchungen an einer großen Zahl natürlicher und synthetischer Polymere haben gezeigt, daß die Extrapolation nach der auch theoretisch begründbaren Gleichung

$$\frac{1}{s} = \frac{1}{s^0} (1 + K'c) \tag{2-40}$$

erfolgen kann (s: Sedimentationskoeffizient bei der Konzentration c, K': Konstante), derzufolge der *reziproke* Sedimentationskoeffizient eine lineare Funktion von c ist.

Die Stärke der Konzentrationsabhängigkeit wird durch die physikalischen Eigenschaften (Masse, Form und Größe, Solvatationsgrad) der sedimentierenden Partikel bestimmt. Sie ist vergleichsweise niedrig bei kompakten Molekülen (Proteine, Viren) und groß bei linearen flexiblen Polymeren.

Abb. 2-7 demonstriert am Beispiel des Rinderserumalbumins ($M = 67000$ g/mol), wie geringfügig die Konzentrationsabhängigkeit von s im Falle globulärer Proteine ist: s hängt über den gesamten Konzentrationsbereich praktisch linear von c ab, und der Sedimentationskoeffizient einer Albuminlösung der Konzentration $c = 0{,}8$ g/dl liegt nur um ca. 10% niedriger als der Extrapolationswert s^0.

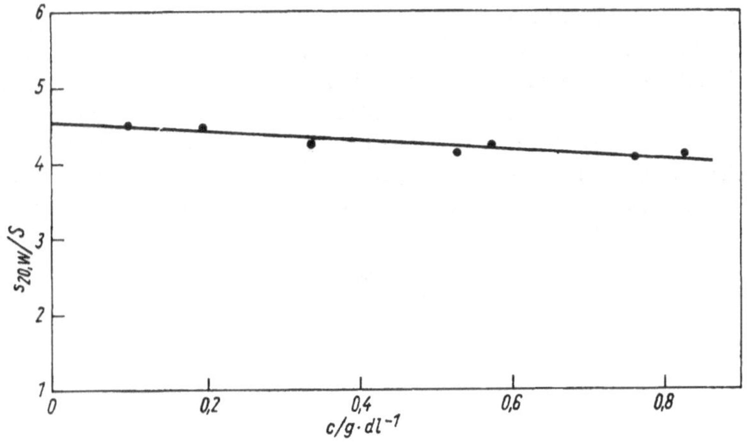

Abb. 2-7. Konzentrationsabhängigkeit des Sedimentationskoeffizienten von Albumin aus Rinderserum (nach KEGELES und GUTTER).

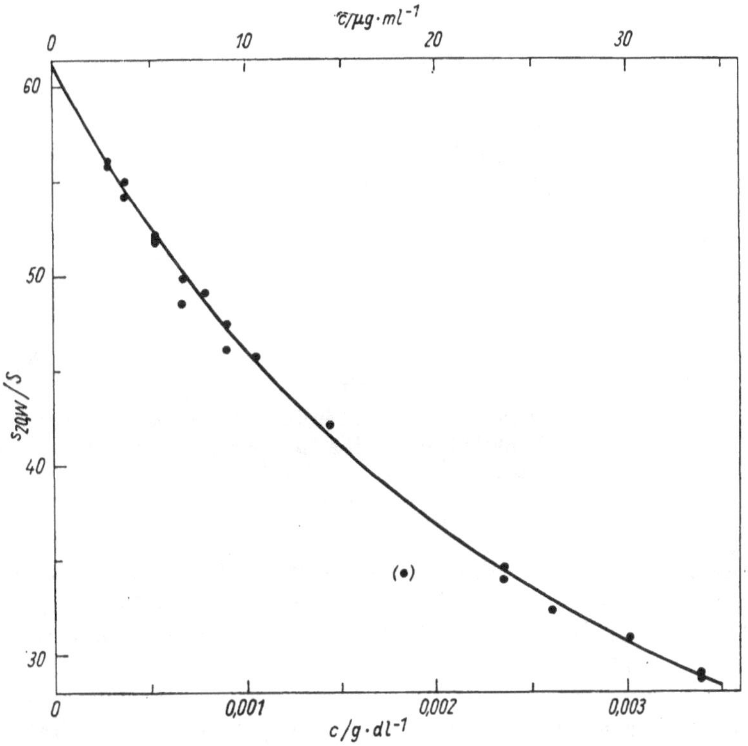

Abb. 2-8. Konzentrationsabhängigkeit des mittleren Sedimentationskoeffizienten einer hochmolekularen *DNA* aus *P. mirabilis* ($\overline{M} \approx 10^8$ g/mol) in 0,15 m NaCl + 0,015 m Na_3-citrat (nach TRIEBEL).

Sedimentationskoeffizienten von *DNA* hingegen zeigen eine außerordentlich starke Abhängigkeit von der Meßkonzentration (Abb. 2-8). Die Ursache dafür liegt einmal in den hohen Molmassen, die für *DNA* gefunden werden, zum anderen in der aus der doppelhelicalen Struktur resultierenden relativen Inflexibilität der *DNA*-Moleküle. Die Kombination beider Eigenschaften führt dazu, daß das von einem *DNA*-Molekül in Lösung eingenommene Volumen ungewöhnlich hohe Werte erreicht und zwischenmolekulare Wechselwirkungen auch dann noch eine erheb-

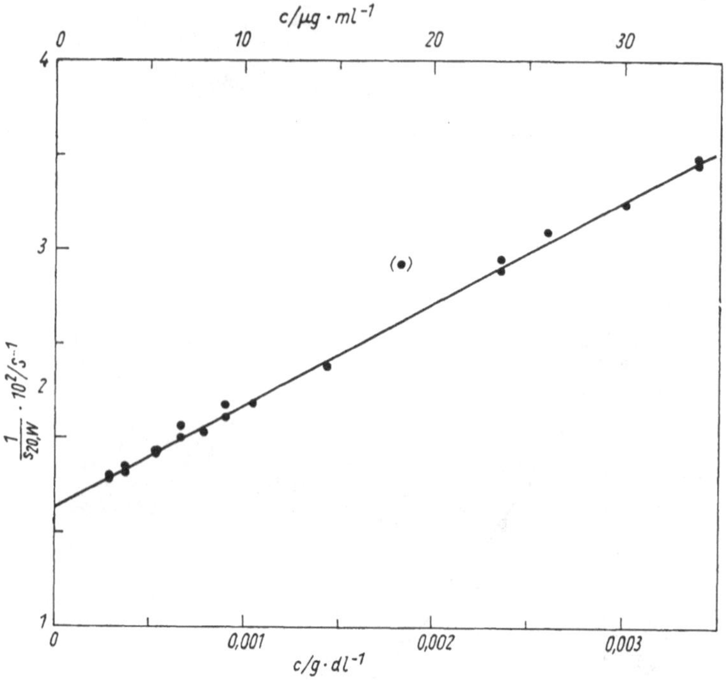

Abb. 2-9. Reziproker mittlerer Sedimentationskoeffizient einer *P. mirabilis-DNA* als Funktion der *DNA*-Konzentration (Meßdaten aus Abb. 2-8). (Nach TRIEBEL).

liche Rolle spielen, wenn die Anzahl der Moleküle pro Volumeneinheit Lösung schon relativ niedrig liegt. Bei $c \approx 0{,}1$ g/d*l* besitzen *DNA*-Proben unterschiedlichster Molmasse ungefähr gleiche Sedimentationskoeffizienten (7—10 *S*). Diese Beobachtung ist auf starke gegenseitige Durchdringungen der *DNA*-Moleküle zurückzuführen. Freie Sedimentation beginnt, abhängig von der Molmasse, erst unterhalb Konzentrationen von wenigen 10^{-2} g/d*l*, und *s* steigt dann mit fallender Konzentration sehr stark an. Abb. 2-8 zeigt am Beispiel einer *DNA* mit einer mittleren Molmasse von ca. 10^8 g/mol, daß selbst bei einer Konzentration von 0,003 g/d*l* der gemessene *s*-Wert erst 50% des Extrapolationswertes s^0 beträgt.

Abb. 2-8 veranschaulicht zugleich, daß die grafische Darstellung von s über c keine sichere Extrapolation auf $c = 0$ erlaubt. Die reziproken Sedimentationskoeffizienten $1/s$ (Abb. 2-9) aber ordnen sich gemäß Gl. (2-40) auf einer Geraden an, deren Ordinatenabschnitt $1/s^0$ liefert. Der Gültigkeitsbereich der Gl. (2-40) ist im Falle hochmolekularer *DNA* auf sehr stark verdünnte Lösungen beschränkt; bei einer Molmasse von 10^7 g/mol machen sich Abweichungen vom linearen Verlauf bereits bei $c \approx 0{,}01$ g/dl bemerkbar. Sedimentationsmessungen an *DNA*

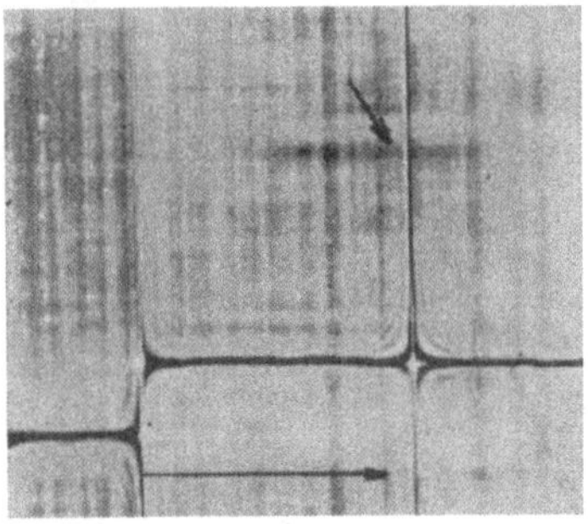

Abb. 2-10. Mit der Schlierenoptik (Phywe-Ultrazentrifuge) aufgenommene Brechzahlgradientenkurve einer Kalbsthymus-*DNA* (Na^+-Konzentration: 0,2 mol/l; *DNA*-Konzentration: 0,08 g/dl).

Trotz der starken Polymolekularität der *DNA*-Probe (vgl. Abb. 2-11) führt der Selbstschärfungseffekt zu einer hyperscharfen Brechzahlgradientenkurve (schräger Pfeil). Horizontaler Pfeil: Sedimentationsrichtung.

werden in der analytischen Ultrazentrifuge heute generell bei Konzentrationen von wenigen 10^{-3} g/dl durchgeführt.

Eine Folge der Konzentrationsabhängigkeit von s ist der sog. *Selbstschärfungseffekt.* Er kommt dadurch zustande, daß die Konzentration innerhalb der Grenzschicht von Null bis zu einem Höchstwert $c_0(r_m/r_t)^2$ (s. Gl. (2-25)) zunimmt. Da andererseits die Sedimentationsgeschwindigkeit mit steigender Konzentration abnimmt, sedimentieren die auf der Lösungsmittelseite der Grenzschicht befindlichen Moleküle schneller als die Moleküle im Konzentrationsplateau. Die Konsequenz ist eine Schärfung der Grenzschicht, d. h. die Ausbildung einer steileren Konzentrationsverteilung, durch die bei polymolekularen Systemen eine in Wirklichkeit nicht vorhandene Einheitlichkeit vorgetäuscht werden kann. Der Effekt ist umso stärker, je höher die Anfangskonzentration und je stärker die Konzentrationsabhängigkeit von s sind.

Bei der Untersuchung hochmolekularer *DNA* wird ein sehr ausgeprägter Selbstschärfungseffekt beobachtet. Wie Abb. 2-10 verdeutlicht, wird die Grenzschicht bei $c = 0{,}08$ g/dl in so starkem Maße geschärft, daß bei der Aufzeichnung mit einer Schlierenoptik praktisch nur eine hyperscharfe Brechzahlgradientenkurve zu sehen ist. Abb. 2-10 vermittelt den Eindruck, als handele es sich bei der untersuchten *DNA* um eine Substanz mit extrem hohem Einheitlichkeitsgrad und einem Sedimentationskoeffizienten von 9,8 *S*. In Wirklichkeit ist die fragliche Probe stark polymolekular: die nach dem auf S. 88 beschriebenen Verfahren erhaltene s^0-Verteilungskurve (Abb. 2-11) zeigt eine kontinuierliche Verteilung der Sedimentationskonstanten von 8—46 S, was einer *M*-Verteilung von ca. $5 \cdot 10^5$ bis ca. $5 \cdot 10^7$ g/mol entspricht.

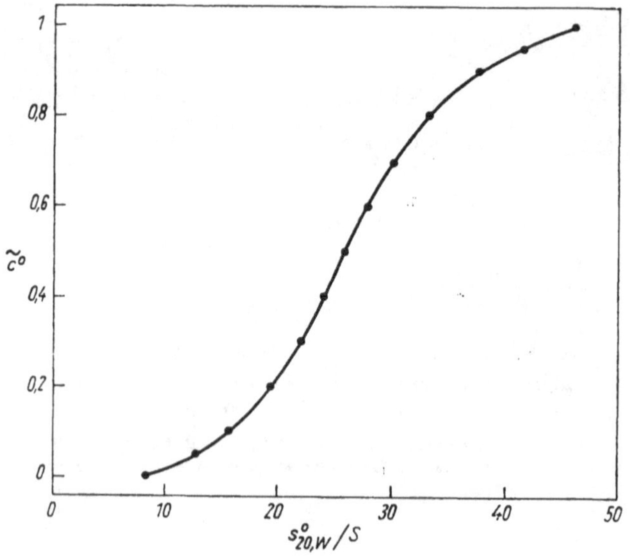

Abb. 2-11. Durch Messungen bei verschiedenen niedrigen *DNA*-Konzentrationen und Extrapolation auf $c = 0$ erhaltene (integrale) Sedimentationskonstantenverteilung einer Kalbsthymus-*DNA* (gleiche *DNA*-Probe wie in Abb. 2-10).

Informationen über molekulare Uneinheitlichkeit: Gegenüber allen anderen zur Molmassenbestimmung an Biopolymeren eingesetzten Meßmethoden besitzt die Ultrazentrifuge den großen Vorteil, daß mit ihrer Hilfe direkte Aussagen über die Massenverteilung heterogener Polymersysteme möglich sind. Da die Unterschiede in den Sedimentationsgeschwindigkeiten von Molekülen unterschiedlicher Masse umso größer sind, je stärker das eingesetzte Zentrifugalfeld ist, ist das Geschwindigkeitsverfahren zur Untersuchung der molekularen Uneinheitlichkeit am besten geeignet.

Sind in einem *paucimolekularen* System die *s*-Werte der makromolekularen Komponenten genügend voneinander verschieden, so kommt es zu einer mit wachsender Versuchszeit fortschreitenden Auftrennung der Komponenten. Ist die Diffusionsverbreiterung der individuellen Grenzschichten nicht zu stark, so beobachtet man im Sedimentationsdiagramm mehrere Konzentrationsstufen (Abb. 2-12b) bzw. mehrere voneinander getrennte Gipfel (Abb. 2-12c). Bei ausreichendem Auflösungsvermögen kann man daher die Anzahl der makromolekularen Komponenten und — nach Berücksichtigung sedimentationsspezifischer Wechselwirkungseffekte (JOHNSTON-OGSTON-Effekt), auf die hier nicht näher eingegangen werden kann — ihre relativen Konzentrationen bestimmen. Dieses Verfahren besitzt in der Proteinchemie große Bedeutung als Test für die Reinheit

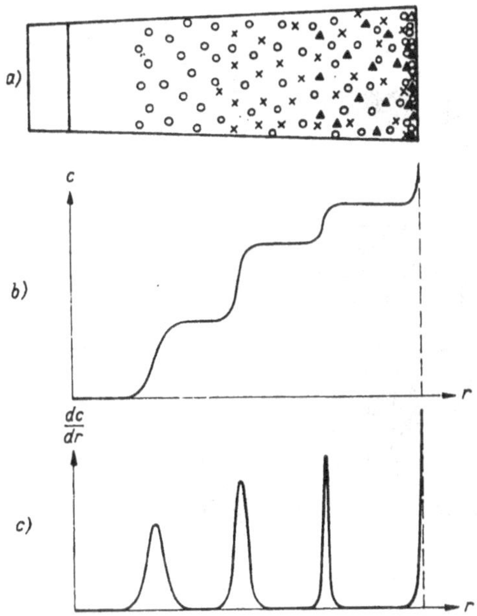

Abb. 2-12. Schematische Darstellung der Geschwindigkeitssedimentation für ein paucidisperses System mit drei unterschiedlich schnell sedimentierenden makromolekularen Komponenten.

(*a*): Momentane Verteilung der drei Komponenten in der Meßzelle nach einer bestimmten Sedimentationszeit.
(*b*): Momentane Konzentrationsverteilung in der Meßzelle.
(*c*): Momentaner Verlauf des Konzentrationsgradienten.

eines isolierten Produktes, wird aber ebenso häufig für die Analyse solcher Systeme eingesetzt, die von Natur aus paucimolekular sind (z. B.: Differenzierung von Humanserumproteinen für diagnostische Zwecke, Abb. 2-13).

Bei der Sedimentation *polymolekularer* Substanzen erfährt die Grenzschicht wegen der unterschiedlichen Sedimentationsgeschwindigkeiten verschieden großer Moleküle eine sich mit zunehmender Versuchszeit verstärkende Verbreiterung. Aus der Gestalt der Grenzschicht läßt sich daher im Prinzip die Verteilung der Sedimentationskoeffizienten berechnen. Da sich für Polymere einer homologen

Reihe die Sedimentationskonstante als Funktion der Molmasse darstellen läßt (s. 2.7.3.), kann bei Kenntnis dieses funktionellen Zusammenhanges die s^0-Verteilung leicht in eine M-Verteilung transformiert werden.

Zur Ermittlung *integraler* s-Verteilungen aus Absorptionsaufnahmen werden die experimentellen Konzentrationskurven $c(r)$ grafisch in Subfraktionen unterteilt. Jeder Subfraktion mit der Ortskoordinate r_i werden Sedimentationskoeffizienten gemäß der unmittelbar aus Gl. (2-36b) folgenden Beziehung

$$s = s^+ \frac{\lg(r_i/r_m)}{\lg(r^+/r_m)} \tag{2-41}$$

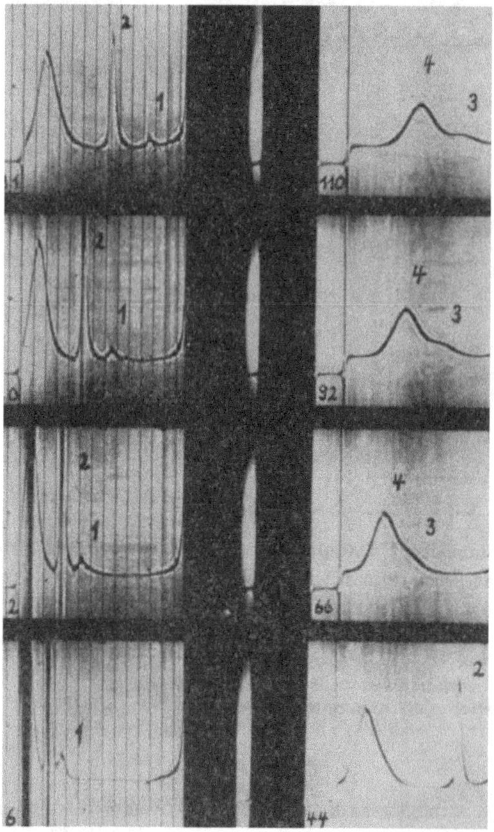

Abb. 2-13. Mit der Schlierenoptik (Phywe-Ultrazentrifuge) aufgezeichnete Auftrennung von Humanserumproteinen zur Bestimmung ihrer Sedimentationskoeffizienten und ihrer (den Flächen unter den Brechzahlgradientenkurven proportionalen) relativen Konzentrationen für diagnostische Zwecke.

1: Makroglobuline (20 S, pathologische Komponente), *2*: Makroglobuline (14,6 S, Konzentration pathologisch erhöht), *3*: Globuline (6,2 S), *4*: Albumine (3,9 S). Links unten eingetragene Zahlen: nach Erreichen der Arbeitsdrehzahl von 48 000 U/min verstrichene Zeit in min.

zugeordnet. s^+ ist dabei der im gleichen Experiment bestimmte Sedimentationskoeffizient der dem 50%-Punkt der Konzentrationskurve zugeordneten Subfraktion, r^+ der Abstand des 50%-Punktes vom Rotationszentrum. (Man beachte, daß Gl. (2-41) nicht die Sedimentationszeit t enthält!) Durch die Wertepaare $\bar{c}_i$ ($\bar{c}_i$: relative Konzentration der i-ten Subfraktion nach Berücksichtigung des Verdünnungseffektes) und s ist zunächst nur eine *scheinbare* Verteilungsfunktion $\bar{c}(s)$ (vgl. Abb. 2-14) festgelegt. Eine *wahre* Sedimentationskonstantenverteilung $\bar{c}^0(s^0)$ erhält man daraus, indem man die Einflüsse von Diffusion und Konzentrationseffekten eliminiert, was gemeinhin mit einem erheblichen Aufwand verbunden ist.

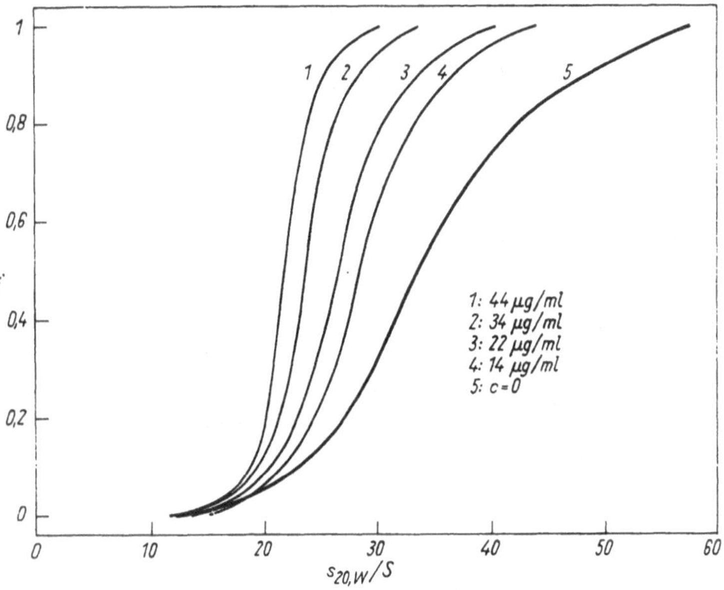

Abb. 2-14. Konzentrationsabhängigkeit der integralen Sedimentationskoeffizientenverteilung einer *P. mirabilis-DNA*.

1–4: bei den angegebenen *DNA*-Konzentrationen gemessene scheinbare Verteilungskurven $\bar{c}(s)$. *5*: durch Extrapolation auf die *DNA*-Konzentration Null erhaltene wahre Sedimentationskonstantenverteilung $c^0(s^0)$ (nach JACOB, SARFERT und TRIEBEL).

Bei hochmolekularer *DNA* ist die Diffusionsverbreiterung der Grenzschicht innerhalb der für Sedimentationsmessungen benötigten Versuchszeit nicht von merklichem Betrag, sodaß eine Eliminierung des Diffusionseinflusses nicht erforderlich ist. Die Konzentrationseffekte eliminiert man am einfachsten auf empirischem Wege, indem man Sedimentations*koeffizienten*verteilungen bei verschiedenen *DNA*-Konzentrationen ermittelt und daraus die Sedimentations*konstanten*verteilung gemäß Gl. (2-40) durch Extrapolation von $1/s$ (für verschiedene feste $\bar{c}$-Werte) auf unendliche Verdünnung gewinnt. Abb. 2-14 demonstriert, wie stark die Konzentrationseffekte selbst noch bei niedrigen *DNA*-Konzentrationen sind.

Bandensedimentation: Das von VINOGRAD u. Mitarb. 1963 eingeführte Verfahren der Bandenzentrifugation, das mit kleinsten Substanzmengen auskommt, stellt eine Modifikation der Sedimentationsgeschwindigkeitsmethode dar. Während bei der auf S. 77 beschriebenen „Grenzschichtsedimentation" die Polymerlösung zu Versuchsbeginn gleichmäßig über die Meßzelle verteilt ist (Abb. 2-5a), wird bei der Bandensedimentation – unter Benutzung spezieller Meßzellen – beim Anfahren des Rotors eine dünne Lamelle einer makromolekularen Lösung über ein Lösungsmedium höherer Dichte geschichtet. Die Makromoleküle sedimentieren dann als schmale Bande durch das Lösungsmedium (Abb. 2-15). Der zur Stabilisierung gegen Konvektion notwendige positive Dichtegradient wird durch Diffusion niedermolekularer Spezies (z. B. NaCl, D_2O) zwischen Lamelle (*I*) und Sedimentationsmedium (*II*) erzeugt.

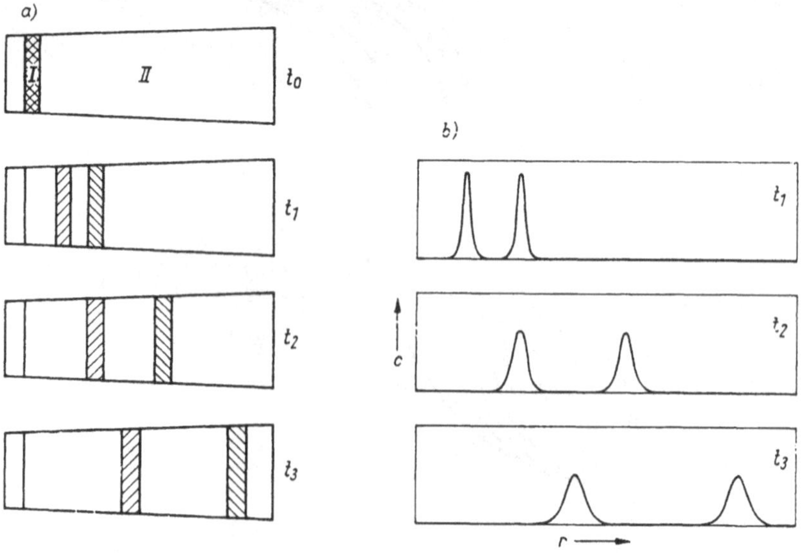

Abb. 2-15. Schematische Darstellung der Bandensedimentation für ein paucidisperses System mit zwei makromolekularen Komponenten.

(*a*): Zeitlicher Ablauf des Sedimentationsvorganges in der Meßzelle (*I*: Flüssigkeitslamelle, welche die Makromoleküle zu Versuchsbeginn enthält; *II*: Sedimentationsmedium). (*b*): Konzentrationsverteilung nach äquidistanten Zeitintervallen.

Bei einer molekulareinheitlichen Substanz mit vernachlässigbarer Konzentrationsabhängigkeit von *s* nimmt die Bande die Form einer Gaussschen Glockenkurve an, die sich während der Sedimentation durch Diffusion verbreitert. Aus der Wanderungsgeschwindigkeit des Bandenmaximums kann die Sedimentationskonstante nach Gl. (2-36b) ermittelt werden. Homogene Substanzen mit stark konzentrationsabhängigem *s* (z. B. hochmolekulare *DNA*) bilden asymmetrische Banden. Durch eine Analyse des zeitlichen Verlaufs von Lage und Höhe des Bandenmaximums läßt sich auch in diesem Fall die Sedimentationskonstante s^0 aus einem einzigen Experiment bei endlicher Konzentration bestimmen. Enthält das makromolekulare System mehrere Komponenten mit genügend unterschiedlichen Sedimentationskoeffizienten, so sedimentieren diese nach der Auftrennung unabhängig voneinander (Abb. 2-15), so daß keine Eliminierung von gegenseitigen Wechselwirkungseffekten erforderlich ist. (Vgl. dagegen die Grenzschichtsedimentation, Abb. 2-12a, bei der die Sedimentation der schnelleren Komponente immer in Gegenwart der langsamer sedimentierenden Komponente erfolgt.)

Wegen dieser Vorteile und wegen des gegenüber der Grenzschichtsedimentation um bis zu zwei Größenordnungen niedriger liegenden Substanzbedarfs wird die Bandensedimentation in zunehmendem Maße für das Studium homogener oder paucimolekularer Biopolymersysteme (Phagen-*DNA*, *RNA*, Proteine, Polyribosomen, Viren) eingesetzt. Für die Untersuchung polymolekularer Systeme ist die Methode hingegen weniger geeignet, da die Einflüsse von Polymolekularität und konzentrationsabhängiger Sedimentation schwieriger voneinander zu trennen sind.

2.3.4. Sedimentationsgleichgewicht

Bei der Sedimentationsgleichgewichtsmethode wird die Ultrazentrifuge mit relativ niedrigen Drehzahlen betrieben, sodaß die gelösten Teilchen mit geringer Geschwindigkeit sedimentieren. Die nach Konzentrationsausgleich tendierende

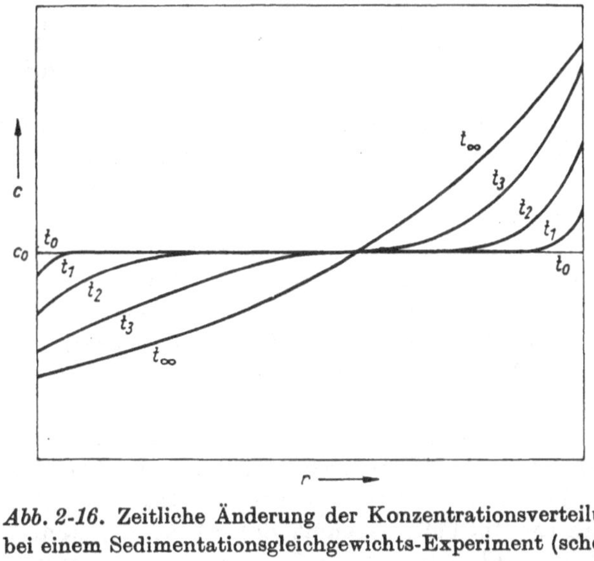

Abb. 2-16. Zeitliche Änderung der Konzentrationsverteilung in der Meßzelle bei einem Sedimentationsgleichgewichts-Experiment (schematisch).
c_0: Anfangskonzentration.

Brownsche Molekularbewegung sucht das durch den Sedimentationsvorgang aufgebaute Konzentrationsgefälle (Erniedrigung der Konzentration am Meniskus und Konzentrationserhöhung am Boden, s. Abb. 2-16) abzubauen. Nach hinreichend langer Laufzeit (t_∞ in Abb. 2-16) stellt sich ein dynamisches Gleichgewicht zwischen Sedimentation und Rückdiffusion ein. Von diesem Zeitpunkt an bleibt die Konzentrationsverteilung innerhalb der Meßzelle zeitlich konstant.

Eine quantitative Beschreibung des Vorganges gelingt durch einfache kinetische Überlegungen. Die Substanzmasse dm_S, die im Zeitintervall dt infolge Sedimentation durch eine an beliebiger Stelle r der Meßzelle senkrecht zur Sedimentationsrichtung gelegene Fläche A wandert, ist der Zentrifugalbeschleunigung $\omega^2 r$, der Konzentration c an dieser Stelle, dem Sedimentationskoeffizienten s und der Fläche A proportional. Unter Beachtung von Gl. (2-34) wird

$$dm_S = \omega^2 rcsA\, dt = \omega^2 rc\, \frac{MD(1 - \bar{v}\varrho)}{RT}\, A\, dt \tag{2-42}$$

(ϱ: Dichte der Lösung). Für den entgegengesetzt gerichteten Massetransport durch Diffusion gilt nach dem I. Fickschen Gesetz (s. Gl. (2-48))

$$dm_D = -DA\, \frac{dc}{dr}\, dt \tag{2-43}$$

Im Gleichgewichtszustand muß die Bedingung $dm_S = -dm_D$ an jedem Ort der Meßzelle erfüllt sein, womit sofort die Beziehung

$$M = \frac{RT}{(1 - \bar{v}\varrho)\,\omega^2}\, \frac{dc/dr}{rc} \quad \text{oder} \quad M = \frac{2RT}{(1 - \bar{v}\varrho)\,\omega^2}\, \frac{d(\ln c)}{d(r^2)} \tag{2-44a,b}$$

folgt, die auch aus rein thermodynamischen Grundlagen in Strenge abgeleitet werden kann. Ebenso wie Gl. (2-34) besitzen die Gln. (2-44a, b) strenge Gültigkeit nur für ideale Lösungen oder für den Grenzfall unendlicher Verdünnung. Die bei (mehreren) *endlichen* Konzentrationen gemessenen *scheinbaren* Molmassen („M_{app}“) müssen daher i. a. noch auf die Konzentration Null extrapoliert werden, wozu man üblicherweise $1/M_{app}$ als Funktion von c aufträgt.

Nach den Gln. (2-44a, b) läßt sich die Molmasse M ohne zusätzliche Kenntnis der Diffusionskonstanten bestimmen (vgl. dagegen Gl. (2-34)). Gl. (2-44a) ist besonders bei direkter Aufzeichnung des Konzentrationsgefälles dc/dr mit der Schlierenoptik zur Auswertung geeignet. Arbeitet man mit Interferenz- oder Absorptionsoptik, die eine der Konzentration proportionale Größe liefern, wird Gl. (2-44b) benutzt. Die genauesten Werte erhält man, indem man die Gleichgewichtskonzentrationsverteilung $c(r)$ an verschiedenen Punkten der Meßzelle ausmißt und $\ln c$ über r^2 aufträgt. Im Falle molekulareinheitlicher Substanzen ergibt sich dann eine Gerade (Abb. 2-17), aus deren Steigerung $d(\ln c)/d(r^2)$ sich die Molmasse gemäß Gl. (2-44b) ermitteln läßt.

Die Linearität von $\ln c(r^2)$ ist ein zuverlässiges Kriterium für die molekulare Einheitlichkeit der untersuchten Substanz. In Lösungen heterogener Stoffe sowie bei Assoziations-Dissoziations-Systemen stellt sich für jede Molekülsorte eine Gleichgewichtsverteilung gemäß Gl. (2-44b) ein, und man erhält bei der Auftragung von $\ln c$ über r^2 eine aufwärts gekrümmte Kurve, was einem monotonen

Anstieg der mittleren Molmasse vom Meniskus zum Boden hin entspricht. Auswertung nach Gl. (2-44b) liefert dann das durch Gl. (2-2) definierte *Gewichtsmittel* der Molmasse $\overline{M}_w$ des Gemisches am Ort r der Meßzelle, wenn man für $d(\ln c)/d(r^2)$ die am Punkt r^2 gemessene Steigung der Kurve einsetzt.

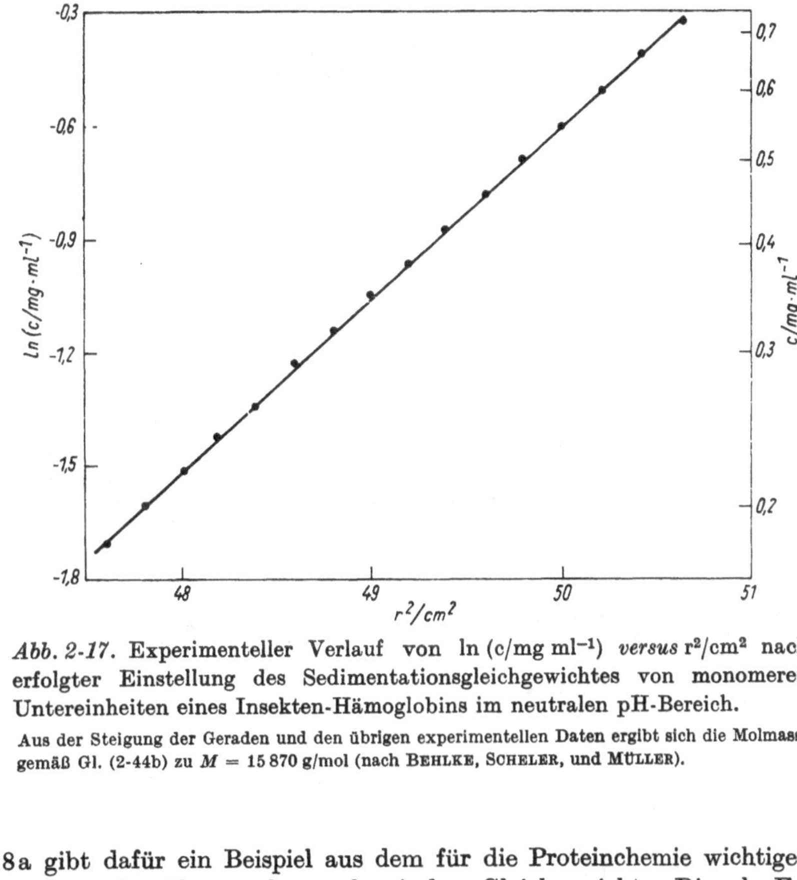

Abb. 2-17. Experimenteller Verlauf von ln (c/mg ml^{-1}) *versus* r^2/cm^2 nach erfolgter Einstellung des Sedimentationsgleichgewichtes von monomeren Untereinheiten eines Insekten-Hämoglobins im neutralen pH-Bereich.

Aus der Steigung der Geraden und den übrigen experimentellen Daten ergibt sich die Molmasse gemäß Gl. (2-44b) zu M = 15 870 g/mol (nach Behlke, Scheler, und Müller).

Abb. 2-18a gibt dafür ein Beispiel aus dem für die Proteinchemie wichtigen Anwendungsgebiet der Untersuchung chemischer Gleichgewichte. Die als Ergebnis eines Sedimentationsgleichgewichtsexperimentes an menschlichem Oxihämoglobin beobachtete Aufwärtskrümmung der Funktion $\ln c(r^2)$ ist hier nicht auf das Vorliegen einer polymolekularen Mischung, sondern auf das Vorliegen eines von der Konzentration an verschiedenen Stellen der Meßzelle abhängigen *Assoziations-Dissoziationsgleichgewichtes* zurückzuführen. Bei Anwendung des beschriebenen Auswerteverfahrens erhält man $\overline{M}_w$ als Funktion von c. Abb. 2-18b zeigt das Gesamtresultat mehrerer bei unterschiedlichen Anfangskonzentrationen durchgeführten Experimente. Man erkennt, daß das aus vier Polypeptidketten aufgebaute Hämoglobinmolekül (M = 64000 g/mol) unterhalb einer kritischen Konzentration von etwa 0,01 g/dl in die Untereinheiten zu dissoziieren beginnt.

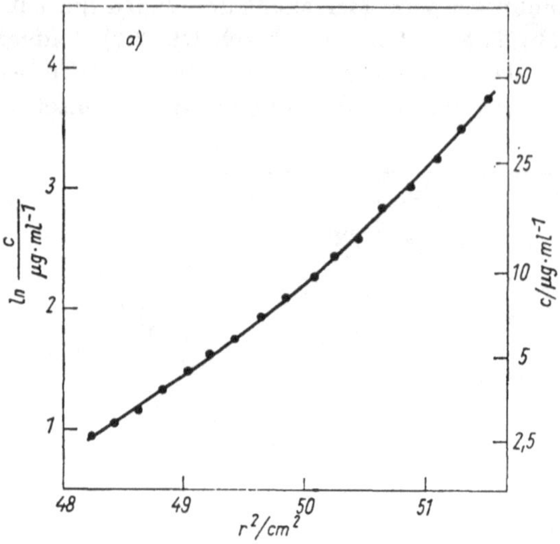

Abb. 2-18. (*a*): **Zur Bestimmung der Molmasse von Human-Oxihämoglobin nach Gl. (2-44b) aus einem Sedimentationsgleichgewichtsexperiment.**

Sedimentationszeit: 24 h bei 24630 U/min. Lösungsmedium: 0,1 m Phosphatpuffer, pH 7,0. Die monotone Zunahme des Anstiegs der Kurve weist auf das Vorliegen eines konzentrationsabhängigen Dissoziations-Assoziationsgleichgewichts hin (nach SCHACHMAN und EDELSTEIN).

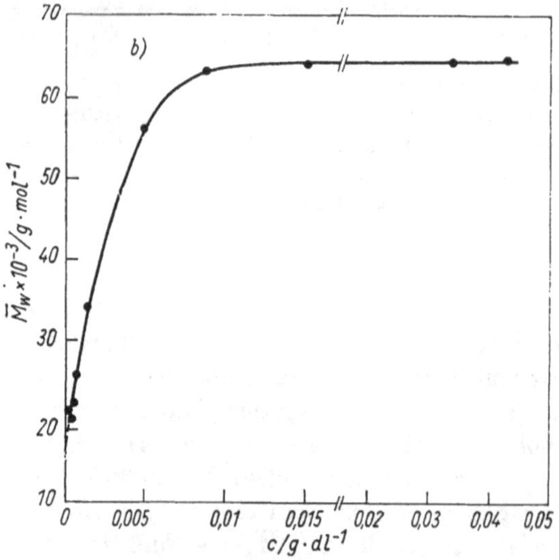

(*b*): **Gewichtsmittel der Molmasse von Human-Oxihämoglobin als Funktion der Hämoglobinkonzentration.**

Der Abfall von $\overline{M}_w$ bei kleinen Konzentrationen ist auf die Dissoziation des Hämoglobinmoleküls in seine Untereinheiten zurückzuführen (vgl. Text). (Nach SCHACHMAN und EDELSTEIN.)

Mit fallender Konzentration wird das chemische Gleichgewicht immer mehr in Richtung der Dissoziation verschoben, und bei den niedrigsten vermessenen Konzentrationen liegen praktisch nur noch die dissoziierten α- und β-Ketten $M = 16000$ g/mol) vor.

Die Molmassenbestimmung durch Gleichgewichtszentrifugation zeichnet sich durch eine Reihe von Vorteilen aus. Die Methode basiert auf strengen thermodynamischen Grundlagen, sie bedarf keiner unabhängigen Messung der Diffusionskonstanten, sie überstreicht einen sehr breiten Molmassenbereich (10^2 bis 10^7 g/mol), und sie erfordert einen sehr geringen Substanzbedarf. Diesen Vorteilen steht als wesentlicher Nachteil die lange Zeitdauer gegenüber, die zum Erreichen des Gleichgewichtszustandes erforderlich ist (ca. 300 Stunden für ein Protein der Molmasse 10^5 g/mol).

In den letzten Jahren sind Verfahren entwickelt worden, die eine Verringerung des Zeitaufwandes zum Ziel haben. Da die Einstellzeit dem Quadrat der (in radialer Richtung gemessenen) Füllhöhe der Meßzelle proportional ist, kann durch das Arbeiten bei kleinen Füllhöhen (1—3 mm) die Versuchsdauer erheblich herabgesetzt werden. Es wurden Vielkanalzellen für kleine Füllhöhen (Yphantis-Zellen, s. Abb. 2-4) enwickelt, mit denen Gleichgewichtsläufe an mehreren Proben simultan durchgeführt werden können. Der dabei erzielte Zeitgewinn zieht allerdings bei der Untersuchung heterogener Systeme eine Verringerung des Auflösungsvermögens nach sich, da bei sehr kleinen Schichthöhen Abweichungen von der Linearität der Funktion ln $c(r^2)$ nicht mehr sicher zu erkennen sind.

Eine weitere Verkürzung der Einstellzeit gelingt, indem man den Rotor während einer kurzen Zeitspanne mit einer höheren Anfangsdrehzahl betreibt und dann erst zu der für das Gleichgewichtsexperiment optimalen Drehzahl übergeht. Dieses Überdrehzahlverfahren führt wegen des rascher ablaufenden Massetransportes durch Sedimentation in verhältnismäßig kurzer Zeit zu einer Konzentrationsverteilung, die der Gleichgewichtsverteilung bei der gewünschten niedrigen Drehzahl bereits recht nahekommt.

Seit durch die Anwendung der geschilderten Verfahren die Einstellzeiten in die Größenordnung weniger Stunden gerückt sind und seit die in jüngster Zeit erheblich verfeinerten interferenz- und absorptionsoptischen Systeme der Ultrazentrifuge eine direkte Aufzeichnung des Konzentrationsverlaufes mit hoher Genauigkeit gestatten, haben Sedimentationsgleichgewichtsexperimente für die Molmassenbestimmung an Biopolymeren (besonders Proteinen) wieder zunehmende Bedeutung erlangt. Da man insbesondere mit der Absorptionsoptik in stark verdünnten Lösungen arbeiten kann, ist eine Extrapolation der M-Werte auf $c = 0$ meist nicht notwendig. Für die Untersuchung hochmolekularer *DNA* versagt die Methode, da wegen der hohen Molmassen und niedrigen Diffusionskonstanten von *DNA* experimentell nicht realisierbare sehr niedrige Drehzahlen bei gleichzeitig unvertretbar langen Einstellzeiten vonnöten wären. (Bei *DNA* der Molmasse 10^8 g/mol betrüge bei einer Füllhöhe von 12 mm (bzw. 3 mm) und einer Drehzahl von 100 U/min (bzw. 200 U/min) die Einstellzeit 7,5 Jahre (bzw. 170 Tage)!). Hingegen konnte das Sedimentationsgleichgewichtsverfahren erfolgreich für die

Molmassenbestimmung an sehr großen *kompakten* Teilchen wie Ribosomen ($M = 5 \cdot 10^5$ g/mol) und kompletten *T7*-Phagen ($M = 5 \cdot 10^7$ g/mol) eingesetzt werden.

2.3.5. *Übergang zum Gleichgewicht* (ARCHIBALD-*Verfahren*)

Von ARCHIBALD wurde ein elegantes Verfahren entwickelt, das eine Molmassenbestimmung bei geringem experimentellen Zeitaufwand erlaubt. In Abschnitt 2.3.4. wurde die Tatsache ausgenutzt, daß im Zustand des Sedimentationsgleichgewichtes der Nettofluß des Gelösten $(dm_S + dm_D)/dt$ an jedem Ort der Meßzelle Null ist. Diese Bedingung verschwindenden Nettomasseflusses muß am Meniskus und Boden der Meßzelle in jedem Zeitpunkt eines Sedimentationsexperimentes erfüllt sein, da kein Massetransport durch diese beiden Grenzflächen hindurch erfolgen kann. Damit muß aber auch die für das Sedimentationsgleichgewicht abgeleitete Beziehung (2-44a) am Ort des Meniskus (Index m) und des Bodens (Index b) zu *beliebiger* Zeit gelten:

$$(M)_m = \frac{RT}{(1-\bar{v}\varrho)\,\omega^2}\,\frac{(dc/dr)_m}{r_m c_m}; \quad (M)_b = \frac{RT}{(1-\bar{v}\varrho)\,\omega^2}\,\frac{(dc/dr)_b}{r_b c_b} \qquad \text{(2-45a,b)}$$

Die Auswertung nach den Gln. (2-45a, b) erfordert die experimentelle Bestimmung des Konzentrationsgefälles dc/dr und der Konzentration c an Meniskus und Boden. Bei Benutzung der Schlierenoptik können die den Konzentrationsgefällen $(dc/dr)_m$ und $(dc/dr)_b$ proportionalen Brechzahlgefälle dem Sedimentationsdiagramm unmittelbar entnommen werden. Da die Abbildung des Brechzahlgefälles an den Stellen r_m und r_b durch optische Effekte gestört wird, mißt man die (dn/dc)-Werte in der Umgebung von Meniskus und Boden aus und extrapoliert sie auf die genauen Orte dieser beiden Grenzflächen.

Infolge der Sedimentation nimmt die Konzentration am Meniskus im Verlaufe des Experimentes ab, während sie am Boden zunimmt (Abb. 2-16). Wie sich zeigen läßt, können c_m und c_b unter Berücksichtigung des Verdünnungseffektes (s. Gl. (2-25)) aus

$$c_m = c_0 - \int_{r_m}^{r_P} (r/r_m)^2\,(dc/dr)\,dr \qquad \text{(2-46a)}$$

$$c_b = c_0 + \int_{r_P}^{r_b} (r/r_b)^2\,(dc/dr)\,dr \qquad \text{(2-46b)}$$

(r_P: Abstand eines beliebigen Punktes auf der Plateauzone vom Rotationszentrum) berechnet werden.

Für molekulareinheitliche Substanzen sind die an Meniskus und Boden gemessenen Molmassen $(M)_m$ und $(M)_b$ stets gleich groß und zeitunabhängig, womit ein empfindliches Homogenitätskriterium gegeben ist. Bei molekularuneinheitlichen Stoffen liefert die Auswertung nach den Gln. (2-45a, b) das *Gewichtsmittel* der Molmasse $\overline{M}_w$ des im betrachteten Zeitpunkt an Meniskus bzw. Boden vorliegenden Gemisches. Wegen der höheren Sedimentationsgeschwindigkeit größerer Moleküle beobachtet man in diesem Fall am Meniskus eine zeitliche Abnahme von $\overline{M}_w$, am Boden dagegen einen Anstieg. Zur Bestimmung des Gewichtsmittels $\overline{M}_w$ der Ausgangslösung müssen daher die zu verschiedenen Zeiten erhaltenen Werte $(\overline{M}_w)_m$ und $(\overline{M}_w)_b$ auf den Zeitpunkt des Versuchsbeginns extrapoliert werden. Enthält das untersuchte System zwei makromolekulare Komponenten, so können bei geeigneter Versuchsführung (Variation der Drehzahl) und unter Zuhilfenahme spezieller Auswertemethoden (Trautman-Verfahren) die Molmassen beider Komponenten sowie ihre relativen Konzentrationen ermittelt werden.

In den vergangenen zwei Jahrzehnten ist das Archibald-Verfahren häufig und mit Erfolg zur Untersuchung von Biopolymeren (Molmassenbereich von 10^2 bis zu einigen 10^6 g/mol) eingesetzt worden. Nach dem sich gegenwärtig abzeichnenden Trend scheint die Methode jedoch gegenüber dem verstärkten Einsatz der Sedimentationsgleichgewichtsmethode etwas in den Hintergrund zu treten.

2.3.6. Zentrifugation im Gleichgewichts-Dichtegradienten

Prinzip der Methode: Die von Meselson, Stahl und Vinograd 1957 entwickelte Methode der Sedimentation im Gleichgewichts-Dichtegradienten erlaubt die Trennung und Charakterisierung von Biopolymeren auf Grund ihrer unterschiedlichen *Schwimmdichte.* Nach Gl. (2-32) gilt

$$s \sim (1 - \bar{v}\varrho_0) \qquad \text{oder} \qquad s \sim (1 - \varrho_0/\varrho_P)\,,$$

d. h. der Sedimentationskoeffizient eines Polymeren kann positiv, Null oder negativ (*Flotation* in Richtung auf das Drehzentrum hin!) sein, je nachdem, ob der Quotient aus der Dichte ϱ_0 des Lösungsmediums (= Lösungsmittel + Salzzusätze) und der *effektiven Dichte* ϱ_P des Polymeren *in diesem Medium* kleiner als, gleich oder größer als 1 ist.

Bei der Gleichgewichts-Dichtegradientenzentrifugation wird eine konzentrierte wäßrige Lösung eines schweren Alkalimetallsalzes (z. B. CsCl, $CsSO_4$) bei hohen Drehzahlen so lange zentrifugiert, bis das niedermolekulare Salz einen Sedimentationsgleichgewichtszustand erreicht hat, der durch einen kontinuierlichen Anstieg der Dichte $\varrho_0(r)$ innerhalb der Meßzelle charakterisiert ist (Abb. 2-19). Enthält die Lösung außerdem ein Polymeres und liegt dessen effektive Dichte ϱ_P zwischen den beiden Extremwerten von $\varrho_0(r)$ an Meniskus und Boden, so werden die Makromoleküle während des Übergangs zum Gleichgewicht teils sedimentieren, teils flotieren und sich schließlich in einer Bande dort akkumulieren, wo der Auftriebsterm $(1 - \bar{v}\varrho_0)$ verschwindet (Abb. 2-19). Hat der Dichtegradient seinen Gleichgewichtszustand erreicht, so besitzen die Makromoleküle ihrerseits eine Gleichgewichts-Konzentrationsverteilung $c(r)$, die aus den gegensätzlichen Wirkungen von Sedimentation/Flotation (Tendenz zur Verengung der Bande) und

Diffusion (Tendenz zur Bandenverbreiterung) resultiert. Aus der Lage r' der Bande (Abb. 2-19) läßt sich die Schwimmdichte ϱ_P des Polymeren mit hoher Genauigkeit ($\pm$ 0,001 g/cm³) bestimmen, wenn die Anfangsdichte der Salzlösung vor Versuchsbeginn und die physikalischen Parameter der Zentrifugation bekannt sind. In der Praxis wird die Schwimmdichte meist aus der *relativen* Lage der Bande in bezug auf die Bandenposition einer anderen, als Eichstandard dienenden Polymerprobe von genau bekannter Schwimmdichte berechnet.

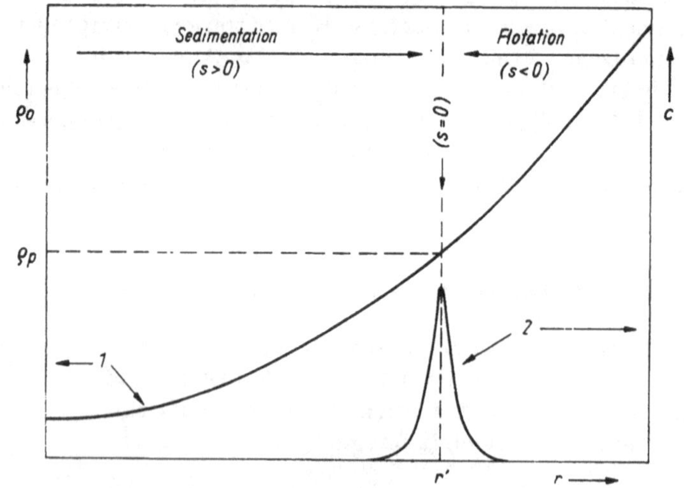

Abb. 2-19. Schematische Darstellung der Vorgänge in der Meßzelle bei der Zentrifugation im Gleichgewichts-Dichtegradienten.

1: Verlauf der Dichte $\varrho_0(r)$ des Lösungsmediums nach Einstellung des Sedimentationsgleichgewichtes. *2*: Gleichgewichts-Konzentrationsverteilung $c(r)$ des Polymeren. Die oberen Pfeile kennzeichnen diejenigen Bereiche der Meßzelle, in denen die Makromoleküle während des Überganges zum Gleichgewicht sedimentieren ($s > 0$), flotieren ($s < 0$) und sich akkumulieren ($s = 0$).

Besitzen alle Makromoleküle gleiche Dichte und gleiche Masse, so hat die Bande die Form einer Gaussschen Glockenkurve, deren Breite von der Molmasse des (hydratisierten) Polymeren abhängt. Enthält die Lösung zwei oder mehr makromolekulare Spezies von genügend unterschiedlicher effektiver Dichte, so bilden sich im Gleichgewicht zwei oder mehr Banden aus.

Anwendungen: Die Zentrifugation im Gleichgewichts-Dichtegradienten hat besonders in der Nucleinsäureforschung breite Anwendung gefunden, wie durch wenige Beispiele illustriert werden soll.

Die Schwimmdichte doppelhelicaler *DNA* liegt umso höher, je größer ihr Gehalt an Guanin (*G*) und Cytosin (*C*) ist. Bei der Untersuchung zahlreicher nativer *DNA*-Proben aus unterschiedlichsten Organismen fanden Schildkraut, Marmur und Doty eine lineare Beziehung zwischen dem durch chemische Analyse bestimmten

($G-C$)-Gehalt der *DNA* und ihrer Dichte im CsCl-Dichtegradienten (Abb. 2-20):

$$\varrho_P = (1{,}660 + 0{,}098\, X_{G-C})\ \text{g/cm}^3 \tag{2-47}$$

(X_{G-C}: Molenbruch der *GC*-Basenpaare). Damit ist die Möglichkeit gegeben, die *Basenzusammensetzung* einer unbekannten *DNA* in der Ultrazentrifuge zu bestimmen. Die Vorteile der Methode liegen vor allem in dem geringen Substanzbedarf (ca. 0,5 µg *DNA*) und in der Möglichkeit, die Messungen an einem kleinvolumigen Zellenlysat ohne vorhergehende Reinigung der *DNA* durchführen zu können.

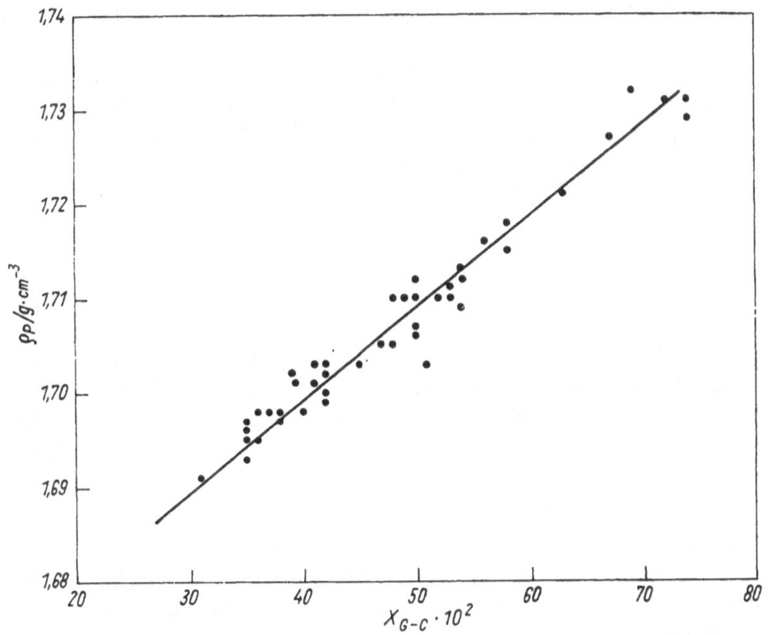

Abb. 2-20. Schwimmdichte von nativer doppelhelicaler *DNA* im CsCl-Dichtegradienten als Funktion ihrer Basenzusammensetzung (nach Schildkraut, Marmur und Doty).

Die Schwimmdichte einer *DNA* ist von ihrer *Sekundärstruktur* abhängig; sie liegt bei denaturierter *DNA* höher als bei der entsprechenden doppelhelicalen Form. Die Größe des Dichteanstiegs nach Denaturierung ist eine Funktion der noch verbliebenen Interaktion zwischen den komplementären Strängen. Der Befund, daß die Dichte von ΦX 174-Phagen-*DNA* um ca. 0,02 g/cm³ höher liegt, als ihrem ($G-C$)-Gehalt nach Abb. 2-20 entspricht, und daß die Dichte auch nach Erhitzen der *DNA*-Lösung unverändert bleibt, war ein Hinweis auf die Einzelstrangform dieser nativen *DNA*.

In zelluläre *DNA* und *RNA* können schwere Isotope (z. B. ^{15}N, ^{2}H, ^{13}C) eingebaut werden, indem man die Zellen auf einem die entsprechenden Isotope enthaltenden Nährboden wachsen läßt. Der Einbau schwerer Isotope führt zu einem signifikanten Anstieg der Schwimmdichte; *DNA*-Proben, die sich lediglich in der Massenzahl ihres Stickstoffs unterscheiden (^{14}N und ^{15}N), werden im CsCl-Dichtegradienten in zwei getrennten Banden angeordnet. Mit Hilfe dieser Technik konnten Meselson und Stahl 1958 den experimentellen Nachweis darüber führen, daß die der Zellteilung vorausgehende Replikation bakterieller *DNA* semikonservativ verläuft, d. h. daß die beiden doppelsträngigen *DNA*-Tochtermoleküle je einen vom Elternmolekül herrührenden Strang und einen neu synthetisierten Strang enthalten. In der Folgezeit wurde der Mechanismus der ***semi-konservativen Replikation*** auch an anderen Organismen (Viren, Säugerzellen) nachgewiesen.

Die Gleichgewichts-Dichtegradientenzentrifugation wurde auch zum Nachweis der Bildung von ***Hybrid-DNA*** in vitro eingesetzt. Die Bildung von *DNA*-Hybriden ist nur möglich, wenn ein hoher Grad von Basensequenzhomologie zwischen den Nucleinsäuren zweier verschiedener Spezies besteht, und weist dann auf deren phylogenetische Verwandtschaft hin.

2.4. Diffusion

In der flüssigen und gasförmigen Phase führen alle Moleküle eine ungeordnete statistische Wärmebewegung aus, die wir in mikroskopischer Betrachtungsweise auch Brown*sche* ***Molekularbewegung*** nennen. Aus makroskopischer Sicht sprechen wir von Diffusion, die auch dann zum Ausgleich von Konzentrationsunterschieden führt, wenn Stofftransport durch Konvektion (d. h. durch Strömungen innerhalb der Gase oder Flüssigkeiten) ausgeschlossen werden kann.

Diffusionsmessungen an Polymeren sind besonders deshalb interessant, weil sie die bisher einzige Möglichkeit darstellen, den molekularen Reibungskoeffizienten f (Gl. 2-33) absolut, d. h. unabhängig von Modellvorstellungen zu bestimmen und damit quantitative Informationen über die Molekülabmessungen zu gewinnen. Solche Messungen ermöglichen zugleich eine absolute Molmassenbestimmung aus Sedimentations- und Diffusionsmessungen nach der Svedberg-Gleichung (2-84).

2.4.1. *Diffusionskoeffizient und* Fick*sche Gesetze*

Im allgemeinen findet ein Konzentrationsausgleich durch Diffusion in allen drei Dimensionen statt. Für experimentelle Zwecke wählt man jedoch in der Regel eine Versuchsanordnung, die ein Konzentrationsgefälle (oder einen -gradienten) nur in einer Raumrichtung zuläßt. Daher braucht hier auch nur der eindimensionale Fall betrachtet zu werden.

Entsprechend den Überlegungen von Fick ist die Substanzmasse dm, die in der

Zeit dt durch die Fläche A tritt (s. Abb. 2-21), dem Konzentrationsgefälle dc/dx und der Fläche A proportional (I. FICKsches Gesetz)

$$\frac{dm}{dt} = -DA\,\frac{dc}{dx} \tag{2-48}$$

Der substanzspezifische Proportionalitätsfaktor D wird als *Diffusionskoeffizient* bezeichnet. Er wird in cm^2/s angegeben; $10^{-7}\ cm^2/s = 1$ ($F = 1$ FICK). Das negative Vorzeichen in Gl. (2-48) berücksichtigt, daß der Teilchenfluß in positive Richtung weist, wenn das Konzentrationsgefälle dc/dx, wie z. B. in Abb. 2-21, negative Werte annimmt.

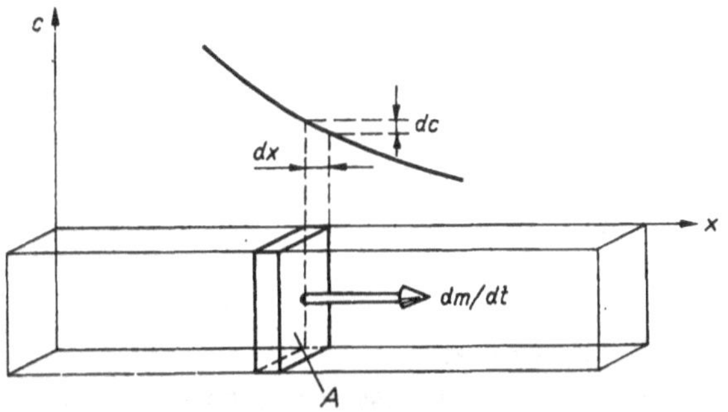

Abb. 2-21. Der Diffusionsstrom dm/dt ist dem Konzentrationsgefälle dc/dx proportional (aber entgegengerichtet).

Die genaueste klassische Bestimmung von Diffusionskoeffizienten erfolgt durch Messung nichtstationärer Diffusionsvorgänge, d. h. durch die Analyse der zeitlichen Änderung eines Konzentrationsausgleichsvorganges. Die theoretische Grundlage dafür ist das II. FICKsche Gesetz:

Man erhält diese Gleichung unschwer durch Bilanzierung der Differenz der je Zeiteinheit in ein Volumenelement — von infinitesimaler Dicke — hinein bzw. aus ihm heraus diffundierenden Moleküle. Bei Vorliegen eines konzentrationsunabhängigen Diffusionskoeffizienten führt dies im eindimensionalen Fall zu

$$\frac{\partial c}{\partial t} = D\,\frac{\partial^2 c}{\partial x^2}. \tag{2-49}$$

Hierin bedeuten $\partial c/\partial t$ die (partielle) Ableitung der Konzentration nach der Zeit t bei festgehaltenem x und $\partial^2 c/\partial x^2$ die 2. (partielle) Ableitung von c nach x bei festgehaltener Zeit t. Für praktische Fälle sind geeignete Lösungen dieser Differentialgleichung der eindimensionalen Diffusion heranzuziehen.

Für die Messung von Diffusionskoeffizienten ist besonders die mathematische Lösung für den Ausgleich eines anfänglichen Konzentrationssprunges von Interesse. Bei der üblichen Versuchsanordnung wird die Polymerlösung mit dem Lösungsmittel sorgfältig überschichtet und sodann der zeitlich-örtliche Konzentrationsausgleich optisch registriert (s. Abb. 2-22a und Abschnitt 2.4.2.).

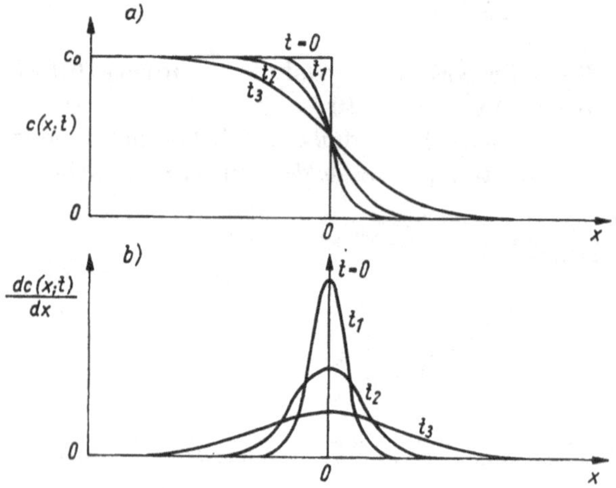

Abb. 2-22. Konzentrationsausgleich durch Diffusion bei sprungartigem Anfangsverlauf der Konzentration.

a) Konzentrationsverlauf nach Gl. (2-50) zu unterschiedlichen Zeiten

b) Konzentrationsgefälle- (bzw. -gradienten-)Kurven nach Gl. (2-51), wie sie z. B. durch die PHILPOT-SVENSSON-Optik geliefert werden.

Die Anfangsbedingungen des Problems lauten daher

$$c(t=0) = c_0 \quad \text{für} \quad x < 0, \quad c(t=0) = 0 \quad \text{für} \quad x > 0 .$$

Als entsprechende Lösung ergibt sich (s. Abb. 2-22a)

$$c = \frac{c_0}{2}\left[1 - \frac{2}{\sqrt{\pi}}\int\limits_0^{\frac{x}{2\sqrt{Dt}}} e^{-y^2}\,dy\right] \tag{2-50}$$

Der Integralterm in Gl. (2-50) ist das sogen. GAUSSsche Fehlerintegral, das tabelliert vorliegt.

Die mathematischen Lösungen für $c(x)$ nach Gl. (2-50) sind in Abb. 2-22a für unterschiedliche Zeiten t dargestellt.

Verschiedene optische Methoden registrieren das Konzentrationsgefälle dc/dx, also die Ableitung der Konzentrationsfunktion nach der Ortskoordinate x senkrecht zur Grenzschicht. Man erhält dafür aus Gl. (2-50)

$$\frac{dc}{dx} = -\frac{c_0}{2\sqrt{\pi Dt}}\, e^{-\frac{x^2}{4Dt}} \tag{2-51}$$

Diese Funktion stellt, über x aufgetragen, die Glockenkurve oder auch GAUSSsche Fehlerkurve dar (Abb. 2-22b). Breite und Höhe sind derart zeitabhängig, daß die von Kurve und x-Achse eingeschlossene Fläche — gemäß Gl. (2-50) — konstant bleibt.

Von generellem Interesse ist der *mittlere Diffusionsweg* $(\overline{(\Delta x)^2})^{1/2}$, den ein einzelnes Teilchen in der Zeit t durch statistische Molekularbewegung zurücklegt. Der Querstrich in $\overline{(\Delta x)^2}$ symbolisiert die Mitteilung, gewonnen an einer hinreichend großen Anzahl von Einzelteilchen. EINSTEIN fand für diesen Fall die Relation

$$\overline{(\Delta x)^2} = 2Dt \tag{2-52}$$

Diese Gleichung ist entscheidend für das Verständnis der Transportprozesse in Systemen mikroskopischer Dimensionen. Als Beispiel sei der CO_2- und O_2-Transport von bzw. zu den Kapillargefäßen in höheren Organismen genannt. Zahlenbeispiele für Diffusionskoeffizienten und -wege enthält Tab. 2-1.

Tabelle 2-1

Diffusionskoeffizienten und mittlere Diffusionswege $\sqrt{\overline{x^2}}$ nach Gl. (2-52)

Molekül	$\dfrac{D^{(0)}_{20\,w}}{10^{-7}\text{cm}^2\text{s}^{-1}}$	$\sqrt{\overline{x^2}}$/mm $t = 0{,}01$ s	$t = 1{,}0$ s	$t = 10000$ s
H_2O	220	0,0066	0,066	6,6
NaCl (0,15 mol l^{-1})	122	0,0049	0,049	4,9
Hämoglobin	6,9	0,0012	0,012	1,2
DNA ($M = 8{,}86 \cdot 10^6$ g mol^{-1})	0,14	0,00017	0,0017	0,17

2.4.2. *Messung von Diffusionskoeffizienten*

Die experimentelle Ermittlung von Diffusionskoeffizienten geht in der Regel von der Voraussetzung der Gültigkeit beider FICKschen Gesetze aus. In einer Küvette, deren Wände parallel zur Richtung der Schwerkraft verlaufen, sind zu Versuchsbeginn Makromoleküllösung und Lösungsmittel derart übereinander anzuordnen, daß eine möglichst scharfe, ungestörte Grenzschicht zwischen beiden Komponenten erzeugt wird. Sodann müssen während der diffusionsbedingten Verbreiterung der Übergangszone Polymerlösung-Lösungsmittel sehr kleine zeitliche Änderungen der Konzentration oder des Konzentrationsgradienten mit hoher Präzision gemessen werden. Besondere Aufmerksamkeit gilt dabei der Verhinderung eines Konzentrationsausgleiches durch Konvektion.

Grenzschicht: Für die Herstellung der Grenzschicht sind verschiedene experimentelle Möglichkeiten entwickelt worden. Wir geben hier als Beispiel das *Prinzip* des *Unterschichtungs*verfahrens wieder, das in der Diffusionszusatzeinrichtung zur analytischen Ultrazentrifuge der Firma Phywe verwendet wird (Abb. 2-23). In der Meßküvette *M* befindet sich zunächst das Lösungsmittel. Nach Öffnen eines von außen zu bedienenden Kegelverschlusses *V* fließt die Polymerlösung *P* sehr langsam unter das Lösungsmittel. Bei Erreichen der für die Diffusionsgrenzschicht vorgesehenen Zone wird eine „Schärfung" der Grenzschicht eingeleitet, um den idealen Anfangsbedingungen einer Stufenfunktion möglichst nahezukommen. Dies geschieht durch vorsichtiges Absaugen von Flüssigkeit aus der Durchmischungszone über einen dünnen Absaugkanal *A*, hier mittels eines Kolbens *K*, in anderen Fällen mit Hilfe von Niveaugefäßen.

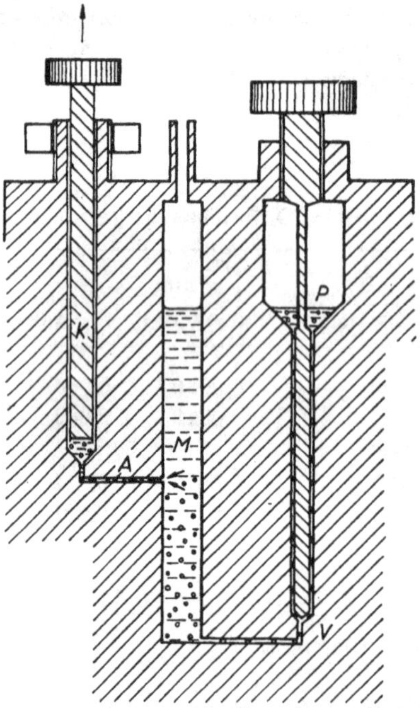

Abb. 2-23. **Eine Möglichkeit zur Herstellung der Diffusionsgrenzschicht nach dem Unterschichtungs- und Absaugprinzip (s. Text).**

Zur Verhinderung von Konvektionsstörungen bedarf es u. a. einer hinreichend guten Temperaturkonstanz.

Optische Nachweisverfahren: Für die Registrierung des Verlaufes der Konzentration oder des Konzentrationsgradienten werden im Prinzip die gleichen optischen Methoden herangezogen wie für Sedimentationsmessungen. Am geläufigsten ist die Darstellung des Gradienten der Konzentration (bzw. der Brechzahl). Zu seiner Registrierung genügt eine Einfachküvette, wie in Abb. 2-23 dargestellt. Das am häufigsten dafür verwendete optische System ist die PHILPOT-SVENSSON-

*Schlieren*optik, das den Brechzahlgradienten registriert (Sedimentationsbeispiel in Abb. 2-13).

Bei größeren Ansprüchen an Genauigkeit und Meßempfindlichkeit muß man zu *interferenzoptischen* Registrierverfahren greifen. (Die empfindliche Absorptionsoptik hat sich bislang für Diffusionsmessungen nicht durchsetzen können.) Das meistgebräuchliche RAYLEIGH-System zur Aufzeichnung des Brechzahlverlaufes verlangt Doppelküvetten für Meß- und Vergleichsstrahl (Abb. 2-24a). Mit einer Einzelküvette kommt die GOUY-Methode aus, die relativ geringen apparativen, aber hohen Auswerteaufwand erfordert (im Computer-Zeitalter von sekundärer Bedeutung).

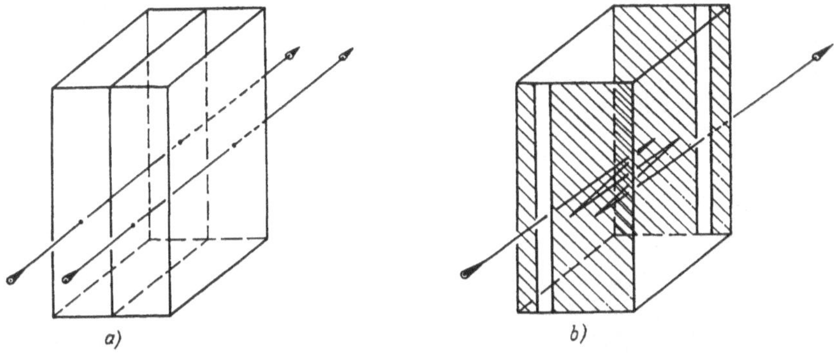

Abb. 2-24.

a) Diffusions-*Doppel*küvette für die RAYLEIGH-Interferenzmethode
b) Diffusionsspiegelküvette mit effektiv vergrößerter Schichtdicke (nach REINERT)

Eine Erhöhung der Meßempfindlichkeit ist bei Verwendung von Einfachküvetten dadurch möglich, daß man diese vom Licht mehrfach passieren läßt. Entweder verspiegelt man, bis auf freibleibende Spalte, die Küvettenfenster (Abb. 2-24b), die dann eine sehr gute Parallelität und Planparallelität aufweisen müssen, oder man stellt die Küvette zwischen justierbare, in entsprechender Weise verspiegelte Glasplatten hoher optischer Qualität. Auf diese Wiese ist es möglich, die effektive Dicke der Küvette und damit die Empfindlichkeit des Systems bis um eine Größenordnung zu erhöhen (vgl. Meßergebnisse in Abb. 2-25 und 2-26).

Zur Auswertung: Liegen als Ergebnis der Diffusionsexperimente die zu verschiedenen Zeiten aufgenommenen Kurven für dc/dx, die sog. Konzentrations-Gradientenkurven vor, so erfolgt die Auswertung auf der Basis von Gl. (2-51) (vgl. Abb. 2-22b). Bei $x = 0$ finden sich die maximalen Höhen H der (z. B. auf Papier nachgezeichneten) Kurven. Es sei dabei A die von Gradientenkurve und Basislinie eingeschlossene, der Konzentration c_0 proportionale Fläche und G der dabei verwendete Gesamtvergrößerungsfaktor. Nun läßt sich unschwer zeigen, daß zusammen mit Gl. (2-51) für $x = 0$ der Ausdruck

$$D = \frac{1}{4\pi t} \cdot \frac{1}{H^2} \left(\frac{A}{G}\right)^2 \tag{2-53}$$

folgt. Wegen der niemals erreichbaren idealen stufenförmigen Konzentrationsverteilung zu Versuchsbeginn ($t = 0$) liefert Gl. (2-53) stets einen scheinbaren Diffusionskoeffizienten D'. Der dabei begangene Fehler nimmt mit wachsendem t ab und kann durch geeignete Auftragung eliminiert werden. Vom Standpunkt der optimalen Gewichtung der Einzelmessung ist es zweckmäßig, den nach Gl. (2-53)

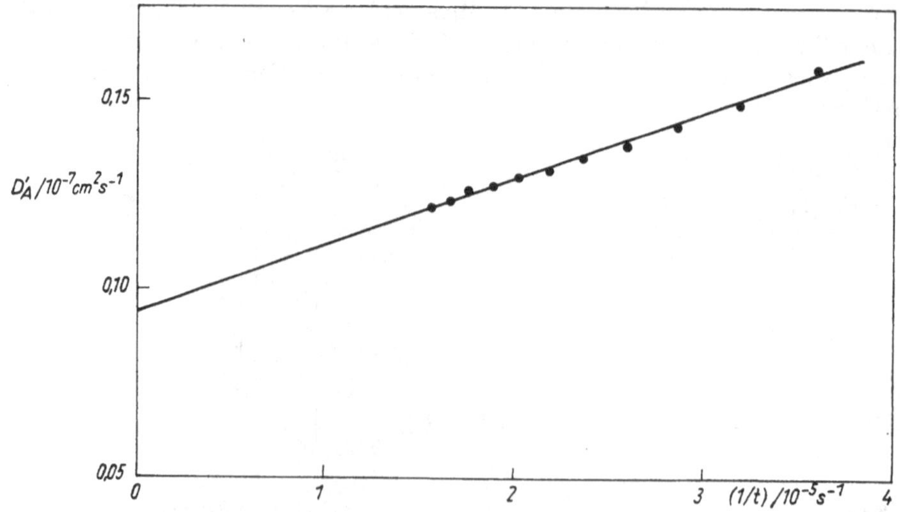

Abb. 2-25. Auftragung zur Ermittlung des Diffusionskoeffizienten für eine spezielle *DNA*-Probe der mittleren Konzentration 0,00187 g/dl (s. Text; nach STRASSBURGER u. REINERT).

erhaltenen Wert D' als Funktion von $1/t$ aufzutragen (Abb. 2-25). Die Extrapolation $(1/t) \to 0$ liefert dann den gesuchten Diffusionskoeffizienten. Wegen der Polymolekularität der in Abb. 2-25 verwendeten *DNA*-Probe liefert die Auswertung nach Gl. (2-53) den sog. Flächenmittelwert $\overline{D}_A$ (vgl. Abschnitt 2.2.1.). (Die früher sehr häufig verwendete Auftragung von $1/H^2$ über t ist aus Fehlergründen weniger vorteilhaft.)

Diffusionskonstante: Bedingt durch die gegenseitige Beeinflussung der einzelnen Makromoleküle ist der Diffusionskoeffizient — ebenso wie Sedimentationskoeffizient und reduzierte Viskosität — von der Polymerkonzentration abhängig ($D = D(c)$).

Um die Eigenschaften des freien ungestörten Polymers zu erhalten, ist D bei verschiedenen Makromolekülkonzentrationen c zu messen und auf $c = 0$ zu extrapolieren. Die resultierende Größe, die *Diffusionskonstante* D^0, ist folglich definiert durch

$$D^0 = \lim_{c \to 0} D(c) \qquad \text{(2-54 a)}$$

Abb. 2-26 zeigt das Resultat von Diffusionsmessungen an einer hochmolekularen Kalbsthymus-*DNA*-Probe bei extrem niedrigen Konzentrationen. Die Konzentrationsabhängigkeit von D weist darauf hin, daß die Voraussetzung für die Anwendung der Gln. (2-51) und (2-53), nämlich die Konzentrations*un*abhängigkeit von D, nicht streng erfüllt ist. Für den Extrapolationswert D^0 wird der dabei begangene geringe Fehler jedoch eliminiert.

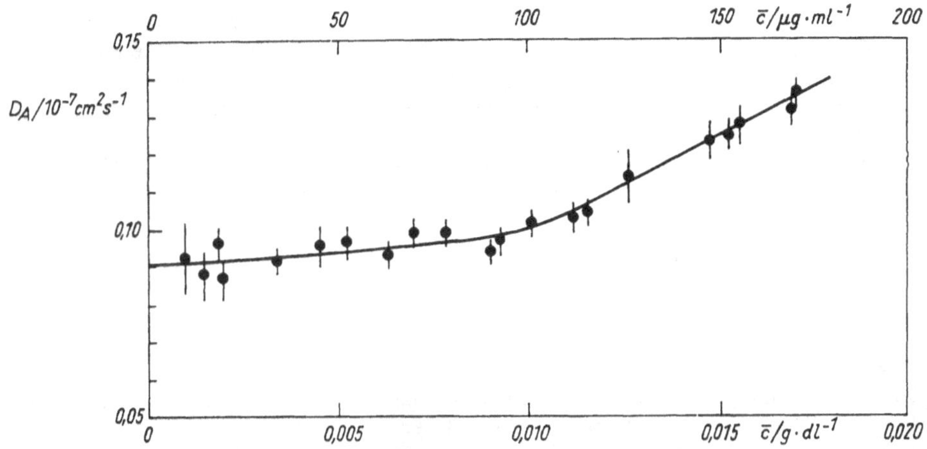

Abb. 2-26. Konzentrationsabhängigkeit des Höhen-Flächen-Mittelwertes des Diffusionskoeffizienten $(\bar{D}_A)_{20,w}$ für eine Kalbsthymus-*DNA*-Probe ($\bar{M} = 27 \cdot 10^6$ g mol^{-1}) (nach STRASSBURGER u. REINERT)

Diffusionskoeffizienten hängen nicht unwesentlich von der Temperatur T und der Viskosität η_0 des Lösungsmediums LM ab, wobei letztere auch für den Hauptanteil der Temperaturabhängigkeit verantwortlich ist. Zur Analyse von Makromoleküleigenschaften ist es daher sinnvoll, Diffusionskonstanten anzugeben, die auf Standardbedingungen bezogen sind. Das sind bei Biopolymeren i. a. $T_{20} = 293$ K ($= 20$ °C) und ein Lösungsmittel von der Viskosität des Wassers (η_w). Man erhält damit nach den unten folgenden Gln. (2-33) und (2-55) als Umrechnungsrelation, analog zu Gl. (2-38) für Sedimentationskoeffizienten, die Beziehung

$$D_{20,w} = D_{T,LM} \frac{T_{20}\eta_0}{T\eta_w}. \tag{2-54 b}$$

worin sich $D_{T,LM}$, T und η_0 auf die entsprechenden Größen unter den Bedingungen der Messung beziehen.

Neuerdings ist es möglich, Diffusionskoeffizienten kompakter Teilchen auch bei relativ kleinen Konzentrationen mit Hilfe der sog. *Streulichtspektroskopie* zu bestimmen. Dabei wird z. B. die Frequenzänderung des gestreuten Lichtes gemessen, die durch die Eigengeschwindigkeit der streuenden Teilchen hervorgerufen wird (DOPPLER-Effekt).

Polymolekulare Proben: Bei molekularuneinheitlichen Proben, deren Subfraktionen unterschiedliche Diffusionseigenschaften besitzen, sind die gemessenen Diffusionskoeffizienten und Diffusionskonstanten Mittelwerte. Die erhaltenen Zahlenwerte hängen, außer von den Eigenschaften der Komponenten der Probe, von der verwendeten Auswertemethode ab. Für die Höhen-Flächen-Methode ergibt sich das Flächenmittel $\bar{D}_A$ bzw. $\bar{D}_A{}^0$ (vgl. Abb. 2-26).

Im Falle hochmolekularer *DNA*-Proben kann die Polymolekularität relativ einfach durch Messung der Sedimentationskonstantenverteilung erfaßt werden. Mit ihrer Hilfe und entsprechenden Relationen sowie Messungen der Mittelwerte von D^0 (oder M oder der Grenzviskosität $[\eta]$; vgl. 2.5.)) sind die entsprechenden Daten für einheitliche Subfraktionen bestimmbar.

Für Diffusionsmessungen hat das *Gewichtsmittel* $\bar{D}_w$ besondere Bedeutung. Es ist aus den Gradientenkurven dc/dx in relativ einfacher Weise herzuleiten:

$$\bar{D}_w = \frac{\int\limits_{-\infty}^{+\infty} x^2(dc/dx)\,dx}{2tc_0}$$

Wie zuerst von VINK gezeigt wurde, setzt eine Ermittlung von Diffusionskoeffizienten nach dieser Methode keine präzise Anfangsverteilung der Grenzschicht voraus. Sie sollte daher besonders bei Diffusionsmessungen mit Überschichtungszellen in der analytischen Ultrazentrifuge bessere Ergebnisse liefern, auch für *homogene* Polymerproben, da in diesem Fall $\bar{D}_w = D$ gilt.

2.4.3. *Diffusionskonstante und Polymerstruktur*

Zwischen dem molekularen Reibungskoeffizienten f (s. 2.3.3.) und der Diffusionskonstante D^0 besteht ein einfacher Zusammenhang.

$$D^0 = kT/f \tag{2-33}$$

hierin ist k die BOLTZMANN-Konstante und T die absolute Temperatur.

Die Tatsache, daß f nur aus Diffusionsmessungen absolut, d. h. annahmefrei bestimmt werden kann, führt zur SVEDBERG-Gleichung (2-84) für die absolute Molmassenbestimmung aus Sedimentations- und Diffusionsmessungen. (Indirekt folgt f auch nach Gl. (2-32) aus s^0, M und $\bar{v}$.)

Für ideale Kugeln vom Radius R gilt das STOKESsche Gesetz

$$f = 6\pi\,\eta_0 R \tag{2-55}$$

worin η_0 die Viskosität des Lösungsmediums ist (s. S. 110). Für Kugelteilchen errechnet sich also aus der Diffusionskonstante unmittelbar der Kugelradius.

Für reale Moleküle definiert Gl. (2-55) den Radius $R_{äf}$ einer ***hydrodynamisch äquivalenten Kugel***, also einer hypothetischen idealen Kugel gleicher Diffusionskonstante.

Für ideale ***Rotationsellipsoide*** läßt sich der Reibungskoeffizient f noch in geschlossener Form berechnen. Die Ergebnisse nach Perrin sind in Abb. 2-27 für verlängerte und abgeplattete Rotationsellipsoide als Funktion des Achsenverhältnisses p dargestellt, wobei f_{id} den Reibungskoeffizienten der dem Ellipsoid volumengleichen idealen Kugel darstellt. Man entnimmt der Abb. 2-27, daß für verlängerte Rotationsellipsoide mit gleichen kleinen Halbachsen asymptotisch (d. h. für $p \gtrsim 75$) $f/f_{id} \sim p^{0,47}$ gilt und damit, wegen $f_{id} \sim R \sim M^{1/3} \sim p^{0,33}$,

$$f = \text{const}\; p^{0,80} \tag{2-56a}$$

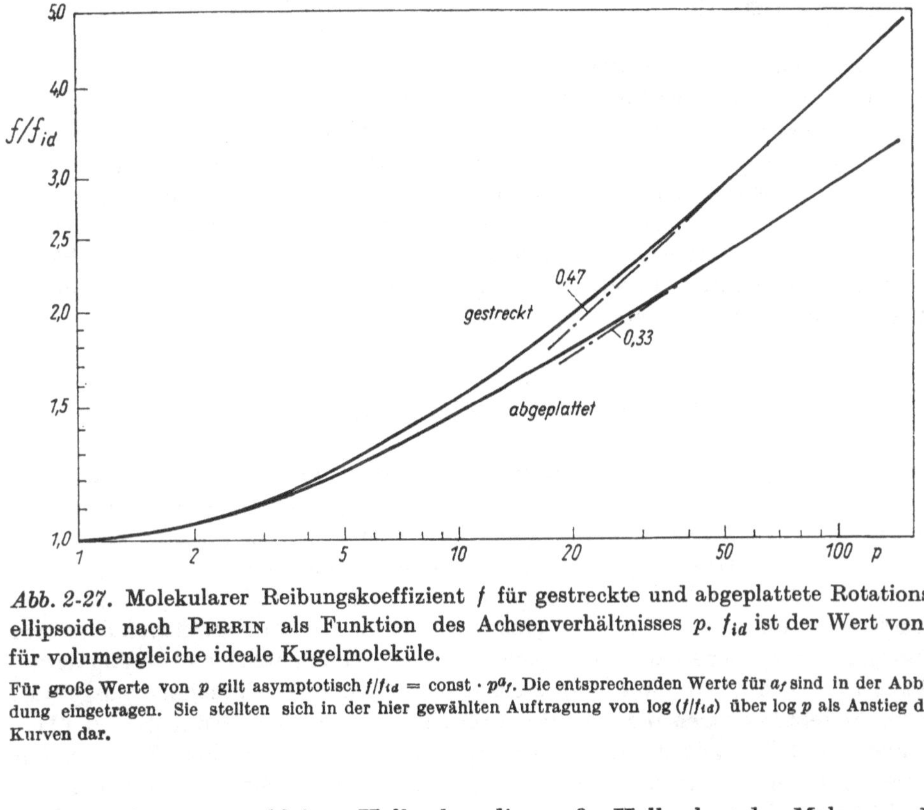

Abb. 2-27. Molekularer Reibungskoeffizient f für gestreckte und abgeplattete Rotationsellipsoide nach Perrin als Funktion des Achsenverhältnisses p. f_{id} ist der Wert von f für volumengleiche ideale Kugelmoleküle.

Für große Werte von p gilt asymptotisch $f/f_{id} = \text{const} \cdot p^{a_f}$. Die entsprechenden Werte für a_f sind in der Abbildung eingetragen. Sie stellten sich in der hier gewählten Auftragung von $\log (f/f_{id})$ über $\log p$ als Anstieg der Kurven dar.

Da bei konstanter kleiner Halbachse die große Halbachse der Molmasse M proportional ist, gilt also für zigarrenförmige Rotationsellipsoide wegen Gl. (2-33)

$$D^0 = \text{Const}\; M^{-0,80} \tag{2-56b}$$

Auch für *flexible Ketten*moleküle ist ein solches Konzept realistisch, da diese in der Regel undurchspülte Knäuel bilden. Theoretisch wird für den Zusammenhang zwischen $R_{ä,f}$ und dem Trägheitsradius R_G (vgl. Gl. 2-7) die Beziehung

$$R_{ä,f} = \xi_f R_G \qquad \xi_f = 0{,}665 \tag{2-57}$$

angegeben, so daß sich, zusammen mit den Gln. (2-33), (2-55), (2-9) und (2-15) die folgende Beziehung für flexible Knäuelmoleküle hinreichender Länge ergibt

$$D^0 = \frac{kT}{\sqrt{6}\,\pi\eta_0\,\alpha\bar{\beta}\xi_f(M/M_0)^{1/2}} \tag{2-58}$$

2.5. Viskosität

Lösungen von Makromolekülen haben gegenüber den reinen Lösungsmitteln höhere Zähigkeiten oder Viskositäten. Eine Beschreibung und Analyse der dafür verantwortlichen Vorgänge ist aus verschiedenen Gründen von Nutzen.

An dieser Stelle interessiert uns vor allen Dingen der Zusammenhang zwischen Größe und Form der Makromoleküle einerseits und der Viskosität ihrer Lösungen andererseits. Da Viskositätsmessungen an Polymerlösungen mit relativ geringem apparativen und zeitlichen Aufwand durchführbar sind, werden sie sehr häufig zur Charakterisierung von Makromolekülen sowie zur Gewinnung von Strukturinformationen herangezogen.

2.5.1. Viskosität niedermolekularer Flüssigkeiten

Die Viskosität einer Flüssigkeit äußert sich makroskopisch in Kräften, die aufgebracht werden müssen, um unter Überwindung innerer Reibungskräfte benachbarte Flüssigkeitsschichten gegeneinander zu bewegen. (Ein anschauliches Beispiel stellt die Bewegung eines Löffels im Honigglas dar.)

Zur Definition der Viskosität wählt man eine möglichst einfach beschreibbare Anordnung (Abb. 2-28). Parallel zu einer ebenen Wand wird in hinreichend kleinem Abstand z^* eine ebene Platte der Fläche A mit der konstanten Geschwindigkeit v^* bewegt. Der Zwischenraum sei mit einer niedermolekularen Flüssigkeit ausgefüllt. Dann besteht zwischen der bei der Aufrechterhaltung der Bewegung zu überwindenden Reibungskraft F_r und den angegebenen Größen nach Newton folgender Zusammenhang, wobei η eine für die Flüssigkeit charakteristische Größe, der Viskositätskoeffizient oder kurz die Viskosität, ist:

$$F_r = -\eta A \frac{v^*}{z^*} \tag{2-59}$$

Als Maßeinheit für die Viskosität wählt man 1 P (1 Poise $= 100$ cP $= 1\ \mathrm{cm^{-1}\,g\,s^{-1}}$). In Tab. 2-2 sind einige Meßwerte eingetragen. Zur Meßtechnik vgl. Abschnitt 2.5.4.

Tabelle 2-2
Viskositäten einiger Flüssigkeiten

Flüssigkeit	Temperatur/°C	η/cP	Flüssigkeit	Temperatur/°C	η/cP
Wasser	0	1,797	Äthyläther	20	0,255
	20	1,008	Äthalalkohol	20	1,25
	100	0,285	Glyzerin	20	1490
(Luft)	0	0,017			

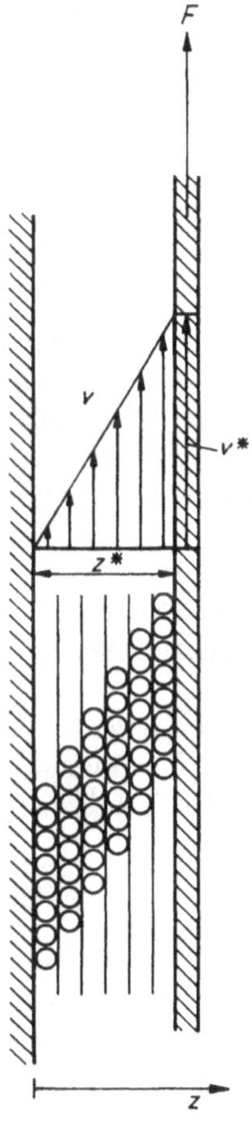

Abb. 2-28. Der Geschwindigkeitsverlauf $v(z)$ der Flüssigkeitsschichten (bzw. -teilchen) zwischen einer festen Wand und einer in geringem Abstand z^* parallel zu dieser — durch Einwirken der Kraft F ($= -F_r$) — mit der Geschwindigkeit v^* bewegten Platte.

Die indirekte Proportionalität zwischen der Reibungskraft F_r und der Dicke z^* (Gl. 2-59) der Flüssigkeitsschicht — bei konstanter Geschwindigkeit v^* — läßt sich besonders leicht an folgendem Beispiel demonstrieren: Wenn man mit dem Pinsel hochviskosen, ungleichmäßig dick aufgetragenen Lack gleichmäßig verteilt und dabei mit konstanter Geschwindigkeit über Schichten unterschiedlicher Dicke streicht, dann wird längs der Schicht größerer Dicke ein geringerer Kraftaufwand sehr deutlich spürbar.

Die Pfeile in Abb. 2-28 veranschaulichen die Geschwindigkeiten, mit denen sich die verschiedenen Flüssigkeitsschichten bewegen. An der festen Wand und der bewegten Platte haften die angrenzenden Flüssigkeitsmoleküle durch Adhäsion. Benachbarte Flüssigkeitsschichten gleiten aneinander. Die von außen einwirkende Kraft muß die Kohäsionskräfte und damit die *innere Reibung* überwinden. Dazu wird Energie benötigt.

In Abb. 2-28 ist ein konstantes Geschwindigkeitsgefälle vorausgesetzt. Dies gilt nicht mehr, wenn der Abstand z^* stark zunimmt. Statt v^*/z^* ist dann in Gl. (2-59) dv/dz zu schreiben. Der in Abb. 2-28 zugrundegelegte Fall paralleler ebener Platten wird genähert in Rotationsviskosimetern realisiert (vgl. 2.5.4.).

2.5.2. *Strömung durch Kapillaren*

Röhren, deren Durchmesser klein sind im Vergleich zur Breite der Zone, in der sich das Vorhandensein der Wand auf die Strömung auswirkt, werden Kapillaren oder Haargefäße genannt. Die Gesetzmäßigkeiten ihrer Durchströmung sind nicht nur für das Verständnis wesentlicher Eigenschaften des Blutkreislaufes und vieler technischer Vorgänge von Interesse. Sie liefern auch die Grundlage für die präziseste und meistgenutzte Methode zur Absolutbestimmung von Viskositätskoeffizienten niedermolekularer Flüssigkeiten und von Lösungen nicht zu großer Makromoleküle.

Das durch eine Kapillare laminar (d. h. wirbelfrei) hindurchfließende Flüssigkeitsvolumen V hängt von Gesamtdurchflußzeit t, Kapillarenlänge l und -radius R sowie von der Druckdifferenz Δp zwischen den Kapillarenden und dem Viskositätskoeffizienten η ab; $V = V(R, l, \Delta p, \eta, t)$

Geschwindigkeitsprofil: Für die Herleitung dieses Zusammenhanges benötigen wir die Kenntnis des Geschwindigkeitsprofils, d. h. der lokalen Strömungsgeschwindigkeit v als Funktion des Abstandes r von der Kapillarachse zwischen $r = 0$ und $r = R$: $v = v(r, l, \Delta p, \eta)$.

Zu diesem Zweck zerlegen wir — analog Abb. 2-28 — die Flüssigkeit in eine Vielzahl konzentrischer Hohlzylinder mit der „Wandstärke" dr (entsprechend dz bei ebener Anordnung nach Abb. 2-28) und dem Durchmesser $2r$ sowie der Strömungsgeschwindigkeit v (Abb. 2-29). Die treibende Kraft F, die auf einen Flüssigkeitszylinder wirkt, ergibt sich zu $F = \Delta p(r^2\pi)$. Die Oberfläche des Zylinders ist $A = (2\pi r)l$. Mit der erwähnten Verallgemeinerung von Gl. (2-59) für die Reibungskraft $F_r = \eta A(dv/dr)$ und $F = -F_r$ folgt somit

$$\Delta p r^2 \pi = -\eta 2\pi r l \frac{dv}{dr}$$

oder

$$dv = -\frac{\Delta p}{2\eta l} r\, dr$$

(In der Kapillare ist $dv/dr < 0$. Beim ebenen Problem in Gl. (2-59) war $dv/dz = v^*/z^* > 0$.) Nach Integration und Berücksichtigung der Randbedingung $v = 0$ für $r = R$ ergibt sich

$$v = \frac{\Delta p}{4\eta l}(R^2 - r^2) \tag{2-60}$$

Die Flüssigkeitsströmung in der Kapillare besitzt also ein parabolisches Geschwindigkeitsprofil. Die Geschwindigkeit erreicht ihr Maximum v_{max} auf der Zylinderachse ($r = 0$) und verschwindet bei $r = R$. In der Zone $r = R/2$ z. B. ergibt sich $v = (3/4)\, v_{max}$.

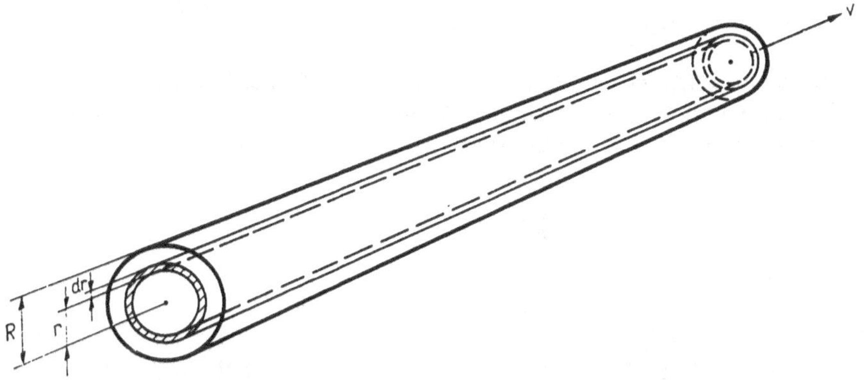

Abb. 2-29. Zur Herleitung der HAGEN-POISSEUILLEschen Gleichung. Die Flüssigkeit im Abstand r von der Kapillarenachse bewegt sich mit konstanter Geschwindigkeit $v(r)$.

Die HAGEN-POISSEUILLE*sche Gleichung:* Das pro Zeiteinheit durch eine Kapillare strömende Flüssigkeitsvolumen berechnet sich nun in einfacher Weise. Jede sich mit der Geschwindigkeit v bewegende hohlzylindrische Flüssigkeitslamelle (vgl. Abb. 2-29) transportiert in der Zeit t ein Volumen

$$dV = (2\pi r)\,(vt)\,dr$$

Das Gesamtvolumen ergibt sich aus der Summe der Teilvolumina:

$$V = 2\pi t \int_0^R r\,v\,dr$$

Mit Gl. (2-60) folgt die HAGEN-POISSEUILLEsche Gleichung:

$$\frac{V}{t} = \frac{\pi R^4}{8\eta l}\Delta p \tag{2-61}$$

V/t hat den Charakter einer Stromstärke. Der Druckdifferenz Δp entspricht bei elektrischen Strömen die Spannung bzw. Potentialdifferenz. In Analogie zum

OHMschen Gesetz der Elektrizitätslehre können wir daher einen *Strömungswiderstand* R^* definieren:

$$R^* = \frac{8\eta l}{\pi R^4} \tag{2-62}$$

Von besonderer Bedeutung ist die *vierte* Potenz, mit der der Kapillarenradius R in die Gln. (2-61) und (2-62) eingeht.

2.5.3. *Viskosität von Polymerlösungen*

In Gegenwart von Partikeln, die größer als die Moleküle des Lösungsmittels sind, ist der Elementarvorgang der inneren Reibung, wie er in Abb. 2-28 dargestellt wurde, gestört. Nach Abb. 2-30 führt die Einbringung eines Makromoleküls in

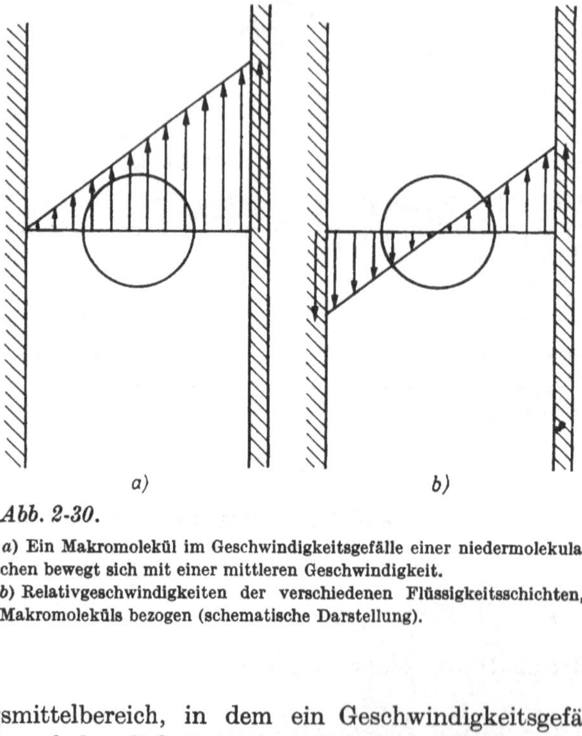

Abb. 2-30.

a) Ein Makromolekül im Geschwindigkeitsgefälle einer niedermolekularen Flüssigkeit. Das Teilchen bewegt sich mit einer mittleren Geschwindigkeit.
b) Relativgeschwindigkeiten der verschiedenen Flüssigkeitsschichten, auf das Zentrum des Makromoleküls bezogen (schematische Darstellung).

den Lösungsmittelbereich, in dem ein Geschwindigkeitsgefälle dv/dz vorliegt (Abb. 2-30a), zu hohen Relativgeschwindigkeiten (Abb. 2-30b) zwischen Lösungsmittel und Teilchen*peripherie*. Dies bewirkt ein vergrößertes lokales Geschwindigkeitsgefälle und folglich eine erhöhte innere Reibung, also größeren Energieverbrauch. Makroskopisch mißt man einen erhöhten Viskositätskoeffizienten.

Polymercharakteristische Viskositäten: Viskositätsmessungen dienen in dem hier behandelten Zusammenhang zur Ermittlung von Biopolymereigenschaften. Daher interessieren uns die absoluten Meßwerte von Viskositätskoeffizienten nur mittelbar. Wir benötigen abgeleitete Größen, die für die Makromoleküleigenschaften charakteristisch sind:

Die ***relative Viskosität*** η_{rel} ist das Verhältnis der Viskosität η einer Polymerlösung zur Viskosität η_0 des reinen Lösungsmittels:

$$\eta_{rel} = \eta/\eta_0 \tag{2-63}$$

Nach obigen Ausführungen muß in Gegenwart von Polymeren η_{rel} stets größer als 1 sein.

Die ***spezifische Viskosität*** η_{sp} gibt den Anteil von η_{rel} an, der von den Makromolekülen herrührt. Also gilt

$$\eta_{sp} = \frac{\eta - \eta_0}{\eta_0} = \eta_{rel} - 1 \tag{2-64}$$

η_{rel} und η_{sp} sind dimensionslose Zahlen. Sie nehmen mit steigender Konzentration zu (Abb. 2-31 a).

Wegen dieser Konzentrationsabhängigkeit von η_{sp} ist es sinnvoll und üblich, eine sog. ***reduzierte spezifische Viskosität*** einzuführen.

$$\eta_{red} = \eta_{sp}/c \tag{2-65}$$

Sie ist für ein praktisches Beispiel in Abb. 2-31 b als Funktion der Polymerkonzentration c aufgetragen. Die numerischen Werte hängen von der Wahl der Einheiten für die Konzentration ab. Bei Polymeren relativ geringer Viskosität, wie z. B. globulären Proteinen, ist es üblich, c in g/ml anzugeben. Bei Makromolekülen sehr hoher Viskosität, wie z. B. bei *DNA*, wird in der Regel die Einheit g/dl bevorzugt.

η_{sp}/c sollte unabhängig von c sein, wenn keine Wechselwirkung zwischen den verschiedenen Teilchen der Lösung stattfinden würde. Tatsächlich existiert eine Abhängigkeit von der Polymerkonzentration. Eine für die Eigenschaften des ungestörten Makromoleküls charakeristische Größe ist daher der Grenzwert von η_{sp}/c, extrapoliert zur Konzentration $c = 0$ (Abb. 2-31 b):

$$[\eta] = \lim_{c \to 0} \frac{\eta_{sp}}{c} \tag{2-66}$$

$[\eta]$ wird als *Grenzviskosität* bezeichnet. In der englischsprachigen Literatur ist der Ausdruck *intrinsic viscosity* gebräuchlich. (In manchen Arbeiten finden sich dafür auch noch die Bezeichnungen STAUDINGER-Index und Viskositätszahl).

Man gewinnt die Grenzviskosität nach Messung von η_{sp}/c an einer Reihe von

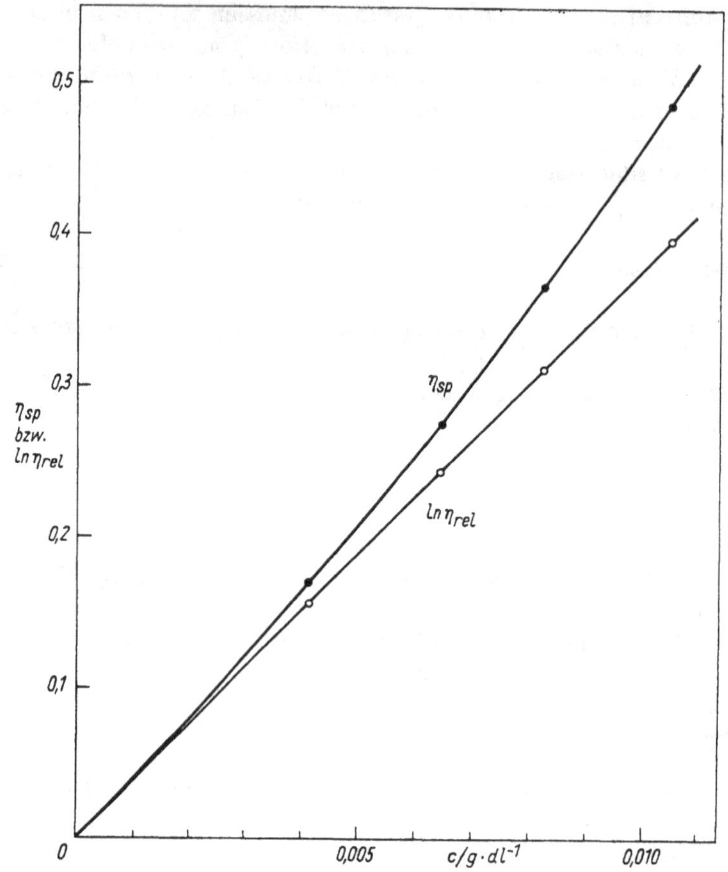

Abb. 2-31 a.

η_{sp} (und ln η_{rel}) als Funktion der Polymerenkonzentration c für eine (Kalbsthymus-) *DNA*-Probe (20 °C, 0,2 mol Na^{+}/l, pH 7).

Proben verschiedener endlicher Konzentrationen c als Ordinatenabschnitt einer Auftragung über c (Abb. 2-31b). Wegen Gl. (2-66) ist die erforderliche Polymerkonzentration um so kleiner, je größer $[\eta]$ ist.

HUGGINS zeigte, daß man die *Konzentrationsabhängigkeit* von η_{sp}/c bei niedrigen Konzentrationen durch eine Gleichung der Form

$$\frac{\eta_{sp}}{c} = [\eta]\,(1 + k'[\eta]\,c) \tag{2-67a}$$

darstellen kann, worin die HUGGINS-Konstante k' in der Regel etwa zwischen 0,3 und 0,7 liegt. (Wesentlich höhere Werte deuten auf Aggregationseffekte hin.)

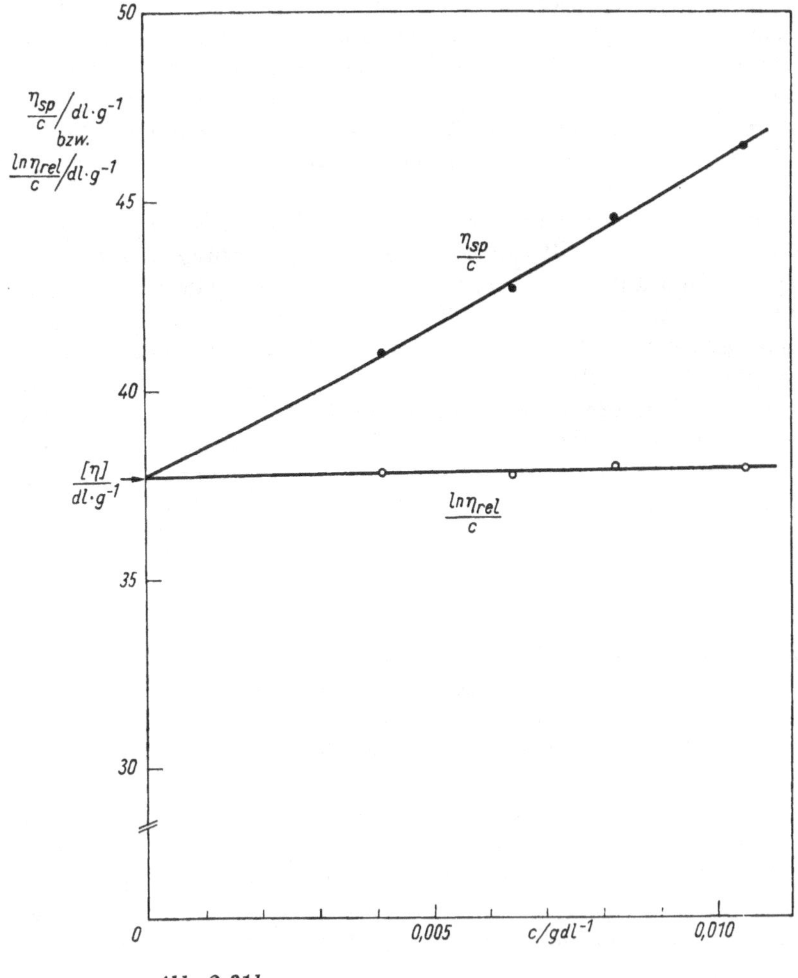

Abb. 2-31b.
Auftragung der reduzierten spezifischen Viskosität η_{sp}/c (bzw. von ln η_{rel}/c) über c.

Man kann die Grenzviskosität $[\eta]$ auch durch Auftragung und Extrapolation von ln η_{rel}/c über c gewinnen. Für kleine Werte von c folgt dann der einfach ableitbare Ausdruck

$$\frac{\ln \eta_{rel}}{c} = [\eta]\,[1 + (k' - 0{,}5)\,[\eta]\,c]. \qquad (2\text{-}67\,b)$$

$k' - 0{,}5$ ist i. a. weniger von Null verschieden als k', und folglich ist ln η_{rel}/c eine bessere Näherung für $[\eta]$ als η_{rel}/c, wenn man (z. B. aus Substanzmangel) nur bei einer Konzentration messen kann (vgl. Abb. 2-31a, b).

Strukturviskosität: Auf die gelösten Makromoleküle wird bei der Viskositätsmessung im Zusammenhang mit dem vorhandenen Geschwindigkeitsgefälle ein Drehmoment ausgeübt (s. Abb. 2-30b). Bei großen Teilchen mit ausgeprägter Anisotropie kommt es folglich zu einer *Orientierung* der Partikel. Dies führt zu einer Verminderung ihres Beitrages zur Viskosität, da die maximale Relativgeschwindigkeit zwischen Polymer und Lösungsmittelmolekülen sich verringert; man spricht von „Strukturviskosität".

Dem Orientierungseffekt wirkt die statistische Molekularbewegung entgegen, die bei kleinen Polymeren eine Gleichverteilung der Orientierungen bewirkt, so daß keine Strukturviskosität nachweisbar ist. Bei größeren Makromolekülen ist sie meßbar und bei Polymeren extrem großer Abmessungen, wie z. B. bei *DNA*, im Kapillarviskosimeter normaler Bauert (s. 2.5.4.) nicht zu vermeiden.

Die Untersuchung der Struktur sehr großer Makromoleküle (s. 2.5.5.) verlangt die Eliminierung von Strukturviskositätseinflüssen. Dies ist möglich durch Verwendung eines Viskosimeters, das bei extrem kleinen Geschwindigkeitsgefällen dv/dz zu arbeiten gestattet, oder aber durch Messungen bei verschiedenen Werten des Geschwindigkeitsgefälles und Extrapolation auf $dv/dz = 0$ (bzw. $dv/dr = 0$).

2.5.4. *Viskosimeter*

Zur Untersuchung physikalischer Eigenschaften biologischer und synthetischer Makromoleküle haben sich zwei Grundtypen von Viskosimetern durchgesetzt: Kapillarviskosimeter und Rotationsviskosimeter.

Kapillarviskosimeter: Die Anwendung der HAGEN-POISSEUILLEschen Gleichung (2-61) ermöglicht eine einfache Absolutmessung des Viskositätskoeffizienten η, wenn alle anderen Größen bekannt sind. Für die Ermittlung der relativen bzw. spezifischen Viskosität von Makromolekülen ist jedoch die Kenntnis der exakten Werte von V, R, l und Δp nicht erforderlich, da η_{rel} und η_{sp} sich als Quotienten von Viskositäten ergeben. Bei Zusammenfassung der Apparatekonstanten der HAGEN-POISSEUILLEschen Gleichung ergibt sich, aufgelöst nach η,

$$\eta = K \Delta p t \tag{2-68}$$

Der die Flüssigkeit durch die Kapillare treibende Druck Δp hängt von der Dichte ϱ und der Höhe der Flüssigkeit in der Kapillare ab. Bei gleichen Füllbedingungen, also gleicher Höhe, ist mit t als Auslaufzeit

$$\eta_{rel} = \frac{t \cdot \varrho}{t_0 \cdot \varrho_0} \tag{2-69}$$

Der Index ($_0$) bezieht sich auf das reine Lösungsmedium. Bei sehr verdünnten Lösungen braucht der Dichteunterschied zwischen Lösung und Lösungsmittel oft nicht berücksichtigt zu werden.

Vor nahezu 100 Jahren gab W. OSTWALD das erste brauchbare Kapillarviskosimeter an (Abb. 2-32). Es hat die Form eines U-Rohres. Ein Schenkel ist z. T. als Kapillare (K) ausgebildet. Zwei Marken (M_1, M_2) oberhalb bzw. unterhalb einer Verdickung im Kapillarenschenkel grenzen ein definiertes Volumen V ab. Die zu untersuchende Flüssigkeit wird in diesen Schenkel gedrückt und die Auslaufzeit ergibt sich als die Zeitspanne zwischen dem Passieren der ersten (M_1) und der zweiten Marke (M_2) durch den Meniskus. Wegen der großen Temperaturabhängigkeit der Viskosität von Flüssigkeiten (bei H_2O ca. 2,5% $grad^{-1}$) sind die

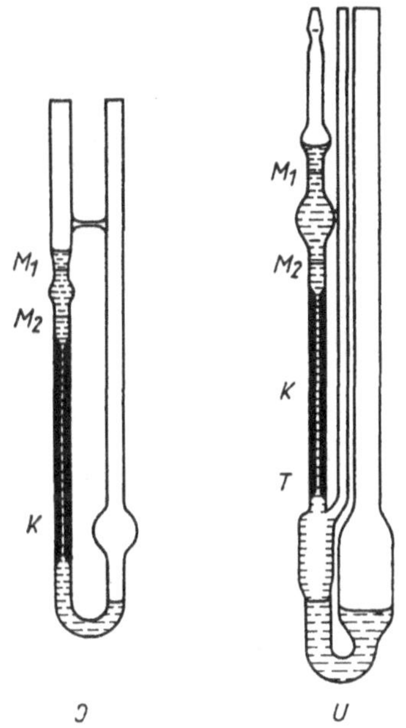

Abb. 2-32. Kapillarviskosimeter nach Ostwald (O) und nach Ubbelohde (U)

Messungen bei konstanter Temperatur durchzuführen. Den Nachteil der Forderung nach exakt gleichen Füllhöhen beim Ostwald-Viskosimeter vermeidet das Ubbelohde-Kapillarviskosimeter (Abb. 2-32). Ein zusätzliches Belüftungsrohr T eliminiert Druckdifferenzen im Falle unterschiedlicher Füllmengen, indem es ein Abreißen der Flüssigkeitssäule unmittelbar am unteren Kapillarenende bewirkt.

Beim Eintritt in die Kapillare wird die Flüssigkeit beschleunigt. Die dazu erforderliche Energie bewirkt eine Verzögerung des Auslaufvorganges. Die anzubringende „Hagenbach-*Korrektur*" ist bei engen Kapillaren und kleinen Volumina vernachlässigbar.

Rotationsviskosimeter: Rotationsviskosimeter bestehen aus zwei koaxialen Zylindern, zwischen denen sich die zu untersuchende Flüssigkeit befindet und von denen einer mit konstanter Winkelgeschwindigkeit bewegt wird. Es entsteht dabei im Zwischenraum ein Geschwindigkeitsprofil, das dem in den Abb. 2-28 und 2-30 dargestellten nahekommt. Für Biopolymeruntersuchungen interessiert besonders das 1962 von Zimm und Crothers angegebene sehr einfach herzustellende

Gerät. Es erlaubt, die Viskosität hochmolekularer *DNA* erstmalig unter NEWTONschen Bedingungen, also ohne Orientierung der *DNA*-Moleküle, zu messen.

Abb. 2-33a zeigt das Prinzip. Die Polymerlösung *L* umgibt den reagenzglasförmigen Rotor *R* und zentriert ihn durch die Oberflächenspannung der Flüssigkeit am Meniskus *M* unter Mitwirkung des geeignet dimensionierten Ballast-

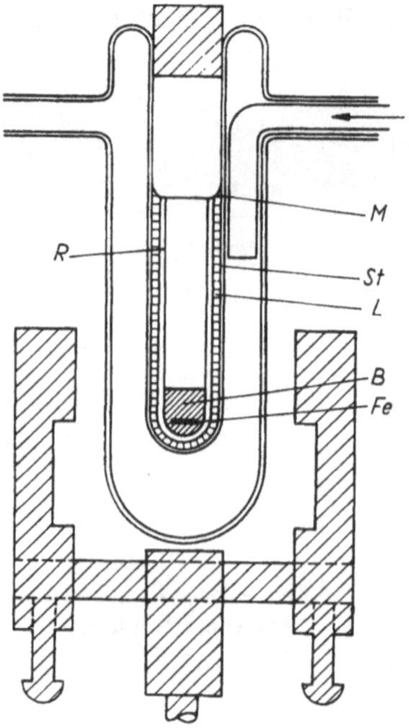

Abb. 2-33a. ZIMM-CROTHERS-Rotationsviskosimeter
a) konventionelle Ausführung

körpers *B*. Ein äußeres rotierendes Magnetfeld übt auf das im Rotor eingebettete Eisenscheibchen Fe ein zeitlich konstantes Drehmoment aus. Daher dreht sich der Rotor in der im temperierten Stator (*St*) befindlichen Lösung mit konstanter Winkelgeschwindigkeit um seine Achse. Die Zeit für eine Umdrehung (τ) ist der Viskosität der Flüssigkeit direkt proportional, wie aus Gl. (2-59) ersichtlich, d. h.

$$\eta_{\mathrm{rel}} = \tau/\tau_0 \qquad (2\text{-}70)$$

wenn τ_0 die Umdrehungszeit im reinen Lösungsmedium unter sonst gleichen Bedingungen bedeutet. τ_0 liegt je nach den magnetischen Eigenschaften des Eisenscheibchens Fe und des äußeren rotierenden Feldes zwischen wenigen und einigen hundert Sekunden. Die Zeitmessung erfolgt entweder visuell mit Hilfe eines Fernrohres bzw. einer Projektionsvorrichtung und einer Stoppuhr oder aber photoelektrisch.

Viele Varianten zum Grundprinzip dieses Viskosimeters wurden veröffentlicht. Abb. 2-33b zeigt eine Modifikation für die genaue Messung von Viskositäts*änderungen* bei Zugabe eines Reaktionspartners aus einer Mikrobürette (*MB*). Die gute Durchmischung der Komponenten wird durch Anheben und Absenken der Polymerlösung während der Zugabe mit Hilfe von Überdruck erzeugenden Niveaugefäßen (*P*) ermöglicht.

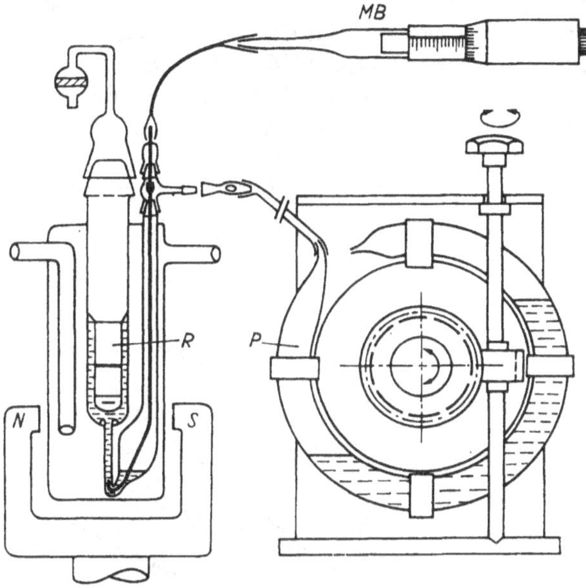

Abb.2-33b.

b) Titrationsvariante zur Zugabe von Wechselwirkungspartnern innerhalb des Viskosimeters (nach REINERT & GELLER)

Oberflächenaktive Substanzen, wie z. B. Proteine, bilden am Meniskus (M) Filme, die den Rotor (*R*) — mitunter bis zum Stillstand — bremsen. Durch Anwendung von Rotoren nach dem Prinzip des *cartesischen Tauchers*, also ohne freie Oberfläche zwischen Rotor und Stator, konnten GILL und THOMPSON dieses Problem umgehen. Das instabile Schwimmgleichgewicht erfordert allerdings für diesen Rotortyp eine permanente Regelung der Schwimmposition.

2.5.5. *Grenzviskosität und Polymerstruktur*

Aus den Überlegungen zum Elementarvorgang der Viskositätserhöhung einer Flüssigkeit durch gelöste Makromoleküle (Abb. 2-30) ging hervor, daß — neben ihrer Konzentration — die geometrischen Eigenschaften der Teilchen für den Wert der spezifischen Viskosität η_{sp} entscheidend sind.

Ideale Kugelteilchen: Quantitative Überlegungen über den Zusammenhang zwischen Grenzviskosität und Polymergestalt beginnen stets bei Partikeln mit idealer Kugelgestalt (*id*). EINSTEIN zeigte 1906, daß für diesen Idealfall und bei hinreichender Verdünnung unabhängig vom Kugel*volumen* die Beziehung

$$\eta_{sp,id} = 2{,}5\,\Phi \tag{2-71 a}$$

gilt, worin Φ das Verhältnis von *Gesamt*teilchenvolumen zu Lösungsvolumen ist.

Die Unabhängigkeit der Viskosität idealer Kugelteilchen von ihrem Radius erscheint zunächst paradox. Natürlich ist der Beitrag einer großen Kugel zu η_{sp} größer als der einer kleinen. Aber die Volumina mehrerer kleinerer Kugeln ergeben zusammengenommen das Volumen einer größeren.

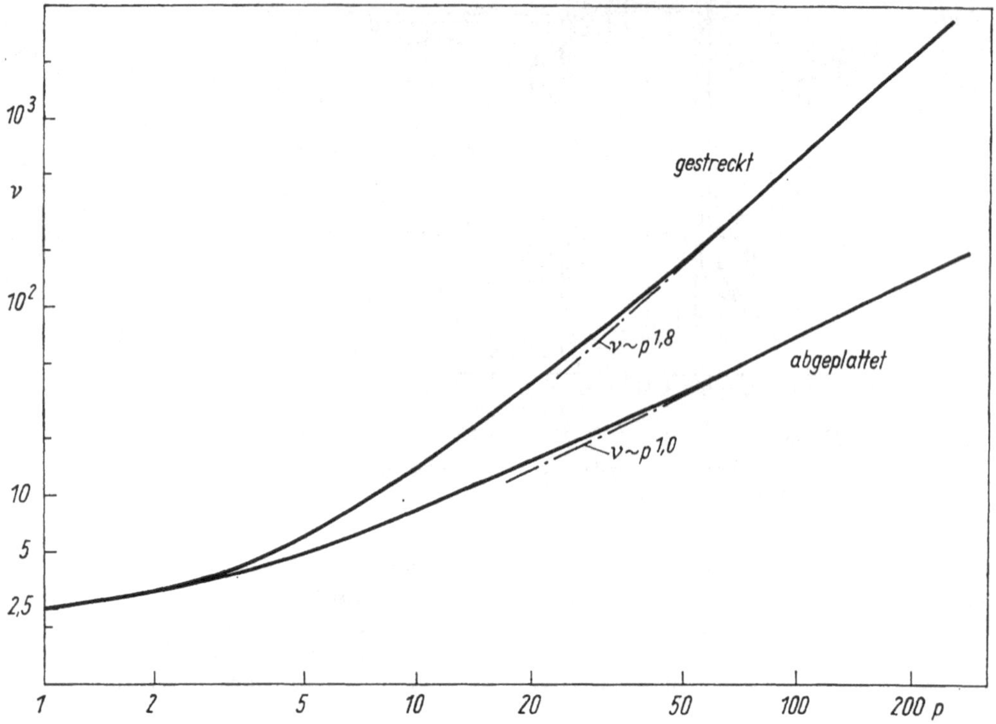

Abb. 2-34. SIMHA-Faktor ν zur Beschreibung des Viskositätsverhaltens von gestreckten und abgeplatteten Rotationsellipsoiden nach den Gln. (2-71) und (2-72) (vgl. auch Abb. 2-27).

Für ideale Rotationsellipsoide läßt sich das Viskositätsverhalten ebenfalls in geschlossener Form berechnen. Nach SIMHA schreiben wir

$$\eta_{sp} = \nu\Phi \tag{2-71 b}$$

Der Zahlenfaktor ν liegt für zigarrenförmige und diskusförmige Rotationsellipsoide als Funktion des Achsenverhältnisses p berechnet vor (Abb. 2-34).

(Für Kugeln ist $p = 1$ und $\nu = 2{,}5$). Für verlängerte Rotationsellipsoide gilt asymptotisch (für $p \gtrsim 75$; s. Abb. 2-34).

$$\nu = \text{konst}\; p^{1,80} \tag{2-71 c}$$

oder analog Gl. (2-56 b)

$$[\eta] = \text{Konst}\; M^{1,80} \tag{2-71 d}$$

In die Definition der Grenzviskosität (Gl. 2-66) geht die Konzentration ein. Daher folgt für den Spezialfall unsolvatisierter idealer *Rotationsellipsoide* mit ϱ_P als Dichte der Polymere und $\bar{v} = 1/\varrho_P$ als spezifischem Volumen

$$[\eta] = \nu \cdot \frac{1}{\varrho_P} = \nu \cdot \bar{v} \tag{2-72 a}$$

Im Falle solvatisierter Rotationsellipsoide wird daraus (vgl. Gl. 2-5 c)

$$[\eta] = \nu(\bar{v} + \Gamma_0 \bar{v}_0) \tag{2-72 b}$$

Die $[\eta]$-Werte nach den Gln. (2-72 a, b) mit $\nu = 2{,}5$ sind theoretische Minimalwerte, die von keinem Makromolekül unterschritten werden können. Tatsächlich ist ein in einem Lösungsmedium echt gelöstes Teilchen solvatisiert (bei Biopolymeren i. a. hydratisiert). Damit ist aber auch das Gesamtvolumen jeder einzelnen hydrodynamisch wirksamen Partikel größer, als es der analytisch erfaßbaren Substanzmenge entspricht.

Die hydrodynamisch äquivalente Kugel: Nach den Ausführungen des vorigen Abschnittes kann jedem Makromolekül eine Kugel zugeordnet werden, die den gleichen Grenzviskositätswert $[\eta]$ besitzt wie das reale Molekül, aber ein Volumen hat, das größer ist als das der idealen Kugel, die man aus der analytisch ermittelbaren Polymersubstanz theoretisch herstellen könnte. Es seien V_{id} und R_{id} Volumen und Radius der idealen Kugel (vgl. Gln. 2-72 a, b; 2-82), $V_ä$ und $R_{ä\eta}$ die entsprechenden Größen der dem Makromolekül *viskosimetrisch* äquivalenten Kugel, dann ergibt sich die einfache Beziehung

$$\frac{[\eta]}{[\eta]_{id}} = \frac{V_ä}{V_{id}} = \left(\frac{R_{ä,\eta}}{R_{id}}\right)^3 \tag{2-73}$$

Proportionalitätsfaktoren zwischen $[\eta]$ und V bzw. R kürzen sich heraus. Für jedes Polymer ist folglich ein Wert von $V_ä/V_{id}$ bzw. $R_{ä\eta}/R_{id}$ angebbar. Je mehr $R_{ä\eta}/R_{id}$ von 1 (nach oben) abweicht, um so größer sind Hydratation, Unregelmäßigkeit der Oberfläche oder/und Anisotropie im Falle kompakter Teilchen, oder um so geringer ist die Segmentdichte bei linearen verknäuelten Kettenmolekülen, für die dieses Konzept ebenfalls anwendbar ist (vgl. 2.2.). Zahlenbeispiele sind in Abschnitt 2.7.1. gegeben. Die *absolute* Größe von $R_{ä\eta}$ ist aus einer $[\eta]$-Messung allein nicht angebbar. Dazu bedarf es der Kenntnis der Teilchenzahl pro Volumeneinheit, die aus der Molmasse M ableitbar ist.

Bei *flexiblen linearen* Polymeren läßt sich also bei Kenntnis der Molmasse M ein Zusammenhang zwischen $[\eta]$ und Knäueldimensionen relativ leicht herstellen: Ausgehend vom Modell einer im statistischen Mittel sphärischen Segmentdichteverteilung (vgl. 2.2.3.) ist das hydrodynamisch äquivalente Kugelvolumen gegeben durch $V_{\ddot{a}} = (4/3)\,\pi(R_{\ddot{a},\eta})^3$. Mit c als Polymerkonzentration folgt für die Teilchenzahl pro Volumen: $c/(M/N_A)$. Das Volumenverhältnis Φ, benötigt für Gl. (2-71 a), ist dann

$$\Phi = N_A c \cdot (4/3)\,\pi(R_{\ddot{a},\eta})^3/M \tag{2-74}$$

Für flexible Knäuelmoleküle lautet ein theoretischer Zusammenhang zwischen $R_{\ddot{a}\eta}$ und dem Trägheitsradius R_G analog Gl. (2-57)

$$R_{\ddot{a},\eta} = \xi_\eta R_G \qquad \xi_\eta = 0{,}875 \tag{2-75}$$

ξ_η ist größer als ξ_f in Gl. (2-57), da im Geschwindigkeitsgefälle des Viskosimeters die Außenbereiche der Makromoleküle das größte lokale Geschwindigkeitsgefälle vorfinden (vgl. Abb. 2-30b).

Damit resultiert aus den Gleichungen (2-71 a), (2-74) und (2-75) der Zusammenhang

$$[\eta] = \frac{10\pi N_A}{3M}\,(\xi_\eta)^3 R_G{}^3 \tag{2-76}$$

Diese Gleichung ist die anschauliche TANFORDsche Formulierung (1961) der in der Literatur oft verwendeten FLORY-FOX-Gleichung $[\eta] = \Phi^*(h^2_{av})^{3/2}/M$ mit Φ^* als Konstante.

Zusammen mit den Gln. (2-9) und (2-15) ergibt sich die Molmassenabhängigkeit von $[\eta]$ für flexible Knäuel zu

$$[\eta] = \frac{10\pi N_A \alpha^3 \bar{\beta}^3 \xi_\eta{}^3}{3(6M_0)^{3/2}} \cdot M^{1/2} \tag{2-77}$$

Konformationsänderungen von linearer doppelhelicaler DNA: Bei linearen Biopolymeren können sich Konformation und damit der Radius der hydrodynamisch äquivalenten Kugel vor allem durch Beeinflussung der Flexibilität bzw. Steifheit ändern. Dies spiegelt sich in einer modifizierten Persistenzlänge a bzw. Segmentlänge $l_K(= 2a)$ wider (i. a. ebenso in einer Veränderung des Einflusses des ausgeschlossenen Volumens, beschrieben durch den Parameter α; vgl. Gl. 2-77). Im Falle kurzer *halbstarrer* linearer Polymerer, die der Stäbchenform schon relativ nahe kommen, ($L \lesssim a$; L: Konturlänge) hat eine Veränderung von a relativ geringen Einfluß auf ihr hydrodynamisches Verhalten.

Bei der doppelhelicalen *DNA* können sich die Gesamtpolymerabmessungen und folglich die hydrodynamischen Größen $[\eta]$, s^0 und D^0 darüber hinaus auch dadurch ändern, daß die Kontur- oder Fadenlänge L des Moleküls nicht konstant bleibt. Ähnlich wie bei einer Spiralfeder kann die Konturlänge der *DNA*-Doppelspirale bei Einwirkung longitudinaler Kraftkomponenten — lokal oder kontinuierlich — modifiziert werden (vgl. 2.8.3., 2.8.4.).

Solche Längenänderungen sind bei nahezu stäbchenförmigen Molekülen (*DNA* geringer Molmasse) von sehr hohen Viskositätsänderungen begleitet, wie die Gln. (2-71 c, d) für den Grenzfall verlängerter Rotationsellipsoide durch den hohen Exponenten 1,8 plausibel machen (die Ausgangsmolekküllänge L^0 ist proportional M).

Für den Grenzfall flexibler Knäuelmoleküle ($L \gg a$) läßt der Exponent von M in Gl. (2-77) erkennen, daß bei gleichen relativen Längenänderungen die relative Viskositätsänderung wesentlich geringer ist.

Es seien $\Delta L/L^0$, $\Delta a/a^0 (= \Delta l_K/l_K{}^0)$ und $\Delta[\eta]/[\eta]^0$ die relativen Änderungen von Konturlänge L, Persistenzlänge a (KUHNscher Segmentlänge l_K) und Grenzviskosität $[\eta]$. Dann folgen für die genannten Grenzfälle der Stäbchen und flexiblen Polymere, wie relativ leicht gezeigt werden kann, in *erster Näherung* folgende Zusammenhänge (Gln. 2-78 a, c):

$$\left\{\begin{matrix}\text{Stäbchen}\\ \text{halbstarre Polymere}\\ \text{flexible lineare Polymere}\end{matrix}\right\} \frac{\Delta[\eta]}{[\eta]^0} = \left\{\begin{matrix}1{,}8+1\\ a_\eta \;\; +1\\ 1/2+1\end{matrix}\right\} \frac{\Delta L}{L^0} + \left\{\begin{matrix}0\\ K_a\\ 3/2\end{matrix}\right\} \frac{\Delta a}{a^0} \qquad \begin{matrix}(2\text{-}78\,\text{a})\\ (2\text{-}78\,\text{b})\\ (2\text{-}78\,\text{c})\end{matrix}$$

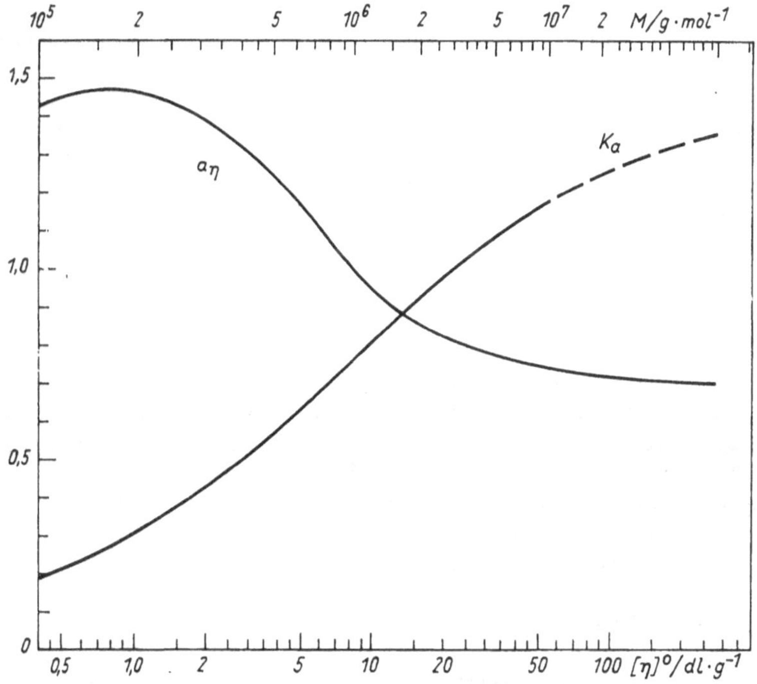

Abb. 2-35. **Zur quantitativen Ermittlung von *DNA*-Längen- und -Persistenzlängenänderungen aus Viskositätsmessungen:**

Abhängigkeit der Koeffizienten a_η und K_a in Gl. (2-78 b) von der Molmasse M bzw. der Grenzviskosität $[\eta]^\circ$ für lineare doppelhelicale *DNA* unter Standardbedingungen (0,2 mol Na^+/l, pH 7) (nach REINERT u. GELLER).

Die additive 1 in den Koeffizienten von $\Delta L/L^0$ berücksichtigt die Tatsache, daß im Falle reiner Konformationsänderungen bei zunehmender Polymerlänge ($L^0 \rightarrow L^0 + \Delta L$) die Teilchen*zahl konstant* bleibt. Beim Vergleich von Polymeren homologer Reihen unterschiedlicher Molmassen M nach Gln. (2-71d) und (2-77) legt man jedoch Proben gleicher Konzentration zugrunde, deren Molekülzahlen unterschiedlich — nämlich proportional M^{-1} — sind.

Der allgemeine Fall halbstarrer linearer Polymerer wird durch die Koeffizienten a_η und K_a in Gl. (2-78b) beschrieben. Ihre Zahlenwerte sind von der Länge des Polymeren L^0, also der Molmasse M abhängig und in Abb. 2-35 für doppelhelicale *DNA* unter Standardbedingungen ($I = 0{,}2$ mol/l, pH 7) angegeben.

a_η ist zugleich der in Gl. (2-86c) eingeführte, für *DNA* in Gl. (2-92b) angegebene und aus experimentellen Daten hergeleitete Exponent. K_a folgt aus den Theorien von Eizner u. Ptitsyn und von Ullman. In manchen Fällen der Ligandenbindung an *DNA* ist darüber hinaus die Änderung des effektiven Moleküldurchmessers zu berücksichtigen.

Die gegenläufige Abhängigkeit von a_η und K_a bei Variation von M (Abb. 2-35) ermöglicht es, relative Längenänderungen $\Delta L/L^0$ und relative Persistenzlängenänderungen $\Delta a/a^0$ simultan zu bestimmen. Dazu muß die durch den untersuchten Wechselwirkungsmechanismus induzierte Viskositätsänderung $\Delta[\eta]/[\eta]^0$ an mindestens zwei Polymerproben hinreichend unterschiedlicher Molmassen gemessen werden. Um Komplikationen durch den Einfluß des ausgeschlossenen Volumens zu vermeiden, sollten *DNA*-Proben mit $M > 10^7$ g/mol nicht für die Messung herangezogen werden. (Die Herstellung von *DNA* entsprechender Molmasse kann z. B. durch Ultraschallabbau oder durch Scherdegradation erfolgen). Beispiele für die Anwendung des hier beschriebenen Formalismus finden sich in den Abschnitten 2.8.3. und 2.8.4.

2.6. Weitere Methoden

Neben den in den vorangegangenen Abschnitten ausführlich behandelten hydrodynamischen Methoden existieren eine Reihe weiterer wichtiger Meßverfahren, mit deren Hilfe physikalische Parameter von Makromolekülen bestimmt werden können. Da diese Meßverfahren häufig mit hydrodynamischen Methoden gekoppelt werden, sollen die wichtigsten unter ihnen im Rahmen dieses Buches kurze Erwähnung finden.

2.6.1. Membranosmometrie

Osmotische Messungen gestatten die Ermittlung der Molmasse eines Polymeren sowie des zweiten (und ggf. höherer) Virialkoeffizienten.

Steht eine makromolekulare Lösung über eine semipermeable, nur für das Lösungsmittel durchlässige Membran mit reinem Lösungsmittel in Verbindung, so tritt letzteres solange in die Lösung über, bis diese unter einem bestimmten (im allgemeinen hydrostatischen) Überdruck steht. Der manometrisch meßbare Druckunterschied Δp im Gleichgewicht wird als *osmotischer Druck* Π bezeichnet. Die experimentell beobachtete Abhängigkeit des osmotischen Druckes von der Polymerenkonzentration c kann durch die allgemeine Reihenentwicklung

$$\Pi = \frac{RT}{M} c + Bc^2 + \cdots \tag{2-79}$$

beschrieben werden, woraus für den *reduzierten* osmotischen Druck Π/c die Gleichung

$$\frac{\Pi}{c} = \frac{RT}{M} + Bc + \cdots \tag{2-80}$$

folgt (B: sog. *zweiter Virialkoeffizient*, der ein Maß für die Wechselwirkung der Makromoleküle untereinander und mit dem Lösungsmittel darstellt). Wird der osmotische Druck bei mehreren Konzentrationen gemessen und der reduzierte osmotische Druck gemäß Gl. (2-80) über c aufgetragen, so erhält man (bei vernachlässigbaren höheren Gliedern der Reihenentwicklung (2-79)) eine Gerade, aus deren Achsenabschnitt (Extrapolation auf unendliche Verdünnung!) die Molmasse des Polymeren und aus deren Anstieg der zweite Virialkoeffizient berechnet werden können. Bei molekularuneinheitlichen Systemen liefern osmotische Messungen das durch Gl. (2-1) definierte *Zahlenmittel* der Molmasse.

Nach Gl. (2-79) ist der meßbare osmotische Druck der Molmasse reziprok proportional, sodaß die Genauigkeit der Methode mit steigender Molmasse abnimmt. Die obere Grenze gerade noch meßbarer Molmassen liegt etwa bei 10^6 g/mol. Aus diesem Grunde hat die Membranosmometrie, die zu einer grundlegenden Laboratoriumsmethode für die Untersuchung synthetischer Hochpolymerer ausgearbeitet worden ist, in der Nucleinsäureforschung kaum Anwendung gefunden. Hingegen sind die Molmassen zahlreicher Proteine durch osmotische Messungen bestimmt worden. Der Vergleich des osmotisch gemessenen Zahlenmittels der Molmasse $\overline{M}_n$ mit dem durch andere Methoden bestimmten Gewichtsmittel $\overline{M}_w$ (Gl. (2-2)) stellt ein empfindliches Kriterium für die molekulare Einheitlichkeit (und damit Reinheit) eines Proteins dar.

Gl. (2-80) kann auch für die Molmassenbestimmung an Makroionen benutzt werden, wenn man die durch die Anwesenheit niedermolekularer, durch die Membran permeierbarer Ionen hervorgerufenen Störeffekte (DONNAN-Effekt) ausschaltet. Dies gelingt, indem man die Messungen am isoelektrischen Punkt des Makroions und bei hohen Salzkonzentrationen durchführt.

2.6.2. *Lichtstreuung*

Das Streulichtverfahren stellt eine der wichtigsten Methoden zur Untersuchung von Makromolekülen dar. Ihre Bedeutung liegt vor allem darin, daß sie außer der Messung der Molmasse und des zweiten sowie höherer Virialkoeffizienten auch eine *absolute* (d. h. von Modellvorstellungen unabhängige) Bestimmung des *Trägheitsradius* gestattet.

Bei diesem Verfahren wird die Intensität des von einer (staubfreien!) makromolekularen Lösung gegenüber dem einfallenden Primärstrahl seitlich gestreuten Lichtes über einen Sekundärelektronenvervielfacher gemessen. Der Empfänger ist dabei um die Meßzelle schwenkbar angeordnet, sodaß die Streuintensität unter verschiedenen Streuwinkeln bestimmt werden kann.

Die theoretische Behandlung unterscheidet zwischen der Streuung an kleinen und derjenigen an großen Molekülen. Für den allgemeineren Fall der Lichtstreuung an großen Molekülen (mit Moleküldimensionen etwa zwischen 200 und 2000 Å) gilt unabhängig von jeder Annahme über die Molekülgestalt

$$\frac{Kc}{R_\vartheta} = \frac{1}{M}\left[1 + \frac{16}{3}\pi^2 \frac{R_G{}^2}{\lambda^2} \sin^2 \vartheta/2 + \cdots\right] + \frac{2B}{RT} c + \cdots, \qquad (2\text{-}81)$$

wobei K eine experimentell bestimmbare optische Konstante, R_ϑ die beim Streuwinkel ϑ gemessene reduzierte Streuintensität, λ die Wellenlänge des einfallenden Lichtes in der Lösung, R_G der Trägheitsradius (Gl. (2-7b)) und B der durch Gl. (2-79) definierte zweite Virialkoeffizient bedeuten. Sind die höheren Glieder der Reihenentwicklung (2-81) vernachlässigbar, so ist Kc/R_ϑ demnach für $\vartheta = \text{const}$ eine lineare Funktion der Polymerenkonzentration c, für $c = \text{const}$ eine lineare Funktion von $\sin^2 \vartheta/2$. Die bei verschiedenen Konzentrationen unter jeweils verschiedenen Streuwinkeln erhaltenen Meßwerte können daher sowohl auf $c = 0$ als auch auf $\sin^2 \vartheta/2 = 0$ extrapoliert werden. Aus der Winkelabhängigkeit der (Kc/R_ϑ)-Werte bei $c = 0$ lassen sich dann der Trägheitsradius R_G und die Molmasse M, aus der Konzentrationsabhängigkeit bei $\vartheta = 0$ der zweite Virialkoeffizient und ebenfalls M bestimmen. Beide Extrapolationen lassen sich in *einem* Diagramm durchführen, indem man Kc/R_ϑ über $\sin^2 \vartheta/2 + bc$ (b: willkürliche Konstante zur Spreizung des Maßstabs) aufträgt (ZIMM-Diagramm). Bei molekulareinheitlichen Substanzen liefert Gl. (2-81) das Gewichtsmittel der Molmasse $\overline{M}_w$ und den z-Mittelwert des Trägheitsradius $(R_G)_z$. Durch Vergleich der experimentellen Streukurven mit für einfache Molekülmodelle berechneten Streufunktionen lassen sich auch Aussagen über die Teilchengestalt gewinnen.

2.6.3. *Röntgenkleinwinkelstreuung*

Recht detaillierte Aussagen über die Struktur von Biopolymeren gewinnt man mit der Methode der Röntgenkleinwinkelstreuung (*RKWS*), die die Streuung von Röntgenstrahlen an den als Sekundärstrahler wirkenden Elektronen einer makromolekularen Probe ausnutzt. Wegen der gegenüber den Abmessungen auch der kleinsten Proteinmoleküle geringen Wellenlänge der Röntgenstrahlen (in der Praxis meist benutzt: Cu-K_α-Strahlung mit $\lambda = 1{,}54$ Å) lassen sich meßbare Streuintensitäten nur unter sehr kleinen Streuwinkeln ($\lesssim 3^0$) beobachten.

Die Messung der Streuintensität erfolgt mit Hilfe eines Geiger-Müller-Zählrohres, das schrittweise durch den Streubereich geführt wird und die Zahl der Röntgenimpulse pro Zeiteinheit mißt. Die experimentell gewonnene Streukurve muß zunächst einer Reihe von Korrekturen (Beseitigung der durch den endlichen Primärstrahlquerschnitt hervorgerufenen Verzerrung, Abzug des vom Lösungsmittel herrührenden Streukurvenanteils, usw.) unterworfen und außerdem rechnerisch bis zum Streuwinkel Null extrapoliert werden.

Die Streukurve realer Makromoleküle besteht aus einem Hauptmaximum (mit maximaler Intensität beim Streuwinkel Null und raschem Intensitätsabfall nach größeren Winkeln hin), an das sich mehrere Nebenmaxima anschließen. *RKWS*-Messungen müssen bei relativ hohen Polymerkonzentrationen in der Größenordnung einiger g/dl durchgeführt werden. Dabei wird die Streukurve durch interpartikuläre Interferenzeffekte verfälscht, sodaß man eine Konzentrationsreihe vermessen und auf die Polymerkonzentration Null extrapolieren muß, um die für das *Einzelmolekül charakteristische Streukurve* zu erhalten. Aus ihr lassen sich, wenn eine molekulareinheitliche Substanz vorliegt, durch geeignete Auswerteverfahren als *modellunabhängige* Parameter das Volumen, der Trägheitsradius, der größte Durchmesser, ein auf den Teilchenquerschnitt bezogener Trägheitsradius (bei in einer oder zwei Richtungen extrem gesteckten Teilchen) sowie (bei Kenntnis des partiellen spezifischen Volumens $\bar{v}$) die Molmasse berechnen; aus der Konzentrationsabhängigkeit der bei unterschiedlichen endlichen Polymerkonzentrationen erhaltenen scheinbaren Molmassen lassen sich der zweite und gegebenenfalls höhere Virialkoeffizienten angeben. Bei pauci- oder polymolekularen Systemen liefert die Auswertung bei Erfüllung bestimmter Voraussetzungen (u. a.: gleiches $\bar{v}$ aller Teilchen) das z-Mittel des Trägheitsradius $(R_G)_z$ und das Gewichtsmittel der Molmasse $\overline{M}_w$.

Im Falle molekulareinheitlicher Lösungen kann man im allgemeinen durch Vergleich zwischen für verschiedene Teilchenformen berechneten theoretischen Streukurven und der von Störfaktoren befreiten experimentellen Kurve eine mit dem realen Molekül *streuungsäquivalente* Teilchengestalt ermitteln. Bei kompakten Molekülen erhält man aus der Analyse der Form des Hauptmaximums der Intensitätskurve bereits eine Grobinformation über die Teilchengestalt. Unter Verwendung der Nebenmaxima, deren Lage und Intensität durch feinere Formunterschiede festgelegt ist, läßt sich die Teilchenform als dreiachsiger Körper (Kugel, Ellipsoid, Zylinder, geometrisch einfache Hohlkörper usw.) mit den entsprechenden Abmessungen approximieren. Die Möglichkeiten dieser Formanalyse sind heute bereits soweit entwickelt, daß bei aus Untereinheiten aufgebauten Proteinmolekülen die Anzahl, die Anordnung und die geometrischen Dimensionen der Untereinheiten genähert bestimmt werden können.

Bei fadenförmigen Makromolekülen liefert die Analyse der Streukurve die Persistenzlänge des Moleküls und den mittleren Abstand der freien Molekülenden.

RKWS-Messungen sind mit einem erheblichen meßtechnischen und theoretischen Aufwand verbunden und werden bisher nur in wenigen Laboratorien durchgeführt. Bezüglich der methodischen Einzelheiten und der vielfältigen Anwendungsmöglichkeiten muß deshalb bei diesem Verfahren besonders auf die Spezialliteratur verwiesen werden.

2.6.4. Elektronenmikroskopie und Autoradiografie

Die fortschreitende technische Entwicklung der Elektronenmikroskopie hat die direkte Sichtbarmachung von einzelnen Biopolymeren ermöglicht und eine wichtige Rolle bei der Aufklärung der Morphologie von Viren und der äußeren Gestalt großer Proteinmoleküle gespielt. Beispielsweise konnten Tabakmosaikvirus-Teilchen als langgestreckte Stäbchen mit einem Durchmesser von 150 Å und einer Länge von 3000 Å abgebildet werden.

In der Nucleinsäureforschung hat in jüngster Zeit die Methode der *Molmassenbestimmung* durch eine direkte Ausmessung der *Molekülllänge* nach vorangegangener elektronenmikroskopischer oder autoradiografischer Darstellung der *DNA*-Moleküle große Bedeutung erlangt.

Für die elektronenmikroskopische Darstellung von *DNA*-Molekülen wird die Spreitungstechnik nach Kleinschmidt u. Mitarb. benutzt. Dabei wird ein Tropfen Lösung eines basischen Proteins (z. B. Cytochrom C) auf die Oberfläche einer in einem flachen Trog befindlichen wäßrigen Lösung gegeben. Das Protein breitet sich auf der Flüssigkeitsoberfläche aus und bildet einen monomolekularen Film aus unlöslichen (weil oberflächendenaturierten) Proteinmolekülen. Enthält die Trogflüssigkeit *DNA*, so werden die durch Diffusion an die Oberfläche gelangenden *DNA*-Moleküle irreversibel an die basischen Seitengruppen der entfalteten Polypeptidketten angelagert. Die *DNA* kann aber auch zusammen mit dem Protein auf die Trogflüssigkeit aufgebracht werden; die irreversible Adsorption der *DNA*-Moleküle an das Netzwerk der Polypeptidketten erfolgt dann bereits während des Spreitungsvorganges. Der Oberflächenfilm wird schließlich mit Hilfe eines mit einem Trägerfilm bedeckten Siebes von oben her abgehoben (Haftung am Trägerfilm durch Chemisorption) und durch Schrägbedampfung mit Schwermetallen (z. B. Pt, U) kontrastiert. Die Schrägbedampfung unter kleinen Winkeln hat einen breiten Schattenwurf der *DNA*-Moleküle zur Folge, sodaß diese trotz ihres geringen Durchmessers von ca. 20 Å im elektronenmikroskopischen Bild gut sichtbar werden und ihre Konturlänge ausgemessen werden kann.

Die elektronenmikroskopische Längenmessung ist mit Erfolg für die *M*-Bestimmung an molekulareinheitlichen *DNA*-Präparaten aus Phagen und Viren (Molmassenbereich von ca. 10^6—ca. 10^8 g/mol) eingesetzt worden. Von besonderer Bedeutung war auch der elektronenmikroskopische Nachweis der Existenz von ringförmig geschlossener *DNA*, von superhelicalen Ringstrukturen, vom kettengliedartig zusammenhängenden *DNA*-Ringen oder von verzweigten (weil im Stadium der Replikation fixierten) *DNA*-Molekülen. Darüber hinaus ist die Elektronenmikroskopie auch für topologische Studien an einsträngigen Polynucleotidketten (*RNA*, denaturierte *DNA*) angewendet worden.

Für den autoradiografischen Nachweis wird mit ^3H markierte *DNA* (aus thyminbedürftigen Zellen, die über mehrere Generationszeiten hinweg auf einem Nährboden mit ^3H-

Thymidin gewachsen sind) in eine fotografische Emulsion eingebettet. Die beim radioaktiven Zerfall des Tritiums freigesetzten β-Strahlen hinterlassen in der Fotoemulsion Spuren von ca. 1 µm Länge, die unter dem Lichtmikroskop sichtbar gemacht werden können und in ihrer Gesamtheit die Kontur des *DNA*-Moleküls erkennen lassen.

CAIRNS gelang 1963 die autoradiografische Darstellung von intakten ringförmig geschlossenen *DNA*-Molekülen aus *E. coli*-Bakterienzellen. Diese Moleküle waren vollständig entknäuelt und wiesen eine Konturlänge von ca. 1 mm auf, was einer Molmasse von ca. $2 \cdot 10^9$ g/mol entspricht!

2.7. Gestalt und Molmasse von Biopolymeren

In den vorangehenden Abschnitten wurden die wichtigsten Möglichkeiten hydrodynamischer Methoden zur experimentellen Ermittlung von Strukturparametern von Biopolymeren beschrieben. Die folgenden Ausführungen sollen einige repräsentative Beispiele experimenteller Resultate bringen, die sich auf ausgewählte Molekültypen und Probleme beziehen. Dazu bedarf es der ergänzenden Darstellung einiger allgemeiner Zusammenhänge.

2.7.1. Radien hydrodynamisch äquivalenter Kugeln

Die vollständige röntgenographische Analyse von Polymerstrukturen liefert eine Vielzahl von Parametern aus einer Vielzahl experimenteller Daten, die aus Messungen an Einkristallen zu gewinnen und in einem sehr umfangreichen Auswerteverfahren aufzuarbeiten sind. Demgegenüber ist die Anzahl der aus hydrodynamischen Messungen zu ermittelnden unabhängigen Informationen zwar auf vergleichsweise wenige Parameter beschränkt, doch sind diese mit erheblich geringerem Aufwand und an Makromolekül-*Lösungen* zu erhalten.

Bei Polymeren, wie z. B. globulären Teilchen und statistischen Knäuelmolekülen, deren Gesamtabmessungen wenig richtungsabhängig sind, ist der Radius der hydrodynamisch äquivalenten Kugel $R_ä$ eine informative Größe. Seine Bestimmung aus dem Reibungskoeffizienten f wurde in 2.4.3. erläutert. Zahlenwerte enthält Tab. 2-3.

Wie in Gl. (2-73) gezeigt wurde, erlaubt bereits die Messung der Grenzviskosität $[\eta]$ und des spezifischen Volumens $1/\bar{v}$, approximiert durch das partielle spezifische Volumen $\bar{v}$, das Verhältnis zwischen dem Radius der viskosimetrisch äquivalenten Kugel und dem Radius der polymervolumengleichen idealen Kugel $(R_{ä,\eta}/R_{id})$ anzugeben (Tab. 2-3).

Wenn außer D^0 und $[\eta]$ die Molmasse M des untersuchten Makromoleküls bekannt ist (vgl. 2.7.2.), kann der Radius der unsolvatisierten idealen Kugel gleicher Polymermasse zu

$$R_{id} = [(3/4\pi)\,(M/N_A)\,\bar{v}]^{1/3} \qquad (2\text{-}82)$$

berechnet werden (vgl. Gl. 2-5c). Damit ist auch $R_{ä,\eta}$ angebbar.

Tabelle 2-3
Hydrodynamische Eigenschaften und abgeleitete geometrische Parameter von Biopolymeren

Biopolymer	$\frac{D^0_{20,w}}{10^{-7} cm^2 s^{-1}}$	$\frac{[\eta]}{dl \cdot g^{-1}}$	$\frac{s^0_{20,w}}{S}$	$\frac{\bar{v}}{cm^3 g^{-1}}$	$\frac{M}{10^3 g \cdot mol^{-1}}$	$\frac{\beta}{10^6}$	$\frac{V_{ä,\eta}}{V_{id}}$	$\frac{R_{ä,\eta}}{R_{id}}$	$\frac{R_{ä,f}}{nm}$	$\frac{R_{id}}{nm}$	$\frac{R_{ä,\eta}}{nm}$	$\frac{f}{f_{id}} = \frac{R_{ä,f}}{R_{id}}$	$\frac{R_{ä,\eta}}{R_{ä,f}}$	$L/\mu m$
Ribonuclease	11,9	0,033	1,64	0,728	12,4	2,17	1,81	1,22	1,81	1,53	1,87	1,18	1,03	
Lysozym	10,4		1,87	0,688	14,1				2,07	1,57		1,32		
Hämoglobin	6,9	0,036	4,3	0,749	61	2,05	1,92	1,25	3,12	2,62	3,28	1,19	1,05	
Serumalbumin[1])	5,9	0,037	4,3	0,734	66,5	(2,00)	2,02	1,26	3,63	2,68	3,38	(1,35)	(0,935)	
Katalase	4,1	0,039	11,3	0,73	250	2,16	2,14	1,29	5,25	4,15	5,36	1,26	1,02	
Fibrinogen	$2{,}0_2$	0,27	7,9	0,710	330	2,22	15,3	2,48	10,6	4,52	11,2	2,35	1,06	
Myosin	1,16	2,17	6,4	0,728	495	2,94	119	4,91	18,6	5,24	25,7	3,55	1,38	
T7 Phage	$0{,}60_3$		453	0,639	50400				35,7	23,5		1,52		
T4 Phage	0,295		890	0,618	192500				73,0	36,1		2,02		
DNA[2])	0,140	51,8	22,9	$0{,}55_6$	8900	2,68	3750	15,5	154	12,5	194	12,3	1,26	
T7 DNA		109	32,0	$0{,}55_6$	25000	2,56	7900	19,9		17,7	352			12,15
T4 DNA		321	63,3	$0{,}55_6$	113000	2,48	23000	28,5		29,2	830			52,0
					verwendete Gln.:		(2-73)	(2-73)	(2-33) (2-55)	(2-82)	vorangehende Spalten			

[1]) s. auch Text [2]) spezielle Kalbsthymus-*DNA*-Probe; Werte korr. für molekulareinheitliche Proben

Mit $D^0_{id} = kT/6\pi\eta_0 R_{id}$ (s. Gl. 2-33 und entsprechende Definition von $s_{id}{}^0$) ergibt sich für das Verhältnis f/f_{id} (vgl. Abb. 2-27)

$$\frac{R_{ä,f}}{R_{id}} = \frac{f}{f_{id}} = \frac{D^0_{id}}{D^0} = \frac{s^0_{id}}{s^0} \qquad (2\text{-}83)$$

f/f_{id} ist bei globulären Teilchen etwas größer als 1 wegen stets vorhandener Hydratation (vgl. Gln. 2-5a, b) und der „Aufrauhung" der Oberfläche. Man vergleiche dazu die Daten der ersten Gruppe von Biopolymeren in Tab. 2-3. Eine ausgeprägte Anisotropie der Teilchen führt zu größeren Abweichungen von 1, wie sie den Polymeren der zweiten Gruppe in Tab. 2-3 eigen ist. Lineare geknäulte Moleküle liefern auf Grund des besonders „lockeren" Aufbaues der Teilchen hohe Werte für f/f_{id}.

Vielfach ist es üblich, aus f/f_{id} globulärer Teilchen das *Achsenverhältnis* p hydrodynamisch äquivalenter Rotationsellipsoide gemäß Abb. 2-27 zu errechnen. So erhält man z. B. für Hämoglobin formal einen Wert für p von etwa 3,4. Bei vernünftigen Annahmen über die Hydratation resultiert $p \approx 2$. Die Kenntnis der röntgenographisch ermittelten Tertiär- und Quartärstruktur von Hämoglobin zeigt, daß in diesem Fall nicht eine Ellipsoidform, sondern eine „zerklüftete" Polymeroberfläche für den erhöhten Reibungsfaktor verantwortlich sein muß. Wir sehen daher davon ab, den Einfluß von Hydratisierung und Asymmetrie getrennt quantitativ zu diskutieren. Eine ausgeprägte Anisotropie liegt offensichtlich bei Myosin und Fibrinogen vor.

Nahezu die gleiche Abhängigkeit von der Molekülform wie f/f_{id} $(= R_{ä,f}/R_{id})$ zeigt das Verhältnis $R_{ä,\eta}/R_{id}$. Es sei erwähnt, daß $R_{ä,\eta}/R_{ä,f}$ in Tab. 2-3 für nicht globuläre Teilchen > 1 ist. Zur Erklärung dieser Tatsache verweisen wir auf die Erläuterung zu Gl. (2-75). Für statistische Knäuelmoleküle gilt insbesondere $R_{ä\eta}/R_{ä,f} = 0{,}875\, R_G/0{,}665\, R_G = 1{,}31$. (Die für Serumalbumin angegebenen Werte für $R_{ä,\eta}/R_{ä,f}$ und β scheinen durch Meß- oder systematische Fehler verfälscht zu sein. Dies könnte auf der Basis der schwachen Assoziationstendenz dieses Proteins verstanden werden).

2.7.2. *Zur Molmassenbestimmung von Biopolymeren*

Wie der vorangehende Abschnitt zeigte und wie im folgenden (2.7.3.) noch nachhaltiger ersichtlich wird, ist für eine genauere Beschreibung der Struktureigenschaften von Biopolymeren die Kenntnis der Molmasse M unumgänglich. Die methodischen Probleme ihrer Bestimmung sind kaum anders als bei synthetischen Polymeren. Charakteristisch für Biopolymere ist einerseits die nahezu ausnahmslos erforderliche Verwendung wäßriger Salzlösungen als Lösungsmittel. Zum anderen besitzen biologische Makromoleküle z. T. sehr hohe Molmassen und Trägheitsradien.

Neben den in den Abschnitten 2.3. und 2.6. behandelten Methoden, die M im wesentlichen mit Hilfe einer Technik zu messen erlauben, sind zwei kombinierte

Verfahren besonders anzuführen. Sie basieren auf der SVEDBERG-Gleichung und der von ihr abgeleiteten MANDELKERN-FLORY-Gleichung. Die SVEDBERG-*Gleichung*

$$M = \frac{s^0}{D^0} \frac{RT}{1 - \bar{v}\varrho_0} \tag{2-84}$$

wurde bereits mit Gl. (2-34) eingeführt. Sie gilt in dieser Form bei Verwendung der auf unendliche Verdünnung extrapolierten hydrodynamischen Meßgrößen Sedimentationskonstante s^0 und Diffusionskonstante D^0. $\bar{v}$ ist als effektives partielles spezifisches Volumen zu verstehen (vgl. S. 67).

Die experimentellen Schwierigkeiten bei Diffusionsmessungen waren der Anlaß, nach einem Weg zur Eliminierung von D^0 in Gl. (2-84) durch die leichter meßbare Grenzviskosität $[\eta]$ zu suchen. Für Makromoleküle, deren hydrodynamisches Verhalten durch dasjenige von Kugeln approximiert werden kann, was formal immer möglich ist, besteht ein Zusammenhang zwischen Kugelradius und D^0

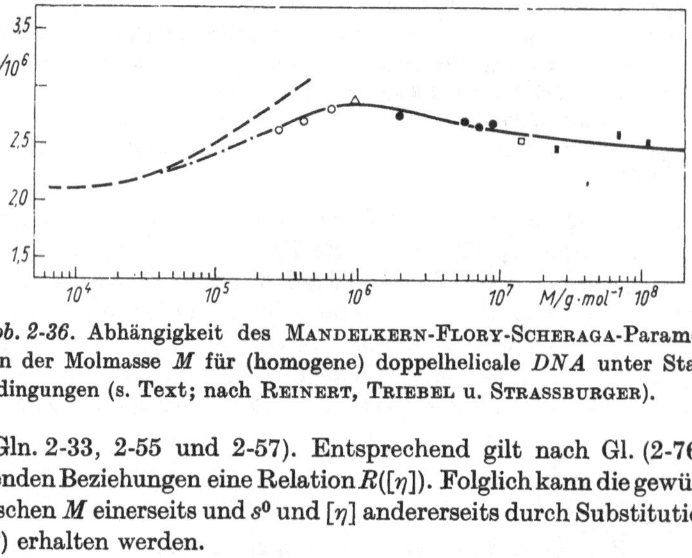

Abb. 2-36. Abhängigkeit des MANDELKERN-FLORY-SCHERAGA-Parameters β von der Molmasse M für (homogene) doppelhelicale *DNA* unter Standardbedingungen (s. Text; nach REINERT, TRIEBEL u. STRASSBURGER).

($R(D^0)$; vgl. Gln. 2-33, 2-55 und 2-57). Entsprechend gilt nach Gl. (2-76) und den vorangehenden Beziehungen eine Relation $R([\eta])$. Folglich kann die gewünschte Gleichung zwischen M einerseits und s^0 und $[\eta]$ andererseits durch Substitution von $R([\eta])$ in $R(D^0)$ erhalten werden.

Das Resultat ist die (für beliebige Teilchenformen verallgemeinerte) MANDELKERN-FLORY-SCHERAGA-*Gleichung*

$$M^{2/3} = \frac{s^0[\eta]^{1/3}}{\beta} \frac{N_A \eta_0}{1 - \bar{v}\varrho_0} \tag{2-85}$$

N_A ist die AVOGADROsche Konstante und η_0 die Viskosität des Lösungsmittels. β ist ein Parameter, der sich in der oben angegebenen Weise für Kugelmoleküle zu $2{,}12 \cdot 10^6$ und für flexible Knäuelmoleküle zu $2{,}12 \cdot 10^6(\xi_\eta/\xi_f) = 2{,}79 \cdot 10^6$ errechnet (vgl. Gln. 2-57 und 2-75). Der Wert $2{,}12 \cdot 10^6$ ergibt sich tatsächlich als Mittelwert für eine größere Zahl von globulären Proteinen. Wie sich unschwer zeigen und nach Tab. 2-3 plausibel machen läßt, gilt allgemein $\beta/\beta_{\text{Kugel}} = R_{\ddot{a},\eta}/R_{\ddot{a},f}$.

Für verlängerte und abgeplattete Rotationsellipsoide existiert eine stärkere bzw. schwächere Abhängigkeit des Parameters β vom Achsenverhältnis p. Halbstarre Makromoleküle, zu denen *DNA* gehört und die eine Zwischenstellung gegenüber verlängerten Rotationsellipsoiden und Knäuelmolekülen einnehmen, zeigen in Abhängigkeit von der Molmasse ein Übergangsverhalten. Abb. 2-36 demonstriert dies für doppelhelicale, lineare homogene *DNA* unter Standardbedingungen, deren hydrodynamisches Verhalten auf S. 140 behandelt wird. Der Bereich oberhalb $0{,}3 \cdot 10^6$ g/mol gibt den experimentellen Verlauf wieder, während die unterbrochene Kurve auf der niedermolekularen Seite dem Verhalten von *DNA*-äquivalenten Rotationsellipsoiden entspricht und beim theoretischen Grenzfall der Kugel beginnt. Das verbindende Kurvenstück im Bereich von $0{,}5 \cdot 10^5$ bis $3 \cdot 10^5$ g/mol^{-1} ist als Interpolation zu verstehen.

Es sei ergänzt, daß bei polymolekularen Proben die Zahlenwerte von β, ebenso wie die von M, (s^0) und $[\eta]$, von der Uneinheitlichkeit der untersuchten Probe abhängen.

2.7.3. *Homologe Reihen linearer Biopolymere*

Globuläre kompakte Biopolymere besitzen in einem den physiologischen Bedingungen nahekommenden Milieu eine relativ eindeutige Gestalt oder Tertiär- und evtl. Quartärstruktur bei definierter Molmasse (vgl. 1.4.).

Polymere jedoch, die in Lösung als lineare statistisch orientierte Ketten vorliegen, können meist als Makromoleküle sehr unterschiedlicher Länge hergestellt werden. Wenn diese Vertreter einer homologen Reihe sind, sich also nur durch den Polymerisationsgrad Z unterscheiden, sind hydrodynamische Messungen als Funktion der Molmasse M durchführbar. Damit werden weitere Möglichkeiten erschlossen, Struktureigenschaften und -parameter zu ermitteln.

Flexible Polymere: In Verallgemeinerung der Gln. (2-58) und (2-77) und unter Beachtung von Gl. (2-16) ist es üblich, für homologe Reihen von Polymeren den Zusammenhang zwischen M einerseits und den hydrodynamischen Größen D^0, s^0 und $[\eta]$ andererseits durch folgende Zweiparameter-Gleichungen darzustellen:

$$D^0 = k_D M^{-a_D} \tag{2-86a}$$

$$s^0 = k_s M^{a_s} \tag{2-86b}$$

$$[\eta] = k_\eta M^{a_\eta} \tag{2-86c}$$

Diese in der Literatur übliche Schreibweise ist nur sinnvoll, wenn wir M hier als dimensionslose relative Molmasse verstehen. Analoge Gleichungen lassen sich auch mit dem der Molmasse M proportionalem Polymerisationsgrad Z schreiben (vgl. Gl. 2-89). Da sich durch Logarithmieren z. B. von Gl. (2-86b) die folgende Beziehung ergibt:

$$\log(s^0/S) = \log\,(k_s/S) + a_s \log M\,, \tag{2-87}$$

sieht man unmittelbar, daß sich die Exponenten a_D, a_s und a_η in Auftragungen von $\log(s^0/S)$, $\log(D^0/\text{cm}^2\,\text{s}^{-1})$ bzw. $\log([\eta]/dl \cdot g^{-1})$ über $\log M$ als Anstiege der entsprechenden Kurve darstellen. (Ihre Zahlenwerte sind physikalisch interpretierbar, wenn sie aus Messungen an molekulareinheitlichen Proben oder solchen gleicher Polymolekularität gewonnen wurden.)

Einsetzen der Gln. (2-86a, b) in die SVEDBERG-Gleichung (2-84) und Dimensionsvergleich zeigt die Allgemeingültigkeit der Relation

$$a_D + a_s = 1 \tag{2-88a}$$

Entsprechend resultiert für flexible Polymere aus der FLORY-MANDELKERN-Gleichung (2-85) (mit $\beta = \text{const}!!$)

$$2/3 = a_s + a_\eta/3 \tag{2-88b}$$

Tabelle 2-4
Zahlenwerte der Exponenten in den Gln. (2-86a, b, c)
für das hydrodynamische Verhalten von Polymeren homologer Reihen

Polymermodell	a_D	a_s*)	a_η	hergeleitet aus den Gleichungen
Kugel	1/3	2/3	0	(2-55), (2-82)
Rotationsellipsoide ($p \gtrsim 75$)	0,80	0,20	1,80	(2-56b), (2-71d)
ideale Knäuelmoleküle	1/2	1/2	1/2	(2-58), (2-77)
nichtideale flexible Knäuelmoleküle	$\frac{1+\varepsilon}{2}$	$\frac{1-\varepsilon}{2}$	$\frac{1+3\varepsilon}{2}$	zusätzl. (2-16)

*) folgt aus a_D nach Gl. (2-88a)

Die Zahlenwerte für a_s, a_D, a_η sind typisch für die äußere Gestalt der Polymere. Für die wichtigsten Modelle sind sie in Tab. 2-4 eingetragen. Tab. 2-5 enthält experimentelle Resultate für eine Reihe von Biopolymeren. Die Eigenschaften von *DNA*, eines typischen Vertreters halbstarrer Polymere, werden im nächsten Abschnitt näher besprochen.

Es soll hervorgehoben werden, daß für praktische Zwecke Gleichungen vom Typ (2-86b, c) gern als *Eich*relationen verwendet werden, um Molmassen durch weniger aufwendige experimentelle Verfahren zu bestimmen. Sie sind zunächst auf lineare statistische Kettenmoleküle anzuwenden und damit als Eichrelationen für globuläre Proteine weniger geeignet.

Nun ist die kompakte Anordnung einer Polypeptidkette, wie mehrfach ausgeführt, nicht nur eine Folge der intramolekularen Wechselwirkung, sondern auch der Wechselwirkung mit dem Lösungsmedium. In Lösungsmitteln, die Wasser-

Tabelle 2-5
Charakteristische Parameter linearer Biopolymere homologer Reihen (nach Gln. 2-86b, c)

Polymer	Lösungsmedium	$T/°C$	a_s	a_η	k_s/S	$k_\eta/dl \cdot g^{-1}$	$10^6\beta$ [3]
Amylose	H_2O; 0,33 mol KCl/l	25		0,50		0,113	
	Dimethylsulfoxyd	25		0,64		0,0306	
Polyphosphat	H_2O; 0,415 mol NaBr/l	25		0,60		$0{,}494 \cdot 10^{-3}$	
	H_2O; salzfrei	25		1,90		$0{,}166 \cdot 10^{-6}$	
Dextran	H_2O	25		0,675		$0{,}199 \cdot 10^{-3}$	
Poly-γ-benzyl-L-glutamat	Dichloressigsäure	25		0,87		0,00278	
	Dimethylformamid	25		1,75		$0{,}14 \cdot 10^{-6}$	
Kollagen	H_2O; Zitratpuffer (pH 3,7) 0,15 mol/l	25	0,20	1,80	0,232	$1{,}23 \cdot 10^{-9}$	
RNA	H_2O; Formaldehyd (1,1 mol/l)[1] Na_2HPO_4: 0,09 mol/l, NaH_2PO_4: 0,01 mol/l	20—25	0,40		0,050		
Poly-A	H_2O; 1,0 mol NaCl/l	7,8	0,437	0,680	0,337	$0{,}235 \cdot 10^{-3}$	
		20,0	0,467	0,569	0,405	$0{,}53 \cdot 10^{-3}$	
		30,0	0,511	0,467	0,418	$1{,}18 \cdot 10^{-3}$	
DNA (doppelhelical)[2]							
$M = 0{,}4 \cdot 10^6$ g/mol	H_2O; 0,2 mol Na^+/l	20	0,295	1,32			2,70
$M = 1{,}0 \cdot 10^6$ g/mol		20	0,331	$1{,}00_5$			2,81
$M = 10 \cdot 10^6$ g/mol		20	0,390	0,740			2,61
$M = 100 \cdot 10^6$ g/mol		20	0,416	$0{,}70_3$			2,48
$M =$ „∞“		20	0,435	0,695			2,39

[1]) 15 Minuten bei 63 °C aufbewahrt [2]) vgl. Gln. (2-91a, b) und (2-92a, b) [3]) gültig nur für molekulareinheitliche Proben

stoffbrücken und S-S-Brücken spalten und hydrophobe Wechselwirkungen drastisch reduzieren, können sich globuläre *Proteine* zu statistischen Knäuelmolekülen entfalten. Dies ist nach TANFORD in wäßriger Lösung von Guanidinhydrochlorid (6 mol/l) und mäßigen Konzentrationen von β-Merkaptoäthanol möglich. Für eine große Zahl entsprechend untersuchter *Proteine* im Molmassenbereich von 10^4 bis ca. $3 \cdot 10^5$ g/mol und bei 25 °C ergibt sich der $[\eta]$-M-Zusammenhang nach Abb. 2-37, dargestellt durch die Gleichung

$$[\eta] = 0{,}732\, Z^{0{,}656} \tag{2-89}$$

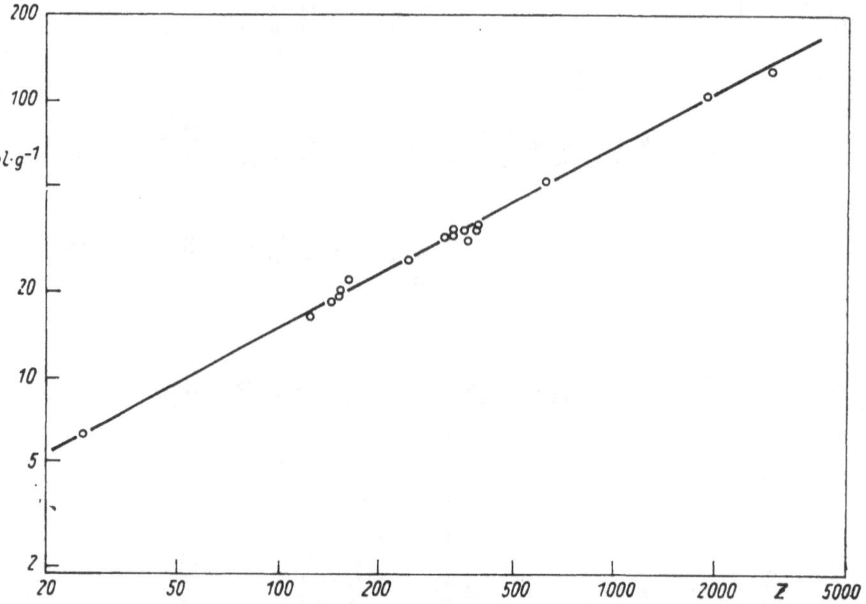

Abb. 2-37. Abhängigkeit der Grenzviskosität $[\eta]$ von der Anzahl Z der Aminosäuren pro Polypeptidkette für verschiedene Proteine in einem Lösungsmittel, in dem die S-S-Brücken gespalten sind und die Polypeptidketten eine statistische Konformation annehmen (nach TANFORD u. a.).

Z ist darin die Zahl der Monomereinheiten (Aminosäure) pro Polypeptidkette, unabhängig von der Aminosäurezusammensetzung. Gl. (2-89) ist als Zahlengleichung aufzufassen; hier ist $[\eta]$ in ml/g zu messen.

Gl. (2-89) ist nicht nur von großem praktischen Interesse. Ihre Existenz demonstriert eindrucksvoll die Abhängigkeit der Polymerkonformation von den Milieuparametern. Ferner zeigt sie, daß die unterschiedlichen Eigenschaften der Seitengruppen der Aminosäuren innerhalb des undurchspülten Knäuelmoleküls offenbar im angegebenen Medium ohne nennenswerten Einfluß auf das hydrodynamische Gesamtverhalten des Polymers sind.

Auch für *Ribonucleinsäure* (*RNA*) läßt sich eine *s-M*-Relation angeben, wenn man dafür sorgt, daß die Basenpaare in den kurzen helicalen Bereichen der *RNA* (z. B. durch Reaktion mit Formaldehyd) zerstört werden. Die Resultate finden sich in Abb. 2-38 und Gl. (2-90) (s^0 approximiert durch *s*-Messsungen bei ca. 20 bis 25 μg *RNA*/m*l*).

$$s_{20,w} = 0{,}05\ M^{0,40} \tag{2-90}$$

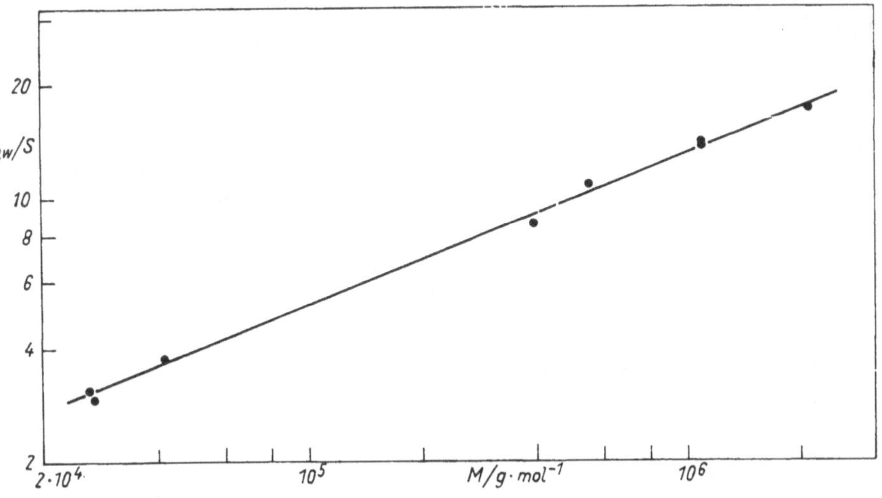

Abb. 2-38. Abhängigkeit der Sedimentationskonstante von *RNA* von der Molmasse *M* in einem Lösungsmittel (s. Tab. 2-5), in dem die Moleküle in statistischer Konformation vorliegen (nach Boedtker).

Die Kenntnis der Konstanten k_D, k_s oder/und k_η der Gln. (2-86) erlaubt es, die effektive ***statistische Segmentlänge*** l_K zu ermitteln, wie die Gln. (2-58), (2-84), (2-77) und (2-14) zeigen. l_K ist ein quantitatives Maß für die Flexibilität des Polymers und damit für die Rotationsbehinderung der Einzelbindungen. l_K ist am einfachsten für ideale statistische Knäuelmoleküle zu erhalten, d. h. wenn $\alpha = 1$ ist für alle Werte von *M*. Gemäß Gl. (2-17) ist dies dann möglich, wenn sich sog. θ-Bedingungen realisieren lassen, die sich durch die Exponentenwerte $a_s = a_D = a_\eta = 0{,}50$ zu erkennen geben (vgl. Gln. 2-58, 2-77).

Für einsträngige Polynucleotide und Polyphosphat konnte auf diese Weise das Verhältnis $6R_G^2/\sigma l^2$ bestimmt werden (s. Gln. 2-9, 2-11, 2-14). Dieser Wert ist gleichbedeutend mit $\mu = l_K/l$, beschreibt also das Verhältnis von effektiver Segmentlänge l_K zur mittleren Bindungslänge *l*. Für *Poly-U*, *Poly-A* und Apurinsäure liegen die resultierenden Werte für l_K bei ca. 2,7 nm. l_K wird durch die Abspaltung zahlreicher Basen offenbar nicht beeinflußt, wie die an Apurinsäuren gewonnenen Ergebnisse zeigen. Bei Polyphosphaten erhält man 1,0 nm. Die mittlere Bindungslänge der Einzelbindungen beträgt jedoch nur etwa 0,15 nm.

Die angeführten Ergebnisse machen deutlich, daß die Rotation der Molekülteile um die Einzelbindung in den genannten einsträngigen Polymeren, besonders bei Polynucleotiden, sehr stark eingeschränkt ist.

Halbstarre lineare Polymere: Zu dieser Gruppe von Makromolekülen gehören Polymere mit relativ großer Persistenzlänge a bzw. KUHNscher statistischer Segmentlänge $l_K = 2a$. Wichtigster Vertreter dieses Typs ist die doppelhelicale *DNA*. Polymere vom Typ flexibler Ketten können genähert dann hinzugerechnet werden, wenn l_K mit der Gesamtmoleküllänge L vergleichbar ist (vgl. Gln. 2-20 und 2-21).

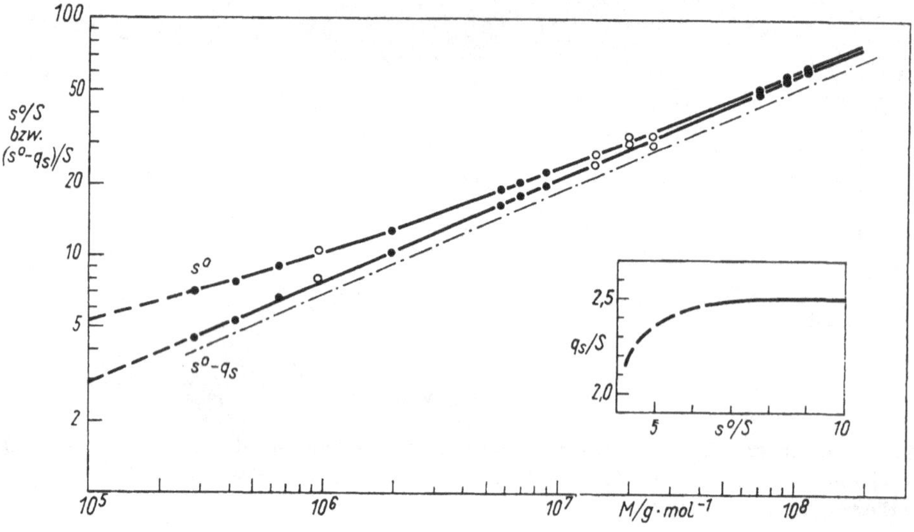

Abb. 2-39. Abhängigkeit der Sedimentationskonstante $s_{20,w}$ (homogener) linearer doppelhelicaler *DNA* von der Molmasse *M* unter Standardbedingungen.

Linearisierung der Darstellung durch Auftragung von $s^0_{20,w} - q_s$; inneres Diagramm: q_s als Funktion von $s^0_{20,w}$. Die strichpunktiert gezeichnete Gerade beschreibt (zusammen mit $q_s(s^0)$), die s^0-$\overline{M}_w$-Relation für polymolekulare *DNA* mit einer Normalverteilung von *M* (nach REINERT, TRIEBEL u. STRASSBURGER).

Das hydrodynamische Verhalten halbstarrer (wurmartiger) Kettenmoleküle wird durch das verschiedene Grenzverhalten charakterisiert: Moleküle sehr kleinen Polymerisationsgrades kommen dem Verhalten von Stäbchenmolekülen nahe, die relativ gut durch verlängerte Rotationsellipsoide approximiert werden können. Das asymptotische Verhalten bei extrem hohen Molmassen ist das Verhalten statistischer Knäuelmoleküle.

Die Abbn. 2-39, 2-40 zeigen die Abhängigkeit der Sedimentationskonstanten $s^0_{20,w}$ bzw. der Grenzviskosität $[\eta]$ *homogener* nativer *linearer DNA* von der Molmasse *M* bei Standardbedingungen (pH 7, $I = 0{,}2$ mol l^{-1}). Die Anstiege dieser Kurven, a_s bzw. a_η, ändern sich offensichtlich stetig mit zunehmender Molmasse

M (vgl. auch Tab. 2-5). Oberhalb von etwa $0{,}4 \cdot 10^6$ g/mol kann man die Zusammenhänge in Verallgemeinerung der Gln. (2-86b, c) durch Dreiparameter-(Zahlen)-Gleichungen darstellen (s^0 entspr. $s^0_{20,w}$ und ist in SVEDBERG-Einheiten, $[\eta]$ in dl/g zu messen):

$$s^0 \quad - 2{,}5 = 0{,}0190\, M^{0{,}435} \tag{2-91 a}$$

$$[\eta] + 3{,}5 = 0{,}00080\, M^{0{,}695} \tag{2-92 a}$$

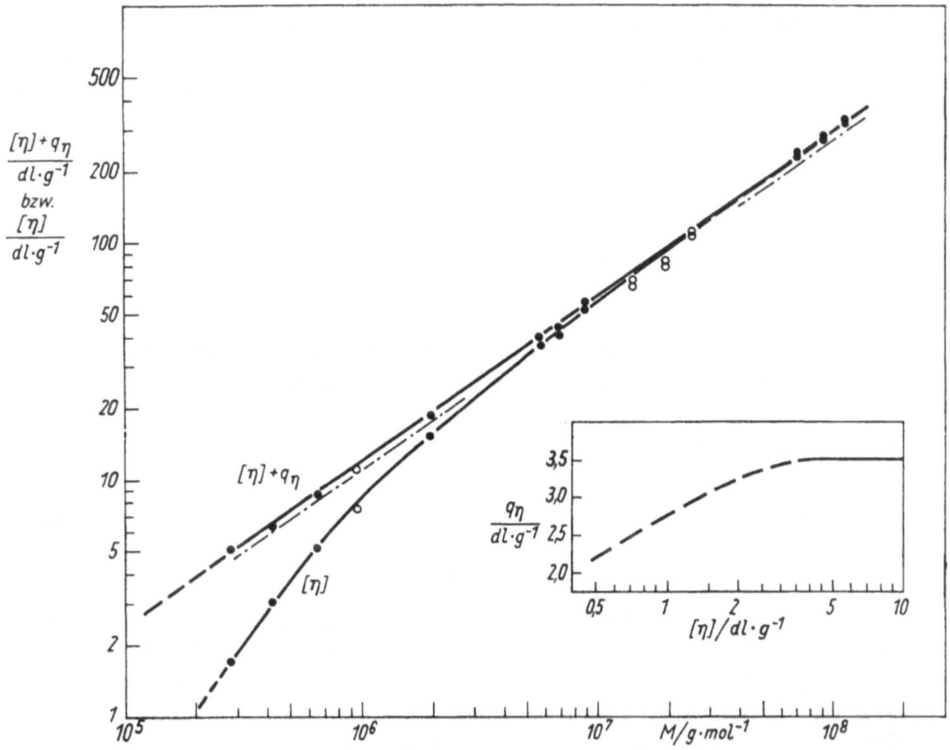

Abb. 2-40. Abhängigkeit der Grenzvsikosität $[\eta]$ nativer *DNA* von der Molmasse analog Abb. 2-39 ($[\eta]-\overline{M}_w$ Relation angedeutet) (nach REINERT, TRIEBEL u. STRASSBURGER).

Das wird durch die lineare Auftragung von log $[(s^0 - q_s)/\mathrm{S}]$ bzw. log $[([\eta] + q_\eta)/$ d$l \cdot g^{-1}]$ über log M in den Abb. (2-38, 39) bestätigt, wobei q_s und q_η oberhalb $0{,}4 \cdot 10^6$ g/mol die in den Gln. (2-91 a, 92 a) angegebenen Werte 2,5 S bzw. 3,5 dl/g annehmen.

Die in den Abb. 2-39 und 2-40 strichpunktiert gezeichneten Geraden stellen den Zusammenhang von $s^0 - q_s$ bzw. $[\eta] + q_\eta$ mit dem Gewichtsmittel $\overline{M}_w$ der Molmasse für polymolekulare *DNA* mit einer *Normal*verteilung von M dar. q_s und q_η sind dabei unverändert.

Abbildung 2-36 mit dem Verlauf von $\beta = \beta(M)$ war bereits das Resultat der in den Gln. (2-91) zusammen mit Gl. (2-85) erfaßten *DNA*-Eigenschaften.

Die aus Tab. 2-5 und den Abb. 2-39 und 2-40 (aus den Steigungen) zu entnehmende Abhängigkeit von a_s und a_η von der Molekülgröße kann mit Hilfe der Definitionsgleichungen $a_s = d \log (s^0)/S)/d \log M$ etc. hergeleitet werden zu

$$a_s = 0{,}435\,(1 - 2{,}5/s^0) \qquad (2\text{-}91\,b)$$

$$a_\eta = 0{,}695\,(1 + 3{,}5/[\eta]) \qquad (2\text{-}92\,b)$$

Doppelsträngige *DNA*-Moleküle vieler Viren, Mitochondrien, Bakterien usw. liegen als Ringmoleküle vor. Wenn mindestens ein Strang einen Strangbruch besitzt, dann haben wir zunächst sog. *offene ringförmige DNA*. Für sie gilt nach BÖTTGER ($s^0 \triangleq s^0_{20,w}$)

$$s^0 - 2{,}5 = 0{,}0219\, M^{0{,}435} \qquad (2\text{-}93)$$

Ringförmige *DNA* sedimentiert also, wie zu erwarten, schneller als lineare *DNA*. Kovalent geschlossene *DNA*-Ringe sind im allgemeinen verspannt und bilden sog. Superhelices, die wiederum noch schneller sedimentieren als offene *DNA*-Ringe (vgl. auch Abb. 2-48).

Für die *Persistenzlänge* nativer *DNA* berechnet sich aus den Gln. (2-91a) und (2-92a) sowie verschiedenen Theorien für das hydrodynamische Verhalten halbstarrer Polymere ein Mittelwert von $a = 45$ nm. Damit gilt für die KUHNsche Segmentlänge $l_K = 90$ nm. Auf eine Persistenzlänge entfallen also etwa 133 gestapelte Nucleotidpaare der Dicke 0,34 nm.

Aus der Temperaturabhängigkeit von a können Enthalpie und Entropie der Molekülbiegung ermittelt werden.

Die Tatsache, daß sich der halbstarre Charakter des *DNA*-Doppelhelixmoleküls so ausgeprägt in den Abb. 2-36, 2-39 und 2-40 darstellen läßt, ist nicht zuletzt in dem Umstand begründet, daß *DNA* über einen sehr breiten Bereich der Molmasse gewinnbar, hantierbar und unter Normalbedingngen gut löslich ist. Der Doppelhelixcharakter garantiert obendrein eine praktisch unveränderte Tertiärstruktur und Moleküllänge, auch bei Vorliegen einer nicht zu großen Anzahl von Einzelstrangbrüchen pro *DNA*-Molekül.

Dies trifft nicht in gleicher Weise für die synthetisch gewonnene Polyaminosäure Poly-γ-benzyl-L-glutamat zu. In Dimethylformamid liegt das Makromolekül offensichtlich als ziemlich starres Molekül vor, wie der im Bereich $50 \cdot 10^3 \lesssim M/\text{g mol}^{-1} \lesssim 400 \cdot 10^3$ gültige Parameter $a_\eta = 1{,}75$ zeigt (s. Tab. 2-5). Wie auch durch andere experimentelle Methoden bestätigt wurde, besitzt das Molekül unter den genannten Milieubedingungen die Struktur einer α-Helix. Mit zunehmender Molmasse M ist wie bei *DNA* eine Abnahme von a_η zu erwarten.

2.8. Konformationsänderungen von Biopolymeren

In 1.4. und 2.2. wurde bereits auf die Abhängigkeit der Biopolymerkonformation von Milieuparametern und Wechselwirkungspartnern eingegangen. In den folgenden Teilabschnitten werden wir dies anhand experimenteller Daten näher erläutern. Gleichzeitig sollen damit einige Möglichkeiten der hydrodynamischen Methoden beim Studium der Konformationsänderungen von Biopolymeren und von Wechselwirkungsmechanismen aufgezeigt werden.

2.8.1. *Temperatur- und Lösungsmitteleinfluß*

Die entscheidende Rolle der Milieueigenschaften auf die freie Energie und damit auf die Konformation von Biopolymeren ist schon mehrfach hervorgehoben worden. An einem Beispiel wurde anschaulich demonstriert, daß in entsprechenden Lösungsmitteln globuläre Proteine in statistisch geknäuelte Kettenmoleküle übergehen können (Abb. 2-37, Gl. 2-89).

Ebenso ist Tab. 2-5 zu entnehmen, daß die Polyaminosäuremoleküle Poly-γ-benzyl-L-glutamat in Dimethylformamid mit der relativen Dielektrizitätskonstante $\varepsilon_r = 113$ wegen $a_\eta = 1{,}75$ stäbchenförmig (α-Helices) vorliegen. Der Übergang zu Dichloressigsäure als Lösungsmittel führt, wie $a_\eta = 0{,}87$ anzeigt, zu statistisch orientierten Ketten, also zur Aufhebung der geordneten Sekundärstruktur. Dieses Ergebnis wird durch andere physikalische Methoden, wie z. B. Cirkulardichroismus (*CD*) oder optische Rotationsdispersion (*ORD*), (vgl. Abschn. 4.), bestätigt.

Mit dem Übergang zu anderen Lösungsmitteleigenschaften ist i. allg. eine Änderung der Solvatation und damit auch der Behinderung der inneren Rotation verbunden. Gleichzeitig verändert sich damit die Stärke der intramolekularen Assoziation. Die gleichen Auswirkungen können oft auch durch geeignete Variation der Temperatur hervorgerufen werden (s. Abschn. 2.2.3.). Die Folge ist z. B. eine Änderung der statistischen Segmentlänge l_K und der formspezifischen Exponenten a_η und a_s. Tab. 2-5 enthält Daten zu einigen Beispielen.

Für *doppelhelicale DNA*-Moleküle ist die Abhängigkeit der Flexibilität von Temperatur und Lösungsmittelzusammensetzung weniger drastisch. Dies ist weitgehend durch die starke Behinderung der inneren Rotation bedingt, die durch die sterische Arretierung der beiden Einzelstränge in der Doppelhelix zustandekommt. Diese Verklammerung verschwindet bei erhöhten Temperaturen im Schmelzbereich der *DNA*, in dem der *Helix-Knäuel-Übergang* erfolgt und die Sekundärstruktur zerstört wird. Die oberste Kurve in Abb. 2-41 zeigt dies an einer Auftragung der Grenzviskosität $[\eta]$ (approximiert durch $\ln \eta_{rel}/c$; vgl. Gl. 2-67 b) als Funktion der Temperatur. Der drastische Abfall von $\ln \eta_{rel}/c$ im oberen Temperaturbereich demonstriert die starke Abnahme der statistischen Segmentlänge. Zuvor erfolgt ein schwacher Viskositätsabfall von etwa 10—20%, der offenbar vor allem durch eine schwache Verminderung der Persistenzlänge *a* hervorgerufen wird. Parameter der verschiedenen Kurven ist der Gehalt der Lösung an Phenol (das gern zur Deproteinisierung der *DNA*-Präparationen eingesetzt wird.) Mit zunehmendem Phenolgehalt erfolgt eine zunehmende Destabilisierung, wie die Erniedrigung des Temperaturbereiches, in dem der Helix-Knäuel-Übergang erfolgt, zeigt. Gleichzeitig ist eine Verringerung der Grenzviskosität bei Zimmertemperatur zu beobachten. Ursache dafür ist nach Gl. (2-73) eine Verkleinerung der Abmessungen der hydrodynamisch äquivalenten Kugel und damit offenbar der Persistenzlänge *a* bzw. der statistischen Segmentlänge l_K.

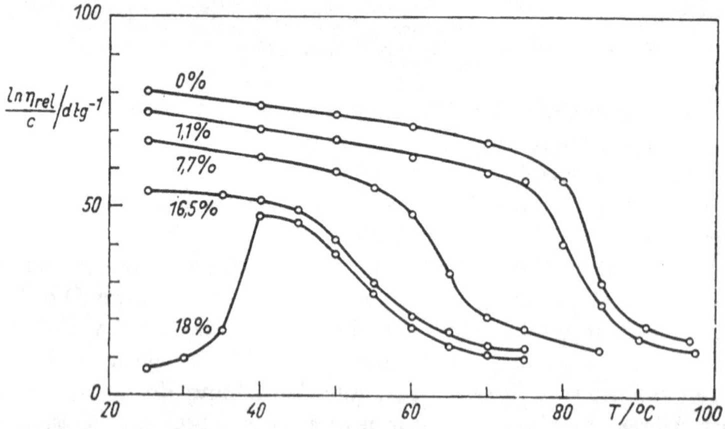

Abb. 2-41. Abhängigkeit der Grenzviskosität (angenähert durch $(\ln \eta_{rel}/c)$) einer Kalbsthymus-*DNA*-Probe von der Temperatur bei verschiedenem Ge; halt der Lösung an Phenol (angegeben in Gewichtsprozenten); pH 9—9,5-0,2 mol Na^+/l (nach MASSIE u. ZIMM).

Bei einem Phenolgehalt von 18% liegt die *DNA* bereits als feiner Niederschlag vor, der jedoch bei erhöhter Temperatur wieder in Lösung geht. Die offensichtlich sehr kompakte Form des Niederschlags führt zu einer starken Verminderung des Volumens der hydrodynamisch äquivalenten Kugeln.

Bei Assoziationen von linearen Makromolekülen kann mit einem Viskositätsanstieg gerechnet werden.

Für die Untersuchung der Denaturierung von *DNA* kann außer der Spektrophotometrie (s. 1.5. und 3.9.2.), der Viskosimetrie und vielen anderen Methoden auch die Sedimentation herangezogen werden. Abb. 2-42 demonstriert dies anhand der pH-Abhängigkeit der Sedimentationskonstante einer *DNA*-Probe im sauren Bereich. Mit zunehmender Verknäuelung des Moleküls steigt die Sedimentationsgeschwindigkeit. Bei Einsetzen der Strangtrennung, also verminderter Molmasse, fällt der Sedimentationskoeffizient ab, ehe er mit weiter abnehmendem pH-Wert sehr stark ansteigt. Dieser letztgenannte Prozeß ist auf starke Assoziation der *DNA*-Moleküle zurückzuführen. Die wachsende Protonisierung der Nucleinsäurebasen reduziert die Nettoladung der Polynucleotide und damit die Löslichkeit der Polymere.

Ein wichtiges Problem ist die Frage nach dem Einfluß von *DNA-Einzelstrangbrüchen* auf die Sekundär- und Tertiärstruktur der Doppelhelix. Viskositätsmessungen von *DNA* mit enzymatisch erzeugten Einzelstrangbrüchen in Abhängigkeit von der Temperatur (analog Abb. 2-41) zeigten, daß durch Einzelstrangbrüche keine signifikant nachweisbare Flexibilitätsänderung eintritt, so-

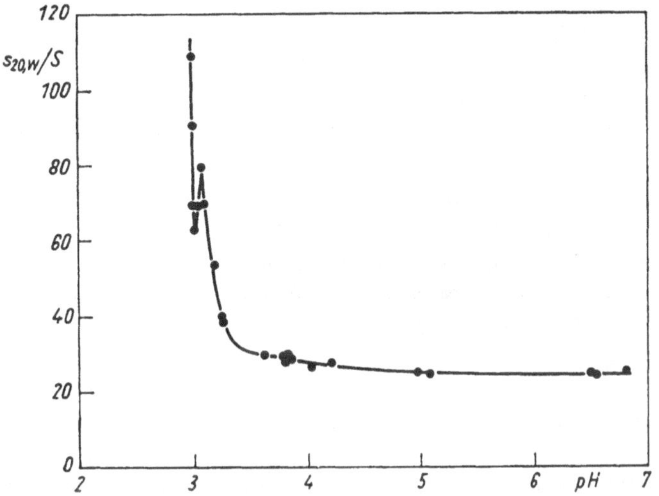

Abb. 2-42. Abhängigkeit der Sedimentationskonstante einer *M. lysodeicticus DNA*-Probe vom pH-Wert; $I = 0{,}02$ mol/*l* (nach ZIMMER und TRIEBEL).

lange nicht Strangteile zwischen zwei Brüchen abdissoziieren. (Der letztgenannte Fall ist daran zu erkennen, daß sich nach Abkühlung nicht die alten Viskositätswerte ergeben.)

Als ein Beispiel für die hydrodynamischen (und spektrophotometrischen) Untersuchungen komplexerer Systeme diskutieren wir das Verhalten von *Bakteriophagen* in Abhängigkeit von der Temperatur T.

In Abb. 2-43 sind die Viskosität und die Extinktion bei 260 nm über T aufgetragen. Offensichtlich finden bei zwei verschiedenen Temperaturen — nämlich bei 52 °C und 77 °C — markante Strukturumwandlungen statt. Die zweitgenannte Temperatur entspricht der Schmelztemperatur T_m der Phagen-*DNA* (vgl. Abb. 2-41 und Abschnitt 3.9.2.).

Bei 52 °C geht die Viskosität von einem sehr niedrigen Wert, der globulären Teilchen entspricht, in einen solchen über, der charakteristisch für freie hochmolekulare lineare Polymere ist. Offensichtlich gibt bei dieser Temperatur der Phage die *DNA* frei, die sich zuvor in dichtgepacktem Zustand in der Proteinhülle befand.

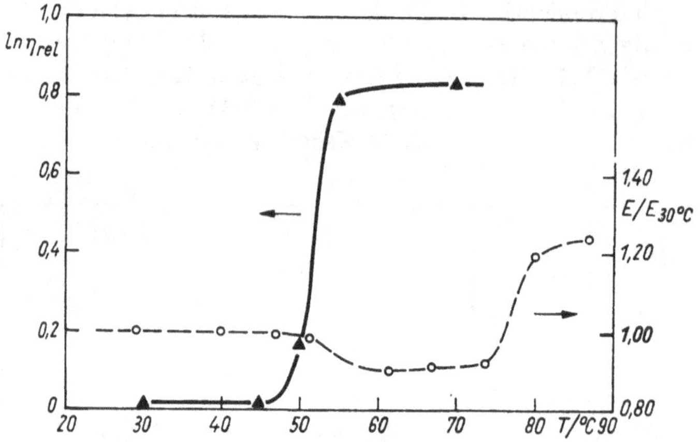

Abb. 2-43. Änderung von Viskosität und Extinktion *E* bei 260 nm einer *T* 2-Bakteriophagensuspension als Funktion der Temperatur (nach TICHONENKO u. Mitarb.)

2.8.2. Wechselwirkungen von Protein-Untereinheiten

Wechselwirkungen von identischen oder nicht identischen Polymerbausteinen spielen im biologischen Geschehen eine bedeutende Rolle. So sind die allosterischen, durch Liganden steuerbaren Enzyme in der Regel aus identischen Untereinheiten oder Gruppen gleichartiger Bausteine aufgebaut. In analoger Weise bestehen größere Strukturen oft aus identischen Makromolekülen. Als Vertreter der letztgenannten Gruppe kann z. B. das Tabakmosaikvirus (*TMV*) angeführt werden, das aus einem *RNA*-Molekül und identischen Proteinbausteinen besteht. Nicht minder interessant ist der Aufbau der sog. Mikrotubuli aus dem *MTP*, dem mikrotubulären Protein. Es können hier nur wenige Aspekte und Beispiele behandelt werden.

Oligomere Proteine: Das *Hämoglobin*molekül (*Hb*) enthält vier Untereinheiten: zwei α-Polypeptidketten und zwei β-Ketten. Jede Polypeptidkette besitzt eine Molmasse von 16000 g/mol. Da die vier Untereinheiten nur durch Nebenvalenzkräfte zusammengehalten werden, besteht ein Gleichgewicht zwischen Tetrameren und Vorstufen. Der Anteil an Tetrameren steigt mit zunehmender Konzentration (vgl. Abb. 2-18 und S. 93).

Als ein Beispiel für *ligandeninduzierte Assoziation* von „Untereinheiten" führen wir die Dimerisierung von Methämoglobin-Polypeptidketten der Flußneunaugen (*Lampetra fluviatilis L*) mit $M = 17000$ g/mol an. Dieses zu *Met Hb* oxidierte

Oxihämoglobin (*Hb* O_2) zeigt im freien Zustand, also ohne Liganden, ein Sedimentationsverhalten (Abb. 2-44), das sich zwischen pH 4,5 und pH 10 nicht ändert und auf eine unverändert monomere Form hinweist.

In Gegenwart ausreichender Konzentrationen von NaN_3 und *MetHb* ergibt sich der in der oberen Kurve dargestellte Verlauf des Sedimentationskoeffizienten, der bei derart kleinen Teilchen prakisch gleich der Sedimentationskonstanten $s^0_{20,w}$

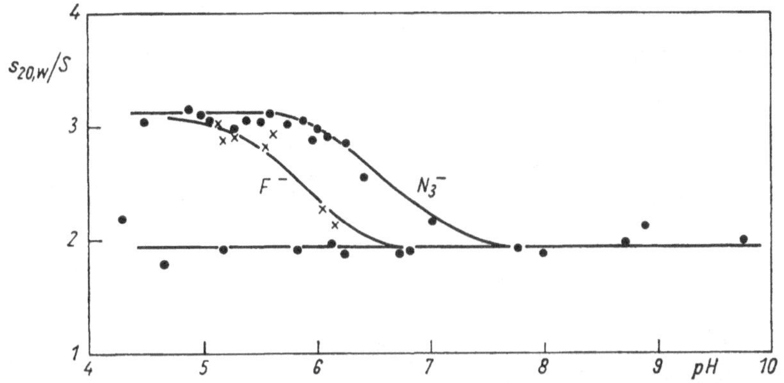

Abb. 2-44. Abhängigkeit des Sedimentationskoeffizienten von Neunaugen-Methämoglobin vom pH-Wert.

Ohne Liganden keine Dimerisierung; in Gegenwart einer hinreichenden Anzahl von N_3^-- bzw. F^--Ionen: Dimerisierung von *Met Hb* im sauren pH-Bereich (nach BEHLKE u. SCHELER).

ist. Beginnend bei etwa pH 7,5 erhöht sich im Bereich bis pH 6 die Sedimentationskonstante von 1,94 S auf 3,1 S, also um den Faktor 1,6. Nach Gl. (2-86b) mit $a_s = 2/3$ (Tab. 2-4) ist dies der Faktor, den man erwarten würde, wenn nahezu kugelförmige Teilchen sich in ebensolche von der doppelten Molmasse umwandeln ($2^{2/3} = 1{,}6$).

Die in Abb. 2-44 dargestellten Ergebnisse sind also als ***Dimerisierung*** des *MetHb* · N_3-Komplexes im Bereich um pH 6,75 zu interpretieren. Die Assoziation der Polypeptide wird offensichtlich durch die Protonisierung einer Gruppe mit einem *pK*-Wert nahe 6,75 vermittelt. Es liegt nahe, dabei an den Imidazolrest der Aminosäure Histidin zu denken (vgl. Tab. 1-7).

Reguläre multimere Assoziate: Das ökonomische Prinzip des Aufbaues von ausgedehnteren Strukturen und Organellen aus identischen Untereinheiten nutzt die Natur in zahlreichen Fällen. Einige Systeme sind relativ gut der hydrodynamischen Untersuchung zugänglich. Als Beispiel betrachten wir die „Assemblierung" von ***Mikrotubuliprotein*** (*MTP*). Ein isolierter *MTP*-Grundbaustein liegt unter Normalbedingungen als Dimeres zweier Polypeptidketten der Gesamtmolmasse $M = 120000$ g/mol vor und hat die mittleren Abmessungen 4 nm, 5 nm und 8 nm. Derartige Bausteine bilden in vivo Spindelfasern, Doppeltubuli der Cilien und die

Dreifachtubuli der Centriolen, indem sie sich zu röhrenförmigen Gebilden anordnen. Im einfachsten Fall lagern sich 12 oder 13 lineare *MTP*-Assoziate zu einer Röhre mit einem Durchmesser von ca. 24 nm zusammen.

In vitro-Experimente erlauben, solche Strukturen aus den Protein-Untereinheiten zu rekonstruieren. Für die Ermittlung optimaler Assemblierungsbedingungen sind viskosimetrische Messungen besonders vorteilhaft, da $[\eta]$ — und damit bei konstanter Polymerkonzentration auch genähert η_{sp} — bei der Ausbildung starrer röhrenförmiger Gebilde sehr empfindlich ansprechen sollte.

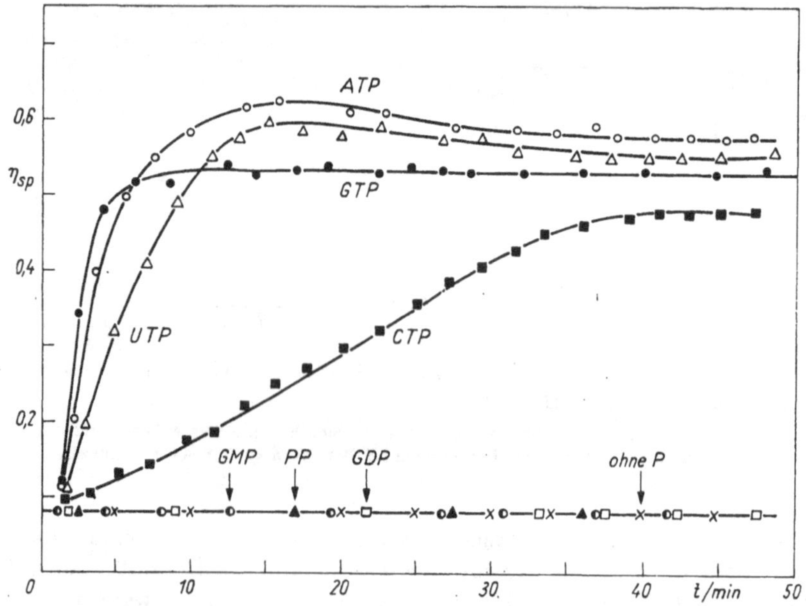

Abb. 2-45. Viskosimetrische Verfolgung der Zeitabhängigkeit der Assoziation von mikrotubulärem Protein (*MTP*) zu Teilchen größerer Assymetrie (Mikrotubulivorstufen) in Gegenwart verschiedener niedermolekularer Liganden.

GMP, GDP, GTP: Guanosinmono-, -di- und -triphosphat; *PP:* Pyrophosphat; *UTP, CTP:* Uridin- bzw. Cytosintriphosphat (nach Borisy u. Mitarb.).

Abb. 2-45 zeigt als Beispiel die zeitliche Änderung des mit der Assoziation des MTPs verbundenen Viskositätsanstiegs ohne und in Gegenwart verschiedener Nucleotide der Konzentration 1 mmol/*l* ($T = 37\,°C$, pH 6,94, 0,1 mol/*l* Piperacin-N-N' bis (2-äthansulfonsäure); Proteinkonzentration 2,6 mg/m*l*). Die schnellste Assemblierung wird offenbar durch Guanosintriphosphat induziert. Das Mono- und Diphosphat des Guanosins bewirken — ebenso wie die Abwesenheit von Liganden — keine Rekonstitution der Proteinuntereinheiten zu höheren Strukturen. Cytosintriphosphat ist wesentlich schwächer wirksam als die anderen Triphosphate.

In analoger Weise wurden u. a. die für die Assemblierung optimalen Temperatur- und pH-Bereiche (ca. 37 °C bzw. pH 6,8–7,0) ermittelt. Unterhalb ca. 15 °C findet keine Assemblierung statt.

2.8.3. *Nucleinsäure-Wechselwirkung mit Liganden*

Enzyme und Nucleinsäuren sind die wichtigsten Biopolymere, deren gegenseitiges Wechselspiel bei der phylogenetischen Entwicklung des Lebens von entscheidender Bedeutung gewesen sein muß. Unter den Nucleinsäuren kommt der *DNA* als dem Hauptträger der genetischen Information die dominierende Rolle zu. Biologische Regulations- und Steuerungsvorgänge werden vielfach durch nebenvalente Bindung von niedermolekularen Liganden oder anderen Makromolekülen an *DNA*-Moleküle ausgelöst oder beeinflußt. Die Untersuchung der ***Strukturänderung*** von *DNA* bei derartigen Wechselwirkungen gewinnt daher von diesem Blickwinkel aus ein besonderes Interesse, erlaubt sie doch i. allg., Vorstellungen über die verantwortlichen *Mechanismen* zu entwickeln.

Hydrodynamische Untersuchungen können dazu vielfältige Beiträge leisten, da die Hauptparameter, von denen das hydrodynamische Verhalten der *DNA* abhängt, nämlich Persistenzlänge a und Konturlänge L, sich bei der Bindung verschiedener Liganden verändern.

„Intercalierende“ Liganden: Zu den Wechselwirkungsmechanismen, an deren Aufklärung hydrodynamische Untersuchungen entscheidend beteiligt waren, zählt die sog. „Intercalation“ von heterocyklischen Farbstoffen zwischen die *DNA*-Basen, die in 3.10. ausführlich behandelt wird. Abb. 3-35 demonstriert die Modellvorstellung für die Struktur des Komplexes, nach der sich Farbstoffe, wie z. B. Äthidium(-bromid) oder Proflavin parallel zu den Basenpaaren anordnen. Ein solcher Mechanismus würde zwangsläufig eine Vergrößerung der *DNA*-Konturlänge nach sich ziehen und Änderungen der hydrodynamischen Größen gegenüber der reinen *DNA* erwarten lassen.

In Abb. 2-46 ist die Änderung des Sedimentationskoeffizienten von *DNA* mit zunehmender Bindung des Farbstoffes *Trypaflavin* aufgetragen. Die markante Abnahme von s zeigt das Vorliegen einer Strukturänderung an. Aus diesen Daten und aus Messungen der Farbstoffbesetzung der *DNA* ist mit hoher Wahrscheinlichkeit auf eine sog. Intercalation (Abb. 3-35) zu schließen, bei der sich der Farbstoff zwischen die Basenpaare der *DNA* schiebt.

Es sei erwähnt, daß s-Änderungen außer durch Veränderungen von L und a auch durch die Modifizierung des effektiven partiellen spezifischen Volumens $\bar{v}$ hervorgerufen werden können.

Das partielle spezifische Volumen $\bar{v}$ ist ohne nennenswerten Einfluß auf die Resultate viskosimetrischer Messungen. Abb. 2-47 enthält entsprechende experimentelle Resultate für das System Kalbsthymus-*DNA*-*Äthidium*bromid. $[\eta]$ ist darin approximiert durch $\ln \eta_{rel}/c$ (s. Gl. 2-67b). Die relative Änderung von $[\eta]$, also $\Delta[\eta]/[\eta]^0$, ist für *DNA*-Moleküle verschiedener Molmasse als Funktion des

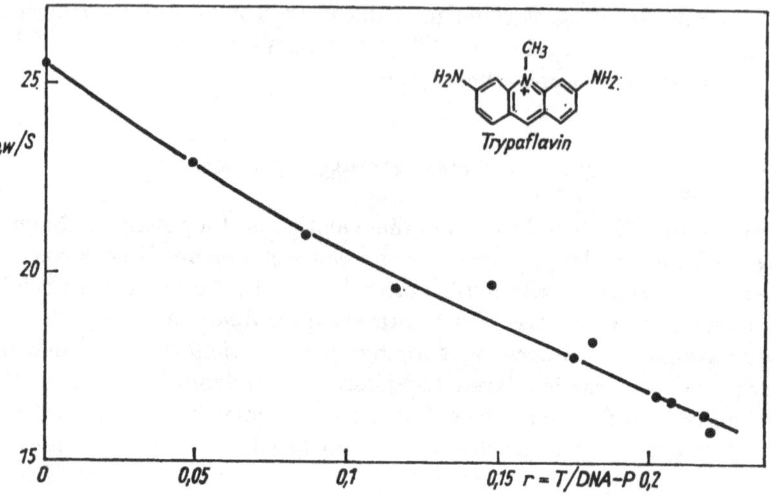

Abb. 2-46. Änderung des Sedimentationskoeffizienten $s_{20,w}$ einer *DNA*-Probe als Funktion des Verhältnisses r gebundener Trypaflavinmoleküle (T) pro *DNA*-Phosphat (nach TRIEBEL).

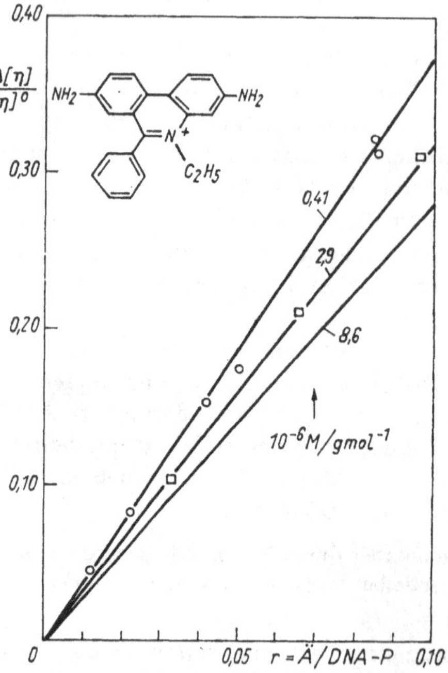

Abb. 2-47. Relative Änderung der Grenzviskosität (approx. durch $\ln \eta_{rel}/c$) von Kalbsthymus-*DNA*-Proben unterschiedlicher Molmasse M in Abhängigkeit vom Verhältnis r gebundener Äthidiumkationen ($Ä$) pro *DNA*-Phosphor ($[\eta]^0$: Grenzviskosität vor der $Ä$-Zugabe, nach REINERT).

Verhältnisses r gebundener Farbstoffkationen pro *DNA*-Phosphatgruppe angegeben. Damit ist aber eine quantitative Analyse nach Gl. (2-78b) und Abb. (2-35) möglich. Sie liefert uns relative Längenänderungen $\Delta L/L^0$ und relative Persistenzlängenänderungen $\Delta a/a^0$ für vorgegebene r-Werte und damit auch ΔL pro Ligand sowie Δa pro Ligand und Segment der Länge a^0. (Von einer Berücksichtigung eventueller Durchmesseränderungen kann bei diesem System abgesehen werden.)

Gerade weil die Kurven in Abb. (2-47) für die Proben verschiedener Molmasse mit wachsendem Bindungsgrad nur relativ wenig unterschiedlich stark ansteigen, müssen Änderungen von L *und* von a für den Viskositätsanstieg verantwortlich sein. Wie Gl. (2-78b) in Verbindung mit Abb. 2-35 zeigt, würde $\Delta L/L^0 > 0$ allein, d. h. bei $\Delta a/a^0 = 0$, zu starkem Anstieg bei kleinen M-Werten und zu mittelstarkem Anstieg bei hohen Molmassen führen. Demgegenüber müßte eine alleinige Versteifung ($\Delta a/a^0 > 0$, $\Delta L/L^0 = 0$) bei *DNA*-Proben niedriger Molmassen im Gegensatz zu hochmolekularen Proben sehr kleine $\Delta[\eta]/[\eta]^0$-Werte liefern. Offensichtlich dominiert im vorliegenden Fall der Einfluß von $\Delta L/L^0$.

Die quantitative Auswertung ergibt für die Bindung der ersten Äthidium-Liganden pro gebundenem Äthidiumkation (*Ä*) eine ***Konturlängenvergrößerung*** von +0,27 nm, also einen Wert, der der Dicke eines aromatischen Ringes von ca. 0,34 nm nahe kommt und damit das Intercalationsmodell nach Abb. 3-35 stützt. (Bei Zugrundelegung von Messungen an mehr als zwei Proben empfiehlt sich eine graphische Auswertung des Satzes von Gleichungen vom Typ 2-78b.)

Als ***Persistenzlängenänderung***, induziert durch ein gebundenes Äthidiumkation pro Segment der Länge $a^0 = 45$ nm, ergibt sich ein Wert von +0,04 nm. Man kann zeigen, daß dieser Wert als eine Versteifung interpretiert werden kann, die einer vollständigen Arretierung eines Segmentes der Länge 0,04 nm oder einer partiellen Versteifung eines entsprechend längeren Segmentes äquivalent ist. Eine weitere Möglichkeit wäre eine noch stärkere lokale Erhöhung der Steifheit, deren Auswirkung auf die Knäuelaufweitung vermindert wird durch eine lokale Knickung, wie sie z. B. durch ein partiell intercaliertes Farbstoffmolekül hervorgerufen werden könnte.

Ein anschauliches Kriterium für die Intercalation von Farbstoffen zwischen die *DNA*-Basen liefern Sedimentationsmessungen an ringförmiger *DNA*. Ringförmige *DNA*-Moleküle, deren Zuckerphosphatketten beide durchgehend kovalent geschlossen sind, zeigen in der Regel Verspannungen, die zu sog. ***Superhelices*** mit kompakterer Gestalt und folglich größeren Sedimentationskoeffizienten führen. (Dies läßt sich leicht veranschaulichen, wenn man eine Schnur vor dem Ringschluß um ihre Achse tordiert.)

Nun erfordert das Einschieben eines Farbstoffmoleküls zwischen zwei Basenpaare (nach Abb. 3-35) eine lokale Aufwindung der Doppelhelix, die zugleich auch die Anzahl der Basenpaare pro Helixwindung vergrößert. Bei kovalent vollständig geschlossener ringförmiger *DNA* führt dies zu einer Veränderung der Verdrillung des Moleküls und damit der Anzahl der Superhelixwindungen. Die damit verbundene Vergrößerung der äußeren Molekülabmessungen kann, wie Kurve I in Abb. 2-48 zeigt, experimentell durch die Verminderung der Sedimentationskonstante nachgewiesen werden. Bei etwa 6 gebundenen Äthidiumkationen pro 100 Phosphatgruppen sind offenbar alle Superhelices abgewunden. Nach weiterer Farbstoffzugabe erfolgt dann eine Tordierung der Helix im umgekehrten Superhelix-Windungssinn, worauf der erneute *s*-Anstieg hinweist.

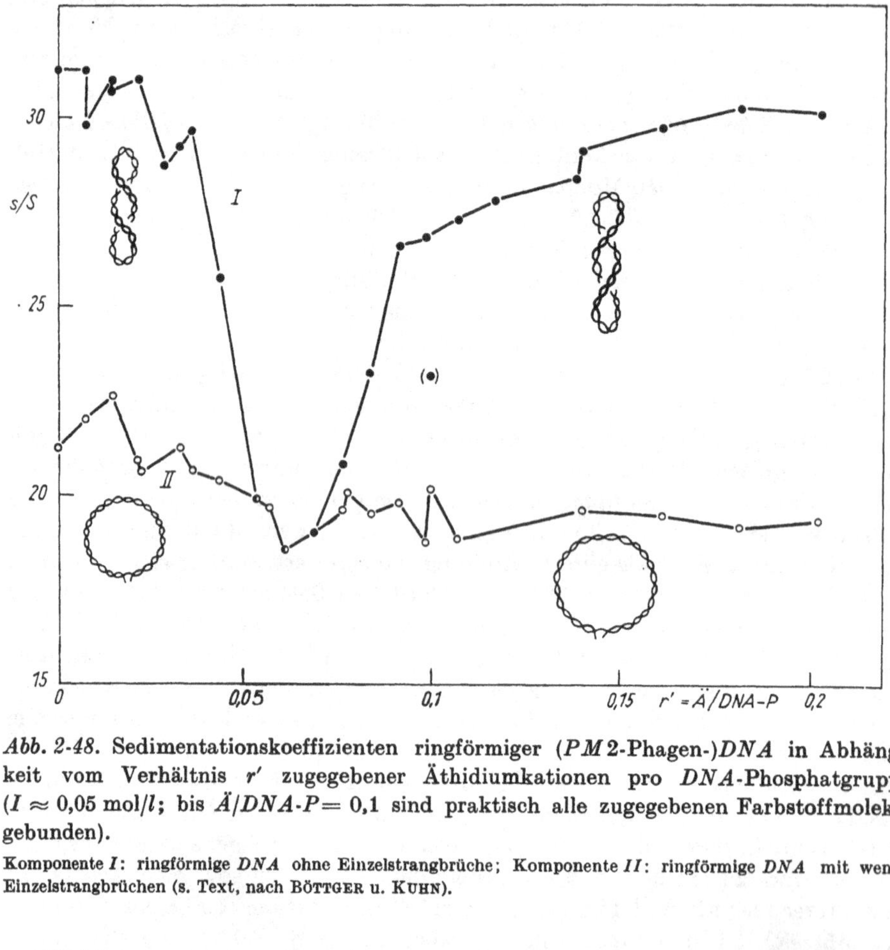

Abb. 2-48. Sedimentationskoeffizienten ringförmiger (*PM* 2-Phagen-)*DNA* in Abhängigkeit vom Verhältnis *r'* zugegebener Äthidiumkationen pro *DNA*-Phosphatgruppen ($I \approx 0{,}05$ mol/*l*; bis *Ä*/*DNA*-*P* = 0,1 sind praktisch alle zugegebenen Farbstoffmoleküle gebunden).

Komponente *I*: ringförmige *DNA* ohne Einzelstrangbrüche; Komponente *II*: ringförmige *DNA* mit wenigen Einzelstrangbrüchen (s. Text, nach BÖTTGER u. KUHN).

DNA-Ringe mit einem Einzelstrangbruch sind an der entsprechenden Stelle um den anderen Strang drehbar und können daher nicht zu Superhelices verspannt werden. Das Sedimentationsverhalten solcher Moleküle wird durch die Kurve *II* in Abb. 2-48 wiedergegeben, die Kurve *I* bei demjenigen Farbstoffbesetzungsgrad tangiert, bei dem die Superhelixwindungen in Komponente *I* aufgehoben sind. Komponente *II* zeigt außerdem eine relativ geringe Änderung des Sedimentationskoeffizienten.

Da Präparate ringförmiger *DNA*-Moleküle fast immer kovalent geschlossene und „offene" Ringmoleküle nebeneinander enthalten, können die Komponenten *I* und *II* in der analytischen Ultrazentrifuge simultan untersucht werden.

Obgleich die Ergebnisse in Abb. 2-48 als ein starkes Argument zugunsten des Intercalationsmechanismus gewertet werden müssen, soll erwähnt werden, daß ähnliche Sedimentationskurven für einen Bindungspartner gefunden wurden, für den ein solcher Mechanismus aus stereochemischen Gründen auszuschließen ist.

Nichtintercalierende Liganden: Analog zum System *DNA*-Äthidiumbromid im vorigen Abschnitt können aus Viskositätsmessungen Verlängerung und Versteifung pro Ligandenmolekül als Funktion des Besetzungsgrades *r* für das System

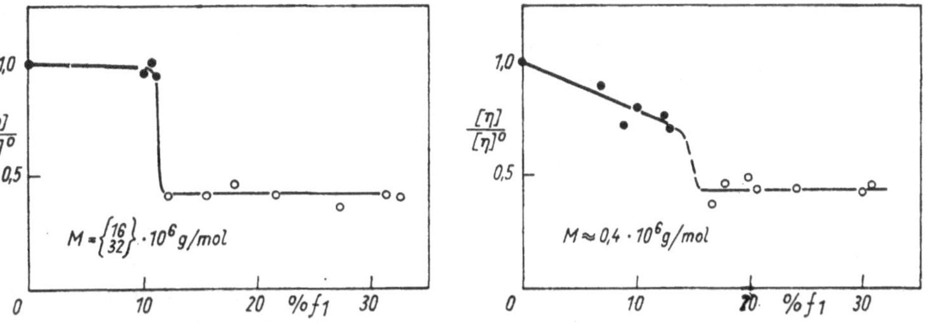

Abb. 2-49. Änderung der Grenzviskosität $[\eta]$ von *DNA* mit zunehmendem Gehalt an H 1-Histon für *DNA*-Proben sehr unterschiedlicher Molmasse.

$[\eta]^0$: Grenzviskosität für die reine *DNA*-Probe; 0,015 mol Na^+/l (nach FRISMAN u. Mitarb.).

DNA-Netropsin ermittelt werden. Netropsin ist ein Oligopeptidmolekül mit antibiotischer Wirksamkeit, das nicht intercaliert. Es bindet bevorzugt an *AT*-Häufungsstellen und induziert bei Kalbsthymus-*DNA* in diesen eine Verlängerung der *DNA*-Doppelhelix um 0,1 nm bei einer eigenen Netropsinmoleküllänge von ca. 1,5 nm.

Für die Gewinnung eines tieferen Verständnisses der Steuerungsmechanismen in komplizierten molekularbiologischen Systemen ist zunächst die schrittweise Untersuchung komplexerer Modellsysteme erforderlich. Die Ergebnisse für ein relativ einfaches Beispiel sind in Abb. 2-49 wiedergegeben. Aufgetragen ist die auf den $[\eta]$-Wert der reinen *DNA* normierte Grenzviskosität von Komplexen aus Kalbsthymus-*DNA* und *H 1-Histon* als Funktion des Massenverhältnisses von Histon und *DNA*.

Bemerkenswert ist zunächst der markante Viskositätsabfall bei ca. 12% *f 1*-Histon, der einen drastischen kooperativen „Kollaps" der äußeren Molekülabmessungen anzeigt. Ihm gehen *DNA*-Konformationsänderungen voraus, wie bereits die qualitative Analyse der relativen Viskositätsänderungen, gemessen an einer niedermolekularen und einer hochmolekularen *DNA*-Probe, anzeigt (Gl. 2-78 b). Die experimentellen Ergebnisse sind mit einer Verkürzung der Konturlänge der linearen Komplexe ($\Delta L/L^0 < 0$) verträglich, die bei kleinen Molmassen dominiert (K_a in Gl. 2-78b ist klein), sowie mit einer gleichzeitigen Versteifung, die offenbar bei hohen Molmassen den Verkürzungseinfluß auf $[\eta]$ kompensiert.

2.8.4. Hydrodynamisches Verhalten von Polyelektrolyten

Grundmechanismus: Ionisierte Gruppen von Polyelektrolytmolekülen üben bei nicht zu großen gegenseitigen Abständen elektrostatische Kräfte aufeinander aus. Gruppen mit Ladungen gleichen Vorzeichens stoßen sich daher ab, solche mit entgegengesetzter Ladung zeigen eine Tendenz zur Anziehung. An diesen Wechselwirkungen sind jedoch auch die Ladungen des dissoziierten niedermolekularen Salzes beteiligt, die unter physiologischen Bedingungen (Hauptanteil: 0,15 mol NaCl/l) zahlenmäßig überwiegen.

Wie in Abschnitt 1.3.4. erläutert wurde, kann man den Einfluß des niedermolekularen Salzes auf die elektrostatische Wechselwirkung der Ladungen von Polyelektrolyten als eine ***Abschirmwirkung*** verstehen. Danach vermindert sich mit zunehmendem Gehalt der Lösung an niedermolekularen Ionen neben der Stärke der Coulomb-Wechselwirkung auch deren ***Reichweite***, die durch den Parameter $1/\varkappa$ nach Gl. (1-11) (vgl. Tab. 1-8) beschrieben wird. In der Umgebung eines Polyanions werden die niedermolekularen Anionen verdrängt, während sich Kationen als *Gegenionen* in der Nachbarschaft der Polyanionladungen anreichern und mit ihnen zusammen die elektrische Doppelschicht bilden.

Eine Änderung der Konzentration des niedermolekularen Salzes, also der Ionenstärke I (s. Gl. 1-9), gestattet, den elektrostatischen Anteil der potentiellen Wechselwirkungsenergie in definierter Weise zu modifizieren. Dieser Umstand erlaubt es, Veränderungen der Salzkonzentration als Mittel einzusetzen, um Auskunft über die Stärke von elektrostatischen Beiträgen zu Wechselwirkungsmechanismen zu erhalten.

Das hydrodynamische Verhalten von Polymeren wird generell vor allem durch die geometrischen, also strukturellen Eigenschaften der Moleküle bestimmt, die durch solche Parameter wie statistische Segmentlänge l_K bzw. Persistenzlänge a einerseits und Trägheitsradius R_G bzw. mittlerer Endenabstand h_{av} andererseits beschrieben werden. Die Behandlung des Einflusses der Ionenstärke auf die hydrodynamischen Eigenschaften von Biopolymeren muß daher mit einer Betrachtung dieses Einflusses auf die genannten Parameter beginnen. Wir beschränken uns in diesem Zusammenhang auf lineare Homopolyionen, also auf Polyelektrolyte mit Ladungen einheitlichen Vorzeichens.

In Abb. 2-1 (S. 68) wurde eine momentane gegenseitige Anordnung einiger Elemente eines idealen, also auch ungeladenen Kettenmoleküls schematisch veranschaulicht. Denken wir uns alle (oder einige) Kettenelemente mit jeweils gleichartigen Ladungen besetzt, dann führen deren gegenseitige Abstoßungen zu einer Vergrößerung der Winkel zwischen den Kettenelementen und damit zu einer Aufweitung des Moleküls, die durch eine Zunahme der Werte von R_G und h_{av}

beschrieben werden kann. Stärke und Reichweite dieser Repulsion sind nach Gl. (1-11) eine Funktion der Ionenstärke I.

Bei starker gegenseitiger Behinderung der freien Beweglichkeit benachbarter Bindungen realer Moleküle sind, wie in Abschn. 2.2.3. ausführlich dargestellt wurde, mehrere Segmente zu einem statistisch wirksamen Segment zusammenzufassen, dessen Länge durch die KUHNsche statistische Segmentlänge l_K gekennzeichnet wird. l_K wächst in der Regel mit zunehmender Repulsion der Ladungen, d. h. mit abnehmender Ionenstärke I. Für lineare, persistente Ketten, zu denen auch die doppelhelicale *DNA* zählt, ist l_K gleich der doppelten Persistenzlänge a.

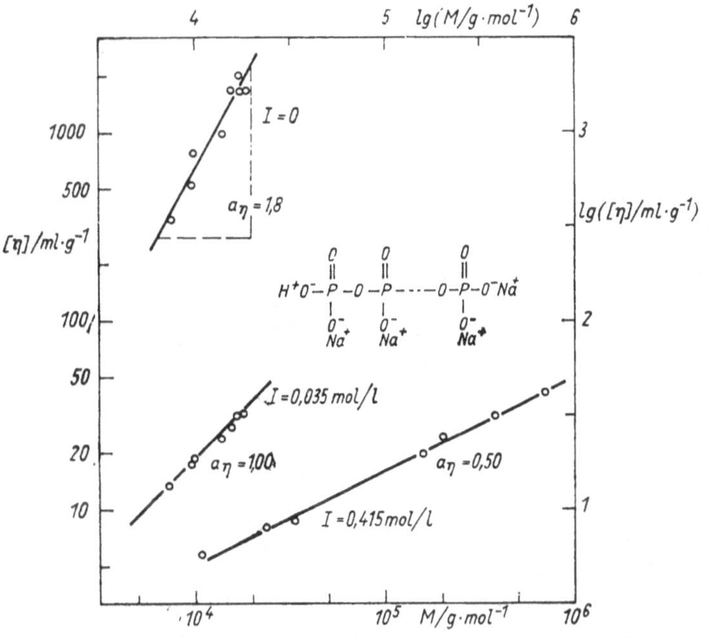

Abb. 2-50. Abhängigkeit der Grenzviskosität $[\eta]$ von Polyphosphat von der Molmasse M bei verschiedenen Ionenstärken des niedermolekularen Salzes (NaBr).

Die Steigung der Kurven ergibt den durch Gl. (2-86c) definierten Exponenten a_η (nach STRAUSS u. Mitarb.).

Für den Zusammenhang zwischen dem mittleren Endenabstand h_{av} und der Zahl der statistischen Kettenelemente und damit der Molmasse gelten bei hinreichend langen Molekülen die Gln. (2-8) bis (2-14).

Bei Polyelektrolyten mit schwach sauren und/oder basischen Gruppen kann sich überdies die Anzahl der miteinander wechselwirkenden Gruppen ändern, wenn sich der *Protonisierungszustand* des Moleküls gemäß Gl. (1-5) durch Veränderung des pH-Wertes (oder des pK-Wertes) verändert. Wenn gleichzeitig die Ionenstärke nicht zu hoch, d. h. die Reichweite der elektrostatischen Wechselwirkung nicht zu klein ist, kann dies ebenfalls zu meßbaren Veränderungen der Moleküldimensionen führen.

Flexible Polyelektrolyte: Betrachten wir zunächst die Eigenschaften von *Polyphosphat*, einem Polyanion, das zwar den anorganischen Substanzen zugerechnet werden muß, aber als Modellsystem vielfach interessant ist. Polynucleotide z. B. besitzen ein Zucker-Phosphat-Gerüst (vgl. Abschnitt 1.1.).

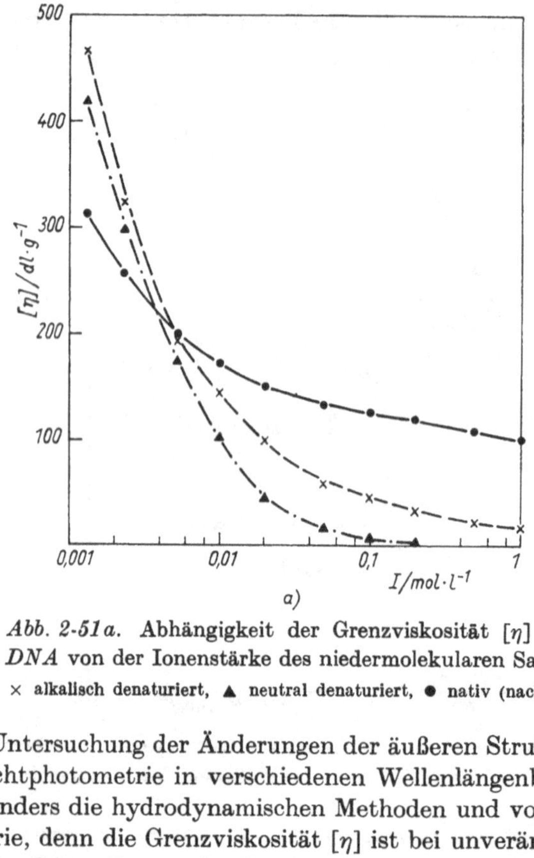

Abb. 2-51a. Abhängigkeit der Grenzviskosität $[\eta]$ von *T* 7-Bakteriophagen *DNA* von der Ionenstärke des niedermolekularen Salzes (NaCl).
× alkalisch denaturiert, ▲ neutral denaturiert, ● nativ (nach ROSENBERG u. STUDIER).

Für die Untersuchung der Änderungen der äußeren Struktur eignen sich neben der Streulichtphotometrie in verschiedenen Wellenlängenbereichen (s. Abschnitt 2.6.2.) besonders die hydrodynamischen Methoden und von diesen vor allem die Viskosimetrie, denn die Grenzviskosität $[\eta]$ ist bei unveränderter Molmasse nach Gl. (2-76) der *dritten* Potenz des Trägheitsradius R_G proportional.

In Abb. 2-50 ist die Abhängigkeit der Grenzviskosität $[\eta]$ von Polyphosphat von der Molmasse M bei verschiedenen Ionenstärken I aufgetragen. Man entnimmt der Darstellung, daß — bei konstantem M — $[\eta]$ (und damit der Trägheitsradius R_G) mit abnehmender Ionenstärke I beträchtlich zunehmen. Die Repulsion der Kettensegmente führt also zu einer sehr starken Knäuelaufweitung.

Weitere quantitative Angaben erhält man aus der Steigung der bei konstanter Ionenstärke sich ergebenden Geraden in der log $[\eta]$ — log M — Auftragung der Abb. 2-50. Sie liefert — in Analogie zu Gl. (2-87) — unmittelbar den Exponenten a_η der Beziehung (2-86c). Die Zahlenwerte von a_η nehmen mit abnehmender

Ionenstärke zu. $a_\eta = 1{,}8$ für den Grenzfall der Ionenstärke Null (Abb. 2-50) zeigt nach Tab. 2-3, daß das Molekül sehr stark expandiert ist und damit das hydrodynamische Verhalten des Polyphosphates in salzfreier Lösung durch das Stäbchenmodell gut wiedergegeben wird. Bei $I = 0{,}415$ mol/l liegen wegen $a_\eta = 0{,}50$ offensichtlich θ-Bedingungen vor (vgl. Gln. 2-16, 2-17).

Für die Ermittlung von $[\eta]$ bei geringen Ionenstärken ist der Einfluß der natürlichen Gegenionen der Polyionen zu beachten und zu eliminieren. Einzelheiten in der Spezialliteratur.

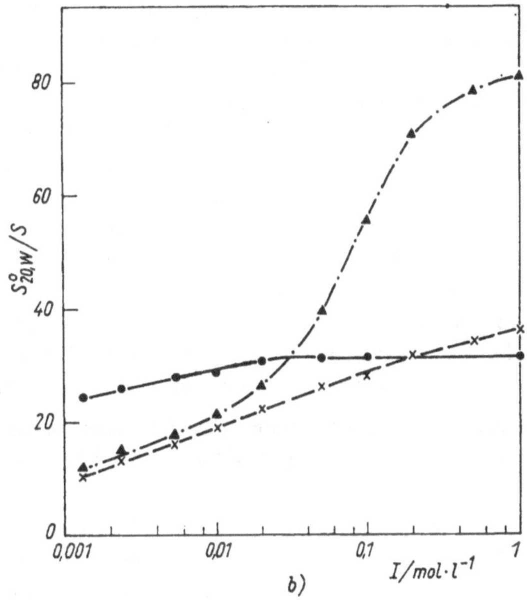

Abb. 2-51 b. Abhängigkeit der Sedimentationskonstante $s^0_{20,w}$ von T 7-Bakteriophagen DNA von der Ionenstärke des niedermolekularen Salzes (NaCl).
× alkalisch denaturiert, ▲ neutral denaturiert, ● nativ (nach ROSENBERG u. STUDIER).

In einem weiteren Beispiel sei das Viskositäts- und Sedimentationsverhalten „*einsträngiger*" *DNA* aus *T*7-Bakteriophagen als Funktion der Ionenstärke demonstriert. Im neutralen pH-Bereich liegen, ebenso wie bei Polyphosphat, nur die Phosphatgruppen des Zucker-Phosphat-Skelettes in ionisierter (anionischer) Form vor. Bei extremen pH-Werten tragen auch die Basen Ladungen, deren Wechselwirkungen maßgeblich zum Helix-Knäuel-Übergang beitragen (vgl. Abschn. 1.3.4. und Abb. 2-42).

In Abb. 2-51a ist die Grenzviskosität $[\eta]$ alkalisch denaturierter, also einsträngiger *DNA* als Funktion (des Logarithmus) der Ionenstärke aufgetragen, ebenso wie für einsträngige *DNA* bei neutralem pH-Wert. Da $[\eta]$ bei konstanter Teilchenzahl dem Volumen der hydrodynamisch äquivalenten Kugel proportional ist, folgt aus Abb. 2-51a, daß einsträngige *DNA* im neutralen Milieu bei höheren Ionenstärken in einer kompakteren Anordnung vorliegt als im alkalischen. Dies ist durchaus plausibel, da man im neutralen Milieu bei höheren Ionenstärken mit der Ausbildung von spezifischen wie unspezifischen Basenpaarungen rechnen muß, die offenbar zu kurzen helicalen Segmenten führen. In stark alkalischen *DNA*-Lösungen hingegen sind Basenpaarungen (wegen der Basendeprotonisierung) nicht möglich.

Der Vergleich mit der ebenfalls in Abb. 2-51a eingetragenen Viskosität zweisträngiger *DNA* (s. u.) zeigt, daß $[\eta]$ für einsträngige *DNA* bei niedrigen Ionenstärken höhere Werte annehmen kann als für doppelhelicale *DNA*. Dies ist begreiflich, wenn man berücksichtigt, daß die Fadenlänge des Einzelstranges, der für die repulsionsbedingte Expansion des Moleküls zur Verfügung steht, etwa doppelt so lang ist wie die des Doppelstranges, und daß obendrein aus einer Doppelhelix ohne Einzelstrangbrüche zwei Einzelstrangmoleküle entstehen.

In analoger Weise ist auch das unterschiedliche Sedimentationsverhalten einsträngiger *DNA* (Abb. 2-51b) zu verstehen. Mit zunehmender Ionenstärke findet bei alkalisch denaturierter *DNA* eine zunehmende Reduzierung der repulsionsbedingten Knäuelexpansion statt. Dies führt zu einer Verringerung der äußeren Moleküldimensionen und damit auch des molekularen Reibungskoeffizienten f und folglich, wegen $s = M(1 - \bar{v}\varrho_0)/fN_A$, zu einer Erhöhung der Sedimentationskonstanten. Die durch Basenpaarung bedingte verstärkte Ausbildung kurzer helicaler Segmente führt bei denaturierter *DNA* im neutralen Milieu zu kleineren Trägheitsradien und entsprechend vergrößerten Sedimentationsgeschwindigkeiten.

Eine strenge Ermittlung der Änderung des Reibungskoeffizienten verlangt auch eine Berücksichtigung der Änderung von $(1 - \bar{v}\varrho_0)$, insbesondere von $\bar{v}$ mit der Ionenstärke (vgl. Spezialliteratur).

Quasi-globuläre Polyelektrolyte: Da, wie wiederholt hervorgehoben wurde, die Tertiärstruktur globulärer Proteine in starkem Maße durch die Eigenschaften des Lösungsmittels bestimmt ist, können Änderungen seiner Zusammensetzung zu Strukturübergängen führen. Dies soll zunächst an einem Modellbeispiel zum Einfluß hydrophober Wechselwirkungen (Abschn. 1.3.3.) auf die *„Kompaktisierung“* linearer Ketten zu globulären Molekülen demonstriert werden. Dabei ergibt sich, daß beträchtliche elektrostatische Repulsionen überkompensiert werden können.

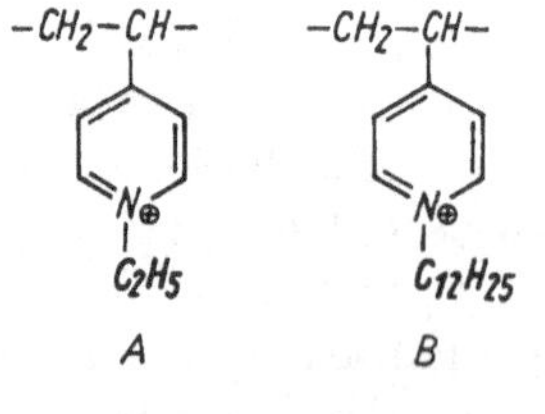

Abb. 2-52. Monomerbausteine der Copolymere nach Abb. 2-53

Aus den in Abb. 2-52 dargestellten Monomereinheiten *A* und *B* wurden von STRAUSS und Mitarb. Copolymere synthetisiert, deren Polymerisationsgrad etwa konstant war, aber deren prozentuale Zusammensetzung variierte. Alle Bausteine besitzen unter den verwendeten Milieubedingungen eine positive Ladung, so daß in einer wäßrigen Lösung von 0,023 M KBr, also nach Gl. (1-11) bei einer Reichweite von $1/\varkappa = 2{,}1$ nm, eine markante Repulsion stattfinden muß (vgl. auch Abb. 2-51 a). Da jedoch Monomer *B* im Gegensatz zu Monomer *A* eine lange hydrophobe Seitenkette besitzt, überkompensiert bei hinreichend großem Anteil von *B* die Globulierungstendenz der hydrophoben Seitengruppen die beträchtliche Expansionstendenz. Dies läßt sich aus Abb. 2-53 unmittelbar entnehmen. Über

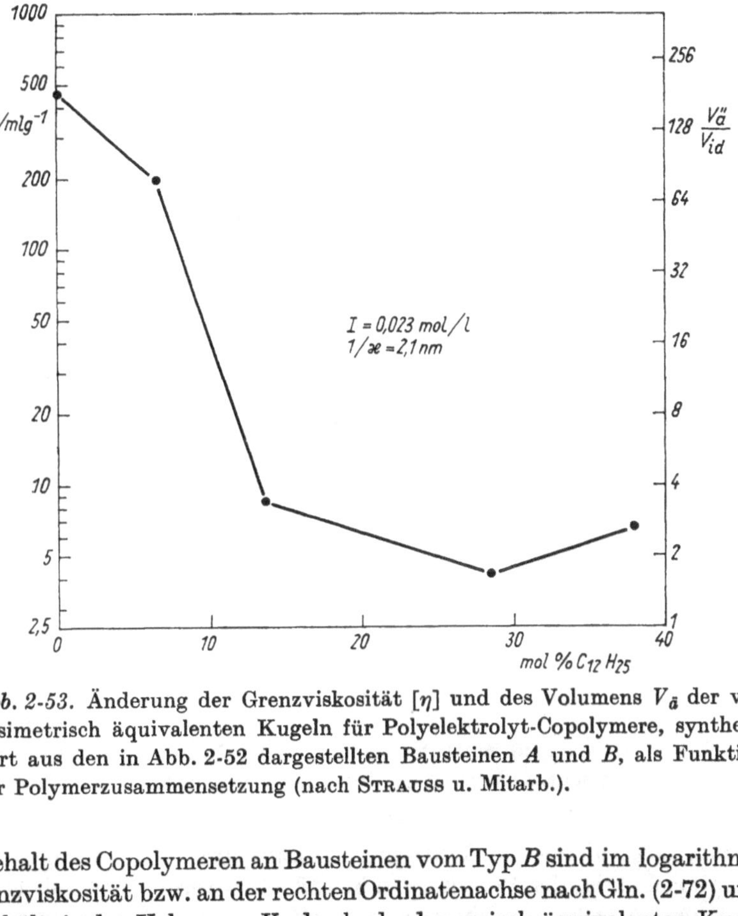

Abb. 2-53. Änderung der Grenzviskosität $[\eta]$ und des Volumens $V_{ä}$ der viskosimetrisch äquivalenten Kugeln für Polyelektrolyt-Copolymere, synthetisiert aus den in Abb. 2-52 dargestellten Bausteinen *A* und *B*, als Funktion der Polymerzusammensetzung (nach STRAUSS u. Mitarb.).

dem Prozentgehalt des Copolymeren an Bausteinen vom Typ *B* sind im logarithmischen Maß Grenzviskosität bzw. an der rechten Ordinatenachse nach Gln. (2-72) und (2-73) das Verhältnis des Volumens $V_{ä}$ der hydrodynamisch äquivalenten Kugel zum Volumen V_{id} der idealen Kugel gleicher Masse aufgetragen ($\bar{v} = 1$ g/cm^3 angenommen). Es wird ein Wert von $V_{ä}/V_{id}$ erreicht, der dem globulärer Proteine entspricht (vgl. Tab. 2-3).

Die Expansion von Polypeptidketten *globulärer Proteinmoleküle* unter veränderten Milieu- und pH-Bedingungen sei am Beispiel des Serumalbumins demonstriert, das im Gegensatz zu vielen anderen Proteinen relativ locker aufgebaut ist. Dies hängt mit seiner biologischen Aufgabe, wasserunlösliche Substanzen in seinen inneren hydrophoben Bereichen aufzunehmen und zu transportieren, zusammen. In Abb. 2-54 sind die Grenzviskosität und $V_ä/V_{id}$ aufgetragen, und zwar als Funktion der mittleren Ladung des Moleküls, die sich mit dem pH-Wert ändert und sich als Differenz aus der Anzahl positiver und negativer Ladungen ergibt. Diese

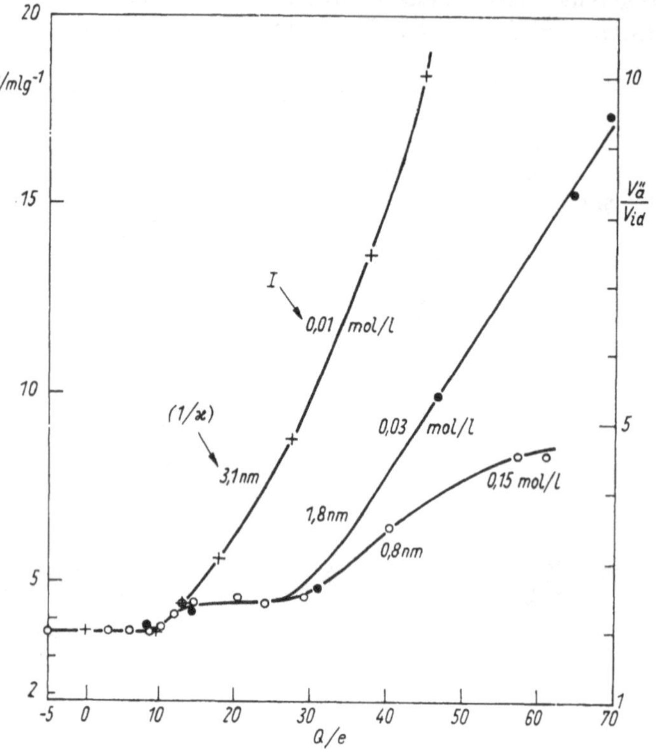

Abb. 2-54. Grenzviskosität [η] und viskosimetrisch äquivalentes Kugelvolumen $V_ä$ von Serumalbuminmolekülen in Abhängigkeit von der (pH-abhängigen) mittleren Ladung Q der Moleküle gemessen in Einheiten der Elementarladung e (vgl. Text; nach Tanford u. a.).

Ladung ist Null am isoelektrischen Punkt, ihre Zahlenwerte können aus pH-Titrationskurven der Proteinmoleküle erhalten werden (vgl. Gl. 1-5 und Spezialliteratur). In einem pH-Bereich mit effektiv ca. 10 positiven Ladungen pro Molekül ändert sich [η] und damit das Volumen $V_ä$ der hydrodynamisch äquivalenten Kugel. Es findet also ein Konformationsübergang statt, der sich nach Abb. 2-54 bei allen dort angegebenen Ionenstärken abzeichnet.

Bei sehr hoher Ladung, wenn also die Zahl der positiv geladenen Gruppen pro Molekül die der negativ geladenen erheblich übersteigt, führt die Repulsion der geladenen Gruppen zu einer beträchtlichen Expansion der Polypeptidkette. Es ist plausibel, daß dieser Prozeß bei niedrigerer Ionenstärke, also größerer Reichweite und Stärke der Wechselwirkung, zunimmt und bereits bei geringerer Anzahl von Ladungen einsetzt.

Halbstarre Polyelektrolyte: Lineare Polyelektrolyte mit regelmäßiger Sekundärstruktur wie die α-Helix bei Polypeptiden und die *DNA*-Doppelhelix zeichnen sich durch eine größere Steifigkeit aus und besitzen bereits bei physiologischen Salzkonzentrationen eine größere statistische Segmentlänge l_K bzw. Persistenzlänge a. Ihr geometrisch-hydrodynamisches Polyelektrolytverhalten unterscheidet sich jedoch nicht grundsätzlich von dem linearer flexibler Kettenmoleküle.

Der Hauptunterschied bei der Änderung des hydrodynamischen Verhaltens mit der Ionenstärke besteht zunächst darin, daß die entsprechenden von den Molekülabmessungen abhängenden Größen sich relativ wenig verändern, wie die Abb. 2-51 a,b für helicale *T*7-Bakteriophagen-*DNA* zeigen. Dies liegt in der Tatsache begründet, daß die relative Zunahme von Trägheitsradius bzw. Endenabstand bei maximaler Expansion wegen der bereits stark gestreckten Ausgangskonformation nur relativ gering sein kann.

Daß bei helicalen linearen Polyelektrolyten durch pH-Änderungen und daraus resultierenden Ladungsänderungen auch Konformationsübergänge möglich sind, die zur Zerstörung der Sekundärstruktur führen können, wurde für halbstarre Polyelektrolytmoleküle am Beispiel von *DNA* bereits gezeigt (Abb. 2-42).

Für die ***doppelhelicale** DNA* führt jedoch der Übergang zu anderen Ionenstärken zu Konformationsänderungen, die bei normalen einsträngigen Polyelektrolyten kein Analogon besitzen. Die *DNA*-Doppelhelix ist ein Doppelschraubenmolekül, das wie eine Schraubenfeder bei longitudinaler Belastung eine Elastizität zeigt. Mit abnehmender Ionenstärke und dabei zunehmender Reichweite und Stärke der elektrostatischen Wechselwirkungen wächst die Komponente der Repulsion zwischen den Phosphatgruppen parallel zur Helixachse. Damit kommt es zu einer *Vergrößerung* der *DNA-Konturlänge*, also der Fadenlänge oder der Gesamtlänge der Helixachse jedes *DNA*-Doppelhelixmoleküls:

Diese Behauptung findet bereits ihre Bestätigung durch die qualitative Analyse der Viskositätsänderung von *DNA*-Molekülen *unterschiedlicher* Molmasse. Voraussetzung ist allerdings, daß die $[\eta]$-*Änderungen* mit sehr großer Genauigkeit gemessen wurden, wie dies z. B. das Titrationsviskosimeter nach Abb. 2-33b erlaubt.

Abb. 2-55 zeigt die relative Änderung der Grenzviskosität für zwei *DNA*-Proben sehr unterschiedlicher Molmasse als Funktion von $1/\sqrt{I}$ bzw. des Debye-Hückel-Abschirmradius $1/\varkappa$. Die obere Abszissenskala enthält die entsprechenden Werte der Ionenstärke I. Die theoretischen Grundlagen für die Analyse von Konformationsänderungen, hervorgerufen durch Änderungen von statistischer Segmentlänge ($\Delta l_K/l_K{}^0 = \Delta a/a^0$) und Konturlänge ($\Delta L/L^0$), wurden in den Gln. (2-78a, b, c) und Abb. 2-35 angegeben und bereits in Abschn. 2.8.3. verwendet.

Während in Abb. 2-55 die Grenzviskosität der hochmolekularen *DNA*-Probe linear mit $1/\varkappa$ zunimmt, zeigt die Probe mit wesentlich kleinerer Molmasse einen *Knick,* also eine signifikante Vergrößerung der Steigung, die bei einer Ionenstärke $I = 0{,}01$ mol/l (entsprechend einem $1/\varkappa$-Wert von etwa 3,1 nm) beginnt. Gemäß der Tatsache, daß diese zusätzliche Viskositätserhöhung offensichtlich bei *kleinen* M-Werten dominiert, muß die physikalische Ursache dafür nach Gln. (2-78a, b, c) eine Vergrößerung der Konturlänge sein. Diese so plausibel gemachte Verlängerung setzt bei einer Debye-Hückel-Reichweite ein, die etwa einer Ganghöhe der *DNA*-

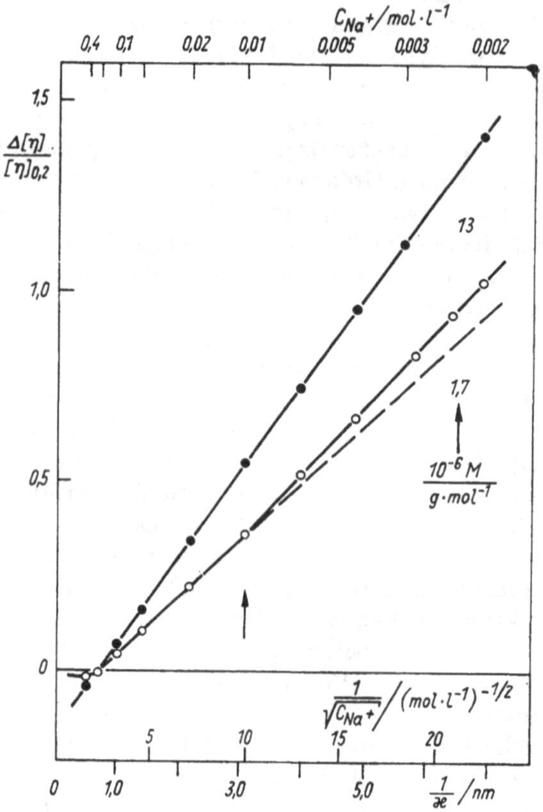

Abb. 2-55. Relative Änderung der Grenzviskosität $[\eta]$ mit der molaren Na^+-Konzentration C_{Na^+} für zwei *DNA*-Proben sehr unterschiedlicher Molmasse M, aufgetragen über $1/\sqrt{C_{Na^+}}$ bzw. dem Reichweiteparameter $1/\varkappa$ und normiert auf die Grenzviskosität $[\eta]_{0,2}$ bei 0,2 mol Na^+/l.

Die Kurven lassen eine Änderung der Konturlänge der *DNA*-Moleküle erkennen (vgl. Text; nach Geller u. Reinert).

Doppelhelix (3,4 nm) entspricht. Sie wird also offensichtlich durch die Abstoßung der Phosphatgruppen mit einem Abstand von etwa einer Ganghöhe und mehr verursacht.

Die quantitative Analyse dieser und weiterer Kurven durch Geller zeigt, daß auch schon bei kleineren $(1/\varkappa)$-Werten bzw. größeren Ionenstärken eine „Dehnung“ der *DNA*-Doppelhelix vorliegt.

Literatur

A) *Allgemeine Literatur*

(1) V. A. Bloomfield, D. M. Crothers and I. Tinoco, Jr.: *Physical Chemistry of Nucleic Acids.* Harper & Row, New York 1974

(2) I. M. Creeth and R. H. Pain: *The Determination of Molecular Weights of Biological Macromolecules by Ultracentrifuge Methods,* in: Butler, J. A. V., Huxley, H. E. and Zirkle, R. E. (Eds.): Progress in Biophysics and Molecular Biology **17**, 217–287 (1967)

(3) H.-G. Elias: *Makromoleküle.* Hüthig & Wepf Verlag, Basel und Heidelberg, 2. Auflage, 1972

(4) W. Holzmüller und K. Altenburg: *Physik der Kunststoffe.* Akademie-Verlag, Berlin 1961

(5) M. B. Huglin (Ed.): *Light Scattering from Polymer Solutions.* Academic Press, London and New York, 1972

(6) K. Jahnke und W. Scholtan: *Die Bluteiweißkörper in der Ultrazentrifuge.* Georg Thieme Verlag, Stuttgart, 1960

(7) O. Kratky: *Diffuse Röntgenkleinwinkelstreuuung,* Angew. Chemie **72**, 467–482 (1960)

(8) O. Kratky: *X-Ray Small Angle Scattering with Substances of Biological Interest in Diluted Solutions* in: Butler, J. A. V., Huxley, H. E. and Zirkle, R. E. (Eds.), Progress in Biophysics and Molecular Biology **13**, 107–173 (1963)

(9) H. K. Schachman: *Ultracentrifugation in Biochemistry.* Academic Press, New York and London, 1959

(10) H. A. Stuart (Herausgeber): *Die Physik der Hochpolymeren,* Band II: *Das Makromolekül in Lösung.* Springer-Verlag, Berlin, 1953

(11) The Svedberg und K. O. Pedersen: *Die Ultrazentrifuge,* Steinkopff-Verlag, Dresden u. Leipzig, 1940

(12) W. Szybalski and E. Szybalski: *Equilibrium Density Gradient Centrifugation,* in: Cantoni, G. L. and Davies, D. R. (Eds.), *Procedures in Nucleic Acid Research,* Vol. 2. Harper & Row, New York 1971, pp. 311–354

(13) Ch. Tanford: *Physical Chemistry of Macromolecules.* John Wiley & Sons., Inc., New York, London, Sydney, 1961

(14) J. W. Williams (Ed.): *Ultracentrifugal Analysis in Theory and Experiment.* Academic Press, New York and London, 1963

B) *Spezielle Literatur*

(1) J. Behlke und W. Scheler: *Zur Wirkung von Liganden auf das Assoziations-Dissoziations-Gleichgewicht des Methämoglobins der Flußneunaugen* (*Lampetra Fluviatilis L.*). Eur. J. Biochem. *15*, 245–249 (1970)

(2) V. A. Bloomfield: *Hydrodynamic Studies of Structure of Biological Macromolecules,* Science 161, 1212–1219 (1968)

(3) M. Böttger, D. Bierwolf, V. Wunderlich and A. Graffi: *New Calibration Correlations for Molecular Weights of Circular DNA.* Biochim. Biophys. Acta **232**, 21 bis 31 (1971)

(4) G. Cohen, and H. Eisenberg: *Deoxyribonucleate Solutions: Sedimentation in a Density Gradient, Partial Specific Volumes, Density and Refraction Index Increments, and Preferential Interactions.* Biopolymers, **6**, 1077–1100 (1968)

(5) G. Damaschun, J. J. Müller und H. V. Pürschel: *Röntgenkleinwinkelstreuung von aus Subeinheiten aufgebauten Objekten.* Acta biol. med. germ. **20,** 379–392 (1968)

(6) S. B. Dubin: *Measurement of Translational and Rotational Diffusion Coefficients by Laser Light Scattering,* in: Hirs, C. H. W. and Timasheff, S. M. (Eds.): *Methods in Enzymology,* Vol. XXVI, *Enzyme Structure,* Part C. Acedemic Press, New York, 1972

(7) H. Eisenberg and G. Felsenfeld: *Studies of the Temperature – dependent Conformation and Phase Separation of Polyriboadenylic Acid Solutions at Neutral pH.* J. Mol. Biol. **30,** 17–37, (1967)

(8) D. Freifelder: *Molecular Weights of DNA from Bacteriophages T4, T5 and T7 and the General Problem of Determination of M.* J. Mol. Biol. **54,** 567–577 (1970)

(9) E. Hofmann: *Eiweiße und Nucleinsäuren als biologische Makromoleküle, Dynamische Biochemie,* Teil I, 2. Auflage, Wissenschaftliche Taschenbücher, Band 33. Akademie-Verlag, Berlin, 1970

(10) J. Josse and J. Eigner: *Physical Properties of Deoxyribonucleic Acid,* Anual Review of Biochemistry **35,** Part II, 789–834 (1966)

(11) J. E. McKie and J. F. Brandts: *High Precision Capillary Viscometry,* in: *Methods in Enzymology,* Vol. XXVI, *Enzyme Structure,* Part C, Hirs, C. H. W. and Timasheff, S. N. (Eds.). Academic Press, New York, 1972

(12) M. Meselson and F. W. Stahl: *The Replication of DNA in Escherichia Coli.* Proceed. Nat. Acad. Sci. (USA) **44,** 671–682 (1958)

(13) B. Philipp: *Grundlagen der makromolekularen Chemie,* Wissenschaftliche Taschenbücher, Band 18. Akademie-Verlag, Berlin 1964

(14) K. E. Reinert: *Hydrodynamic Properties and Conformational Changes of Linear Native DNA* in: *Physico-chemical Properties of Nucleic Acids,* Duchesne, J. (Ed.), Vol. 2, Chapter 16. Academic Press, London, 1973

(15) K. E. Reinert and K. Geller: *Determination of changes of DNA contour length and flexibility from viscosity measurements; extension to major conformational changes and improvement of second-order approximation.* Studia biophysica, **45,** 1–11 (1974)

(16) S. A. Rice and M. Nagasawa: *Polyelektrolyte Solutions, a Theoretical Introduction.* Academic Press, London, 1961

(17) A. H. Rosenberg, and F. W. Studier: *Intrinsic Viscosity of Native and Single-Stranded T7 DNA and Its Relation to Sedimentation Coefficient.* Biopolymers, **7,** 765 bis 774 (1969)

(18) H. K. Schachman and S. J. Edelstein: *Ultracentrifuge Studies with Absorption Optics IV, Molecular Weight Determination at the Microgram Level.* Biochemistry **5,** 2681–2705 (1966)

(19) C. L. Schildkraut, J. Marmur and P. Doty: *Determination of the Base Composition of Deoxyribonucleic Acid from its Buoyant Density in CsCl.* J. Mol. Biol. **4,** 430–443 (1962)

(20) J. Vinograd, R. Bruner, R. Kent and J. Weigle: *Band-Centrifugation of Macromolecules and Viruses in Self-Generating Density Gradients.* Proceed. Nat. Acad. Sci. (USA) **49,** 902–910 (1963)

(21) R. Kretschmar, in: Handbuch der Meßtechnik in der Betriebskontrolle, Band VI, Teil 1: Physikochemische und physikalische Meßverfahren; *Die Ultrazentrifuge,* 303 bis 370; *Lichtstreuung,* 287–302; Akad. Verlagsges. Geest & Portig, Leipzig, 1973

3. Elektronenspektroskopie

(G. Löber und L. Kittler)

3. ELEKTRONENSPEKTROSKOPIE

Es ist das Hauptanliegen dieses Abschnittes, nach Darlegung der Grundlagen der Elektronenspektroskopie auf deren Anwendungsmöglichkeiten in der Physik der Biopolymeren näher einzugehen. Da die Elektronenspektroskopie in diesem Buch als erstes spektroskopisches Kapitel erscheint, sind einige einführende Betrachtungen angebracht. Dies beginnt mit der Beschreibung der physikalischen Natur des Lichtes in Abschnitt 3.1. und betrifft weiter die Abschnitte 3.2. und 3.3., in denen versucht wird, die Stellung der Elektronenspektroskopie in dem gesamten spektroskopischen Gebäude deutlicher erkennen zu lassen. Enge Beziehungen existieren insbesondere zwischen der Elektronenspektroskopie und der Infrarotspektroskopie. So werden bei Elektronenübergängen in Molekülen in der Regel Kernschwingungen mit angeregt, deren gesonderte Analyse im Abschnitt 5. erfolgt. Desweiteren sind die Verfahren zur Messung und Darstellung von Elektronen- und Infrarotspektren weitgehend analog, so daß eine gemeinsame Abhandlung meßtechnischer Fragen in den Abschnitten 3.5. und 3.6. angebracht erschien.

3.1. Licht als Strahl, Welle und Teilchen. Das Lichtquant

Es ist nur möglich Näheres über die physikalische Natur des Lichtes zu erfahren, wenn das Licht mit Materie in Wechselwirkung tritt und wir über diese Wechselwirkung versuchen, eine Information zu erhalten. Das sei an einigen Beispielen erläutert.

In der geometrischen Optik wird das Licht als ein Strahl betrachtet, der sich im Vakuum geradlinig mit einer Geschwindigkeit $c_0 = 3 \cdot 10^{10}$ cm/s fortpflanzt. Trifft dieser Strahl, wie in Abb. 3-1 angegeben, auf eine Glasplatte, so wird ein Teil des Lichtstrahles reflektiert, ein anderer Teil gebrochen. Die Wechselwirkung mit der Glasplatte gestattet nach einer Ausmessung der Winkel folgende Aussagen: Der Einfallswinkel ist gleich dem Reflexionswinkel des Lichtes (*Reflexionsgesetz*) und das Verhältnis der Sinus von Einfalls- und Brechungswinkel ist eine Konstante (Brechungsgesetz $\sin \alpha_1/\sin \alpha_2 = n_2$).

Fällt das Licht auf einen engen Spalt, so beobachtet man ebenfalls Abweichungen von der geradlinigen Ausbreitung des Lichtes. Ist die Spaltlänge genügend groß und die Spaltbreite genügend klein gewählt worden, so wirkt der Spalt wie eine fadenförmige lineare Lichtquelle in der Symmetrieachse eines Zylinders und die Lichtausbreitung erfolgt senkrecht zur Zylinderachse radial in den Halbraum. Das von zwei benachbarten Spalten ausgehende Licht überlagert sich derart, daß helle (Verstärkung) und dunkle (Schwächung) Zonen entstehen, eine Erscheinung,

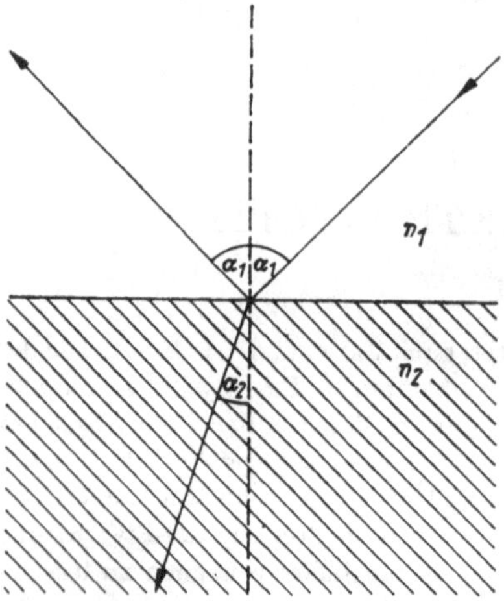

Abb. 3-1. **Reflexion und Brechung eines Lichtstrahls an einem optisch dichteren Medium.**

Brechungsindex $n_2 > n_1$, α_1 = Einfallswinkel = Reflexionswinkel, α_2 = Brechungswinkel; n_1 = Brechungsindex von Luft ≈ 1, n_2 = Brechungsindex des optisch dichteren Mediums, z. B. Glas.

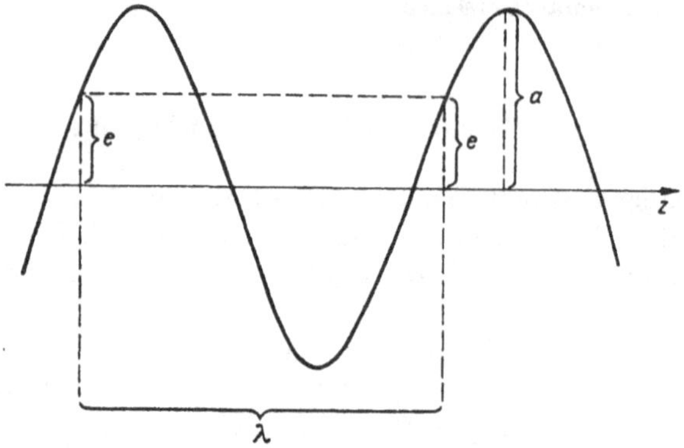

Abb. 3-2. Zur Definition der Wellenlänge einer sich ausbreitenden Welle.

Die Wellenlänge λ gibt den Abstand an, den zwei Orte gleicher Auslenkung (Elongation = e) in Fortpflanzungsrichtung z besitzen. Die maximale Elongation bezeichnet man als Amplitude a.

wie sie in ähnlicher Weise als Berg und Tal bei der Überlagerung von Wasserwellen beobachtet werden kann (Abb. 3-2). Die Wechselwirkung von Licht mit engen Spalten lehrt: Licht ist eine Welle. Zwei Wellenzüge können sich überlagern (*Interferenz*). Die Wellennatur zeichnet dafür verantwortlich, daß Licht hinter einem Spalt auch in den geometrischen Schatten des Spaltes vordringen kann (*Beugung*). Es bleibt die Frage, ob es sich bei den Lichtwellen um *Longitudinal-* oder um *Transversalwellen* handelt. Im ersten Falle liegt die Auslenkung (*Elongation*) der Welle in der Fortpflanzungsrichtung, im zweiten Falle senkrecht zur Fortpflanzungsrichtung des Lichtes (Abb. 3-3). Ein einfaches Experiment bringt Klarheit. Nur Transversalwellen werden beim Durchgang durch einen Kristall, dessen Elementarzellen die in Abb. 3-4 dargestellte quaderförmige Gestalt haben, bei be-

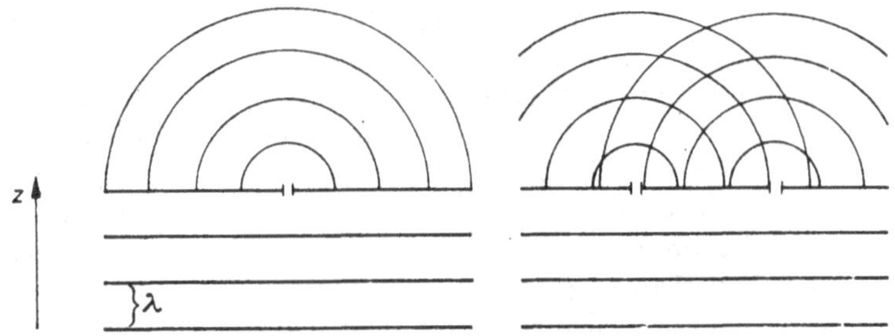

Abb. 3-3. Schematische Darstellung von Beugung und Interferenz.

links: Beugung einer ebenen Lichtwelle an einem Spalt; rechts: Beugung einer ebenen Lichtwelle am Doppelspalt und Interferenz der sich neu ausbreitenden Wellenfronten.

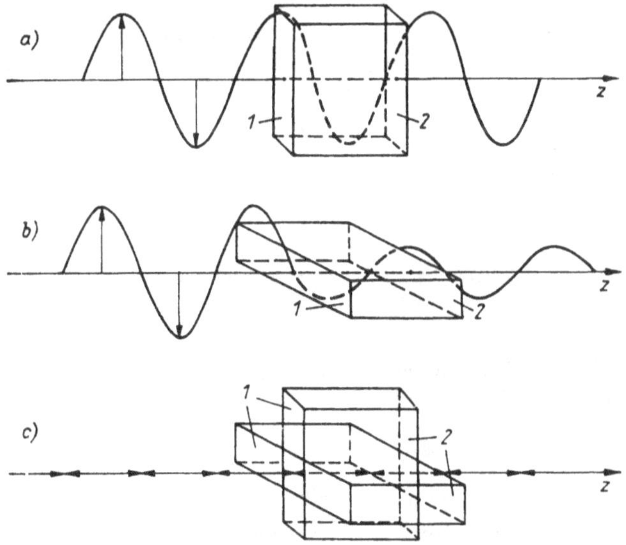

Abb. 3-4. Nachweis der Transversalität von Wellen.

Transversalwellen werden durch ein quaderförmiges Kästchen mit freien gegenüberliegenden Flächen 1 und 2 in Stellung *a*) durchgelassen, in Stellung *b*) geschwächt; auf Longitudinalwellen bleibt die Drehung des Kästchens von *a*) nach *b*) ohne Einfluß. Dieser Fall ist in *c*) dargestellt. Die Schwingungsrichtungen für *a*) und *b*) senkrecht zur Fortpflanzungsrichtung *z* und für *c*) in der Fortplanzungsrichtung *z* sind durch die Pfeile gekennzeichnet.

stimmter Stellung des Kristalls zurückgehalten. Geht man davon aus, daß das *natürliche Licht* im Falle einer Transversalwelle in allen Richtungen senkrecht zur Ausbreitungsrichtung schwingt, so wäre der Versuch mit zwei Kristallen vorzunehmen. Der erste, der *Polarisator*, würde nur Licht durchlassen, welches in einer bestimmten Richtung schwingt. Der zweite Kristall, der *Analysator*, fällt die Entscheidung. Tatsächlich wechseln sich beim Drehen dieses Kristalls um eine in der Ausbreitungsrichtung des Lichtes liegende Achse Helligkeit und Dunkelheit in Winkelabständen von 90° ab. Die Wechselwirkung von Licht mit derartigen Kristallen lehrt: Das Licht ist eine Transversalwelle. Während bei einer transversalen Wasserwelle die Wasserteilchen auf- und abschwingen, sind es bei der Lichtwelle die elektrische und die magnetische Feldstärke. Die schnelle Veränderung beider Feldgrößen bedingt nach dem Induktionsgesetz immer ihr gleichzeitiges Auftreten. Das Licht ist daher eine *elektromagnetische Welle*. Im Rahmen dieses Buches werden Erscheinungen bevorzugt an der zeitlichen Veränderung des Vektors der elektrischen Feldstärke diskutiert. Dieser steht senkrecht auf der Fortpflanzungsrichtung des Lichtes. Abweichend von Versuchen, die als Beweise für die Wellennatur des Lichtes angesehen werden müssen, gibt es Experimente, die für den Teilchencharakter des Lichtes sprechen. So können beim Belichten einer Metalloberfläche Elektronen aus dem Kristallgitter des Metalls herausgeschlagen und mit einem Strommeßgerät als elektrischer Strom gemessen werden (*äußerer lichtelektrischer Effekt*). Die Wechselwirkung von Licht mit Metall lehrt: Das Licht besteht aus Teilchen.

Somit gibt es zwei scheinbar konträre Vorstellungen über die Natur des Lichtes. Die Vereinigung beider erfolgte durch die *Quantentheorie*. Max PLANCK stellte 1900 die inzwischen vielfältig bestätigte Hypothese auf, daß das Licht, abweichend von der klassischen Vorstellung einer unendlich ausgedehnten Welle, einen Strom von

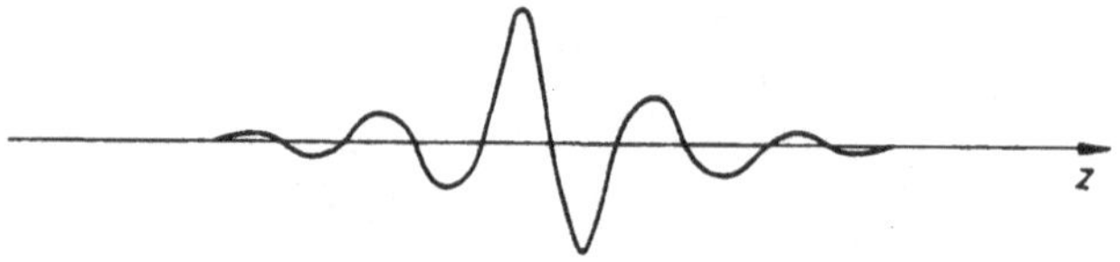

Abb. 3-5. Verdeutlichung eines Lichtquants durch einen anschwellenden und abklingenden Wellenzug.

einzelnen endlichen Wellenzügen darstellt (Abb. 3-5). Einen solchen Wellenzug nennt man ein *Lichtquant*. Das Licht ist somit ein mit hoher Geschwindigkeit dahinfließender Lichtquantenstrom. Je nach Anlage eines Experiments dominiert der Wellen- oder Teilchencharakter der Lichtquanten. Daß beide Erscheinungsformen in einem Lichtquant vereinigt auftreten, beweist der *Comptoneffekt*. Trifft ein (energiereiches) Röntgenlichtquant (kurze Wellenlänge) auf Metall auf, so wird ein Teil der Lichtenergie in Bewegungsenergie des herausgeschlagenen

Elektrons umgesetzt. Das Lichtquant ist jetzt energieärmer. Dies äußert sich in einer Zunahme der Röntgenlichtwellenlänge. Die Wechselwirkung von Röntgenlicht mit Metall lehrt weiterhin: Das Licht besteht aus Quanten, welche Wellen- *und* Teilchencharakter besitzen.

3.2. Das elektromagnetische Spektrum

Radiowellen, Mikrowellen, infrarotes Licht, sichtbares und ultraviolettes Licht, Röntgen- und γ-Strahlung sind alle eine elektromagnetische Strahlung. Sie unterscheiden sich nur in der Art ihrer Erzeugung und in der Größe ihrer Quantenenergien. Ihnen gemeinsam ist ferner, daß sie Transversalwellen darstellen, die den elementaren Gesetzen der Wellenlehre (Reflexion, Brechung, Beugung, Polarisation) gehorchen. Ihre Einteilung kann z. B. nach der Wellenlänge der Strahlung vorgenommen werden. Unter der Wellenlänge λ wird die Entfernung zwischen zwei in gleicher Phase befindlichen Punkten eines Wellenzuges verstanden (Abb. 3-2). Eine Zusammenstellung der Wellenlängenbereiche der verschiedenen Strahlungsarten ist der Tab. 3-1 zu entnehmen. Man sollte sich bei der Wellen-

Tabelle 3-1
Einteilung des elektromagnetischen Spektrums
Abkürzungen: $\tilde{\nu}$ = Wellenzahl, λ = Wellenlänge, ΔE_M = Energiedifferenz des spektroskopischen Überganges, *UV* = ultraviolett, *VIS* = sichtbar (= visible), *IR* = infrarot, *MW* = Mikrowellen, *RF* = Radiofrequenz, *ESR* = Elektronenspinresonanz, *NMR* = Kernmagnetische Resonanz („nuclear magnetic resonance")

Art der Strahlung	$\tilde{\nu}$/cm^{-1}	λ/nm	$\Delta E_M \Big/ \frac{\text{Kcal}}{\text{mol}}$	Übergänge	Meßmethoden
Röntgen	10^9-10^6	$10^{-9}-10^6$	$3 \cdot 10^6-3 \cdot 10^3$	innere Elektronen	Röntgenfluoreszenz
UV	10^5-10^4	$10^{-5}-10^{-4}$	$3 \cdot 10^2-30$	Valenzelektronen	Elektronenspektroskopie (Absorption/Fluoreszenz)
VIS					
IR	10^4-10	$10^{-4}-10^{-1}$	$30-3 \cdot 10^{-2}$	Molekülschwingung	Infrarotspektroskopie
MW	$10-10^{-1}$	$10^{-1}-10$	$3 \cdot 10^{-2}-3 \cdot 10^{-4}$	Molekülrotation	Mikrowellenspektroskopie
RF	$10^{-1}-10^{-5}$	$10-10^5$	$3 \cdot 10^{-4}-3 \cdot 10^{-8}$	Elektronenspinorientierung; Kernspinorientierung	Elektronenspinresonanz; Kernmagnetische Resonanz

längenangabe tunlichst der gesetzlich festgelegten Einheit, des Meters [m], und entsprechend festgelegter Vielfacher bzw. Teile davon bedienen (10^3 m = 1 km = 1 Kilometer; 10^{-1} m = 1 dm = 1 Dezimeter; 10^{-2} m = 1 cm = 1 Zentimeter; 10^{-3} m = 1 mm = 1 Millimeter; 10^{-6} m = 1 μm = 1 Mikrometer; 10^{-9} m = 1 nm = 1 Nanometer). Nicht zu empfehlen, jedoch gelegentlich noch anzutreffen, ist die mit Nanometer [nm] übereinstimmende Angabe einer Länge in Millimikrometern [mμ] sowie die Verwendung der Einheit Angström (1 Å = 10^{-10} m). Die Wellenlängen des ultravioletten und sichtbaren Lichtes werden heute bevorzugt in Nanometern [nm] angegeben.

Das menschliche Auge empfindet z. B. Licht der Wellenlänge $\lambda = 5 \cdot 10^{-7}$ m = 500 nm als grünes Licht. Die Anzahl der Wellen pro cm bezeichnet man als Wellenzahl $\tilde{\nu}$, die Anzahl der von einer Lichtquelle erzeugten Schwingungen pro Sekunde [s] als Frequenz ν. Danach wäre die Einheit der Wellenzahl

$$[\tilde{\nu}] = \frac{1}{\text{cm}} = \text{cm}^{-1} \tag{3-1}$$

und die Einheit der Frequenz

$$[\nu] = \frac{1}{\text{s}} = 1\ \text{Hz} \tag{3-2}$$

1 Hz = 1 Hertz

Eine Umrechnung der verschiedenen Größen kann nach Gl. 3-3 vorgenommen werden.

$$\lambda = \frac{1}{\tilde{\nu}} = \frac{c}{\nu} \tag{3-3}$$

Vakuumlichtgeschwindigkeit $c = 3 \cdot 10^8$ m/s.

Grünes Licht der Wellenlänge $\lambda = 500$ nm schwingt z. B. mit einer Frequenz $\nu = 0{,}6 \cdot 10^{15}$ Hz und hat eine Wellenzahl $\tilde{\nu} = 20 \cdot 10^3$ cm^{-1}.

3.3. Klassifikation von Spektren. Die Bohrsche Beziehung

Setzt man eine lichtdurchlässige Substanz einem elektromagnetischen Strahlungsfeld aus, das Licht aller Wellenlängen enthält, so beobachtet man eine Schwächung des Lichtes bei bestimmten von der Substanz abhängigen Wellenlängen. Diesen Vorgang bezeichnet man als *Absorption*. Durch Lichtabsorption werden Atome oder Moleküle aus ihrem Grundzustand in einen angeregten Zustand überführt. Angeregte Zustände sind, da ein energetisches Gleichgewicht mit der Umgebung nicht vorliegt, kurzlebig. Sie existieren selten länger als Sekunden. Dann kann es, insbesondere bei Anregung von Elektronen, zur Emission von Licht kommen, wobei wiederum nur Strahlung bestimmter Wellenlängen emittiert wird. Die diskontinuierliche Aufnahme und Abgabe von Licht durch Materie ist nach den Gesetzen der klassischen Mechanik nicht zu verstehen. Niels BOHR fand, daß Absorption und Emission nur in Vielfachen einer kleinsten Einheit, eines Quants, vor sich gehen kann. Die Größe des absorbierten bzw. emittierten Lichtquants ist substanzspezifisch und wird durch Gl. 3-4 bestimmt.

$$h\nu = E_n - E_m = \Delta E \tag{3-4}$$

ν = Frequenz des absorbierten bzw. emittierten Lichtes
h = PLANCKsches Wirkungsquantum (= $6{,}626 \cdot 10^{-34}$ J · s)
E_m = Energie des atomaren oder molekularen Systems im Zustand m
E_n = Energie des atomaren oder molekularen Systems im Zustand n.

Die nach Gl. 3-4 berechenbaren Energiedifferenzen gelten für ein Ereignis. Da unter normalen spektroskopischen Bedingungen, vor allem bei niedrigen Strahlungsintenstäten, nicht mehr als ein Absorptionsereignis auf ein Atom oder Molekül entfällt, erhält man durch Multiplikation von ΔE mit der LOSCHMIDTschen Zahl L die pro Mol aufzubringenden Energien ΔE_M. Diese sind in Tab. 3-1 mit enthalten.

Die geringste Energieabsorption liegt bei der *Kernmagnetischen Resonanz* (*NMR* = nuclear magnetic resonance) vor. Das durch Eigenrotation eines Atomkerns (*Kernspin*) entstehende kernmagnetische Moment kann sich in einem äußeren magnetischen Feld nur in bestimmte Richtungen einstellen (*Richtungsquantelung*). Absorptionsübergänge zwischen diesen Niveaus treten unter Einwirkung von Radiowellen ein. Ein analoger Mechanismus liegt der *Elektronenspinresonanz* (*ESR*) zugrunde, wo das durch Eigenrotation eines Elektrons (*Elektronenspin*) entstehende Elektronenspinmoment in einem äußeren magnetischen Feld ebenfalls nur bestimmte Einstellrichtungen besitzt. *NMR* und *ESR* sind indirekte spektroskopische Methoden. Die Energieniveaus sind ohne zusätzliches Magnetfeld energiegleich (*entartet*) und erst im magnetischen Feld tritt eine Aufspaltung ein.

Absorption von Mikrowellen führt zur Rotation von Molekülen bzw. Atomgruppen in einem Molekül. Die *Mikrowellenspektroskopie* beschreibt somit die für Moleküle bzw. Atomgruppen spezifische Aufnahme von Rotationsenergie. Infrarotes Licht andererseits regt darüberhinaus noch die Atome in einem Molekül zu Schwingungen an. Die mit Hilfe der Infrarotspektroskopie zu erhaltenden Spektren beinhalten demnach sowohl die Aufnahme von Schwingungsenergie als auch von Rotationsenergie. Man bezeichnet sie daher als *Rotations-Schwingungs-Spektren*. Sichtbares und ultraviolettes Licht führen zur Anhebung eines Elektrons in der äußeren Bahn von Atomen und Molekülen in eine höher gelegene Bahn. Da hierbei primär eine Wechselwirkung zwischen dem Licht und den Elektronen eintritt, nennt man diese Art der Spektroskopie *Elektronenspektroskopie*. Wie später zu sehen sein wird, werden bei Molekülen mit den Elektronen gleichzeitig auch Schwingungen und Rotationen angeregt. Elektronenspektren kann man in Absorption (Aufnahme eines Lichtquants) und Emission (Abgabe eines Lichtquants) beobachten. Röntgenlicht schließlich ist genügend energiereich, um Elektronen aus den inneren gesättigten Schalen der Atome herauszuschlagen. Die durch diesen

Prozeß induzierten Übergänge von Elektronen aus höher in tiefer gelegene Schalen bezeichnet man als Röntgenfluoreszenz und ihre wellenlängenabhängige Messung als *Röntgenfluoreszenzspektroskopie*. Sie wird vorwiegend an Metallen vorgenommen und spielt bei der Untersuchung von Biopolymeren, im Vergleich zu den anderen spektroskopischen Verfahren, nur eine untergeordnete Rolle.

3.4. Das Gesetz von Bouguer-Lambert-Beer

Das Prinzip der Messung des Absorptionsspektrums einer Substanz beruht darauf, daß man die Schwächung der Lichtintensität*) einer polychromatisches Licht aussendenden Lichtquelle in Abhängigkeit von der Wellenlänge quantitativ verfolgt. Dabei wählt man durch noch zu besprechende Verfahren die Lichtintensität I_0 eines genügend kleinen Wellenlängenbereiches $\lambda_2 - \lambda_1$ heraus und sagt I_0 habe eine Wellenlänge von $\lambda = \frac{\lambda_1 + \lambda_2}{2}$. Dies ist streng genommen nicht korrekt und man muß sich darüber im Klaren sein, daß es sich bei dieser Angabe um den Wellenlängenmittelwert eines ausgewählten Wellenlängenbereiches handelt. Ist $\lambda_2 - \lambda_1$ groß, hat man viel Lichtintensität I_0 zur Verfügung, die Anordnung besitzt aber nur ein geringes Auflösungsvermögen $\frac{\lambda}{\lambda_2 - \lambda_1} = \frac{\lambda}{\Delta\lambda}$. Das Umgekehrte ist der Fall für zu klein gewählte $\lambda_2 - \lambda_1$-Werte. Ein annehmbarer und für verschiedene Meßeinrichtungen typischer Wert für $\lambda_2 - \lambda_1$ dürfte bei ≈ 1 nm liegen.

Trifft I_0 auf eine quaderförmige gedachte Meßprobe der Schichtdicke d auf, so wird bei vorhandener Absorption nur $I < I_0$ die Probe wieder verlassen. An der Stelle x, wobei $0 < x < d$ gilt, liegt die Lichtintensität I' vor. Für I' gilt $I_0 > I' > I$. In einem differentiellen Schichtdickenelement dx an der Stelle x wird demnach der Anteil dI' absorbiert (Abb. 3-6).

Zwischen dI', dx und I' gilt die Gleichung

$$-dI' = K_\lambda' \cdot I' \, dx \qquad (3\text{-}5)$$

*) Unter dem Begriff *Lichtintensität* versteht man diejenige Anzahl von Lichtquanten, die pro Zeit auf einer Bestrahlungsfläche auftrifft. Sofern man die Menge an Lichtquanten in Molen angibt, besitzt die Lichtintensität die Einheit mol/s · m². Berücksichtigt man, daß jedem Lichtquant auch eine Energie zukommt, und somit die Energie eines Mol Lichtquanten ausgerechnet werden kann, so wird die Lichtintensität zu einer Leistung pro Fläche, deren Angabe in Watt/m² erfolgen kann. Absolute Lichtintensitäten und Verfahren zu deren Bestimmung werden im Rahmen dieser Abhandlung nicht besprochen. Sie spielen bei Absorptionsuntersuchungen, wo es nur auf relative Änderungen der Lichtintensität ankommt, keine wesentliche Rolle. Auch der Aussagewert von Fluoreszenzmessungen wird für viele Fragestellungen dieser Abhandlung nicht eingeengt, wenn man sich auf relative Änderungen von Fluoreszenzintensitäten beschränkt. Dies schließt die Bestimmung von Fluoreszenzquantenausbeuten mit Hilfe geeigneter Fluoreszenzstandards ein.

Das Minuszeichen deutet an, daß I' um dI' vermindert wird. Eine Integration von Gl. 3-4 führt über die angegebenen Teilschritte zu dem Gesetz von BOUGUER-LAMBERT in Gl. (3-6).

$$-\int_{I'=I_0}^{I'=I} \frac{dI'}{I'} = K_\lambda' \int_{x=0}^{x=d} dx$$

$$-[\log I']_{I'=I_0}^{I'=I} = K_\lambda' [x]_{x=0}^{x=d}$$

$$\log I_0 - \log I = K_\lambda' \cdot d$$

$$I = I_0 e^{-K'_\lambda \cdot d} \tag{3-6}$$

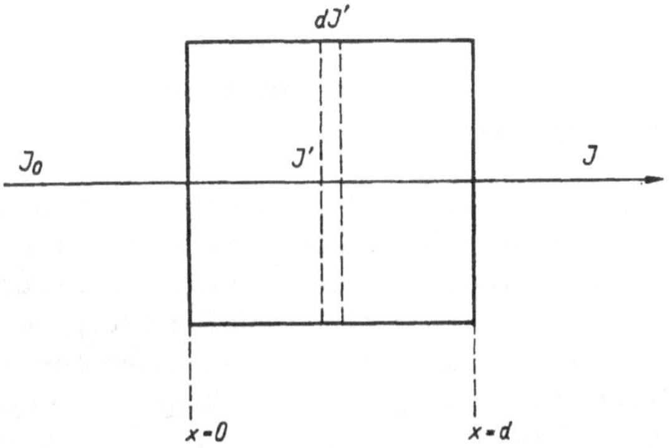

Abb. 3-6. Zur Ableitung des BOUGUER-LAMBERT-BEERschen Gesetzes.

K_λ' ist die von der Wellenlänge λ, und wie BEER später zeigen konnte, bei Lösungen oder Gasen auch von der Konzentration c abhängige „Extinktionskonstante". In Näherung kann man

$$K_\lambda' = \varepsilon_\lambda' \cdot c \tag{3-7}$$

setzen, wobei ε_λ' jetzt nur noch eine wellenlängenabhängige Konstante darstellt. Führt man Gl. 3-7 in Gl. 3-6 ein und geht gleichzeitig von der für praktische Zwecke unbequemen e-Funktion zur Zehnerpotenz über, so folgt

$$\lg \frac{I_0}{I} = K_\lambda \cdot d = \varepsilon_\lambda \cdot c \cdot d = E \tag{3-8}$$

mit $K_\lambda' = 2{,}303 \cdot K_\lambda$. Hier ist ε_λ der „*molare dekadische Extinktionskoeffizient*" (engl.: *molar absorptivity*), E ist die *Extinktion* (engl.: *absorbance* oder, weniger wünschenswert aber oft verwendet, „optical density" = optische Dichte). (Der gleichzeitige Gebrauch des Buchstabens E für die Extinktion im BOUGUER-

LAMBERT-BEERschen Gesetz (Gl. 3-8) und für die Energie in der BOHRschen Beziehung Gl. (3-4) dürfte kaum zu Verwechslungen Anlaß geben.)

Im Zusammenhang mit der quantitativen Messung der Lichtabsorption hat sich weiterhin die Einführung folgender Begriffe als zweckmäßig erwiesen:

$$\text{Durchlässigkeit:} \quad D = \frac{I}{I_0} \tag{3-9}$$

und

$$\text{Absorption:} \quad A = \frac{I_0 - I}{I_0} = 1 - D \tag{3-10}$$

D und A sind die prozentualen Anteile der Lichtintensität I_0, die von der Probe durchgelassen bzw. absorbiert werden. Somit gilt $D + A = 1$.

3.5. Darstellung von Spektren im ultravioletten, sichtbaren und infraroten Spektralbereich

Es gibt verschiedene gebräuchliche Arten der Darstellung von Spektren im ultravioletten, sichtbaren und infraroten Spektralbereich, die z. T. hinsichtlich der zu treffenden physikalischen Aussage, z. T. im Sinne einer maximalen Anschaulichkeit, z. T. aber auch den experimentellen Gegebenheiten angepaßt auszuwählen sind. Eine vom physikalischen Standpunkt aus zu bevorzugende und von der Meßanordnung unabhängige Darstellung ist die Auftragung von ε_λ oder lg ε_λ als Funktion der Wellenzahl $\tilde{\nu}$. Gibt man die Schichtdicke d in cm und die Konzentration c in mol/l an, so hat ε_λ die Einheit cm^2/mmol. Die Logarithmusdarstellung ist insbesondere bei Übersichtsspektren zu empfehlen, deren wellenlängenabhängigen ε_λ-Werte bis zu fünf Größenordnungen variieren können. Die Wellenzahl ist, wie gezeigt wurde, mit der Quantenenergie linear korrelierbar. Die Abstände von Linien oder Banden ihn einem Absorptionsspektrum sind dann energetisch maßstabsgerecht. Aus Gründen der Anschaulichkeit findet man häufig Darstellungen von ε_λ oder lg ε_λ als Funktion der Wellenlänge λ. Dies ist für rein spektroskopische Untersuchungen weniger wünschenswert, sollte jedoch bei der biologischen, biophysikalischen, biochemischen und medizinischen Anwendung der Spektroskopie mit nicht zu großer Strenge beurteilt werden. Auf jeden Fall ist aber die Wellenlänge in nm*) anzugeben und die Bezeichnungen mμ und Å sind zu vermeiden.

Der molare dekadische Extinktionskoeffizient ε_λ ist, wie schon besprochen, von der Wellenlänge λ abhängig. In den Spektrendarstellungen vereinbart man, den Index λ am ε wegzulassen.

ε kann nur dann quantitativ angegeben werden, wenn außer der gemessenen Extinktion E die Schichtdicke d der Meßprobe und die Konzentration c der zu

*) oder einer anderen gesetzlich festgelegten Längeneinheit

vermessenden Substanz bekannt sind. Da beides nicht immer erfüllt ist, kann ε in verschiedenen Fällen nicht explizit angegeben werden. So z. B., wenn die Konzentration c oder das zur Berechnung von c notwendige Molkulargewicht der zu vermessenden Substanz nicht bekannt sind. Andererseits ist es bei Messungen in Filmen mitunter schwer, die Schichtdicke d des Filmes genau zu bestimmen. Man

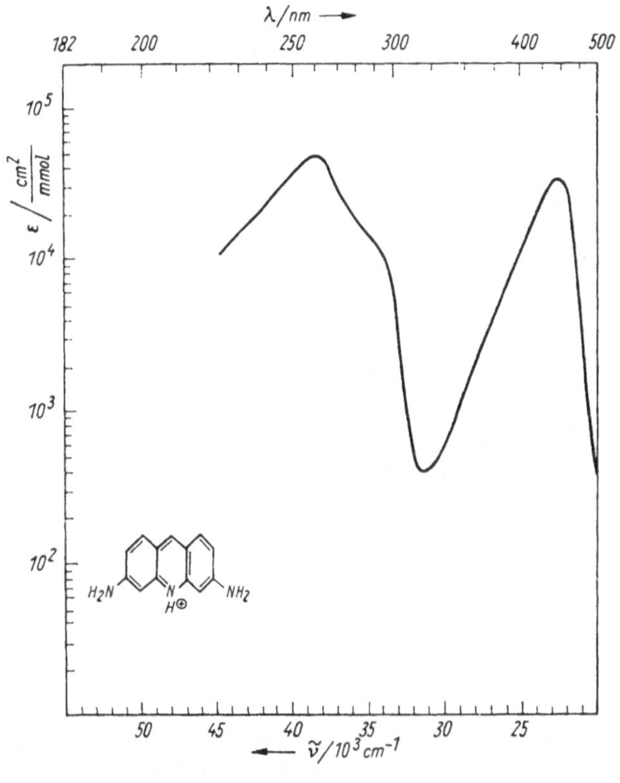

Abb. 3-7. Elektronenabsorptionsspektrum des Farbstoffs Proflavin.
Lösungsmittel: Wasser + 10% Äthanol + 1 M H_2SO_4; Konzentration $5 \cdot 10^{-5}$ mol/l; gemessen bei Zimmertemperatur (entnommen aus dem „*UV-Atlas*", Vol. IV, BUTTERWORTHS-Verlag Chemie).

wird dann, wie oft in der Infrarotspektroskopie, zweckmäßigerweise zur Darstellung von E, A oder D als Funktion der Wellenzahl $\tilde{\nu}$ (Wellenlänge λ) übergehen.

Bei Darstellung von Fluoreszenzspektren trägt man die in willkürlichen Skalenteilen gemessene emittierte Lichtintensität F, entweder auf F_{max} des Fluoreszenzmaximums oder auf ε_{max} des langwelligen Absorptionsmaximums normiert, als Funktion der Wellenzahl $\tilde{\nu}$ (Wellenlänge λ) auf (s. Spektrendarstellungen in Abb. 3-7 und Abb. 3-8).

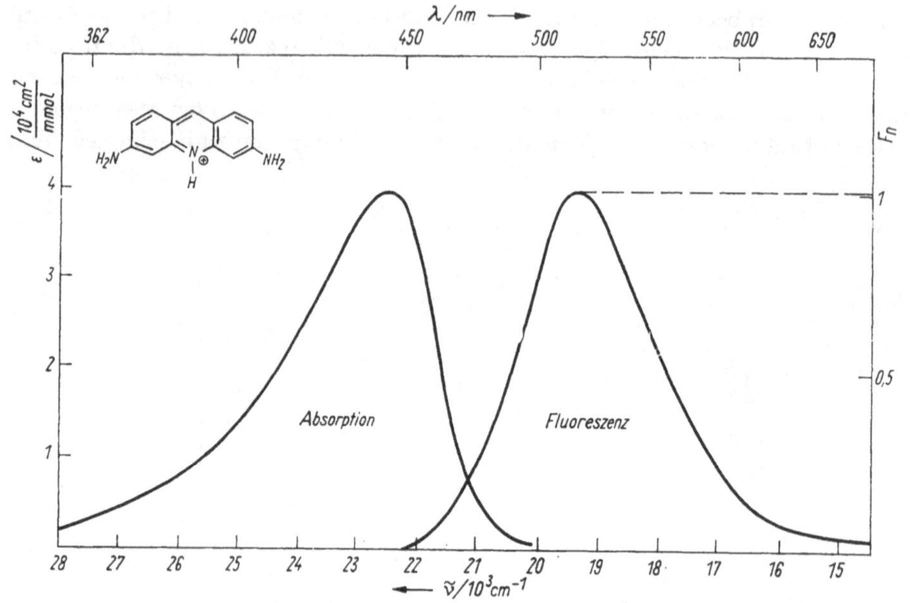

Abb. 3-8. **Absorptions- und Fluoreszenzspektrum des Farbstoffs Proflavin.**

Lösungsmittel: Wasser, 0,15 M an NaCl; Konzentration; $2 \cdot 10^{-5}$ mol/*l*; gemessen bei Zimmertemperatur; das Maximum des Fluoreszenzspektrums wurde auf das Maximum der langwelligen Absorptionsbande normiert (Fn).

3.6. Aufbau von Geräten zur Messung von Spektren im ultravioletten, sichtbaren und infraroten Spektralbereich

Absorptions- und Fluoreszenzspektrophotometer bestehen aus vier Grundbausteinen:

1. Einer Strahlungsquelle, 2. einer Einrichtung zur Aufnahme der Meßprobe, 3. einem Monochromator und 4. einem Strahlungsempfänger mit Anzeige.

In Abb. 3-9 und Abb. 3-10 sind die prinzipiellen Aufbauten eines Absorptions- und eines Fluoreszenzspektrophotometers dargestellt. In den Abbildungslegenden werden meßtechnische Details beschrieben.

Absorptionsspektrophotometer arbeiten in der Regel nach dem Vergleichsprinzip, d. h. die Absorption von Licht eines bestimmten Wellenlängenintervalls wird in der die Meßprobe enthaltenden Meßküvette und in der leeren oder nur das Lösungsmittel enthaltenden Vergleichsküvette gemessen. Dadurch läßt sich genau der Lichtanteil ermitteln, der von der Untersuchungssubstanz absorbiert worden ist. Dies kann so durchgeführt werden, daß die zwei Küvetten zeitlich nacheinander in den örtlich konstanten Strahlengang des Lichtes gebracht werden (*Einstrahlspektrophotometer*), oder man lenkt den zweigeteilten Lichtstrahl durch die ortsfeste Meß- und Vergleichsküvette (*Zweistrahlspektrophotometer*). Da bei Absorptionsmessungen immer Lichtintensitäten gleicher Wellenlänge verglichen werden, spielt die spektrale Empfindlichkeit der Empfängereinrichtung praktisch keine Rolle.

Das *Fluoreszenzspektrophotometer* ist ähnlich im Aufbau, zeigt aber gegenüber dem Absorptionsspektrophotometer zwei Besonderheiten. Zunächst sind grundsätzlich zwei Monochromatoren notwendig, einer zur Erzeugung von monochro-

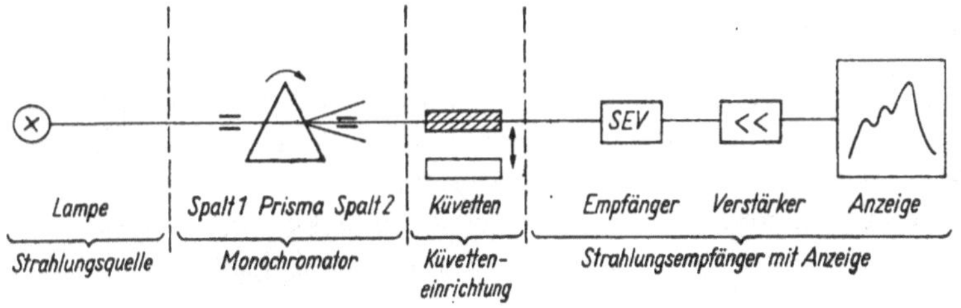

Abb. 3-9. Prinzipanordnung eines Absorptionsspektrophotometers.

Der Monochromator enthält außer dem dispergierenden Element (Prisma, welches durch ein Gitter ersetzt werden kann) einen Eintrittsspalt (*1*) zur Ausblendung eines parallelen, *polychromatischen* Lichtstrahlenbündels und einen Austrittsspalt (*2*) zur Ausblendung eines parallelen, *monochromatischen* Lichtstrahlenbündels.

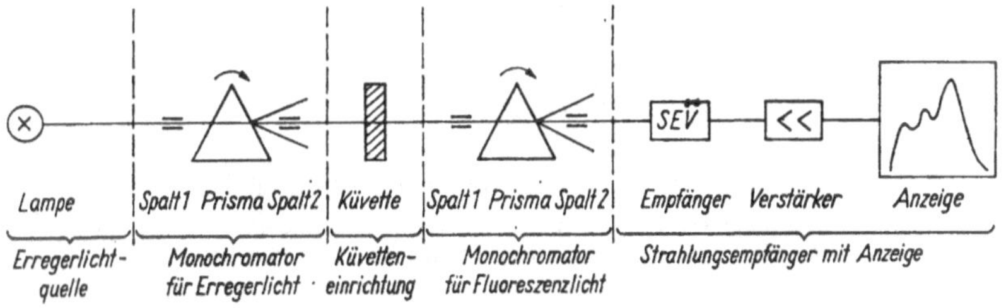

Abb. 3-10. Prinzipanordnung eines Fluoreszenzspektrophotometers.

Die Spalte *1* und *2* in den Monochromatoren für Erregerlicht und Fluoreszenzlicht haben die gleiche Funktion wie in Abb. 3-9 beschrieben; anstelle der Prismen können auch Gitter verwendet werden. Die Beobachtung des Fluoreszenzlichtes wird meist unter einem Winkel von 60 bis 90° zur Richtung des Erregerlichtes vorgenommen.

matischem Erregerlicht und ein anderer zur spektralen Zerlegung des Fluoreszenzlichtes. Der zuerst genannte Monochromator besteht bei einfachen Geräten oft aus einem Satz auswechselbarer *Filter* oder Filterkombinationen. Will man hingegen *Anregungsspektren* (Aktionsspektren) aufnehmen, so ist es notwendig, Fluoreszenzspektren bei kontinuierlich änderbarer Anregungswellenlänge zu verfolgen, was nur mit Hilfe eines zweiten durchstimmbaren Monochromators vorgenommen werden kann. Die zweite Besonderheit besteht darin, daß Erreger- und Fluoreszenzlicht auf Grund ihrer unterschiedlichen Wellenlängen nur unter Aufwand quantitativ verglichen werden können. Die durch die Anzeige wiedergegebenen Fluoreszenzspektren sind bei vielen handelsüblichen Geräten nicht energiekorregiert, d. h. es tritt eine Verzerrung des Fluoreszenzspektrums durch die wellenlängenabhängige Empfindlichkeit des Empfängers ein. Es ist zweckmäßig sich davon zu überzeugen, inwieweit die zu treffende Aussage durch diesen Fakt beeinträchtigt wird. Sofern erforderlich, ist die spektrale Empfindlichkeit der Meßeinrichtung mit einem Strahlungsnormal oder einer Eichsubstanz vorher zu bestimmen.

3.6.1. Strahlungsquellen

Die Lichtenergie für den sichtbaren und infraroten Spektralbereich wird oft von sog. *Temperaturstrahlern* geliefert. Bei Erwärmung eines Körpers, z. B. eines stromdurchflossenen Wolframdrahtes, geraten die Atome des Kristallgitters in Schwingungen und emittieren dabei Licht. Selbst beim Vorliegen eines aus einer einzigen Atomart aufgebauten Kristalls gibt es auf Grund der starken Wechselwirkungs-

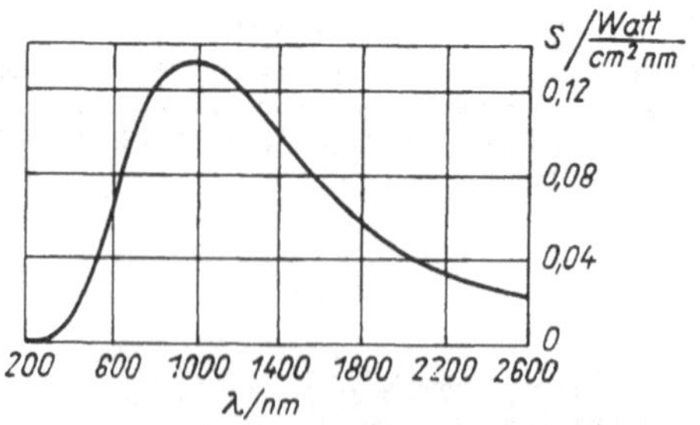

Abb. 3-11. Energieverteilung einer Wolframglühlampe.

S ist die Strahldichte und gibt an, welche Leistung (in Watt) von einer Fläche des Strahlers (in cm²) in einem Wellenlängenintervall (von 1 nm) emittiert wird.

kräfte, die in Festkörpern wirksam sind, praktisch so viele Schwingungsfrequenzen wie schwingungsfähige Gebilde vorliegen. Die Verteilungskurve für die Anzahl der Schwingungen pro Frequenz- oder Wellenlängenintervall durchläuft ein Maximum. Für eine Glühlampe als Beispiel eines Temperaturstrahlers bedeutet dies, daß Licht bestimmter Wellenlängen besonders stark, anderes mit größeren bzw. kleineren Wellenlängen wiederum nur schwach ausgestrahlt wird (Abb. 3-11). Das Strahlungsmaximum hängt von der Temperatur ab und verschiebt sich nach dem *Strahlungsgesetz von* Wien mit wachsender Temperatur nach kürzeren Wellenlängen. Glühlampen emittieren die für spektroskopische Untersuchungen erwünschte kontinuierliche Strahlung. Für spektroskopische Messungen im sichtbaren Spektralbereich werden häufig Wolframlampen verwendet. In der Infrarotspektroskopie benutzt man den Nernst-*Stift*, einen zylindrischen Stab von ca. 1 mm Durchmesser, bestehend aus 85% Zirkonoxid (ZrO_2) und 15% Yttriumoxid (Y_2O_3). Der Nernststift besitzt eine fallende Widerstandscharakteristisk. Der elektrische Widerstand des Brenners nimmt mit wachsender Temperatur ab. Es ist ein separater Heizdraht notwendig, der den Nernststift auf Temperaturen bringt, die einen effektiven Stromfluß ermöglichen. Ein Verbrennen des Nernststiftes durch Selbstaufheizung wird schließlich durch einen den Strom begrenzenden Vorschaltwiderstand verhindert. Als infrarote Strahlungsquelle wird auch der *Globar* verwendet, ein aus Siliziumcarbid (SiC) bestehender Silitstab.

Eine ganz andere Art der Lichterzeugung liegt in den *Entladungslampen* vor, die für die Absorptionsspektroskopie im ultravioletten und sichtbaren Spektralbereich, zur Anregung von Fluoreszenzen und für photochemische Untersuchungen eingesetzt werden.

Entladungslampen besitzen eine positive und eine negative Elektrode und in einigen Fällen auch eine als Zündhilfe dienende Hilfselektrode. Sie enthalten Gasfüllungen unter bestimmten Drucken. Für Niederdrucklampen beträgt der Gasdruck 0,01—1 Torr, für Hochdrucklampen ist er größer als 100 Torr, für Höchstdrucklampen beträgt er ca. 30 at.

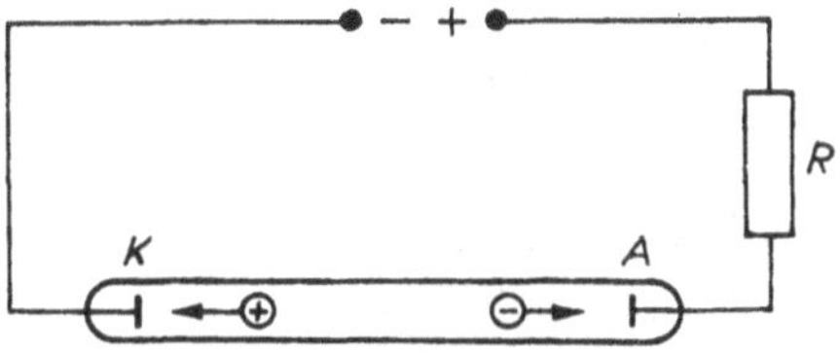

Abb. 3-12. Prinzipschaltbild einer Gasentladungslampe.
K = Katode, A = Anode, R = Widerstand, der den Entladungsstrom begrenzt; die Wanderungsrichtungen der positiven und negativen Ladungsträger sind angedeutet.

In dem Gas anfänglich in kleiner Menge vorhandene oder durch eine Hochfrequenzzündhilfe erzeugte Ladungsträger wandern nach Einschaltung der Spannung an die entsprechende entgegengesetzt geladene Elektrode (Abb. 3-12). Die positiven Ladungsträger schlagen vermöge des sog. äußeren lichtelektrischen Effektes (s. Abschnitt 3.6.2.) aus der Katode Elektronen heraus, die in dem anliegenden elektrischen Feld sofort zur Anode hin beschleunigt werden. Auf ihrem Weg ionisieren sie wiederum Gasmoleküle, so daß sich der Strom von Ladungsträgern verstärkt. Die Erzeugung von Licht ist so zu erklären, daß durch das Zusammenstoßen von Elektronen mit Gasmolekülen oder durch Rekombination von Gasionen mit Elektronen energetisch höher gelegene Anregungsniveaus der Gasatome oder Gasmoleküle bevölkert werden, die bei spontaner Desaktivierung Licht bestimmter Wellenlänge aussenden (*Linienspektrum*). Bei der Rekombination eines positiven Gasteilchens mit einem Elektron werden die unterschiedlichen kinetischen Energien der eingefangenen Elektronen in Lichtenergie umgesetzt. Es entsteht ein Strahlungskontinuum, welches dem Emissionslinienspektrum unterlagert ist (Abb. 3-13).

Bei den Hoch- und Höchstdrucklampen, die als angenähert punktförmige Lichtquellen benutzt werden, entstehen in der Brennzone Temperaturen, die einen Teil der Gasmoleküle thermisch ionisieren sowie zu einer thermischen Emission von Elektronen (Glühelektronenemission) aus der Katode Anlaß geben. Diese Arten von Entladungslampen liefern hohe Strahlungsintensitäten.

Als Arbeitsgase in den Gasentladungslampen werden Edelgase (Neon, Xenon) und Metalldämpfe (Alkalimetalle, Quecksilber) benutzt, wobei letztere erst während des Betriebes der Lampe durch Verdampfen entstehen. Bei *Hg-Niederdrucklampen* ist die Resonanzlinie bei 254 nm dominierend, bei *Hg-Hochdrucklampen* die Hg-Linie bei 366 nm. Darüberhinaus treten noch eine Anzahl anderer, für Hg typische intensitätsschwächere Linien auf.

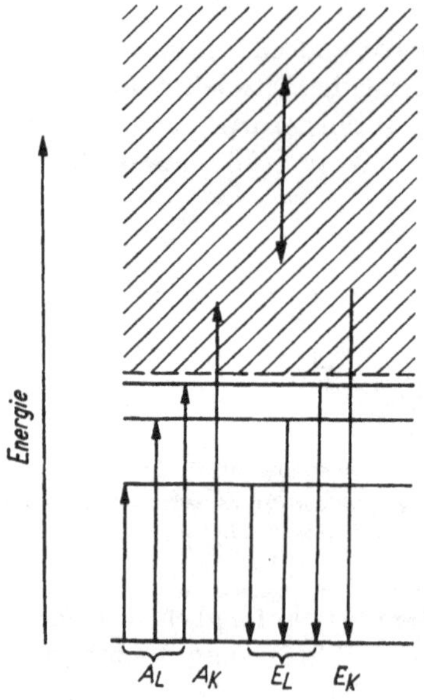

Abb. 3-13. Zum Entstehen von Linien und Kontinuum bei Absorption und Emission von Licht durch Atome oder Atomionen (für Emission wichtig in Gasentladungslampen).

A_L = Absorptionslinien; A_K = Absorptionskontinuum; E_L = Emissionslinien; E_K = Emissionskontinuum; die horizontalen Striche deuten die diskreten Energieniveaus an, zwischen denen die spektroskopischen Übergänge möglich sind; der schraffierte Bereich oberhalb der gestrichelten horizontalen Linie, die die Grenzfrequenz angibt, ist das Kontinuum.

3.6.2. *Strahlungsempfänger*

Unter Strahlungsempfängern versteht man Einrichtungen, welche die Strahlungsenergie in eine andere Energieform umwandeln, die physikalisch leicht gemessen werden kann. Weitverbreitet bei der Messung im ultravioletten und sichtbaren Spektralbereich sind lichtelektrische Strahlungsempfänger, deren Wirkungsweisen auf dem äußeren oder inneren lichtelektrischen Effekt beruhen. Bei dem *äußeren lichtelektrischen* Effekt wird durch ein genügend energiereiches Lichtquant $h\nu$ unter Aufbringung der Austrittsarbeit A ein Elektron aus einer Metalloberfläche herausgeschlagen und mit der Bewegungsenergie $\frac{m_e}{2} v^2$ versehen (v = Geschwindigkeit des Elektrons; m_e = Masse des Elektrons). Die Energiebilanz wird durch die EINSTEINsche Beziehung 3-11 quantitativ beschrieben.

$$h\nu = A + \frac{m_e}{2} v^2 \tag{3-11}$$

Die Frequenz ν_0, die gerade noch die Austrittsarbeit A aufzubringen vermag, nennt man *Grenzfrequenz*. Metalle mit niedrigen Grenzfrequenzen sind die Alkalimetalle. Sie eignen sich zur Messung von Lichtintensitäten bis zu Wellenlängen von ca. 1000 nm. Die ausgetretenen Elektronen werden in einem elektrischen Potentialfeld sofort abgesaugt und es fließt im Schaltkreis von Abb. 3-14 ein elektrischer Strom. Man nennt eine derartige photoelektrische Meßeinrichtung

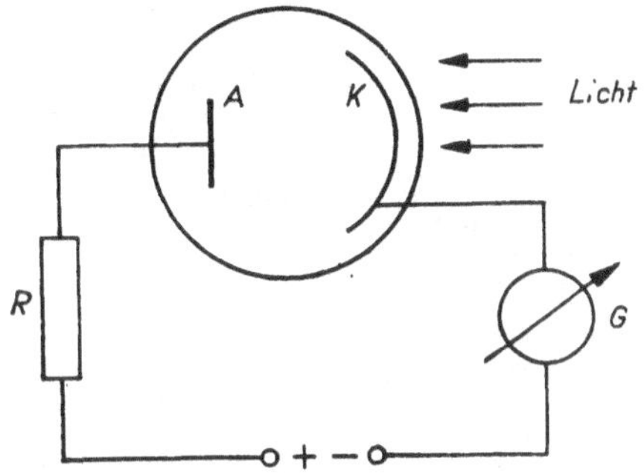

Abb. 3-14. Prinzipschaltbild einer Photozelle.
A = Anode, K = Katode, R = Widerstand zur Begrenzung des Photostromes, G = Stromanzeigeinstrument.

eine *Photozelle*. Innerhalb festzustellender Grenzen ist der Photostrom der empfangenen Strahlungsleistung direkt proportional. Will man besonders niedrige Strahlungsleistungen messen, werden die primär herausgeschlagenen Elektronen über eine Kaskade von Elektroden (*Dynoden*), auf die sie auftreffen, sekundär vervielfältigt (Abb. 3-15). Diesen Elektronenverstärker bezeichnet man als *Sekundärelektronenvervielfacher* (*SEV*). Man erreicht mit ihm Verstärkungen bis zu einem Faktor von 10^{10}. Photozellen und *SEV* arbeiten oft mit Hochvakuum.

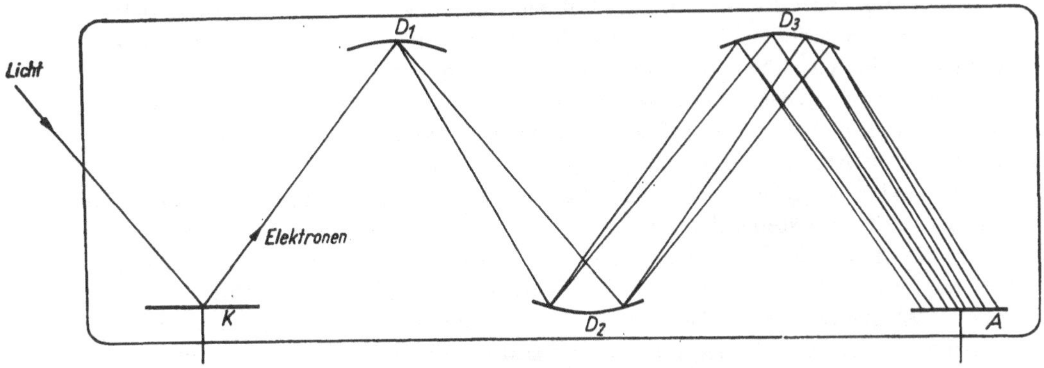

Abb. 3-15. Prinzipdarstellung eines Sekundärelektronenvervielfachers (*SEV*).
K = Katode, A = Anode, D_1, D_2, D_3 = Dynoden (Zuleitungen nicht eingezeichnet).

Bei dem *inneren lichtelektrischen Effekt* werden Elektronen in einem Isolatorkristall oder einem Halbleiter durch Lichtabsorption aus ihrem gebundenen Zustand (*Valenzband*) in einem freien Zustand (*Leitfähigkeitsband*) überführt (Abb. 3-16). Die damit verbundene Erhöhung der elektrischen Leitfähigkeit oder, was gleichbedeutend ist, Erniedrigung des elektrischen Widerstandes, wird in den *Photowiderstandszellen* zur Messung der Strahlungsintensität ausgenutzt. Obwohl die Ansprechempfindlichkeit geringer ist als bei Anwendung des äußeren photoelektrischen Effektes, können Photowiderstandsmessungen bei genügend

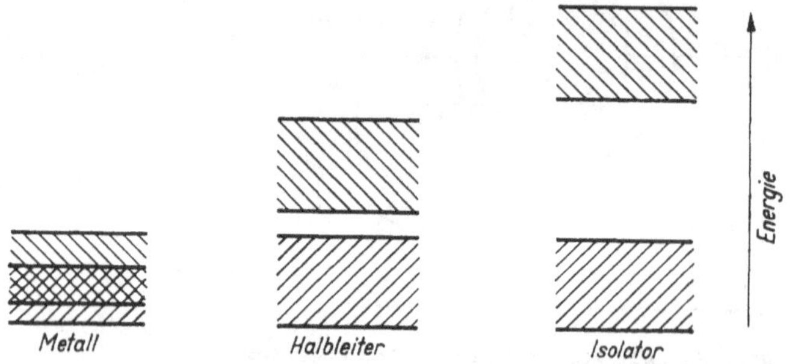

Abb. 3-16. Energetische Lage des höchsten besetzten und des niedrigsten unbesetzten Niveaus für Metalle (Überlagerung), Halbleiter (geringer Abstand) und Isolatoren (großer Abstand).

kleinem Abstand von Valenz- und Leitfähigkeitsband auch im Infraroten vorgenommen werden. So liegt das Maximum der spektralen Empfindlichkeit von PbS bei 2300 nm, während die Empfindlichkeit des Bleitellurids bis 6000 nm reicht.

Weitverbreitet in seiner Anwendung ist auch das *Halbleiter- oder Sperrschicht-photoelement*, dessen Aufbau aus Abb. 3-17 entnommen werden kann. Benutzt man z. B. einen Elektronenmangelhalbleiter, so treten vor der Belichtung Elektronen aus den Metallflächen in den Halbleiter über, es bilden sich an beiden Seiten gleiche Berührungspotentiale aus. Bei Belichtung auf einer Seite werden dort die Elektronen ins Leitfähigkeitsband angehoben und von der positiven Metalloberfläche angezogen. Dies führt dazu, daß die belichtete Elektrode im Vergleich zur unbelichteten sich negativ auflädt und bei geöffnetem Stromkreis eine Photospannung auftritt. Sie beträgt für das Si- bzw. Se-Photoelement ca. 0,6 V.

Thermischen Empfängern liegt allgemein das Prinzip zugrunde, daß die in Wärme umgewandelte Lichtenergie über eine Temperaturerhöhung eine physikalische Meßgröße beeinflußt. Dies ist z. B. der Druck bei *pneumatischen Empfängern* oder der temperaturabhängige elektrische Widerstand eines Metalldrahtes bei den *Bolometern*. Bei *Halbleiterbolometern* wird die besonders hohe Temperaturabhängigkeit des elektrischen Widerstandes von Halbleitern vorteilhaft ausgenutzt. Sie übertreffen die Empfindlichkeit von normalen Bolometern um etwa eine Größenordnung.

Das Prinzip des *Thermoelementes* gründet sich darauf, daß die Elektronenaustrittsarbeit für verschiedene Metalle unterschiedlich ist. Lötet man zwei Metalldrähte zusammen, so entsteht eine von der Temperatur abhängige *Kontakt-*

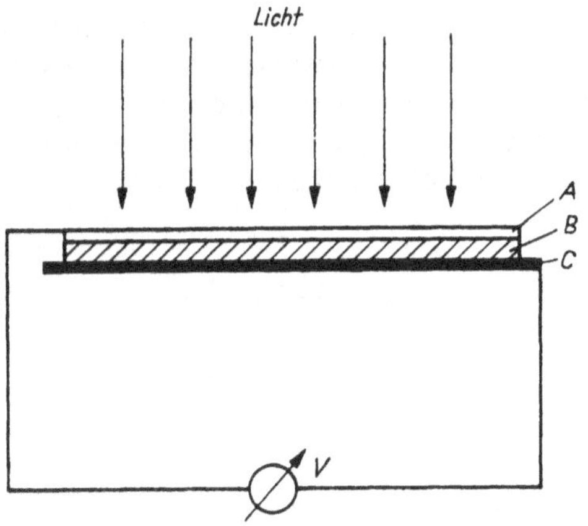

Abb. 3-17. Prinzipschaltbild eines Sperrschichtphotoelementes.

A = lichtdurchlässige dünne Metallauflage, B = lichtempfindliche Halbleiterschicht, C = Metallauflage, V = empfindlicher Spannungsmesser.

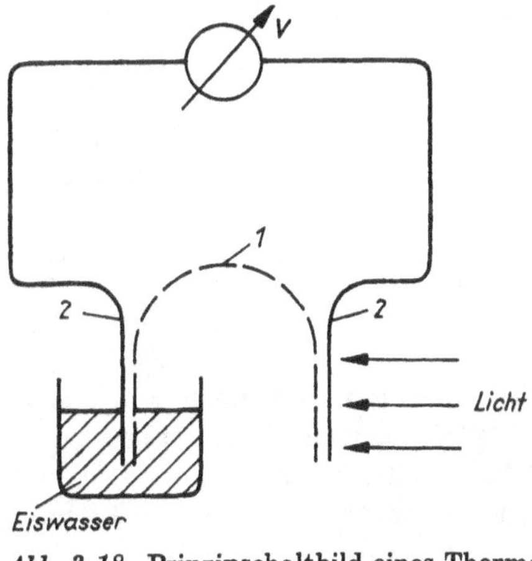

Abb. 3-18. Prinzipschaltbild eines Thermoelementes.

Zwei in der Spannungsreihe möglichst weit entfernte Metalle *1* und *2* werden in der angegebenen Weise zu zwei Lötstellen vereinigt und über einen Spannungsmesser V verbunden.

spannung. Zwei nach Abb. 3-18 gegeneinander geschaltete Kontaktstellen ergeben die resultierende Spannung Null. Erst wenn die eine Kontaktstelle gegenüber der anderen, die als Bezug in Eiswasser gegeben wird, eine Temperaturänderung erfährt, zeigt das Instrument eine Spannung an. Die Größe dieser Spannung hängt von der gewählten Metallkombination ab, wobei Antimon oder Eisen zusammen mit Nickel oder Wismut günstige Bedingungen schaffen.

3.6.3. *Monochromatoren*

Die Aufgabe, aus dem im allgemeinen polychromatischen Licht einer Strahlungsquelle Licht eines gewünschten Frequenzbereiches herauszunehmen, wird von den verschiedenen Arten von Monochromatoren unterschiedlich gut erfüllt.

So genügt es z. B. für einfache Fluoreszenzmessungen oder photochemische Bestrahlungen, den gewünschten Frequenzbereich durch *Filter* zu selektieren. Als Filter dienen Glas- oder Quarzplatten mit absorbierenden Beimengungen oder mit

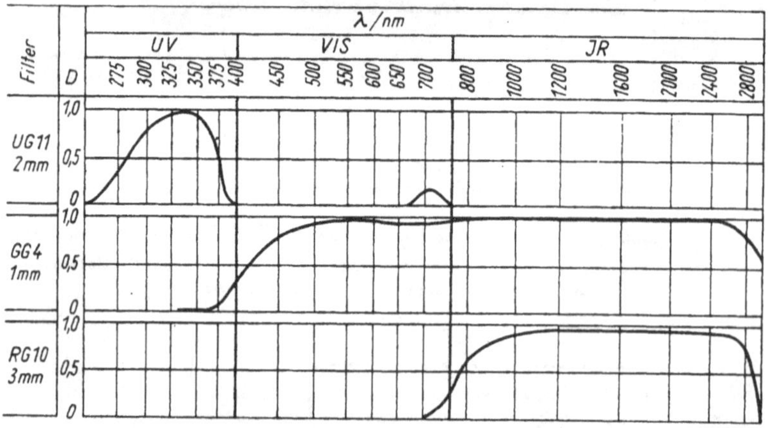

Abb. 3-19. Durchlässigkeit von SCHOTT-Filtern in Abhängigkeit von der Wellenlänge λ.

UG 11: durchlässig für *UV*, *GG* 4: durchlässig für *VIS* und *IR*, *RG* 10: durchlässig für *IR* (entnommen aus dem Katalog „*Farb- und Filterglas für Wissenschaft und Technik*").

absorbierenden Gasen oder Flüssigkeiten gefüllte Quarz- bzw. Glasküvetten. Die wellenlängenabhängige Durchlässigkeit verschiedener Filtertypen des VEB SCHOTT & GEN. ist aus Abb. 3-19 zu entnehmen.

Bei höheren Anforderungen an die Monochromasie werden Prismen oder Gitter verwendet.

Prismen als das Licht dispergierende Bestandteile eines Monochromators werden häufig zur Erzeugung monochromatischen Lichtes im ultravioletten, sichtbaren und infraroten Spektralbereich eingesetzt. Die Wirkungsweise eines Prismas beruht primär auf der unterschiedlichen Fortpflanzungsgeschwindigkeit des Lichtes verschiedener Wellenlängen in einem optisch dichteren Medium. Es läßt sich anhand des SNELLIUS*schen Brechungsgesetzes* und der MAXWELL*schen Relation* leicht zeigen, daß die Geschwindigkeit des Lichtes mit zunehmender Brechungseigenschaft des Mediums abnimmt (zur Veranschaulichung betrachte man den Übergang eines Lichtstrahls aus Luft [Vakuum] in Glas. Es gilt dann $n_1 = 1$ und $n_2 > 1$

sowie $c_1 = c_0$ [Lichtgeschwindigkeit im Vakuum] und $c_2 = \frac{c_0}{n_2} < c_0$). Die Dispersionstheorie lehrt und die Praxis bestätigt

$$\underbrace{\frac{\sin \alpha_1}{\sin \alpha_2} = \frac{n_2}{n_1}}_{\text{Brechungsgesetz}} \; \underbrace{= \frac{c_1}{c_2}}_{\text{MAXWELLsche Relation}} \tag{3-12}$$

eine Zunahme der Brechungsindices für sichtbares oder ultraviolettes Licht von Glas oder Quarz mit der Abnahme der Wellenlänge (Zunahme der Frequenz bzw. Wellenzahl) des Lichtes (Abb. 3-20). Es ist selbstverständlich, daß zur Erreichung einer guten Monochromasie und einer hohen Intensität des monochromatischen Lichtes Materialien mit hohen Brechungsindices und hoher Durchlässigkeit für Licht der gewünschten Wellenlängen ausgewählt werden müssen (Tab. 3-2).

Tabelle 3-2
Brechungsindices und spektrale Anwendungsbereiche verschiedener Prismenmaterialien

Material	Brechungsindex für $\lambda = 589$ nm	Anwendungsbereich
Kronglas	1,515	*VIS*
Flintglas	1,609	*VIS*
Quarzglas	1,462	*UV*, *VIS*, nahes *IR*
Flußspat	1,434	*UV*, *VIS*, *IR*
Steinsalz	1,544	*UV*, *VIS*, *IR*
Lithiumfluorid	1,392	*UV*, *VIS*, *IR*

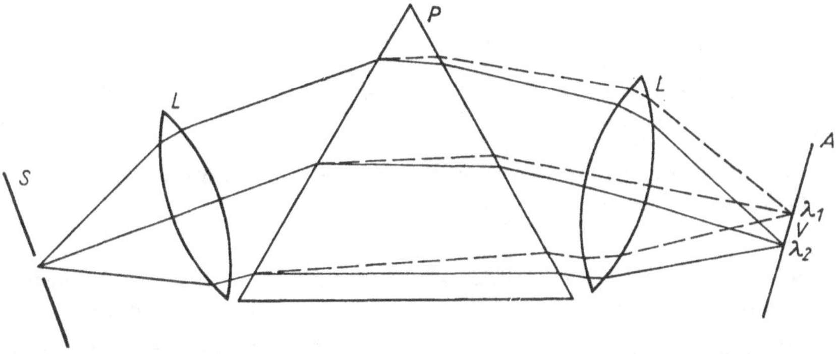

Abb. 3-20. Erzeugung von monochromatischem Licht mit Hilfe eines Prismas.

L = Linsen, S = Spalt, P = Prisma; der beleuchtete Spalt S wird über das Linsensystem in der Ebene A abgebildet. Bei Verwendung von mehrfarbigem Licht wird durch die wellenabhängige Brechung des Prismas das mehrfarbige Licht spektral aufgefächert. Die Ablenkung wächst mit abnehmender Wellenlänge.

Eine spektrale Zerlegung des Lichtes ist auch mit Hilfe der Beugung an optischen Gittern möglich. *Gitter* arbeiten sowohl in *Reflexion* als auch in *Transmission.* Sie bestehen aus sich regelmäßig wiederholenden Stellen, an denen das Licht entweder reflektiert oder durchgelassen wird. Sind die geometrischen Ausmaße dieser Stellen genügend klein, liegen sie insbesondere in der Größenordnung der Wellenlänge des Lichtes, so tritt Beugung ein. Nach dem HUYGENS*schen Prinzip* wirkt jede Reflexionsstelle (Reflexionsgitter) oder jeder Spalt des Transmissionsgitters als Ausgangspunkt für eine neue Wellenfront. Die von verschiedenen Stellen ausgehenden Wellenzüge kommen zur Interferenz (Abb. 3-21). Die Bedingung für das Auftreten von Helligkeit lautet

$$\frac{1}{\lambda} = \tilde{\nu} = \frac{k}{d \cdot \sin \vartheta} \tag{3-13}$$

d = Gitterkonstante; ϑ = Beugungswinkel; k = Beugungsordnung.

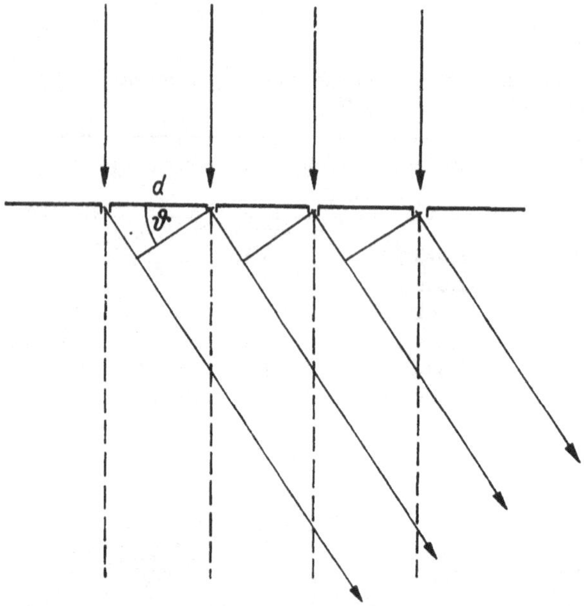

Abb. 3-21. Beugung des senkrecht auf ein Transmissionsgitter auffallenden Lichtes.

Für die nullte Ordnung ($k = 0$) erfolgt keine Beugung und Gl. 3-13 ist unbestimmt. Für spektroskopische Zwecke ausgenutzt wird vorwiegend die erste Ordnung ($k = 1$). Wie die Gl. 3-13 ferner erkennen läßt, nimmt die Ablenkung durch Beugung mit Zunahme der Wellenlänge (Abnahme von Frequenz bzw. Wellenzahl) zu. Man erinnere sich, daß für das Prisma im sichtbaren und ultravioletten Spektralbereich das Umgekehrte gilt.

3.6.4. *Die Meßprobe*

Spektroskopische Untersuchungen können an gasförmigen, flüssigen (gelösten) und festen Proben durchgeführt werden. Da sich die Konzentration des Untersuchungsobjektes im allgemeinen in der angegebenen Reihenfolge der Aggregatzustände erhöht, müssen die Schichtdicken der Proben entsprechend vermindert werden. Schichtdicke der Meßprobe d und Konzentration der Meßprobe c sind unter Berücksichtigung des LAMBERT-BEERschen Gesetzes so abzustimmen, daß die Extinktionswerte E in dem günstig zu erfassenden Bereich zwischen 0,1 und 1 liegen. Dies erfordert Schichtdicken für gasförmige Proben von 0,1 bis 1 m, für Flüssigkeiten und in Flüssigkeiten gelöste Proben von 10^{-3} bis 10^{-1} m, für in Tablettenform gepresste Mischungen einer inerten Substanz (KBr) mit der Meßsubstanz zur infrarotspektroskopischen Untersuchung von ca. 10^{-3} m und für Messungen in dünnen Filmen Filmdicken kleiner 10^{-4} m. Die Meßprobe ist, wenn man von Einkristallen absieht, *isotrop*, d. h. hinsichtlich des molaren dekadischen Extinktionskoeffizienten sind alle Richtungen gleichberechtigt. Die Bevorzugung einer Richtung kann durch verschiedene Möglichkeiten erreicht werden. Für Lösungen linearer Polymerer, z. B. von *DNA*, kann eine teilweise Ausrichtung durch Strömung erzeugt werden. Dabei ordnen sich die Fäden parallel zur Strömungsrichtung. Bei hochkonzentrierten, gelartigen Proben findet eine Orientierung der Makromoleküle schon beim Ausstreichen auf einer Unterlage zu einem Film statt (s. Abschnitt 5.7., „Infrarotdichroismus"). Da die Richtungen jetzt nicht mehr gleichberechtigt sind, ist die Probe *anisotrop*.

Im Gegensatz zu den Verhältnissen bei Absorptionsmessungen spielt die Schichtdicke der Meßprobe bei Fluoreszenzmessungen nur eine untergeordnete Rolle. Die Fluoreszenzintensität einer fluoreszierenden Schicht in einer Meßküvette wird mehr von den Absorptionseigenschaften dieser Substanz und der Intensität und Ausdehnung des Erregerlichtstrahles, als von den geometrischen Dimensionen der Meßküvette bestimmt.

3.7. Elektronenspektroskopie von Atomen

Das der Elektronenspektroskopie von Atomen und Molekülen zugrundeliegende Prinzip ist einfach: Durch *Lichtabsorption* wird ein Elektron aus einer energetisch tiefer in eine energetisch höher gelegene Bahn gehoben bzw. durch *Lichtemission* aus einer energetisch höher in eine energetisch tiefer gelegene Bahn zurückgeführt. Die Deutung der Spektren ist aber trotz des einfachen Prinzips kompliziert. Über den Zusammenhang zwischen Elektronenstruktur und Spektren organischer Moleküle ist aber so viel bekannt, daß die Elektronenspektroskopie mit Erfolg bei der Untersuchung von Nucleinsäuren und Proteinen eingesetzt werden konnte. Die Spektroskopie der Atome hat demgegenüber in der Biopolymerphysik nur geringere Anwendungen erfahren. Zweifellos hat sie Aussagewert als Spektroskopie der Metalle und wird schon deshalb in Zukunft an Bedeutung gewinnen, da der Wechselwirkung von Metallionen mit Nucleinsäuren, Nucleoproteinen und Enzymen Funktionen in der Biochemie und Ernährungsphysiologie zukommt.

3.7.1. Atomabsorptions- und Atomemissionsspektroskopie

Setzt man Atome der kontinuierlichen Strahlung einer Lichtquelle aus, so beobachtet man im Spektrum der Lichtquelle eine gesetzmäßige Serie von dunklen Linien, die einer Absorption der Strahlung bei bestimmten Wellenlängen zuge-

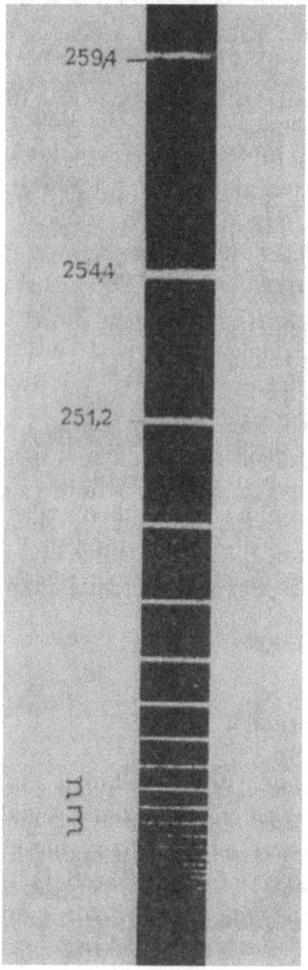

Abb. 3-22. Natriumatomlinienserie in Absorption; Negativ einer photographischen Aufnahme. Die weißen Linien sind die Absorptionslinien.

ordnet werden muß (Fraunhofer*sche Linien*). Durch den Absorptionsvorgang wird ein Elektron aus dem Elektronengrundzustand in einen Anregungszustand überführt und jeder Linie muß ein Elektronenübergang aus einem niederen in ein höheres Energieniveau zugeordnet werden (Abb. 3-22). Auch durch Stöße von Elektronen mit Atomen bei Gasentladungen, durch Rekombination von Elektronen und Atomionen und bei genügend hohen Temperaturen in Flammen und Lichtbögen können die angeregten Niveaus besetzt werden. Bei Desaktivierung der Anregungszustände kommt es zur Lichtemission. Es entsteht jetzt eine Serie heller Emissionslinien, die die gleiche Wellenlängenverteilung wie die Serie der Absorptionslinien aufweist.

Absorption und Emission sind demnach einander entsprechende Prozesse, Absorptions- und Emissionslinien gleicher Wellenlänge charakterisieren den gleichen Elektronenübergang. Die Spektroskopie bestätigte somit die Vorstellungen von Niels Bohr, daß es außer den stabilen besetzten Elektronenniveaus des Grundzustandes noch energetisch höher liegende Niveaus gibt, in denen das Elektron eine endliche Aufenthaltswahrscheinlichkeit besitzt. Die mittlere Lebensdauer angeregter Niveaus liegt in der Größenordnung 10^{-8} s, ist also sehr lang gegenüber der Dauer des Absorptions- oder Emissionsprozesses von ca. 10^{-15} s. Der Begriff „*Elektronensprung*" erscheint somit in Anbetracht des Unterschiedes von sieben Größenordnungen als gerechtfertigt.

Bei der Serie von Absorptionslinien in Abb. 3-22 ist eine Konvergenz gegen einen oberen Grenzwert zu beobachten. Dies hat zur Folge, daß bei höherer Energiezufuhr als dem *Seriengrenzwert* entspricht keine Absorption in diskrete Niveaus mehr vorkommt. An der kurzwelligen Seite des Absorptionsspektrums tritt das *Seriengrenzkontinuum* auf. Es wird kausal dadurch bedingt, daß die zugeführte Anregungsenergie größer ist als die Dissoziationsenergie für ein Valenzelektron. Gemäß der Einsteinschen Gl. 3-11 bringt das zugeführte Lichtquant $h\nu$ die Elektronenaustrittsarbeit, sprich Dissoziationsenergie, auf und verleiht darüberhinaus dem nunmehr freien Elektron noch zusätzlich kinetische Energie. Den umgekehrten Prozeß bezeichnet man als *Rekombination*, er gibt Anlaß für das Seriengrenzkontinuum in Emission. Auch innerhalb des Kontinuums kommt es natürlich zur Aufnahme zusätzlicher Energie durch die Elektronen über Stöße mit Ionen bzw. zur Abgabe von Energie durch Abbremsung von Elektronen im elektrischen Feld der positiven Ionen (*Elektronenbremsstrahlung*).

3.7.2. Messung von Atomabsorptionsspektren

Geräte zur Messung der Atomabsorptionsspektren bestehen aus einer Lichtquelle, die das Spektrum des interessierenden Elementes aussendet, einem Monochromator, der aus einer Vielzahl von Linien *eine* geeignete heraussucht und einem Empfänger zum quantitativen Nachweis des Lichtquantenstromes. Zwischen Lichtquelle und Monochromator befindet sich eine *Atomisierungseinrichtung*, in welcher die Probe durch Erhitzen thermisch zerlegt wird.

Die Lichtquelle wird als *Hohlkatode* bezeichnet und arbeitet nach dem Prinzip einer Gasentladungslampe (s. Abschnitt 3.6.1.). Die Katode besteht aus einem äußerst reinen Metall und hat die Form eines an einer Seite offenen Hohlzylinders.

Als Füllgas dient Neon oder Argon. Gebildete positive Gasionen werden in dem Spannungsgefälle zwischen Katode und Anode in Richtung auf die Katode beschleunigt und schlagen aus der Katode Metallatome heraus, die nun ihrerseits an der Gasentladung teilnehmen und ihr eigenes Emissionsspektrum aussenden. Der Spektralbereich der Atomabsorptionsspektroskopie geht von der Wellenlänge des Caesiums bei 852,1 nm im nahen Infrarotbereich bis zur Wellenlänge des Arsens im Vakuumultraviolett bei 193,7 nm. Der Monochromator muß den gesamten Spektralbereich überstreichen und hat die Aufgabe, die *Resonanzlinie* des zu untersuchenden Elementes von anderen Emissionslinien abzutrennen. Besonders geeignet sind Monochromatoren mit je einem Gitter für den sichtbaren und den ultravioletten Spektralbereich. Als Empfänger verwendet man am zweckmäßigsten in dem entsprechenden Spektralbereich empfindliche Sekundärelektronenvervielfacher.

Das bekannteste Atomisierungsmittel ist die *Flamme*. Die Probe wird von einem Zerstäuber in eine Kammer gespritzt und dort mit einem aus Acetylen und Luft bestehendem Brenngas gemischt. Dieses Gemisch gelangt dann durch einen Brennerschlitz in die Flamme, wo der thermische Dissoziationsprozeß einsetzt. Es kann jedoch auch eine *flammenlose* Atomisierung durchgeführt werden, indem die Probe in einem glühenden Graphitrohr atomisiert wird.

Mit Hilfe der Atomabsorptionsspektroskopie konnten bisher ca. 70 *metallische Elemente* in kleinsten Mengen bis zu 10^{-13} g nachgewiesen werden. Nicht erfaßt werden bis jetzt nichtmetallische Elemente wie die Halogene, Schwefel und Kohlenstoff, deren Resonanzlinien unterhalb 190 nm liegen. Ein Nachteil dieser Methodik liegt ohne Zweifel darin, daß das Untersuchungsmaterial durch den Verbrennungsvorgang verloren geht.

3.7.3. Messung von Atomemissionsspektren

Die zwei Zweige der *Flammenphotometrie*, nämlich Atomabsorptionsspektroskopie und Atomemissionsspektroskopie unterscheiden sich in ihren physikalischen Grundlagen. Beiden gemeinsam ist die Verwendung einer Flamme, eines Monochromators und eines die Lichtintensität anzeigenden Systems. Die Flamme hat weiterhin gemeinsam, daß sie in beiden Fällen die Substanz atomisiert und damit zerstört. Während jedoch die Atomabsorptionsspektroskopie darauf beruht, daß die Atome Licht, welches von einer speziell angebrachten Lichtquelle ausgeht, absorbiert, wird bei der Atomemissionsspektroskopie ein Bruchteil der Atome in der Flamme thermisch angeregt und damit zu einer Emission veranlaßt.

Die Atomemissionsspektroskopie erlaubt es, in kurzer Zeit die Emission wellenlängenabhängig zu verfolgen und man erhält eine *qualitative Analyse* durch das Messen mehrerer, für ein bestimmtes Element typischer Linien. Auch die *quantitative Analyse* eines Elementes ist möglich. Hierbei ist die Anwendung eines Standards notwendig, der unter gleichen experimentellen Bedingungen mitgemessen werden muß. In einigen Fällen, wie z. B. bei den Alkalimetallen, ist die Empfindlichkeit der Atomemissionsspektroskopie größer als die der Atomabsorptionsspektroskopie. In anderen Fällen wiederum, wie z. B. bei Magnesium, Cadmium und Zink, sind die Verhältnisse umgekehrt. Wesentlich ist, daß man nach beiden Methoden Art und Konzentration von Metallionen auch in biologischen Systemen bestimmen kann. Einige Beispiele werden im folgenden Abschnitt beschrieben.

3.7.4. Einige biologische Anwendungen der Atomemissions- und Atomabsorptionsspektroskopie

In sorgfältig präparierten Proben von Desoxyribonucleinsäure (*DNA*) und Ribonucleinsäure (*RNA*) aus Tier- und Mikrobenmaterial wurden als Spurenmetalle Mg, Ca, Sr, Ba, As, Cr, Mn, Fe, Cu und Zn nachgewiesen. Dabei sind wohl die derzeitig interessantesten die mit Hilfe der Emissionsspektroskopie gefundenen zweiwertigen Kationen der Übergangsmetalle Mn und Zn. Ihre Anteile pro Gramm Nucleinsäure sind in Tab. 3-3 zusammengestellt. Bemerkenswert hoch sind die Zn^{2+}-Anteile, die sich praktisch in allen Präparationen von Mn^{2+} abheben. Die absolut gesehen nur als Spuren zu bezeichnende metallischen Beimengungen sind weit entfernt von der maximalen Aufnahmefähigkeit der Nucleinsäuren für diese Kationen. Aus anderen Untersuchungen ist bekannt, daß sich metallische Kationen an Nucleinsäuren binden. Bei den zweiwertigen Kationen konnte außer der Komplexbildung mit den Phosphatgruppen noch eine Wechselwirkung mit den Stickstoffbasen nachgewiesen werden, die einen erheblichen Eingriff in die Sekundärstruktur der Nucleinsäuren nach sich zieht.

Tabelle 3-3
Anteil von Mangan und Zink als Spurenelemente in isolierten Nucleinsäuren; Werte wurden mit Hilfe der Emissionsspektroskopie ermittelt.

Nucleinsäure	nachgewiesener Anteil [ppm] Mn	Zn
RNA (aus Kalbspankreas)	66	620
RNA (aus Kalbsthymus)	28	200
RNA (aus Pferdeniere)	95	170
RNA (aus Kaninchen-Reticulocyten)	57	170
RNA (aus Euglina gracilis)	73	650
RNA (aus Rattenleber)	33	1300
DNA (aus Rinderleber)	25	120

Eindeutige Beweise für die biologische Bedeutung der Bindung von metallischen Kationen mit den Nucleinsäuren fehlen bisher. Einige ausgewählte Beispiele machen ihre biologische Funktion wahrscheinlich. Mg^{2+} fördert normalerweise die *DNA*-Synthese, bei gleichzeitiger Anwesenheit von Mn^{2+} wird dieser Prozeß gehemmt. In Gegenwart von Mn^{2+} anstelle von Mg^{2+} werden in dem System *DNA* (als Matrize) und *DNA*-Polymerase (als Enzym) bei einer In-vitro-*DNA*-Synthese merkwürdigerweise Ribonucleotide anstelle von Desoxyribonucleotiden in die neusynthetisierte *DNA* eingebaut. Hervorzuheben ist auch die mutationsauslösende Wirkung von Mn^{2+} bei Bakterien. Cu^{2+}-Ionen, die im allgemeinen selbst bei niedrigen Konzentrationen Enzymprozesse hemmen, stellen einen natürlichen Kationengehalt bestimmter Vaccinaviren dar. In geringen Mengen haben Metalle beim Ablauf biochemischer Prozesse eine heute noch weitgehend unverstandene Bedeutung. Auch bei der Optimierung landwirtschaftlicher Tierproduktionen spielen die Spurenmetalle eine wichtige Rolle, zu deren Verständnis die Atomabsorptions- und Atomemissionsspektroskopie mit Sicherheit Beiträge bringen werden.

Tabelle 3-4
Anteile von verschiedenen Metallen in biologisch interessanten Medien. Werte wurden mit Hilfe der Atomabsorptionsspektroskopie ermittelt (auszugsweise entnommen aus einem Bericht der Firma Beckmann)

Substanz	Metall	nachgewiesener Anteil [ppm]	Untersuchungswellenlänge [nm]
NAD	Fe	3,5	248,3
ATP	Fe	11	248,3
	Ca	9,2	422,7
	Mg	7	285,2
Albumin	Fe	0,06	248,3
	Cu	0,17	324,7
	Zn	0,34	213,8
	Ni	0,18	232,0
Blutserum	Fe	1,04	248,3
Stärke	Fe	1,2	248,3
	Na	62	589,0
	K	13,8	766,5
	Mg	8,8	285,2
Brandy	Fe	2,6	248,3
	Cu	0,012	324,7
Wodka	Cu	0,62	324,7

Metalle in variierenden Anteilen sind fast überall zu finden (s. Tab. 3-4). Ihr quantitativer Nachweis in Blut, Harn, Stuhl, Gewebe, Knochen usw. gibt für den Arzt eine zusätzliche diagnostische Hilfe.

3.8. Elektronenspektroskopie von Molekülen

3.8.1. Theoretische Deutung von Elektronenspektren

Ähnlich wie bei den Atomen, wird bei Absorption von Licht durch Moleküle ein auf einer äußeren molekularen Bahn befindliches Elektron durch Absorption eines Lichtquants in eine höher gelegene nicht besetzte molekulare Bahn gehoben. Im Gegensatz zu den Atomen steht jedoch bei den mehratomigen Molekülen eine größere Zahl von Elektronen zur Verfügung, die für einen Absorptionsakt in Frage kommen. Mit hoher Wahrscheinlichkeit findet die Absorption nur *eines* Lichtquantes statt. Zweiquantenprozesse sind bei hohen Lichtintensitäten möglich, sollen aber im Rahmen dieser Betrachtung nicht interessieren. Desweiteren wird eine Absorption durch Elektronen in den inneren abgesättigten Schalen, die im Bereich des Röntgenlichtes bei Wellenzahlen um 10^9 cm^{-1} bis 10^6 cm^{-1} (Wellenlängen von 0,01 nm bis 10 nm) liegt, hier nicht diskutiert.

Die Absorption von ultraviolettem und sichtbarem Licht wird durch die für das chemische Verhalten der Moleküle verantwortlichen ***bindenden*** und ***nichtbindenden*** Elektronen bestimmt. σ-Elektronen werden durch kurzwelliges ultraviolettes Licht mit Wellenzahlen größer $50 \cdot 10^3$ cm^{-1} (Wellenlängen kleiner 200 nm) in eine antibindende σ^*-Bahn angehoben. In analoger Weise werden die vergleichsweise lockerer gebundenen π-Elektronen durch ultraviolettes und sichtbares Licht mit Wellenzahlen von $50 \cdot 10^3$ cm^{-1} bis $10 \cdot 10^3$ cm^{-1} (Wellenlängen von 200 bis 1000 nm) in eine antibindende π^*-Bahn angehoben. Neben den ***σ—σ^*- und π—π^*-Übergängen*** kann auch in einem ***n-π^*-Übergang*** ein nichtbindendes (n) Elektron eines freien Elektronenpaares, z. B. bei Sauerstoff oder Stickstoff, aus seinem nichtbindenden n-Zustand in das nächst höher gelegene π^*-Orbital angehoben werden (Abb. 3-23). Starke Absorptionen im ultravioletten und sichtbaren Spektralbereich sind aber bei organischen Verbindungen mit π-Elektronen in der Regel π—π^*-Übergängen zuzuschreiben.

Sie bestimmen die Farbe eines organischen Farbstoffes und ergeben die bei Nucleinsäuren und Proteinen dominierenden starken Absorptionen im ultravioletten Spektralbereich.

Es erscheint an dieser Stelle angebracht, auf die Unterschiedlichkeit der Begriffe „***nichtbindend***" und „***antibindend***" hinzuweisen. Die nichtbindenden Elektronenpaare sind an dem Zustandekommen einer hauptvalenten Bindung nicht wesentlich beteiligt. Sie haben jedoch bei der Ausbildung der vergleichsweise schwachen Wasserstoffbrückenbindungen eine entscheidende Funktion. Demgegenüber entspricht der antibindende Zustand einem aus quantenmechanischen Betrachtungen folgenden höher gelegenen Energieniveau, in welchem die Bindung zwischen zwei Atomen geschwächt ist.

Auffallend beim Vergleich mit den Linienspektren der Atome oder Atomionen ist, daß die Absorption sich bei Molekülen über einen breiten Spektralbereich erstreckt. Man spricht von sog. Absorptionsbanden, die bei bestimmten organischen

Verbindungen, z. B. den aromatischen Kohlenwasserstoffen, eine ausgeprägte Feinstruktur aufweisen.

Viele organische Verbindungen sind in der Lage, die aufgenommene Anregungsenergie wieder in Form von Licht abzugeben. Man nennt diese Erscheinung *Fluoreszenz*. Auch die Fluoreszenzbande ist breit und ist, gegensätzlich zur Emis-

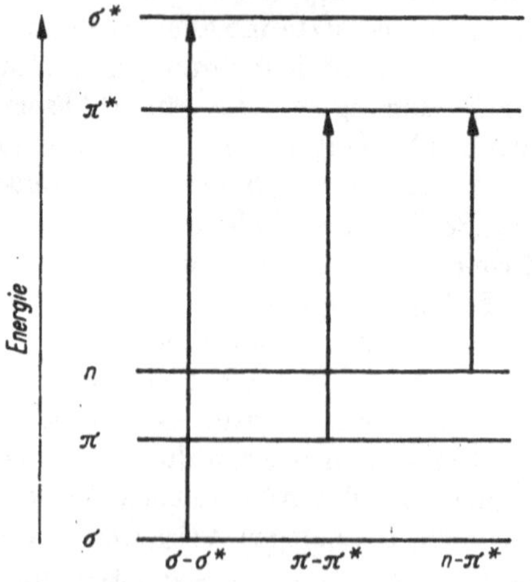

Abb. 3-23. Schematische Darstellung der Energieniveaus von Elektronen einer σ-Bindung, einer π-Bindung und der nichtbindenden *n*-Elektronen im Grundzustand und im angeregten Zustand (mit * gekennzeichnet).
π- und *n*-Elektronen gehen bei Lichtabsorption beide in den π*-Zustand über.

sion bei Atomen und Atomionen, im Vergleich zur Absorptionsbande deutlich nach kleineren Wellenzahlen (längeren Wellenlängen) verschoben (STOKES*sche Regel*).

Das spektroskopische Verhalten der Moleküle wird anhand des *Prinzips von* FRANCK *und* CONDON verständlich, welches am Beispiel einer zweiatomigen Molekel besprochen werden soll. Dazu seien die Potentialkurven des Elektronengrund- und anregungszustandes betrachtet, wie sie im Falle eines anhormonischen Oszillators auftreten (s. Abschnitt 5., „Infrarotspektroskopie“ und Abb. 3-24).

Das Nullniveau liegt nicht genau im Minimum der Potentialkurven, da wegen der HEISENBERGschen *Unschärferelation* die Atome keine scharfen Ortskoordinaten besitzen können. Man kann lediglich sagen, daß sich ihre maximale Aufenthaltswahrscheinlichkeit bei einem Abstand r_g befindet. Dieser auch am absoluten Nullpunkt nicht zu eliminierende Energieanteil wird als Nullpunktsenergie bezeichnet und formal einer Kernschwingung, der sog. *Nullpunktsschwingung*, zugeordnet.

Die Schwingungen der meisten Kerne sind bei Zimmertemperatur nicht angeregt. Der Absorptionsprozeß startet demnach aus dem Nullniveau. Dem FRANCK-CONDON-Prinzip liegt die plausible Aussage zugrunde, daß bei Anhebung eines

Elektrons in eine höher gelegene Bahn die Atomkerne ihre Lagen nicht ändern. Die im Vergleich zu Elektronen um 3–4 Größenordnungen schwereren Atomkerne bleiben bei einer plötzlichen Lageänderung eines Elektrons vermöge ihrer Träg-

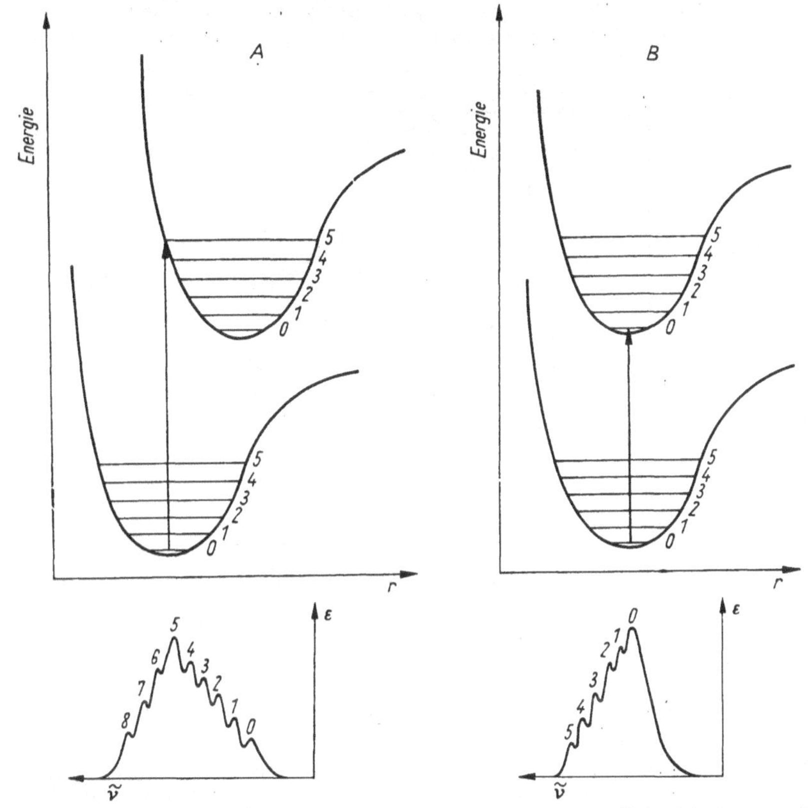

Abb. 3-24. Erläuterung des FRANCK-CONDON-Prinzips am Beispiel einer zweiatomigen Molekel.

In den Darstellungen *A* und *B* repräsentieren die unteren Potentialkurven den Elektronengrundzustand, die oberen den angeregten Zustand. Die Schwingungsniveaus 0 bis 5 sind durch horizontale Striche in den Potentialmulden angedeutet. Diese Striche geben die Bewegungsrichtungen schwingender Massen an, wobei sich die Umkehrpunkte der Schwingungen auf der Potentialkurve befinden. Im Falle *B* liegen die Potentialkurven des Grund- und Anregungszustandes direkt übereinander, im Falle *A* ist die Potentialkurve des Anregungszustandes nach größeren Atomabständen verschoben. Die resultierenden Elektronenabsorptionsbanden für die beiden Fälle sind unter Berücksichtigung der Schwingungsstrukturen im unteren Teil des Bildes dargestellt.

heit praktisch in Ruhe. Dies kommt auch darin zum Ausdruck, daß die Schwingungszeiten von Kernen mit 10^{-11} bis 10^{-12} s um ca. 3–4 Größenordnungen länger sind als die Schwingungszeiten der Elektronen mit 10^{-15} s. Unveränderte Kernlagen bei Absorption bedeuten in dem Potentialkurvenschema von Abb. 3-24 vertikale Übergänge. Höchste Aufenthaltswahrscheinlichkeit haben die Kerne im Umkehrpunkt, also auf der Potentialkurve selbst. Mit anderen Worten: Die Gleichgewichtslage r_g des Elektronengrundzustandes entspricht (z. B. in Abb. 3-24a) dem Umkehrpunkt der 5. Kernschwingung des Elektronenanregungszustandes. Der Elektronenabsorptionsprozeß ist mit der Anregung von Kernschwingungen im Elektronenanregungszustand gekoppelt. Schräge Übergänge im Potentialkurvenschema ergeben verminderte Extinktionen. Die Mitbeteiligung von Kern-

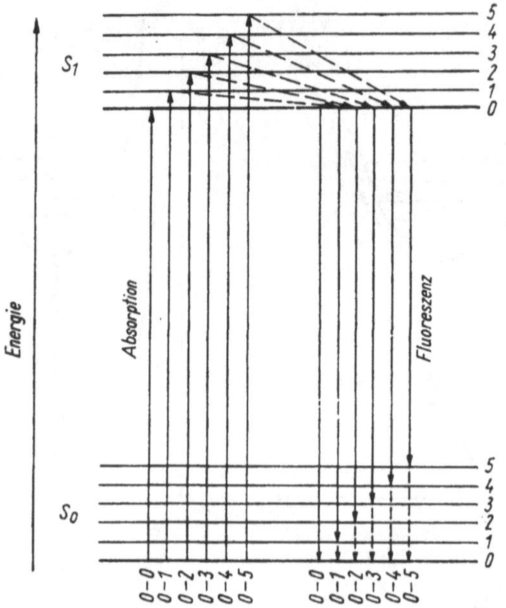

Abb. 3-25. Zur Entstehung von Absorptions- und Fluoreszenzbanden bei Molekülen.

S_0 = Singulettgrundzustand; S_1 = erster angeregter Singulettzustand; durchgezogene Linien bedeuten Strahlungsübergänge (Absorption, Fluoreszenz), gestrichelte Linien strahlungslose Übergänge. Die Gesamtzahl der zu einem Elektronenübergang gehörenden Schwingungsübergänge (0–0, 0–1, ...) bilden unter Berücksichtigung des FRANCK-CONDON-Prinzips die Absorptions- bzw. Fluoreszenzbande. Die Tatsache, daß der kürzeste Absorptionspfeil dem längsten Fluoreszenzpfeil gleich ist, erklärt die bathochrome Verschiebung der Fluoreszenzbande (STOKESsche Regel).

schwingungen zeichnet dafür verantwortlich, daß Moleküle Absorptionsbanden und keine Absorptionslinien ergeben. Die Schwingungsstruktur wird bei Lösungsspektren oft nicht mehr aufgelöst und es resultiert eine glatte Absorptionsbande.

Die Anregungszustände der Moleküle leben, wie auch die der Atome, um 10^{-9} s–10^{-8} s oder länger. Während dieser Zeit sind die Kernschwingungen abgeklungen und aus dem Nullpunktsniveau des Anregungszustandes findet der Fluoreszenzübergang statt, der, wieder dem FRANCK-CONDON-Prinzip entsprechend, in angeregte Kernschwingungszustände des Elektronengrundzustandes führt. Das Termschema in Abb. 3-25 läßt erkennen, daß für den 0–0-Übergang Absorptions- und Fluoreszenzpfeil gleich lang sind (gleiche Energie). In jedem anderen Falle, vor allem für die vertikalen Übergänge, die den Bandenmaxima entsprechen, sind die Fluoreszenzpfeile kürzer (geringere Energie). Dies erklärt die andersartige spektrale Lage der Fluoreszenzbande. Man sagt, die Fluoreszenzbande ist gegenüber der Absorptionsbande *bathochrom* (langwellig), die Absorptionsbande gegenüber der Fluoreszenzbande *hypsochrom* (kurzwellig) verschoben.

3.8.2. Fluoreszenz und Phosphoreszenz

Der Begriff Fluoreszenz wurde bereits im vorangegangenen Abschnitt eingeführt und das Entstehen einer Fluoreszenzbande diskutiert. Fluoreszenzen entsprechen, wie die ihnen zuzuordnenden kräftigen Absorptionen, in der Regel $\pi-\pi^*$-Übergängen.

Außer dem FRANCK-CONDON-Prinzip ist es das sog. Multiplizitätsverbot, welches die Intensität eines Absorptions- oder Emissionsüberganges in entscheidender Weise mit bestimmt. Bei den starken Absorptionsübergängen vom $\pi-\pi^*$-Typ wird die in der chemischen Bindung vorliegende antiparallele Spinorientierung der zwei beteiligten Elektronen beibehalten. Gleiches gilt für den umgekehrten Prozeß, der zur Ausstrahlung von *Fluoreszenzlicht* führt. Man sagt, die Übergänge sind *multiplizitätserlaubt*. Elektronische Zustände mit antiparallelen Elektronenspins bezeichnet man als *Singulettzustände*. Entsprechend kennzeichnen S_0 und S_1 den Singulettgrundzustand und den ersten angeregten Singulettzustand.

Es gibt aber Hinweise dafür, daß sich unterhalb von S_1 ein Elektronenniveau befindet, in welchem der Spin des einen Elektrons „umgeklappt“ ist (Abb. 3-26). Elektronische Zustände mit parallelem Elektronenspin bezeichnet man als *Triplettzustände*. T_1 kennzeichnet den niedrigsten Triplettzustand. Übergänge zwischen Singulett- und Triplettzuständen sind infolge der dazu notwendigen Spinumkehr bei einem Elektron *spinverboten*. Die äußerst intensitätsschwachen $S_0 \rightarrow T_1$-Absorptionen sind daher nur unter Aufwand besonderer technischer Hilfsmittel zu beobachten. Allerdings besteht die Möglichkeit, den Triplettzustand T_1 über eine (erlaubte) $S_0 \rightarrow S_1$-Absorption und einen sich anschließenden strahlungslosen und spontanen Übergang von S_1 nach T_1 schwach zu bevölkern. Dies reicht aus, um den spinverbotenen schwachen Emissionsprozeß $T_1 \rightarrow S_0$ bei tiefen Temperaturen beobachten zu können. Man bezeichnet ihn als *Phosphoreszenz*. Die Lebensdauern der Triplettzustände liegen zwischen 10^{-6} s und einigen Sekunden, sind demnach immer länger als die erster angeregter Singulettzustände. Der biradikalische Charakter und die langen Lebensdauern der Triplettzustände spielen in der Photochemie eine wichtige Rolle (s. Abschnitt 3.13.).

Fluoreszenzen und Phosphoreszenzen werden oft in intensitätsproportionalen, ansonsten aber willkürlichen Skalenteilchen gemessen. Eine von Meßmethodik und Meßapparatur unabhängiges Maß ist die nach Gl. 3-14 definierte Quantenausbeute.

$$\eta = \frac{\textit{Anzahl der emittierten Lichtquanten}}{\textit{Anzahl der absorbierten Lichtquanten}} \qquad (3\text{-}14)$$

Die Quantenausbeute kann Werte zwischen Eins und Null annehmen. Im ersten Falle ist die Desaktivierung durch Strahlung der einzige Prozeß, während im zweiten überwiegenden Falle strahlungslose Desaktivierungen eine Lichtemission vollständig ausschließen. Tatsächlich sind die meisten chemischen Verbindungen fluoreszenzunfähig. Über den Zusammenhang zwischen chemischer Struktur und Fluoreszenz organischer Verbindungen gibt es verschiedene, nicht

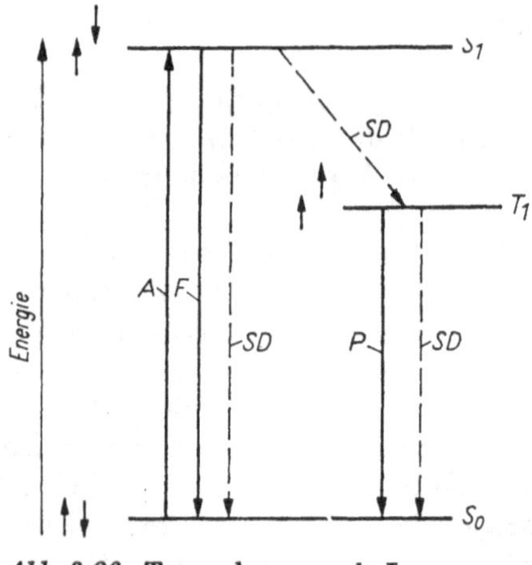

Abb. 3-26 Termschema nach JABLONSKI.

Zur Vereinfachung der Darstellung sind die Kernschwingungsniveaus weggelassen worden, so daß die Übergänge alle 0–0-Übergänge sind. Strahlungsübergänge sind mit durchgezogenen Pfeilen, strahlungslose Übergänge mit unterbrochenen Pfeilen gekennzeichnet. An der linken Seite der Terme sind die Spinorientierungen der zwei an einer Bindung beteiligten Elektronen angegeben. Antiparalleler Spin = Singulettzustand (S_0, S_1), paralleler Spin = Triplettzustand (T_1); A = Absorption, F = Fluoreszenz, P = Phosphoreszenz; SD = strahlungslose Desaktivierung.

in allen Details gesicherte Vorstellungen. Bei der folgenden Besprechung ausgewählter Beispiele von biochemischem Interesse wird Gelegenheit sein, darauf, sowie auf verschiedene noch nicht besprochene Eigenschaften von Lichtabsorptions- und Emissionsprozessen einzugehen.

Die Anregung eines π-Elektrons bei ebenen Molekülen erfolgt durch Verschiebung von Elektronenladung in der Molekülebene. Damit ist klar, daß nur eine Lichtwelle, deren elektrischer Vektor in der Molekülebene schwingt, zur Anregung der Elektronen optimal befähigt ist (s. z. B. Abb. 3-28). Ist diese Bedingung von vornherein nicht erfüllt, so wird nur die Komponente des elektrischen Vektors wirksam, die in der Molekülebene liegt.

Strahlt man in eine isotrope (nicht orientierte) Lösung mit polarisiertem Licht ein (zur Erzeugung siehe Abschnitt 4.), so tritt eine Lichtemission nur bei den Molekülen in Erscheinung, die auf Grund ihrer zum Zeitpunkt der Anregung existierenden Lage die oben genannte Voraussetzung besitzen. Sofern dafür gesorgt wird, daß während der Lebensdauer des angeregten Moleküls von ca. 10^{-8} s dieses seine Position nicht ändert, was z. B. durch Einfrieren der Lösung erreicht werden kann, so ist auch das Fluoreszenzlicht polarisiert. Allerdings ist die Schwingungsebene des polarisierten Fluoreszenzlichtes zur Schwingungsebene des Erregerlichtes um einen bestimmten Winkel α gedreht. Dies wird dadurch bedingt, daß die Richtung, in der die Elektronen verschoben werden, von der Elektronenverteilung im gesamten Molekül abhängt, diese aber für den Grund- und Anregungszustand in der Regel verschieden ist (s. Abschnitt 3.12.). Die statistisch orientierten Moleküle einer eingefrorenen Lösung werden demnach Fluoreszenzlicht aussenden, welches parallel (F_p) und senkrecht (F_s) zum Erregerlicht polarisierte Komponenten enthält. Der Polarisationsgrad $p = \frac{F_p - F_s}{F_p + F_s}$ hängt von dem Winkel α ab. Die Theorie liefert als Grenzwerte $p = 0{,}5$ für $\alpha = 0°$ und $p = 0{,}33$ für $\alpha = 90°$. Bei dem trivialen Fall einer vollständigen *Rotationsdepolarisation* in einer fluiden Lösung ist natürlich das Fluoreszenzlicht zu 100% durch die Brownsche Molekularbewegung depolarisiert, es gilt $F_p = F_s$ und $p = 0$. Mißt man p als Funktion der Wellenzahl $\tilde{\nu}$ oder der Wellenlänge λ, so erhält man *Polarisationsgradspektren*.

Die Möglichkeiten dieses Zweiges der Spektroskopie können hier nur angedeutet werden. Bei spektralen Überlagerungen verschiedener polarisierter Fluoreszenzen oder von Fluoreszenz und Phosphoreszenz lassen sich durch Polarisationsgradmessungen die Komponenten wieder trennen. Im letzten Falle macht sich günstig bemerkbar, daß die Fluoreszenzemission meist in der Molekülebene, die Phosphoreszenzemission hingegen senkrecht zur Molekülebene polarisiert ist. Wird die Anregungsenergie nicht von den absorbierenden Spezies selbst wieder abgegeben, sondern an ein anderes Molekül weitergeleitet, bevor Lichtemission einsetzt, so führt dies zu einer Depolarisation. Polarisationsgradmessungen geben also auch Auskunft über eine *Wanderung der Anregungsenergie* zwischen verschiedenartigen Chromophoren.

3.9. Elektronenspektroskopie von Nucleinsäuren

3.9.1. Absorption von Nucleinsäuren

Die Absorption der Nucleinsäuren mit einem Maximum bei ca. $38{,}5 \cdot 10^3$ cm^{-1} (entsprechend 260 nm) wird primär durch die heterocyclischen Nucleinsäurebasen bedingt. Zucker- und Phosphatreste liefern unterhalb $50 \cdot 10^3$ cm^{-1} (entsprechend 200 nm) keinen nennenswerten Beitrag. Die *UV*-Spektroskopie spielt bei der Untersuchung von Eigenschaften und Strukturen sowie bei der quantitativen Analyse der Nucleinsäuren eine wesentliche Rolle. Der Hauptanteil der Absorption entspricht einem π—π^*-Übergang. Durch die Aufnahme eines Lichtquantes wird ein bindendes π-Elektron einer Purin- oder Pyrimidinbase aus einem Grundzustand in einen elektronisch angeregten antibindenden π^*-Zustand überführt. Zusätzlich gibt es sowohl bei Purinen als auch bei Pyrimidinen einen an der langwelligen Flanke der kräftigen π—π^*-Absorptionsbande befindlichen intensitätsschwachen n-π^*-Übergang. In diesem Falle wird ein nichtbindendes, am Stickstoff- oder Sauerstoffatom befindliches n-Elektron in ein antibindendes π^*-Niveau angehoben.

π-π^*- und n-π^*-Übergänge unterscheiden sich hinsichtlich ihrer Polyrisationseigenschaften. Benutzt man für Absorptionsmessungen *linear polarisiertes Licht* und eine geordnete Struktur der Basenpaare, in der z. B. alle Molekülebenen

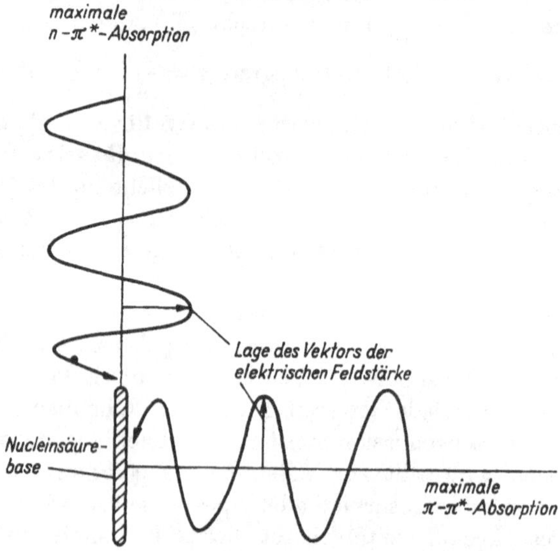

Abb. 3-27. **Zum Nachweis von $\pi-\pi^*$- und $n-\pi^*$-Absorptionen in Nucleinsäuren; die Sinuslinien zeigen eine Momentaufnahme der örtlichen Veränderung des Vektors der elektrischen Feldstärke.**

parallel ausgerichtet sind, so ist die Extinktion dann maximal, wenn der elektrische Vektor der Lichtwelle in der Molekülebene schwingt. Dies ist leicht verständlich, wenn man bedenkt, daß sich Elektronen nur in Richtung des Vektors der elektrischen Feldstärke und π-Elektronen darüberhinaus bevorzugt in der Molekülebene bewegen. Im Gegensatz hierzu werden die an Heteroatomen befindlichen n-Elektronen bei der Lichtabsorption senkrecht zur Molekülebene einer Nucleinsäurebase bewegt. Abb. 3-27 veranschaulicht das Verhalten in einer schematischen Darstellung. Da man somit für linear polarisiertes Licht, je nachdem, ob der elektrische Vektor in der Basenebene oder senkrecht zur Basenebene schwingt, unterschiedliche Absorptionsspektren erhält, bezeichnet man das Verhalten als *Lineardichroismus.* Über die Erzeugung von linear polarisiertem Licht wird in Abschnitt 4. gesondert berichtet. Allerdings setzen lineardichroitische Untersuchungen zumindest eine teilweise Ausrichtung der absorbierenden Spezies voraus. Dies kann durch verschiedene Verfahren erreicht werden. So ist es möglich, bei Dipolmolekülen durch ein starkes elektrisches Feld eine Ausrichtung der Dipole in der

Feldrichtung zu erwirken. Sofern es sich um langgestreckte Moleküle handelt, ist eine Ausrichtung in einer strömenden Flüssigkeit zu erreichen. Schließlich kann auch durch ein Ausstreichen viskoser Lösungen in Filmen eine Orientierung der gelösten Moleküle erzielt werden. Die zwei zuletzt genannten auf mechanischen Kräften beruhenden Verfahren sind insbesondere bei linear gebauten Polymeren

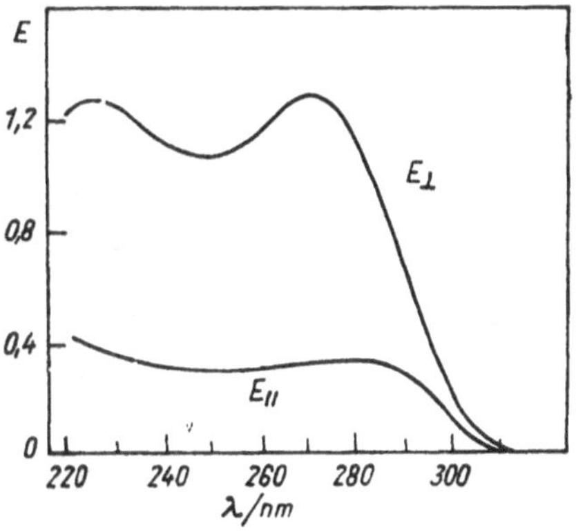

Abb. 3-28. ***UV*-Dichroismus für einen orientierten Film von Polycytidylsäure.**

$E_\perp$ = Extinktion, wenn der elektrische Vektor des Lichtes senkrecht zur Helixachse schwingt
$E_\parallel$ = Extinktion, wenn der elektrische Vektor des Lichtes parallel zur Helixachse schwingt.

und Biopolymeren anwendbar. Abb. 3-28 zeigt das Absorptionsspektrum von Polycytidylsäure senkrecht und parallel zur Helixachse gemessen. Im ersten Falle entspricht die Absorption vorwiegend der π-π^*-Bande, während im zweiten Falle außer einem π-π^*-Anteil, der von nicht orientierten Basen herrühren kann, noch die langwellige n-π^*-Absorption deutlich hervortritt. Ein ähnliches Verhalten ist prinzipiell auch bei Nucleinsäuren zu beobachten.

3.9.2. Hyperchromieeffekt. Helix-Knäuel-Übergang bei Denaturierung

Wenn man von den Nucleinsäurebasen zu den Nucleosiden und Nucleotiden übergeht, ist das Absorptionsverhalten, abgesehen von geringen Einflüssen der Zuckerkomponente, im Wesentlichen mit der Absorption der methylierten Basen vergleichbar, sofern die Methylgruppe anstelle des Zuckerphosphatrestes eingeführt wird. Mono- und Polynucleotide, einschließlich *DNA* und *RNA*, unterscheiden sich jedoch markant in ihrem molaren dekadischen Absorptionskoeffizienten ε, sofern man die Molarität des Polynucleotids als Molarität der das Polymere aufbauenden Nucleotide angibt. Vielfach wurde bestätigt, daß die Absorption von Polynucleotiden kleiner ist als die Summe der beteiligten Nucleotide. Mit anderen Worten: Das Absorptionsspektrum eines Polynucleotids zeigt im Vergleich zu einer äquimolaren Mischung der entsprechenden Mononucleotide *Hypochromie*. Wird durch äußere Einflüsse eine Zunahme von ε induziert, so spricht man von *Hyperchromie*. Zeigt z. B. eine Nucleinsäure nur 60% der Extinktion der sie aufbauenden Mononucleotide, so beträgt die Hypochromie 0,4 oder 40% und die maximale durch äußere Einflüsse induzierte Hyperchromie 40/60 = 0,67 oder 67%.

Die Ursache der Hypochromie in Polynucleotiden hängt kausal mit der Existenz einer geordneten Struktur zusammen. Dies zeigt die Tatsache, daß extreme Umgebungseinflüsse bei *DNA*, z. B. hohe Temperatur, niedriger und hoher pH-Wert sowie niedrige Ionenstärke des Lösungsmittels zu einer Beseitigung der

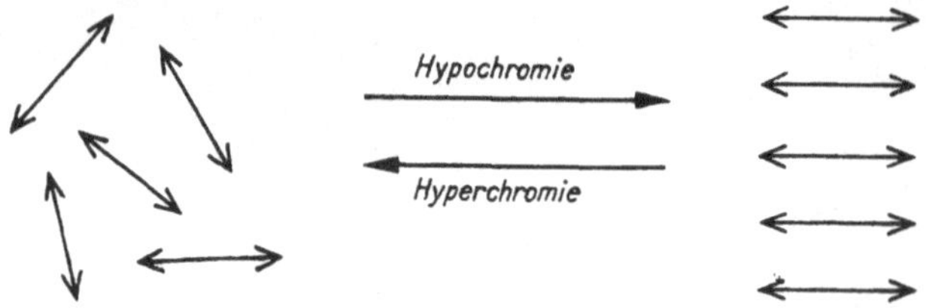

Abb. 3-29. **Zur Entstehung der Hypochromie beim Übergang von einer ungeordneten zu einer gestapelten Anordnung von Nucleinsäurebasen.**

Der umgekehrte Vorgang führt zur Hyperchromie. Die Doppelpfeile kennzeichnen die in den Basenebenen liegenden Übergangsdipole.

geordneten doppelhelikalen Struktur und damit zur Hyperchromie führen (Abb. 3-29). Es ist versucht worden, das geschilderte spektroskopische Verhalten über die zwischen den Basen eines Polynucleotids existierenden Wechselwirkungen zu interpretieren. Dazu geht man von folgender Voraussetzung aus: Unter dem Einfluß des elektrischen Feldes einer Lichtwelle werden Teile der π-Elektronenladungen in der Basenebene verschoben. Ein dadurch induziertes elektrisches Dipolmoment wechselt seine Richtung mit der Frequenz der Lichtwelle. Das kurzzeitige Auftreten von elektrischen Dipolen macht das π-Elektronensystem stärker polar. Eine auf diese Weise polarisierte Nucleinsäurebase erzeugt in den parallel orientierten benachbarten Basen ein elektrisches Feld, welches sich mit dem elektrischen Feld der Lichtwelle überlagert. Eine hier nicht ausgeführte theoretische Betrachtung zeigt, daß das geschilderte Phänomen ein Auftreten von Hypochromie zu erklären vermag. Nach dem Induktionsgesetz muß nämlich das von den induzierten Dipolen ausgehende elektrische Feld die Ursache seines Entstehens, d. h. das elektrische Feld der zu absorbierenden Lichtwelle, schwächen. Damit wird auch das effektive elektrische Feld der Lichtwelle in den parallel orientierten benachbarten Basen geringer. Es resultiert ein kleineres *Übergangsdipolmoment* im Absorptionsprozeß und, da die Absorption von Licht dem Quadrat des Übergangsdipolmomentes direkt proportional ist, eine verminderte Lichtabsorption. Das Auftreten einer Hypochromie kann somit ohne Berücksichtigung von Resonanzeffekten, wie sie bei der Basenstapelung durch Überlappung der π-Elektronenwolken benachbarter Basen gut möglich sind, interpretiert werden. Die Basenstapelung schafft aber mit der regelmäßigen geometrischen Anordnung der π-Elektronensysteme eine wesentliche Voraussetzung für die Hypochromie. Man kann daher mit voller Berechtigung Änderungen in der Sekundärstruktur von Oligo- und Polynucleotiden über eine Messung des Hypochromieeffektes qualitativ und quantitativ verfolgen.

Hypochromie tritt bereits bei Dinucleotiden auf. Sie wächst mit der Kettenlänge eines Oligonucleotids und erreicht einen maximalen Wert bei Kettenlängen

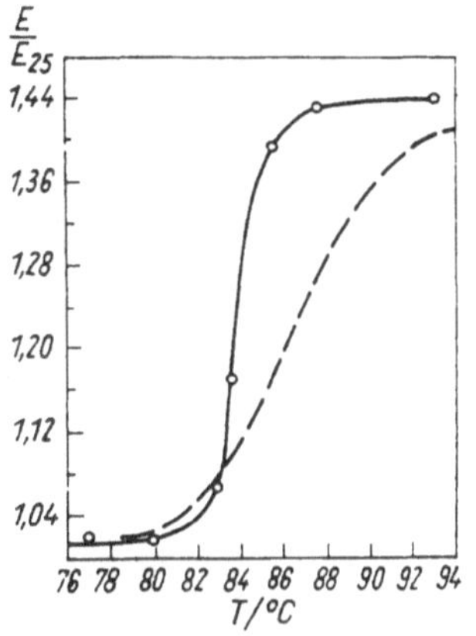

Abb. 3-30. Relative Extinktionsänderung $\frac{E}{E_{25}}$ im Maximum der Absorptionsbanden von *DNA* des Bakteriophagen *T4r* und von Kalbsthymus-*DNA* bei Erhöhung der Temperatur (*SSC*-Puffer, pH 7).
E_{25} = Extinktion bei Zimmertemperatur.

von 10—15 Nucleotiden. Dabei spielen offensichtlich Wasserstoffbrückenbindungen zwischen den Basen keine entscheidende Rolle. Allerdings kommt in den Nucleinsäuren, und zwar bei *DNA* in stärkerem Maße als bei *RNA*, ein hypochromer Anteil hinzu, der mit der Ausbildung von Helices und Doppelhelices über Wasserstoffbrückenbindungen zwischen den Basen im Zusammenhang steht. Obwohl die Paarung von Adenin und Thymin sowie Guanin und Cytosin über Wasserstoffbrückenbindungen die Spezifität in der identischen Replikation der *DNA* bedingt, reichen jedoch die genannten Bindungskräfte nicht aus, um z. B. die Stabilität der nativen *DNA* zu garantieren. Es besteht kaum Zweifel darüber, daß das umgebende Lösungsmittel eine wichtige Funktion besitzt. Die Stabilität einer Nucleinsäurehelix ist am größten in Wasser unter physiologischen Bedingungen bezüglich der Salzkonzentration, des pH-Wertes und der Temperatur. Hohe und niedrige pH-Werte, niedrige Salzkonzentration ($< 1 \cdot 10^{-3}$ mol NaCl) und eine Erhöhung der Temperatur lassen durch eine Zunahme der Extinktion erkennen, daß die *native* Nucleinsäure in eine *denaturierte* übergegangen ist. Die Temperaturabhängigkeit der Extinktion für zwei verschiedene Desoxyribonucleinsäuren veranschaulicht Abb. 3-30. Die Temperatur im Wendepunkt der *S*-förmigen Kurven bezeichnet man als *Schmelztemperatur* T_m (m = melting). Sie gibt diejenige Temperatur an, bei welcher sich die Hälfte der Basenpaare im nativen doppelhelikalen Zustand, die andere Hälfte aber bereits in der denaturierten *Knäuelform* befindet (Abb. 3-31). Der relativ steile Übergang zwischen beiden

Formen wird durch die *Kooperativität* des Schmelzprozesses bedingt und erklärt somit die formale Ähnlichkeit zum Schmelzen eines Kristalls. Ein gebrochenes Basenpaar erleichtert das Öffnen der Wasserstoffbrückenbindungen in den be-

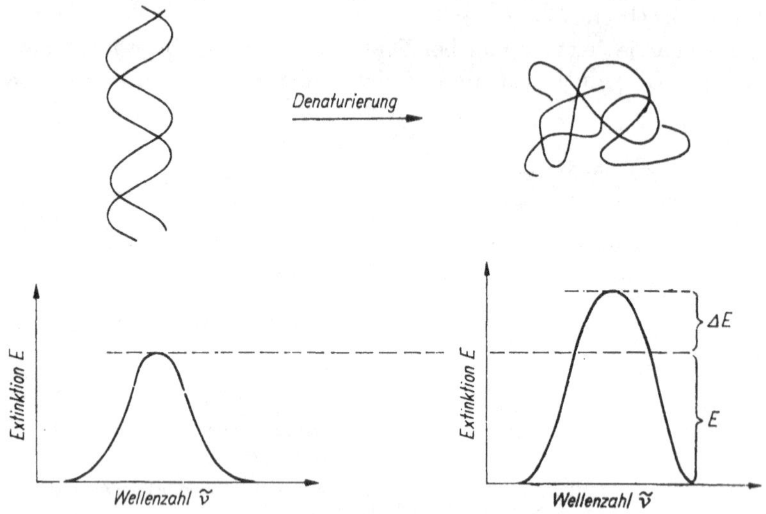

Abb. 3-31. Helix-Knäuelübergang der *DNA* bei Denaturierung und die daraus folgenden Extinktionsänderungen im Absorptionsspektrum.

Man bezeichnet das Verhältnis $\Delta E/\Delta E + E$ als Hypochromie, das Verhältnis $\Delta E/E$ als Hyperchromie (s. Zahlenbeispiel im Abschnitt 3.9.2.).

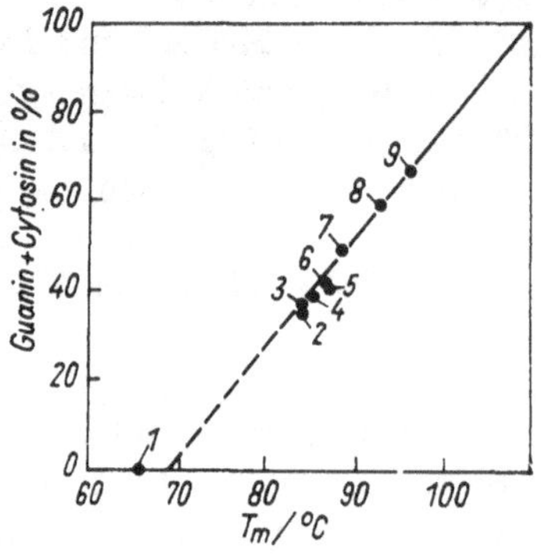

Abb. 3-32. Abhängigkeit des T_m-Wertes vom Guanin-Cytosin-Gehalt in % verschiedener Desoxyribonucleinsäuren (*SSC*-Puffer, pH 7).

1: *Poly dAT*, *2*: DNA des Bakteriophagen *T4r*, *3*: *DNA* aus Hefe, *4*: *DNA* aus *Diplococcus pneumoniae*, *5*: *DNA* aus Lachssperma, *6*: *DNA* aus Kalbsthymus, *7*: *DNA* aus *Escherichia coli K* 12, *8*: *DNA* aus *Serratia marcescens*, *9*: *DNA* aus *Micrococcus phlei*.

nachbarten Basenpaaren, diese induzieren wiederum ihre Nachbarbasenpaare auseinander zu gehen usw. Es bilden sich auf der gesamten Länge des *DNA*-Moleküls einsträngige Schleifen, von welchen aus sich die *DNA* wie ein Reißverschluß öffnet (Abschnitt 1.5.).

Der T_m-Wert ist eine von vielen Faktoren abhängige Kenngröße. Besonders hervorzuheben ist aber die Zunahme des T_m-Wertes mit wachsendem Anteil an

Guanin-Cytosin-Basenpaaren (*GC*) der *DNA* (Abb. 3-32). Es kann daraus gefolgert werden, daß *GC*-reiche *DNA* eine größere Stabilität besitzt. Die molekulare Ursache hierfür ist wahrscheinlich darin zu suchen, daß das *GC*-Basenpaar durch *drei* Wasserstoffbrückenbindungen, das *AT*-Basenpaar hingegen nur durch *zwei* zusammengehalten wird. In letzter Zeit ist zur Messung von Schmelzkurven auch die Infrarotspektroskopie mit Erfolg eingesetzt worden (s. Abschnitt 5.9.5.).

Die Elektronenspektroskopie wird routinemäßig auch zur quantitativen Bestimmung von Nucleinsäurekonzentrationen herangezogen. Dabei mißt man die Extinktion der Nucleinsäurelösung bei der Wellenlänge 260 nm in einer Küvette von 1 cm Schichtdicke. In guter Näherung gilt für Kalbthymus-*DNA* $E_{1\mathrm{cm}}^{1\%} = 200$, d. h. einer 1%igen *DNA*-Lösung wäre eine Extinktion von 200 zuzuordnen. In Anbetracht des oben besprochenen Hyperchromieeffektes ist es notwendig sorgfältig darauf zu achten, daß sich die Nucleinsäure auch wirklich in dem gewünschten Zustand, z. B. in der nativen Form, befindet. Der molare dekadische Extinktionskoeffizient ε ist nur angebbar, wenn man die molare Konzentration an Nucleotiden kennt. Somit muß zusätzlich zur Messung der Extinktion E noch eine analytische Phosphatbestimmung vorgenommen werden. Der auf die Phosphatkonzentration bezogene ε-Wert, genannt ε_P, beträgt für Kalbsthymus-*DNA* 6500 cm²/m mol. Die ε_P-Werte sind unterschiedlich für verschiedene Desoxyribonucleinsäuren.

3.9.3. Lumineszenz von Nucleinsäuren

Es wurde bereits im Abschnitt 3.9.1. erwähnt, daß von den Komponenten einer Nucleinsäure, nämlich den heterocyclischen Basen und den Zucker- und Phosphatresten, nur die Basen zur Absorption von Licht der Wellenlängen $\lambda > 200$ nm beitragen. Dies bedeutet, daß auch die Emission von Licht, der ja ein Absorptionsakt vorausgegangen sein muß, nur von diesen Spezies ausgehen kann und unter Berücksichtigung der Ausführungen im Abschnitt 3.8.2. nur bei Wellenlängen $\lambda > 260$ nm zu erwarten ist. Die Purine und Pyrimidine haben jedoch bei neutralem pH-Wert und bei Zimmertemperatur geringe Fluoreszenzquantenausbeuten von 10^{-4} und im Falle der Nucleoside und Nucleotide von 10^{-5}. Für die Polynucleotide liegen sie vermutlich sogar noch niedriger und sind nur mit hohem technischem Aufwand meßbar. Das bedeutet, daß die strahlungslose Desaktivierung der elektronischen Anregungsenergie mit einer Ausbeute von nahezu 1 verläuft. Derartig hohe Quantenausbeuten für die strahlungslose Vernichtung der Anregungsenergie werden oft für heterocyclische Verbindungen mit freien Elektronenpaaren an einem Heteroatom beobachtet. Die Quantenausbeute der Fluoreszenzemission steigt sofort an, wenn die Nucleinsäurebasen in einem ionisierten Zustand vorliegen. Da man hierbei chemische Veränderungen der Basen durch pH-induzierte Protonierungs- oder Dissoziationsprozesse in Kauf nehmen muß, dürften die Abweichungen von dem natürlichen Zustand nicht unerheblich sein. Sie sind auf jeden Fall größer als bei den üblicherweise durchgeführten Messungen in eingefrorenen Medien, etwa bei der Temperatur des flüssigen Stickstoffs (−196 °C). Die Fluoreszenzquantenausbeuten liegen dann in den Größenordnungen 10^{-2} bis 10^{-1}. Offensichtlich zeichnet für die Desaktivierung des angeregten Singulettzustandes auch das umgebende Lösungsmittel mit verantwortlich. Mit abnehmender Temperatur sinkt gleichzeitig die Beweglichkeit und somit auch die Wahrscheinlichkeit von Zusammenstößen zwischen Lösungsmittelmolekülen und gelösten Molekülen, bei welchen die Anregungsenergie in Bewegungsenergie, also in Wärme, umgewandelt wird. Je länger der Anregungszustand existiert, umso größer ist die Wahrscheinlichkeit für die angegebene strahlungslose Desaktivierung. Die Lebensdauern der Singulettzustände S_1 angeregter Nucleinsäurebasen liegen in der Größenordnung von 10^{-9} s, die der Triplettzustände T_1 in der Größenordnung von Sekunden. Der $T_1 \rightarrow S_0$-*Phosphoreszenzübergang* ist somit bei Zimmertemperatur überhaupt nicht nachweisbar. Nur bei tiefer Temperatur (−196 °C) beobachtet man die als Phosphoreszenz bekannte Lichtemission mit Quantenausbeuten zwischen 10^{-3} und 10^{-1}. Nach dem *Termschema von* Jablonski (Abb. 3-26) ist der Phosphoreszenzübergang energieärmer als der Fluoreszenzübergang und befindet sich somit auf der langwelligen Seite der Fluoreszenzbande, wobei sich beide überlagern. Eine quantitative Abtrennung der Phosphoreszenz von der Fluoreszenz ist mit Hilfe eines *Phosphoroskops* möglich.

Oligonucleotide und Polynucleotide zeigen noch eine weitere Besonderheit im Fluoreszenzverhalten. Wird z. B. die Fluoreszenz eines Dinucleotids, bestehend aus den Komponenten A und B, untersucht, so tritt deutlich eine neue strukturlose Fluoreszenzbande auf, die weder der Komponente A noch der Komponente B zugeordnet werden kann. Ein solches Verhalten wird so gedeutet, daß die eine elektronisch angeregte mit der anderen im Grundzustand befindlichen Komponente eine nur während der Lebensdauer des angeregten Singulettzustandes stabile, angeregte Molekülverbindung ausbildet. Dabei ist es gleichgültig, ob A oder B primär angeregt worden sind.

$$A^* + B \rightleftharpoons A^*B \leftrightarrow AB^* \qquad (3\text{-}15)$$

$$A + B^* \rightleftharpoons AB^* \leftrightarrow A^*B \qquad (3\text{-}16)$$

Die Hin- und Rückpfeile in den Gl. 3-15 und 3-16 kennzeichnen ein thermodynamisches Gleichgewicht und die Doppelpfeile die Resonanz zwischen möglichen Grenzstrukturen. Der Stern an den Buchstaben symbolisiert den angeregten Zustand. Man nennt die aus unterschiedlichen Komponenten A und B bestehende angeregte Molekülverbindung einen *Exciplex*, verbal entstanden aus „excited complex" (angeregter Komplex). Sind A und B identisch, so spricht man von einem *Excimeren*, welches verbal aus „excited dimer" (angeregtes Dimer) hervorgeht. In Abb. 3-33 wird das Entstehen von Exciplexen oder Excimeren an einem Potentialkurvenschema erläutert. Nur die obere Kurve, bei welcher eine Komponente angeregt ist, zeigt ein Potentialminimum bei einem bestimmten Abstand der Molekülebenen beider Reaktionspartner. Dies ist die Voraussetzung für die Bildung eines stabilen Komplexes, bei welchem die Molekülebenen parallel übereinanderliegend gedacht werden müssen. Die untere Potentialkurve gilt für den Grundzustand. Sie zeigt kein Minimum. Eine Komplexbildung im Grundzustand findet demnach nicht statt.

In Oligo- und Polynucleotiden sind die elektronischen und sterischen Voraussetzungen zur Ausbildung von Exciplexen günstig und viele der möglichen durch die Anzahl der Basen gegebenen Kombinationen wurden über ihre typischen Fluoreszenzen nachgewiesen. *DNA* selbst zeigt eine Fluoreszenz, die weitgehend von

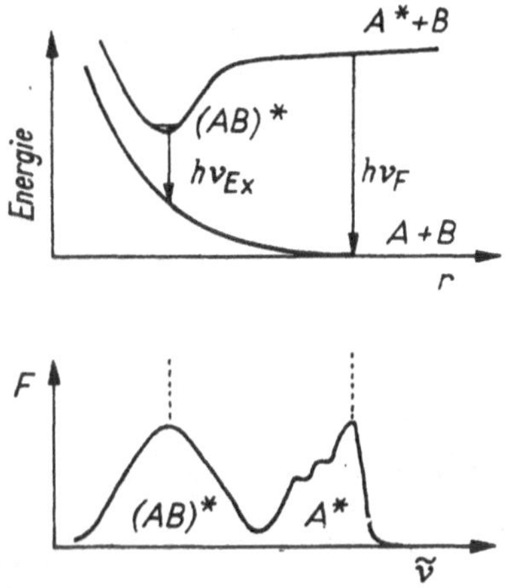

Abb. 3-33. Potentialdiagramm zur Bildung von Exciplexen.

$h\nu_F$ kennzeichnet ein von einem Monomeren emittiertes, $h\nu_{Ex}$ ein von einem Exciplex emmitiertes Lichtquant. Im unteren Teil des Bildes sind die Banden der Monomeren- und der Exciplexfluoreszenz dem Potentialschema zugeordnet worden. Die geringere Länge des $h\nu_{Ex}$-Pfeiles bedeutet Rotverschiebung (Bathochromie) der Exciplex- gegenüber der Monomerenfluoreszenz; F = Fluoreszenzintensität, r = Abstand zwischen den zwei Molekülen A und B.

AT-Exciplexen stammt, so daß möglicherweise *AT*-Stellen eine Senke für die an beliebigen Stellen in der *DNA* aufgenommene Anregungsenergie darstellt. Es folgt andererseits aus Phosphoreszenzmessungen, daß die energetische Lage der Triplettniveaus der Basen in der Reihenfolge Cytosin > Guanin > Adenin > Thymin abnimmt. Von allen häufigen in der *DNA* vorkommenden Basen besitzt demnach Thymin den niedrigsten angeregten Zustand, Singulett- und Triplettzustände eingeschlossen. Das *DNA*-Phosphoreszenzspektrum ist somit im Wesentlichen mit dem des Thymins identisch. Es ist noch unsicher, auf welchem Wege die Anregungsenergie von der Absorptionsstelle bis zum Thymin gelangt. Es ist denkbar, daß die S_1-Zustände der Basen durch strahlungslose Interkombination $S_1 \rightarrow T_1$ desaktiviert und die entsprechenden T_1-Zustände angeregt werden, von denen aus dann die Energie zum T_1-Zustand des nächsten Thymins wandert. Zum anderen ist es aber auch möglich, daß die Anregungsenergie zwischen den S_1-Zuständen der Basen wandert und sich schließlich in den *AT*-Exciplexen konzentriert. Eine stahlungslose Desaktivierung der Exciplexe, die neben der Fluoreszenz fast immer beteiligt ist, würde dann den T_1-Zustand von Thymin anregen (Abb. 3-34). Wie dem auch sein mag, Thyminbasen sind die letzte Möglichkeit für den Erhalt wenigstens eines Teiles der Anregungsenergie in der *DNA*. Von hier aus geht sie dann endgültig verloren, zu einem großen Teil als Wärme, die an die Umgebung abgegeben wird, aber auch als chemische Energie zur photochemischen Bildung von *Thymindimeren.* Darüber wird noch im Abschnitt 3.13. berichtet.

Soviel sei jedoch hier schon gesagt: Obwohl Thymindimere einen schwerwiegenden genetischen Schaden für die lebenden Organismen darstellen, sind sie eine zwangsläufige Erscheinung des spektroskopischen Verhaltens der *DNA* und die Natur ist auf sie eingestellt. Sie werden durch verschiedene enzymatische Repara-

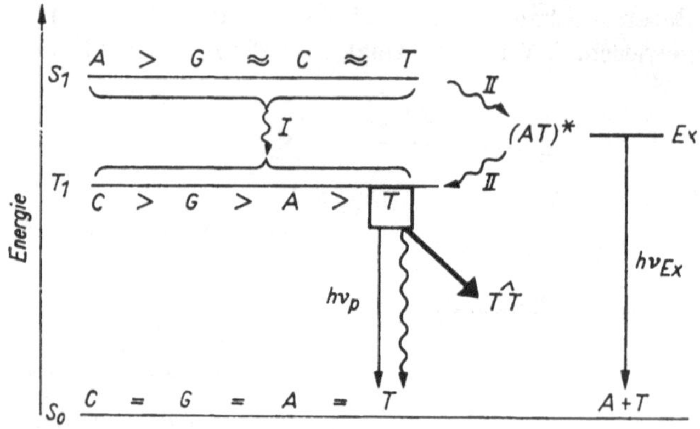

Abb. 3-34. Energiewanderung in *DNA*.

Es bedeuten: S_0 = Singulettgrundzustand; S_1 = 1. angeregter Singulettzustand; T_1 = Triplettzustand; $h\nu_p$ = Phosphoreszenz; $h\nu_{Ex}$ = Exciplexfluoreszenz; *A* = Adenin, *C* = Cytosin, *G* = Guanin, *T* = Thymin; gerader dünner Pfeil: Strahlungsübergang; geschwungener Pfeil: strahlungsloser Übergang; gerader dicker Pfeil: Thymindimerisation; *I* und *II*: Möglichkeiten strahlungsloser Übergänge von S_1 nach T_1; die geschwungenen Klammern deuten an, daß der strahlungslose Übergang von S_1 nach T_1 über den Weg *I* nicht einzelnen Basen zugeordnet werden kann.

turmechanismen wieder beseitigt, Leben und Funktion bleiben erhalten. Auftretende Fehler in den komplizierten Ausbesserungsprozessen führen oft zu abgewandelten Formen. Somit ist das ultraviolette Licht als ein bedeutsamer Faktor in der Kausalfolge Variation—Selektion anzusehen, durch welche letzten Endes die Evolution bedingt wird.

3.10. Bindung von Wirkstoffen mit Nucleinsäuren

Es ist ein allgemeingültiges Prinzip, daß eine Substanz nur dann ein biologisches System beeinflussen kann, wenn durch eine physikalisch-chemische Wechselwirkung der fraglichen Substanz mit Komponenten des biologischen Systems eine Störung in dem normalen biochemischen Lebenslauf der Zelle induziert wird. Dabei fungieren für die *biologisch-aktive Substanz* vorwiegend Proteinkomponenten, z. B. Enzyme, und Nucleinsäuren, die im Rahmen dieses Abschnittes ausschließlich betrachtet werden sollen, als Receptoren.

Ohne Zweifel spielen bei der Suche nach den Ursachen der Wirkung Farbstoffe vor allem aus der Acridinreihe eine wichtige Rolle. Sie sind bekannt durch ihre das Bakterienwachstum und die Multiplikation von Viren und Bakteriophagen hemmende Wirkung und erzeugen ferner chromosomale und extrachromosomale Mutationen bei verschiedenen Phagen bzw. in den Mitochondrien von Hefezellen.

Versuche zur Lebendfärbung von Zellen mit dem Farbstoff Acridinorange ließen vermuten, daß sich der Farbstoff besonders dort akkumuliert, wo nucleinsäurereiche Stellen zu vermuten sind, also z. B. in den Zellkernen. Für den optischen Nachweis des Farbstoffs wird außer der Farbe auch dessen Fluoreszenzfähigkeit herangezogen. Dabei fiel auf, daß die grüne Fluoreszenz von Acridinorange, wie sie an den gefärbten lebenden Zellen beobachtet werden konnte, in eine rote Fluoreszenz umschlug, wenn die Zellen nicht mehr lebten. Die Neigung vieler Farbstoffe, sich in der Nähe von Nucleinsäure bevorzugt anzuhäufen, wird auch durch die in letzter Zeit stärker entwickelte Technik zur Charakterisierung von Eukaryotenchromosomen durch typische bei der Färbung entstehende Verteilungsmuster des Farbstoffs herangezogen.

Seit den Arbeiten von Michaelis im Jahre 1947 weiß man, daß isolierte Nucleinsäuren mit *basischen Farbstoffen* in *Komplexbildungsreaktionen* eingehen können. Absorptions- und Fluoreszenzmessungen haben insbesondere zum Nachweis und zur Differenzierung der Komplexe in entscheidender Weise beigetragen. Der Methodik liegt das plausible Prinzip zugrunde, daß die Bindung eines Farbstoffs an ein Substrat, z. B. eine Nucleinsäure, einen Eingriff in die Elektronenstruktur der Farbstoffmoleküle nach sich zieht, welche sich dann in dem Elektronenspektrum zu erkennen gibt. Da sich im *UV*-Bereich die Absorptionsbanden der Farbstoffmoleküle und der Nucleinsäurebasen stark überlagern, werden Bindungsuntersuchungen bevorzugt an der langwelligen im sichtbaren Spektralbereich gelegenen Farbstoffbande durchgeführt. Diese ist, wie ihr hoher molarer dekadischer Extinktionskoeffizient beweist, meist vom π-π^*-Typ. Zwei deutlich verschiedene spektrale Effekte lassen auf *zwei* Bindungsarten schließen. *Bindungsart I* äußert sich in einer *bathochromen* und *Bindungsart II* in einer *hypsochromen* Verschiebung des Absorptionsmaximums (Abb. 3-35). Im ersten Falle werden die Farbstoffmoleküle zwischen die Basenpaare der Nucleinsäuren eingeschoben (*Intercalation*). Dies bedeutet, daß mit der Bindung auch strukturelle Veränderungen verbunden sind, die den Nucleinsäurefaden verlängern und versteifen. Insbesondere die Verlängerung ist wahrscheinlich dafür verantwortlich zu machen, daß Codierungsprozesse nicht mehr normal ablaufen. So kommt es bei der Replikation der *DNA* zu *Rasterverschiebungsmutationen*, deren molekulare Ursachen darin zu suchen sind, daß durch die Anwesenheit eines gebundenen Farbstoffmoleküls entweder eine Base zu viel (*Insertion*) oder eine Base zu wenig (*Deletion*) in den Tochterstrang eingebaut wird. Dieser Fehler überträgt sich im Transkriptionsprozeß auf die *RNA* und im Translationsprozeß dann weiter auf das Protein. Hier wird er insofern in verstärktem Maße wirksam, als jeweils eine Folge von drei Basen (Basentriplett) *eine* Aminosäure codiert und durch Verschiebung der Basensequenz in der *RNA* um nur eine Stelle die Aminosäuresequenz eines Proteins völlig durcheinander gerät.

Bindungsart *II* kann man als eine nucleinsäureinduzierte ***Eigenassoziation*** von Farbstoffmolekülen ansehen oder, mit anderen Worten gesagt, die Tendenz vieler Farbstoffarten Eigenassoziate auszubilden wird in Gegenwart der Nucleinsäuren verstärkt. Daß für diesen Prozeß die Nucleinsäurebasen keine entscheidende Rolle spielen wird durch die Tatsache bestätigt, daß polymerisierte Phosphatgruppen, wie sie z. B. in einem anorganischen Polyphosphat vorliegen, den gleichen Kom-

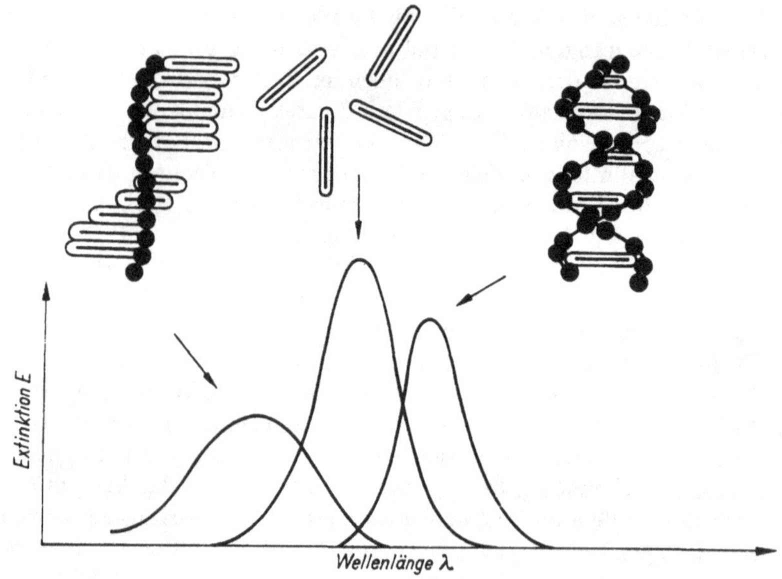

Abb. 3-35. **Spektrale Lage der langwelligen π—π^*-Absorptionsbande eines Farbstoffkations im freien Zustand (Mitte), durch Intercalation zwischen die Basenpaare der *DNA* (rechts) und als Eigenassoziate an der Außenseite der *DNA* (links) gebunden.**

plextyp ausbilden können. Bindungsprozeß *II* verläuft ***kooperativ,*** d. h. ein an einer beliebigen Stelle der Polyphosphatkette gebundenes Farbstoffmolekül induziert die Nachbarstellen ebenfalls zur Aufnahme von Farbstoffmolekülen. Das typische Erscheinungsbild dieser Bindung im Absorptionsspektrum ist das Verschwinden der langwelligen monomeren Farbstoffbande und das gleichzeitige Auftreten einer kurzwellig verschobenen intensitätsschwachen Bande, die Farbstoffdimeren und höheren Assoziaten entspricht. Dabei wird die Farbstofflösung stark entfärbt.

Auch in dem *Fluoreszenzverhalten* der Farbstoffmoleküle läßt sich die Komplexbildung mit Nucleinsäuren erkennen. Bindungsart *I* kann, abhängig von der Art des gewählten Fluoreszenzfarbstoffes und der Nucleinsäure, sowohl zu einer *Abnahme* (Löschung) als auch zu einer *Zunahme* der Fluoreszenzquantenausbeute führen. Die spektrale Lage der Fluoreszenzbande und damit die Farbe der Fluoreszenzemission werden durch den Bindungsprozeß nur geringfügig beeinträchtigt. Dies ist anders bei Bindungsart *II*. Hier erfolgt, bedingt durch die Abnahme der Konzentration an monomeren Farbstoffmolekülen, auch eine Abnahme der den Monomeren zuzuordnenden Fluoreszenz. Gleichzeitig taucht aber die für Dimere und höhere Assoziate typische Fluoreszenzemission auf. Für den Acridinfarbstoff Acridinorange äußert sich dies in einem Fluoreszenzumschlag von grün (Monomere) nach rot (Assoziate). Damit konnte die eingangs beschriebene Änderung in der Fluoreszenzfarbe dieses Farbstoffs nach dem Absterben einer Zelle eindeutig der Änderung in der Bindungsart zugeschrieben werden. Da Bindungsprozeß *II* bevorzugt an einsträngigen Nucleinsäuren beobachtet werden kann, legt dies die Deutung nahe, das verstärkte Auftreten denaturierter Nucleinsäuren in den abgestorbenen Zellen als Ursache für den Fluoreszenzumschlag zu diskutieren.

Da bevorzugt kationische Farbstoffe mit *DNA* oder *RNA* in Komplexbildungsreaktionen eingehen, könnte man auf Grund der unterschiedlichen Ladungen von Farbstoff (positiv) und Nucleinsäure (negativ) elektrostatische Wechselwirkungen als für die Bindung verantwortlich ansehen. Das ist jedoch nach neuen Untersuchungen nicht vollständig richtig. So tragen van der Waalssche Kräfte (s. Abschnitt 1.3.) durch die Wechselwirkung der Farbstoffmoleküle mit den Nucleinsäurebasen bei Bindungsart *I* und durch die Wechselwirkung der als Dimere oder höhere Assoziate gebundenen Farbstoffmoleküle untereinander bei Bindungsart *II* zur Komplexbildung bei. Darüberhinaus gibt es Hinweise dafür, daß die Struktur des Wassers von Bedeutung ist. Denn nur in Gegenwart von Wasser wird eine Anlagerung der Farbstoffmoleküle an die Nucleinsäuren beobachtet. Zusätze von organischen Lösungsmitteln zu den Nucleinsäurelösungen reduzieren die Komplexbildungstendenz beträchtlich.

Polarisierte Fluoreszenz von organischen Farbstoffen tritt in wäßrigem Medium bereits bei Zimmertemperatur auf, sofern die Farbstoffmoleküle an Nucleinsäuren gebunden sind. *Rotationsdepolarisation* durch Brownsche Molekularbewegung wird deshalb weitgehend unterdrückt, da sich während der Lebensdauer des angeregten Zustandes die im Vergleich zur Masse des gebundenen Liganden sehr große Masse der Nucleinsäure praktisch kaum bewegt. Man sollte deshalb im komplexgebundenen Zustand einen ähnlichen Polarisationsgrad finden, als wenn die Farbstoffmoleküle sich in einer eingefrorenen Glyzerinlösung befinden. Mehrfach bestätigt wurde, daß dies nicht der Fall ist. So ergibt sich für an *DNA* gebundenes Proflavin der Polarisationsgrad $p = 0{,}375$, für Proflavin in eingefrorenem Glyzerin aber $p = 0{,}468$. Die Fluoreszenz ist demnach im ersten Falle stärker depolarisiert. Als plausible Ursache hierfür wird diskutiert, daß *DNA* keineswegs ein vollkommen starres Stäbchen darstellt, sondern lokal sehr schnell ablaufende Konformationsänderungen Anlaß zu einer teilweisen Depolarisation der Fluoreszenz geben (s. Abschnitt 1.4.4.).

Sind gleichzeitig zwei fluoreszenzfähige Spezies an Nucleinsäure angelagert, so kann eine *Energieübertragung* von der absorbierenden Form (Donator) zu der die Fluoreszenz vorwiegend aussendenden Form (Acceptor) stattfinden. Liegen die Fluoreszenzbanden beider in verschiedenen Spektralbereichen, so sind über die

Änderungen der Fluoreszenzintensitäten Aussagen über eine Energieübertragung möglich. Dieses Verfahren versagt, wenn sich die Fluoreszenzbanden überlappen. Sind jedoch die Fluoreszenzpolarisationen, wie z. B. im Falle des Proflavin-*DNA*-Komplexes und des Acridinorange-*DNA*-Komplexes, verschieden, so können aus den Polarisationsgradmessungen auch dann noch Informationen über eine Energieübertragung gewonnen werden, wenn sich die Fluoreszenzbanden beider Farbstoffe überlagern. In dem genannten Energieübertragungsprozeß dient Proflavin als Donator und Acridinorange als Acceptor. Grundsätzlich ist auch eine Übertragung der elektronischen Anregungsenergie von einer Nucleinsäurebase (Donator) zu einem Farbstoff (Acceptor) denkbar. Dies führt zu einer *protektiven Wirkung* auf die Nucleinsäure, da die Möglichkeit zu photochemischen Veränderungen vermindert worden ist.

Läßt man *DNA*-Moleküle durch eine Kapillare strömen, so tritt eine *Strömungsorientierung* ein, bei welcher sich die fadenförmigen Makromoleküle längs der Strömung ausrichten. Polarisationsuntersuchungen zeigen, daß die Fluoreszenz bei einigen an *DNA* gebundenen Farbstoffarten dann am größten ist, wenn der elektrische Vektor des anregenden linear polarisierten Lichtes senkrecht zur Strömungsrichtung und damit senkrecht zur Helixachse schwingt. Das gleiche gilt für den elektrischen Vektor des emittierten Fluoreszenzlichtes. Somit ist anzunehmen, daß auch die Ebenen der Farbstoffmoleküle senkrecht zur Helixachse orientiert sind, ein Resultat, welches mit der Intercalationshypothese im Einklang steht.

3.11. Elektronenspektroskopie von Proteinen

3.11.1. Absorption von Proteinen

Die charakteristische Absorptionsbande der Proteine mit einem Maximum bei ca. 280 nm ist fast vollständig den aromatischen Aminosäuren zuzuordnen. Der Anteil der verschiedenen Aminosäuren an der Gesamtabsorption unterscheidet sich aber erheblich. Die dominierende Rolle spielt offensichtlich das Indolringsystem des *Tryptophans*, gefolgt von der Phenolgruppe im *Tyrosin*. Äußerst gering ist der Beitrag des Phenylrestes im *Phenylalanin* (Abb. 3-36) sowie der anderen aromatischen Aminosäuren (Cystin, Cystein). Die Peptidgruppe dürfte an der Absorption bei 280 nm nur unwesentlich beteiligt sein, da ihr molarer dekadischer Absorptionskoeffizient mit $\varepsilon \approx 10\ \frac{\mathrm{cm}^2}{\mathrm{m\,mol}}$ um zwei bis drei Größenordnungen unter dem der aromatischen Aminosäuren liegt.

Eine quantitative spektroskopische Bestimmung der Aminosäurezusammensetzung eines Proteins ist, da die Absorptionsbanden sich doch weitgehend überlagern, schwierig. Eine Ausnahme hiervon stellt Tyrosin dar. Die phenolische OH-Gruppen dissoziiert im alkalischen pH-Bereich, wobei sich das Maximum der Absorption erhöht und um 20 nm nach längeren Wellenlängen, also bathochrom, verschiebt. Der Dissoziationsprozeß der OH-Gruppe verläuft ungestört bei Insulin und findet praktisch nicht statt in Albumin. Dies wird so gedeutet, daß im ersten Falle die OH-Gruppen frei, im letzten durch Wasserstoffbrückenbindungen mit anderen Teilen des Proteins gebunden sind. Erst wenn Albumin einer denaturierenden Behandlung unterzogen worden ist, sind die OH-Gruppen einer alka-

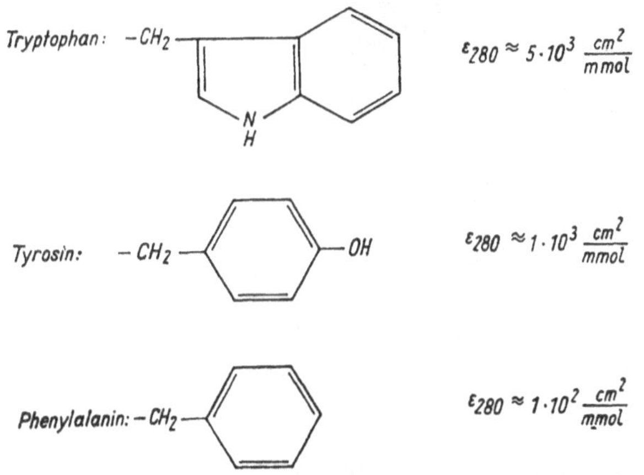

Abb. 3-36. **Darstellung der absorbierenden Gruppen in den aromatischen Aminosäuren Tryptophan, Tyrosin und Phenylalanin und Angabe der angenäherten molaren dekadischen Extinktionskoeffizienten bei $\lambda = 280$ nm. (Das Bild zeigt die Aminosäurereste.)**

lischen Titration zugängig. Somit gibt die Spektroskopie, wie nicht näher ausgeführt werden kann, zusätzlich zur quantitativen Tyrosinbestimmung die Möglichkeit, die Anteile an freien und gebundenen Phenolgruppen in einem Protein zu ermitteln.

Obwohl Hypochromie, ähnlich wie bei Nucleinsäuren bereits besprochen, auch in den Absorptionsspektren verschiedener synthetischer Polypeptide von Tyrosin, Tryptophan und Phenylalanin beobachtet werden konnte, spielt sie bei den Proteinen nicht diese ausgezeichnete Rolle. Dies deshalb, da die Wahrscheinlichkeit einer räumlichen Nachbarschaft aromatischer Aminosäuren, die Anlaß zur Überlappung der π-Elektronensysteme geben könnte, nicht sehr hoch ist.

3.11.2. Lumineszenz von Proteinen

Die aromatischen Aminosäuren Phenylalanin, Tyrosin und Tryptophan zeigen bei Anregung mit Licht der Wellenlänge 254 nm (Quecksilberresonanzlinie) *Fluoreszenz*. Fluoreszenzquantenausbeuten und Wellenlängen der Fluoreszenzmaxima können aus Tab. 3-5 entnommen werden. Es fällt auf, daß sich die Fluoreszenzemission, ausgehend von Phenylalanin über Tyrosin zum Tryptophan hin, bathochrom verschiebt, so daß die Fluoreszenz des Tryptophans bereits zu ca. 15%

Tabelle 3-5
Fluoreszenzquantenausbeuten ∅ von aromatischen Aminosäuren und Proteinen

Substanz	∅	λ_{max}/nm	Phenyl-alanin-gruppen	Tyrosin-gruppen	Tryptophan-gruppen
Phenylalanin	0,04	282	1	—	—
Tyrosin	0,2	303	—	1	—
Tryptophan	0,2	348	—	—	1
Insulin	0,04	304	6	8	—
Ribonuclease	0,02	304	3	6	—
Trypsin	0,08	332	4	9	4
Chymotrypsin	0,1	332	6	4	7
Pepsin	0,13	342	13	16	4

als violette Lichtemission mit dem unbewaffneten Auge beobachtbar ist. Ansonsten ist die Fluoreszenz des Phenylalanins der des Grundbausteins Benzol sehr ähnlich. Das gleiche gilt für Tyrosin und Phenol sowie für Tryptophan und Indol.

Phenylalanin ist die einzige in der *Gelatine* enthaltene, aromatische Aminosäure. Somit ist leicht einzusehen, daß die Fluoreszenzemission der Gelatine weitgehend mit der des Phenylalanins übereinstimmt. Im Gegensatz dazu besitzen *Insulin* und *Ribonuclease* Phenylalanin und Tyrosin, aber kein Tryptophan. Man beobachtet aber ausschließlich die Fluoreszenz des Tyrosins, während die Fluoreszenz des Phenylalanins vollständig gelöscht wird. Untersucht man die alle drei aromatischen Aminosäuren enthaltenden Proteine *Trypsin*, *Chymotrypsin* und *Pepsin*, so findet man ausschließlich die Fluoreszenz des Tryptophans, während die Fluoreszenzen von Phenylalanin und Tyrosin vollständig gelöscht werden. Die Fluoreszenzquantenausbeuten der aromatischen Aminosäuren im Protein sind aber meist geringer als für die isolierten Komponenten. Dieses Verhalten weist eindeutig darauf hin, daß die Fluoreszenzeigenschaften der Aminosäuren im Protein anders sind als bei den freien Aminosäuren. Insbesondere ist auffallend, daß in der Regel nur die Fluoreszenz derjenigen Aminosäure mit der längsten Fluoreszenzwellenlänge auftritt. Zwei photophysikalische Prozesse werden als Ursache diskutiert. Einmal nimmt man an, daß die von Phenylalanin durch die Absorption von Licht aufgenommene Energie durch den Prozeß einer *Resonanzenergieübertragung* auf das Tyrosin übergehen kann. Dieser Vorgang ist dann möglich, wenn sich die Fluoreszenzbande des *Donators* (Phenylalanin) mit der Absorptionsbande des *Acceptors* (Tyrosin) überlagert und darüber hinaus eine Wechselwirkung zwischen beiden Chromophoren vorliegt. Das mechanische Analogon dazu wären zwei durch eine Feder gekoppelte nahezu gleichartige Pendel. Wird eines der beiden Pendel in Schwingungen versetzt (Donator), so gibt es über die verbindende Feder seine Schwingungsenergie an das andere Pendel (Acceptor) ab und kommt selbst zur Ruhe. Dieser Prozeß kann grundsätzlich in umgekehrter

Richtung ablaufen und den Ausgangszustand wieder herstellen. Im Falle der Übertragung von Anregungsenergie durch Resonanzkopplung wird jedoch meist ein höher gelegenes Schwingungsniveau des ersten angeregten Singulettzustandes des Acceptors erreicht, von wo aus sich schnell (in 10^{-12}—10^{-11} s), durch Abklingen der Kernschwingungen, das Schwingungsnullniveau des Anregungszustandes einstellt. Dadurch wird die Resonanz gestört und die Rückführung der Energie weniger wahrscheinlich. Der geschilderte Prozeß ist prinzipiell verschieden von dem einfachen Fall, daß der Donator seine Energie durch Fluoreszenz emittiert und dieses Licht vom Acceptor wieder absorbiert wird. Eine Energieübertragung durch Resonanzkopplung spielt zum anderen nicht die dominierende Rolle für das System Tyrosin—Tryptophan. Dies wird wahrscheinlich dadurch bedingt, daß die Fluoreszenz des Tyrosins selbst leicht gelöscht wird und somit die Chance zu einer Energieübertragung auf einen geeigneten Acceptor nur gering ist. Daraus ergibt sich zwangsläufig, daß die zu beobachtende starke Fluoreszenz des Tryptophans in einem Protein in hohem Maße durch *UV*-Licht zustande kommt, welches von Tryptophan selbst absorbiert worden ist.

Einen starken Hinweis für eine Übertragung der elektronischen Anregungsenergie innerhalb eines Proteins durch Resonanzkopplung findet man bei Hämproteinen. So zeigen *Hämoglobin* und *Myoglobin* nur eine sehr geringe Fluoreszenz. Es wird angenommen, daß die primär von aromatischen Aminosäuren absorbierte Anregungsenergie zur *prosthetischen* Gruppe übertragen wird. Nur so ist die beobachtete photochemische Dissoziation der CO-Myoglobinbindung durch Licht, welches von den aromatischen Aminosäuren absorbiert worden ist, zu verstehen. Wird eine chromophore fluoreszenzfähige Substanz, z. B. Dimethylaminonaphthalinsulfonylchlorid, kovalent an ein Hämprotein gebunden (*Konjugat*), so tritt eine Resonanzenergieübertragung vom Chromophor zur Hämgruppe auf und die Fluoreszenz des Chromophors wird gelöscht. Dies ist nicht mehr möglich, wenn das Eisen in der Hämgruppe durch Reduktion aus der Ferri- in die Ferro-Form überführt wurde. Die reversible zwischenmolekulare Bindung des *Coenzyms* Dihydronicotinamidadenindinucleotid (*NADH*) mit einer *Dehydrogenase* ist ein weiteres Beispiel dafür, wo die Tryptophanfluoreszenz des Proteins durch die prostetische Gruppe (*NADH*) gelöscht wird. Es tritt eine sensibilisierte Fluoreszenz des *NADH* auf (analog Reaktion 3-24).

3.12. Bindung von Wirkstoffen mit Proteinen

Ebenso wie Nucleinsäuren so sind auch Proteine in der Lage, kleinere Moleküle zu binden. Dazu zählen vor allem anionische Verbindungen, wie die *sauren Farbstoffe* Fluorescein und Eosin, und verschiedene Derivate der Naphthalinsulfonsäuren. Bei der Untersuchung der Komplexe von Proteinen mit Liganden standen bisher Bestrebungen im Vordergrund, aus Bindungsuntersuchungen Aufschlüsse über die Proteine zu erhalten. Selbstverständlich können auch biologische Wirkungsmechanismen durch Protein-Wirkstoffkomplexe ausgelöst werden. Dieses

Gebiet ist heute noch weitgehend in der Entwicklung, so daß an dieser Stelle nicht näher darauf eingegangen werden soll. In bisherigen Arbeiten wurde versucht, aus der Veränderung der spektroskopischen Daten gebundener Fluoreszenzfarbstoffe Aussagen über die Beschaffenheit der *unmittelbaren Umgebung* des als Sonde dienenden, fluoreszierenden Moleküls zu erhalten. Das soll an einigen Beispielen verdeutlicht werden.

Zunächst sei ein fluoreszierendes Molekül betrachtet, welches sich, außer der Eigenschaft an Proteine zu binden, noch durch eine große Differenz in den elektrischen Dipolmomenten des ersten angeregten Singulettzustandes und des Grundzustandes auszeichnet. In der Tat gibt es eine Reihe von Farbstoffen, die durch Aufnahme eines Lichtquants eine Ladungsverschiebung innerhalb des Moleküls erfährt, so daß ein größeres Dipolmoment resultiert. Mißt man Absorption- und Fluoreszenzspektren in verschiedenen organischen Lösungsmitteln, so folgt die gewünschte Differenz der Dipolmomente, $\mu_1 - \mu_0$ aus Gl. 3-17.

$$\tilde{\nu}_A - \tilde{\nu}_F = \frac{2}{hc_0\, 4\pi\varepsilon_0}\left[\frac{\varepsilon - 1}{2\varepsilon + 1} - \frac{n^2 - 1}{2n^2 + 1}\right]\frac{(\mu_1 - \mu_0)^2}{a^3} + \text{const.} \qquad (3\text{-}17)$$

μ_0 = Dipolmoment im Grundzustand
μ_1 = Dipolmoment im ersten angeregten Singulettzustand
$\tilde{\nu}_A$ = Wellenzahl des Maximums der Absorptionsbande
$\tilde{\nu}_F$ = Wellenzahl des Maximums der Fluoreszenzbande
ε = Dielektrizitätskonstante des Lösungsmittels
ε_0 = Influenzkonstante
n = Brechungsindex des Lösungsmittels
h = PLANCKsches Wirkungsquantum
c_0 = Vakuumlichtgeschwindigkeit
a = Radius des kugelförmig gedachten Moleküls

Eine Auftragung von $\tilde{\nu}_A - \tilde{\nu}_F$ über den Ausdruck in der eckigen Klammer liefert $\mu_1 - \mu_0$ aus der Steigung einer Geraden. $(\mu_1 - \mu_0)$-Werte sind für verschiedene Fluoreszenzindikatoren in Tab. 3-6 zusammengestellt.

Tabelle 3-6
Differenz der Dipolmomente zwischen dem ersten angeregten Singulettzustand S_1 und dem Grundzustand S_0 verschiedener 2,6-substituierter Aminonaphthalinsulfonate (hinter den ausgeschriebenen chemischen Bezeichnungen sind die gebräuchlichen Abkürzungen in Klammern angegeben; die Angabe der Dipolmomente erfolgt in Debye = D, s. Abschnitt 5.4.).

Substanz	$(\mu_1-\mu_0)/D$
2-Aminonaphthalin-6-sulfonat	9
N,N-Dimethyl-2-aminonaphthalin-6-sulfonat (2,6-*DNS*)	19
N-Phenyl-2-aminonaphthalin-6-sulfonat (2,6-*ANS*)	40
N-Phenyl-N-methyl-2-aminonaphthalin-6-sulfonat (2,6-*MANS*)	46
N-(p-Toluyl)-2-aminonaphthalin-6-sulfonat (2,6-*TNS*)	44

Befindet sich ein derartiges Molekül in einem polaren Lösungsmittel, also einem Lösungsmittel mit einer höheren Dielektrizitätskonstanten, wie z. B. Wasser ($\varepsilon = 81$), Formamid ($\varepsilon = 111$) oder Methanol ($\varepsilon = 32$), so ordnen sich die Lösungsmitteldipole um das gelöste Molekül herum in einer *Solvathülle* an. Im speziellen Falle des Wassers spricht man von einer *Hydrathülle*. Nach Absorption des Lichtquants, welches eine Zeit von $\approx 10^{-15}$ s in Anspruch nimmt, ist das hohe Dipolmoment des Fluoreszenzstoffes erreicht, ohne daß aber gleichzeitig die Lösungsmittelorientierung, die im Vergleich zu der Elektronenanregung sehr träge ist, sich

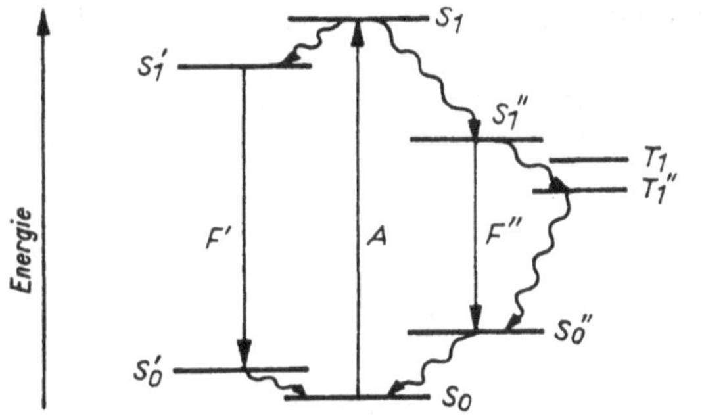

Abb. 3-37. Einfluß der Umgebung auf das Fluoreszenzspektrum eines polaren Moleküls.

S_0, S_1 = Singulettgrundzustand und 1. angeregter Singulettzustand; T_1 = Triplettzustand; einfach gestrichen: schwach polare Umgebung; doppelt gestrichen: stark polare Umgebung; A = Absorption; F = Fluoreszenz; gewellter Pfeil: strahlungsloser Übergang.

auf das wesentlich größere Dipolmoment μ_1 einstellen kann. Es existiert also sofort nach der Anregung noch die Solvathülle des Grundzustandes. Die mittlere Lebensdauer des angeregten Zustandes von $\approx 10^{-8}$ s ist aber in flüssigen Systemen ausreichend lang, damit die Neuorientierung der Solvathülle, welche eine Zeit von 10^{-11}—10^{-12} s beansprucht, stattfinden kann. Hierbei handelt es sich um eine Wechselwirkung zwischen gelösten Dipolen und Lösungsmitteldipolen, die zu einem Energieverlust und damit zu der in Abb. 3-37 angedeuteten Absenkung des S_1-Zustandes führt. Nach erfolgter Emission stellt sich innerhalb von 10^{-15} s wieder das kleinere Dipolmoment μ_0 des Grundzustandes S_0 ein, aber es liegt noch die Solvathülle von S_1 vor. Das System ist nicht im Gleichgewicht, besitzt also eine zu hohe Energie und erst im Verlauf von 10^{-11}—10^{-12} s wird wieder der Ausgangszustand erreicht. Die Länge des Fluoreszenzpfeils F'' in Abb. 3-37 wird dabei umso kürzer, d. h. die Wellenzahl $\tilde{\nu}_F$ wird umso kleiner, je größer die Dielektrizitätskonstante ε der Umgebung des Fluoreszenzfarbstoffes ist. Gleichzeitig vergrößert sich oft die Fluoreszenzquantenausbeute, wenn das fluoreszierende Molekül von Wasser (frei) in eine weniger polare (proteingebundene) Umgebung kommt. Eine mögliche Interpretation dafür ist, daß die Triplettzustände T_1 und T_1'' auf der Energieskala weniger auseinander gezogen werden als S_1 und S_1''. Dadurch läge z. B. in Wasser T_1'' näher an S_1'' als in einem wechselwirkungsarmen Medium T_1 an S_1. Je geringer jedoch die Energiedifferenz zwischen dem angeregten Singulettzustand und dem Triplettzustand ist, umso größer ist die Wahrscheinlichkeit für die Energie, strahlungslos in das Triplettniveau überzugehen. Dort erst einmal angekommen, findet vermöge der langen Lebensdauern der Triplettzustände bei Zimmertemperatur praktisch 100%ige strahlungslose Desaktivierung durch Stöße mit den ungebundenen Molekülen statt. Das fluoreszierende Molekül wirkt demnach wie eine Sonde und gibt Aufschluß über die Beschaffenheit in einem Protein hinsichtlich des *polaren* oder *hydrophoben* Charakters. Das ist dann von besonderem Interesse, wenn die Farbstoffmoleküle an biochemisch aktive Zentren des Proteins gebunden sind. Um Information über die Milieubedingungen eines Proteins zu erhalten, kann auch die Eigenfluoreszenz des Proteins benutzt werden, die ja, soweit Tryptophan vorhanden ist, auch ausschließich vom Tryptophan stammt. So wurde für *Serumalbumin* von *Mensch* und *Rind* das Fluoreszenzmaximum bei **343 nm** gefunden. Es ist praktisch identisch mit dem des Tryptophans in Wasser und beweist, daß die Tryptophanreste sich vorwiegend im polaren wäßrigen Milieu befinden. *Chymotrypsin* zeigt andererseits eine Tryptophanfluoreszenz bei 332 nm. Die kurzwellige Verlagerung des Fluoreszenzmaximums im Vergleich zu Wasser ist typisch für eine weniger polare Umgebung, welche in diesem Falle durch die hydrophoben Reste Valin und Leucin bedingt wird.

Aromatische fluoreszenzfähige Alkohole geben des weiteren Hinweise über den *Protonenacceptorcharakter* eines Mediums. Dem liegt die Tatsache zugrunde, daß elektronisch angeregte, aromatische Säuren und Basen andere pK_a-Werte besitzen als im Grundzustand. Da *Säure-Basen-Gleichgewichte* maßgeblich von der

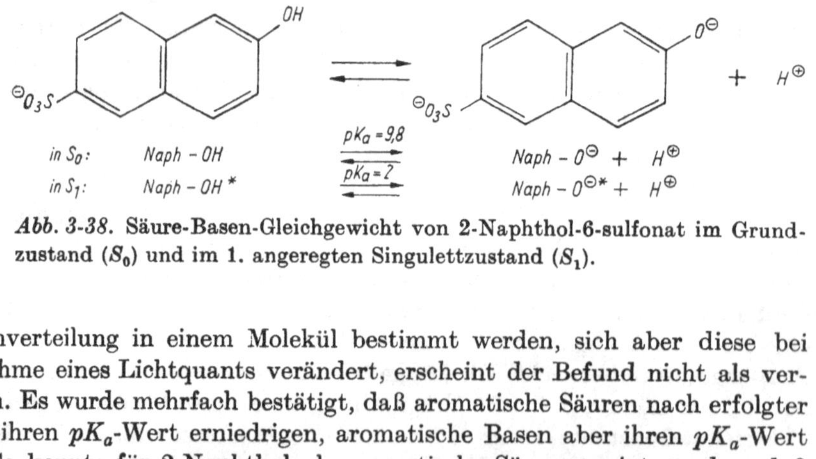

Abb. 3-38. Säure-Basen-Gleichgewicht von 2-Naphthol-6-sulfonat im Grundzustand (S_0) und im 1. angeregten Singulettzustand (S_1).

Elektronenverteilung in einem Molekül bestimmt werden, sich aber diese bei der Aufnahme eines Lichtquants verändert, erscheint der Befund nicht als verwunderlich. Es wurde mehrfach bestätigt, daß aromatische Säuren nach erfolgter Anregung ihren pK_a-Wert erniedrigen, aromatische Basen aber ihren pK_a-Wert erhöhen. So konnte für 2-Naphthol als aromatische Säure gezeigt werden, daß der pK_a-Wert im Grundzustand 9,8, im angeregten Zustand aber 2 ist (Abb. 3-38). Würde man also z. B. einen pH-Wert von 7 für eine Lösung von 2-Naphthol einstellen, so liegt das Gleichgewicht weit auf der Seite der undissoziierten Form. Nach Aufnahme des Lichtquants würde sich andererseits für das elektronisch angeregte Molekül das Gleichgewicht auf der Seite der dissoziierten Form befinden. Das Auftreten der 2-Naphtholatfluoreszenz spricht dafür, daß die Lebensdauer der angeregten Moleküle lang genug ist, um einen großen Anteil der elektronisch angeregten Naphtholmoleküle durch Dissoziation eines Protons in die Naphtholatanionen umzuwandeln.

Biophysikalisch interessant ist 2-Naphthol-6-sulfonat, welches mit Proteinen in eine Komplexbildungsreaktion eingeht. Während die protonierte Form ein Fluoreszenzmaximum bei 350 nm aufweist, befindet sich das Fluoreszenzmaximum des entsprechenden Naphtholations bei 425 nm. Im komplexgebundenen Zustand wird jedoch die oben beschriebene Dissoziationsreaktion des angeregten Moleküls nicht mehr beobachtet. Es kann daraus geschlossen werden, daß die protonenaufnehmenden Eigenschaften des Wassers, welches das Protein unmittelbar umgibt (Hydratwasser), kleiner sind als es sonst bei Wasser im freien Zustand beobachtet werden kann.

Ähnliches wie im Abschnitt 3.10. über Nucleinsäure-Farbstoff-Komplexe berichtet, gilt auch für die Komplexe von Farbstoffen mit Proteinen. Häufig sind es anionische Farbstoffe, die mit basischen Proteinen in eine Komplexbildungsreaktion eingehen. Es tragen neben den elektrostatischen Kräften VAN-DER-WAALSsche Wechselwirkungen zwischen Farbstoff und Aminosäuren zur Komplexbildung bei. Zusätze von organischen Lösungsmitteln zu den Proteinlösungen reduzieren die Komplexbildungstendenz und unterstreichen die essentielle Rolle des Wassers für die Stabilität der Komplexe.

3.13. Photochemie

3.13.1. Grundlagen

Das Gebiet der Photochemie umfaßt die möglichen Vorgänge der Anregung und Desaktivierung eines Atoms bzw. Moleküls, welche unter Umwandlung von Lichtenergie in chemische Energie zu Verbindungen mit neuen chemischen Eigenschaften führen. Diese Spezies können Atome oder Moleküle in elektronisch angeregten Zuständen, kurzlebige radikalische Zwischenprodukte oder, was üblicherweise angenommen wird, stabile Umwandlungsprodukte darstellen.

Bei all diesen Vorgängen ist die Absorption von Lichtquanten durch Materie der entscheidende Vorgang. Dieser fundamentale Zusammenhang wurde zuerst von GROTTHUS (1817) und später von DRAPER (1843) beschrieben und ist als *1. Gesetz der Photochemie* bekannt geworden. Es lautet: Nur solches Licht kann photochemische Veränderungen verursachen, was durch Atome bzw. Moleküle absorbiert worden ist. Das *2. Gesetz der Photochemie,* so wie es von STARCK und EINSTEIN (1912) formuliert worden ist, geht über die Aussage des 1. Gesetzes der Photochemie hinaus und besagt: Zur Anregung *eines* Atoms bzw. Moleküls wird nur *ein* Lichtquant benötigt (*photochemisches Äquivalenzgesetz*). Der photochemische Primärschritt besteht demnach in dem Übergang nur eines Elektrons aus dem Grundzustand in einen angeregten Zustand. Obwohl die überwiegende Anzahl von photochemischen Reaktionen diesem Gesetz gehorcht, gilt es nicht streng. So ist es bei Anwendung hoher Lichtintensitäten durchaus möglich, ein angeregtes Elektron durch nochmalige Absorption eines Lichtquants in ein noch höher gelegenes Anregungsniveau anzuheben. Einen solchen Prozeß bezeichnet man als *biphotonisch*. Als quantitatives Maß einer Photoreaktion wird die photochemische Quantenausbeute Φ angegeben. Sie ist definiert als der Quotient aus dem Stoffumsatz und den absorbierten Lichtquanten. Für eine Umwandlung des Stoffes A in den Stoff B gilt:

$$\Phi = \frac{\textit{Anzahl der gebildeten Teilchen von } B}{\textit{Anzahl der von } A \textit{ absorbierten Lichtquanten}}$$

Während der Wert des Zählers im allgemeinen durch analytische Verfahren einfach zu ermitteln ist, muß man zur Bestimmung des Nenners oft zeitaufwändige Prozeduren mit chemischen Aktinometern durchführen, bzw. auf physikalische Messungen mit geeichten Thermoelementen oder Photozellen zurückgreifen.

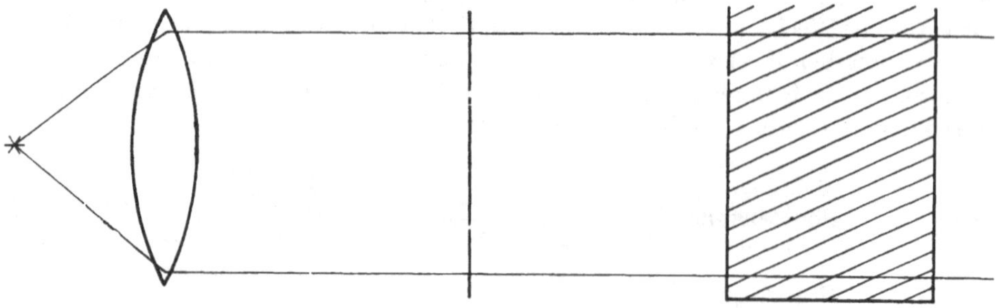

Abb. 3-39. Prinzipieller Aufbau einer photochemischen Bestrahlungsanlage.

Theoretisch dürfen Quantenausbeuten für Photoreaktionen nur Werte zwischen 0 und 1 annehmen. Praktisch werden aber auch Quantenausbeuten > 1 gemessen. Hierbei induziert der Primärprozeß exotherm verlaufende Folge- oder Kettenreaktionen, die z. B. im Falle von Photohalogenierungen Quantenausbeuten in der Größenordnung von 10^6 aufweisen.

Den prinzipiellen Aufbau einer Bestrahlungsanlage zeigt Abb. 3-39. Die Wahl der Lichtquelle wird den Absorptionseigenschaften der photochemisch umzusetzenden Substanz entsprechend vorgenommen. Es muß eine möglichst hohe Emission der Lichtquelle bei den Wellenlängen vorliegen, bei denen die Untersuchungssubstanz stark absorbiert, z. B. im Maximum einer Absorptionsbande. Eine Sammellinse dient bei punktförmigen Lichtquellen dazu, viel Licht in Form eines parallelen Strahlenbündels in das Reaktionsgefäß zu leiten. Filtereinrichtungen (Glasfilter, Interferenzfilter, Flüssigkeits- und Gasfilter u. ä.) selektieren das

Emissionsspektrum der Lampe. Das Reaktionsgefäß selbst muß den unterschiedlichsten Anforderungen genügen und ist den jeweiligen Besonderheiten anzupassen (z. B. Rührvorrichtung, Temperiermantel, Möglichkeiten zur Entfernung des gelösten Sauerstoffs u. ä.).

Die für den Ablauf einer Photoreaktion wesentlichen Reaktionsschritte sind aus Gl. 3-18 bis 3-23 ersichtlich (* kennzeichnet den 1. angeregten Singulettzustand S_1, ** den Triplettzustand T_1; A, B und C symbolisieren Substanzen).

$A + h\nu \rightarrow A^*$ Absorption eines Lichtquants und Anregung von S_1 (3-18)

$A^* \rightarrow A + h\nu'$ Emission eines Lichtquants durch Fluoreszenz und Desaktivierung von S_1; für Moleküle gilt $\nu > \nu'$ (3-19)

$A^* \rightarrow B$ (3-20)

$A^* + C \rightarrow B'$ (3-20a)

} Photoreaktionen aus S_1

$A^* \rightarrow A^{**}$ strahlungslose Interkombination von S_1 nach T_1 (3-21)

$A^{**} \rightarrow A + h\nu_p$ Emission eines Lichtquants durch Phosphoreszenz und Desaktivierung von T_1; es gilt $\nu' > \nu_p$ (3-22)

$A^{**} \rightarrow B$ (3-23)

$A^{**} + C \rightarrow B'$ (3-23a)

} Photoreaktionen aus T_1

Die Reaktionen (3-18), (3-19), (3-21) und (3-22) wurden bereits in den Abschnitten 3.8.1. und 3.8.2. beschrieben, so daß sich hier eine weitere Erläuterung erübrigt. Elektronisch angeregte Moleküle haben gegenüber den gleichen Molekülen im Grundzustand eine veränderte Elektronenverteilung und damit unterschiedliche chemische und physikalische Eigenschaften (Säure-Basen-Charakter, Dipolmomente; s. Abschnitt 3.12.). Dadurch werden Reaktionsbedingungen geschaffen, wie sie auf thermischem Wege oft nicht zu realisieren sind. Für den Ablauf einer Photoreaktion ist neben der Energie die Lebensdauer der angeregten Spezies von Bedeutung. Letztere ist für den 1. angeregten Singulettzustand in der Größenordnung von 10^{-8} s zu erwarten. Die Reaktionen (3-20) und (3-20a) sind daher prinzipiell nur nachweisbar, wenn in einem Zeitbereich $\approx 10^{-8}$ s ein meßbarer photochemischer Umsatz stattgefunden hat. Zu ihnen gehören Reaktionen mit dem das angeregte Molekül umgebenden Lösungsmittel, Protonierungs- und Dissoziationsvorgänge bei Säure-Basen-Gleichgewichten, die Bildung von Wasserstoffbrückenbindungen und die bereits im Abschnitt 3.9.3. besprochene Bildung von Exciplexen.

Die mittlere Lebensdauer des Triplettzustandes ist oft um den Faktor 10^4 größer als die des 1. angeregten Singulettzustandes. Die Reaktionen (3-23) und (3-23a) schließen hauptsächlich radikalische Prozesse ein. Weiterhin gehören hierzu Vorgänge, bei denen triplettangeregte Moleküle mit Molekülen im Grundzustand reagieren.

Neben den direkten Photoreaktionen, bei denen die das Licht absorbierenden Moleküle selbst umgewandelt werden, gibt es noch *sensibilisierte Photoreaktionen.* Man versteht darunter Vorgänge, bei denen das Licht nicht von der photochemisch umzusetzenden Substanz selbst absorbiert wird. Diese Funktion übernimmt ein Sensibilisator (D), der als Photokatalysator wirkt und in dieser Eigenschaft seine Anregungsenergie auf den Acceptor (A) überträgt. Der Sensibilisierungsprozeß, der letzlich zur Bildung der angeregten Substanz A^* oder A^{**} führt, ist aus den Darstellungen (3-24), (3-25), (3-26) und (3-27) zu ersehen.

$D + h\nu \rightarrow D^*$ Absorption eines Lichtquants durch den Sensibilisator D (3-24)

$D^* + A \rightarrow S + A^*$ Übertragung der Anregungsenergie von S_1 des Sensibilisators D zu S_1 des Acceptors A (3-25)

$D^* \rightarrow D^{**}$ strahlungslose Interkombination von S_1 nach T_1 des Sensibilisators D (3-26)

$D^{**} + A \rightarrow D + A^{**}$ Übertragung der Anregungsenergie von T_1 des Sensibilisators D zu T_1 des Acceptors A (3-27)

Voraussetzung für die Reaktionen (3-25) und (3-27) ist, daß die Anregungsenergie des Acceptors geringer oder höchstens gleich der des Donators (Sensibilisators) ist. Dabei sind sowohl Singulett- als auch Triplettenergieübertragungen möglich.

3.13.2. Photochemie von Nucleinsäuren und die genetischen Konsequenzen

Nucleinsäuren können durch ultraviolettes und sichtbares Licht photochemisch verändert werden. Dabei sind die heteroaromatischen Basen des Makromoleküls der bevorzugte Angriffsort. Die bekannteste Photoreaktion im *UV*-Bereich ist die in der *DNA* stattfindende *Thymindimerisation*, bei welcher zwei in *einem*

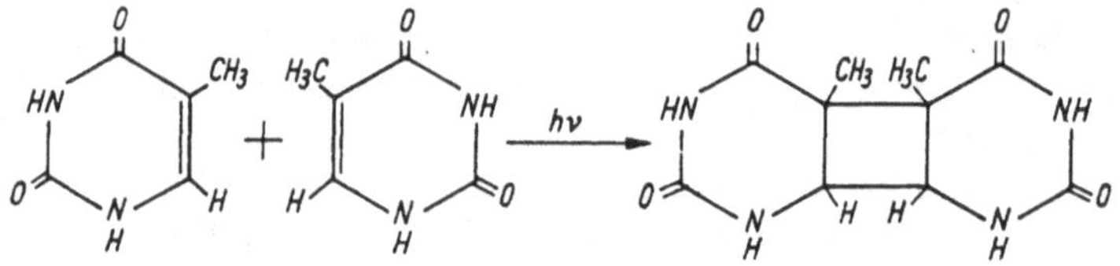

Abb. 3-40. Reaktionsschema der Thymindimerisation.

Strang benachbarte Thyminreste über einen Cyclobutanring kovalent verbunden werden (Abb. 3-40). Voraussetzung für die Bildung des Dimerisationsproduktes ist eine günstige sterische Orientierung der Reaktionspartner zueinander. Diese Bedingung ist in der *DNA* durch die natürliche Basenstapelung erfüllt, so daß die Thymindimerisation den häufigsten *UV*-Photoschaden darstellt.

Der Dimerisation liegt ein radikalischer Reaktionsmechanismus zugrunde, wobei ein triplettangeregtes Molekül mit einem Molekül im Grundzustand reagiert (analog Gl. 3-23a). Außer Thymin sind noch Cytosin und Uracil (Bestandteil der *RNA*) zur photochemischen Bildung von Dimerisationsprodukten befähigt.

Neben der Photodimerisation ist die *Photohydration*, wie sie für Uracil und Cytosin gefunden worden ist, die bekannteste *UV*-Photoreaktion bei Nucleinsäuren. Hierbei handelt es sich um die Reaktion der singulettangeregten Pyrimidinbasen

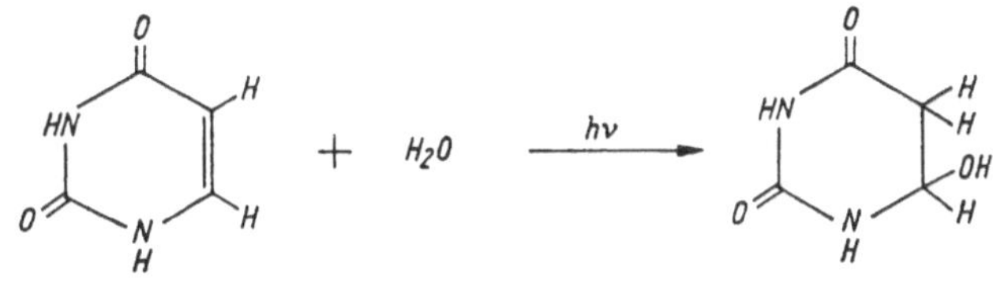

Abb. 3-41. Schematische Darstellung der photochemischen Wasseranlagerung an Uracil.

mit umgebenden Wassermolekülen (analog Gl. 3-20a), wobei ein Wassermolekül in der in Abb. 3-41 dargestellten Weise kovalent an ein Pyrimidinmolekül gebunden wird.

Da Nucleinsäuren Licht mit Wellenlängen oberhalb 300 nm nicht in nennenswerten Anteilen absorbieren, sind Photoreaktionen im Wellenlängenbereich des sichtbaren Lichtes nur mit geeigneten Sensibilisatoren möglich. Hier soll auf den Spezialfall einer photosensibilisierten Reaktion — den *photodynamischen Effekt* — eingegangen werden. Auf biologische Objekte angewendet, versteht man darunter eine photosensibilisierte Schädigung von Lebewesen oder aus diesen isolierte Substanzen unter Verbrauch von molekularem Sauerstoff. Es genügt bereits die Energie des sichtbaren Lichtes, um molekulare Veränderungen zu erzeugen.

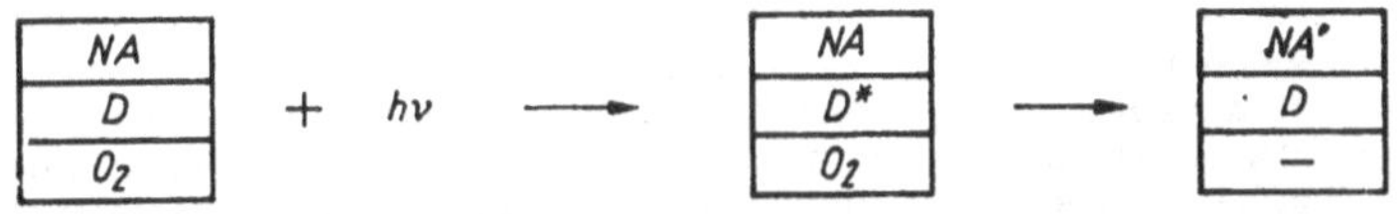

Abb. 3-42. Schematische Darstellung des photodynamischen Effektes.
NA = Nucleinsäure vor der photodynamischen Veränderung, *NA'* = Nucleinsäure nach der photodynamischen Veränderung, *D* = Sensibilisator, O_2 = molekularer Sauerstoff.

Geeignete Sensibilisatoren zur photodynamischen Zerstörung von Nucleinsäurebasen sind die kationischen Farbstoffe Methylenblau, Thiopyronin und verschiedene Derivate des Acridins. Hierbei kommt es fast ausschließlich zum oxidativen Abbau des Guanins (Abb. 3-42).

Abschließend soll die Frage diskutiert werden, inwieweit durch Licht geschädigte Nucleinsäuren ihre molekularbiologischen Funktionen noch erfüllen können. Dies betrifft vor allem die *DNA*- und *RNA*-Synthese (Replikation und Transkription), bei welcher die *DNA* als Matrize fungiert und die Eiweißsynthese (Translation), die von der *RNA* aus geregelt wird. Kommt es durch eine Photoreaktion zu einer Veränderung der chemischen Struktur einer Nucleinsäurebase, so kann dieses Ereignis unterschiedliche Folgen verursachen:

1. Die genetische Information geht verloren und es kommt zum Tod der Zellen (*letaler Schaden*).
2. Es tritt eine fehlerhafte Codierung ein, die sich bis auf die Aminosäuresequenz der Proteinsynthese auswirkt. Dabei bleibt das System lebensfähig, jedoch wird der genetisch manifestierte Fehler auf die nachfolgenden Generationen vererbt (*Mutation*).

Da das genetische Material relativ häufig physikalischen und chemischen Angriffen ausgesetzt ist, andererseits aber eine hohe Konstanz bei der Übertragung von Erbmerkmalen von der Mutter- auf die Tochterzellen zu beobachten ist, liegt die Annahme nahe, daß Schutzmechanismen eine Rolle spielen müssen. Heute

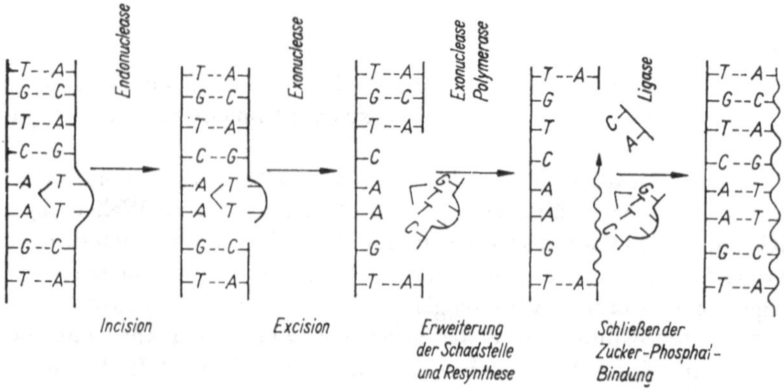

Abb. 3-43. Teilschritte der Excisionsreparatur (aus: E. Geissler, „*Desoxyribonucleinsäure-Schlüssel des Lebens*“, Akademie-Verlag, Berlin 1972).

Endonuclease: Enzym, welches die Schadstelle erkennt und den Einschnitt (Incision) in die Zuckerphosphatkette vornimmt; Exonuclease: Enzym, welches ein Teilstück des *DNA*-Stranges, einschließlich der Schadstelle, herausschneidet (Excision); Polymerase: Enzym, welches die Neusynthese des fehlenden Teilstückes vornimmt; Ligase: Enzym, das nach erfolgter Neusynthese die Phosphordiesterbindung knüpft.

sind mehrere solcher enzymatisch gesteuerten *Reparaturmechanismen* bekannt. Ihre Aufgabe besteht darin, die Korrektur einer durch äußere Einflüsse verursachten Strukturanomalie der *DNA* vorzunehmen, Die zwei wichtigsten Reparaturprozesse arbeiten nach folgenden Prinzipien:

1. Ausschnitt des schadentragenden *DNA*-Teilstücks und Auffüllen der entstandenen Lücke durch Neusynthese, wobei der intakte Gegenstrang der *DNA* für die Wiederherstellung der ursprünglichen Basenanordnung sorgt (*Excisionsreparatur* Abb. 3-43).
2. Korrektur des Strukturfehlers an der intakten *DNA* ohne zeitweilige Fragmentierung des Makromoleküls. Dieser Mechanismus funktioniert nach der bisherigen Erkenntnis nur bei der Monomerisierung der Dimerisationsprodukte im Zusammenwirken von sichtbarem Licht mit dem photoreparierenden Enzym (*Photoreparatur*).

Durch die enzymatischen Reparaturprozesse wird der überwiegende Teil der *DNA*-Schäden beseitigt. Diese Systeme arbeiten jedoch nicht perfekt. Eine fehlerhafte Reparatur hält die Zelle zwar am Leben, verursacht aber gleichzeitig Veränderungen in den Erbanlagen.

3.13.3. Photochemie von Proteinen

Über das photochemische Verhalten der Proteine im *UV*-Bereich liegen noch relativ wenige Ergebnisse vor. Für ein umfassendes Verständnis der Lichtwirkung auf die lebende Zelle sind aber, neben der Kenntnis der photochemischen Eigenschaften der Nucleinsäuren, auch die diesbezüglichen Daten für die Proteine wichtig. Die aromatischen Aminosäuren Tryptophan, Tyrosin und Phenylalanin sind hauptsächlich für die Absorption von *UV*-Licht im Spektralbereich um 280 nm verantwortlich (s. Abschnitt 3.11.1.). Als Photoprodukte dieser Einzelkomponenten wurden in erster Linie Kohlendioxid und Ammoniak nachgewiesen. Die für die Bausteine gefundenen Reaktionsmechanismen und Reaktionsprodukte können jedoch nicht ohne Einschränkungen auf die Proteine übertragen werden. Dort beeinflussen die Raumstruktur und mögliche Energieleitungen innerhalb der Makromoleküle in entscheidendem Maße die Art der Photoprodukte. Bevorzugte Studienobjekte bei diesen Untersuchungen sind Enzyme. Ihre oft gut meßbaren *UV*-induzierten Aktivitätsänderungen sind ein Maß für die abgelaufenen photochemischen Reaktionen. Für die Enzyminaktivierung durch *UV*-Licht werden zwei Mechanismen diskutiert:

1. Die direkte Zerstörung einer Aminosäure in der Nähe des aktiven Zentrums.
2. Die Störung der Tertiärstruktur durch eine photochemische Veränderung des Cystins.

Welcher Prozeß bei der photochemischen Enzymaktivierung überwiegt, hängt vom Objekt ab. Die *UV*-Inaktivierung von Chymotrypsin, Lysozym und Trypsin verläuft nach 1., die von Ribonuclease und Insulin nach 2.

Literatur

A) *Allgemeine Literatur*

(1) A. D. McLaren und D. Shugar: *Photochemistry of Proteins and Nucleic Acids.* Pergamon Press, Oxford—London—Edinburgh—New York—Paris—Frankfurt/M. (1964)

(2) Th. Förster: *Fluoreszenz organischer Verbindungen.* Vandenhoeck und Ruprecht, Göttingen (1950)

(3) *Progress in Molecular and Subcellular Biology 2, Complexes of Biologically Active Substances with Nucleic Acids and Their Modes of Action.* Springer-Verlag, Berlin—Heidelberg—New York (1971)

(4) H. A. Staab: *Einführung in die theoretische organische Chemie.* 4. Auflage, Verlag Chemie, Weinheim (1964)

(5) W. Finkelnburg: *Einführung in die Atomphysik.* Springer-Verlag, Berlin—Göttingen—Heidelberg (1958)

(6) H. H. Jaffé und Milton Orchin: *Theory and Applications of Ultraviolet Spectroscopy.* John Wiley and Sons, Inc., New York—London (1964)

(7) 2. Internationales Farbensymposium *Optische Anregung organischer Systeme.* Verlag Chemie (1966)

(8) J. Ramirez-Muñoz: *Atomic Absorption Spectroscopy and Analysis by Atomic Absorption, Flame Photometry.* Elsevier Publishing Company, Amsterdam—London—New York (1968)

(9) Autorenkollektiv: *Analytikum, Methoden der analytischen Chemie und ihre Grundlagen.* 2. Auflage, VEB Deutscher Verlag für Grundstoffindustrie, Leipzig (1972)

B) *Spezielle Literatur*

(1) B. Welz: *Grundlagen und Leistungsfähigkeit der Atomabsorptionsspektroskopie.* Chem. Technik **1**, 373 (1972)

(2) A. Rich und M. Kasha: *$n \to \pi^*$ Transition in Nucleic Acids and Polynucleotides.* J. Am. Chem. Soc. **82**, 6197 (1960)

(3) G. Weber und F. W. J. Teale: *Interactions of Proteins with Radiation.* in *The Proteins, Composition, Structure, and Function,* Bd. III, S. 445. Herausgegeben von H. Neurath. Academic Press, New York und London (1965)

(4) P. Doty, J. Marmur und N. Sňeoka: *The Heterogeneity in Properties and Functioning of Deoxyribonucleic Acid,* in *Structure and Function of Genetic Elements.* Brookhaven Symposia in Biology, Nr. 12 (1959), S. 1

(5) F. W. Sunderman, jr.: *Atomic Absorption Spectrometry of Trace Metals in Clinical Pathology.* Human Pathology **4**, 549 (1973)

(6) L. Brand und J. R. Gohlke: *Fluorescence Probes for Structure.* Ann. Rev. Biochem. **41**, 843 (1972)

(7) V. Jenaer molekularbiologisches Symposium *Interaktionen bei Biopolymeren.* studia biophysica **24/25** (1970)

(8) F. Dörr: *Zur Spektroskopie mit polarisiertem Licht.* Angew. Chem. **78**, 457 (1966)

(9) V. Kleinwächter: *Luminescence of Polynucleotides.* studia biophysika **33**, 1 (1972)

(10) A. Albert: *The Acridines, Their Preparation, Physical, Chemical, and Biological, Properties and Uses.* Edward Arnold (Publishers) Ltd., London (1966)

(11) G. Löber: *Acridine — ihre physikochemische und biochemische Bedeutung. Eine Betrachtung anläßlich der Entdeckung des Acridins vor 100 Jahren.* Z. Chem. **11**, 92 (1971), **11**, 135 (1971)

(12) G. Löber und L. Kittler: *Photochemie und Photobiologie von Nucleinsäuren und Nucleinsäurebausteinen.* studia biophysica, **41**, 81 (1973)

(13) Ch. Zimmer: *Bindung von divalenten Metallionen an Nucleinsäuren und Wirkungen auf die Konformation der Desoxyribonucleinsäure.* **11**, 441 (1971)

(14) K. C. Smith und P. C. Hanawalt: *Molecular Photobiology, Inactivation and Recovery.* Academic Press, New York—London (1969)

4. Optische Rotationsdispersion und Circulardichroismus

(Ch. Zimmer)

4. OPTISCHE ROTATIONSDISPERSION UND CIRCULARDICHROISMUS

4.1. Historische Einleitung

Die Erscheinung der optischen Aktivität, d. h. die Drehung der Polarisationsebene linearpolarisierten Lichtes in einem Medium wurde 1811 von ARAGO am Quarzkristall entdeckt. Vier Jahre später stellte BIOT die Eigenschaft auch an Flüssigkeiten, wie alkoholische Campherlösung oder Terpentinöl, fest und 1817 entdeckte er das Phänomen der optischen Rotationsdispersion (*ORD*) — die Änderung des optischen Drehvermögens mit der Wellenlänge. Bis zu Beginn der 50er Jahre unseres Jahrhunderts wurde jedoch die *ORD*-Methode kaum in größerem Umfang für Strukturuntersuchungen herangezogen. In erster Linie beschränkte man sich, allein durch $[\alpha]_D$-Messungen — unter Verwendung von monochromatischem Licht der Na_D-Linie bei 589 nm (vgl. Abschnitt 4.2.1.) — Aussagen über Substanzen und stereochemische Probleme zu gewinnen.

Umfangreiche Betrachtungen über eine große Zahl von Arbeiten wurden von zwei Pionieren auf diesem Gebiet, LOWRY und KUHN, angestellt. Jedoch erst seit 1953 nahm die Anwendung der Spektralpolarimetrie durch die umfangreichen Arbeiten von DJERASSI in den USA einen sprunghaften Aufschwung.

Der Circulardichroismus — Messung der Wellenlängenabhängigkeit des optischen Drehvermögens im Bereich einer Absorptionsbande (Abschnitt 4.2.3.) — erstmalig 1847 von HAIDINGER am Amethyst beobachtet, wurde von COTTON Ende der 90er Jahre des vorigen Jahrhunderts an Lösungen untersucht. COTTON stellte auch den Zusammenhang zur optischen Rotationsdispersion fest.

Die in der Folgezeit nach 1950 entwickelten kommerziellen Spektropolarimeter (Abschnitt 4.3.) erlaubten eine breite Anwendung und Ausbreitung der *ORD*-Methode in der organischen Chemie und Molekularbiologie. Zur Messung des *CD* gibt es seit der Entwicklung eines Dichrographen Anfang der 60er Jahre mehrere kommerzielle Geräte, die heute in verstärktem Maße in der molekularbiologischen Forschung eingesetzt werden.

4.2. Theorie und Analyse

4.2.1. FRESNEL*sche Theorie*

Man unterscheidet hinsichtlich der Schwingungsbewegung des Lichtes (Abschnitt 3.1.) verschiedene Schwingungsformen, die in Abb. 4-1 wiedergegeben sind: *I* zeigt linear (senkrecht oder horizontal) polarisiertes Licht, *II* gibt elliptisch, *III* circular polarisiertes und *IV* natürliches Licht wieder. Natürliches Licht

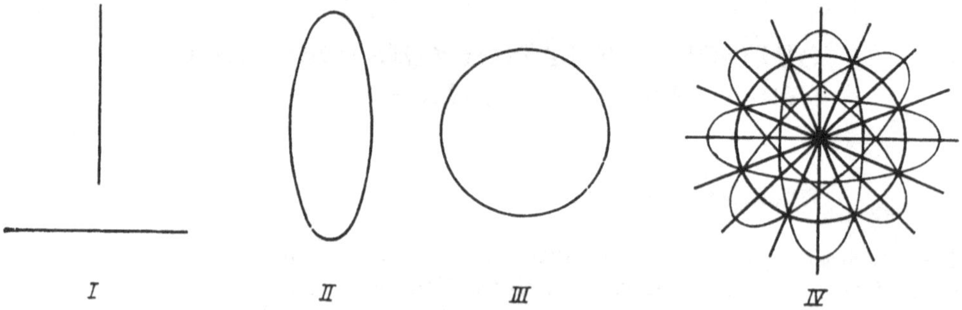

Abb. 4-1. Schwingungsformen des Lichtes.

Die Schwingungsbewegung verschiedener Lichtarten ergibt sich, wenn wir uns ein Partikel vorstellen, auf das man die Schwingungen wirken läßt. Benutzen wir als Schwingungsanalysator eine elektrische Punktladung, so würden seitliche und vertikale Schwingungen in verschiedener Weise entstehen:

I: senkrecht, horizontal
II: elliptisch polarisiert
III: circularpolarisiert
IV: natürliches Licht ergibt ein kompliziertes, unregelmäßiges Bild.

kann man als Mischung der verschiedenen Schwingungsarten auffassen (Abb. 4-1). Jeder Lichtstrahl ist durch zeitabhängige elektrische und magnetische Felder charakterisiert. Monochromatisches linearpolarisiertes Licht besitzt einen elektrischen Feldvektor, der in Abhängigkeit von der Zeit eine Sinus-Schwingung in der Ebene der Fortpflanzungsrichtung beschreibt (Abb. 4-2). Für einen Beobachter, der auf der z-Achse steht und in entgegengesetzter Richtung blickt (negative z-Richtung) schwingt der Feldvektor E während einer Schwingungsperiode entsprechend der Sinus-Funktion stets in derselben Richtung. Die Schwingungsrichtung zu verschiedenen Zeiten während einer Periode ist in Abb. 4-3 veranschaulicht.

Ein linearpolarisierter Lichtstrahl*) resultiert nach FRESNEL aus der Überlagerung zweier circularpolarisierter Strahlen, die jeweils in entgegengesetzter

*) Im streng physikalischen Sinne sollte es linearpolarisierte bzw. circularpolarisierte Lichtwelle heißen, wir verwenden jedoch hier den gebräuchlicheren Ausdruck Lichtstrahl.

Richtung schwingen. Der circularpolarisierte Lichtstrahl wird durch einen elektrischen Feldvektor charakterisiert, dessen Spitze eine Schraubenlinie beschreibt (Abb. 4-4).

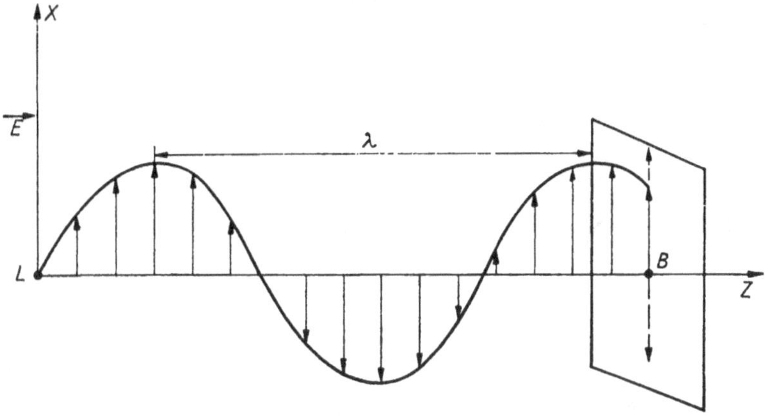

Abb. 4-2. Vektor der elektrischen Feldstärke $\vec{E}$ einer linearpolarisierten Lichtwelle.

L — Lichtquelle, *B* — Beobachter, der gegen die Lichtwelle blickt.

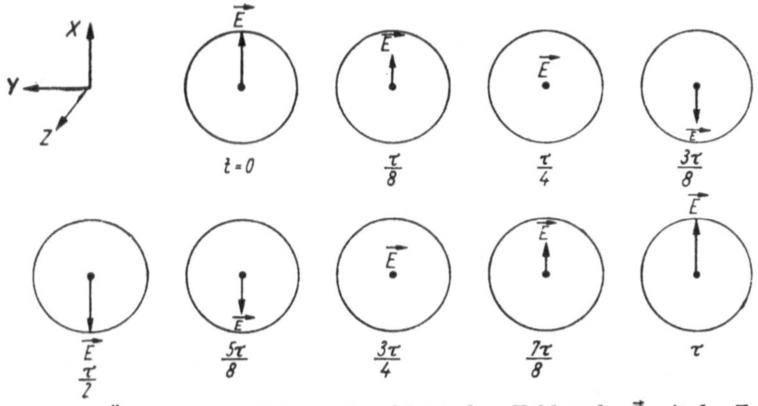

Abb. 4-3. Änderung des Vektors der elektrischen Feldstärke $\vec{E}$ mit der Zeit *t*, τ ist die Schwingungsperiode.

Im Gegensatz zum Vektor des linearpolarisierten Lichtes ändert sich also die Schwingungsrichtung mit der Zeit. Erfolgt die Änderung im Uhrzeigersinn, spricht man von rechts circularpolarisiertem Licht, erfolgt sie entgegen dem Uhrzeigersinn, handelt es sich um links circularpolarisiertes Licht. Befinden sich die in einer Richtung ausgesandten links und rechts circularpolarisierten Lichtstrahlen gleicher Wellenlänge und Intensität in Phase, so resultiert in der Überlagerung eine linearpolarisierte Schwingung, deren elektrischer Feldvektor in der x-Richtung oszilliert. Der im Ergebnis der Überlagerung der rotierenden Vektoren $\vec{E}_L$ und $\vec{E}_R$ erhaltene Vektor $\vec{E}$ ist in Abb. 4-5 wiedergegeben. Für diesen Fall ergeben $\vec{E}_L$ und $\vec{E}_R$ gleiche Winkel mit der x-Achse. Pflanzen sich jedoch die beiden rotierenden Vektorschwingungen mit unterschiedlichen Geschwindigkeiten durch das

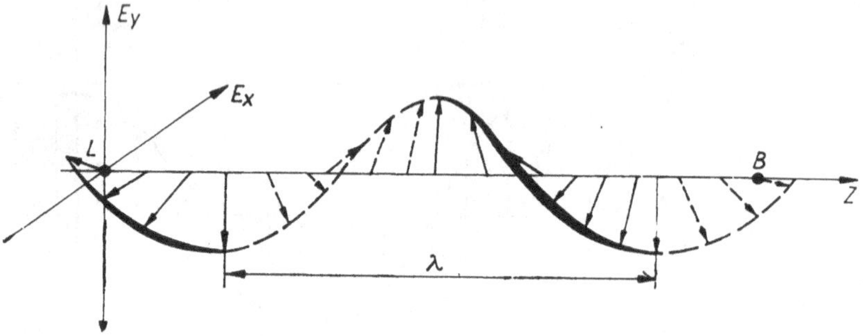

Abb. 4-4. Abhängigkeit des elektrischen Feldvektors eines rechts circularpolarisierten Lichtstrahls und seiner Komponenten E_x und E_y vom Weg (zur Zeit t).

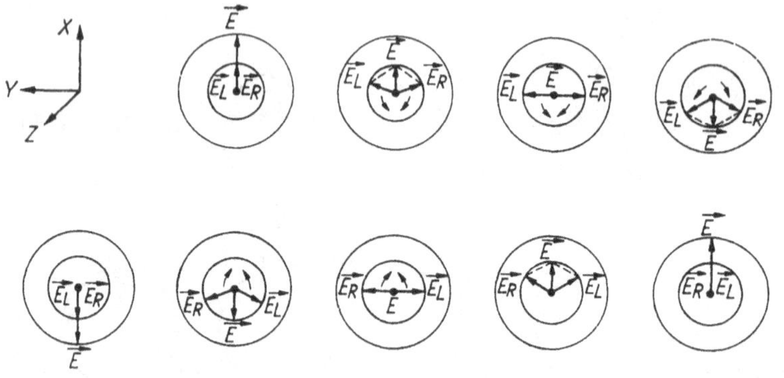

Abb. 4-5. Vektor der elektrischen Feldstärke $\vec{E}$ als Resultat der Überlagerung eines links und rechts circularpolarisierten Lichtstrahls mit den Feldstärkekomponenten $\vec{E}_L$ und $\vec{E}_R$.

betreffende Medium fort, so bildet der resultierende Summenvektor einen veränderten Winkel zur Ausgangslage, d. h. die Polarisationsebene wird um einen bestimmten Winkel α gedreht (Abb. 4-6). Dies ist der Fall in einem optisch aktiven Medium. Die optische Rotation läßt sich so auf die unterschiedlichen Geschwindigkeiten von rechts und links circularpolarisiertem Licht zurückführen. Ein optisch aktives Medium hat unterschiedliche Brechungsindices n_L und n_R für links und rechts circularpolarisiertes Licht, weshalb im Ergebnis der quantitativen Berechnung die Brechungsindices enthalten sind. Das Medium ist circular doppelbrechend. Der Rotationswinkel α wird durch die FRESNELsche Gleichung wiedergegeben:

$$\alpha = \frac{\pi \cdot l}{\lambda} (n_L - n_R) \tag{4-1}$$

Dabei sind λ die Wellenlänge des Lichtes im Vakuum, l die Länge des durchstrahlten Mediums (Drehrohr, Küvette), n_L und n_R Brechungsindices für links

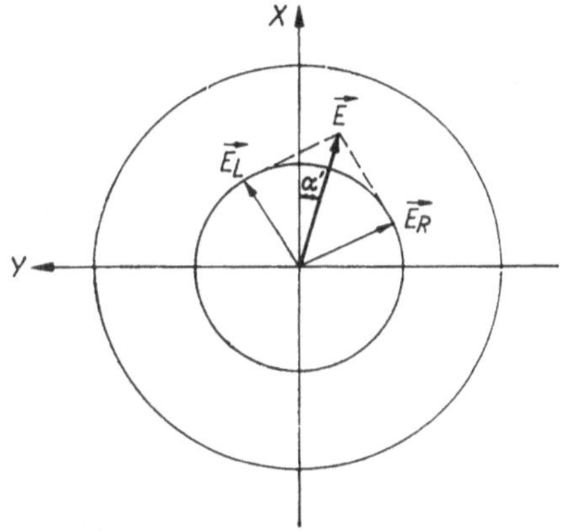

Abb. 4-6. Drehung des Vektors $\vec{E}$ beim Durchgang des linearpolarisierten Lichtes durch ein optisch aktives Medium.
$\vec{E}_L$ und $\vec{E}_R$ bilden ungleiche Winkel mit der X-Achse.

und rechts circularpolarisiertes Licht. Der Rotationswinkel α wird in der Polarimetrie zur Berechnung der spezifischen Drehung $[\alpha]_\lambda$ oder molekularen Drehung $[\Phi]_\lambda$, gemessen bei der Wellenlänge λ und Raumtemperatur (20 °C), benutzt:

$$[\alpha]_\lambda = \frac{\alpha}{l \cdot c'} \tag{4-2}$$

In der Praxis der Polarimetrie gibt man üblicherweise l und c' wie folgt an: l gemessen in dm, c' Konzentration der optisch aktiven Substanz in g/cm³. Gewöhnlich wird die spezifische Drehung $[\alpha]$ für die gelbe Linie des Natriumlichtes, die sog. D-Linie, bei 589 nm angegeben: $[\alpha]_D = \frac{\alpha}{l \cdot c'}$.

$$[\Phi]_\lambda = [\alpha]_\lambda \cdot \frac{\text{relative Molekülmasse}}{100} \tag{4-3}$$

Bei der graphischen Darstellung ist man überein gekommen, den Wellenlängenindex für $[\alpha]$ und $[\Phi]$ wegzulassen. Das gleiche gilt für die in Abschnitt 4.2.3. abgehandelte spezifische und molekulare Elliptizität.

4.2.2. *Optische Rotationsdispersion*

Die Ermittlung des Rotationswinkels α in Abhängigkeit von der Wellenlänge ergibt größere Werte, wenn man zu kürzeren Wellenlängen fortschreitet. Man erhält eine Dispersionskurve, die als „normale" *ORD* (engl.: *plain curve*) bezeichnet wird (Abb. 4-7). Die sog. „plain curve" sagt aus, daß die *ORD* kein Extremum

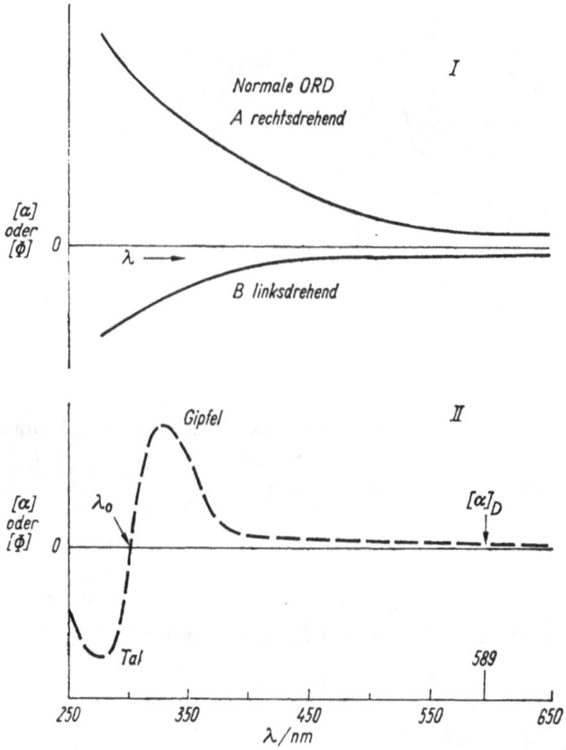

Abb. 4-7. Normale (*I*) und anormale (*II*) *ORD*-Kurven.

(Maximum oder Minimum) innerhalb des untersuchten Spektralbereiches zeigt. Die normale *ORD*-Kurve liegt weit außerhalb der Absorption der betreffenden Substanz und läßt sich durch die DRUDE-Gleichung beschreiben:

$$[\alpha] = \frac{A}{\lambda^2 - \lambda_0^2} \tag{4-4}$$

Darin ist A eine Konstante, λ_0 ist die Wellenlänge des nächsten Absorptionsmaximums. Wenn λ_0 experimentell nicht bestimmbar ist und λ gegenüber λ_0

wesentlich größer ist, geht Gl. 4-4 bei gleichzeitiger Überführung in die molekulare Rotation in

$$[\Phi] \approx \frac{K}{\lambda^2}; \qquad (\lambda \gg \lambda_0) \tag{4-5}$$

über; darin ist $K = Ax$ relative Molekülmasse/100. Gl. 4-5 bringt zum Ausdruck, daß die molekulare Rotation zu kürzeren Wellenlängen hin im gültigen Bereich ansteigt.

Dispersionskurven einer Verbindung innerhalb ihres Absorptionsbereiches heißen „anormale" *ORD*-Kurven (Abb. 4-7, *II*).

4.2.3. Cotton-*Effekt und Circulardichroismus*

Anormale *ORD*-Kurven besitzen ein „Maximum" oder ein „Minimum" (Abb. 4-7 und 4-8) oder beides und treten auf, wenn das Molekül eine optisch aktive Absorptionsbande im untersuchten Wellenlängenbereich aufweist. Dieses Verhalten

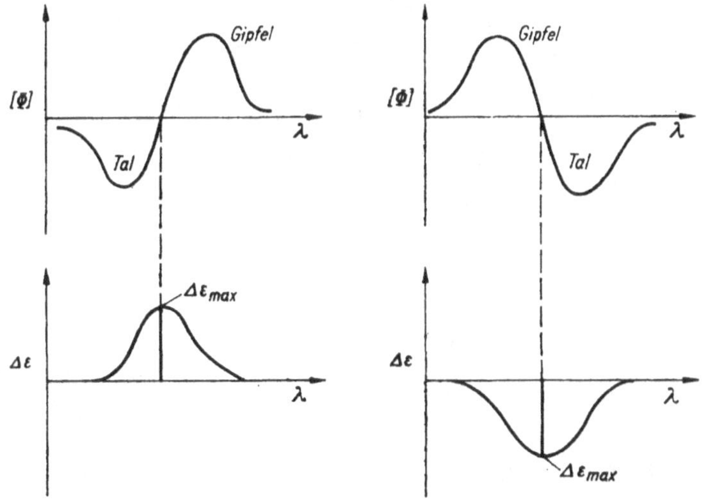

Abb. 4-8. ORD-Partialkurven („anormale") mit entsprechender positiver und negativer *CD*-Kurve ($\Delta\varepsilon$).

wurde schon von Cotton am Ende des letzten Jahrhunderts als anormales Verhalten der Rotationskraft aufgefunden und deshalb werden solche Kurven als Cotton-Effekt-Kurven zusammengefaßt. Im Bereich der Absorptionsbande ist nicht nur die Fortpflanzung zwischen links und rechts circularpolarisiertem Lichtstrahl unterschiedlich, sondern beide werden auch verschieden stark absorbiert. Diese Erscheinung wird als „Circulardichroismus" (*CD*) bezeichnet. Der Cotton-

Effekt im Bereich einer Absorptionsbande einer optisch aktiven Verbindung ist einerseits durch den *CD* (unterschiedlicher Absorption von links und rechts circularpolarisiertem Licht) und andererseits durch die circulare Doppelbrechung (unterschiedliche Beiträge zum Brechungsindex) charakterisiert. Der Wendepunkt des *S*-förmigen Teils einer *ORD*-Kurve fällt mit dem Maximum der *CD*-Kurve zusammen (Abb. 4-8). Eine *ORD*-Kurve eines einfachen Cotton-Effektes besitzt einen Gipfel (engl.: *peak*) und ein Tal (engl.: *trough*). Die Bezeichnungen

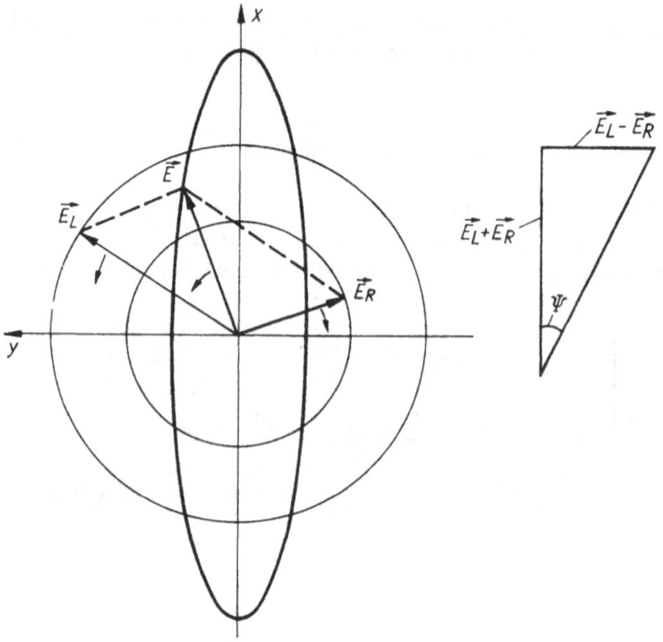

Abb. 4-9. Zustandekommen der Elliptizität.

$\vec{E}_L$ und $\vec{E}_R$ sind nach Durchtritt durch ein circulardichroitisches Medium verschieden – die Summenvektorspitze beschreibt eine Ellipse.

„Gipfel" und „Tal" (Abb. 4-8) wurden für die Extrema eines Cotton-Effektes der *ORD*-Kurve definiert, um Verwechslungen mit „Maximum" und „Minimum" in der Absorptionsspektroskopie zu vermeiden. Extrema der *CD*-Kurven werden als positives oder negatives Maximum bezeichnet. Neben normalen *ORD*-Kurven und den einfachen (single) Cotton-Effekt-*ORD*- und *CD*-Kurven gibt es noch sog. multiple Cotton-Effekt-Kurven. In diesem Fall werden zwei oder mehrere Extrema beobachtet. Kennt man eine der beiden Kurven, z. B. die *CD*-Kurve, so läßt sich die andere, die *ORD*-Kurve, mit Hilfe der Kronig-Kramers-Beziehung berechnen. Nach Durchgang eines linearpolarisierten Lichtstrahls durch ein Medium, das einen Cotton-Effekt im gemessenen Bereich zeigt, ist das resultierende Licht elliptisch polarisiert. Dem entspricht die in Abb. 4-9 gegebene

Vektordarstellung. Infolge unterschiedlicher Absorption von links und rechts circularpolarisiertem Licht erreichen die Vektoren $\vec{E}_L$ und $\vec{E}_R$ unterschiedliche Größen und der Summenvektor $\vec{E}$ beschreibt jetzt eine Ellipse. Die Elliptizität Ψ der Welle ist durch den Winkel definiert, dessen Tangente das Verhältnis von kleiner zu großer Achse der Ellipse ist. Analog der spezifischen Drehung $[\alpha]_\lambda$ werden die spezifischen Elliptizität $[\Psi]_\lambda$ und die molare Elliptizität $[\theta]_\lambda$ angegeben:

$$[\Psi]_\lambda = \Psi \cdot \frac{l}{c'} \tag{4-6}$$

$$[\theta]_\lambda = [\Psi] \cdot \frac{\text{relative Molekülmasse}}{100} \tag{4-7}$$

Als Maß des *CD* wird auch einfach die Differenz des molaren dekadischen Absorptionskoeffizienten

$$\Delta\varepsilon = \varepsilon_L - \varepsilon_R \tag{4-8}$$

wiedergegeben. Damit steht die molare Elliptizität wie folgt in Beziehung:

$$[\theta] \approx 3300 \cdot \Delta\varepsilon \tag{4-9}$$

Für quantitative Berechnungen des COTTON-Effektes kann entweder die Ermittlung von $[\Phi]_{\text{Gipfel}}$ und $[\Phi]_{\text{Tal}}$ oder aber $\Delta\varepsilon_{\max}$ herangezogen werden. Die Theorie der optischen Aktivität zeigt, daß die Rotationsstärke eines elektronischen Überganges die Intensität des Dichroismus bzw. Rotationsdispersion bestimmt. Für die Rotationsstärke gilt die Beziehung:

$$R = \frac{3hc\,10^3 \ln 10}{32\pi^3 N} \int \frac{\Delta\varepsilon}{\nu}\, d\nu \tag{4-9a}$$

Über die Rotationsstärke steht $(\varepsilon_L - \varepsilon_R)$ sowohl zum induzierten elektrischen wie magnetischen Dipolmoment in Beziehung:

$$R = \mu_e \cdot \mu_m \cdot \cos\varphi \tag{4-10}$$

worin μ_e das elektrische, μ_m das magnetische Übergangsmoment bei der Anregung des Elektrons sind, und φ den Winkel zwischen beiden Momenten angibt.

4.2.4. Beziehungen zur Geometrie der Moleküle

Chiralität: Die Ursache der optischen Aktivität in Lösung wurde schon von PASTEUR in der ersten Hälfte des vorigen Jahrhunderts in der molekularen „Dissymmetrie" oder „Asymmetrie" erkannt. Diese Erscheinung bedeutet, daß Moleküle, die durch Drehung nicht in ihre Spiegelbilder umwandelbar sind, eine Asymmetrie besitzen. Das typische Beispiel ist der Glycerinaldehyd (Abb. 4-10), der kein Symmetrie-Element besitzt und deshalb optisch aktiv ist. Das PASTEURsche Prinzip der optischen Aktivität beinhaltet zwei grundsätzliche Moleküleigenschaften:

1. Eine optisch aktive Verbindung kann in zwei enantiomorphen Modifikationen auftreten, die als optische Antipoden oder Isomere bezeichnet werden und gleiche Rotationsstärke mit jeweils entgegengesetzten Vorzeichen besitzen.
2. Die Kristallstruktur einer optisch aktiven Verbindung verhält sich in seiner Gestalt wie das Spiegelbild seines Antipoden.

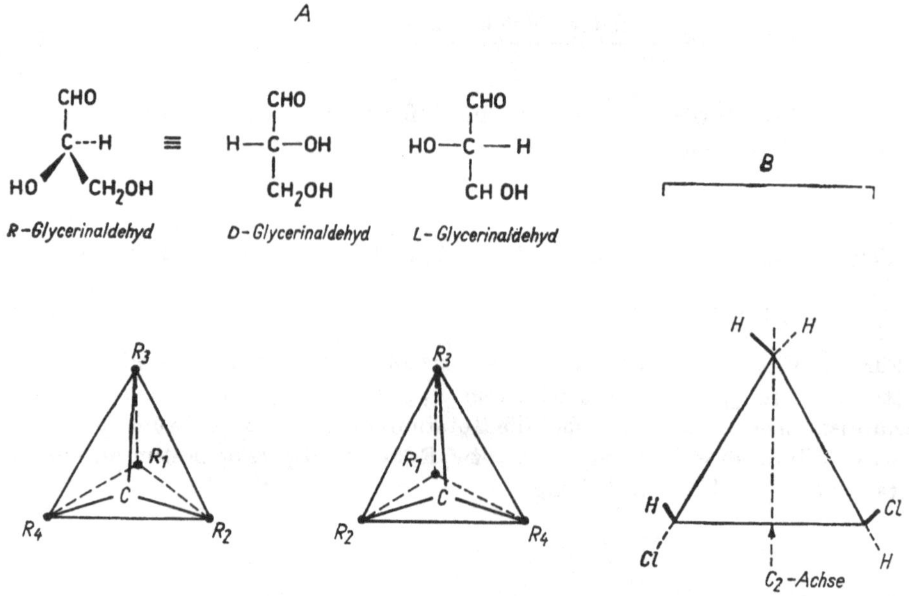

Abb. 4-10. A: Glycerinaldehydformel und Tetraederdarstellung.

Die *D*-Form gilt als Formel zur Definition der absoluten Konfiguration. Da die Präfixe *D* und *L* (Kapitälchen) oft zu Schwierigkeiten führen, hat man ein neues System nach CAHN, INGOLD und PRELOG eingeführt. Wenn die Reihenfolge der Substituenten $R_1R_2R_3R_4$ entsprechend ihrer festgelegten Priorität (z. B. ein Sauerstoffatom hat die Priorität über ein Stickstoffatom) im Uhrzeigersinn angeordnet ist, wird das asymmetrische C-Atom mit *R* (lat. rectus), verläuft die Reihenfolge gegen den Uhrzeigersinn, wird es mit *S* (lat. sinister) bezeichnet. Die Reihenfolge der Priorität einiger oft vorkommender Substituenten ist Br, F, OH, NH_2, COOH, CHO, CH_2OH, CH_3. Das Beispiel ist für den *R*-Glycerinaldehyd angegeben. VAN'T-HOFFsche Tetraederstellung, die die dreidimensionale Struktur des einfachsten Moleküls (Glycerinaldehyd) mit optischer Aktivität darstellt.

B: Verbindung mit Rotationsachse.

Das Molekül ist *chiral*, obgleich nicht asymmetrisch, es ist daher optisch aktiv.

Dreidimensionale Strukturbilder, die dem PASTEURschen Prinzip entsprechen, sind nach VAN'T HOFF und LE BEL für den Glycerinaldehyd in Abb. 4-10 dargestellt. Die Eigenschaft der Nichtidentität eines Moleküls mit seinem Spiegelbild wird als Chiralität bezeichnet. Alle asymmetrischen Moleküle sind chiral und deshalb optisch aktiv. Da jedoch nicht alle chiralen Moleküle asymmetrisch sein müssen — infolge einer möglichen Rotationsachse (Abb. 4-10) — wird heute der Begriff Chiralität als ursächliche Eigenschaft für die optische Aktivität einer Verbindung vorgezogen. Die geometrische Bedingung für das Auftreten der Chiralität eines Moleküls ist, daß keine Rotationsspiegelachse*) vorhanden ist.

Chromophore Gruppe — COTTON-*Effekt:* Für die Lichtabsorption eines Chromophors ist ein Übergang eines Elektrons aus einer besetzten Orbitalstufe in eine antibindende unbesetzte Orbitalstufe verantwortlich. Sind nun beide Orbitale (geometrieabhängig) chiral, dann führt die Wechselwirkung mit linearpolarisiertem Licht zu einem COTTON-Effekt. Der COTTON-Effekt ist an die Anwesenheit einer chromophoren Gruppe gebunden. Wir können inhärente (intrinsikale) dissymmetrische Chromophore und symmetrische Chromophore unterscheiden. Die meisten Chromophore, wie z. B. Formaldehyd, besitzen selbst eine starke Symmetrie, d. h. ihr Elektronensystem ist achiral, und sind deshalb optisch inaktiv. Befindet sich der Chromophor in der Struktur eines Moleküls, dessen übrige Molekülumgebung chiral ist, so induziert diese Umgebung eine Chiralität in der Elektronenverteilung innerhalb des Chromophors, wodurch dieser Elektronenübergang optisch aktiv wird; z. B. führt die Ketogruppe im Campher zum Auftreten eines COTTON-Effektes. Positiver und negativer COTTON-Effekt stehen in charakteristischer Weise zur Geometrie des Moleküls in Beziehung. Die Ermittlung dieses Zusammenhanges kann empirisch, halbempirisch und theoretisch erfolgen. Die Stellung einer Molekülgruppe, etwa bei einem Steroid, läßt sich aus dem Vorzeichen des COTTON-Effektes mancher Derivate entnehmen. Mit Hilfe der Theorie der optischen Aktivität und der Exciton-Theorie kann abgeleitet werden, daß die typische *CD*-Kurve eines helicalen Polypeptids, wie der Poly-L-glutaminsäure, einer Rechtsschraube entspricht (vgl. Abschnitt 4.4.1.).

4.3. Methodik

4.3.1. Polarimetrie

Doppelbrechung: Die Erzeugung von linearpolarisiertem Licht gelingt nach drei verschiedenen Verfahren: Reflexion, Doppelbrechung und Lineardichroismus. Kristalle, die nicht zum regulären System gehören, wie der Kalkspatrhomboeder, zeigen das Phänomen der Lichtdoppelbrechung. Dabei wird der einfallende natürliche Lichtstrahl im Kristall in zwei senkrecht zueinander linearpolarisierte Strahlen, den ordentlichen und außerordentlichen Strahl, aufgespalten. Nur eine Durchgangsrichtung führt nicht zur Aufspaltung, nämlich die Richtung der optischen Achse des Kristalls. Beide Anteile, der ordentliche und außerordentliche Strahl, werden im Kalkspat unterschiedlich gebrochen. Sie haben im Kristall ver-

*) Die Abwesenheit der Rotationsspiegelachse (oder auch Drehspiegelachse genannt) bedeutet, daß im Molekül weder Spiegelebenen noch Inversionszentren (bzw. Umwandlungszentren) auftreten.

schiedene Geschwindigkeiten, die für den einen Anteil von der Kristallrichtung abhängig sind. Die Brechungsunterschiede zwischen beiden Strahlenanteilen werden zur Erzeugung linearpolarisierten Lichtes aus natürlichem Licht beim Nicolschen Prisma ausgenutzt.

Nicol*sches Prisma:* Durch Zerschneiden eines geschliffenen Kalkspatkristalls in zwei Spaltstücke entstehen zwei Keile, die die in Abb. 4-11 eingezeichneten Winkel von 90° und 68° besitzen müssen. Beide Kalkspatkeile sind durch Kanadabalsam zusammengekittet. Fällt nun natürliches Licht in der in Abb. 4-11 ein-

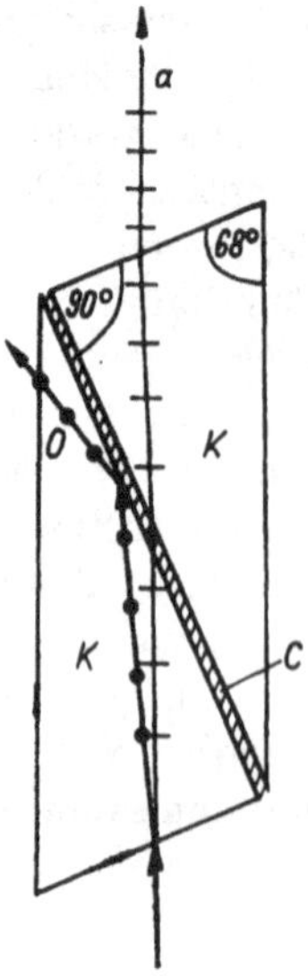

Abb. 4-11. Nicolsches Prisma mit ordentlichem (*o*) und außerordentlichem (*a*) Lichtstrahl.
K = Kalkspat, *C* = Kanadabalsamschicht.

gezeichneten Richtung in das Nicolsche Prisma, so wird es in einen stärker gebrochenen ordentlichen Lichtstrahl *o* und einen schwächer gebrochenen außerordentlichen Strahl *a* zerlegt. Der Brechungsindex des ordentlichen Strahls ist für Kalkspat ($n = 1{,}66$) größer als im Kanadabalsam ($n = 1{,}5$), und da der Einfallswinkel des Strahls größer als der Grenzwinkel der Totalreflexion ist, wird er seitlich abgelenkt und geht demzufolge nicht durch das Prisma hindurch. Der Brechungsindex des außerordentlichen Strahls ist dagegen kleiner für Kalkspat ($n = 1{,}49$) gegenüber Kanadabalsam. Daher tritt keine Totalreflexion auf und der außerordentliche Strahl verläßt das Prisma als linearpolarisiertes Licht.

Polarimeter: Zur Messung der optischen Drehung bringt man in der Polarimetrie die zu untersuchende gelöste Substanz in einem Polarimeterrohr (Küvette) zwischen zwei Nicolsche Prismen, den Polarisator und Analysator. Bei Drehung des Analysators um die Richtung des Lichtstrahles sinkt die Lichtintensität mit steigendem Drehwinkel und erreicht bei 90° (gekreuzte Nicols) ein Minimum, d. h., es herrscht völlige Dunkelheit, wenn sich kein optisch aktives Medium zwischen den beiden Prismen befindet. Dies wird zur Ermittlung des Drehwinkels α

einer optisch aktiven Substanz in Lösung im sog. Halbschattengerät im sichtbaren Bereich ausgenutzt. Durch Drehen des Analysators läßt sich der Drehwinkel α einer zwischen Polarisator und Analysator befindlichen optisch aktiven Substanz ermitteln. Das Halbschattenprinzip stellt eine Anordnung mit benachbarten Prismen dar, die es gestattet, die Extinktion — im Falle gekreuzter Stellung der NICOLschen Prismen — in zwei benachbarte Lichtfelder umzuwandeln. Im visuellen Bereich können die beiden nebeneinander liegenden Halbschatten (Halbkreise) durch Drehen des Analysatorprismas so verändert werden, daß gleiche Helligkeit zwischen beiden Halbkreisen herrscht. Dies gilt in der Nullposition, während der 90°-Stellung der Prismen zueinander ein maximaler Hell-Dunkelunterschied zwischen beiden Halbkreisen entspricht.

Geräte, speziell zur Ermittlung von α und der Konzentration von Zuckerlösungen, heißen Saccharimeter. Prinzipiell lassen sich je nach dem Detektor visuelle, nicht-visuelle, photographische und photoelektrische Polarimeter unterscheiden. Heute sind nahezu alle Geräte durch photoelektrische Polarimeter, die zumeist registrierend arbeiten, ersetzt. Die Möglichkeiten der Polarimetrie und Spektropolarimetrie im Infraroten sowie mit Hilfe von Fluoreszenz- und Phosphoreszenzlicht seien nur der Vollständigkeit halber erwähnt.

4.3.2. *Messung der optischen Rotationsdispersion*

Dem Aufbau eines Spektralpolarimeters liegt das Prinzip des Halbschatten-Polarimeters zu Grunde. Versieht man das Polarimeter mit einem Monochromator und einer Photozelle, so hat man bereits die Hauptelemente eines Spektralpolari-

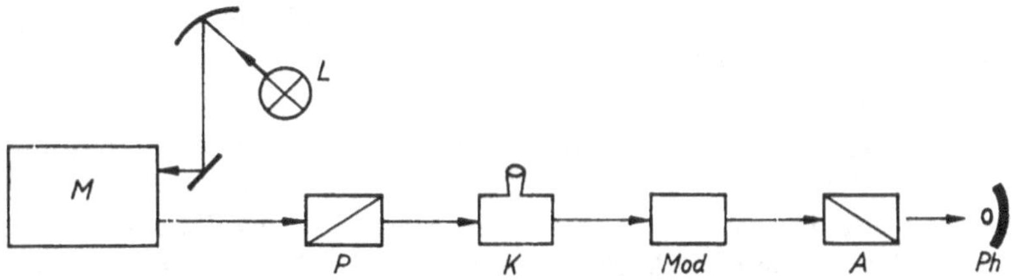

Abb. 4-12. Blockschema eines einfachen Spektropolarimeters.

L = Lichtquelle, *M* = Monochromator, *P* = Polarisator, *K* = Meßküvette, *Mod* = Modulator, *A* = Analysator, *Ph* = Photomultiplier.

meters erfaßt. Das Schema eines Spektralpolarimeters ist in Abb. 4-12 dargestellt. Diese Anordnung gilt auch für moderne registrierende *ORD*-Geräte. Damit kann die optische Rotation in Abhängigkeit von der Wellenlänge, d. h. die *ORD*-Kurve einer optisch aktiven Substanz, registriert werden. Im ultravioletten Bereich verwendet man als Polarisator und Analysator Quarzglas.

4.3.3. Messung des Circulardichroismus

Die Messung des *CD* gründet sich auf der Messung der Absorptionsdifferenz zwischen rechts und links circularpolarisiertem Licht (Abschnitt 4.2.3.). Die Umwandlung von linearpolarisiertem Licht in circularpolarisiertes Licht gelingt, wenn der linearpolarisierte Lichtstrahl in zwei senkrecht zueinander liegende Strahlen (ordentlicher und außerordentlicher) von gleicher Intensität aufgespalten wird und einer der beiden Strahlen gegenüber dem anderen um den Gangunter-

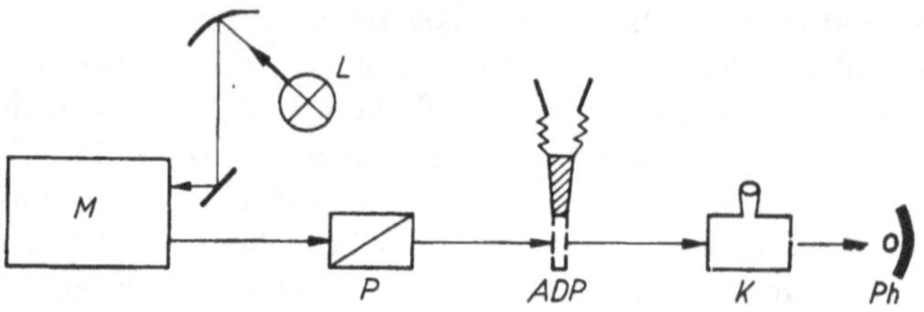

Abb. 4-13. Blockschema einer einfachen *CD*-Meßanordnung.
Grundprinzip des JOUAN-Dichrographen (Frankreich). *L* = Lichtquelle, *M* = Monochromator, *P* = Polarisator, *ADP* = Ammoniumdihydrogenphosphat-Kristall, *K* = Meßküvette, *Ph* = Photomultiplier.

schied von $^1/_4$ Wellenlänge bzw. die Phasendifferenz $\pi/2$ differiert. Beim Austritt resultiert eine zirkularpolarisierte Lichtwelle. Dazu benutzt man eine parallel zur optischen Achse geschliffene doppelbrechende Kristallplatte, deren Dicke so gewählt sein muß, daß der ordentliche und außerordentliche Strahl bei senkrechtem Durchtritt einen Gangunterschied von $^1/_4$ Wellenlänge aufweisen. Für diesen Zweck verwendet man Glimmerblättchen mit der entsprechenden Dicke (Viertelwellenlängenblättchen). Die ersten entwickelten *CD*-Zusatzgeräte für Spektrophotometer enthielten den FRESNEL-Rhomboeder als Circular-Polarisator. Zur Messung des *CD* dient heute das bei Fa. Roussel-Jouan (Frankreich) entwickelte Meßprinzip des Dichrographen (Abb. 4-13). Ein Ammoniumdihydrogenphosphat-Kristall in einem elektrischen Feld dient als Viertelwellenlängenblättchen. Damit kann auf elegante Weise über einen weiten Spektralbereich circularpolarisiertes Licht erzeugt werden.

4.3.4. Magneto-optische Rotationsdispersion und Magneto-Circulardichroismus

Optisch inaktive Stoffe können eine Drehung der Polarisationsebene des Lichtes hervorrufen, wenn sie in ein starkes magnetisches Feld gebracht werden, dessen Feldlinien parallel zur Richtung des Lichtweges verlaufen. Diese durch ein magnetisches Feld induzierte optische Aktivität (FARADAY-Effekt) wird heute bereits für magneto-optische Untersuchungen — Magneto-optische Rotationsdispersion (*MORD*) und Magneto-circulardichroismus-Dispersion (*MCD*) — an organischen und anorganischen Verbindungen sowie an Biopolymeren ausgenutzt.

4.4. Anwendung zur dreidimensionalen Strukturanalyse von Biopolymeren

4.4.1. Polypeptide und Proteine

Aus den Pionierarbeiten von PERUTZ, BRAGG, PAULING und COREY und der Tatsache, daß die Rotationsstärke mit steigendem Denaturierungsgrad der Proteine abfällt, resultiert die heute allgemeingültige dreidimensionale Strukturvorstellung der α-Helix. Die Chiralität bzw. optische Aktivität der Polypeptide und Proteine resultiert letztendlich aus der Überlagerung der optischen Aktivität der asymmetrischen C-Atome (Chiralität der Peptid-Untereinheiten) und der optischen Aktivität, die durch Zusammenwinden der Polypeptidkette zu einer α-helicalen Struktur entsteht. Aus systematischen Messungen der *ORD* und des *CD* wurden insbesondere von DOTY, YANG und BLOUT Einblicke in den Mechanismus der Denaturierungsprozesse erhalten.

Aminosäuren und Peptide: Die in den Polypeptiden und Proteinen durch sekundäre Amidbindungen (Peptidbindung) miteinander verknüpften Aminosäuren besitzen zumeist (ausgenommen Glycin) ein asymmetrisches C-Atom und sind deshalb optisch aktiv. Eine Reihe von Aminosäuren besitzen ein zweites asymmetrisches C-Atom, z. B. Threonin. Die häufigsten natürlichen Aminosäuren gehören in ihrer Konfiguration der L-Reihe an, nur wenige spezielle der D-Reihe sind dagegen in Naturprodukten, wie Antibiotika (Gramicidin S) enthalten. Die Bezeichnungen L und D beziehen sich nicht auf die Lichtrotation (Abschnitt 4.2.1.), sondern auf die absolute Konfiguration, bezogen auf den Glycerinaldehyd (Abschnitt 4.2.3.). Im allgemeinen liefern aliphatische Aminosäuren selbst normale *ORD*-Kurven, während z. B. Cystin eine COTTON-Effekt-Kurve mit relativ starker Rotation aufweist. Da die Disulfidbrücke eine asymmetrische Gruppierung darstellt (Rotationshinderung um die S-S-Bindung), steht die anormal hohe Rotation in direktem Zusammenhang zur Disulfidstruktur. Andere Disulfidverbindungen verhalten sich ganz ähnlich. *ORD*- und *CD*-Kurven des Cystins und seiner Derivate weisen einen starken elektronischen Übergang der Disulfidbindung um 200 nm und einen schwachen Übergang bei 260 nm auf. Cystin-Gruppierungen besitzen generelle Bedeutung für die Aufrechterhaltung spezifischer molekularer Konformationen biologisch aktiver Proteine. Aus *ORD*-Messungen kann die Aminosäure-Konfiguration ermittelt werden. In diesem Zusammenhang können nur einige allgemein wichtige Betrachtungen in bezug auf die Polypeptide angestellt werden. Eine generelle Regel sagt aus, daß L-Aminosäuren ohne oder mit schwachen Chromophoren am β-ständigen*) C-Atom normale positive *ORD*-Kurven zeigen, während Aminosäuren mit starken Chromophoren am βC-Atom anormale Kurven im nahen *UV* oder sichtbaren Bereich geben. Geeignet für die Konfigurationszuordnung der Aminosäuren sind einige ihrer Derivate und Kupfer-II-Komplexe, die ausgeprägte Cotton-Effekte induzieren können.

Bei den Peptiden, insbesondere denjenigen, die in Derivate der Diketopiperazine überführbar sind, treten zwei starke Cotton-Effekte in der Peptid-Absorptionsregion auf (ein negativer um 210 nm und ein positiver für $\lambda < 194$ nm). Cyclische Tetrapeptide, wie Tetra-L-alanin, besitzen drei Cotton-Effekte. Die Untersuchung dieser Aufspaltung zeigt, daß eine lokale Starrheit der Konformation existiert und dieser Peptidtyp als Prototyp helicaler Polypeptidstrukturen angesehen werden kann.

Die besonderen Rotationseigenschaften der Disulfidbindung spielen beispielsweise eine dominierende Rolle in den Cotton-Eigenschaften der Peptide Arginin-Vasotocin und 8-L-Ornithin-Vasopressin.

*Statistische Konformationen***): Die Kettenstruktur ist dadurch definiert, daß keine periodisch interne Struktur auftritt (durch H-Brücken stabilisierte α-Helix), d. h. die Amid- bzw. Peptidgruppen sind räumlich nicht in irgendeinem Sinn geordnet — diese Konformation ist daher als „Random“ (statistisch) zu bezeichnen. Solche ungeordneten Kettenformen der Polypeptide zeigen charakteristische Unterschiede im *ORD*- und *CD*-Verhalten. Sie können durch *ORD*- und *CD*-Messungen in Lösungsmittelsystemen nachgewiesen werden, die zu ausgeprägter H-Brückenbildung neigen und daher die H-Brücken der geordneten α-Helixstruktur spalten. Auch geeignete pH-Verschiebungen können einen Übergang der α-Helix in die Kettenform induzieren (Helix-Coil-Übergang, vgl. Abschnitt 4.1.3.). Im sichtbaren Wellenlängenbereich zeigen Polypeptidketten normale *ORD*-Kurven, ähnlich wie in Abb. 4-7 dargestellt ist. Charakteristische Unterschiede zur α-Helix und β-Form (Abschnitt 1.4.3.) werden in den Cotton-Effekt-Kurven im Ultravioletten beobachtet. Ein typisches Beispiel wird durch die *CD*-Kurve des Poly-L-lysins illustriert (Abb. 4-14). Im Gegensatz zur α-Helix und β-Form entspricht der statistischen Kettenform ein charakteristischer negativer Cotton-Effekt bei sehr kurzen Wellenlängen.

Die Konformation der Kette eines Homopolypeptids entspricht nicht unbedingt der desorientierten, denaturierten Form eines Proteins. Letzteres kann steif und

*) Die Präfixe α, β, γ etc. bezeichnen die Stellung der NH_2-Gruppe zur COOH-Gruppe in einer Aminosäure, z. B.
α-Alanin: CH_3-CHNH_2-COOH
β-Alanin: $NH_2-CH_2-CH_2-COOH$.

**) Konformation und Konfiguration wurden vielfach für die gleiche Bedeutung benutzt. Eine strengere Trennung, die sich mehr und mehr auch in der Anwendung bei Biopolymeren durchsetzt, beschränkt die Konfiguration auf die Strukturbeziehungen um das asymmetrische C-Atom (Projektionsformel), während Konformation die Gestalt des Moleküls in seiner Gesamtheit hinsichtlich der geometrischen Anordnung der Atome und Molekülgruppen umfaßt.

kompakt trotz Verlust der Sekundärsturktur sein. Denaturierte Proteine zeigen daher erhebliche Änderungen in den *ORD*- oder *CD*-Kurven bei Erhöhung der Salzkonzentration. Im allgemeinen sind die *CD*-Kurven aber ähnlich. Auch Poly-

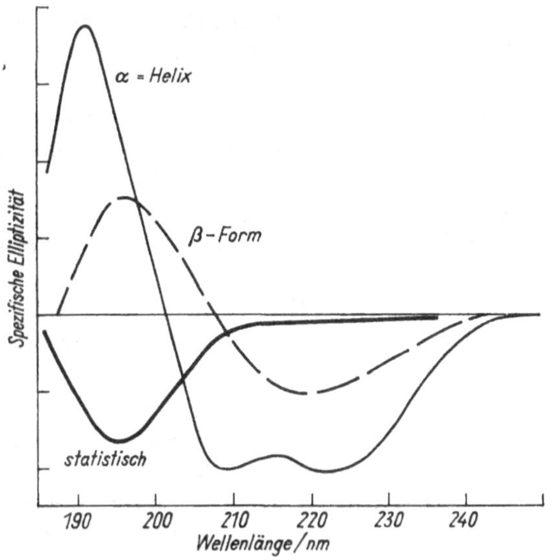

Abb. 4-14. Circulardichroismus (*CD*) eines Polypeptids: *Poly*-L-lysin.

peptide, wie z. B. die Poly-L-glutaminsäure, zeigen Änderungen der Rotationseigenschaften mit steigender Ionenstärke. Diese Änderungen spiegeln meist Kontraktionen der Polyanion-Konformation wider (eine kontrahierte Kette ist weniger starr und deshalb leichter frei rotierbar).

β-Konformation der Polypeptide: Mit Hilfe von *ORD*- und *CD*-Messungen, läßt sich außer den ungeordneten und α-helicalen Konformationen der Polypeptide und Proteine ein weiterer allgemeiner Strukturtyp, die β-Konformation, nachweisen (Abschnitt 1.4.3.). Es handelt sich dabei um eine Faltblatt-Struktur (engl.: *pleated sheet conformation*), die eine aggregierte, mehr oder weniger unlösliche Form charakterisiert. Ihre Konformation unterscheidet sich charakteristisch in der *CD*-Kurve (Abb. 4-14). Aus der Intensität und dem Vorzeichen des COTTON-Effektes und unter Hinzuziehen von *IR*-Daten können Hinweise über die Art der Kettenfaltung (Lage der Amidgruppen) in der β-Form erhalten werden. So stellt beispielsweise die β-Konformation des Seidenfibroins einen antiparallelen Typ (Abschnitt 1.4.3.) der Faltblattstrukturen dar. Die Ausbildung der β-Struktur erfolgt bevorzugt in Lösungsmitteln mit niederer Polarität, z. B. in Chloroform. Die entsprechenden Strukturübergänge Kettenform → β-Form oder α-Helix → β-Form können durch *ORD*- oder *CD*-Messungen recht gut verfolgt werden. So zeigt beispielsweise Poly-L-glutaminsäure einen entsprechenden Übergang von der Kettenform in die β-Struktur, wenn man zu einer wäßrigen Lösung wachsende

Volumina an Dioxan oder Methanol zusetzt. Ein $\alpha \rightarrow \beta$-Übergang kann bei Poly-L-lysin durch Alkalisierung unter milder Temperaturerhöhung induziert werden. Die aus *ORD*- und *CD*-Amplitudenänderungen (z. B. Abb. 4-14) ermittelten Strukturübergänge der Homopolypeptide können zur Konformationsanalyse von Proteinen ausgenutzt werden. Aus Cotton-Effektänderungen des Lysozyms wurden beispielsweise beträchtliche Anteile von Faltblattstrukturen in der Proteinkonformation nachgewiesen.

Durch Auflösen der *CD*- und *ORD*-Kurvenprofile unter Anwendung der Kronig-Kramers-Transformation lassen sich Profile erhalten, die eine Abschätzung konformativer Anteile in einem Protein gestatten, z. B. konnte damit für die Konformation des β-Lactoglobulins *A* ein geringer α-Helix-Anteil, ca. die Hälfte nichtorientierte Konformation und der Rest des Moleküls als antiparallele β-Struktur charakterisiert werden.

Helicale Konformation der Polypeptide: ORD im sichtbaren Bereich: Polypeptide und Proteine zeigen die Eigenschaft, daß ihre spezifischen Rotationswerte $[\alpha]_D$ (s. Abschnitt 4.2.1.) stärker linksdrehend werden, wenn sie denaturierenden Bedingungen unterworfen werden. Dies wird zur Untersuchung der Konformationsänderung ausgenutzt. Der Übergang der Rechtsdrehung von $[\alpha]_D$ in die Linksdrehung erklärt sich durch das Aufbrechen der geordneten Helixstruktur in die ungeordnete Kettenform. Diese als Helix-Coil-Übergang bezeichnete Konformationsänderung (Entfaltung) erweist sich als idealer Test für die Rotationsbeiträge zur α-Helix-Struktur.

ORD und CD im UV: Wie eingangs gesagt, kommt die optische Rotationsstärke der α-helicalen Konformation der Polypeptide und Proteine durch die Packung der Peptidbindungen analog einer Rechtsschraube zustande. Auf eine Helixwindung entfallen 3,6 Amidgruppen, deren Übergangsmomente parallel oder senkrecht zur Helixachse polarisiert sind (Abb. 4-15). Die Rotationsstärke einer *CD*-Bande läßt sich aus der Theorie der optischen Aktivität nach Gl. 4-10 ableiten. Aus einer theoretischen Betrachtung des Zustandekommens der Übergangsmomentrichtungen, worauf hier nicht näher eingegangen werden kann, ergeben sich die in Abb. 4-15 dargestellten Orientierungen für die α-Helix. Dabei muß die senkrecht zur Helixachse polarisierte Bande kurzwelliger liegen als die parallel polarisierte. Diesem Verhalten wird beispielsweise die *CD*-Kurve der Poly-L-glutaminsäure (Abb. 4-15) gerecht und kann der Rechtshelix zugeordnet werden. Auf Grund der Korrelationen zwischen Rotationseigenschaften und Helixstruktur gelang es Moffitt, unter Zuhilfenahme der Excitonentheorie*), die Rotationseigenschaften der α-helicalen Polypeptidstruktur zu beschreiben:

$$[m']_\lambda = \frac{a_0 \lambda_0^2}{\lambda^2 - \lambda_0^2} + \frac{b_0 \cdot \lambda_0^4}{(\lambda^2 - \lambda_0^2)^2} \qquad (4\text{-}11)$$

*) Nach Moffitt kann die Polypeptid-Helix, stabilisiert durch innere H-Brückenbindungen, als kooperative Einheit betrachtet werden. Eine solche Helix kann optisch als ein einfaches absorbierendes System, d. h. als Exciton-System, betrachtet werden.

Darin ist $[m']$ die mittlere Drehung pro Rest (Dimension: Grad · $cm^2/dmol$) bei der Wellenlänge λ, b_0 und λ_0 sind charakteristische Konstanten der Helix, a_0 enthält sowohl Beiträge der Helix als auch der Aminosäurereste. Trotz der Vereinfachungen, die diese Gleichung enthält, können brauchbare Aussagen über die Helicität eines Polypeptids oder Proteins gewonnen werden. Aus einer Abhängigkeit (MOFFITT-Auftragung) von $[m'] (\lambda^2 - \lambda_0^2)$ gegen $1/(\lambda^2 - \lambda_0^2)$ lassen sich die

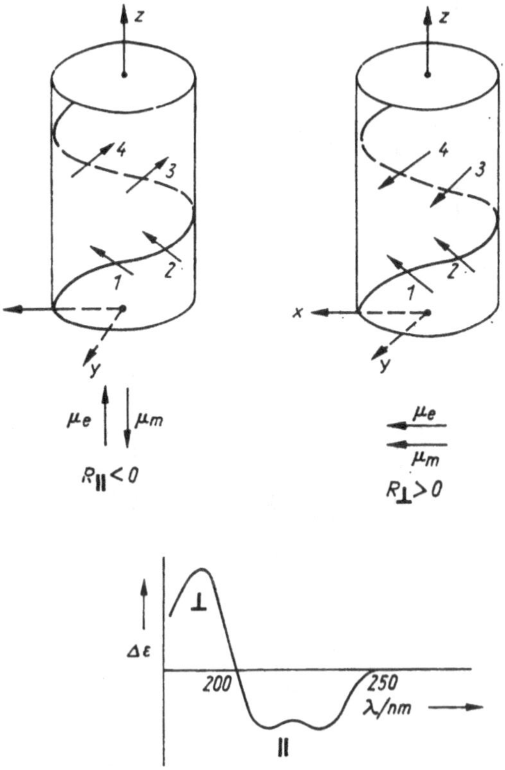

Abb. 4-15. Zuordnung des COTTON-Effektes der Amidbande in der α-Helix.

charakteristischen Parameter für die Helix nach Messung der *ORD*-Kurve (anormale) graphisch ermitteln. Aus der graphischen Auftragung bestimmt man b_0 und a_0. Für Einzelheiten muß auf einschlägige Literaturzusammenfassungen verwiesen werden (HELLER, DJERASSI). Während a_0 prinzipiell vom Lösungsmittel und Seitenketteneffekten abhängig ist, stellt b_0 eine von bestimmten Umgebungsbedingungen weitgehend unabhängige Größe dar, sofern das zu untersuchende Polypeptid sich in Helix-stabilisierenden Lösungsmitteln befindet. Einige charakteristische b_0-Werte und $[m']$-Werte verschiedener helicaler Polypeptide sind in Tab. 4-1 angegeben. Die Tabelle zeigt, daß die Helix-destabilisierenden Lösungsmittel (engl.: *random-coil solvents*) die Rotationswerte und b_0-Werte gegenüber

Tabelle 4-1

Polypeptide	Wellenlänge [nm]	„Helicale“ Lösungsmittel $[R']_\lambda$	Lösungsmittel	„Random-Coil“ Lösungsmittel $[R']_\lambda$	Lösungsmittel
Poly-L-alanin	589	+21	$CHCl_3$/Dichloressigsäure	−110	Trifluoressigsäure
Poly-L-glutaminsäure	546	−9	0,2 m NaCl/H_2O/pH 4,5	−127	0,2 m NaCl/H_2O/pH 8
Poly-L-lysin	589	−37	0,2 m NaCl/H_2O/pH 11	−132	0,2 m NaCl/H_2O/pH 7
		b_0			
Poly-L-alanin		−650	als Film	−390	Dichloressigsäure
Poly-L-glutaminsäure		−610	H_2O/pH 4,4	+50	H_2O/pH 10,5
Poly-L-lysin		−650	0,2 m NaBr/H_2O/pH 11,5	0	H_2O/pH 6,8

„Helicale“ Lösungsmittelsysteme charakterisieren Helix-stabilisierende Lösungsmittel, „Random“-Coil Helix-destabilisierende Systeme. Die Werte für b_0 entsprechen $\lambda_0 = 212$ nm.

Helix-stabilisierenden Lösungsmitteln (engl.: *helical solvents*) stark reduzieren bzw. negative $[m']$-Werte liefern. Daraus geht die Auflösung der Helixstruktur unmittelbar hervor. Alle erhaltenen *ORD*-Daten der Polypeptide gehorchen generell der MOFFITT-Gleichung (mit $\lambda_0 = 212$ nm), während Größe und Vorzeichen von b_0 zwischen -600 und $+600$ variieren.

Für 100% α-Helix nimmt $b_0 = -600$ an. Nach neueren Betrachtungen der MOFFITT-Beziehung kann auf der Grundlage von a_0 und b_0-Werten auch eine Aussage über andere Konformationen gemacht werden, die weder α-helicale noch „Random"-Konformationen darstellen.

Für die quantitative Ermittlung des prozentualen Helixgehaltes stehen mehrere Methoden zur Verfügung, von denen hier nur einige erwähnt seien:

I. Drehwertbestimmung ($[\alpha]_\lambda$) bei einer bestimmten Wellenlänge, z. B. bei 192 nm.

II. Dispersionsmethoden, basierend auf COTTON-Effekt-Kurven.
  1. Modifizierte Zweiterm-DRUDE-Gleichung,
  2. MOFFITT-Gleichung,
  3. Auf der Basis des *CD* bei 222 nm.

Der b_0-Wert aus der MOFFITT-Geichung kann direkt als Helixgehalt-Parameter dienen, vorausgesetzt, daß eine Eichung für λ_0 erfolgt und das Polypeptid nur α-helical und statisch vorkommt (die MOFFITT-Gleichung setzt voraus, daß nur eine Art der Sekundärstruktur, die α-Helix, im Proteinmolekül enthalten ist). Die Anwendung der Zweiterm-DRUDE-Gleichung gestattet α-Helixgehaltbestimmungen im Meßbereich zu kürzeren Wellenlängen. Außerdem liefert sie das Kriterium nur für α-Helices und statistische Konformationen der Polypeptide und Proteine. Vergleiche der Helixgehalte einiger Polypeptide und Proteine sind in Tab. 4-2 angegeben.

Die einzige zweifelsfreie Methode zur Helixgehaltermittlung eines Proteins stellt die Röntgenweitwinkelstreuung dar.

Auf die sog. „curve-fitting"-Methode sei nur hingewiesen. Sie gestattet, bei Zugrundelegen der drei Konformationsanteile für ein Protein Aussagen über helicale, nichthelicale Konformationsänderungen und die Natur der Seitenketteneffekte zu treffen. Im allgemeinen lassen sich Helixgehalte bei Proteinen selten genauer als 10% angeben. Die exakte Bestimmung ist nicht möglich, zumal bis heute klare Definitionen für Referenzwerte 100% α-helical und 100% statistische Konformation fehlen.

Faktoren, die die Konformation beeinflussen (Temperatur, pH und Lösungsmittel): Als Kriterium für die Stabilität einer Polypeptid- oder Proteinkonformation in Abhängigkeit von der Temperatur, dem umgebenden Ionenmilieu und dem pH-Wert der Lösung wird die spezifische Drehung herangezogen. Trägt man die gemessene *CD*- oder *ORD*-Amplitude (z. B. $\Delta\varepsilon_{max}$ oder $[\alpha]_{max}$) über der Temperatur auf, so erhält man einen zumeist starken Abfall der Rotation in einem relativ engen Temperaturbereich, der die Entfaltung der nativen (helicalen) Konformation in die denaturierte nichtgefaltete Form charakterisiert. Ähnlich induzieren organische Lösungsmittelsysteme Konformationsübergänge in die Kettenform,

Tabelle 4-2
Helixgehalte von Polypeptiden und Proteinen

Polypeptide	Lösungsmittel	Prozent Helix (*I*)	(*II*)	(*III*)
Poly-L-glutaminsäure	H_2O, pH 4	100	103	115
Poly-L-glutaminsäure	H_2O, pH 7	−1	−1	−16
Copolymer (Glutaminsäure: Lysin 1:1)	H_2O, pH 3	58	61	62
Poly-L-methionin	Chloroform	100	102	114
Proteine				
Myosin	0,6 m KCl, pH 7	61	64	66
Serumalbumin	H_2O, pH 7	55	57	57

Berechnung des Helixgehaltes und Verwendung von:

(*I*) modifizierte Zwei-Term-Drude-Gleichung
(*II*) Moffitt-Gleichung mit $\lambda_0 = 212$ nm, $b_0^{100} = -700$, $b_0^0 = +100$
(*III*) Moffitt-Gleichung mit $\lambda_0 = 212$ nm, $b_0^{100} = -630$, $b_0^0 = 0$

Die zu hohen Helixgehalte ($> 100\%$) nach Methode *II* und *III* demonstrieren, daß relativ weniger exakte Werte mit Annahmen von b_0^{100} erhalten werden und diese Methodik nur als eine Annäherung zu betrachten ist. Die geringen negativen Werte für die statistische Kette der Poly-L-glutaminsäure liegen in der Fehlerhaftigkeit der Methode begründet.

wenn man steigende Volumenprozente geeigneter, die Helix destabilisierende Lösungsmittel oder anderer Agentien zusetzt (z. B. durch Zugabe von Dioxan zu Poly-L-glutaminsäure in Wasser, Guanidinhydrochlorid bis 8 m zu Lysozym).

Kettenlänge und Zusammensetzung: Die optischen Rotationseigenschaften kurzkettiger Polypeptide ($<$ 10 Aminosäurereste) können von der Kettenlänge abhängen, wenn es sich um Helices handelt. Besondere Gruppen, wie -S-S-Bindungen, die Aminosäurezusammensetzung und die Sequenz, können die Rotationseigenschaften erheblich beeinflussen (z. B. Modifizierung der Helixstruktur durch Prolin).

Intrinsikale und extrinsikale Cotton-*Effekte:* Die intrinsikale Cotton-Effektkurve entspricht der Konformation der Polypeptidkette in der Helix selbst. Eine Reihe von symmetrischen Farbstoffmolekülen, die selbst optisch inaktiv sind, zeigen einen Cotton-Effekt im Bereich der Absorption des Farbstoffes, wenn sie an ein chirales Makromolekül gebunden werden. Ein solcher induzierter (extrinsikaler) Cotton-Effekt wurde z. B. in der *ORD*- und *CD*-Kurve bei der Bindung von Acridinorange an Poly-L-glutaminsäure in der α-helicalen Form gemessen. In der „Random“-Konformation zeigt das Polypeptid dagegen keinen extrinsikalen Cotton-Effekt. Diese Eigenschaft wird benutzt, um Bindungsdaten derartiger Moleküle an bestimmte Konformationen zu ermitteln.

4.4.2. Nucleinsäuren

Die hohe Empfindlichkeit der optischen Rotationseigenschaften gegenüber der Nucleinsäurekonformation wird wegen der besseren und einfacheren Trennmöglichkeiten der COTTON-Effekte heute vorwiegend mit Hilfe des *CD* untersucht. In den folgenden Betrachtungen werden deshalb hauptsächlich die *CD*-Eigenschaften der Nucleinsäuren und ihrer Bausteine diskutiert.

Mononucleotide und Oligonucleotide: Aus dem *CD* der Mononucleoside und -nucleotide werden einerseits bedeutende Aufschlüsse über die Konformation biologisch aktiver Analoga erhalten, z. B. die biosynthetisch wichtigen Nucleosidtriphosphate, das als Stoffwechsel-Regulator dienende cyclische Adenosinmonophosphat oder bestimmte antivirale und antitumorale Nucleosidanaloga. Andererseits sind die Nucleotide wichtige Modelle der Nucleinsäuren hinsichtlich der Wechselwirkung zwischen Base und Zucker. Die isolierten Basen der Nucleinsäuren sind optisch inaktiv (da eine Symmetrieebene vorhanden ist), die D-Ribose und 2-Desoxy-D-Ribose besitzen asymmetrische C-Atome und sind optisch aktiv. Die Nucleoside und Nucleotide zeigen im Bereich ihrer Absorptionsbande COTTON-Effekte, die für Pyrimidinverbindungen im allgemeinen positiv und für Purinverbindungen überwiegend schwach negativ im Bereich von 260 nm sind. Die *UV-ORD*-Eigenschaften der Nucleoside resultieren aus der Störung der symmetrischen Basenchromophore durch das asymmetrische Feld des Zuckers. Die COTTON-Effekte der Nucleotide stehen in enger Beziehung zu drei wesentlichen Faktoren, die die Konformation dieser Monomerverbindungen beeinflussen:

1. Beiträge aus der Interaktion von Elektronenübergängen, $\pi \rightarrow \pi^*$ und möglicherweise auch $n \rightarrow \pi^*$ Übergänge bei den Purinverbindungen (vgl. *UV*-Absorption, Abschnitt 3.8.1.),
2. Anomerie*) der Nucleosidbindung,
3. Zuckerfaltung und Torsionswinkel der N-glycosidischen Bindung zwischen Zucker und Base.

Da die α- oder β-glykosdiische Verknüpfung (Anomerie[4–6]) bei synthetischen Nucleosiden auftritt, sind *CD*-Messungen zur Ermittlung der Konformation um diese Bindung besonders geeignet. Gegenüber *NMR*-Messungen ist der Substanzbedarf recht gering (0,1 mg), und das *CD*-Spektrum ist einfacher zu gewinnen. Nach einer empirischen Regel ist eine Zuordnung des COTTON-Effektes zur anomeren Konfiguration der Nucleoside möglich:

— Pyrimidine in βD-Nucleosiden besitzen positive COTTON-Effekte um 260 nm,
— Pyrimidine in αD-Nucleosiden negative COTTON-Effekte um 260 nm.

Dies gilt vor allem für die Nucleoside mit ähnlichen Chromophoren, wie Cytosin, Thymin und Uracil. βD-Purinnucleoside haben im allgemeinen negative und die

*) Anomerie charakterisiert den Bezug der Konfiguration am anomerischen (oder glycosidischen) Zentrum zum Referenz-C-Atom (α oder β). Letzteres ist definiert als das am höchsten numerierte asymmetrische C-Atom in einer Monosaccharidkette.

αD-Anomere positive Vorzeichen im *CD* um 260 nm (z. B. Adenosin- und Guanosinderivate). Jedoch findet man bei manchen Purinnucleosiden vermutlich wegen der komplexeren Natur der elektronischen Absorption und den *CD*-Spektren oft abweichendes Verhalten (Inosin).

χ_{CN} ist definiert durch den Winkel, der durch die Bindungen C8—N9 und C1′ und O1′ bei einem Purinnucleosid und für ein Pyrimidin von C6—N1 und C1′—O1′ eingeschlossen wird (Abb. 4-17 und 4-18).

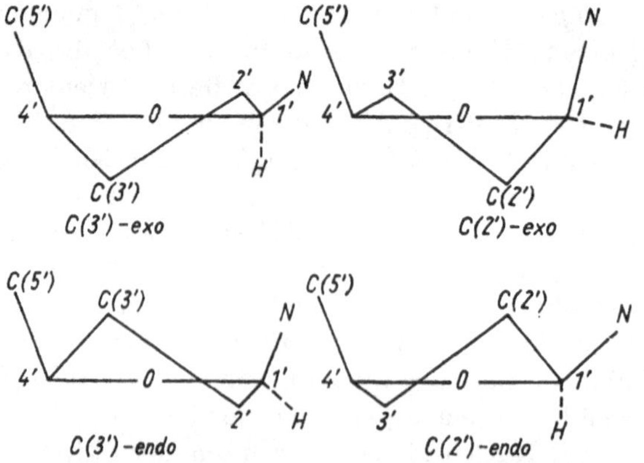

Abb. 4-16. Schematische Darstellung der Pentosekonformationen.

Die Atome der Ribose- oder Desoxyriboseringe sind entsprechend einer Halbsesselkonformation so angeordnet, daß C(4′)—O(1′)—C(1′) in einer Ebene liegen. Atome auf derselben Seite der Ebene, wie C(5′), werden als endo-, solche auf der abgewandten Seite als exo-Konformation bezeichnet. Eine angenäherte unterschiedliche Orientierung des N-Atoms der Base am C(1′)-Atom ist zum Vergleich eingezeichnet.

In Abb. 4-18 ist das Beispiel der *syn-anti*-Stellung einer Pyrimidinbase vereinfacht dargestellt. Die Base ist der Übersichtlichkeit halber nur schematisch als Rechteck wiedergegeben. Die beschriebene Winkeldefinition durch die Beschreibung der entsprechenden Atomverbindungslinien ist deshalb nicht erkennbar. Die Konformation des Zuckers der Nucleoside kommt als Halbsesselform in der C(3′)-*endo*- oder C(2′)-*endo*-Orientierung vor (Abb. 4-16). Änderungen der Zuckerfaltung beeinflussen relativ stark den Diederwinkel χ_{CN}. Die C(3′)-*exo*-Form ist bisher nur für drei Desoxyribonucleoside bekannt, die C(2′)-*exo*-Form wurde nicht beobachtet. Die freie Drehbarkeit der Base um die glycosidische Bindung (Abb. 4-17) ist durch das *endo*-ständige Proton am C(2′) relativ zum Zucker sterisch gehindert. Dadurch können zwei Konformationen auftreten, die mit *syn* und *anti* bezeichnet werden. Für *syn*-Konformationen gelten χ_{CN}-Winkel zwischen 290° und 360° und 0 bis 110°, für *anti*-Konformationen etwa 110° bis 290° (Abb. 4-18). Aus *NMR*-spektroskopischen Untersuchungen geht hervor, daß Nucleoside in Lösung in einem *syn-anti*-Gleichgewicht vorliegen (Abschnitt 6.4.8.). Für Pyrimidinnucleoside ist es nahezu vollständig nach *anti*-, für Purinnucleoside bevorzugt zur *anti*-Konformation verschoben.

Zur Beschreibung der geometrischen Anordnung eines freien oder im Polymer gebundenen Nucleosids oder Nucleotids sind im wesentlichen vier wichtige Faktoren zu betrachten:

- die Konformation des Zuckerrestes (Abb. 4-16) und der Phosphorsäureester- bzw. -diesterbindung,
- die Konformation um die N-glycosidische Bindung, welche die Position zwischen Base und Zucker definiert (Abb. 4-17 und 4-18),
- die Atombindungsabstände und -winkel innerhalb des betreffenden Teilmoleküls,
- die intermolekularen (und intramolekularen) Wechselwirkungen (Wasserstoffbrücken und Basenstapelung).

Zwei Hauptfaktoren, die in den *CD*-Eigenschaften der Nucleotide zum Ausdruck kommen, sind die Faltung des Zuckerringes (Abb. 4-16) und der Dieder-(Torsions-)winkel χ_{CN} zwischen Base und Zucker (Abb. 4-17 und 4-18).

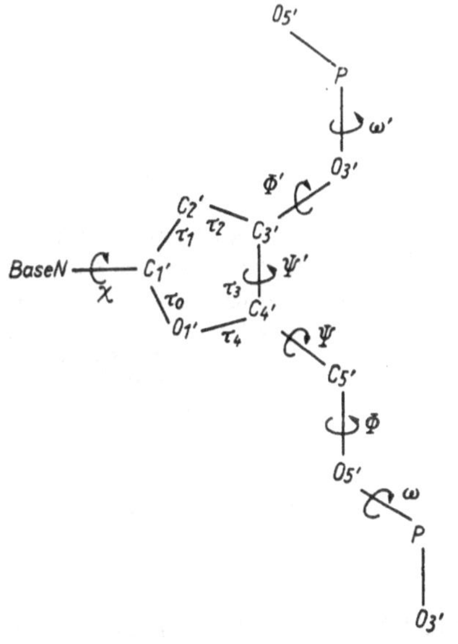

Abb. 4-17. Dieder-(Torsions-)winkel einer Nucleotideinheit.

Die angegebenen Winkel entsprechen den am häufigsten benutzten Bezeichnungen. τ beschreibt die endocyclischen Winkel der Zuckerkonformation, Ψ, Φ, ω, Ψ', Φ', ω' die Konformation der Zuckerphosphatkette. Bsp.: ψ[C(5')—C(4')] wird beschrieben durch den Winkel O(5')—C(5')—C(4')—C(3').

Einige Pyrimidin-β-nucleoside können jedoch auch in der *syn*-Konformation auftreten. In der Regel entsprechen den *anti*-Nucleosiden positive und den *syn*-Nucleosiden negative Cotton-Effekte im Bereich von 260 nm: Pyrimidinnucleoside mit χ_{CN} von $-75°$ bis $+105°$ haben positive Cotton-Effekte, Torsionswinkel außerhalb dieses Bereiches entsprechen negativen Cotton-Effekten. Die β-Pyrimidinnucleoside der Nucleinsäuren existieren durchweg in der *anti*-Konformation; Ausnahmen sind z. B. 5-Bromdesoxycytidin, 4-Thiouridin, 2'-3'-cyclisches *CMP*. Die Anwendung einer ähnlichen Regel für Purinnucleoside ist zweifelhaft und kann nicht verallgemeinert werden.

Die *CD*- oder *ORD*-Eigenschaften der Di- und Oligonucleotide ergeben sich nicht schlechthin aus der Summe des *CD* oder der *ORD* der Monomeren, sondern es werden infolge der Wechselwirkungen der benachbarten Chromophore ausgeprägte *CD*-Änderungen sichtbar (Abb. 4-19).

Am Beispiel des Dinucleotids *ApA* wird deutlich, daß ein anderer Typ eines *CD*-Spektrums im Vergleich zum Monomer auftritt und ähnlich dem Polymer *PolyA* im Bereich von 220—300 nm zwei *CD*-Banden aufweist, deren Rotationsstärken

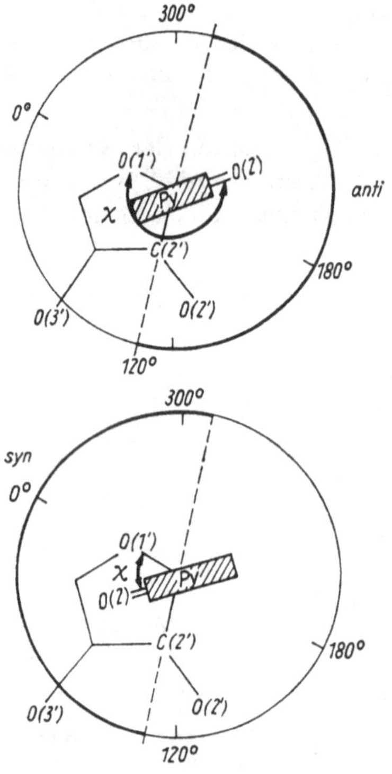

Abb. 4-18. Syn—anti-Konformationen um die Bindung C(1')-N(Base).

Die Stellung der Base wird durch den Diederwinkel χ_{CN} definiert: im Pyrimidinnucleosid O(1')−C(1')−N(1)−C(2), im Purinnucleosid O(1')−C(1')−N(9)−C(4). In der Darstellung ist die Base hier am Beispiel des Pyrimidins vereinfacht schematisch als Rechteck eingezeichnet, so daß die Orientierung hinsichtlich der betrachteten Atome nicht zu sehen ist; lediglich die C_2 = O-Gruppe ist zur Orientierung angegeben.

in der Summe etwa Null ergeben (Abb. 4-19). Dies wird als konservatives Spektrum bezeichnet. Zur gleichen Kategorie sind die *CD*-Spektren von *CpA*, *CpU* und *ApU* zu rechnen. Im Unterschied dazu ergänzen sich bei einem nicht-konservativen *CD*-Spektrum beide Banden nicht zu Null (Abb. 4-24). Ein solches Verhalten kann für ein Dimer z. B. beim *IpI* und für *CpC* beobachtet werden. Außer der Wechselwirkung zwischen den Basen als chromophore Gruppen beeinflussen auch die Torsions-Interaktion zwischen Base und Zucker im Dimer oder Oligomer die Rotationsstärke und die Lage der *CD*-Banden. Diese Wechselwirkungseffekte sind wiederum von weiteren Faktoren, wie der Natur der benachbarten Basen, der Sequenz sowie der Art der N-glycosidischen Verknüpfung abhängig, z. B. unterscheiden sich die Isomeren der 3'-5'-Dinucleosidphosphate *ApC* und *CpA* im *CD* voneinander. Das gleiche gilt für die 3'-5'-Oligomere. Die Lage und Intensität der *CD*-Maxima der 2'-5'-Isomere sind deutlich verschieden von den natürlichen

3′-5′-Isomeren. Der Einfluß der 2′-OH-Gruppe ist beträchtlich: *CD*-Unterschiede zwischen Ribo- und Desoxyribooligonucleotiden zeigen, daß das Ausmaß an chiralen (asymmetrischen) Basenstapelungen in Desoxyribonucleotiden und in 2′-5′-Ribonucleotiden wesentlich geringer gegenüber 3′-5′-Ribooligonucleotiden ist. Daraus resultiert die Bedeutung der 2′-OH-Gruppe für die Stabilisierung der

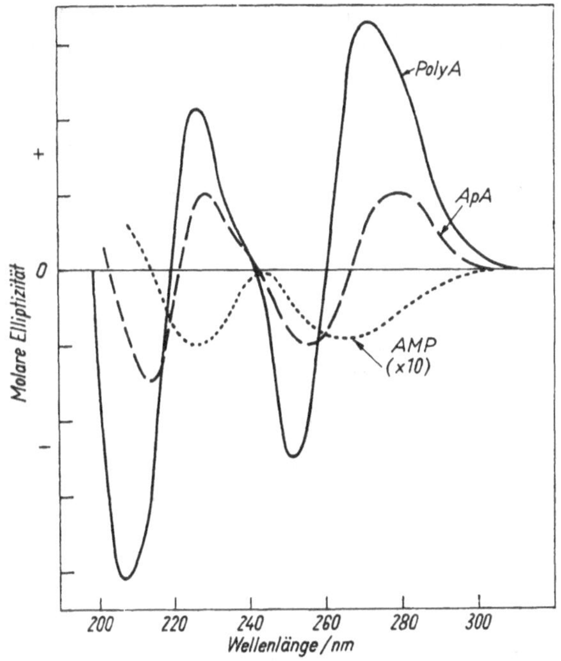

Abb. 4-19. Circulardichroismus eines Mono-, Di- und Polyribonucleotids: *AMP*, *ApA* und *PolyA* in neutraler wäßriger Lösung.

Konformation der einzelsträngigen Ribooligonucleotide. Die Rotationsstärke der Oligomere ist abhängig von der Kettenlänge. Entsprechende *ORD*- und *CD*-Daten der Homooligonucleotide (Oligo-*rA*, Oligo-*rU*, Oligo-*rC*, Oligo-*rI*) sind in der Literatur und in Übersichten (Brahms) enthalten. Starke Änderungen im *CD* der Di- und Oligonucleotide durch Variation des pH-Wertes, Temperatur- oder Ionenstärkeerhöhung werden vielfach ausgenutzt, um Rückschlüsse über Stak-king-Wechselwirkung (vgl. „Hypochromieeigenschaften", Abschnitt 3.9.2.) und Torsionseigenschaften (freie Drehbarkeit) zu erhalten.

Kettenkonformationen: Polynucleotide und Nucleinsäureeinzelstrang: Die statistische Form der Polynucleotidkette („Random Coil") unterscheidet sich in den Cotton-Effekten von der Konformation einer geordneten helicalen Struktur, aber auch von der Summenkurve ihrer freien Monomerbestandteile. Infolge Auflösung der chiralen Helixstruktur kommt es zu mehr oder minder stark reduzierten

COTTON-Effekten. Das Phosphatzuckerestergerüst schränkt jedoch eine freie Rotation ein, so daß gewisse Basenorientierungen vorkommen. Die freie Rotation und die Diederwinkel unterscheiden sich daher von denen der Monomere. Eine Reihe von Einzelstrang-Polynucleotiden, wie *PolyC* und *PolyA* zeigen eine relativ geordnete Sekundärstruktur, die stark von den Mediumbedingungen abhängig ist.

Sekundärstruktur: Einzelsträngige und mehrsträngige Homopolynucleotide: Die Existenz geordneter dissymmetrischer Konformationen der Polynucleotide geht aus den starken *CD*-Banden bzw. COTTON-Effekten hervor. Typische Beispiele sind *PolyA* und *PolyC*. *PolyA* besitzt bei pH 7 ein konservatives *CD*-Spektrum (Abb. 4-18), welches einer Einzelstrangform mit gestapelten Basen zuzuordnen

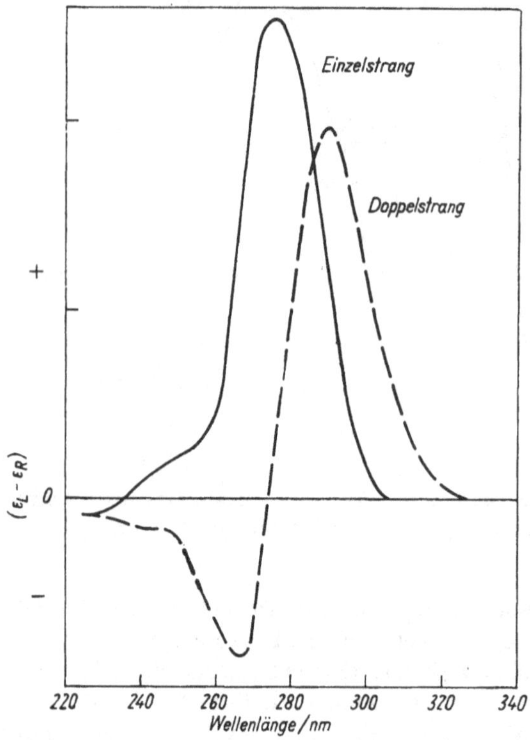

Abb. 4-20. Circulardichroismus zweier Konformationen von *PolyC*: einzelsträngig bei pH 7,5, doppelsträngig bei pH 4.

ist. Ein Strukturübergang der neutralen Einzelstrangform von *PolyA* in die doppelsträngige Form geht aus den Änderungen des *CD* im sauren pH-Bereich deutlich hervor. Das *CD*-Spektrum zeigt eine Verschiebung zu kürzeren Wellenlängen, gekoppelt mit einer starken Erhöhung der Rotationsstärke der positiven *CD*-Bande. Ein typisches Beispiel, in dem die *CD*-Spektren Konformationsunterschiede zwischen Einzel- und Doppelstrang widerspiegeln, stellt das *PolyC* dar. Im neutralen oder alkalischen pH-Bereich zeigt *PolyC* ein charakteristisches nicht-konservatives Spektrum (Abb. 4-20), was einer helicalen Einzelstrangform mit Basenstapelung entspricht. Im sauren Milieu beobachtet man ein konservatives *CD*-Spektrum, das gleichzeitig eine starke Rotverschiebung aufweist (Abb. 4-20). Diese *CD*-Änderung reflektiert den Übergang des Einzelstranges in die Konformation eines Doppelstranges, der durch Protonierung der Cytosinreste und Wasserstoffbrückenbindungen gebildet wird. Diese Doppelhelix enthält parallele Stränge (3′-5′-Phosphorsäurediesterbindungen verlaufen in gleicher Richtung der Doppelhelix) im Gegensatz zu antiparallelen Strängen der *DNA* (vgl. Abschnitt 1.4.3.). Die Bildung von Doppel- oder Dreistrangkomplexen zwischen verschiedenen Homopolynucleotiden mit komplementären Basen läßt sich ebenfalls aus Änderungen der *CD*- oder *ORD*-Spektren ableiten. Weitgehend untersuchte typische Strukturen sind die Komplexe *PolyA* · *PolyU*, *PolyA* · 2 *PolyU*, *PolyI* · *PolyC* und *PolyI* · 2 *PolyC*. Die Doppel- und Dreistrangkomplexe sind durch einen Abfall der Rotationsstärken und eine Verschiebung der *CD*-Maxima gegenüber den helicalen Einzelsträngen der Homopolynucleotide charakterisiert. Die Änderungen gehen mit Hypochromieeffekten und Schmelzkurvendaten konform (vgl. Abschnitt 3.9.2.).

Strukturelle Differenzen zwischen Polyribonucleotiden und Polydesoxyribonucleotiden kommen vor allem in wesentlich niedrigeren Rotationsstärken der letzteren zum Ausdruck. Nach bisherigen Untersuchungen ist die größere Stabilität der helicalen Polyribonucleotideinzelstränge bei entsprechenden Milieubedingungen auf die 2′-OH-Gruppe des Zuckers in der 3′-Bindung für die Ordnung der Basenstapelung verantwortlich.

DNA und RNA: Mit Hilfe des *CD* oder der *ORD* können die beiden Grundtypen der Doppelhelixkonformation in Lösung, die *B*- und *A*-Konformation, voneinander unterschieden werden. Während die *UV*-Absorptionskurven kaum typische Unterschiede zwischen *DNA* und *RNA* aufweisen, zeigen *CD*- und *ORD*-Spektren enorme Differenzen. Alle *RNA*-Typen verschiedener Herkunft besitzen durchweg die *A*-Konformation und sind durch ein typisches nichtkonservatives Spektrum gekennzeichnet (Abb. 4-21). Desoxyribonucleinsäuren kommen prinzipiell in der *B*-Form vor, wofür ein konservatives Spektrum (zwei Hauptmaxima mit nahezu gleichen Rotationsstärken entgegengesetzten Vorzeichens) typisch ist. Der Unterschied zwischen beiden Spektrentypen geht aus Abb. 4-21 hervor. Die Korrelation zwischen *CD* und *ORD* ist klar ersichtlich. Die Geometrieunterschiede zwischen *A*- und *B*-Konformation sind definiert durch die Helixparameter, die aus der Röntgenstrukturanalyse erhalten und durch Infrarot-Lineardichroismus an Fasern und Filmen der Nucleinsäuren erhalten wurden (vgl. Tab. 1-10).

Die wichtigsten charakteristischen Faktoren sind die Orientierung der Basen in der Helix, Lage der Phosphorsäurediestergruppen, Zuckerkonformation und der Diederwinkel zwischen Furanosering und N-glykosidisch verknüpfter Base. Der empirische Zusammenhang zwischen Gestalt der *CD*-Kurve (konservatives und nichtkonservatives Verhalten) und *B*- bzw. *A*-Form der Doppelhelix wurde aus *CD*-Messungen an nichtorientierten *DNA*-Filmen bei Änderung der relativen Luftfeuchte geschlossen. Insbesondere wird die *A*-Konformation der *RNA* durch die Orientierung der Phosphorsäurezuckeresterkette und die C(3')-*endo*-Geometrie des Zuckers bedingt. Alle *RNA*-Typen und das *DNA*-*RNA*-Hybridmolekül zeigen in Lösung ausschließlich nichtkonservative *CD*-Spektren, *DNA* kann unter be-

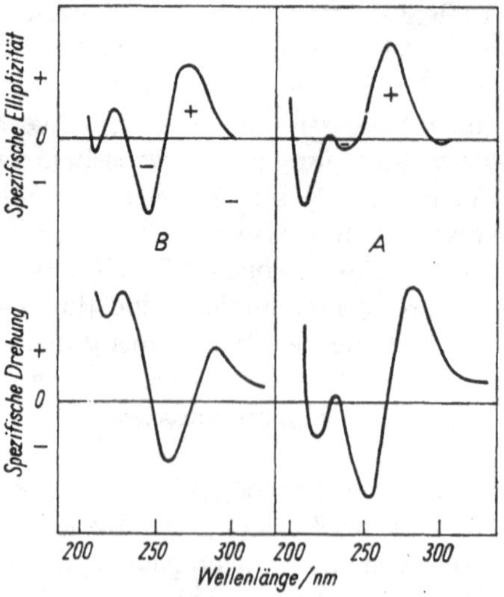

Abb. 4-21. Vergleiche typischer *CD*- und *ORD*-Spektren der *DNA*-*B*- und *RNA*-*A*-Konformationen.

Ergänzen sich beide COTTON-Effekte etwa zu Null, bezeichnet man das Spektrum als konservativ, ergänzen sie sich nicht zu Null, als nichtkonservativ.

stimmten Bedingungen außer dem konservativen auch nichtkonservatives Verhalten zeigen. Bei Zugabe von Äthanol zu *DNA* in Lösung unter bestimmten Ionenbedingungen kann der Übergang in die *A*-Konformation induziert werden, was durch Änderung des konservativen *CD*-Spektrums in ein nichtkonservatives gekennzeichnet ist. Der Übergang der *B*-Konformation in eine dritte, *C*-ähnliche Konformation der *DNA*-Doppelhelix wird möglicherweise durch Zugabe organischer Lösungsmittel, wie Methanol oder Äthylenglykol oder in hochkonzentrierten Alkalisalzlösungen gebildet. Charakteristisch dafür ist das Verschwinden der langwelligen positiven *CD*-Bande der *DNA* (Abb. 4-21). Die Geometrie der *C*-Form stellt eine dichtgepacktere *B*-Form dar (Tab. 1-10), jedoch dürfen die charakteristischen Parameter nicht ohne weiteres auf die hypothetische *C*-ähnliche Konformation in Lösung übertragen werden. Alle bisherigen Korrelationen zwischen *CD* bzw. *ORD* und Konformationstyp wurden empirisch oder halbempirisch ermittelt. Versuche über eine Theorie des Zustandekommens der *CD*-Banden und ihre exakte Zuordnung sind bisher wenig befriedigend.

Der *CD* der natürlichen *DNA* wird von der Basenzusammensetzung beeinflußt.

Vorwiegend treten Änderungen der kurzwelligeren *CD*-Maxima in Abhängigkeit vom *GC*-Gehalt auf.

Doppelsträngige Polynucleotide: Die Untersuchungen an definierten biosynthetischen doppelsträngigen Polydesoxynucleotidkomplexen zeigen, in Übereinstimmung mit Ergebnissen der Röntgenstrukturanalyse, daß eine Abhängigkeit der Doppelhelixkonformation von der Nucleotidsequenz besteht. Das *CD*-Spektrum von *Polyd(A-T)* · *Polyd(A-T)* ähnelt dem Typ mit konservativem Verhalten der *DNA*, während *PolydA* · *PolydT* ein grundsätzlich abweichendes *CD*-Spektrum aufweist. Dies bedeutet, daß die ausgeprägten Sequenzunterschiede zwischen beiden Polymeren direkt in den *CD*-Eigenschaften sichtbar werden, die letztendlich unterschiedlichen geometrischen Anordnungen entsprechen. Da die Struktur von *Polyd(A-T)* · *Polyd(A-T)* in der Faser in den Röntgenbeugungsaufnahmen der *DNA B*-Konformation sehr ähnlich ist, wird angenommen, daß auch die Ähnlichkeit der *CD*-Kurven eine ähnliche Konformation in Lösung reflektiert. Auf Grund der Untersuchung des *CD* einer Reihe von synthetischen Polydesoxynucleotidkomplexen mit unterschiedlicher Nucleotidsequenz und zahlreicher Messungen der Röntgenbeugung sowie Röntgenweitwinkelstreuung kann man heute von einer Polymorphie der *DNA*-Konformation sprechen. Das natürliche *DNA*-Makromolekül stellt nicht eine einfache durchgängige Watson-Crick-Doppelhelix mit gleichen Nucleotidkonformationen dar, sondern ihre Konformation kann, entsprechend der Variation der Nucleotidsequenz, lokal mehr oder minder variieren. Solche lokalen Konformationsdifferenzen lassen sich bei genügend ausgeprägten geometrischen Effekten im *CD* erfassen.

Die Konformation der Doppelhelix in Lösung ist abhängig von der Ionenstärke, dem pH-Wert und der Temperatur der Lösung. Änderungen dieser Umgebungsbedingungen können zu Konformationsänderungen führen, was in drastischen Änderungen der *CD*-Banden zum Ausdruck kommt. Die Denaturierung der *DNA* kann analog der Hyperchromie in der *UV*-Spektroskopie (Abschnitt 3.9.2.) durch einen starken Abfall des *CD* registriert werden.

In letzter Zeit werden *ORD*-, insbesondere aber *CD*-Messungen zur Untersuchung der Wechselwirkungen der Nucleinsäuren mit biologisch aktiven Molekülen, wie Antibiotika, Pharmaka und Hormonen, mit Farbstoffen, divalenten Kationen, mit Polypeptiden und Proteinen mit Erfolg eingesetzt. Beispielsweise sind Änderungen der Sekundärstruktur und Tertiärstruktur der *tRNA* oder *rRNA* infolge Zugabe oder Entzug von Mg^{2+}-Ionen im *CD* meßbar. Die Bindung von Farbstoffen oder Antibiotika an Nucleinsäuren kann durch *CD*-Messungen besonders vorteilhaft ermittelt werden, wenn es sich um optisch inaktive Partnermoleküle handelt, die im Komplex mit dem Makromolekül induzierte Cotton-Effekte geben und wenn letztere im Absorptionsbereich des betreffenden Moleküls außerhalb der Nucleinsäure-Absorption liegen. Die *CD*- oder *ORD*-Methode ist aber der *UV*-Spektroskopie vor allem dann besonders überlegen, wenn Konformationsänderungen der Nucleinsäuredoppelhelix auftreten, die überhaupt keine spektroskopischen Änderungen zeigen, dies ist z. B. der Fall beim Übergang von der *B*- in die *A*-Form der *DNA*, z. B. infolge Einwirkung hoher Äthanolkonzentrationen.

Tertiärstruktur: Nucleoproteide, Ribosomen, Viren und Phagen

Nucleoproteide: Die Aufklärung der Molekularstruktur der *DNA* in Komplexen mit Nucleohistonen ist für die Organisation und Funktion des genetischen Materials im Zellkern der höheren Organismen von besonderer Bedeutung. Im *CD* der *DNA* sind bei ihrer Wechselwirkung mit Histonen bemerkenswerte Änderungen der *CD*-Maxima zu beobachten, die vermutlich auf kompaktere Strukturen der *B*-Konformation zurückzuführen sind. Eine Charakterisierung der *DNA*-Konformation im Zustand des isolierten Chromatins (Komplex der Nucleoproteide und sauren Proteine des Chromosoms) sowie der Bindungseigenschaften gegenüber Farbstoffen, Antibiotika oder Pharmaka ist mit Hilfe des *CD* und der *ORD* möglich.

Ribosomen: *ORD*- und *CD*-Messungen an intakten Ribonucleoproteidpartikeln unter geeigneten Milieubedingungen ermöglichen Studien über die Konformation ribosomalen Proteins und der *RNA*. Vergleiche der *ORD*- und *CD*-Spektren der ribosomalen Untereinheiten von *E. coli* mit freier *rRNA* und ribosomalem Protein zeigten, daß die *RNA* stark gefaltet, der überwiegende Teil in Basenpaaren vorliegt und die Konformation der isolierten *RNA* sehr ähnlich der in intakten Ribosomen ist. Die *ORD*- und *CD*-Kurvenanalyse in der Region der Amid-Absorptionsbande weist auf einen partiellen α-helicalen Proteinanteil hin. Das Protein erleidet keine nennenswerten Konformationsänderungen beim Einbau in die Ribosomen.

Viren und Phagen: Biologische Objekte, wie Viren- und Phagen-Suspensionen, sind direkt der *CD*- und *ORD*-Messung zugängig, jedoch beeinflussen dabei Lichtstreuungseffekte vor allem die *ORD*. Beispiele von *CD*-Messungen an intakten *T2*-Phagen und Vergleiche mit zerstörten Phagen sowie der reinen isolierten Komponenten *DNA* und Protein zeigen, daß bestimmte Strukturänderungen der *DNA* im Phagenkopf infolge Faltung und Dehydratisierung des *DNA*-Moleküls stattfinden. Nach dem derzeitigen Stand ist jedoch nur eine allgemeine Charakterisierung der *DNA*-Konformationsänderung möglich; alle Schlußfolgerungen über deren Natur sind als hypothetisch zu betrachten, da bisher keine zuverlässige Zuordnung der *CD*-Maximaänderungen vor allem in komplexen Systemen, wie *DNA* und Protein, möglich ist.

4.5. Ausblick

Die Anwendung des *CD* und der *ORD* zur Untersuchung des Strukturzustandes der Biopolymere — Proteine und Nucleinsäuren — *in vitro* und in deren superhelicalen Komplexen hat sich heute als äußerst vorteilhaft erwiesen. Obwohl das exakt theoretische Verständnis und quantitative Zusammenhänge über Zuordnung der Cotton-Effekte bei den Polymersystemen bisher noch offen sind, stellen empirische und halbempirische Korrelationen eine nützliche Grundlage zur Ermittlung von Konformationsunterschieden der Proteine und Nucleinsäuren dar. Für eine Reihe von Untersuchungen der Wechselwirkungen von biologisch aktiven Verbindungen mit Biopolymeren erweist sich der *CD* gegenüber der *UV*-

Spektroskopie als vorteilhafter. Die Aussagekraft des *CD* steigt besonders dann, wenn Resultate zusammen mit *NMR* und *IR* erzielt werden können. Zahlreiche Hinweise über die Biopolymerkonformation sind auch an komplexeren Systemen, wie Nucleinsäure-Enzymkomplexen, Chromatin, Membransystemen und subzellulären Partikeln erhalten worden. Für die künftige Entwicklung auf diesem Gebiet ist aber eine exaktere Interpretation des *CD* der Biopolymersysteme unumgänglich. Probleme der Lichtstreuung, die sich mit der Untersuchung größerer Aggregate ergeben, sind zu klären.

In der nahen Zukunft dürften vor allem die Weiterentwicklung der temperaturabhängigen *CD*-Meßverfahren, des Magneto-Circulardichroismus und die Entwicklung der *CD*-Kinetik neue bedeutende Informationen liefern.

Literatur

A) *Allgemeine Literatur*

(1) C. Djerassi: *Optical Rotatory Dispersion.* McGraw-Hill Book Company, Inc., New York—Toronto—London (1960)

(2) G. Snatzke: *Optical Rotatory Dispersion and Circular Dichroism in Organic Chemistry.* Heyden and Son, Ltd., London (1967)

(3) I. Tinoco: *Application of Optical Rotatory Dispersion and Circular Dichroism to the Study of Biopolymers* in *Methods in Biochemical Analysis*, Bd. 18, S. 81, (Ed.: D. Glick) Interscience Publishers, John Wiley & Sons, New York—London—Sydney—Toronto (1970)

(4) J. T. Yang und T. Samejima: *Optical Rotatory Dispersion and Circular Dichroism of Nucleic Acids* in *Progress in Nucleic Acid Research and Molecular Biology*, Bd. 9, S. 223, (Ed.: J. N. Davidson, W. E. Cohn) Academic Press, New York—London (1969)

(5) W. Heller: *Polarimetry* in *Physical Methods in Organic Chemistry*, Bd. 1, Teil III, S. 2147, (Ed.: A. Weissberger) Interscience Publishers, Inc., New York (1960)

(6) W. Klyne und A. C. Parker: *Optical Rotatory Dispersion* in *Physical Methods in Organic Chemistry*, Bd. 1, Teil III, S. 2335. (Ed.: A. Weissberger) Interscience Publishers, Inc., New York (1960)

B) *Spezielle Literatur*

(1) J. T. Yang: *Optical Activity of the α, β and Coiled Conformations in Polypeptides and Proteins* in *Conformation of Biopolymers*, Bd. 1, S. 157. (Ed.: G. N. Ramachandran) Academic Press, London—New York, (1967)

(2) G. Snatzke: *Circulardichroismus und optische Rotationsdispersion — Grundlagen und Anwendung auf die Untersuchung der Stereochemie von Naturstoffen.* Angewandte Chemie 80, 15—26 (1968)

(3) W. Saenger: *Struktur und Funktion von Nucleosiden und Nucleotiden.* Angewandte Chemie **85**, 680 (1973)

(4) C. A. Bush and J. Brahms: *Conformation of Nucleic Acids, Oligonucleotides and Polynucleotides by Circular Dichroism Ivestigations* in *Physico-Chemical Properties of Nucleic Acids*, Bd. 2, S. 147. (Ed.: J. Duchesne) Academic Press, New York (1973)

5. Schwingungsspektroskopie

(H. Fritzsche)

5. SCHWINGUNGSSPEKTROSKOPIE

5.1. Einführung

Die Energie der Strahlungsquanten aus dem infraroten Bereich des elektromagnetischen Spektrums (vgl. Abb. 3-2) ist zur Anregung von Elektronen im Molekül nicht mehr ausreichend. Wir haben bereits erfahren (Abschnitt 3.8.1.), daß bei der Elektronenanregung in der Regel auch Schwingungen und Rotationen im Molekül angeregt werden. Somit ist zu erwarten, daß die infraroten Strahlungsquanten zur Anregung von Schwingungen und Rotationen im Molekül führen können. Weitere Verringerung der Energie der Strahlungsquanten führt uns über den Bereich

Tabelle 5-1
Spektrentypen und Spektralbereiche

Spektrentyp	Beobachtete Zustandsänderung	Experimenteller Bereich des elektromagnetischen Spektrums
Rotation	Rotation	Mikrowellen
Schwingung	Schwingung und Rotation	Infrarotstrahlung
Elektronen	Elektronenanregung, Schwingung und Rotation	Sichtbares und ultraviolettes Licht

des fernen Infrarots zu den Mikrowellen. In diesem Spektralbereich werden nur noch die Rotationen angeregt, die Quantenenergie ist nun auch zur Schwingungsanregung zu klein geworden. Wir werden also im Mikrowellenbereich reine Rotationsübergänge beobachten können (Tab. 5-1), während Infrarotstrahlung im allgemeinen zu gleichzeitiger Änderung der Schwingungs- und der Rotationszustände führt (*Rotationsschwingungsspektren*). So wie die Elektronenanregungsspektren durch die Änderung der Schwingungszustände eine Feinstrukturierung erfahren, werden auch die Schwingungsspektren durch die Änderung der Rotationszustände mit einer „Rotationsfeinstruktur" versehen. Allerdings ist die Rotationsstruktur in kondensierter (flüssiger oder fester) Phase bei größeren Molekülen nicht zu beobachten. Deshalb soll eine nähere Besprechung der Rotationsstruktur von Schwingungsübergängen hier nicht erfolgen.

Als Meßmethoden der Schwingungsspektroskopie werden in größerem Umfang die *Infrarotspektroskopie* und die RAMAN-*Spektroskopie* eingesetzt.

5.2. Schwingungen zweiatomiger Moleküle

Was geschieht nun mit einem Molekül, das Strahlungsquanten aus dem infraroten Bereich des elektromagnetischen Spektrums absorbiert? Die Bezeichnung „Schwingungsspektroskopie" ist hier ganz anschaulich aufzufassen: Die Moleküle beginnen zu schwingen, d. h., die Kernabstände im Molekül ändern sich periodisch nach erfolgter Schwingungsanregung. Da es sich um atomare Gebilde handelt, gelten natürlich die Gesetze der Quantenmechanik bei diesen Schwingungsvorgängen. Das Molekül kann nur ganz bestimmte („diskrete") Energiewerte annehmen. Das bedeutet wiederum, daß eine Schwingungsanregung nur bei bestimmten Frequenzen der Infrarotstrahlung erfolgen kann. Auch hier gilt die BOHRsche Beziehung

$$\Delta E = h \cdot \nu \tag{5-1}$$

wobei ν die Schwingungsfrequenz und ΔE die zur Schwingungsanregung aufgenommene Energie darstellen. Wodurch werden nun diese Schwingungsfrequenzen festgelegt? Wir bedienen uns zur Veranschaulichung eines mechanischen

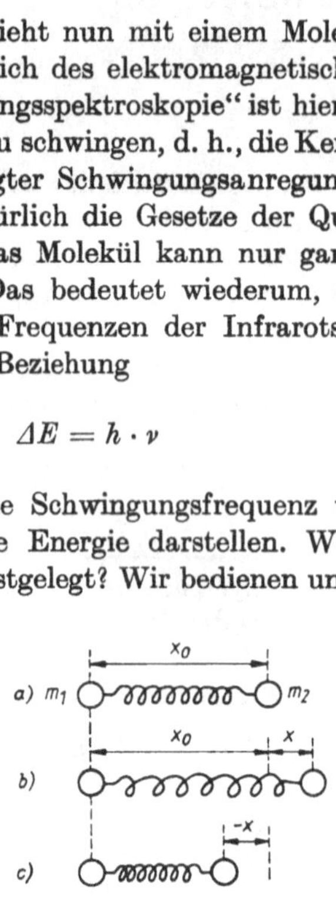

Abb. 5-1. Makroskopisches Modell für die Schwingung eines zweiatomigen Moleküls mit den Massen m_1 und m_2 bei einem Ruheabstand x_0. Die Spiralfeder im Modell entspricht der chemischen Bindung im Molekül. (*a*) Modell in Ruhelage. (*b*) Auslenkung (Elongation) um den Betrag x. (*c*) Stauchung (Kompression) um den Betrag x.

Modells, des *harmonischen Oszillators.* Wir betrachten die makroskopische Nachbildung des einfachsten schwingungsfähigen Moleküls, das aus zwei Atomen und einer Bindung besteht (z. B. HCl oder CO). Unser Modell besteht aus zwei Kugeln mit den Massen m_1 und m_2 sowie einer Spiralfeder, deren Federkonstante die Festigkeit der chemischen Bindung zwischen den beiden Atomen repräsentiert (Abb. 5-1). Das System nimmt in der Ruhelage einen bestimmten Abstand x_0 zwischen den beiden Kugeln ein (Abb. 5-1, a). Bei Auslenkung aus der Ruhelage um den Betrag x (Abb. 5-1, b) tritt nach dem HOOKEschen Gesetz eine rücktreibende Kraft F auf, die der Auslenkung x aus der Ruhelage proportional ist:

$$F = -f \cdot x \tag{5-2}$$

Der Proportionalitätsfaktor f charakterisiert hier die rücktreibende Kraft der Spiralfeder („Federkonstante"). Entlassen wir nun das System aus dieser gespannten Lage, so führt es Schwingungen aus, wobei die Gleichgewichtslage durchschritten wird und schließlich eine Stauchung oder Kompression der Feder auftritt (Abb. 5-1, c). Jetzt wirkt die rücktreibende Kraft in entgegengesetzter Richtung und entspannt das System wieder usw. Wir nehmen an, daß unser Modellsystem harmonische Schwingungen (Oszillationen) um die Ruhelage ausführt, und können dann die zeitliche Änderung der Auslenkung x durch folgenden Ansatz beschreiben:

$$x = x_0 \cos \omega t \tag{5-3}$$

$\omega = 2\pi\nu_s$ ist die Kreisfrequenz, ν_s die gesuchte Schwingungsfrequenz, t die Zeit und x_0 die maximale Auslenkung (Amplitude). Ersetzen wir zur Vereinfachung die beiden Einzelmassen m_1 und m_2 durch die *reduzierte Masse* μ*), so erhalten wir bei Gleichsetzung von Kraft F und dem Produkt Masse $\times$ Beschleunigung:

$$F = -f \cdot x = \mu \cdot d^2x/dt^2 \tag{5-4}$$

Setzen wir in die Differentialgleichung für x den Wert aus dem harmonischen Ansatz (Gl. 5-3) ein, so ergibt sich schließlich für die *Schwingungsfrequenz* ν_s *des harmonischen Oszillators:*

$$\nu_s = \frac{1}{2\pi} \sqrt{(f/\mu)} \tag{5-5}$$

In der Schwingungsspektroskopie wird üblicherweise nicht die Frequenz ν, sondern die *Wellenzahl* $\tilde{\nu} = 1/\lambda$ (λ = Wellenlänge) in cm^{-1} verwendet:

$$\tilde{\nu}_s = \frac{1}{2\pi c} \sqrt{(f/\mu)} \tag{5-5a}$$

c ist die Lichtgeschwindigkeit ($= 3 \cdot 10^{10}$ cm/s).

Kehren wir vom mechanischen Modell zum Molekül zurück, so charakterisiert f die Stärke der chemischen Bindung zwischen den beiden Atomen mit den Massen m_1 und m_2 und wird „Kraftkonstante" genannt (Dimension: [dyn $\cdot$ cm^{-1}]). Aus der Gl. 5-5 ergeben sich zwei wichtige Konsequenzen:

1. Erhöhung der Bindungsstärke (Anwachsen der Kraftkonstante) erhöht auch die Schwingungsfrequenz des Moleküls.
2. Vergrößerung der Massen bewirkt eine Erniedrigung der Schwingungsfrequenz. (Anmerkung: Die reduzierte Masse $\mu = (m_1 m_2)/(m_1 + m_2)$ vergrößert sich immer, wenn auch nur eine der beiden beteiligten Massen größer wird.)

*) Die reduzierte Masse μ ist definiert nach: $\mu = (m_1 \cdot m_2)/(m_1 + m_2)$. Diese Beziehung ergibt sich aus dem Schwerpunktsatz sowohl für den starren Rotator als auch für den harmonischen Oszillator.

Es gilt also der auch anschaulich am Modell leicht einzusehende Zusammenhang, daß eine Zunahme der Schwingungsfrequenz einerseits durch Vergrößerung der Kraftkonstante, andererseits durch eine Verringerung der an der Schwingung beteiligten Massen verursacht werden kann.

Diese qualitativen Zusammenhänge treffen auch für reale Moleküle zu, obwohl das einfache Modell des harmonischen Oszillators hierfür nicht streng gilt und durch das des *anharmonischen Oszillators* ersetzt werden muß. Der anharmonische Oszillator berücksichtigt den bei Abstandsverringerung zwischen den Kernen zunehmenden Widerstand gegen weitere Kompression, der stärker ist, als beim harmonischen Oszillator zu erwarten wäre. Weiter wird in diesem verfeinerten Modell berücksichtigt, daß starke Auslenkung zum Zerreißen der Bindung (Dissoziation) führen kann.

Die möglichen Energiewerte, die ein harmonischer Oszillator nach den quantenmechanischen Rechnungen annehmen kann, sind durch die Beziehung

$$E_s = h\nu_s(v + 1/2); \; v = 0, 1, 2, 3, \ldots \tag{5-6}$$

gegeben. v ist die Schwingungsquantenzahl. Für die Schwingungsübergänge eines harmonischen Oszillators gilt die Auswahlregel $\Delta v = 1$. Daraus und aus Gl. 5-6 folgt dann, daß im Schwingungsspektrum eines harmonischen Oszillators nur eine einzige Absorptionsstelle zu beobachten sein wird, nämlich bei der Schwingungsfrequenz ν_s, weil

$$\Delta E_s = h\nu_s \tag{5-7}$$

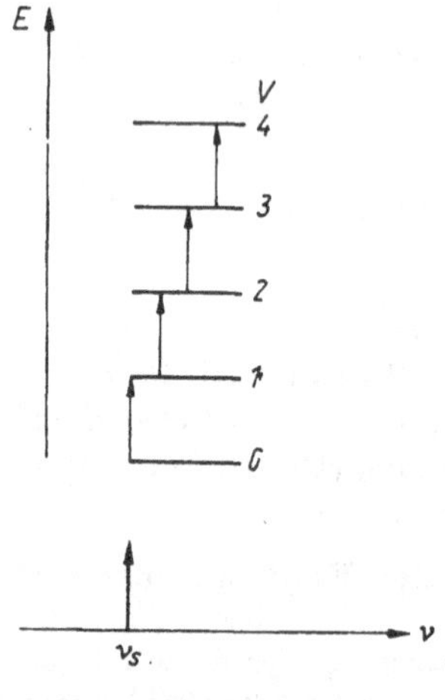

Abb. 5-2. Energiezustände des harmonischen Oszillators, charakterisiert durch die Schwingungsquantenzahl v (oberer Teil).

Die nach der Auswahlregel $\Delta v = 1$ erlaubten Schwingungsübergänge haben alle dieselbe Energie und führen zu einer einzigen beobachtbaren Schwingungsfrequenz ν_s im Schwingungsspektrum (unterer Teil).

gilt. Mit anderen Worten, die Energiedifferenz zwischen zwei benachbarten Energiezuständen des harmonischen Oszillators ist unabhängig von den Quantenzahlen immer dieselbe (Abb. 5-2).

Im realen Schwingungsspektrum zweiatomiger Moleküle können wir aber neben einer Strahlungsabsorption bei ν_s noch weitere Absorptionen bei ca. $2\nu_s$, $3\nu_s$, ...

mit stark abnehmender Intensität beobachten. Diese *Oberschwingungen* können deswegen auftreten, weil die quantenmechanische Auswahlregel $\Delta v = 1$ für den anharmonischen Oszillator streng nicht mehr streng gilt und daher mit stark abnehmender Wahrscheinlichkeit auch $\Delta v = 2$, $\Delta v = 3, \ldots$ auftreten können.

5.3. Schwingungen mehratomiger Moleküle

Zweiatomige Moleküle können bei Schwingungsanregung nur eine einzige Schwingungsbewegung durchführen, die in einer Abstandsverkürzung bzw. -verlängerung gegenüber dem Ruheabstand der beiden Atome besteht (Abb. 5-1). Mehratomige Moleküle führen bei Schwingungsanregung dagegen komplizierte Schwingungsbewegungen durch. Betrachten wir wieder ein mechanisch-makroskopisches Modell aus Kugeln und Spiralfedern für ein Molekül XYZ_2 (Abb. 5-3), so wird

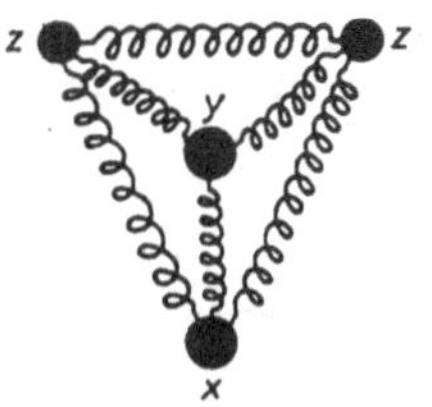

Abb. 5-3. Makroskopisches Modell für die in einem Molekül XYZ_2 auftretenden Schwingungsbewegungen. Die Kugeln repräsentieren die Massen der Atome X, Y und Z, die Spiralfedern symbolisieren die zwischen den Atomen wirkenden Kräfte.

beim Anstoßen einer beliebigen Kugel das ganze System in komplizierte Schwingungen versetzt. Verfolgen wir die zeitliche Bewegung der einzelnen Massepunkte, so werden wir keine harmonischen Schwingungen um die Ruhelage beobachten, sondern komplizierte Figuren, wie sie in der Physik z. B. als Lissajoussche Klangfiguren beschrieben werden. Eine genauere Analyse ergibt jedoch, daß sich alle beliebigen komplizierten Schwingungsbewegungen dieses Systems aus einer begrenzten Zahl von harmonischen Schwingungen zusammensetzen lassen (nur in Näherung harmonisch, real natürlich anharmonisch, doch spielt diese Feinheit bei unserer Betrachtung keine Rolle). Diesen Satz von einfachen Schwingungen nennt man die *Normalschwingungen* des Moleküls. Die Normalschwingungen sind dadurch charakterisiert, daß alle Massen (Atome) einfache harmonische Schwingungen ausführen, wobei alle Massen (Atome) mit der gleichen Schwingungsfrequenz und in gleicher Phase schwingen.

Für den besonders einfachen Fall dreiatomiger Moleküle vom Typ YXY sind die Normalschwingungen in den Abb. 5-4 und Abb. 5-5 für den linearen (CS_2) und gewinkelten Fall (H_2O) mit Angabe der dazugehörigen Schwingungswellenzahl*) wiedergegeben.

*) In der Schwingungsspektroskopie wird oft von „Frequenz" gesprochen, wenn tatsächlich die Wellenzahlen gemeint sind; bei der Angabe der Wellenzahlen wird oft nur „ν" statt exakterweise „$\tilde{\nu}$" geschrieben. Da sich die Wellenzahlen im Infrarotspektrum zwischen 200 und 4000 cm^{-1} bewegen, ist eine Verwechslung mit den weitaus größeren Frequenzen (Faktor $c = 3 \cdot 10^{10}$ cm $\cdot$ s^{-1}!) nicht möglich.

Jede beliebige reale Schwingungsbewegung läßt sich durch Überlagerung dieser abgebildeten Normalschwingungen bei Wahl der geeigneten Amplituden beschreiben. Abb. 5-4 können wir entnehmen, daß zwei der vier Normalschwingungen *entartet* sind, d. h., es handelt sich zwar um zwei verschiedene Normalschwingungen ν_{2a} und ν_{2b}, aber sie werden durch Aufnahme von Strahlungsquanten gleicher Energie (entsprechend 397 cm^{-1}) beide gleichzeitig angeregt. Verschiedene Zu-

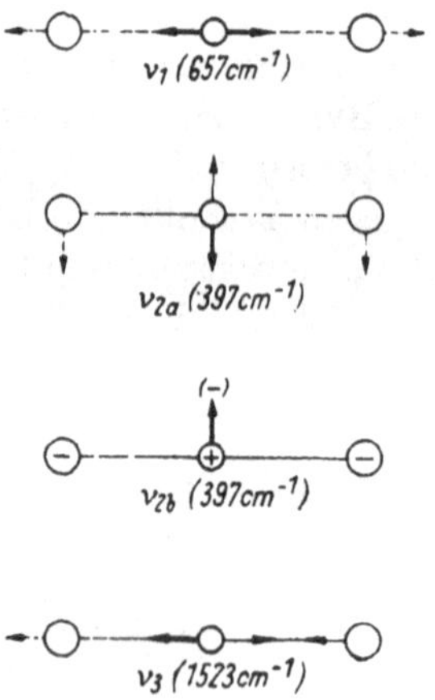

Abb. 5-4. Normalschwingungen des CS_2 (Schwefelkohlenstoff) als Beispiel eines linearen Moleküls vom Typ *YXY*.

Die dünnen Pfeile geben die Bewegungen der einzelnen Atomkerne bei der entsprechenden Normalschwingung in einer bestimmten Schwingungsphase an. Bewegungen senkrecht zur Papierebene werden durch ⊕ (oberhalb der Papierebene) und ⊖ (unterhalb der Papierebene) symbolisiert. Die dicken Pfeile deuten die Änderung des Dipolmoments in der angegebenen Phase der entsprechenden Normalschwingung an.

stände mit gleicher Energie aber bezeichnet man als entartet. Die Pfeile in den Normalschwingungen deuten die Bewegungen der einzelnen Massen in einer bestimmten Schwingungsphase (z. B. Bindungselongation bei ν_1) an. Prinzipiell werden alle Massen bei einer Normalschwingung mitbewegt, wobei der Schwerpunkt des Moleküls in Ruhe bleiben muß. Schwerpunktsbewegung würde Fortbewegung des Gesamtmoleküls (Translation) bedeuten und widerspricht somit der Definition einer Schwingung.

Wieviel Normalschwingungen sind nun erforderlich, um die realen Schwingungsbewegungen eines aus N Atomen bestehenden Moleküls beschreiben zu können? Die Frage ist identisch mit der Frage nach der Anzahl von Bestimmungsstücken (z. B. Koordinaten) zur Beschreibung der komplexen Schwingungsbewegung eines N-atomigen Moleküls.

Jeder Massenpunkt wird durch drei Bestimmungsstücke (z. B. kartesische Koordinaten x, y, z) hinreichend beschrieben. Isolierte Atome oder Massen können nur *Translationen* durchführen, erst im Molekülverband sind *Rotation* und *Schwingung* möglich. Die Translation wird also durch drei Bestimmungsstücke pro isoliertes Atom beschrieben; man spricht auch von den drei Freiheitsgraden der Translation. N isolierte Atome können also in ihrer translatorischen Bewegung durch $3N$ Bestimmungsstücke beschrieben werden. Treten die $3N$ Atome zu einem Molekül zusammen, so sind zur Beschreibung der inneren Bewegung der einzelnen Atomkerne immer noch $3N$ Bestimmungsstücke erforderlich. Diese sind nun identisch mit dem Satz von Normalschwingungen. Allerdings sind von den $3N$ Normalschwingungen diejenigen abzuziehen, die Bewegungsformen charakterisieren, bei denen alle Abstände der Atomkerne untereinander im Molekül unverändert bleiben. Diese uneigentlichen Schwingungen beschreiben die Translation (T_x, T_y, T_z für die 3 Raumrichtungen, insgesamt also 3) und die Rotation (3, nämlich R_x, R_y

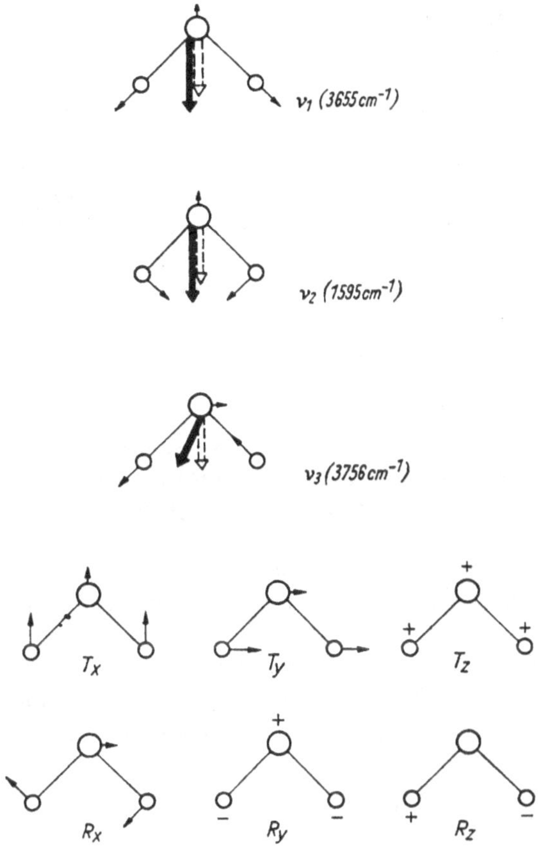

Abb. 5-5. Normalschwingungen des H_2O als Beispiel eines gewinkelten Moleküls vom Typ *YXY*.

Bezeichnungen wie in Abb. 5-5. Zum Vergleich ist gestrichelt das Dipolmoment des Wassers im Ruhezustand eingezeichnet. Zusätzlich sind noch die 6 uneigentlichen Schwingungen dargestellt, die Translations-(T) und Rotationsbewegungen (R) des Moleküls darstellen.

und R_z). Bei linearen Molekülen (z. B. das CS_2) reichen zwei Bestimmungsstücke zur Beschreibung der Rotation aus.

Wir können also zusammenfassen: Ein aus N Atomen bestehendes Molekül hat $3N$ Möglichkeiten der inneren Bewegung, von denen drei Translations- und weitere drei Rotationsbewegungen darstellen (Abb. 5-5). Nach Abzug dieser sechs uneigentlichen Schwingungen erhalten wir $3N - 6$ *Normalschwingungen* des

Moleküls, die eine Beschreibung aller komplexen realen Schwingungsbewegungen ermöglichen. Bei linearen Molekülen sind dazu $3N - 5$ Normalschwingungen erforderlich.

Für das lineare CS_2-Molekül erwarten wir also $3 \cdot 3 - 5 = 4$ Normalschwingungen und für das gewinkelte H_2O-Molekül $3 \cdot 3 - 6 = 3$ Normalschwingungen, so wie es auch in Abb. 5-4 und Abb. 5-5 wiedergegeben wird.

5.4. Aktive und inaktive Normalschwingungen; Anregungsbedingung

Wir benötigen $3N - 6$ Normalschwingungen zur Beschreibung eines aus N Atomen bestehenden Moleküls. Diese Normalschwingungen sind aber nun keineswegs nur Hilfskonstruktionen zur Interpretation, sondern entsprechen dem realen Verhalten bei Strahlungsabsorption. Sie werden deshalb auch als Fundamental- oder Eigenschwingungen des Moleküls bezeichnet. Wenn die Wellenzahl $\tilde{\nu}_i$ der Normalschwingung i mit der Wellenzahl der eingestrahlten Infrarotstrahlung übereinstimmt, kann diese Strahlung absorbiert werden. Die Energie kann dann nach der Beziehung $\Delta E = h\tilde{\nu}_i c = h\nu_i$ zur Umsetzung in Schwingungsenergie des Moleküls verwendet werden. Mit anderen Worten: Das Molekül ist bei $3N - 6$ Wellenzahlen durch Aufnahme von Infrarotstrahlung zu Schwingungsbewegungen anregbar und diese Wellenzahlen entsprechen denen der Normalschwingungen. Nach erfolgter Anregung aber führt ein Molekül komplizierte Schwingungsbewegungen durch.

Bei genauer Analyse eines Infrarotspektrums werden wir allerdings in vielen Fällen nicht die volle Zahl von $3N - 6$ Normalschwingungen finden. Es muß deshalb ein Ausleseprinzip existieren, das das Auftreten oder Nichtauftreten von Normalschwingungen im Infrarotspektrum reguliert.

Nach den Regeln der klassischen Elektrodynamik kann Strahlungsabsorption nur erfolgen, wenn die damit verknüpfte Schwingungsanregung zu einer Änderung des Dipolmoments des Moleküls führt.

Ein Dipolmoment $\vec{\mu}$ ist definiert als

$$\vec{\mu} = |q| \cdot d \tag{5-8}$$

Damit wird eine Ladungsunsymmetrie beschrieben (vgl. Abschnitt 1.3.), wobei die Schwerpunkte von positiver und negativer Ladung nicht zusammenfallen, sondern um den Abstand d voneinander getrennt sind. q ist der Absolutwert der betrachteten Ladung, in atomaren Systemen also die Ladung eines Elektrons.

Die Dipolmomente werden häufig in der Einheit „Debye“ [D] angegeben. Der Anschluß an die international empfohlene Einheit As · m erfolgt über die Umrechnungsgleichung $1\ \mathrm{D} = 3{,}33_7 \times 10^{-30}\ \mathrm{As \cdot m}$.

Wir müssen also darauf achten, ob bei der Anregung einer bestimmten Normalschwingung eine Änderung des Moleküldipolmoments erfolgt oder nicht. Dabei ist es gleichgültig, ob das nicht angeregte Molekül ein von Null verschiedenes Gesamtdipolmoment (permanentes Dipolmoment) hat oder nicht. *Nur bei Änderung des Moleküldipolmoments erfolgt Absorption der Infrarotstrahlung*, d. h., ist die Normalschwingung als „Absorptionsbande“ im Infrarotspektrum erkennbar. Diese Normalschwingungen nennen wir *infrarotaktiv*. Alle übrigen Normalschwingungen, die nicht zu einer Änderung des Moleküldipolmoments führen, werden als *infrarotinaktiv* bezeichnet.

Betrachten wir die Normalschwingungen des H_2O-Moleküls (Abb. 5-5), so sind offenbar alle drei mit einer Dipolmomentänderung verknüpft. H_2O hat ein permanentes Dipolmoment, das sich aus den Ladungsunsymmetrien in den beiden O—H-Bindungen vektoriell zusammensetzt (der negative Ladungsschwerpunkt liegt mehr beim O, der positive mehr beim H). Bei der Normalschwingung ν_1 werden beide OH-Bindungen simultan gestreckt (oder zu einem anderen Zeitpunkt gestaucht), was zu einer Vergrößerung (Verringerung) des Dipolmoments führt, da ja der Abstand d der Ladungsschwerpunkte im Takt der Schwingung vergrößert (verringert) wird. Die Normalschwingung ν_2 läßt die Bindungsabstände unverändert und deformiert periodisch den Winkel zwischen den beiden OH-Bindungen. Die Annäherung (Entfernung) der beiden OH-Bindungen führt nach den Regeln der vektoriellen Addition bei konstant bleibenden Einzelmomenten in den beiden Bindungen zu einer Vergrößerung (Verringerung) des resultierenden Gesamtdipolmoments. Ähnlich wie bei ν_1 wird sich also auch bei ν_2 das Moleküldipolmoment im Takt der Normalschwingung periodisch ändern. Bei ν_3 schließlich nimmt das Bindungsmoment der jeweils gestreckten OH-Bindung zu und das der gestauchten OH-Bindung ab. Das resultierende Dipolmoment wird demzufolge im Takt der Normalschwingungen seine Richtung (räumliche Orientierung) ändern. Auch das genügt der Bedingung für Infrarotaktivität, denn es wird nicht speziell eine Änderung der Größe des Dipolmoments, sondern nur generell eine Änderung gefordert, die bei vektoriellen Größen natürlich auch in einer Richtungsänderung bestehen kann. In Abb. 5-5 sind die Dipolmomentänderungen für den jeweils gezeichneten Zustand der drei Normalschwingungen im Vergleich zum permanenten Dipolmoment schematisch angegeben. Alle drei Normalschwingungen des Wassers sind demzufolge infrarotaktiv. Das Infrarotspektrum des Wassers zeigt auch die 3 erwarteten Absorptionsstellen, die den Anregungen von ν_1, ν_2 und ν_3 entsprechen.

Wenn wir unter dem gleichen Gesichtspunkt die 4 Normalschwingungen des CS_2 betrachten, kommen wir zu einem etwas anderen Resultat (Abb. 5-4). Die Normalschwingung ν_1 führt periodisch zu simultaner Ausdehnung bzw. Kompression der beiden C—S-Bindungen. Damit erfolgt in jedem Moment der Schwingung eine Kompensation der beiden entgegengesetzt gerichteten Bindungsmomente der C—S-Bindungen, genau wie im nicht angeregten Zustand. Es wird also nicht gelingen, diese Normalschwingung durch Einstrahlung von Infrarotstrahlung bei 657 cm^{-1} anzuregen, d. h., wir werden an dieser Stelle keine Absorptionsbande beobachten. Dagegen sind die anderen drei Normalschwingungen ν_{2a}, ν_{2b} und ν_3 mit Änderungen des Moleküldipolmoments verknüpft: Bei der Knickung (Deformation) der linearen S—C—S-Anordnung (ν_{2a} und ν_{2b}) unter Erhalt der Bindungsabstände und damit auch der Größe der beiden Bindungsmomente entsteht ein von Null verschiedenes resultierendes Gesamtmoment in der Richtung der

Winkelhalbierenden in geknicktem Zustand. Die antisymmetrische Auslenkung bzw. Stauchung der Normalschwingung ν_3 schließlich bewirkt ein resultierendes Dipolmoment auf der Seite der gerade gedehnten C—S-Bindung. Diese resultierenden Dipolmomente sind schematisch in der Abb. 5-4 angedeutet.

Im Infrarotspektrum des CS_2 werden wir also die drei infrarotaktiven Normalschwingungen ν_{2a}, ν_{2b} und ν_3 beobachten, nicht dagegen die infrarotinaktive Normalschwingung ν_1. Da ν_{2a} und ν_{2b} wegen der Entartung die gleiche Schwingungsfrequenz haben, sind im Infrarotspektrum nur zwei Absorptionsbanden bei 397 und 1523 cm^{-1} zu erwarten (Abb. 5-6a).

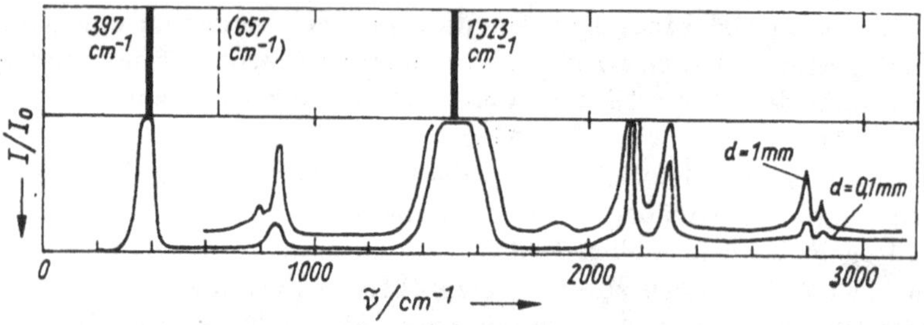

Abb. 5-6. Infrarotspektrum des CS_2, aufgenommen mit den Schichtdicken 0,1 mm (untere Kurve) und 1 mm (obere Kurve).

Zum Vergleich ist darüber schematisch das zu erwartende Schwingungsspektrum angegeben, wobei die infrarotaktiven Normalschwingungen durch ausgezogene Linien und die infrarotinaktive Schwingung durch eine gestrichelte Linie dargestellt werden.

Aus den hier angestellten Betrachtungen geht die überaus wichtige Bedeutung der *Molekülsymmetrie* für die Schwingungsspektroskopie hervor. Es ist nämlich völlig gleichgültig, ob wir CS_2 oder CO_2 oder ein beliebiges gestrecktes Molekül $Y-X-Y$ betrachten, wir werden immer eine infrarotinaktive und drei infrarotaktive Schwingungen, von denen zwei entartet sind, erhalten. Wichtig ist nur der Symmetrietyp des untersuchten Moleküls. Für beliebige Moleküle läßt sich auf Grund der Molekülsymmetrie sofort voraussagen, welche Gruppen von Normalschwingungen (sog. Schwingungsrassen) auf Grund der Auswahlregel im Infrarotspektrum zu beobachten sind (infrarotaktiv) und welche nicht (infrarotinaktiv). Je höher die Molekülsymmetrie, desto größer ist die Anzahl der infrarotinaktiven Normalschwingungen, um so einfacher wird auch das Infrarotspektrum. In unsymmetrischen Molekülen sind immer alle Normalschwingungen infrarotaktiv. In symmetrischen Molekülen können infrarotinaktive Normalschwingungen auftreten, es können aber auch alle infrarotaktiv sein (z. B. H_2O!).

Sehen wir uns aber nun einmal das reale Spektrum von flüssigem CS_2 an (Abb. 5-6b). Es sind nicht nur die zwei zu erwartenden starken Absorptionsbanden bei 397 und 1523 cm^{-1} zu beobachten, sondern darüber hinaus noch weitere Absorptionsbanden mit unterschiedlicher Intensität. Wir hatten bereits im Abschnitt 5.2. erfahren, daß die Schwingungen nicht streng harmonisch sind, sondern daß eine gewisse Anharmonizität in Rechnung gesetzt werden muß. Dadurch treten außer den bereits im Abschnitt 5.2. besprochenen *Oberschwingungen* auch noch *Kombinationsschwingungen* auf, die durch Addition oder Subtraktion von Frequenzen verschiedener Normalschwingungen entstehen. Auch hier sind nicht beliebige Kombinationen infrarotaktiv, sondern es gelten wieder symmetriebedingte Auswahlregeln. Generell sind zwar diese Ober- und Kombinationsschwingungen nur von geringer Intensität und sollten so leicht von den Normalschwingungen zu unterscheiden sein, aber leider gibt es auch sehr intensitätsschwache Normalschwingungen. Das hängt mit der Forderung nach Dipolmomentänderung bei Anregung einer Normalschwingung zusammen: Stark vereinfacht ausgedrückt ist die Infrarotintensität (= molarer Extinktionskoeffizient) dann sehr groß, wenn die Dipolmomentänderung bei der dazugehörigen Normalschwingung groß ist, und umgekehrt finden wir dann schwache Absorptionsintensität, wenn die mit der Normalschwingung verknüpfte Dipolmomentänderung gering ist.

Der Spektroskopiker steht somit vor einem zweifachen Zuordnungsproblem:

- Welche der Absorptionsbanden im Infrarotspektrum sind Normalschwingungen zuzuordnen und welche sind nur sekundäre Banden (Ober- bzw. Kombinationsschwingungen)?
- Welchen Absorptionsbanden sind welche Normalschwingungen zuzuordnen?

Bei nicht zu großen Molekülen kann eine *Normalkoordinatenanalyse* durchgeführt werden, die — meist unter Heranziehung des Infrarotspektrums eines Isotopenderivats der zu untersuchenden Verbindung — in günstigen Fällen eine eindeutige Zuordnung von beobachteten Absorptionsbanden und den Normalschwingungen ermöglicht.

Auf jeden Fall ist es aber wünschenswert, alle Normalschwingungen auch im Experiment beobachten zu können. Die infrarotinaktiven Normalschwingungen müssen deshalb mit einer anderen Meßmethode experimentell erfaßt werden.

5.5. Raman-Spektroskopie

Bereits im Abschnitt 5.1. hatten wir von zwei Meßmethoden für Schwingungsspektren erfahren: Neben der Infrarotspektroskopie wird in immer größerem Umfang die Raman-Spektroskopie zur Schwingungsanalyse von Molekülen und für vielfältige Strukturprobleme eingesetzt. Diese Methode wurde 1928 unabhängig von Raman einerseits und von Landsberg und Mandelstam andererseits entwickelt. In der Literatur finden wir dafür oft auch die Bezeichnungen „Raman-Streuung“ oder — in der sowjetischen Literatur — „kombinierte Lichtstreuung“. Diesen Bezeichnungen können wir entnehmen, daß die Raman-Spektroskopie offensichtlich mit der *Lichtstreuung* verknüpft ist. Unter Lichtstreuung verstehen wir im allgemeinen eine diffuse Reflexion. Bei diesem Vorgang wird eine Partikel von einem Lichtquant getroffen, daß sie nicht absorbieren kann (d. h. im Bereich des sichtbaren Lichts: nicht zur Elektronenanregung verwendbar). Es kann aber trotzdem für eine kurze Zeit mit den äußeren Elektronen des Partikels in Wechselwirkung treten und wird dann unverändert wieder ausgestrahlt, wobei die Ausstrahlrichtung nicht mit der ursprünglichen Richtung des Quants übereinzustimmen braucht; die statistische Verteilung des wieder ausgestrahlten (= gestreuten) Lichts wird durch besondere Beziehungen (RAYLEIGH-Streuung) beschrieben. Wichtig ist die dabei unverändert bleibende Frequenz oder Wellenzahl des Lichtquants.

Von den genannten Physikern konnte aber nachgewiesen werden, daß die gestreute Strahlung bei Anregung mit einer Wellenzahl $\tilde{\nu}_0$ nicht nur die Erregerwellenzahl enthält, sondern zu einem winzigen Bruchteil auch noch andere Wellenzahlen $\tilde{\nu}_1$, $\tilde{\nu}_2$, ...

Die Wellenzahldifferenzen $\tilde{\nu}_0 - \tilde{\nu}_1$, $\tilde{\nu}_0 - \tilde{\nu}_2$, ... zur Erregerwellenzahl $\tilde{\nu}_0$ entsprechen Normalschwingungen des untersuchten Moleküls. Im Gegensatz zur „gewöhnlichen“ Lichtstreuung, wo die Emissionsfrequenz mit der Absorptions-

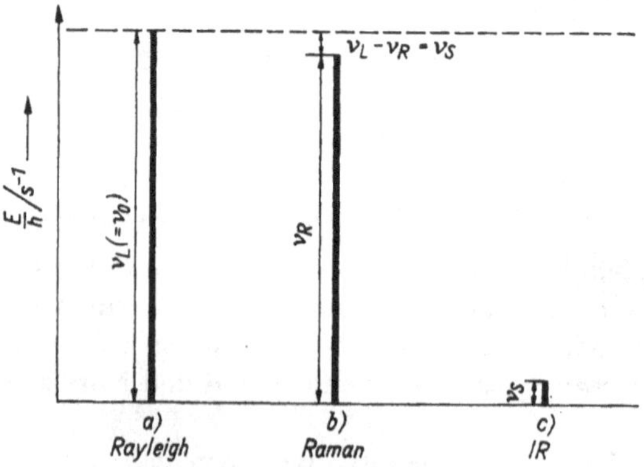

Abb. 5-7. Schematische Gegenüberstellung von RAYLEIGH-Streuung, RAMAN-Streuung und Infrarotspektroskopie.

ν_L bezeichnet die Frequenz des eingestrahlten Lichts, ν_R die Frequenz der RAMAN-Linie und ν_S die Schwingungsfrequenz der betrachteten Normalschwingung.

frequenz übereinstimmt (RAYLEIGH-Streuung), sind die RAMAN-Emissionslinien durch gleichzeitige Schwingungsanregung bei der Lichtstreuung („kombinierte Lichtstreuung“) entstanden. Das streuende Molekül entnimmt nämlich dem gestreuten Lichtquant genau die Energie, die es zur Anregung der betreffenden Normalschwingung gerade benötigt (Abb. 5-7). Da nun die Lichtstreuung ein völlig anderes physikalisches Phänomen wie die Strahlungsabsorption darstellt, existieren auch andere Anregungsbedingungen: Bedingung für das Auftreten einer Normalschwingung im RAMAN-Spektrum ist die Änderung der *Polarisierbarkeit* des Moleküls bei der betreffenden Normalschwingung. Die Polarisierbarkeit charakterisiert die Leichtigkeit, mit der die Elektronen eines Moleküls durch elektrische Felder deformiert werden können. Polarisierbarkeitsänderungen sind oft gerade bei denjenigen Normalschwingungen besonders groß, die wegen der hohen Symmetrie keine Dipolmomentänderung aufweisen und deswegen infrarotinaktiv sind. Wir finden bei Molekülen mit hoher Symmetrie daher oft, daß infrarotinaktive Normalschwingungen im RAMAN-Spektrum besonders gut erscheinen und umgekehrt ramaninaktive Normalschwingungen im Infrarotspektrum mit hoher Intensität auftauchen (Alternativregel). Bis auf wenige Ausnahmen können daher alle Normalschwingungen durch Kombination von Infrarot- und RAMAN-Spektroskopie experimentell erhalten werden.

Betrachten wir als Beispiel nochmals die infrarotinaktive symmetrische Streckschwingung ν_1 des CS_2. Das Molekül wird dabei im Takt der Normalschwingung expandiert und komprimiert, d. h., es ändert sich periodisch die Elektronendichte pro Volumeneinheit und damit auch die Polarisierbarkeit. Die Polarisierbarkeit wird im expandierten Zustand groß, im komprimierten Zustand klein sein. Wegen dieser Polarisierbarkeitsänderung im Verlauf der Schwingung wird diese Normalschwingung ramanaktiv sein, d. h., sie ist im RAMAN-Spektrum zu beobachten.

Lange Zeit konnte sich die RAMAN-Spektroskopie wegen des relativ hohen apparativen Aufwandes und der langen Aufnahmezeiten nicht recht durchsetzen und blieb einigen wenigen Laboratorien vorbehalten, die Grundlagenforschung auf dem Gebiet der Molekülspektroskopie betrieben. Seit der Einführung des Lasers als Lichtquelle und hochempfindlicher Photonenzähler als Detektoren hat die RAMAN-Spektroskopie einen beträchtlichen Aufschwung erfahren und kann heute durchaus mit der Infrarotspektroskopie konkurrieren. Auch für Konformationsuntersuchungen an Biopolymeren konnte diese Methode in den letzten Jahren erfolgreich herangezogen werden.

5.6. Charakteristische Gruppenschwingungen

Während bei kleineren Molekülen mit Hilfe der Normalkoordinatenanalyse eine theoretische Möglichkeit der Berechnung und Zuordnung der Normalschwingungen möglich ist, können die Schwingungsspektren größerer Moleküle nur noch empirisch behandelt werden. Als Grundlage der empirischen Interpretation von Schwingungsspektren dient dabei das Konzept der *charakteristischen Schwingungen von Molekülgruppen* (= Gruppenschwingungen). Es konnte nämlich beobachtet werden, daß in den Infrarotspektren von Verbindungen, die alle eine bestimmte Gruppierung gemeinsam haben (z. B. Carbonyl $>C=O$ oder Hydroxyl $-O-H$), oft in einem mehr oder weniger engen Wellenzahlintervall eine Absorptionsbande auftritt, die offensichtlich für die allen Verbindungen gemeinsame Gruppe charakteristisch ist. Nach der Sichtung eines sehr umfangreichen Untersuchungsmaterials konnten sehr detaillierte Übersichtstafeln erarbeitet werden, in denen die Erwartungsbereiche der charakteristischen Schwingungen für die verschiedenen Molekülgruppen verzeichnet sind. Im Rahmen unserer Betrachtungen können wir nur eine sehr grobe Klassifizierung vornehmen.

Es hat sich als vorteilhaft erwiesen, eine Zweiteilung aller Molekülschwingungen vorzunehmen. Werden bei der betreffenden Schwingungsbewegung Bindungsabstände geändert, während die Bindungswinkel konstant bleiben, so sprechen wir von *Valenzschwingungen*, symbolisiert durch „ν".*) Bei Deformation der Bindungswinkel unter Erhaltung der Atomabstände sprechen wir dagegen von *Deformationsschwingungen*, symbolisiert durch „δ".

Nach dieser Klassifizierung, die wir teilweise schon verwendet haben, wären die Normalschwingungen des Wassers als symmetrische Valenzschwingung (ν_1), Deformationsschwingung (ν_2) und antisymmetrische Valenzschwingung (ν_3) zu bezeichnen.

Diese Einteilung wird auch bei den charakteristischen Gruppenschwingungen beibehalten. Da zur Deformation von Bindungswinkeln der Energieaufwand be-

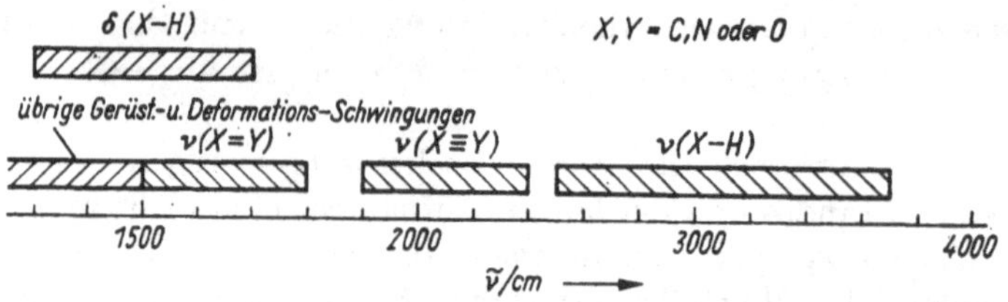

Abb. 5-8. Ungefähre Erwartungsbereiche einiger charakteristischer Gruppenschwingungen im Infrarotspektrum.

trächtlich geringer ist als bei Bindungsabstandsänderungen, liegen die Deformationsschwingungen immer bei wesentlich niedrigeren Wellenzahlen als die dazugehörigen Valenzschwingungen.

Wir wollen nun ein grobes Schema der charakteristischen Gruppenschwingungen betrachten (Abb. 5-8).

Die höchste Anregungsenergie wird von den $X-H$-Valenzschwingungen (Symbol: $\nu(X-H)$) benötigt, also Schwingungen mit Abstandsänderungen in C—H-, N—H- und O—H-Gruppen. Bei etwas niedrigeren Wellenzahlen finden wir dann den Absorptionsbereich der Dreifachbindungs-Valanzschwingungen (—C≡N, —C≡C—). Zwischen 1500 und 1800 cm^{-1} liegen die Valenzschwingungen der Doppelbindungen (C=C, C=O, C=N), ab 1700 cm^{-1} überlagert von den Deformationsschwingungen der $X-H$-Gruppen δ(NH), δ(OH), δ(CH). Alle übrigen Deformationsschwingungen und die meist nicht mehr charakteristischen Schwingungen der Einfachbindungs-Gerüste (C—C, C—N) liegen unterhalb von 1500 cm^{-1}.

Während wir im Abschnitt 5.2. erfahren hatten, daß bei jeder Normalschwingung in der Regel alle Atome mehr oder weniger bewegt werden, haben wir bei den charakteristischen Gruppenschwingungen stillschweigend die Annahme zugrunde gelegt, daß bei den betreffenden Normalschwingungen ausschließlich oder doch überwiegend die betrachtete Gruppe schwingt, während der restliche Molekülteil

*) „ν" wird leider in vielfacher Bedeutung verwendet: Als Symbol für die Frequenz (oder inkorrekterweise auch für die Wellenzahl); als Symbol für Valenzschwingungen; zur Durchnumerierung von Normalschwingungen.

völlig oder weitgehendst in Ruhe bleiben soll. Nun sind tatsächlich unter bestimmten Voraussetzungen die Amplituden der Auslenkungen während der Schwingung für eine bestimmte Gruppe im Molekül groß und für die restlichen Atome im Molekül vernachlässigbar. Wir können uns die einzelnen Molekülteile als System gekoppelter Oszillatoren vorstellen (z. B. sind auch gekoppelte Pendel so ein System gekoppelter Oszillatoren). Eine Normalschwingung ist offenbar dann eine charakteristische Gruppenschwingung, wenn die Ankopplung der betrachteten Gruppe (Oszillator) an den Molekülrest möglichst schlecht ist. Es gibt zwei Möglichkeiten für eine schlechte Ankopplung einer Gruppe an das Restmolekül:

1. Die Kraftkonstante f der betrachteten Bindung(en) muß um mindestens 25% verschieden von den Kraftkonstanten der übrigen angrenzenden Bindungen sein. Das ist im allgemeinen dann realisiert, wenn die Bindungsordnung der betrachteten von denen der angrenzenden Bindungen sehr unterschiedlich ist, also z. B. bei der Carbonylgruppe in Ketonen, wo die betrachtete C=O-Doppelbindung über zwei C—C-Einfachbindungen mit dem Molekülrest verknüpft ist. Wegen der unterschiedlichen Kraftkonstanten wird auch die Ankopplung an den Molekülrest sehr gering sein: Die entsprechende Normalschwingung wird im wesentlichen aus einer Bewegung in der C=O-Gruppe bestehen.
2. Es existiert eine große Massendifferenz in der betrachteten Gruppe. Dann wird bei einer Schwingung das leichte Atom stark ausgelenkt, während das schwere Atom nur wenig bewegt wird. Auch dadurch wird die Kopplung mit dem Molekülrest sehr gering bleiben, weil die Bewegung des die Kopplung vermittelnden Atoms selbst schon sehr gering ist. Ein Beispiel dafür sind alle $X—H$- oder $X—D$-Valenzschwingungen (X = C, N, O).

Je besser nun eine dieser beiden Möglichkeiten realisiert ist, um so ausgeprägter ist die *Charakteristizität* der betreffenden Gruppenschwingung; darunter ist die weitgehende Unabhängigkeit der Schwingungsfrequenz von dem Molekülrest zu verstehen.

Diese Unabhängigkeit vom Molekülrest darf aber nicht verwechselt werden mit einer Unabhängigkeit der Schwingungsfrequenz ungeachtet des Bindungszustandes der Gruppe bzw. des die Bindung an den Molekülrest vermittelnden

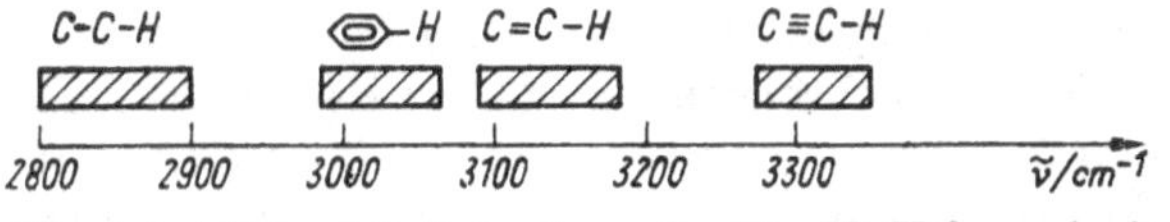

Abb. 5-9. Abhängigkeit der Lage der (C—H)-Valenzschwingung vom Bindungszustand.

Atoms. So wird die Kraftkontante einer C—H-Valenzschwingung sehr wohl davon abhängen, ob diese C—H-Gruppe an eine Einfach-, Doppel- oder Dreifachbindung angeknüpft ist (sp^3-, sp^2- bzw. sp-Hybridisierungszustand). Der Bindungszustand des C-Atoms wird also über die Kraftkonstante der entsprechenden Normalschwingung die Lage der zu erwartenden Gruppenschwingungen modifizieren (Abb. 5-9). Aber gerade diese Modifizierungen erlauben dem Spektroskopiker, verfeinerte Aussagen über ein vorliegendes Molekül machen zu können. Haben wir

z. B. eine unbekannte Substanz, die kein O und N enthalten soll, vorliegen, so wird eine Infrarotabsorption bei 3300 cm^{-1} mit großer Wahrscheinlichkeit das Vorliegen einer C≡C—H-Gruppe belegen.

Auf dieser Basis dient das Konzept der charakteristischen Gruppenschwingung als eine Art Baukastensystem zur empirischen Analyse der Infrarotspektren größerer Moleküle. Darauf beruht auch der breite Einsatz der Infrarotspektroskopie als eine der gebräuchlichsten Methoden zur Strukturaufklärung bzw. Strukturabsicherung in der organischen Chemie und in der Biochemie.

Das für zweiatomige Moleküle abgeleitete Modell des harmonischen Oszillators (Gl. 5-5 in Abschnitt 5.2.) kann übrigens für zweiatomige Gruppen wieder recht gut verwendet werden. Vor allem zur Abschätzung der bei Isotopensubstitution (Kraftkonstante f bleibt dabei unverändert!) auftretenden Wellenzahlverschiebungen (z. B. $H—D$-Austausch in OH-, NH- und CH-Gruppen) hat sich diese Beziehung gut bewährt. Ist die Charakteristizität einer Gruppenschwingung für eine zweiatomige Gruppe nicht sehr groß, so sind natürlich bei Verwendung des Modells des harmonischen Oszillators wegen der dann beträchtlichen Ankopplung an den Molekülrest größere Abweichungen zwischen berechneten und gemessenen Wellenzahlen zu erwarten.

5.7. Infrarotdichroismus

Im 1. Kapitel haben wir von dem regelmäßigen Aufbau der beiden wichtigsten Biopolymergruppen — Polypeptide/Proteine und Nucleinsäuren — erfahren. In beiden Fällen werden unverzweigte Ketten ausgebildet. Gelingt eine Ausrichtung dieser Ketten in eine bestimmte Vorzugsrichtung, so können an derartigen orientierten Präparaten mit Hilfe des *Infrarotdichroismus* quantitative Aussagen über die räumliche Lage von bestimmten Gruppen gemacht werden.

Da die Infrarotspektroskopie bei großen Molekülen doch eine weitgehend empirische Methode ist, werden als Bezugspunkte für derartige Aussagen gewöhnlich Daten der Röntgenstrukturanalyse zugrunde gelegt.

Zur Messung des Infrarotdichroismus (genauer: des IR-*Linear*-Dichroismus) benötigen wir *linear polarisierte Infrarotstrahlung* und — wie bereits erwähnt — eine *orientierte Probe* des zu untersuchenden Biopolymeren. Linear polarisierte elektromagnetische Strahlung ist bekanntlich dadurch charakterisiert, daß der senkrecht zur Fortpflanzungsrichtung schwingende elektrische Vektor nur eine ausgewählte Schwingungsrichtung hat (vgl. Kapitel 4.). Linear polarisierte Infrarotstrahlung wird mit Hilfe von Polarisatoren erzeugt, die entweder die Polarisation reflektierter Strahlung ausnutzen oder aber aus dünnen Metallgittern auf einer infrarotdurchlässigen Unterlage bestehen und somit nur eine Schwingungsrichtung des elektrischen Vektors passieren lassen. Der Polarisator und/oder die Probe müssen drehbar sein, um verschiedene Winkel zwischen Vorzugsrichtung der orientierten Probe und der Schwingungsrichtung des elektrischen Vektors der polarisierten Strahlung einstellen zu können. Gewöhnlich wird dabei mit zwei Einstellungen gearbeitet, bei denen Probenvorzugsrichtung und Schwingungsrichtung des elektrischen Vektors einmal zueinander senkrecht (90°; $\perp$) und zum anderen parallel (0°; $\parallel$) stehen. Das dichroitische Verhältnis R ist dann bei einer bestimmten Wellenzahl definiert als Quotient aus der Extinktion $E_{\perp}$ bei senkrecht zur Vorzugsrichtung schwingendem elektrischen Vektor und der Extinktion $E_{\parallel}$ bei parallel zur Vorzugsrichtung schwingendem elektrischen Vektor der polarisierten Infrarotstrahlung:

$$R = E_{\perp}/E_{\parallel} \tag{5-8}$$

Ist $R > 1$, so überwiegt $E_{\perp}$ und wir sprechen dann von einem Senkrechtdichroismus der betreffenden Schwingung; umgekehrt zeigen Schwingungen, bei deren Absorptionsbanden $R < 1$ ist, Paralleldichroismus. Meist werden bei den Schwingungen oder an den betreffenden Absorptionsbanden nur die Symbole „$\perp$" oder „$\parallel$" zu finden sein, je nachdem, ob $E_{\perp}$ oder $E_{\parallel}$ überwiegt.

Wie kommt es aber überhaupt zu einer unterschiedlich starken Absorption (Dichroismus) von linear polarisierter Infrarotstrahlung in den beiden Einstellungen 0° und 90°? Uns ist geläufig, daß Fernsehantennen Dipole sind, die elektro-

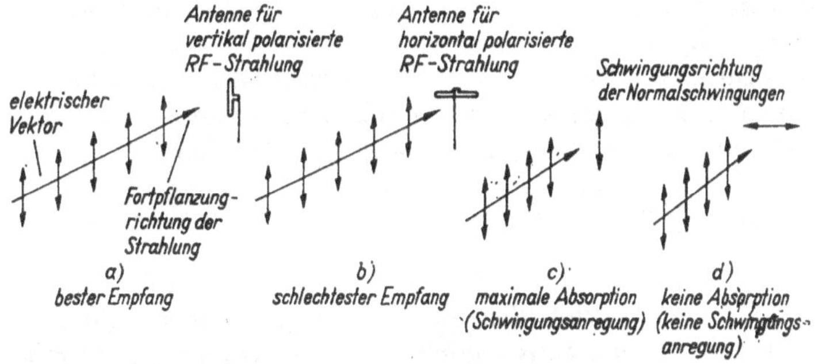

Abb. 5-10. Zur Entstehung des Infrarotdichroismus.

Zum Vergleich wird der gute (*a*) und schlechte (*b*) Fernsehempfang vertikal polarisierter Radiofrequenzstrahlung bei vertikal (*a*) bzw. horizontal (*b*) ausgerichtetem Empfangsdipol (= Antenne) herangezogen. Im orientierten Molekül entspricht die Dipolausrichtung beim Fernsehempfang der Richtung der Dipolmomentänderung bei Schwingungsanregung. Je nach parallel (*c*) oder senkrecht (*d*) dazu schwingendem elektrischen Vektor der polarisierten Infrarotstrahlung wird die Schwingungsanregung maximal sein (*c*) oder nicht erfolgen (*d*).

magnetische Strahlung (im Radiofrequenzbereich) empfangen. Es ist uns dabei ein vertrautes Bild, daß die Antennendipole horizontal oder aber auch vertikal (hier bezogen auf die Erdoberfläche) ausgerichtet werden, nämlich in Abhängigkeit von der Polarisation der zu empfangenden Strahlung. Einige Sender emittieren horizontal polarisierte, andere hingegen vertikal polarisierte Strahlung. Eine Drehung des Antennendipols aus dieser Schwingungsrichtung heraus verschlechtert erfahrungsgemäß den Empfang beträchtlich (Abb. 5-10, *a* und *b*).

Völlig analog funktioniert die Absorption (der „Empfang") von linear polarisierter Infrarotstrahlung durch die Dipole („Antennen") der einzelnen Gruppen in orientierten Biopolymeren (Abb. 5-10, *c* und *d*). Hohe Absorption (= guter Empfang) wird dann erfolgen, wenn Schwingungsrichtung der betreffenden Gruppe (exakt: Richtung der Dipolmomentänderung, vgl. Abb. 5-6) und Schwingungsrichtung des elektrischen Vektors der polarisierten Strahlung übereinstimmen. Stehen Schwingungsrichtung des elektrischen Vektors und Schwingungsrichtung der Gruppe (Richtung der Dipolmomentänderung) senkrecht aufeinander, so erfolgt keine Wechselwirkung (Absorption).

Letztlich beruht demnach der Infrarotdichroismus auf der bereits im Abschnitt 5.4. besprochenen Anregungsbedingung. In Schwingungsrichtung des elektrischen Vektors muß zumindest eine von Null verschiedene Komponente der Dipolmomentänderung bei Anregung der betreffenden Schwingung auftreten. Je größer diese Komponente, desto größer die Wechselwirkung (Absorption).

Hieraus geht auch hervor, daß die räumliche Orientierung der empfangenden Dipole nur bei polarisierter Strahlung von Bedeutung ist. In unpolarisierter Strahlung sind alle Schwingungsrichtungen gleich häufig, es erfolgt also immer eine Anregung der infrarotaktiven Normalschwingungen.

Da die Proben generell nicht eine 100%ige Ausrichtung in eine Vorzugsrichtung erhalten können, interessiert der Unordnungsgrad der Probe. Wir können ihn ermitteln, wenn für eine bestimmte Gruppe im Molekül die Lage relativ zur Vorzugsrichtung z. B. aus den Röntgenstrukturdaten bekannt ist. Dann läßt sich nämlich das für eine ideal orientierte Probe zu erwartende dichroitische Verhältnis berechnen. Aus der Diskrepanz zwischen berechnetem und gemessenem Dichroismus kann der Unordnungsgrad f bestimmt werden:

$$R = \frac{1/2f \sin^2 \theta + 1/3(1 - f)}{f \cos^2 \theta + 1/3(1 - f)} \qquad (5\text{-}9)$$

Hierbei ist θ der Winkel, den das Übergangsmoment (Richtung der Dipolmomentänderung bei der Schwingung, in grober Näherung oft mit der Schwingungsrichtung identisch) mit der Vorzugsrichtung bildet.

Wir müssen nochmals kurz auf das Übergangsmoment eingehen. Dieses Moment gibt die Richtung der Dipolmomentänderung bei der betreffenden Normalschwingung an. Gegenüber einer idealisierten Gruppenschwingung, bei der Schwingungsbewegung und Dipolmomentänderung im allgemeinen übereinstimmen (Abb. 5-5), haben reale Schwingungen wegen der mehr oder weniger ausgeprägten Ankopplung an den Molekülrest Übergangsmomente bzw. Dipolmomentänderungen, die oft beträchtliche Abweichungen von den Schwingungsbewegungen der isolierten Gruppen aufweisen.

Trotzdem wollen wir in den nächsten Abschnitten als vereinfachende Näherung die Übereinstimmung von Schwingungsbewegung einer isolierten Gruppe und dem Übergangsmoment der realen Schwingung mit Ankopplung an den Molekülrest voraussetzen.

5.8. Schwingungsspektren und Peptidkettenkonformation

5.8.1. Die Schwingungen der Peptidgruppe

Wir hatten bereits im Abschnitt 1.2. den regelmäßigen Aufbau der Polypeptidketten mit der sich wiederholenden Sequenz —(NH—CH*R*—CO—) kennengelernt. Weiterhin wissen wir (vgl. Abschnitt 1.4.), daß durch den Bindungsausgleich zwischen CO-Doppel- und CN-Einfachbindung eine planare Anordnung hervorgerufen wird (Abb. 5-11). Dieser Bindungsausgleich erniedrigt die Bindungsordnung der Carbonylbindung, umgekehrt erhöht sich die Bindungsordnung der

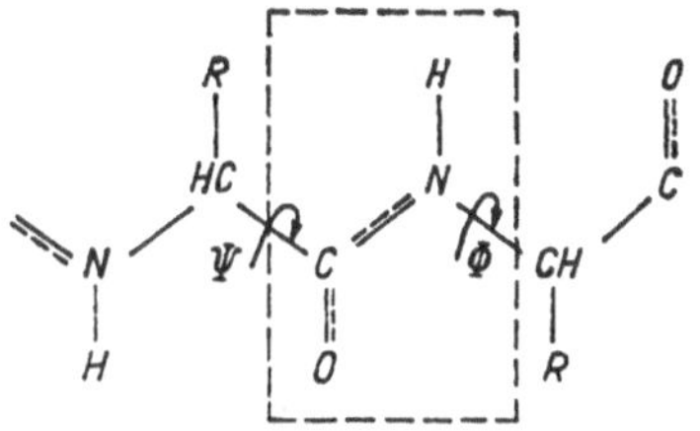

Abb. 5-11. Planare Anordnung der Peptidgruppe durch den Bindungsausgleich zwischen CO-Doppel- und C—N-Einfachbindung.

C—N-Bindung. Wegen der Abhängigkeit der Kraftkonstante von der Bindungsordnung und weiterhin des Zusammenhangs zwischen Kraftkonstante und Schwingungsfrequenz (Gl. 5-5) nähern sich die Schwingungsfrequenzen von CO- und CN-Streckung einander an und geraten außerdem in den Erwartungsbereich der NH-Deformationsschwingung zwischen 1500 und 1650 cm^{-1} (Abb. 5-8). Bei derartig dicht benachbarten Schwingungsfrequenzen tritt eine Kopplung zwischen den Schwingungen dieser benachbarten Gruppen ein, d. h., bei Schwingungsanregung werden alle Gruppen in der Peptidbindung bewegt. Wir können deshalb die beobachteten Absorptionsbanden vermutlich nicht mehr bestimmten Atomgruppen zuordnen, da ja das Kriterium für charakteristische Gruppenschwingungen (schlechte Ankopplung an restliches Molekül) nicht erfüllt ist. Wir werden aber diese Schwingungen als charakteristische Schwingungen der Peptidgruppe ansehen können, da die Ankopplung an die Nachbargruppen (α-C-Atom) wegen der abweichenden Bindungsordnungen (Kraftkonstanten) sicher gering sein wird.

Tatsächlich konnten experimentell schon vor längerer Zeit eine Reihe von Schwingungen gefunden werden, die mit der Peptidgruppe verknüpft sind. Bei ca. 3300 cm^{-1} ist die N—H-Valenzschwingung zu beobachten. Im eben besprochenen Erwartungsbereich von 1500—1700 cm^{-1} sind zwei Absorptionsbanden der Peptidgruppe zu finden, die als „Amid *I*"- und „Amid *II*"-Schwingungen bezeichnet werden. Die Wellenzahlen dieser Schwingungen erweisen sich dabei als abhängig von der Sekundärstruktur der Polypeptide, beide Schwingungen haben in der α-helicalen Form etwas höhere Werte als in der β-Struktur (Tab. 5-2).

Tabelle 5-2
Lage der drei wichtigsten Schwingungen der Peptidgruppe und ihr experimentell gefundener Dichroismus

Bezeichnung	Wellenzahl [cm^{-1}]		Dichroismus	
	α	β	α	β
ν(N—H)	3300	3300	$\parallel$	$\perp$
Amid *I*	1660	1640	$\parallel$	$\perp$
Amid *II*	1545	1525	$\perp$	$\parallel$

Eine genauere Analyse der Peptidgruppenschwingungen an der Modellsubstanz N-Methylacetamid

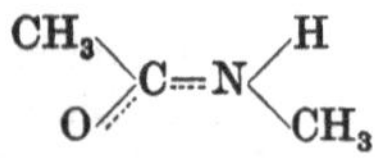

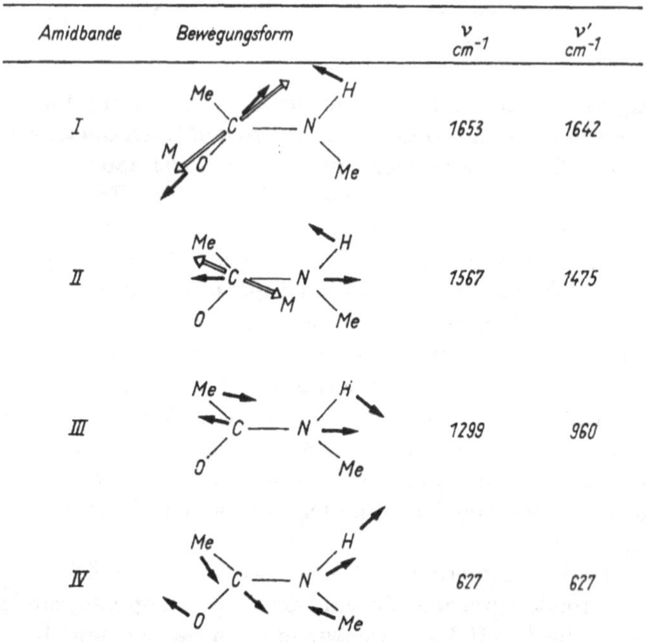

Abb. 5-12. **Normalschwingungen der Peptidgruppe des Modellpeptids N-Methylacetamid in der Peptidgruppenebene.**

Die schwarzen Pfeile geben die Atomverrückungen bei der Normalschwingung an, die weißen Pfeile die Lage des Übergangsmoments für die Amid-*I*- und Amid-*II*-Schwingung. ν' bezeichnet die Schwingungswellenzahlen für die N-deuterierte Verbindung.

gab Aufschluß über die Anteile der einzelnen Gruppenbewegungen (genauer: Anteile der potentiellen Energie) an diesen Schwingungen. Die Modellsubstanz hat 4 Schwingungen in der Molekülebene, die mit laufenden römischen Ziffern (Amid *I* ··· Amid *IV*) versehen werden (Abb. 5-12). Es ist einzusehen, daß nur Amid *I* und *II* als charakteristische Peptidgruppenschwingungen bezeichnet werden können, denn nur bei diesen beiden Schwingungen sind die Auslenkungen auf die Peptidgruppe beschränkt, während alle übrigen — einschließlich der hier nicht abgebildeten nichtebenen Schwingungen Amid *V*, *VI* und *VII* — eine Mitbewegung der α-C-Atome aufweisen.

Nach Abb. 5-12 sind an der Amid-*I*-Schwingung sowohl C=O-Streckung als auch NH-Deformation beteiligt. Eine Modellrechnung ergibt jedoch, daß nur ein geringer Anteil der potentiellen Energie der Schwingung (ca. 20%) auf die NH-Deformation entfällt, während der Hauptanteil (ca. 80%) auf die C=O-Streckung entfällt.

In befriedigender Näherung kann deshalb die Amid-*I*-Bande als Carbonylvalenzschwingung ν(C=O) angesehen werden. Das wird auch durch die relativ geringe Bandenverschiebung bei Deuterierung (nur 11 cm^{-1} zu kleineren Wellenzahlen) bekräftigt.

Die Amid-*II*-Schwingung dagegen besteht zu fast gleichen Anteilen der potentiellen Energie aus NH-Deformation (60%) und (C—N)-Streckung (40%). Der hohe Anteil an NH-Deformation bewirkt eine kräftige Verschiebung der Schwingung (um 92 cm^{-1}) bei Deuterierung. Bei der Amid-*II*-Schwingung werden also simultan C—N-Bindungsabstand und NH-Bindungswinkel geändert. Auch in grober Näherung ist eine Reduktion dieser charakteristischen Peptidgruppenschwingung auf die Bewegung nur einer der beteiligten Gruppen (C—N oder NH) nicht möglich.

5.8.2. Schwingungen der Peptidgruppen in geordneten Peptidkettenkonformationen

Eine zusätzliche Komplexität der Peptidgruppenschwingungen in regulären Peptidkettenkonformationen wird durch die Kopplung mit den über H-Brücken verbundenen Nachbarpeptidgruppen verursacht. So finden wir z. B. in der antiparallelen β-Struktur eine Aufspaltung der Amid-*I*- bzw. Amid-*II*-Schwingung auf jeweils 4 Schwingungen, von denen allerdings jeweils eine aus Symmetriegründen infrarotinaktiv ist (Abb. 5-13).

Aus dieser Kopplung der über H-Brücken in Wechselwirkung stehenden Peptidgruppen ergibt sich als wichtigste Folgerung:

a) **Die intramolekulare Kopplung in der α-Helix ergibt eine Aufspaltung von Amid *I* und Amid *II* in jeweils zwei Schwingungen.**

b) **Die intramolekulare Kopplung in den β-Strukturen ergibt eine Aufspaltung der beiden Amid-Schwingungen in jeweils vier Schwingungen, von denen allerdings nur drei (antiparallele Ketten) bzw. zwei (parallele Ketten) infrarotaktiv sind.**

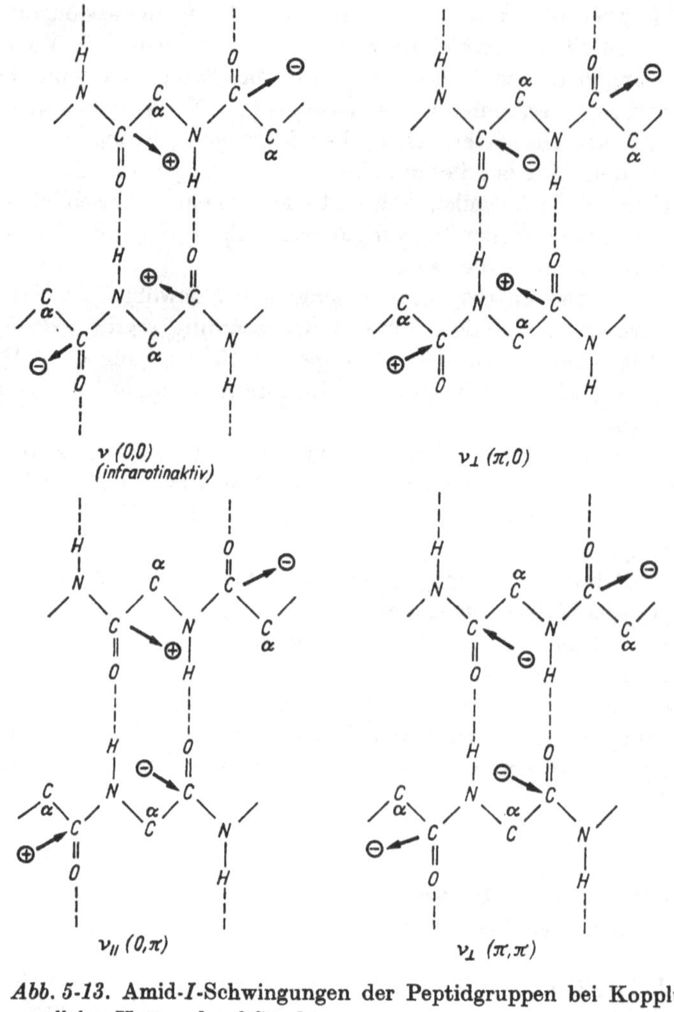

Abb. 5-13. Amid-*I*-Schwingungen der Peptidgruppen bei Kopplung in antiparallelen Ketten der β-Struktur.

Die jeweiligen Schwingungen sind durch Angabe des Infrarotdichroismus indiziert, in Klammern sind die Phasenwinkel der Schwingungen in den beiden Peptidgruppen zueinander angegeben. Die Pfeile zeigen die Richtungen der Übergangsmomente bei der jeweiligen Schwingung an, wobei ⊕ eine Vektorrichtung oberhalb und ⊖ eine Vektorrichtung unterhalb der Papierebene anzeigt (nach Miyazawa).

Eine Gegenüberstellung von berechneten und beobachteten Wellenzahlen für die Amid-*I*- und die Amid-*II*-Schwingung ergibt gute Übereinstimmung zwischen Rechnung und Experiment, auch hinsichtlich der Intensitäten. Nur einige schwache Absorptionsbanden bei der antiparallelen β-Kettenstruktur konnten experimentell nicht beobachtet werden (Tab. 5-3).

Tabelle 5-3
Berechnete und beobachtete Wellenzahlen für die Amid-*I*- und Amid-*II*-Banden von Polypeptiden in verschiedenen Konformationen

Konformation	Bezeichnung der Schwingung*)	Amid *I* (cm^{-1}) berechnet	Amid *I* (cm^{-1}) beobachtet	Amid *II* (cm^{-1}) berechnet	Amid *II* (cm^{-1}) beobachtet
Statistisches Knäuel		1658	1656 (*s*)	1520	1520
α-Helix	$\nu_{\parallel}(0)$	1650 (*s*)	1650 (*s*)	1516 (*w*)	1516 (*w*)
	$\nu_{\perp}(2\pi/3{,}6)$	1646 (*w*)	1652 (*m*)	1546 (*s*)	1546 (*s*)
β-Struktur, parallele Ketten	$\nu_{\parallel}(0, 0)$	1648 (*w*)	1645 (*w*)	1530 (*s*)	1530 (*s*)
	$\nu_{\perp}(\pi, 0)$	1632 (*s*)	1630 (*s*)	1550 (*w*)	1550 (*w*)
β-Struktur, antiparallele Ketten	$\nu_{\parallel}(0, \pi)$	1685 (*w*)	1685 (*w*)	1530 (*s*)	1530(*s*)
	$\nu_{\perp}(\pi, 0)$	1632 (*s*)	1632 (*s*)	1510 (*w*)	
	$\nu_{\perp}(\pi, \pi)$	1668 (*vw*)		1550 (*w*)	

Intensitätsangaben: *s* = stark; *m* = mittel; *w* = schwach; *vw* = sehr schwach

*) Die Bezeichnungen für die Schwingungen der antiparallelen β-Kettenstruktur wurden in der Legende der Abb. 5-13 erläutert. Analoges gilt für die parallelen Ketten. In den Bezeichnungen der α-Helix-Schwingungen treten die Phasenwinkel 0 und $2\pi/3{,}6$ auf, wobei 3,6 die Zahl der Peptidreste pro Windung der α-Helix ist.

5.8.3. Konformationsuntersuchungen in wäßriger Lösung

Die Wellenzahlen der Peptidschwingungen sind zwar von der Konformation abhängig, doch sind die Wellenzahldifferenzen oft nicht sehr groß (Tab. 5-2 und 5-3). Wegen der völlig verschiedenen Lage der Peptidgruppen relativ zur Kettenachse in der α-Helix und der β-Struktur ist aber ein stark unterschiedliches dichroitisches Verhalten zu erwarten, wovon im nächsten Abschnitt noch ausführlich zu reden sein wird.

Es gibt aber eine ganze Reihe von Proteinen (globuläre Proteine z. B.), die sich nicht zu orientierten Filmen anordnen lassen und sich somit der Messung des Infrarotdichroismus entziehen. Bei diesen Proteinen wurde daher versucht, die geringen Wellenzahlunterschiede der Amidbanden in den einzelnen Konformationen auszunutzen, um zumindest qualitative Aussagen über die vorliegende Konformation bzw. die Konformationsanteile treffen zu können. Dazu können unorientierte Filme verwendet werden, günstiger ist aber die Messung in wäßriger Lösung. Da H_2O gerade im Gebiet der Amid-*I*-Bande selbst stark absorbiert (OH-Deformation, vgl. Abschnitt 5.3.), wird D_2O als Lösungsmittel verwendet. In diesem Lösungsmittel werden alle NH- und OH-Protonen (also auch die NH-Peptidprotonen) gegen D ausgetauscht. Bei gleichbleibender Bindungsordnung (damit auch unveränderter Kraftkonstante) wird die Masse der NH-Gruppe vergrößert und damit nach Gl. 5-5 die Schwingungsfrequenz verringert. Die Amid *I*-Schwingung wird aber wegen der nur sehr geringen Mitbeteiligung der NH-Deformation (der Hauptanteil besteht ja in der C=O-Streckung) durch die Deuterierung kaum verändert. Die beobachteten Schwingungswellenzahlen für die Amid-*I'*-Schwingung (*I'* symbolisiert den N—D-deuterierten Zustand) sind in Tab. 5-4 zusammengestellt.

Tabelle 5-4
Beobachtete Lagen der Amid-*I'*-Schwingung von Proteinen in D_2O-Lösung

Konformation	Bezeichnung	Lage der Amid *I'* [cm^{-1}]
ungeordnet (ϱ)		1643
α-Helix (α)	ν (0)	1650 (*s*)
β-Struktur,	ν (π, 0)	1632 (*s*)
antiparallele Ketten	ν (0, π)	1675 —1690 (*w*)
β-Struktur, parallele Ketten	ν (π, 0)	1632 (*s*)

Wir können auch in Proteinen mit komplizierter Tertiärstruktur unter Beteiligung mehrerer geordneter Konformationen aus der Amid-*I'*-Absorptionsbande eine qualitative Abschätzung der einzelnen Konformationsanteile vornehmen (Abb. 5-14). Überwiegt der Anteil der α-Helix, so liegt der Schwerpunkt der Amid-*I'*-Bande bei 1650 cm^{-1}, überwiegt der Anteil der β-Strukturen, so verschiebt sich der Schwerpunkt der Amid-*I'*-Bande zu 1632 cm^{-1}. Die schwache Absorptionsbande bei ca. 1680 cm^{-1} entscheidet zusammen mit der intensiven Bande bei 1632 cm^{-1} über die Anwesenheit von antiparallelen β-Ketten. In den *IR*-Spektren von Proteinen mit überwiegender β-Struktur von parallelen Ketten fehlt diese schwache Bande bei 1680 cm^{-1}.

In Übereinstimmung mit der Röntgenstrukturanalyse können wir aus den *IR*-Spektren von Ribonuclease und α-Chymotrypsin (Abb. 5-14) das Überwiegen von antiparallelen Ketten der β-Struktur ersehen, denn das Absorptionsmaximum der Amid-*I'*-Bande liegt bei 1637—1640 cm^{-1}, begleitet von deutlich erkennbaren Schultern bei 1685 cm^{-1}. Der vorhandene geringe α-Helixanteil wird in den *IR*-Spektren allerdings nur durch eine Unsymmetrie auf der höherfrequenten Seite des 1640 cm^{-1}-Maximums bei ca. 1650 cm^{-1} angedeutet, ein sicherer Beweis kann wegen der dazwischen liegenden Absorption der ungeordneten Bereiche (ca. 1645 cm^{-1}) daraus nicht gezogen werden.

Im *IR*-Spektrum der Carboxypeptidase *A* überwiegt die Amid-*I'*-Absorption bei 1650 cm^{-1}, aber auch bei 1635 cm^{-1} ist die Absorption recht stark; dagegen ist bei 1685 cm^{-1} keine Schulter zu beobachten. Folglich liegen vorwiegend α-helicale Strukturanteile, aber auch β-Strukturen vor, wobei letztere offensichtlich meist parallele Ketten bilden. Mit Hilfe der Röntgenstrukturanalyse wurden 25 bis 30% α-Helix und 18% β-Struktur gefunden.

Die saure Desoxyribonuclease ist ein allosterisches Enzym, das nach *ORD/CD*-Messungen geordnete Bereiche mit wenig α-Helixanteil enthält. Infrarotspektroskopisch kann das Überwiegen antiparalleler Ketten in β-Struktur gesichert werden.

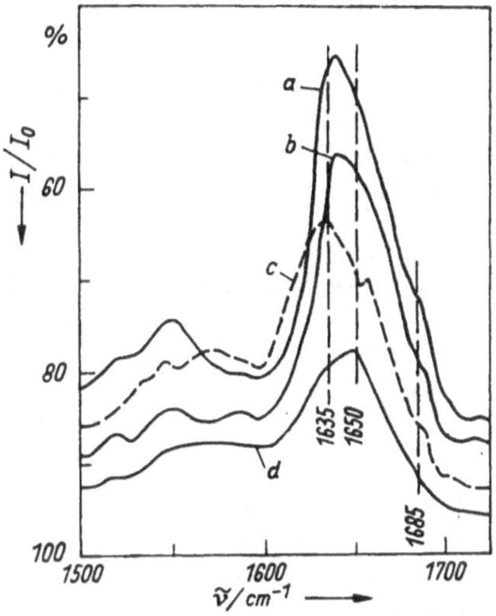

Abb. 5-14. Infrarotspektren einiger Enzyme in D_2O-Lösung im Bereich der Amid-*I'*-Bande (nach TIMASHEFF).

(*a*) α-Chymotrypsin, (*b*) Ribonuclease, (*c*) Saure Desoxyribonuclease, (*d*) Carboxypeptidase A.

Offensichtlich kann die Infrarotspektroskopie generelle Hinweise auf Konformationsanteile in Proteinen liefern, wobei meist eine Kombination mit anderen Methoden wie Circulardichroismus (*CD*) mehr Informationen liefert als die Einzelresultate der Methoden. Die Infrarotspektren derjenigen Proteine, deren Tertiärstruktur durch Röntgenstrukturanalyse aufgeklärt wurde, bestätigen zumindest qualitativ diese Resultate, so daß keine größeren Diskrepanzen zwischen Tertiärstruktur im Kristall (Röntgenstrukturanalyse) und wäßriger Lösung (*IR*) zu bestehen scheinen.

In jüngster Zeit hat es nicht an Versuchen gefehlt, eine quantitative Bestimmung der Konformationsanteile von Proteinen aus den Infrarotspektren (teilweise durch Kombination mit *CD*) zu ermöglichen. Dabei werden entweder Basisspektren*)

*) Für jedes Protein i mit bekannten Strukturanteilen α_i, β_i, ϱ_i, wobei $\alpha_i + \beta_i + \varrho_i = 1$ ist, wird für die gemessenen molaren dekadischen Extinktionskoeffizienten $\varepsilon^i(\tilde{\nu})$ die Gültigkeit des für jede Wellenzahl $\tilde{\nu}$ gültigen linearen Ansatzes $\varepsilon^i = \varepsilon_\alpha \alpha^i + \varepsilon_\beta \beta^i + \varepsilon_\varrho \varrho^i$ vorausgesetzt. Aus mindestens 3 dieser Basisspektren von Proteinen, deren Strukturanteile bekannt sind, lassen sich die 3 Unbekannten ε_α, ε_β, ε_ϱ errechnen. Man gibt möglichst einen großen Satz von Basisspektren ein, um eine bessere Ausgleichsrechnung zu ermöglichen.

zugrunde gelegt, die aus den *IR*-Spektren von Proteinen mit genau bekannter Tertiärstruktur gebildet werden, oder es werden aus Modellsubstanzen mit genau bekannter Sekundärstruktur (z. B. nur antiparallele Ketten der β-Struktur) die spektroskopischen Parameter (Absorptionsfrequenz, Halbwertsbreite, Intensität) errechnet und auf die zu analysierenden Proteine angewandt. Beide Methoden sind zum gegenwärtigen Zeitpunkt noch nicht voll ausgereift, um als Routineverfahren zur quantitativen Ermittlung der Konformationsanteile von Proteinen eingesetzt werden zu können.

Informationen über Proteinkonformationen in wäßriger Lösung werden auch von der RAMAN-Spektroskopie geliefert. Laser-RAMAN-Spektren der Enzyme Lysozym, Ribonuclease, α-Chymotrypsin und Insulin ergaben einige generelle Aussagen über die Eignung der RAMAN-Sepktroskopie zur Konformationsanalyse von Proteinen:

a) Von den charakteristischen Schwingungen der Peptidgruppe sind die RAMAN-Linien bei 1660 cm^{-1} (Amid *I*) und 1260 cm^{-1} (Amid *III*) konformationsabhängig.
b) Deformations- und Valenzschwingungen des Gerüsts (C—C, C—N) geben im RAMAN-Spektrum ebenfalls konformationsabhängige Linien.
c) Valenzschwingungen der S—S- und C—S-Bindungen können über Anwesenheit und Zahl der S—S-Brücken sowie über die Konformation der C—S—S—C-Gruppe aussagen.

Aus den bisherigen Resultaten ging z. B. hervor, daß die Insulin-Einheit im Proinsulin in einer zumindest sehr ähnlichen Konformation wie im freien Insulin vorliegt. Für das verbindende C-Peptid konnten neben ungeordneten Bereichen auch α-helicale Anteile nachgewiesen werden.

5.8.4. *Infrarotdichroismus und geordnete Polypeptidkettenstruktur*

Wir wollen untersuchen, inwieweit der Infrarotdichroismus (vgl. Abschnitt 5.7.) Informationen über die räumliche Anordnung von Polypeptidketten vermitteln kann. Dazu müssen wir die Lage der Übergangsmomente von Amid *I* und Amid *II* bezüglich der Helixachse in der α-Helix bzw. der Kettenrichtung in der β-Struktur kennen, denn Helixachse bzw. Kettenrichtung sind bei orientierten Polypeptidfilmen mit der Vorzugsrichtung identisch. In erster Näherung können wir annehmen, daß die Übergangsmomente der drei im folgenden diskutierten Schwingungen Amid *I*, Amid *II* und NH-Valenzschwingung in Richtung der Schwingungsbewegung bei den entsprechenden Schwingungen liegen.

In der α-Helix ist jede Peptidgruppe mit jeweils dem dritten Nachbar in beiden Richtungen der Kette durch intramolekulare H-Brücken vom Typ N—H···O=C verknüpft (vgl. Abschnitt 1.4.). Wir wollen uns zwei miteinander verknüpfte Peptidgruppen herausgreifen (Abb. 5-15a). Bei Schwingungsanregung werden Auslenkungen der N—H- und der C=O-Bindungen in der Helixachsenrichtung liegen, während Auslenkung der C—N-Bindung und Deformation der NH-Gruppe senkrecht zur Helixachse erfolgen. Somit wäre für die ν(N—H) in der α-Helix ein Paralleldichroismus zu erwarten, denn bei parallel zur Helixachse schwingendem elektrischen Vektor der linear polarisierten Infrarotstrahlung wird wegen der Parallelität zum Übergangsmoment maximale Schwingungsanregung erfolgen. Für Amid *I* erwarten wir wegen des Überwiegens der C=O-Auslenkung ebenfalls einen Paralleldichroismus (||). Amid *II* setzt sich aus der C—N-Auslenkung und der NH-Deformation zusammen. Beide Bewegungsrichtungen stehen annähernd senkrecht zur Helixachse, so daß nur dann maximale Schwingungsanregung er-

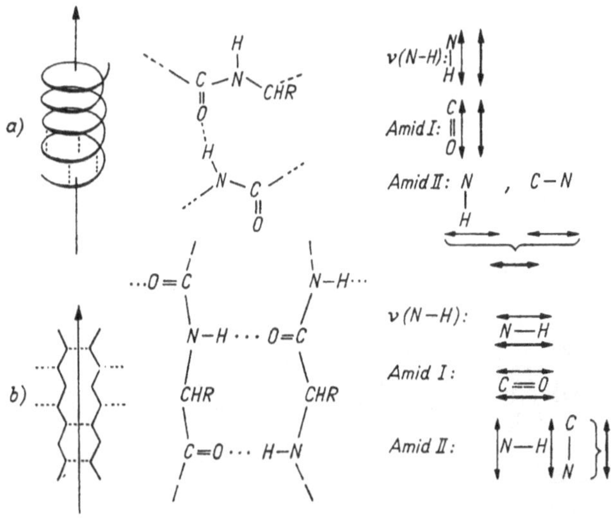

Abb. 5-15. Schwingungsrichtungen von NH-Valenzschwingung, Amid *I* und Amid *II* in geordneten Polypeptidkettenkonformationen bezüglich der Vorzugsrichtung bei der Probenorientierung.

(*a*) α-Helix (Vorzugsrichtung = Helixachse); (*b*) antiparallele β-Struktur (Vorzugsrichtung = Kettenachse). Die ungefähren Richtungen der zu erwartenden Übergangsmomente sind als dicke Pfeile eingezeichnet.

folgen wird, wenn der elektrische Vektor der linear polarisierten Infrarotstrahlung senkrecht zur Helixachse schwingt. Für Amid *II* erwarten wir folglich Senkrecht-Dichroismus (⊥). Der tatsächlich gefundene Infrarotdichroismus für diese drei Peptidgruppenschwingungen stimmt mit diesen Betrachtungen überein (Tab. 5-2). Diese Messungen wurden ungefähr gleichzeitig mit den Röntgenstrukturuntersuchungen an Polypeptiden und Proteinen durchgeführt, aus denen Pauling und Corey das Modell der α-Helix ableiteten, und stellten die erste Bestätigung der postulierten Struktur durch eine weitere unabhängige Methode dar.

Führen wir die gleiche Betrachtung für die β-Strukturen durch, so ergeben sich im Vergleich zur α-Helix genau die umgekehrten Verhältnisse für die Lage der Schwingungsrichtungen zur Vorzugsrichtung (Kettenachse) (Abb. 5-15b). Folglich sollten auch die dichroitischen Eigenschaften für ν(N—H), Amid *I* und Amid *II* genau umgekehrt wie bei der α-Helix sein. Übereinstimmend damit wurde experimentell für die β-Struktur für ν(N—H) und Amid *I* $\perp$-Dichroismus sowie für Amid *II* $\|$-Dichroismus gefunden (Tab. 5-2).

Durch die genaue Analyse der Peptidgruppenschwingungen wissen wir (Tab. 5-3), daß die Amid-*I*- und Amid-*II*-Schwingungen wegen der Kopplung mit den über H-Brücken verbundenen Peptidgruppen aufspalten. Diese Aufspaltungskomponenten haben durchaus unterschiedliches dichroitisches Verhalten, das in der

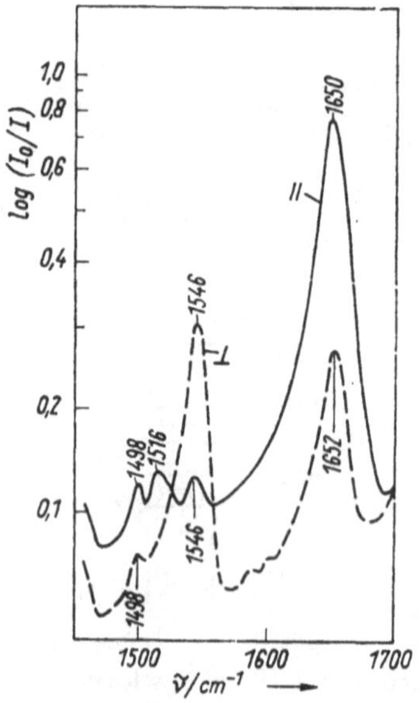

Abb. 5-16. Infrarotdichroismus eines orientierten Films von Poly-γ-benzyl-L-glutamat in α-helicaler Form.

$\perp$, $\|$: Elektrischer Vektor der polarisierten Strahlung schwingt senkrecht ($\perp$) bzw. parallel ($\|$) zur Vorzugsachse (Helixachse) des orientierten Polypeptids. Die Absorption bei 1498 cm^{-1} wird durch die Seitengruppen verursacht (nach MIYAZAWA und BLOUT).

Tab. 5-3 auch stets angegeben ist. Auch experimentell konnten diese Voraussagen über den Dichroismus bestätigt werden, wie aus dem Beispiel eines in α-helicaler Form vorliegenden synthetischen Polypeptids zu ersehen ist (Abb. 5-16). Von unserer bisherigen Betrachtung abweichend ist aber der Infrarotdichroismus nur für die intensitätsschwachen Komponenten, während die intensiven Komponenten völlig in Übereinstimmung mit den bisher diskutierten und nach Tab. 5-2 auch experimentell gefundenen dichroitischen Eigenschaften sind. Für eine qualitative Abschätzung können uns deshalb nach wie vor die infrarotdichroitischen Eigenschaften von ν(N—H), Amid *I* und Amid *II* bei der Untersuchung von Polypeptidkettenkonformationen von Nutzen sein.

Exakte quantitative Berechnungen für die Lage von Übergangsmomenten relativ zur Vorzugsrichtung (Winkel θ) wurden nach der im Abschnitt 5.7. gegebenen Gl. 5-9 für die Modellsubstanz Poly-γ-benzyl-L-glutamat (vgl. Abb. 5-16) durchgeführt. Es ergaben sich einige Diskrepanzen zu den Röntgenstrukturdaten, so daß hieraus auf die Unzulänglichkeit der Messungen und einiger zugrunde liegender Annahmen bei der Berechnung des Winkels θ aus dem Infrarotdichroismus geschlossen werden muß. Man rechnet bei Polypeptiden mit einem Fehler der infrarotdichroitisch bestimmten Übergangsmomentorientierungen von $\pm 5 \cdots 10°$.

5.9. Schwingungsspektren von Nucleinsäuren und deren Bausteinen

5.9.1. Tautomere Strukturen der Nucleinsäurebasen

Die NH- und NH_2-Protonen in den Nucleinsäurebasen (Abb. 1-2) können prinzipiell auch am Sauerstoff sitzen. Es ist also zu prüfen, ob die Basenreste *U*, *T*, *G* und *I* in der Keto- oder in der Enolform vorliegen. Weiterhin können die Basenreste *C* und *A* prinzipiell in der Amino- (NH_2 exocyclisch) oder in der Iminoform (=NH exocyclisch) vorliegen. Da diese Tautomerien von erheblichem Einfluß auf die komplementäre Basenpaarung und damit auf die Weitergabe genetischer Informationen sind, wurde eine Überprüfung mit verschiedenen spektroskopischen Methoden vorgenommen. Um das Ergebnis vorwegzunehmen: Alle bisherigen Messungen haben die in der Abb. 1-2 und im Abschnitt 1.4. verwendeten tautomeren Strukturen nicht widerlegen können, es kommen also die Basen nur in der Keto- bzw. Aminostruktur vor. Speziell durch infrarotspektroskopische Messungen, bei denen Modellverbindung mit chemisch fixierten tautomeren Strukturen oder ^{18}O-Isotopensubstitution Verwendung fanden, konnten die Keto- bzw. Aminostrukturen sogar zweifelsfrei bestätigt werden.

Tabelle 5-5
Lage der Infrarotabsorptionsmaxima von einigen Guanosin- und Cytosinderivaten (nach KYOGOKU et al.)

Verbindung	Lage der Absorptionsmaxima [cm^{-1}] (Intensität: *s* = stark, *w* = schwach)		
Guanosin	1665 (*s*)	1578 (*s*)	1568 (*w*)
1-Methylguanosin	1674 (*s*)	1591 (*s*)	1550 (*w*)
1,9-Dimethylguanosin (Ketomodell)	1671 (*s*)	1590 (*s*)	1548 (*w*)
6-Methoxyguanosin (Enolmodell)	1617 (*s*)	1594 (*s*)	
^{18}O-6-Guanosin	1652 (*s*)	1578 (*s*)	1563 (*w*)
Cytosin	1650 (*s*)	1618 (*w*)	
6-Dimethylaminocytosin (Aminomodell)	1649 (*s*)	1625 (*w*)	
1,3-Dimethylcytosin (Iminomodell)	1671 (*s*)	1657 (*s*)	1579 (*s*)

Guanosin hat Infrarotabsorptionsmaxima, die in ihrer Lage und Intensität gut mit dem Ketomodell, aber überhaupt nicht mit dem Enolmodell übereinstimmen (Tab. 5-5). Darüber hinaus bestätigt die ^{18}O-Markierung in 6-Position den Charakter der Schwingung bei 1652 cm^{-1} wegen der Verschiebung um 13 cm^{-1} als Carbonyl-Streckschwingung.

Ähnlich stark differiert das Infrarotspektrum des Cytosins von dem der Iminomodellverbindung, während ausgezeichnete Übereinstimmung mit dem Spektrum des Aminomodells besteht (Tab. 5-5).

Wenn damit auch das Vorliegen der Keto- bzw. Aminostrukturen für alle Nucleinsäurebasen heutzutage als gesichert gilt, so ist damit die Struktur der real in den Polynucleotiden und Nucleinsäuren gebundenen Basenreste noch nicht bewiesen. Die Helixbildung könnte durchaus Energiebeträge liefern, die andere Basentautomerien ermöglichen würden. Die Infrarotspektroskopie ist bis jetzt die einzige Methode, die auch in diesen Biopolymeren — ausgehend von den an Bausteinen erhaltenen Informationen — die tautomere Struktur bestimmen kann. Elektronendichteänderungen und Schwingungskopplungen bei der Helixbildung erschweren zwar die Übertragung der an den Monomeren gewonnenen Resultate, doch konnten in helicalen Formen wie *Poly*(*A*) · *Poly*(*U*), *Poly*(*I*) · *Poly*(*C*) und *Poly*(*G*) · *Poly*(*C*) bisher keine Abweichungen von den Keto- bzw. Aminoformen nachgewiesen werden.

Wir können beim heutigen Stand der Erkenntnis feststellen, daß die Nucleinsäurebasen sowohl in den Monomeren als auch in den Polynucleotiden und Nucleinsäuren prinzipiell in der Ketoform (*U*, *T*, *G*, *I*) bzw. in der Aminoform (*C*, *A*) vorliegen. Es gibt bisher keinen gesicherten Hinweis, daß die Ausbildung geordneter Sekundärstrukturen (ein- bis dreisträngige Helices) eine Begünstigung davon abweichender tautomerer Strukturen hervorruft.

5.9.2. Modelle für die H-Brücken in komplementären Basenpaaren

Die komplementäre Basenpaarung in der Doppelhelix der DNA stellt letztlich die molekulare Basis für die Weitergabe der genetischen Informationen in biologischen Systemen dar. Von diesem Gesichtspunkt aus ist eine möglichst umfassende Kenntnis der physikalisch-chemischen Eigenschaften der H-Brücken in den komplementären Basenpaaaren höchst wünschenswert. Die besondere Eignung der Infrarotspektroskopie zur Untersuchung von H-Brücken wird allgemein anerkannt. In unpolaren Lösungsmitteln ergeben sich in den Infrarotspektren im Bereich der OH- oder NH-Valenzschwingung bei Ausbildung von H-Brücken zu kleineren Wellenzahlen verschobene und meist verbreiterte Absorptionsbanden, während die nicht an den H-Brücken beteiligten OH- oder NH-Gruppen noch in der ursprünglichen Position der ν(O—H) bzw. ν(N—H) als scharfe Banden nachzuweisen sind. Durch Temperaturerhöhung wird der Anteil der nicht an H-Brücken beteiligten OH- bzw. NH-Gruppen zunehmen und sich damit die Intensität der scharfen Banden erhöhen. Aus diesen Intensitätsänderungen können die thermodynamischen Parameter der H-Brücken (Gleichgewichtskonstante, Enthalpie und Entropie der H-Brückenkomplexe) entnommen werden. Daher ist es nicht verwunderlich, daß sich eine Vielzahl von Arbeiten mit den Infrarotspektren von Modellen für die komplementäre Basenpaarung über H-Brücken beschäftigen.

Wir haben im Abschnitt 1.4. erfahren, daß die komplementäre Basenpaarung auf einer stereochemischen (topologischen) Komplementarität beruht, aber nicht den Hauptbeitrag zur Stabilisierungsenergie der Doppelhelix leistet. Somit ist zunächst einmal zu fragen, ob die nicht an einem Zucker-Phosphat-Strang fixierten Basen bei freier Partnerwahl in Lösung auch den WATSON-CRICK-Partner wählen oder ob die Energie anderer Paarungen größer ist.

Um die H-Brücken möglichst ungestört von Lösungsmitteleinflüssen untersuchen zu können, wählt man unpolare Lösungsmittel, wie CCl_4, Chloroform oder Cyclohexan. Bei polaren Lösungsmitteln werden H-Brücken auch zu den Lösungsmittelmolekülen ausgebildet, so daß eine Konkurrenz zum eigentlich zu untersuchenden System entstehen kann. Die Schwierigkeit besteht darin, geeignete Derivate der Nucleinbasen zu finden, die eine genügend hohe Löslichkeit in unpolaren Lösungsmitteln aufweisen. Es zeigte sich, daß der Ersatz des Zucker-Phosphat-Rests in 9-Position der Purine und in 1-Position der Pyrimidine durch Alkylgruppen eine ausreichende Löslichkeit bewirkt, um infrarotspektroskopische Untersuchungen in Chloroform oder Deuterochloroform zu ermöglichen. Aus den konzentrationsabhängig gemessenen Infrarotspektren geht die Tendenz der Basenmodelle zur Eigenassoziation über H-Brücken hervor, also Bildung von Komplexen des Typs $A \cdot A$ oder $U \cdot U$. Jedoch ist die Bildung gemischter Komplexe vom WATSON-CRICK-Typ $A \cdot U$ energetisch stark begünstigt, die Gleichgewichtskonstante K_{AU} des gemischten Komplexes ist 30mal größer als die Eigenassoziationskonstante K_{AA} und 15mal größer als der Wert von K_{UU}. Auch die Bildungsenthalpie ΔH hat für den gemischten Komplex $A \cdot U$ einen deutlich größeren (negativen) Wert als für die Eigenassoziate $A \cdot A$ oder $U \cdot U$ (Tab. 5-6). Für den Komplex $A \cdot T$ wurde eine noch etwas höhere Konstante gemessen.

Tabelle 5-6

Thermodynamische Parameter der Dimerisation und Heteroassoziation über H-Brücken von 9-Äthyl-adenin und 1-Cyclohexyl-uracil (aus infrarotspektroskopischen Messungen in Chloroform von MILES und HOWARD)

	Form der Dimeren $U \cdot U$	$A \cdot A$	$A \cdot U$
$-\Delta H$, kcal · Mol^{-1}	4,2	4,0	6,2
$-\Delta S$, cal · grd^{-1} · Mol^{-1}	11,0	11,4	11,8

Analoge infrarotspektroskopische Messungen zeigten auch die eindeutige Bevorzugung des Cytosins als Partner des Guanosins. Während sich das Infrarotspektrum im Bereich der N—H-Valenzschwingungen im System $A + G$ (1:1) als Summe der beiden Komponentenspektren ergibt, bewirkt die starke Komplexbildung im System $G + C$ (1:1) starke Änderungen im Infrarotspektrum (Abb. 5-17).

Die Resultate der infrarotspektroskopischen Messungen erlauben eine positive Beantwortung der gestellten Frage. Zweifellos werden die Basenpaarungen $A \cdot U$ (bzw. $A \cdot T$) und $G \cdot C$ auch bei freier Beweglichkeit ohne Fixierung an die

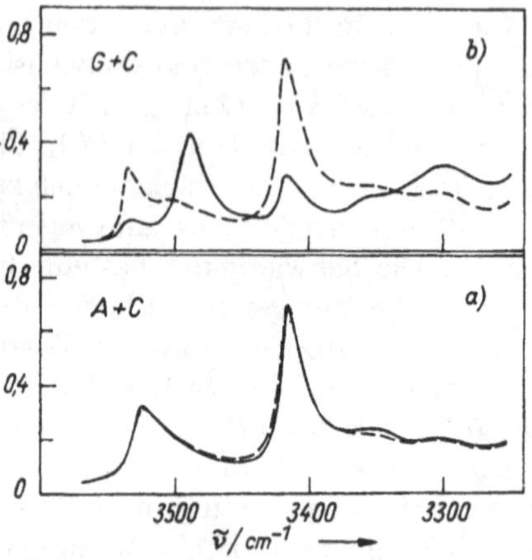

Abb. 5-17. Infrarotspektren von Nucleinsäurebasenderivaten im Bereich der N—H-Valenzschwingung ($CHCl_3$-Lösung).

(*a*) Äquimolares Gemisch aus 9-Äthyladenin und 2',3'-Benzyliden-5'-trityl-guanosin ($A + G$). ———: beobachtetes Spektrum; – – – –: durch Addition der Einzelspektren berechnetes Spektrum der Mischung. (*b*) Äquimolares Gemisch aus den 2',3'-Benzyliden-5'-trityl-derivaten von Guanosin und Cytidin ($G + C$). Gegenüberstellung von beobachtetem Spektrum (———) und dem additiv aus den Einzelspektren erhaltenen Spektrum (– – – – –). (Nach Kyogoku et al.)

Zucker-Phosphat-Kette gegenüber anderen möglichen Kombinationen bevorzugt. Übrigens ist das hierbei verwendete unpolare Lösungsmedium gar nicht so abweichend von den natürlichen Gegebenheiten, da sich die Basenpaare auch in wäßriger Lösung in der Doppelhelix zumindest im Bereich der komplementären H-Brücken in einer unpolaren Umgebung befinden.

5.9.3. *Infrarot- und* Raman-*Spektren synthetischer Polynucleotide in wäßriger Lösung*

In wäßriger Lösung sind die im vorangegangenen Abschnitt besprochenen H-Brücken zwischen komplementären Basen infrarotspektroskopisch nicht nachweisbar, da die starke Wechselwirkung mit dem Lösungsmittel H_2O oder D_2O den eigentlich zu ermittelnden Effekt überdeckt. Wohl aber kann die Wechselwirkung von Monomeren mit synthetischen Polynucleotiden in wäßriger Lösung (meist D_2O) über die Infrarotspektren nachgewiesen werden. Dabei fällt auf, daß nicht alle komplementären Partner miteinander Komplexe bilden, so z. B. U nicht mit *Poly*(A) und C nicht mit *Poly*(I), obwohl *Poly*(A) · *Poly*(U) und

Poly(*I*) · *Poly*(*C*) wohlbekannte doppelsträngige Komplexe darstellen. Dagegen bilden erwartungsgemäß *A* einen Komplex mit *Poly*(*U*) und *G* einen Komplex mit *Poly*(*C*), jedoch werden dabei dreisträngige Helices *A* · $[Poly(U)]_2$ bzw. *G* · $[Poly(C)]_2$ ausgebildet.

Mit den Infrarotspektren sind die in Abb. 5-18 gezeigten H-Brückenschemata für die gebildeten dreisträngigen Komplexe vereinbar.

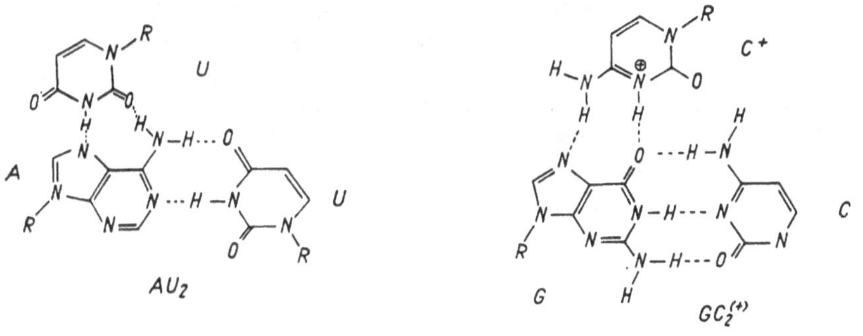

Abb. 5-18. Mögliche H-Brücken-Basenpaarungsschemata für dreisträngige Komplexe zwischen Polynucleotiden bzw. zwischen Polynucleotiden und Basen (nach Tsuboi).

In einer Reihe von Arbeiten wurde die Stöchiometrie und Struktur einer Reihe weiterer Komplexe zwischen synthetischen Polynucleotiden anhand der Infrarotspektren aufgeklärt.

Eingehende Vergleiche zwischen Polynucleotiden mit Basenstapelung und den entsprechenden Monomeren ohne Basenstapelung führten zu dem Resultat, daß die Wellenzahlen der Infrarotabsorptionsbanden nur wenig oder gar nicht verschoben werden, wohl aber Intensitätsänderungen auftreten können. Diese Änderungen konnten bisher noch nicht befriedigend interpretiert werden.

Dagegen ist aus theoretischen Überlegungen heraus ein enger Zusammenhang zwischen der bekannten *UV*-Hypochromie und der Raman-Intensität bei der Basenstapelung zu erwarten. Experimentell konnte auch in den Raman-Spektren von *Poly*(*C*) und *Poly*(*A*) eine Reihe von Linien gefunden werden, die beim Erhitzen (Aufhebung der Basenstapelung) eine Intensitätserhöhung (Hyperchromie) aufweisen. Diese „Raman-Hyperchromie" ist bei einigen Linien des *Poly*(*A*) sogar größer als die *UV*-Hyperchromie bei 260 nm.

5.9.4. *Bandenzuordnung im Infrarotspektrum der DNA*

Das Infrarotspektrum der *DNA* zerfällt in drei große Bereiche:

a) 3500—1800 cm^{-1}: Bereich der N—H-, O—H- und C—H-Valenzschwingungen der Basen- und Zuckerreste sowie des Wassers der Hydrathülle. In D_2O-Lösung oder -Atmosphäre fallen die N—D- und O—D-Valenzschwingungen auch in diesen Bereich.

b) 1800—1400 cm^{-1}: Bereich der Doppelbindungs-Valenzschwingungen in den Ringebenen der Basenreste: C=C-, C=N- und C=O-Valenzschwingungen. In undeuterierter *DNA* liegt hier auch die OH-Deformationsschwingung des Wassers.
c) unterhalb 1400 cm^{-1}: Bereich der Schwingungen des Zucker-Phosphat-Gerüsts: antisymmetrische Valenzschwingung der Phosphatgruppe $\nu_a(PO_2^-)$ bei 1225 cm^{-1}, symmetrische Valenzschwingung der Phosphatgruppe $\nu_s(PO_2^-)$ bei 1090 cm^{-1}, C—O-Schwingungen der Zuckerreste bei 1050 cm^{-1}.

Aus den bekannten Infrarotspektren der Bausteine läßt sich das Spektrum der denaturierten einsträngigen *DNA* additiv zusammensetzen. Schwierigkeiten bei der Zuordnung entstehen aber bei der Ausbildung der nativen Doppelhelixstruktur. Bereits bei einfachen doppelsträngigen Modellsubstanzen wie *Poly*(*A*) · *Poly*(*U*) gibt es im Bereich der Basenschwingungen drastische Abweichungen von den additiv zusammengesetzten Spektren der Komponenten (Abb. 5-19). Haupteffekt

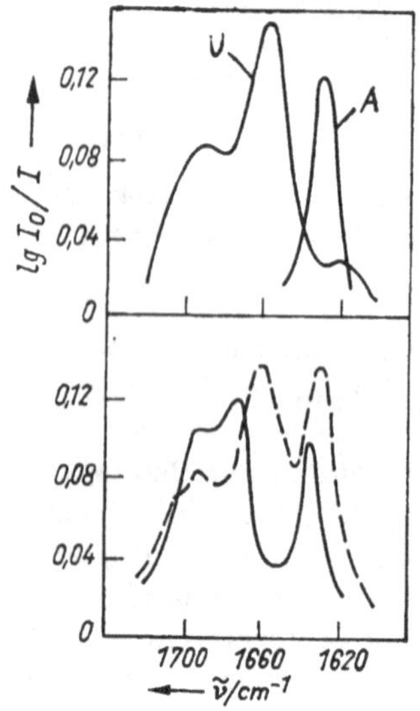

Abb. 5-19. Infrarotspektrum des doppelhelicalen Komplexes *Poly*(*A*) · *Poly*(*U*) in D_2O-Lösung im Bereich der Basenringschwingungen (nach Miles).

Oberer Teil: Spektren von *Poly*(*A*) und *Poly*(*U*).
Unterer Teil: Gegenüberstellung von beobachtetem Spektrum (———) und dem additiv aus den Einzelspektren erhaltenen Spektrum (— — — —).

ist dabei die Verschiebung des Maximums zu größeren Wellenzahlen, bei unserem Beispiel konkret von ν(C=O) der Uracil-Carbonylgruppe am C-4. Dieser Befund ist überraschend, da gewöhnlich Ausbildung von H-Brücken zu Verschiebungen in der umgekehrten Richtung führen. Neueste Überlegungen führen die Verschiebungen zu höheren Wellenzahlen bei Ausbildung der Doppelhelix auf dipolare Wechselwirkungen zwischen gestapelten Basen zurück. Damit muß die bislang herrschende Ansicht, daß sich in den Infrarotspektren nur die horizontale Basenpaarung, aber nicht die vertikale Basenstapelung ausdrückt, eventuell einer Revision unterzogen werden.

Eine Zuordnung der in diesem Bereich (1400—1800 cm^{-1}) liegenden Schwingungen der Basenreste wird durch folgende Effekte erleichtert:

a) Einfluß der Basenzusammensetzung: In den Spektren von *DNA* mit hohem *GC*-Anteil werden die Infrarotabsorptionsbanden von *G* und *C* dominieren, bei niedrigem *GC*-Anteil die von *A* und *T*. Die Schwingungsbanden der Zucker- und Phosphatreste werden dagegen von der Basenzusammensetzung nicht beeinflußt.

b) Isotopensubstitution: Auf ^{15}N-haltigen Nährböden wachsende Mikroorganismen liefern ^{15}N-angereicherte *DNA*. Die mit der Bewegung von *N* verknüpften Schwingungen werden wegen der erhöhten Masse (^{15}N gegenüber ^{14}N) zu kleineren Wellenzahlen verschoben. Der Betrag der Verschiebung ist ein Maß für die Mitbewegung des Stickstoffs an der betrachteten Schwingung. Analoge ^{18}O-Substitution wurde bisher nur bei Nucleosiden und Nucleotiden durchgeführt und zur Zuordnung genutzt (vgl. Abschnitt 5.9.1.).

c) Infrarotdichroismus: Aus dem Lineardichroismus geordneter *DNA*-Filme können Hinweise entnommen werden, ob die beobachteten Banden von Basenresten oder von Gerüstbestandteilen hervorgerufen werden (vgl. Abschnitt 5.9.6.).

Auf diese Weise gelang die Zuordnung einer Reihe von Infrarotabsorptionsbanden der *DNA*.

5.9.5. Infrarotspektren und Sekundärstruktur der DNA in wäßriger Lösung

Verlust der doppelhelicalen Sekundärstruktur der *DNA* in D_2O-Lösung (z. B. durch Erhitzen) führt zu einer Änderung im Infrarotspektrum im Bereich der Doppelbindungs-Valenzschwingungen der Basen (1400—1800 cm^{-1}). Dabei tritt ähnlich wie beim doppelsträngigen Komplex *Poly*(*A*) · *Poly*(*U*) eine Verschiebung des Intensitätsmaximums von größeren (Doppelhelix) zu kleineren Wellenzahlen (Knäuel) auf. In Abb. 5-20 sind die Änderungen im Infrarotspektrum einer *DNA*

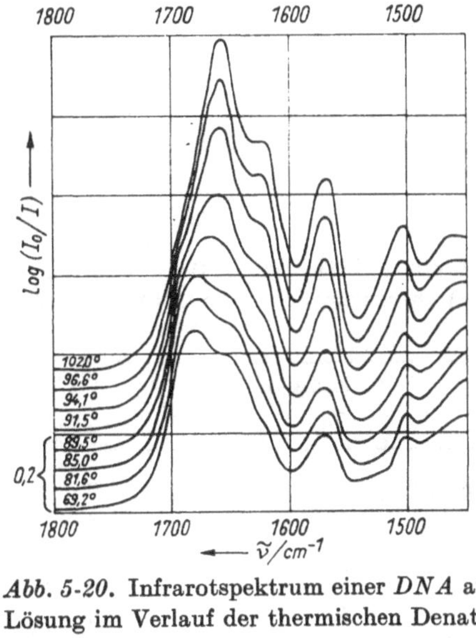

Abb. 5-20. Infrarotspektrum einer *DNA* aus *E. coli* (50% *GC*-Anteil) in D_2O-Lösung im Verlauf der thermischen Denaturierung.

Die bei verschiedenen Temperaturen gemessenen Spektren sind in der Ordinatenrichtung gegeneinander versetzt (nach FRITZSCHE).

aus *E. coli* (50% *GC*-Anteil) wiedergegeben. Aus dem Intensitätsverhältnis der Maxima der denaturierten (geknäuelten) *DNA* bei 1665 cm^{-1} und der nativen (doppelhelicalen) *DNA* bei 1685 cm^{-1} läßt sich in Abhängigkeit von der Temperatur für diesen kooperativen Übergang eine „Schmelzkurve" konstruieren, wobei analog zu den Resultaten der *UV*-Hyperchromie (vgl. Abschnitt 3.9.2.) die „Schmelztemperatur" T_m vom *GC*-Anteil der verwendeten *DNA* abhängt (Abb. 5-21 und Tab. 5-7). Die Änderungen in diesem Bereich des Infrarotspektrums geben die veränderte Umgebung für die Basen bei der Aufhebung von Basenpaarung und -stapelung an.

Thermische Denaturierung der *DNA* in H_2O-Lösung bewirkt Änderungen im Infrarotspektrum bei 900—1300 cm^{-1} (Abb. 5-22). In diesem Spektralbereich

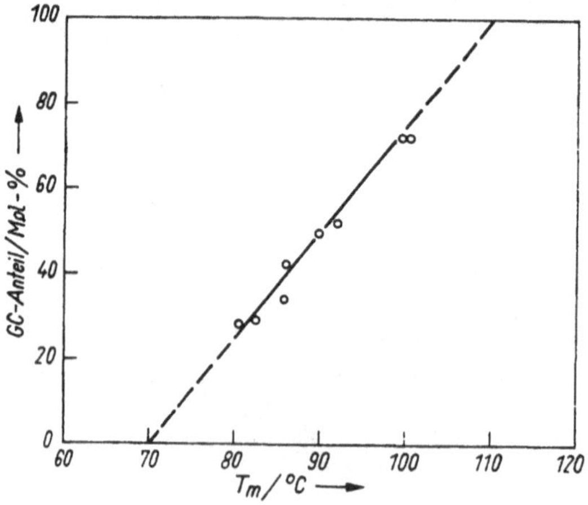

Abb. 5-21. Abhängigkeit der infrarotspektroskopisch ermittelten Schmelztemperatur T_m von der Basenzusammensetzung (*GC*-Anteil) der *DNA* (nach FRITZSCHE).

Tabelle 5-7
Infrarotspektroskopisch ermittelte Schmelztemperaturen T_m einiger *DNA*-Proben mit unterschiedlicher Basenzusammensetzung (nach FRITZSCHE)

DNA-Herkunft	*GC*-Anteil [Mol-%]	T_m [°C]
Clostridium paraputrificum	28	80,6
Sarcina maxima	29	82,8
T2-Phagen	34	86,1
Kalbsthymus	41	86,2
Escherichia coli	50	90,0
Streptosporangium roseum	72	99,5
Micrococcus lysodeikticus	72	100,5

werden Konformationsänderungen des Zucker-Phosphat-Gerüsts angezeigt. Da in diesem Bereich des Infrarotspektrums Proteine keine starke Absorptionsbande ergeben, können Konformationsänderungen der *DNA* bei Bildung von Protein-*DNA*-Komplexen in H_2O-Lösung untersucht werden.

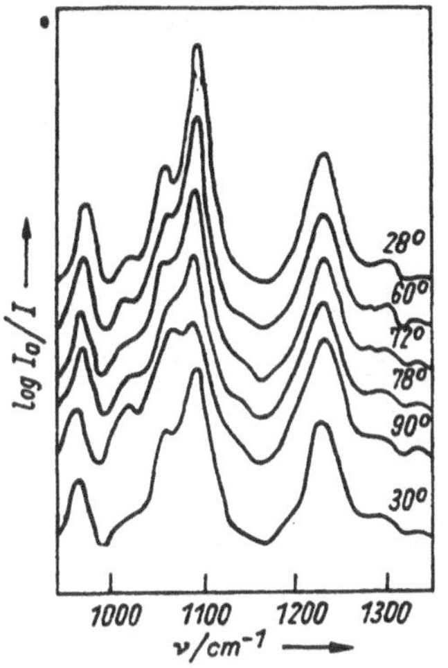

Abb. 5-22. Infrarotspektrum der *DNA* (aus Kalbsthymus) in H_2O-Lösung im Verlauf der thermischen Denaturierung (nach CHIRGADZE et al.).

Die Kurven sind in Ordinatenrichtung gegeneinander versetzt.

5.9.6. *Konformation der DNA in Filmen*

Aus Röntgenbeugungsuntersuchungen an *DNA*-Fasern ist bekannt, daß in Abhängigkeit von der relativen Feuchte (*r. F.*) und der Art des Salzes (Na^+ oder Li^+) verschiedene Konformationen der *DNA* (*B*, *A*, *C*) gebildet werden können (vgl. Abschnitt 1.4.). Unter analogen Bedingungen können infrarotdichroitische Messungen an orientierten *DNA*-Filmen bei Adjustierung an die Resultate der Röntgenstrukturanalyse wertvolle Aussagen über die räumliche Anordnung in den einzelnen Konformationen liefern. Dabei werden auch Strukturinformationen erhalten, die in dieser Präzision den Röntgenbeugungsdiagrammen nicht entnommen werden können.

Der Infrarot-Lineardichroismus (vgl. Abschnitt 5.7.) kann an undeuterierten oder deuterierten Filmen gemessen werden. Bei der Deuterierung wird der *DNA*-Film einer D_2O-Atmosphäre ausgesetzt, wodurch alle NH- und OH-Protonen gegen Deuterium ausgetauscht werden. Dieser methodische Kniff verschiebt die störende Deformationsschwingung des Wassers aus dem Bereich der Doppelbindungs-Valenzschwingungen in den Basenringebenen der *DNA*. Wegen der senkrecht zur Helixachse erfolgenden Orientierung der Basen in der *B*-Konformation des WATSON-CRICK-Modells der *DNA* ist eine Anregung dieser Schwingung in einer orientierten Probe nur dann zu erwarten, wenn der elektrische Vektor der polarisierten Strahlung senkrecht zur Vorzugsrichtung der Orientierung (Helixachse) schwingt. Dieser starke $\perp$-Dichroismus ist tatsächlich an deuterierten

DNA-Filmen zu beobachten, die bei hoher relativer Feuchte (*r. F.*) untersucht werden, d. h. in denen die *DNA* in der *B*-Konformation vorliegt (Abb. 5-23). Damit wurde die im WATSON-CRICK-Modell postulierte senkrechte Anordnung der Basen durch eine unabhängige Methode bewiesen. Wegen der immer unvollständigen Orientierung des *DNA*-Films ist auch eine schwache Absorption bei paralleler Schwingungsrichtung der Strahlung zur Helixachse zu beobachten

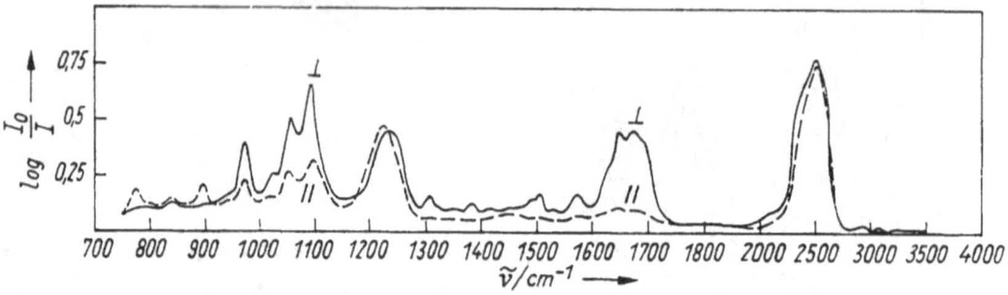

Abb. 5-23. Infrarotdichroismus orientierter *DNA* (Film bei 92% relativer Feuchte in D_2O-Atmosphäre).

⊥ und ∥ geben die senkrechte bzw. parallele Schwingungsrichtung des elektrischen Vektors der polarisierten Strahlung bezüglich der *DNA*-Helixachse an.

(Abb. 5-23, gestrichelte Kurve). Aus dieser Restabsorption läßt sich über die Gl. 5-9 der Unordnungsgrad *f* bestimmen, indem wir für den Winkel θ zwischen Übergangsmoment und Doppelhelix den Wert des WATSON-CRICK-Modells von 90° einsetzen.

Konformationsänderungen des Zucker-Phosphat-Gerüsts werden vorteilhafterweise im Gebiet der Schwingungen dieser Bausteine (1300–700 cm^{-1}) an undeuterierten *DNA*-Filmen untersucht. Unter den in der Röntgenstrukturanalyse verwendeten Bedingungen (Salzgehalt, Salzart, *r. F.*-Wert) konnte so der für die *B*-, *A*- und *C*-Konformation charakteristische Infrarotdichroismus gemessen werden. Aus der Abb. 5-24 geht hervor, daß das Übergangsmoment $\vec{M}$ der antisymmetrischen Valenzschwingung $\nu_a(PO_2^-)$ in der Richtung der O···O-

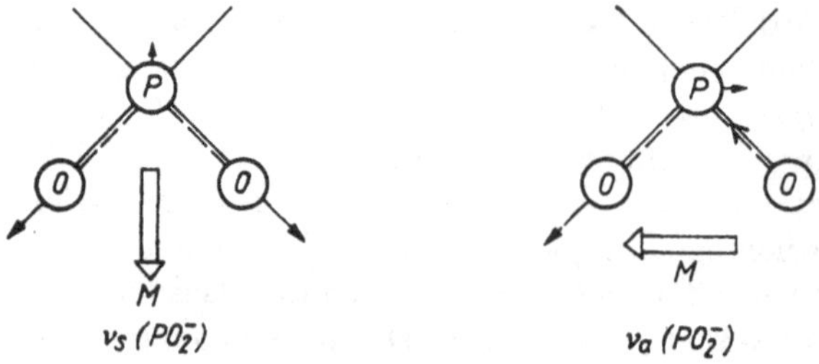

Abb. 5-24. Erwartete Richtungen der Übergangsmomente für die antisymmetrische und symmetrische Valenzschwingung ($\nu_a(PO_2^-)$ und $\nu_s(PO_2^-)$) der (PO_2^-)-Gruppe in der Polynucleotidkette.

Verbindungslinie, das Übergangsmoment der symmetrischen Valenzschwingung $\nu_s(PO_2^-)$ dagegen in Richtung der Winkelhalbierenden des O—P—O-Bindungswinkels liegt. Der Infrarotdichroismus dieser beiden Absorptionsbanden bei 1225 und 1090 cm^{-1} liefert uns somit über die Gl. 5-9 genaue Informationen über die räumliche Anordnung der PO_2^--Gruppe in den verschiedenen Konformationen der *DNA*-Doppelhelix (Tab. 5-8).

Tabelle 5-8
Angabe des Infrarotdichroismus (parallel: ||; senkrecht: ⊥) und daraus ermittelte Strukturparameter für *DNA*-Filme in der *B*-, *A*- und *C*-Konformation (nach Brahms et al.).
θ_{1230} cm^{-1} gibt die Lage der O···O-Verbindungslinie in der (PO_2^-)-Gruppe und θ_{1090} cm^{-1} die Lage der O-P-O-Winkelhalbierenden in der (PO_2^-)-Gruppe bezüglich der Doppelhelix-Achse an.

	B-Form	*A*-Form	*C*-Form
1710 cm^{-1}	⊥	⊥	⊥
1230 cm^{-1}	0	⊥	||
	(1225)	(1242)	(1230)
1090 cm^{-1}	⊥	||	⊥
θ_{1230} cm^{-1}	56 ± 5°	65 ± 5°	48 ± 3°
θ_{1090} cm^{-1}	70 ± 5°	45 ± 5°	67 ± 3°

Aus der Tab. 5-8 ersehen wir, daß sich auch die Lage der $\nu_a(PO_2^-)$ bei der Konformationsumwandlung $B \rightleftarrows A$ stark ändert. Es ist also möglich, auch an unorientierten *DNA*-Proben (z. B. in *DNA*-Protein-Komplexen) die vorliegende Konformation (*B* oder *A*) zu ermitteln.

In den Raman-Spektren kann ebenfalls eine Linie ermittelt werden, deren Lage von der *DNA*-Konformation abhängt. In der *B*-Konformation ist diese Linie von breiter Gestalt und liegt bei 835 cm^{-1}; in der *A*-Konformation finden wir die dann scharfe Linie bei 807 cm^{-1}. Sie ist wahrscheinlich mit der Phosphatdiester-Valenzschwingung ν(—O—P—O—) verknüpft. Eine analoge Infrarotabsorption wurde für die *A*-Konformation bei 863 cm^{-1} ermittelt.

Interessant ist, daß der reversible *B*—*A*-Übergang bei *AT*-reicher *DNA* oder in Sequenzen mit gehäuftem Auftreten von *AT*-Basenpaaren („*AT*-Cluster") nicht beobachtet werden kann. Hier findet man einen *B*—*C*-Übergang bei Erniedrigung der *r. F.*-Werte. Es ist nicht auszuschließen, daß dieses unterschiedliche Verhalten von *AT*- und *GC*-reichen Bezirken in der *DNA* für die postulierte besondere Rolle von *AT*-Clustern als Erkennungsmarke ausschlaggebend ist.

5.9.7. *Sekundär- und Tertiärstruktur von Ribonucleinsäuren in wäßriger Lösung*

Transfer-RNA: Änderungen des Infrarotspektrums bei der Ausbildung einer geordneten Sekundärstruktur konnten nicht nur für Polynucleotidkomplexe wie *Poly*(*A*) · *Poly*(*U*) und für *DNA* beobachtet werden (vgl. Abschnitte 5.9.3. und 5.9.5.), sondern auch für Ribonucleinsäuren; speziell für Transfer-*RNA* (*tRNA*) liegt ein reichhaltiges Untersuchungsmaterial vor. Die im Abschnitt 1.4. besprochene Sekundärstruktur der *tRNA*, das „Kleeblattmodell", besteht aus gepaarten Abschnitten und den „Schlaufen" ohne Basenpaarung. Aus einem Satz von „Katalogspektren" der ungepaarten und der gepaarten Polynucleotide (*Poly*(*A*) · *Poly*(*U*), *Poly*(*G*) · *Poly*(*C*) kann bei bekannter Primärstruktur ein Infrarotspektrum der *tRNA* mit bestimmter Anzahl von *A* · *U*- und *G* · *C*-Basenpaaren berechnet werden. Aus einem Vergleich mit dem gemessenen Spektrum kann die aktuelle Anzahl von *A* · *U*- und *G* · *C*-Basenpaaren mit ziemlich hoher Genauigkeit bestimmt werden.

Ausführliche Untersuchungen an verschiedenen *tRNA*-Spezies und deren Fragmenten unter Variation von Temperatur und Salzgehalt (Mg^{2+}) vermittelten einige interessante Aussagen:

a) Die Methode ist prinzipiell geeignet, das Ausmaß der Basenpaarung der *tRNA* und die Zahl der *A* · *U*- und *G* · *C*-Basenpaare zu ermitteln.
b) Die erzielten Resultate stehen in Übereinstimmung mit dem Kleeblattmodell.

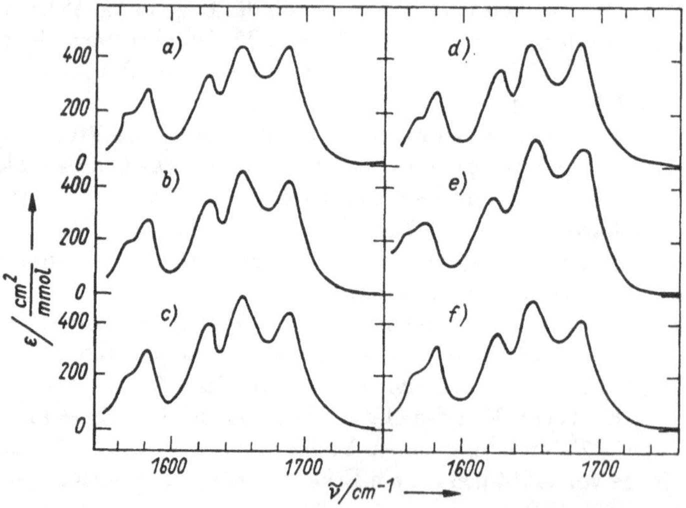

Abb. 5-25. Vergleich der gemessenen Infrarotspektren der $tRNA^{fMet}$ (aus *E. coli*) in D_2O mit den aus Katalogspektren berechneten Infrarotspektren. (*a*) Berechnetes Spektrum mit 4 *AU* + 17 *GC*; (*b*) 2 *AU* + 17 *GC*; (*c*) 0 *AU* + 17 *GC*; (*d*) 2 *AU* + 19 *GC*; (*e*) gemessenes Spektrum bei 33°C; (*f*) berechnetes Spektrum mit 2 *AU* + 15 *GC* (nach Tsuboi).

c) **Die Bildung einer gefalteten Tertiärstruktur kann zwar nicht ausgeschlossen werden, jedoch kann kein Anhaltspunkt für die Ausbildung zusätzlicher komplementärer Basenpaare zur Stabilisierung der Tertiärstruktur gefunden werden.**

Als Beispiel sei das Infrarotspektrum von $tRNA^{fMet}_{E.coli}$ betrachtet (Abb. 5-25). Beste Übereinstimmung des bei 33 °C gemessenen Spektrums mit den berechneten Spektren besteht bei der Annahme von $2A \cdot U$- und $17\ G \cdot C$-Basenpaaren. Alle anderen berechneten Spektren ($0\ A \cdot U$, $4\ A \cdot U$, $15\ G \cdot C$, $19\ G \cdot C$) weichen mehr oder minder vom gemessenen ab. Wir können also infrarotspektroskopisch $2 \pm 1\ A \cdot U$- und $17 \pm 1\ G \cdot C$-Basenpaare bestimmen. Das Kleeblattmodell fordert für die $tRNA^{fMet}_{E.coli}$ $17\ G \cdot C$- und $2\ A \cdot U$-Basenpaare, in völliger Übereinstimmung mit dem infrarotspektroskopischen Befund.

Im Anticodon-Fragment derselben *tRNA*-Spezies konnte eine Denaturierung schon bei recht niedrigen Temperaturen beobachtet werden. Es wurden $3 \pm 1 G \cdot C$- und $1 \pm 1\ A \cdot U$-Basenpaare bestimmt, wobei infrarotspektroskopisch bei 63° nur noch $2\ G \cdot C$-Paare, bei 76° noch 1 und bei 80° keine mehr nachweisbar sind. Die Resultate bestätigen die Annahme einer sich im Fragment unabhängig vom übrigen Molekül ausbildenden und bis ca. 50 °C stabilen Anticodon-Schlaufe:

```
                Gp
     HO U···A
        C···G
        G···C
        G···C
        G···C

2'OMe C        A
     U           A
      C        U
          A
```

Ribosomale RNA: Für die verschiedenen Komponenten der ribosomalen *RNA* (*rRNA*) sind ebenfalls Sekundärstrukturmodelle vorgeschlagen worden. Aus den Infrarotspektren konnten mit der an *tRNA* erprobten Methode ebenfalls die Anzahl der $G \cdot C$ und $A \cdot U$-Basenpaare bestimmt werden. Zusätzliche Informationen konnten den Raman-Spektren entnommen werden. Die Konformation der Zucker-Phosphat-Kette in der geordneten Form (Basenstapelung mit helicaler Anordnung, auch in einsträngigen Bereichen) ist mit einer Raman-Linie bei 814 cm^{-1} verknüpft. In der ungeordneten Form (keine Basenstapelung) tritt diese Linie bei 795 cm^{-1} auf. Offensichtlich ist die Linie mit Schwingungen des C—O—P—O—C-Gerüsts verknüpft. Aus der Intensität der Raman-Linie bei 814 cm^{-1} ergibt sich nun, daß überraschenderweise eine geordnete Struktur auch in großen Teilen der nicht basengepaarten Regionen der *rRNA* und *tRNA* vorliegt. Nur ein geringer Prozentsatz der Basen liegt in ungeordneten Bereichen (Tab. 5-9).

Tabelle 5-9
Sekundärstruktur von Ribonucleinsäuren, ermittelt aus Infrarot- und RAMAN-Spektren (nach THOMAS und HARTMAN)

RNA-Typ		Basen in geordneten Bereichen (%)	Basen in ungeordneten Bereichen (%)	Gepaarte Basen (%)	Ungepaarte Basen in geordneten Bereichen (%)
rRNA, 16 S	aus *E. coli*	95 ± 5	5 ± 5	60 ± 6	35 ± 11
rRNA, 23 S	aus *E. coli*	85 ± 5	15 ± 5	58 ± 6	27 ± 11
tRNA^{fMet}	aus *E. coli*	84 ± 3	16 ± 3	50 ± 5	34 ± 8
tRNA^{Val}	aus *E. coli*	84 ± 3	16 ± 3	—	—
tRNA^{Phe2}	aus *E. coli*	85 ± 3	15 ± 3	—	—
RNA aus *R17*-Viren		87 ± 3	13 ± 3	—	—

Tabelle 5-10
Basenzusammensetzungen in gepaarten und ungepaarten Bereichen der Ribonucleinsäuren, ermittelt aus infrarotspektroskopischen Messungen (nach HARTMAN, LORD und THOMAS)
Zahlen in Klammern: Anzahl der Basenpaare bzw. Basen

RNA-Typ	*A · U*, gepaart %	*G · C*, gepaart %	*A*, ungepaart %	*U*, ungepaart %	*G*, ungepaart %	*C*, ungepaart %
rRNA, unfraktioniert	29,0	35,0	12,5	11,5	9,5	2,5
rRNA aus Hefe	29,0	40,0	12,5	11,5	7,0	0
rRNA, 16 S (*E. coli*)	24,0	36,0	12,5	9,5	13,5	4,5
rRNA, 23 S (*E. coli*)	25,0	33,0	13,0	8,2	16,3	4,5
tRNA^{fMet} (*E. coli*)	5,6	46,5	18,0	8,3	9,7	11,1
	(2)	(17)	(13)	(6)	(7)	(8)
Anticodon-Schlaufe von *tRNA*^{fMet}	(1)	(4)	(4)	(2)	(1)	(2)
tRNA^{Val1} (Hefe)	21,9	40,6	12,5	6,3	6,3	12,5
	(7)	(13)	(8)	(4)	(4)	(8)
tRNA^{Tyr} (Hefe)	17,7	43,0	13,9	7,6	5,1	12,6
	(7)	(17)	(11)	(6)	(4)	(10)
tRNA^{Ala} (Hefe)	6,0	50,8	9,0	13,4	11,9	8,9
	(2)	(17)	(6)	(9)	(8)	(6)
tRNA^{Met} (*E. coli*)	5,7	48,6	18,6	7,1	8,6	11,4
	(2)	(17)	(13)	(5)	(6)	(2)

Eine spezifizierte Zusammenstellung der Basenzusammensetzung in gepaarten und ungepaarten Bereichen der *RNA* (unabhängig vom Ordnungszustand) finden wir in der Tab. 5-10.

Es ist bemerkenswert, daß der Prozentsatz der $A \cdot U$- und $G \cdot C$-Basenpaare der beiden *rRNA*-Spezies (16*S* und 23*S*) gut übereinstimmt.

Generell ist festzustellen, daß in den untersuchten Ribonucleinsäuren mindestens 50% der Basen gepaart vorliegen.

Weiterhin ergab sich aus kürzlich durchgeführten Messungen der RAMAN-Spektren von *tRNA* im festen Zustand und in Lösung, daß die Hydratisierung keinen Einfluß auf die Gerüstkonformation hat, im Unterschied zur *DNA*, die ja bei Wasserentzug von der *B*- in die *A*-Konformation übergeht.

Die Infrarot- und RAMAN-Spektren liefern also recht zuverlässige Werte über die Zahl der vorliegenden komplementären $A \cdot U$- und $G \cdot C$-Basenpaare und über den Bruchteil der in geordneten Bereichen liegenden Basen der *RNA*. Jedes neue Modell für die Sekundär- und Tertiärstruktur bestimmter Ribonucleinsäuren sollte an diesen Daten überprüft werden.

5.10. Schwingungsspektroskopie und Struktur von Nucleoproteiden und Membranproteinen

5.10.1. Nucleoproteide

Komplexe aus Histon und *DNA* (Desoxyribonucleohiston, *DNH*) liegen im Chromatin von höheren Organismen (Eukaryoten) vor. Infrarotdichroitische Messungen wurden an orientierten Filmen von Desoxyribonucleohiston durchgeführt. Eine Orientierung des Films durch Ausstreichen war allerdings erst nach der Entfernung eines Teils des Histons möglich. Die Resultate ergeben Aufschluß über

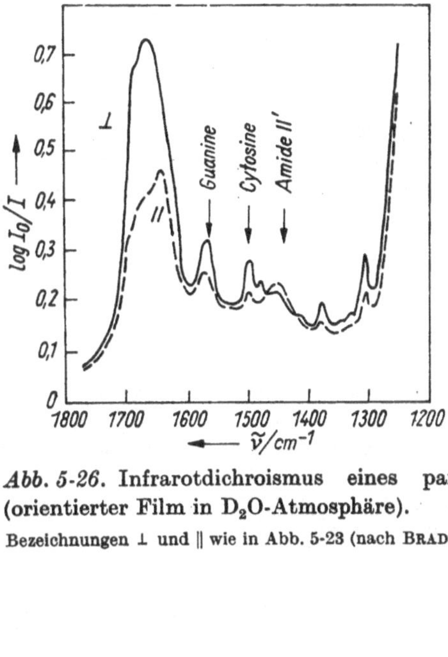

Abb. 5-26. Infrarotdichroismus eines partiellen Histon-*DNA*-Komplexes (orientierter Film in D_2O-Atmosphäre).

Bezeichnungen ⊥ und ‖ wie in Abb. 5-23 (nach BRADBURY).

die Konformationen sowohl der *DNA* als auch des basischen Proteins Histon im Komplex (Abb. 5-26). Der starke ⊥-Dichroismus im Bereich der *DNA*-Basen-Valenzschwingungen spricht für eine zumindest ähnliche Konformation der *DNA* wie im nativen Zustand. Der beobachtete ||-Dichroismus der Amid-*II'*-Schwingung des Histons bei ca. 1450 cm^{-1} entspricht einer Einlagerung des Proteins in die *DNA*-Furche in entfalteter Form.

Die RAMAN-Spektroskopie ist prinzipiell ebenfalls zur Strukturanalyse von Nucleoproteiden geeignet. Es wurden die RAMAN-Spektren von *RNA*-Viren aufgenommen, in denen die *RNA* dicht verpackt in einer Proteinhülle liegt. Die spektralen Unterschiede zur freien *RNA* deuten darauf hin, daß an der *RNA*-Protein-Wechselwirkung von den Basenresten nur das Guanin beteiligt zu sein scheint, denn die anderen basenspezifischen RAMAN-Linien sind im Virus und in der freigesetzten *RNA* identisch.

5.10.2. Membranproteine

Sowohl die Infrarotspektroskopie als auch die RAMAN-Spektroskopie werden zur Strukturuntersuchung von Membranen und dabei vor allem zur Strukturermittlung der Membranproteine eingesetzt.

So konnten infrarotspektroskopische Messungen Hinweise auf beträchtliche Anteile an antiparallelen β-Strukturen z. B. in Bakterienmembranen und vor allem in inneren Mitochondrienmembranen geben.

Weiterhin können Konformationsänderungen in Membranen damit verfolgt werden. So wird beim Elektronentransport offensichtlich der Anteil an antiparalleler β-Struktur in den eben erwähnten inneren Mitochondrienmembranen erhöht, wie aus einer Intensitätserhöhung der Amid-*I*-Bande bei 1635 cm^{-1} mit der Schulter bei 1685 cm^{-1} hervorgeht. Wenn die Phosphorylierung mit *ADP* induziert wird, ist eine reversible Erniedrigung des β-Strukturanteils zu beobachten.

Sicher können durch Anwendung neuer Techniken der Probenpräparation und der Messung (Spreiten von Membranfilmen auf sog. *ATR*-Platten) noch wesentlich mehr Informationen über die Struktur von Membranen erhalten werden.

Literatur

A) *Allgemeine Literatur*

(1) Autorenkollektiv: *Analytikum. Methoden der analytischen Chemie und ihre Grundlagen.* 2. Auflage, Deutscher Verlag für Grundstoffindustrie, Leipzig (1972)

(2) H. A. STAAB: *Einführung in die theoretische organische Chemie.* 4. Auflage, Verlag Chemie, Weinheim (1964)

(3) E. BORSDORF und M. SCHOLZ: *Spektroskopische Methoden in der organischen Chemie.* 3. Auflage, Akademie-Verlag, Berlin (1974)

(4) L. J. Bellamy: *Ultrarot-Spektrum und chemische Konstitution.* 2. Auflage, Steinkopff-Verlag, Darmstadt (1966)
(5) W. Brügel: *Einführung in die Ultrarotspektroskopie.* 3. Auflage, Steinkopff-Verlag, Darmstadt (1962)
(6) J. Hediger: *Infrarotspektroskopie. Grundlagen, Anwendungen, Interpretation.* Akademische Verlagsgesellschaft, Frankfurt a. M. (1971)
(7) G. Herzberg: *Infrared and Raman Spectra of Polyatomic Molecules.* Van Nostrand Company, Princeton, New York (1960)

B) *Spezielle Literatur*

(1) J. Dechant: *Ultrarotspektroskopische Untersuchungen an Polymeren.* Akademie-Verlag, Berlin (1972)
(2) R. D. B. Fraser: *The Interpretation of Infrared Dichroism in Fibrous Protein Structures.* J. Chem. Phys. **21** (1953) 1511
(3) S. N. Timasheff: *Some Physical Probes of Enzyme Structure in Solution,* in: *The Enzymes. Structure and Control* (Ed.: P. D. Boyer), Vol. II, S. 371–445, 3rd Edition. Academic Press, New York und London (1970)
(4) S. Hanlon: *Infrared Studies on Biopolymers and Related Models,* in: *Spectroscopic Approaches to Biomolecular Conformation* (Ed.: D. W. Urry), S. 161–208, American Medical Association, Chicago (1970)
(5) Ju. N. Čirgadse: *Infrakrasnaja Spektroskopija,* in: *Fisičeskije metody issledowanija belkow i nukleinowych kislot.* (Hrsg. Ju. S. Lasurkin). Verlag „Nauka", Moskau (1967)
(6) Yu. N. Chirgadze, B. V. Shestopalov und S. Yu. Venyaminov: *Intensities and Other Spectral Parameters of Infrared Amide Bands of Polypeptides in the β- and Random Forms.* Biopolymers **12** (1973) 1337
(7) R. Grosse, J. Malur und K. R. H. Repke: *Determination of Secondary Structures in Isolated or Membrane Proteins by Computer Curve-Fitting Analysis of Infrared and Circular Dichroic Spectra.* FEBS Letters **25** (1972) 313
(8) K. A. Hartman, R. C. Lord und G. J. Thomas: *Structural Studies of Nucleic Acid and Polynucleotides by Infrared and Raman Spectroscopy,* in: *Physico-chemical Properties of Nucleic Acids* Vol. II, S. 1–89, (Ed.: J. Duchesne). Academic Press, London und New York (1973)
(9) H. T. Miles: *Infrared Spectroscopy of Polynucleotides in Aqueous Solution,* in: *Procedures in Nucleic Acid Research* Vol. II, S. 205–232, (Eds.: G. L. Cantoni und D. R. Davies), Harper and Row, New York (1971)
(10) W. L. Peticolas: *Raman Spectroscopy of Polynucleotides and Nucleic Acids,* in: *Procedures in Nucleic Acid Research* Vol. II, S. 94–136, (Eds.: G. L. Cantoni und D. R. Davies) Harper and Row, New York (1971)
(11) M. Tsuboi: *Application of Infrared Spectroscopy to Structure Studies of Nucleic Acids.* Appl. Spectry. Rev. **3** (1969) 45
(12) H. Fritzsche: *Infrarotspektroskopie und kernmagnetische Resonanz in der Nucleinsäureforschung.* Z. Chem. **12** (1972) 1
(13) J. Pilet und J. Brahms: *Investigation of DNA Structural Changes by Infrared Spectroscopy.* Biopolymers **12** (1973) 387
(14) J. Brahms, J. Pilet, T. T. P. Lan und L. R. Hill: *Direct Evidence of the C-Like Form of Sodium Deoxyribonucleate.* Proc. Natl. Acad. Sci. USA **70** (1973) 3352

(15) M. Shie, I. G. Kharitonenkov, T. I. Tikhonenko und Yu. N. Chirgadze: *New Possibilities of Investigating Nucleic Acids and Nucleoproteins in Aqueous Solution by Infrared Spectroscopy.* Nature **235** (1972) 386

(16) S. C. Erfurth, E. J. Kiser und W. L. Peticolas: *Determination of the Backbone Structure of Nucleic Acids and Nucleic Acid Oligomers by Laser Raman Scattering.* Proc. Natl. Acad. Sci. USA **69** (1972) 938

(17) M. C. Chen und G. J. Thomas: *Raman Spectral Studies of Nucleic Acids. XI. Conformations of Yeast tRNA*^{Phe} *and E. coli Ribosomal RNA in Aqueous Solution and in the Solid State.* Biopolymers **13** (1974) 615

(18) G. J. Thomas und K. A. Hartman: *Raman Studies of Nucleic Acids. VIII. Estimation of RNA Secondary Structure from Raman Scattering by Phosphate-Group Vibrations.* Biochim. Biophys. Acta **312** (1973) 311

(19) K. A. Hartman, N. Clayton und G. J. Thomas: *Studies of Virus Structure by Raman Spectroscopy.* I. *R17 Virus and R17 RNA.* Biochem. Biophys. Res. Commun. **50** (1973) 942

(10) D. F. H. Wallach: *Infrared and Laser Raman Spectroscopy in Membrane Analysis.* Chem. Phys. Lipids 8 (1972) 347

6. Magnetische Resonanzspektroskopie

(H. Fritzsche und D. Tresselt)

6. MAGNETISCHE RESONANZSPEKTROSKOPIE

6.1. Atomare Grundlagen des Paramagnetismus

Betrachtet man ein einzelnes Atom, so bewegen sich die Elektronen nach dem Bohr-Sommerfeldschen Atommodell auf ganz bestimmten Kreis- oder Ellipsenbahnen um den Atomkern. Jedem Elektron kann dabei ein mechanischer Bahndrehimpuls p_l zugeordnet werden, dessen Größe allein von der Bahndrehimpulsquantenzahl l abhängt, die die Werte $l = 0, 1, 2, \dots n - 1$ annehmen kann (n = Hauptquantenzahl).

$$|\vec{p}_l| = \sqrt{l(l+1)}\,\frac{h}{2\pi} \tag{6-1}$$

Ebenso wie ein elektrischer Kreisstrom in einer geschlossenen Leiterschleife ein magnetisches Moment induziert, das senkrecht auf der Windungsebene des Leiters steht, verursacht das auf seiner Bahn mit dem Radius r umlaufende Elek-

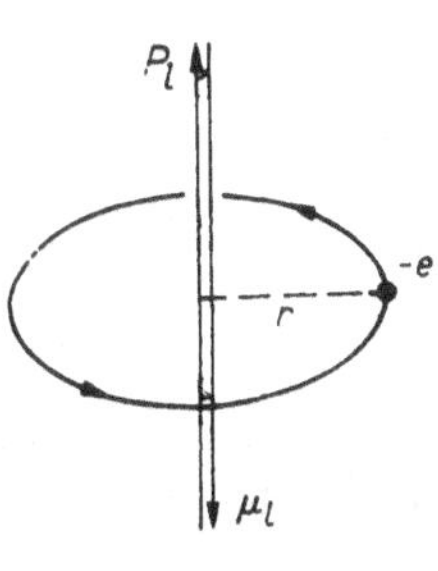

Abb. 6-1. Bahndrehimpuls $\vec{p}_l$ und zugehöriges Magnetisches Moment $\vec{\mu}_l$ eines kreisenden Elektrons.

tron ein magnetisches Moment $\vec{\mu}_l$, das senkrecht auf der Bahnebene steht. Dieses magnetische Dipolmoment kann nach den Prinzipien der klassischen Elektrodynamik berechnet werden, und es ergibt sich eine direkte Proportionalität zwischen mechanischem und magnetischem Moment. Die beiden Vektoren $\vec{p}_l$ und $\vec{\mu}_l$ stehen wegen des negativen Vorzeichens der Ladung e des Elektrons zueinander antiparallel (Abb. 6-1)

$$\vec{\mu}_l = -\frac{e}{2mc}\,\vec{p}_l \tag{6-2}$$

oder mit Gl. 6-1

$$|\vec{\mu}_l| = \frac{eh}{4\pi mc}\sqrt{l(l+1)} = \mu_B\sqrt{l(l+1)} \qquad (6\text{-}3)$$

Die Größe $\frac{eh}{4\pi mc}$ bietet sich als Maßeinheit für das magnetische Moment an. Sie wird als BOHRsches Magneton μ_B bezeichnet. Nach Einsetzen der Konstanten errechnet sich ein Wert von:

$$\mu_B = 9{,}2732 \cdot 10^{-21}\ \text{erg/Gauß}$$

Nach Gl. 6-3 besitzen demnach s-Elektronen ($l = 0$) kein magnetisches Bahnmoment, p-Elektronen ($l = 1$) z. B. dagegen ein solches von

$$|\vec{\mu}_l| = \mu_B\sqrt{2}$$

Zusätzlich zu ihrem Bahndrehimpuls p_l haben die Elektronen einen Eigendrehimpuls p_s (Elektronenspin), dessen Größe durch die Spinquantenzahl s charakterisiert wird. Die Spinquantenzahl kann nur die Werte $s = +1/2$ und $s = -1/2$ annehmen.

$$|\vec{p}_s| = \sqrt{s(s+1)}\,\frac{h}{2\pi} \qquad (6\text{-}4)$$

Der Elektronenspin läßt sich durch einen sehr groben Vergleich des BOHRschen Atommodells mit unserem Planetensystem veranschaulichen (Abb. 6-2). Er ist dann mit der Eigenrotation der Planeten (Erddrehung) vergleichbar, während die

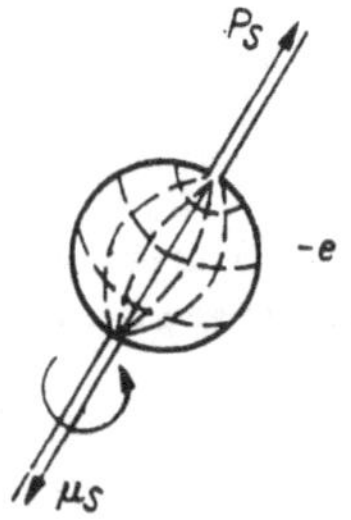

Abb. 6-2. Eigendrehimpuls $\vec{p}_s$ und zugehöriges magnetisches Moment $\vec{\mu}_s$ eines Elektrons.

Elektronenbahnen um den Atomkern den Planetenbahnen um die Sonne entsprechen. Auch mit dem Eigendrehimpuls des Elektrons ist ein magnetisches Moment verbunden. Im Vergleich zum Bahnmagnetismus hat aber der Proportionalitätsfaktor zwischen magnetischem und mechanischem Moment den doppelten Betrag (magnetomechanische Anomalie).

$$\vec{\mu}_s = -\frac{e}{mc}\,\vec{p}_s \qquad (6\text{-}5)$$

oder mit Gl. 6-4

$$|\vec{\mu}_s| = \frac{eh}{2\pi mc}\sqrt{s(s+1)} = 2\mu_B\sqrt{s(s+1)} \tag{6-6}$$

Demnach ist das magnetische Spinmoment eines einzelnen Elektrons ($s = 1/2$):

$$|\vec{\mu}_s| = \mu_B\sqrt{3}$$

Allgemein ergibt sich folgender Zusammenhang zwischen magnetischem Dipolmoment $\vec{\mu}$ und mechanischem Drehimpuls $\vec{p}$ der Elektronen:

$$\vec{\mu} = -g\,\frac{e}{2mc}\,\vec{p}, \tag{6-7}$$

wobei für g bei Bahnmagnetismus der Wert 1 und bei Spinmagnetismus der Wert 2 einzusetzen ist.

Für Atome mit mehreren Elektronen setzen sich die einzelnen Drehimpulsvektoren additiv zu einem resultierenden Gesamtdrehimpuls zusammen. In der Regel gilt dabei die Russell-Saunders-Kopplung: Danach addieren sich die Bahndrehimpulse der einzelnen Elektronen vektoriell zu einem Gesamtbahndrehimpuls p_L, der durch die Gesamtbahndrehimpulsquantenzahl L beschrieben wird.

$$|\vec{p}_L| = \sqrt{L(L+1)}\,\frac{h}{2\pi} \tag{6-8}$$

Ebenso addieren sich die Eigendrehimpulse der Elektronen vektoriell zum Gesamtspin p_S, der durch die Gesamtspinquantenzahl S beschrieben wird.

$$|\vec{p}_S| = \sqrt{S(S+1)}\,\frac{h}{2\pi} \tag{6-9}$$

Die Vektorsumme von $\vec{p}_L$ und $\vec{p}_S$ bildet schließlich den Gesamtdrehimpuls $\vec{p}_J$ der Atomhülle, der durch die Gesamtdrehimpulsquantenzahl J, die die Werte $L + S$, $L + S - 1$, $L + S - 2 \cdots L - S$ annehmen kann, bestimmt wird.

$$|p_J| = \sqrt{J(J+1)}\,\frac{h}{2\pi} \tag{6-10}$$

Für das zugehörige, nach außen wirksame magnetische Gesamtmoment gilt:

$$|\vec{\mu}_J| = g\sqrt{J(J+1)}\,\mu_B \tag{6-11}$$

Der Landé- oder g-Faktor gibt das Verhältnis der Anteile von Bahn- bzw. Spinmagnetismus am magnetischen Gesamtmoment $\vec{\mu}_J$ an. Er kann Werte zwischen 1 und 2 annehmen und ist bei Vorliegen von Russell-Saunders-Kopplung und bekannten Quantenzahlen nach folgender Gleichung berechenbar:

$$g = 1 + \frac{S(S+1) + J(J+1) - L(L+1)}{2J(J+1)} \tag{6-12}$$

Ein völlig freies Elektron (z. B. im Elektronenstrahl oder als freies Leitungselektron im Metall) besitzt keinen Bahn-, wohl aber einen Eigendrehimpuls. Damit ist $L = 0$, $S = 1/2$, $J = 1/2$, und nach Gl. 6-12 folgt $g = 2$. Unter Berücksichtigung der relativistischen Strahlungskorrektur ergibt sich ein genauerer Wert von

$$g = 2{,}00232 \pm 0{,}00025$$

Aus Gl. 6-11 geht unmittelbar hervor, daß nur Atome, deren Elektronenhülle einen resultierenden Gesamtdrehimpuls besitzt ($J \neq 0$), ein nach außen wirksames magnetisches Moment aufweisen. Auf einer partiellen Ausrichtung dieser atomaren magnetischen Momente in einem äußeren Magnetfeld beruht der Paramagnetismus. Dagegen tritt bei höherer Symmetrie des atomaren Elektronensystems, z. B. für abgeschlossene Elektronenschalen mit $L = 0$, $S = 0$ und demnach $J = 0$, a priori kein resultierendes magnetisches Moment auf (diamagnetische Atome).

6.2. Wechselwirkung des atomaren magnetischen Moments mit einem äußeren Magnetfeld

Nach der klassischen Elektrodynamik besitzt ein Stabmagnet, der in ein zeitlich konstantes homogenes Magnetfeld mit der Feldstärke $\vec{H}_0$ gebracht wird, die potentielle Energie:

$$E_{pot} = -|\vec{\mu}| \cdot |\vec{H}_0| \cdot \cos\theta \tag{6-13}$$

wobei θ der Winkel ist, den der Vektor des magnetischen Dipolmomentes $\vec{\mu}$ des Stabmagneten mit den Feldlinien bildet (Abb. 6-3).

Das an dem Stabmagneten angreifende Drehmoment

$$|\vec{D}| = |\vec{\mu}| \cdot |\vec{H}_0| \cdot \sin\theta \tag{6-14}$$

sucht diesen in seine energieärmste Lage ($\theta = 0°$) einzustellen. Unter dem Einfluß dieses Drehmomentes kommt es zu Pendelbewegungen um die Richtung von $\vec{H}_0$ und wegen der praktisch immer vorhandenen Reibung (Aufhängung) schließlich zu einer parallelen Orientierung von $\vec{\mu}$ und $\vec{H}_0$ (Kompaßnadel im magnetischen Erdfeld).

Für die potentielle Energie eines paramagnetischen Atoms im homogenen Magnetfeld ergibt sich entsprechend Gl. 6-13:

$$E_{pot} = -|\vec{\mu}_J| \cdot |\vec{H}_0| \cdot \cos\theta \tag{6-15}$$

und mit Gl. 6-11

$$E_{\text{pot}} = -g\mu_B\,|\vec{H}_0|\,\sqrt{J(J+1)}\cos\theta \qquad (6\text{-}16)$$

Abhängig vom jeweils vorliegenden Orientierungswinkel θ könnte nach dieser klassischen Darstellung die potentielle Energie des Atoms beliebige Werte zwischen $E_{\text{pot}} = -g\mu_B\,|\vec{H}_0|\,\sqrt{J(J+1)}$ (Minimalwert für parallele Orientierung, d. h. $\theta = 0°$) und $E_{\text{pot}} = +g\mu_B|\vec{H}_0|\,\sqrt{J(J+1)}$ (Maximalwert für antiparallele Orien-

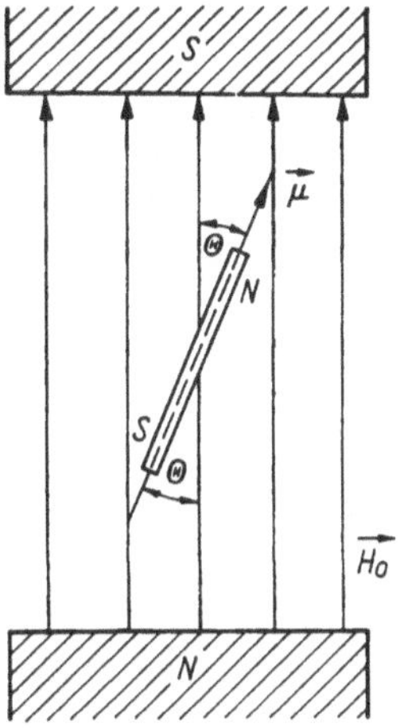

Abb. 6-3. **Zur Energie eines Stabmagneten im homogenen Magnetfeld.**

tierung, d. h. $\theta = 180°$) annehmen. Abweichend von dieser klassischen Betrachtungsweise lehrt aber die Quantentheorie, daß die magnetischen Momente ebenso wie die zugehörigen Drehimpulse nur ganz bestimmte Winkel mit $\vec{H}_0$ bilden können (Richtungsquantelung). Für ein Atom mit dem Gesamtdrehimpuls $|\vec{p}_J| = \sqrt{J(J+1)}\,\frac{h}{2\pi}$ sind nur solche Orientierungen von $\vec{p}_J$ möglich, für die die Projektion des Drehimpulsmomentes auf die Feldrichtung (d. h. $|\vec{p}_J|\cos\theta$) ganz- oder halbzahlige Vielfache des Elementardrehimpulses $\frac{h}{2\pi}$ sind (Abb. 6-4a und 6-4b).

$$|\vec{p}_J|\cos\theta = M_J\,\frac{h}{2\pi} \qquad (6\text{-}17)$$

Die sogenannte Magnet- oder Orientierungsquantenzahl M_J kann alle sich jeweils um 1 unterscheidenden ganzen oder halben Zahlen zwischen $+J$ und $-J$ annehmen. $M_J = J, J-1, J-2, \ldots, -J$. Folglich sind $2J+1$ verschiedene M-Werte (Orientierungen) möglich. In Abb. 6-4a und 6-4b sind für zwei verschiedene Gesamtdrehimpulsquantenzahlen J die zugehörigen zulässigen Orientierungen dargestellt.

Für die auf Grund der Richtungsquantelung erlaubten Einstellwinkel zwischen $\vec{p}_J$ und $\vec{H}_0$ folgt aus Gl. 6-17 und Gl. 6-10:

$$\cos\theta = \frac{M_J}{\sqrt{J(J+1)}} \tag{6-18}$$

Durch Einführung dieser Beziehung in Gl. 6-16 erhält man die zu den jeweiligen Orientierungen gehörenden potentiellen Energien:

$$E_{\text{pot}} = -g\mu_B\,|\vec{H}_0|\,M_J \tag{6-19}$$

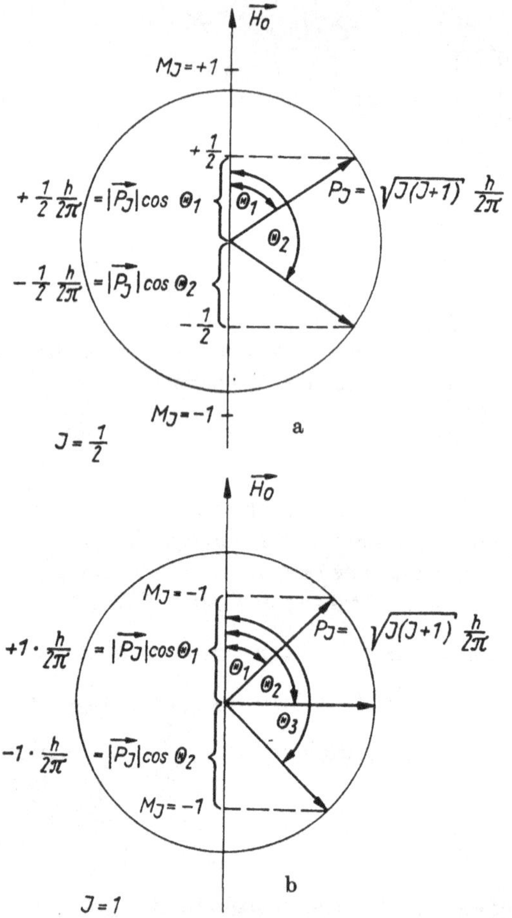

Abb. 6-4. Einstellmöglichkeiten des Gesamtdrehimpulses $\vec{p}_J$ zum äußeren Magnetfeld $\vec{H}_0$.

(*a*) $J = 1/2$; entsprechend $M_J = +1/2$ und $M_J = -1/2$ sind nur zwei Einstellwinkel θ zwischen $\vec{p}_J$ und $\vec{H}_0$ möglich.

(*b*) $J = 1$; entsprechend $M_J = +1, M_J = 0$ und $M_J = -1$ sind drei Einstellwinkel θ zwischen $\vec{p}_J$ und $\vec{H}_0$ möglich.

Während beim Fehlen eines Magnetfeldes die Drehimpulsachsen der betrachteten Atome statistisch verteilte Orientierungen im Raum mit gleicher potentieller Energie E_0 aufweisen (man spricht von einer Entartung der Energieniveaus), spaltet unter dem Einfluß eines äußeren Magnetfeldes dieses atomare

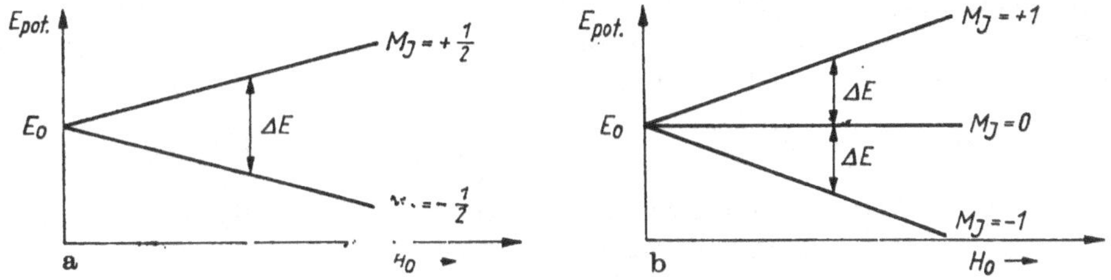

Abb. 6-5. (*a*) ZEEMAN-Energieniveaus für $J = {}^1/_2$.
(*b*) ZEEMAN-Energieniveaus für $J = 1$.

Energieniveau, entsprechend den $2J + 1$ Orientierungsmöglichkeiten des Gesamtdrehimpulsvektors $\vec{p}_J$ zur Feldrichtung, in $2J + 1$ sogenannte ZEEMAN-Energieniveaus auf (ZEEMAN-Effekt). Die Energiedifferenz ΔE_{pot} zwischen zwei benachbarten ZEEMAN-Niveaus ($\Delta M_J = \pm 1$) ist dem äußeren Magnetfeld direkt proportional (Abb. 6-5a und 6-5b) und beträgt:

$$\Delta E_{\text{pot}} = g\mu_B\,|\vec{H}_0| \tag{6-20}$$

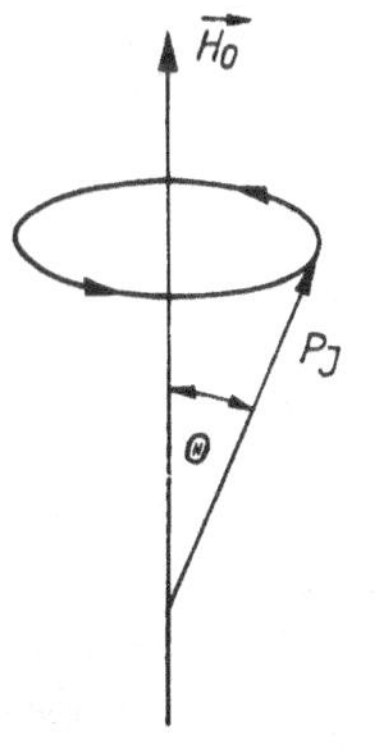

Abb. 6-6. LARMOR-Präzession des Gesamtdrehimpulsvektors $\vec{p}_J$ um die Richtung des äußeren Magnetfeldes $\vec{H}_0$.

Auch an dem atomaren System greift entsprechend Gl. 6-14 ein Drehmoment an, das die energieärmste Lage im Magnetfeld einzustellen sucht. Nach dem Drehimpulssatz der Mechanik weicht aber der Gesamtdrehimpulsvektor dem angreifenden Drehmoment in einer Präzessionsbewegung aus. Er rotiert unter Beibehaltung seines Orientierungswinkels θ um die Feldrichtung (Abb. 6-6). Da in einem atomeren System natürlich keine Reibungs- oder Dämpfungskräfte auftreten, bleibt in einem fest vorgegebenen Magnetfeld die Frequenz dieser sogenannten LARMOR-Präzession konstant.

6.3. Paramagnetische Elektronenresonanz (*ESR*)

6.3.1. Resonanzbedingung und g-Faktor

Durch elektromagnetische Strahlung geeigneter Wellenlänge können direkte magnetische Dipolübergänge zwischen benachbarten ZEEMAN-Niveaus induziert werden, wenn die Resonanzbedingung

$$h\nu = \Delta E = g\mu_B\,|\vec{H}_0| \qquad (6\text{-}21)$$

erfüllt wird, d. h., wenn die Energie $h\nu$ der eingestrahlten elektromagnetischen Wellen gerade gleich der Energiedifferenz ΔE (Gl. 6-20) zwischen zwei benachbarten ZEEMAN-Niveaus ist. Dabei gilt die Auswahlregel $\Delta M_J = \pm 1$. Die Übergangswahrscheinlichkeiten sind in beiden Richtungen gleich. Da aber im thermischen Gleichgewicht die energieärmeren Zustände stärker besetzt sind als die jeweils benachbarten energiereicheren (BOLTZMANN-Verteilung), werden mehr atomare Dipole vom Zustand niederer potentieller Energie zum Zustand höherer potentieller Energie umorientiert als umgekehrt. Die dafür benötigte Energie wird dem Strahlungsfeld durch Absorption entzogen. Gl. 6-21 stellt die fundamentale Beziehung der paramagnetischen Elektronenresonanz (*ESR*)*) dar. Aus ihr geht unmittelbar hervor, daß im Gegensatz zu den meisten anderen spektroskopischen Methoden die Resonanzstelle nicht von irgendwelchen inneren Eigenfrequenzen der untersuchten paramagnetischen Atome oder Moleküle abhängt, sondern in erster Linie von der vorgegebenen äußeren Magnetfeldstärke. Strukturspezifisch ist dagegen der spektroskopische Aufspaltungs- oder g-Faktor, der aus der Resonanzbedingung, nach Messung von $|\vec{H}_0|$ und ν, ermittelt werden kann.

$$g = \frac{h\nu}{\mu_B\,|\vec{H}_0|} \qquad (6\text{-}22)$$

Die Bestimmung dieses g-Faktors ist das Ziel der meisten *ESR*-Messungen. Dazu wird die zu untersuchende Probe in ein vorgegebenes äußeres Magnetfeld gebracht und auf Absorption elektromagnetischer Strahlung geeigneter Wellenlänge untersucht. Bei Magnetfeldstärken von einigen 1000 Gauß liegt das Absorptionsgebiet im Bereich der Mikrowellen. Zum Aufsuchen der Resonanzstelle, die im Maximum der Absorptionslinie liegt, kann prinzipiell das Magnetfeld fest vorgegeben und die Frequenz verändert werden oder umgekehrt. Aus experimentellen Gründen wird fast immer die Frequenz konstant gehalten. Der so ermittelte g-Faktor ist nur für freie Atome und RUSSELL-SAUNDERS-Kopplung mit dem nach Gl. 6-12 aus den Spinquantenzahlen S, L und J berechenbaren LANDÉ-Faktor

*) *ESR* (Elektronenspinresonanz) wird im Schrifttum meist als Abkürzung für paramagnetische Elektronenresonanz gebraucht.

identisch. In biologischen Objekten (Proteine, *DNA* usw.) sind die Atome aber innerhalb einer molekularen Struktur oder eines Kristallgitters angeordnet. Sie sind starken elektrischen Feldern ausgesetzt, die ihre Ursache im Molekül- oder Kristallaufbau selbst haben. Diese elektrischen Felder treten mit den Elektronen in Wechselwirkung. Dabei kommt es zu Aufspaltungen der Energieniveaus des Bahndrehimpulses (STARK-Effekt), die so groß sein können, daß bei normaler Temperatur nur das unterste Niveau besetzt ist. Da außerdem die Spin-Bahn-Kopplung mehr oder weniger stark aufgehoben wird, mißt die Elektronenresonanz praktisch nur Übergänge zwischen den Energieniveaus des Elektronenspins. Je stärker die Spin-Bahn-Entkopplung ist, um so mehr nähert sich der g-Faktor dem Wert des freien Elektrons von 2,00232. Besonders für organische freie Radikale werden g-Faktoren von annähernd gleicher Größe gemessen. Für α,α-Diphenyl-β-pikryl-hydrazyl, eine in der *ESR*-Technik oft verwendete Standardsubstanz, ist z. B. $g = 2{,}0037$. Durch den Einfluß des elektrischen Kristallfeldes werden wegen der noch vorhandenen restlichen Spin-Bahn-Kopplung auch die magnetischen Energieniveaus verändert. Für Moleküle oder Festkörper ist deshalb der spektroskopische Aufspaltungsfaktor nicht mehr nach Gl. 6-12 berechenbar. Er weicht grundsätzlich vom LANDÉ-Faktor der freien Atome ab und beschreibt als rein empirische Größe die durch das elektrische Kristallfeld veränderte Aufspaltung der magnetischen Energieniveaus. Wegen der Anisotropie, d. h. Richtungsabhängigkeit der elektrischen Felder im Kristall, ergibt sich auch eine Anisotropie des g-Faktors. Das läßt sich besonders gut an Einkristallen von paramagnetischen Ionen zeigen, deren g-Faktoren wegen der relativ starken Spin-Bahn-Kopplung erheblich vom Wert des freien Elektrons abweichen. Dreht man einen solchen Kristall im vorgegebenen äußeren Magnetfeld, so ändert sich die Resonanzfrequenz, d. h. sie ist von der räumlichen Orientierung des Kristalls bezüglich der $\vec{H}_0$-Feldrichtung abhängig. Mit Hilfe der Resonanzbedingung (Gl. 6-22) kann nach Messung von $|\vec{H}_0|$ und ν für jeden beliebigen vorgegebenen Winkel zwischen Kristallachsen und Magnetfeld ein entsprechender g-Faktor ermittelt werden. Solche winkelabhängigen g-Faktor-Messungen erlauben in Verbindung mit theoretischen Überlegungen Aussagen über Stärke und Symmetrie der innermolekularen bzw. innerkristallinen elektrostatischen Felder und geben somit indirekt Informationen über die Struktur der untersuchten Materie.

6.3.2. *Hyperfeinstruktur*

Weitere aufschlußreiche Informationen über die Umgebung des ungepaarten Elektrons enthält die Hyperfeinstruktur der Absorptionssignale. Sie hat besonders bei der Identifizierung von freien Radikalen eine große Bedeutung erlangt. Die Hyperfeinstruktur (*HFS*) beruht auf einer Wechselwirkung des Elektronenspins mit den Kernspins naheliegender Atomkerne. Voraussetzung ist, daß die wechselwirkenden Kerne einen Eigendrehimpuls und damit ein magnetisches Moment besitzen (vgl. Abschnitt 6.4.1.). Bei den in der Elektronenresonanzspektroskopie üblicherweise verwendeten Magnetfeldstärken von einigen 1000 Gauß*) stellen sich Kern- und Elektronenspin unabhängig voneinander zum äußeren Magnetfeld ein. Die Zahl der Orientierungsmöglichkeiten für einen Kern mit dem Kernspin I ist $2I + 1$. Am Ort des ungepaarten Elektrons erzeugt das magnetische Moment eines benachbarten Kerns ein kleines Zusatzfeld, dessen Richtung und Stärke von der Orientierung bzw. Entfernung des Kerns abhängt. Da sich dieses Feld dem äußeren überlagert, wird die Resonanzstelle verschoben. Im einfachsten Fall, wenn die Hyperfeinstruktur durch einen Wasserstoffkern ($I = 1/2$) hervorgerufen wird, spaltet die ursprünglich (ohne *HFS*) vorhandene Absorptionslinie in ein Dublett auf, da dieser Kern nur zwei Orientierungsmöglichkeiten zum äußeren Feld hat, die wegen der sehr geringen Energiedifferenz nahezu gleich häufig vorkommen. Am Ort des Elektrons wird deshalb das äußere Feld durch das Zusatzfeld des Wasserstoffkerns bei praktisch der Hälfte aller in der Probe befindlichen Moleküle geschwächt und bei der anderen Hälfte verstärkt. An der ursprünglichen Resonanzstelle wird deshalb keine Absorptionslinie mehr beobachtet. Dagegen entsteht eine, die um den Betrag des Zusatzfeldes nach niedrigerer Feldstärke verschoben ist und eine zweite, die im gleichen Abstand von der ursprünglichen Resonanzstelle bei höherer Feldstärke auftritt. Die Aufspaltung, d. h. der Abstand zwischen diesen beiden Hyperfeinstrukturlinien, ist um so größer, je geringer die Entfernung des wechselwirkenden Kerns zum Elektron ist.

Wird die Hyperfeinstruktur durch mehrere Kerne verursacht, entstehen kompliziertere Aufspaltungsbilder, die aber meist gut zu interpretieren sind. Da sie über Art, Anzahl und Entfernung der wechselwirkenden Kerne Auskunft geben, enthalten sie wichtige Informationen über die Struktur der Umgebung des ungepaarten Elektrons.

Man unterscheidet zwischen einer richtungsabhängigen (anisotropen) Hyperfeinstruktur, die durch Wechselwirkung der magnetischen Dipole verursacht wird, sich aber bei Flüssigkeiten und Gasen infolge der schnell wechselnden Molekülorientierungen herausmittelt, und einer richtungsunabhängigen (isotropen) Hyperfeinstruktur, die immer auftritt, wenn das ungepaarte Elektron am Ort des wechselwirkenden Kerns eine von Null verschiedene Aufenthaltswahrscheinlichkeit hat.

6.3.3. Prinzipieller Aufbau eines ESR-Spektrometers

Ein *ESR*-Spektrometer basiert auf folgendem Meßprinzip: Zwischen den Polschuhen eines Elektromagneten befindet sich im homogenen Feldbereich die zu untersuchende Probe (Abb. 6-7). Sie ist von einer Sendespule umgeben, die durch einen Hochfrequenzgenerator gespeist wird. Die Messung der von der Probe

*) Wir schließen uns hier den bisherigen Gepflogenheiten im internationalen Schrifttum an und bezeichnen eine Größe als Feldstärke H, die strenggenommen entsprechend den IUPAC-Empfehlungen die Induktion darstellt. Deswegen wird auch die so verwendete Feldstärke in der Einheit der Induktion „1 Gauss“ [G] angegeben. Umrechnungsgleichung: 1 Gauss $= 10^{-4}$ V · s · m^{-2} $= 10^{-4}$ Tesla.

absorbierten *HF*-Energie erfolgt mit Hilfe einer Brückenschaltung. Nach Verstärkung wird das Absorptionssignal auf den *Y*-Eingang eines Linienschreibers gegeben. Der Schreiber-Vorschub (*X*-Achse) ist mit dem elektronisch gesteuerten Magnetfeld-Vorschub gekoppelt. Beim Durchfahren des Magnetfeldes registriert

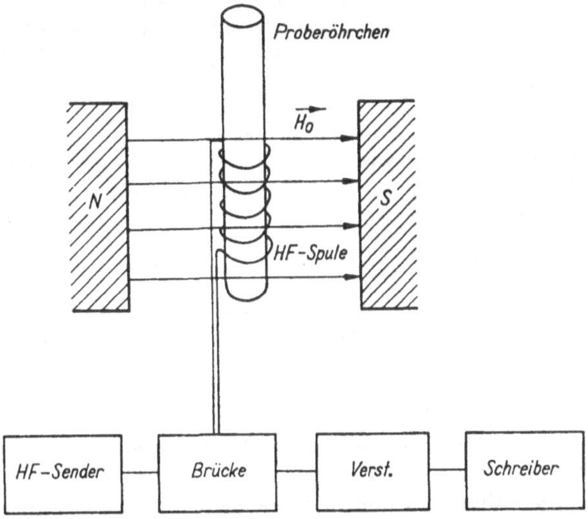

Abb. 6-7. Prinzipieller Aufbau einer *ESR*-Apparatur.

der Schreiber an der Resonanzstelle das Absorptionssignal. Mißt man ν in MHz und $|\vec{H}_0|$ in Gauß, so folgt für *g*-Faktoren von 2 aus der Resonanzbedingung:

$$\nu = 2{,}8\,|\vec{H}_0|$$

Für Magnetfeldstärken von etwa 100 Gauß liegt demnach die Resonanzstelle bei ca. 280 MHz. Bei diesen Magnetfeldstärken ist aber die Spektrometerempfindlichkeit sehr gering. Sie nimmt mit wachsendem Feld zu, da dann auf Grund der größeren Energiedifferenz zwischen den benachbarten Zeeman-Niveaus (Abb. 6-5) die Besetzungsunterschiede größer werden und damit die Absorptionsintensität steigt. Moderne *ESR*-Spektrometer arbeiten deshalb bei Magnetfeldstärken von einigen 1000 Gauß. Das Absorptionsgebiet liegt hier im Bereich der Mikrowellen. Als Strahlungsquelle dient ein Reflexklystron. Zur Übertragung der Mikrowellenenergie werden Hohlleiter verwendet, und an Stelle der *HF*-Sendespule tritt ein Hohlraumresonator.

6.3.4. *ESR-Untersuchungen an Biopolymeren*

Auf Grund ihrer hohen Empfindlichkeit und Aussagekraft hat die paramagnetische Elektronenresonanz in Biologie und Biochemie ein breites Anwendungsgebiet gefunden. Besonders die Möglichkeit von *In-vivo*-Versuchen — die Probe wird durch die Messung praktisch nicht beeinflußt — bietet dem Biochemiker große Vorteile. Vor Einführung der Spinmarkierungstechnik, auf die später noch eingegangen wird, konnten nur biologische Substanzen untersucht werden, die entweder a priori paramagnetisch waren, oder in denen durch äußere Einwirkungen für kürzere oder längere Zeit paramagnetische Zentren entstanden (z. B. nach Röntgenbestrahlung oder im Verlauf biochemischer Reaktionen). In den vergangenen Jahren konzentrierte sich deshalb die Anwendung der *ESR* in der Biochemie auf 2 Schwerpunkte:

— auf die Untersuchung biologischer Metallkomplexe;
hierzu gehören Proteide, die eine prosthetische Gruppe mit einem komplex gebundenen paramagnetischen Metallion enthalten (Hämoglobin, Myoglobin, Hämocyanin, Chloroplastin) usw. oder paramagnetische Metallionen enthaltende Enzyme (Katalase, Peroxydase, Cytochrom-c-oxydase usw.)
und

— auf Nachweis und Analyse freier Radikale, die z. B. kurzzeitig im Verlauf enzymatischer Reaktionen oder durch Einwirkung ionisierender Strahlung in biologischen Materialien entstehen.

Metallkomplexe: Die *ESR*-Signale der biologischen Metallkomplexe werden durch Übergänge ungepaarter Elektronen des Zentralions verursacht. Die Spektren enthalten deshalb nur Informationen über dessen nähere Umgebung. Andererseits bieten aber gerade solche lokalen spezifischen Untersuchungen große Vorteile. Sie sind nur möglich, weil die paramagnetische Elektronenresonanz — im Gegensatz zur Infrarotspektroskopie, Röntgenstrukturanalyse oder zu anderen analytischen Methoden — die außerordentlich große Anzahl der noch im Molekül vorhandenen diamagnetischen Atome völlig ignoriert.

Ein klassisches Beispiel für die Leistungsfähigkeit der Methode stellt die Bestimmung der Lage der Hämebenen in Myoglobin- bzw. Hämoglobineinkristallen dar. Erste Röntgenstrukturuntersuchungen waren wegen der Vielzahl der Atome im Molekül noch ohne Erfolg geblieben, hatten aber gezeigt, daß die Herstellung relativ großer Einkristalle möglich ist. *ESR*-Messungen an solchen Einkristallen ergaben winkelabhängige Spektren, da der g-Faktor in der Hämebene ($g = 6$) viel größer ist als in der dazu senkrechten Richtung ($g = 2$). Durch Drehen des Kristalls im Magnetfeld konnten bestimmte Rotationsebenen mit jeweils konstantem g-Faktor ermittelt werden. Sie waren für $g = 6$ mit den Hämebenen identisch. Die Lage der einzelnen Hämebenen im Kristall konnte anschließend durch Winkelmessungen zwischen Magnetfeld und Kristallachsen sehr genau bestimmt werden. Dabei zeigte sich, daß die 4 Hämgruppen im Hämoglobinmolekül nicht, wie ursprünglich angenommen, parallel orientiert sind, sondern bestimmte Winkel miteinander bilden. Dieses Ergebnis erleichterte später die Auswertung der röntgenstrukturanalytischen Daten von Myoglobin und Hämoglobin.

Weitere Informationen (z. B. über den Charakter der Bindung zwischen Zentralion und Liganden) können aus g-Faktor-Messungen, besonders aber auch aus einer möglicherweise vorhandenen Hyperfeinstruktur der *ESR*-Signale, gewonnen werden. So ergibt beispielsweise eine Analyse der *HFS* von Kupfer-Porphyrinen, daß die Aufspaltung nicht nur durch den Kupferkern (Kernspin $I = 3/2$), sondern auch durch die 4 benachbarten Kerne der Stickstoff-Liganden (Kernspin $I = 1$) verursacht wird. Damit ist ein direkter Beweis für die Ausdehnung der Elektronenwolken des Zentralions bis zu den Ligandenkernen erbracht. Die Komplexbindung muß demnach einen erheblichen kovalenten Bindungsanteil enthalten. Letzterer kann aus den Kopplungskonstanten der Hyperfeinstruktur berechnet werden. Er nimmt zu, wenn die durch den Kupferkern hervorgerufene Aufspaltung kleiner und die durch die Stickstoffkerne verursachte größer wird.

Freie Radikale: Ihr größtes und ergiebigstes Betätigungsfeld hat die paramagnetische Elektronenresonanz in der Untersuchung freier Radikale gefunden. Daß diese auch in biologischen Prozessen eine bedeutende Rolle spielen, wurde früher schon vermutet, konnte aber erst in den 50er Jahren durch *ESR*-Messungen an den verschiedenartigsten biologischen Objekten bestätigt werden.

Freie Radikale bilden sich in biologischen Materialien nach Einwirkung von γ- oder Röntgenstrahlung. Sie entstehen auch als Zwischenprodukte in enzymatischen Redoxprozessen und lassen sich daher immer in stoffwechselaktivem biologischem Gewebe nachweisen. Die *ESR*-Spektren dieser Radikale bestehen aber in der Regel nur aus einem einzigen verbreiterten Signal, das aus einer Überlagerung vieler Absorptionslinien resultiert, oder sie stellen die Einhüllende einer ganzen Anzahl von Spektren dar und enthalten folglich wenig spezifische Information. Die Messungen haben sich deshalb mit weitaus größerem Erfolg auf die molekulare Ebene verlagert. Hier stehen *In-vitro*-Untersuchungen an Enzymen und Enzym-Substrat-Komplexen im Vordergrund.

Bezüglich der strahleninduzierten Radikale sind besonders Messungen an Einkristallen einfacher biologischer Moleküle informativ. Die meist gut aufgelöste anisotrope *HFS* stellt hier ein wertvolles strukturanalytisches Hilfsmittel dar. Die bedeutenden Leistungen der paramagnetischen Elektronenresonanz gerade auf diesem Gebiet sind unbestritten. Auf eine Diskussion der vielfältigen Ergebnisse muß im Rahmen dieser Darstellung verzichtet werden.

Spinmarkierung: Die meisten biologischen Makromoleküle sind diamagnetisch und deshalb direkten *ESR*-Messungen nicht zugänglich. Es wurden daher an diese Moleküle gezielt freie Radikale angelagert (Spinmarkierung) und das *ESR*-Signal der Radikale (d. h. der Marker) in Abhängigkeit vom Zustand des Makromoleküls beobachtet. Die ersten Arbeiten in dieser Richtung erschienen 1965. Als besonders geeignet für Spin-Markierungs-Experimente haben sich später synthetisch hergestellte Nitroxid-Radikale erwiesen. Die Grundverbindung (Abb. 6-8) enthält mit R und R' noch weitere Atomgruppierungen, die je nach Problemstellung in weiten Grenzen variierbar sind und den eigentlichen Adduktbildner darstellen. Der Aufbau dieser Gruppen richtet sich nach der Art der gewünschten Bindung, die kovalent, hydrophob oder andersartig sein kann. In der Regel wird dabei durch R und R' ein 5- oder 6-Ring geschlossen, an dem der bindungsaktive Molekülteil sitzt. Typische Beispiele für solche Spin-Marker sind die Strukturen *II* und *III* (Abb. 6-8). Prinzipiell kann jedes beliebige freie Radikal, das sich an Makromoleküle anlagern läßt, als Spin-Marker benutzt werden. Die Nitroxid-Radikale besitzen aber eine Reihe von Vorzügen. Sie sind in biologischen Systemen sehr stabil, und ihre Löslichkeit wird durch die Nitroxidgruppe gefördert. Von entscheidender Bedeutung ist jedoch die durch den Stickstoffkern ($I = 1$) hervorgerufene aniso-

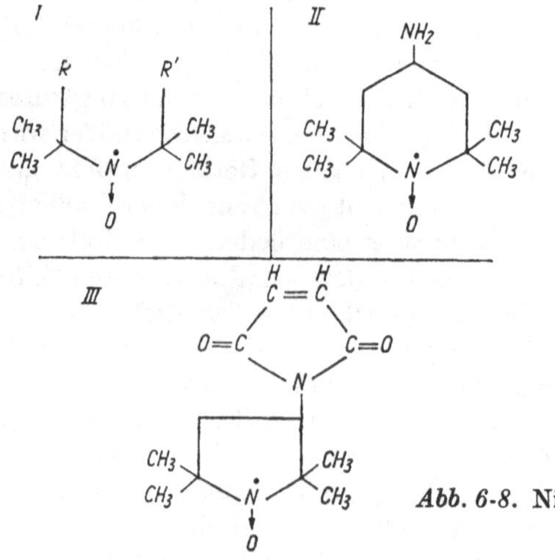

Abb. 6-8. Nitroxid-Spinmarker.

trope Hyperfeinstruktur. Sie hängt stark von der Orientierung und der Beweglichkeit der Markermoleküle ab. Es können 3 Fälle unterschieden werden, zwischen denen fließende Übergänge möglich sind. Wir gehen zunächst von der Voraussetzung aus, daß die Marker-Moleküle nicht an Biopolymere gebunden sind:

a) Die Radikale sind fixiert (nicht frei beweglich) und alle gleich orientiert. (Sie können für diesen Zweck z. B. in einen strukturell ähnlichen diamagnetischen Wirtseinkristall eingebaut werden).

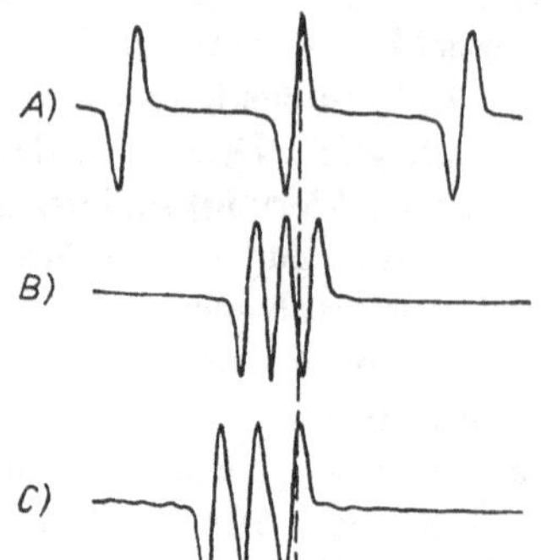

Abb. 6-9. Anisotrope Hyperfeinstruktur des *ESR*-Signals orientierter Nitroxid-Spinmarker in Abhängigkeit von ihrer räumlichen Lage.

In diesem Fall besteht die Hyperfeinstruktur aus 3 äquidistanten Signalen gleicher Intensität. Die Aufspaltung dieser Signale hängt vom Winkel ab, den die Molekülachsen mit dem Magnetfeld bilden (Abb. 6-9), sie ist bei senkrechter Orientierung der Molekülebenen zum Feld am größten (*A*) und geringer, wenn die Markermoleküle durch Drehung des Wirtskristalls in die zwei anderen Koordinatenebenen gebracht werden (*B* bzw. *C*). Wegen der Anisotropie des *g*-Faktors verschiebt sich dabei auch die Resonanzstelle. Für andere Orientierungen der Radikale im Raum ergeben sich Aufspaltungen bzw. *g*-Faktoren mit entsprechenden Zwischenwerten.

b) Die Radikale sind fixiert (oder zumindest in ihrer Beweglichkeit stark eingeschränkt, d. h. stark immobilisiert), aber nicht orientiert (z. B. in polykristallinen Proben oder in hochviskosen Lösungen).
In diesem Fall überlagern sich sehr viele Spektren der oben angegebenen Art, so daß ein asymmetrisches Summenspektrum der in Abb. 6-10 abgebildeten typischen Form entsteht.

c) Die Radikale sind frei beweglich (z. B. in niederviskosen Lösungen).
Auf Grund der schnellen Rotationsbewegungen der Markermoleküle mittelt sich die anisotrope Hyperfeinstruktur heraus, das Spektrum besteht aus einem Triplett (isotrope *HFS*) relativ schmaler Linien (Abb. 6-11).

Abb. 6-10. *ESR*-Signal von nicht orientierten, stark immobilisierten Nitroxid-Spinmarkern.

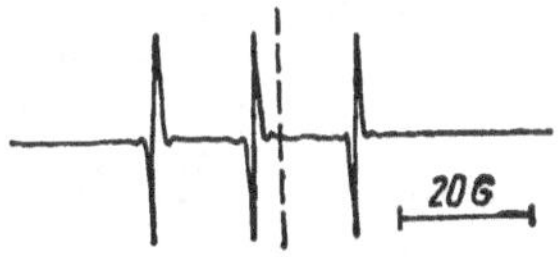

Abb. 6-11. Isotrope Hyperfeinstruktur des *ESR*-Signals frei beweglicher Nitroxid-Spinmarker

Die Orientierung bzw. Beweglichkeit der Spinmarker geht also direkt aus ihren *ESR*-Spektren hervor. Das gilt auch, wenn sie an Biopolymere gebunden sind. Die *ESR*-Signale lassen dann entsprechende Aussagen zu. Durch Drehen der Probe im Magnetfeld können deshalb eventuell vorhandene bevorzugte Orientierungen der gebundenen Radikale festgestellt werden. Außerdem lassen sich an Biopolymeren auch Strukturänderungen nachweisen, da diese meist die Beweglichkeit und damit das *ESR*-Spektrum kovalent gebundener Spinmarker beeinflussen.

In einem ersten, richtungsweisenden Experiment wurde die Komplexbildung zwischen *DNA* und Chlorbromazin (*Cbz*)-Kationradikalen untersucht. Ein solcher Versuch war deshalb von Interesse, weil im Cbz^+-Radikal die Wirkform des Tranquillizers vermutet wurde und zu erwarten war, daß — wie bei den strukturell ähnlichen Acridinfarbstoffionen (Acridinorange, Proflavin usw.) — die Adduktbildung durch Intercalation erfolgt (vgl. Abschnitt 3.10.). In diesem Fall muß die Ebene der Chlorbromazinradikale senkrecht zur Helixachse der *DNA* orientiert sein. Die Überführung des *Cbz* in die Radikalform erfolgte durch eine einelektronische chemische Oxydation. Die mit Cbz^+ behandelte *DNA* wurde durch eine dünne Kapillare gepreßt, die sich im Meßresonator eines *ESR*-Gerätes befand. Auf Grund der Strömung richteten sich dabei die fadenförmigen *DNA*-Moleküle in Flußrichtung aus. Da fixierte (nicht frei bewegliche) Cbz^+-Radikale in Analogie zu den oben angeführten Nitroxid-Spinmarkern eine anisotrope Hyperfeinstruktur verursachen, war im Falle orientierter Radikale ein winkelabhängiges *ESR*-Spektrum zu erwarten. Während bei ruhenden *DNA*-Molekülen das Spektrum die typische Linienform polykristalliner Proben zeigte, wurde für hinreichend hohe Strömungsgeschwindigkeit (d. h. für einheitlich orientierte *DNA*-Moleküle) tatsächlich eine winkelabhängige *HFS*-Aufspaltung gefunden. Sie erwies sich bei paralleler Anordnung der Kapillare zum Magnetfeld am größten, woraus eine senkrechte Orientierung der Radikalebenen zum Feld und damit auch zur Helixachse abgeleitet werden konnte.

Dieses Experiment gab den Auftakt zu einer Reihe weiterer Versuche an spinmarkierten Biopolymeren. Im Vordergrund der Untersuchungen stand aber jetzt nicht mehr die Struktur des Polymer-Radikal-Komplexes selbst, sondern der indirekte Nachweis von Strukturänderungen am Makromolekül. Es zeigte sich z. B., daß kovalent gebundene Spinmarker nach Denaturierung ihrer Wirtsmoleküle erheblich an Beweglichkeit gewinnen. Entsprechend ändert sich die Hyperfeinstruktur des *ESR*-Spektrums. Während für hinreichend stark immobilisierte Radikale (Marker an nativer *DNA* oder nativem Protein) das oben angeführte asymmetrische Summenspektrum — Fall b — beobachtet wird, nähert sich die *HFS* mit abnehmender Immobilisation (nach Denaturierung des Wirtsmoleküls) dem Grenzfall c. Für die Verfolgung von Konformationsänderungen steht damit eine weitere, unabhängige Methode zur Verfügung, die — falls eine örtliche gezielte Markierung des Makromoleküls möglich ist — gegenüber anderen spektroskopischen Methoden noch den Vorteil einer lokalen Spezifität besitzt.

Spinmarkierungsexperimente wurden auch an Membranen und Membranmodellen ausgeführt. Hier interessierten der Nachweis von hydrophoben Regionen und Orientierungsprobleme bezüglich der Doppelschicht. Darüber hinaus ergeben sich durch Markierung des niedermolekularen Substrats neue Möglichkeiten zur Untersuchung von Konformationsänderungen im aktiven Molekülteil von Enzymen. Der Marker gelangt während der Bildung des Enzym-Substrat-Komplexes zwangsläufig „vor Ort“ und kann als Informationssonde für seine neue Umgebung benutzt werden.

6.4. Kernmagnetische Resonanz (*NMR*)

6.4.1. *Grundlagen der kernmagnetischen Resonanz*

Kernspin: Bei einigen Kernen läßt sich experimentell eine Eigenrotation nachweisen. Der damit verknüpfte Drehimpuls (Spin) wird als *Kernspin* $\vec{p}_I$ bezeichnet. Bei dieser Eigenrotation werden elektrische Ladungen bewegt und dadurch magnetische Felder erzeugt. Kerne mit einem Kernspin verhalten sich demnach wie kleine Elektromagnete. Das dabei auftretende magnetische Moment $\vec{\mu}_I$ ist dem mechanischen Drehimpuls (Kernspin) immer parallel und proportional:

$$\vec{\mu}_I = \gamma_I \cdot \vec{p}_I \qquad (6\text{-}23)$$

Die für eine bestimmte Kernsorte charakteristische Proportionalitätskonstante γ_I ist das *gyromagnetische Verhältnis des Kerns*. Alle folgenden Betrachtungen sind weitgehend analog den in den Abschnitten 6.1.—6.3. durchgeführten für den Elektronenspin, so daß auf die nochmalige Erklärung aller Zusammenhänge hier verzichtet werden kann.

Verhalten des Kernspins im Magnetfeld: Nach den Regeln der Quantenmechanik kann der Drehimpulsvektor $\vec{p}_I$ in einem Magnetfeld $\vec{H}$ nur solche Einstellungen einnehmen, deren Projektionen (Komponenten) auf die Feldrichtung ganz- oder halbzahlige Vielfache von $h/2\pi$ sind:

$$|\vec{p}_I|_H = m_I \cdot h/2\pi \tag{6-24}$$

wobei m_I Magnetquantenzahlen des Kerns sind und Werte von $I, I-1, \ldots, -I$ einnehmen können, also insgesamt $2I+1$ Werte. Dabei ist I die *Kernspinquantenzahl*, oft kurz als „Kernspin" bezeichnet. I ist mit dem Betrag des Kernspins $|\vec{p}_I|$ über die von der Quantentheorie gelieferte Beziehung

$$|\vec{p}_I| = \sqrt{I(I+1)}\, h/2\pi \tag{6-25}$$

verknüpft.

Wir erwarten also $2I+1$ Einstellmöglichkeiten des magnetischen Moments $\vec{\mu}_I$ oder auch des Drehimpulses $\vec{p}_I$ im Magnetfeld (Abb. 6-12).

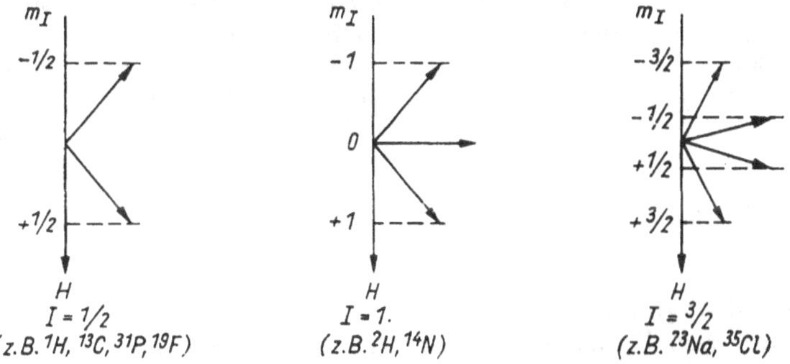

Abb. 6-12. Quantenmechanisch erlaubte Einstellungen des magnetischen Moments $\vec{\mu}_I$ im Magnetfeld für die Kernspinquantenzahlen $I = {}^1/_2$, 1 und ${}^3/_2$. Die Magnetquantenzahlen m_I sind für die jeweiligen Einstellungen angegeben.

Analog zum Bohrschen Magneton μ_B der Elektronen läßt sich auch ein Kernmagneton μ_K definieren:

$$\mu_K = \frac{e}{2M_p c}\, h/2\pi. \tag{6-26}$$

M_p ist die Protonenmasse, e die Protonenladung, c die Lichtgeschwindigkeit. Das magnetische Moment $\vec{\mu}_I$ ist mit dem Kernmagneton verknüpft nach:

$$|\vec{\mu}_I| = g_K \mu_K \sqrt{I(I+1)} \tag{6-27}$$

in völliger Analogie der Gl. 6-11 für das Elektron. Der Kernfaktor g_K ist mit dem LANDÉ-Faktor g für Elektronen vergleichbar. In der Tab. 6-1 sind die magnetischen Eigenschaften einiger biologisch wichtiger Kerne zusammengefaßt. Die g_K-Werte schwanken zwischen 0,8 und 2,8, sind also von der gleichen Größenordnung wie der LANDÉ-Faktor g bei den Elektronen (ca. 2).

Tabelle 6-1
Magnetische Eigenschaften biologisch wichtiger Kerne

Isotop	Kernspin-quanten-zahl I	Natürliche Isotopen-häufigkeit %	Magnetisches Moment in Kern-magneton-einheiten $= g_K$	Relative Empfind-lichkeit*)	Resonanz-frequenz ν/MHz (bei H = 23,56 kG)	Spek-tral-bereich δ/ppm
^{1}H	1/2	99,98	2,793	1,000	100	20
^{2}H	1	$1{,}56 \cdot 10^{-2}$	0,857	$9{,}64 \cdot 10^{-3}$	15,4	
^{13}C	1/2	1,108	0,702	$1{,}59 \cdot 10^{-2}$	25,1	350
^{14}N	1	99,64	0,404	$1{,}01 \cdot 10^{-3}$	7,2	
^{15}N	1/2	0,36	−0,283	$1{,}04 \cdot 10^{-3}$	10,1	1000
^{19}F	1/2	100	2,627	0,834	94,0	400
^{23}Na	3/2	100	2,216	$9{,}27 \cdot 10^{-2}$	26,5	
^{31}P	1/2	100	1,131	$6{,}64 \cdot 10^{-2}$	40,5	800
^{35}Cl	3/2	75,4	0,821	$4{,}71 \cdot 10^{-3}$	9,79	
^{37}Cl	3/2	24,6	0,683	$2{,}72 \cdot 10^{-3}$	8,15	

*) Bei gleicher Kernzahl und gleichem Magnetfeld

Einige wichtige Kerne haben den Kernspin $I = 0$ (^{12}C, ^{16}O). Zwischen der Kernladungszahl Z, der Atommassenzahl A und dem Kernspin I bestehen folgende Beziehungen:

- Halbzahlige Kernspins treten immer dann auf, wenn A ungerade ist.
- Ganzzahlige Kernspins finden wir bei Kernen mit geraden Werten für A und ungeraden für Z.
- Der Kernspin ist Null, wenn A und Z gerade Werte haben.

Kerne mit $I \geqq 1$ besitzen ein Kernquadrupolmoment, d. h., die Ladungsverteilung weicht von der sphärischen Form ab.

Beschränken wir uns auf die Kerne mit $I = 1/2$(^{1}H, ^{13}C, ^{19}F, ^{31}P), so existieren nur zwei Einstellmöglichkeiten des magnetischen Moments $\vec{\mu}_I$ zur Richtung des angelegten Magnetfeldes $\vec{H}$. Wie bei den Elektronen beschreibt auch hier das magnetische Kernmoment einen Präzessionskegel um die Feldrichtung.

Die erlaubten Einstellmöglichkeiten (Abb. 6-13) haben die potentiellen Energien

$$E = -m_I g_K \mu_K H \tag{6-28}$$

Kernresonanzbedingung: Als Energiedifferenz zwischen den beiden quantenmechanisch erlaubten Einstellmöglichkeiten ($m_I = -1/2$ und $m_I = +1/2$) des Kernspins im Magnetfeld ergibt sich aus Gl. 6-28

$$\Delta E = E_2 - E_1 = g_K \mu_K H \tag{6-29}$$

in Analogie zu Gl. 6-20 des Elektrons.

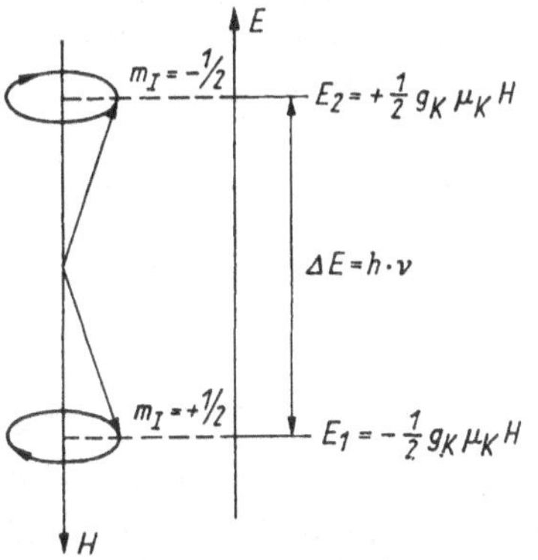

Abb. 6-13. Potentielle Energie E der beiden erlaubten Einstellungen des magnetischen Moments $\vec{\mu}_I$ bei einer Kernspinquantenzahl $I = 1/2$ in einem Magnetfeld $\vec{H}_0$.

Die Präzessionsbewegungen des magnetischen Moments um die Feldrichtung sind angedeutet.

Durch Aufnahme elektromagnetischer Strahlung geeigneter Frequenz ν können Übergänge zwischen den beiden Energieniveaus (Einstellmöglichkeiten) E_2 und E_1 hervorgerufen werden:

$$\Delta E = h\nu = g_K \mu_K H \tag{6-30}$$

Das ist die *Kernresonanzbedingung* (analog zu Gl. 6-21, der Elektronenspinresonanzbedingung). Bei der Frequenz $\nu = \frac{g_K \mu_K}{h} \cdot H$ kann das Kernspinsystem Strahlungsquanten aufnehmen, um energieärmere Einstellungen ($m_I = +1/2$) des magnetischen Moments $\vec{\mu}_I$ zum Magnetfeld in energiereichere ($m_I = -1/2$) überzuführen. Dieser Vorgang wird als *kernmagnetische Resonanz* bezeichnet und nach der angelsächsischen Bezeichnung (*N*uclear *M*agnetic *R*esonance) üblicherweise mit *NMR* abgekürzt.

Vergleichen wir *NMR* und *ESR*, so ist die Energiedifferenz ΔE bei der *NMR* um rund 1/1000 kleiner als bei der *ESR* (bei gleichem Magnetfeld H). Die Ursache liegt letztlich in der wesentlich größeren Protonenmasse M_p gegenüber der Elektronenmasse m_e (ca. 2000fach). Nach Gl. 6-26 wird dadurch das Kernmagneton ca. 2000fach kleiner als das Bohrsche Magneton des Elektrons und damit auch die Energiedifferenz ΔE in der Resonanzbedingung, denn g und g_K sind ungefähr gleich groß (Tab. 6-1). Während die *ESR* bei den vorgegebenen Feldstärken um 20 kG im Mikrowellenbereich arbeitet, ist die Resonanzfrequenz der *NMR* um drei Größenordnungen geringer und liegt im MHz-Bereich des Radiofrequenzbereichs (60—100 MHz mit den gebräuchlichen Magneten).

Auch hier sei nochmals darauf hingewiesen, daß die Resonanzfrequenz des Kernspinübergangs (*NMR*-Frequenz) in Gl. 6-30 der verwendeten Magnetfeldstärke direkt proportional ist, demzufolge von einer experimentellen Größe abhängt.

6.4.2. Die chemische Verschiebung

Im Molekülverband sind die Atomkerne von einer Elektronenhülle umgeben, deren räumliche Ladungsdichteverteilung hauptsächlich durch die Nachbaratome und die Art der chemischen Bindung (oder auch schwacher Wechselwirkungen) bestimmt wird. In einem Magnetfeld von der Stärke H_0 wird in dieser Elektronenhülle eine Ladungsbewegung hervorgerufen, die ihrerseits ein Magnetfeld H_{ind} aufbaut, das dem erregenden Magnetfeld H_0 entgegengerichtet ist. Die Stärke des induzierten Feldes H_{ind} ist — wie stets bei Induktionsphänomenen — proportional der Erregerfeldstärke H_0:

$$H_{ind} \sim H_0 \qquad (6\text{-}31)$$

Dieses Gegenfeld H_{ind} modifiziert das äußere Feld H_0. Am Ort des Kerns, dessen Resonanzübergang wir beobachten, ist dann ein effektives Feld H_{eff} wirksam, dessen Größe durch die Abschirmung des angelegten Feldes H_0 durch die Elektronenhülle festgelegt wird:

$$H_{eff} = H_0 - H_{ind} = H_0(1 - \sigma) \qquad (6\text{-}32)$$

σ wird als Abschirmungskonstante bezeichnet. Für einzelne Atome mit kugelsymmetrischer Elektronendichteverteilung läßt sich σ theoretisch berechnen. Bei Molekülen existiert keine radialsymmetrische Ladungsverteilung mehr, so daß theoretische Rechnungen meist nicht erfolgreich sind.

Betrachten wir nun ^{1}H-Kerne in einem organischen Molekül, so werden die effektiven Magnetfelder H_{eff} am Kernort je nach der räumlichen Elektronendichteverteilung um den betrachteten Kern unterschiedlich sein. In der Resonanzbedingung (Gl. 6-30) wird dann die Größe H modifiziert. Dadurch ergibt sich aber auch eine veränderte Resonanzfrequenz ν:

$$\nu = \frac{g_K \mu_K}{h} \cdot H_{eff} \qquad (6\text{-}33)$$

Feldabhängigkeit der chemischen Verschiebung: Ist das effektive Feld H_{eff} für ein bestimmtes Proton auf Grund stärkerer Abschirmung (σ groß) geringer als für ein zweites Proton, so werden wir im *NMR*-Spektrum zwei geringfügige verschobene Protonenresonanzsignale (auch als ^{1}H-*NMR*-Linien bezeichnet)*) beobachten. Vergrößern wir das äußere Magnetfeld H_0, so nehmen proportional dazu auch H_{ind} (Gl. 6-31) und H_{eff} (Gl. 6-32) größere Werte an. Entsprechend wächst

*) Für die ^{1}H-*NMR* wird oft *PMR* (protonenmagnetische Resonanz) geschrieben.

nach Gl. 6-33 dann aber auch die Frequenzdifferenz $\Delta\nu$ zwischen den Resonanzsignalen der beiden betrachteten Protonen. Als Beispiel sehen wir in Abb. 6-14 die Protonenresonanzsignale von Aceton $(CH_3)_2C{=}O$ und Tetramethylsilan (*TMS*) $(CH_3)_4Si$. Die Verschiebungsdifferenzen $\Delta\nu$ sind für zwei verschiedene Magnetfeldstärken H_0 angegeben ($H_0 = 14$ bzw. 23,5 kG; das entspricht dann Arbeitsfrequenzen von $\nu = 60$ bzw. 100 MHz für Protonen).

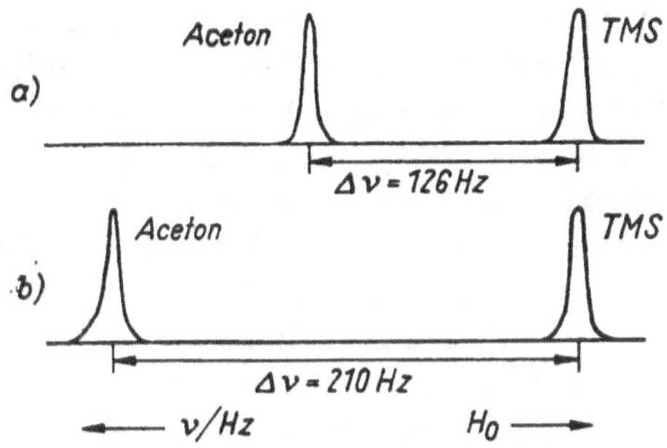

Abb. 6-14. Abhängigkeit der chemischen Verschiebung von der Stärke des angelegten Magnetfeldes H_0.

(*a*) Magnetfeld $H_0 = 14$ kG, entsprechend $\nu = 60$ MHz für die ^{1}H-*NMR*; (*b*) Magnetfeld $H_0 = 23{,}5$ kG, entsprechend $\nu = 100$ MHz für die ^{1}H-*NMR*. In beiden Spektren ist der Abstand zwischen den ^{1}H-*NMR*-Signalen von Aceton und Tetramethylsilan (*TMS*) in Hz angegeben.

Wir haben damit zwei wichtige Phänomene der *NMR*-Spektroskopie kennengelernt:

1. Die Elektronenhülle um einen Kern induziert in einem Magnetfeld der Stärke H_0 ein Gegenfeld H_{ind}, wodurch der Kern statt H_0 eine modifizierte Magnetfeldstärke H_{eff} erhält. Entsprechend wird auch die Resonanzfrequenz modifiziert. Diesen Einfluß der Elektronenhülle (= chemische Umgebung des Kerns) bezeichnen wir als *chemische Verschiebung.*
2. Da die Stärke des induzierten Gegenfeldes H_{ind} proportional der Erregerfeldstärke H_0 ist, wird auch die Größe der chemischen Verschiebung (in Frequenz- oder magnetischen Feldstärkeeinheiten) der Größe H_0 proportional sein.

Feldunabhängige δ-Skala der chemischen Verschiebungen: NMR-Spektrometer werden mit verschieden starken Magneten hergestellt. Üblicherweise werden Elektromagnete mit H_0 von 14—23,5 kG (^{1}H-*NMR*-Frequenzen dann 60 bis 100 MHz) verwendet, neuerdings auch Supraleitungsmagneten mit 51,7—84 kG (^{1}H-*NMR*-Frequenzen von 220—360 MHz). Es ist demnach zweckmäßig, für die chemische Verschiebung eine relative, nicht von der Magnetfeldstärke abhängige Größe zu definieren. International hat sich die *δ-Skala* durchgesetzt, die nach der Definitionsgleichung

$$\delta = \frac{\nu_{Substanz} - \nu_{Standard}}{\nu_{Standard}} \qquad (6\text{-}34)$$

eine dimensionslose Größe δ festlegt. Alle chemischen Verschiebungen von ^{1}H-*NMR*-Linien werden auf die Resonanzlinie einer Standardsubstanz, nämlich Tetramethylsilan (*TMS*), bezogen. *TMS* erhält also den Wert $\delta = 0$. Aus den Angaben in Abb. 6-14 erhalten wir für die ^{1}H-*NMR*-Linien des Acetons bei den Arbeitsfrequenzen von 60 bzw. 100 MHz die chemischen Verschiebungen in der δ-Skala von $\delta = 126$ Hz/60 MHz $= 2{,}1 \cdot 10^{-6}$ bzw. $\delta = 210$ Hz/100 MHz $= 2{,}1 \cdot 10^{-6}$. Beide Zahlenwerte stimmen erwartungsgemäß überein. Um den lästigen Zahlenfaktor 10^{-6} nicht immer mitzuschleppen, gibt man die chemischen Verschiebungen in ppm (*p*arts *p*er *m*illion $= 1:10^6$) an. Die Methylprotonen des Acetons haben also eine chemische Verschiebung von $\delta = 2{,}1$ ppm.

Hochauflösende NMR: Aus der Maßeinheit [ppm] der chemischen Verschiebung können wir übrigens die extrem hohe Anforderung an die Stabilität (Magnetfeldstärke und Frequenz) eines *NMR*-Spektrometers ablesen. Zwei um 0,1 ppm voneinander getrennte Linien können nur aufgelöst werden, wenn eine Feldstabilität von mindestens $1:10^7$ gewährleistet ist; moderne Geräte haben eine Stabilität von $1:10^9$! Zum Vergleich sei erwähnt, daß die getrennte Beobachtung der beiden Linien des Na_D-Dubletts im Bereich des gelben Lichts eine Auflösung von nur $1:10^3$ erfordert.

Feldabtastung, Frequenzabtastung: Eine technische Konsequenz der geforderten hohen Stabilität ist, daß (im Gegensatz zu den anderen spektroskopischen Verfahren) üblicherweise nicht die Frequenz bei konstantem Magnetfeld variiert wird, sondern bei einer extrem konstanten Frequenz (der Arbeitsfreqeuenz) das Magnetfeld einen winzigen Bereich durchfährt (= sweep; hier also: Feld-Sweep). Prinzipiell ist natürlich auch die Frequenzvariation bei konstantem Feld (Frequenz-Sweep) möglich.

Wegen der überwiegend verwendeten Feldabtastung (Feldsweep) werden die *NMR*-Spektren nicht in Richtung wachsender Frequenz, sondern von links nach rechts in Richtung wachsender Magnetfeldstärke H_0 aufgetragen. In Abb. 6-14 hatten wir diese Eigenart bereits berücksichtigt. Strenggenommen ist dann das *NMR*-Spektrum in Magnetfeldstärke-Einheiten [mG] geeicht zu denken und δ nach der Beziehung

$$\delta = \frac{H_{\text{Standard}} - H_{\text{Substanz}}}{H_{\text{Standard}}} \cdot 10^6 \text{ ppm} \qquad (6\text{-}34\,a)$$

zu definieren, doch ist es physikalisch sinnvoller (und wegen des geringen verwendeten Abtastbereichs von ca. 10 ppm $= 10^{-5}$ auch gerechtfertigt), auch beim Feldabtastverfahren die Hz-Skala beizubehalten. Wir wollen uns trotz der verwendeten Frequenzeinheiten aber stets vor Augen halten, daß die ^{1}H-*NMR*- Spektren *in Richtung wachsender Magnetfeldstärke* aufgetragen werden.

Wird die Frequenz konstant gehalten, so führt die chemische Verschiebung zu einer Änderung der Feldstärke, bei der nach Gl. 6-33 Resonanz eintritt. Deshalb wird bei Lagevergleichen von Resonanzlinien oft von Verschiebungen zu höherem (niederem) Feld gesprochen, was in der δ-Skala Verschiebungen zu kleineren (größeren) δ-Werten bedeutet.

Grundlagen der chemischen Verschiebung: Betrachten wir isolierte Atome mit sphärischer Elektronenverteilung, so wird im Magnetfeld ein Gegenfeld induziert, das zu einer erheblichen Abschwächung von H_0 am Kernort führt, d. h. $H_{eff} < H_0$ und somit $\sigma > 0$. In Molekülen wird aber durch Einflüsse der in Nachbaratomen oder -gruppen induzierten Gegenfelder oft neben dieser Abschirmung ($\sigma > 0$) auch der entgegengesetzte Effekt, nämlich eine „Entschirmung“ ($\sigma < 0$), beob-

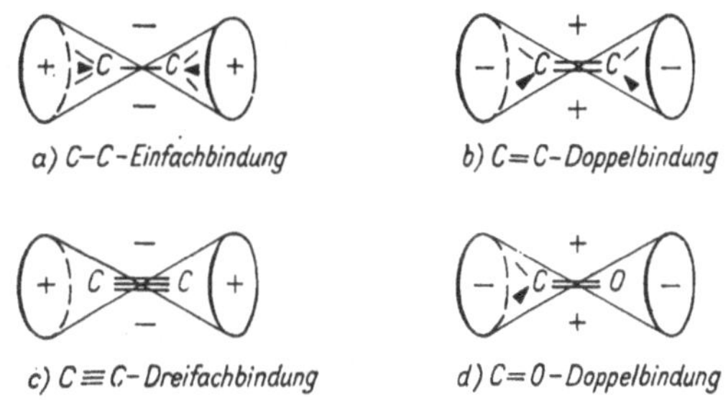

Abb. 6-15. Schematische Darstellung magnetischer Anisotropieeinflüsse auf Protonenresonanzen durch „Anisotropiekegel“.

Positives Vorzeichen im Kegel bezeichnet das Gebiet der Abschirmung (Abschwächung des äußeren Magnetfeldes), negatives Vorzeichen das Gebiet der „Entschirmung“ (Verstärkung des äußeren Magnetfeldes).

achtet, d. h. eine Verstärkung des äußeren Feldes ($H_{eff} > H_0$) am Kernort. Diesen Effekt von Nachbargruppen kann man verstehen, wenn man sich den Feldlinienverlauf der induzierten Magnetfelder betrachtet. Die Elektronenverteilungen in Molekülen sind meistens anisotrop, d. h. die Stärke der induzierten Gegenfelder ist abhängig von der Moleküllage zum Magnetfeld. Bei statistischer zeitlicher Mitteilung über alle Raumlagen verbleibt dann ein mittleres induziertes Feld als wirksames Feld. Wegen der geschlossenen Feldlinien in den induzierten Feldern kann der Fall eintreten, daß ein betrachtetes Proton gerade in dem Feldlinienbereich eines induzierten Feldes einer Nachbargruppe liegt, deren Richtung mit der des angelegten Feldes H_0 übereinstimmt. Wir werden dann eine „Entschirmung“ $H_{eff} > H_0$ am Kernort beobachten. So läßt sich die chemische Verschiebung der Olefinprotonen zu niederem Feld (vgl. Abb. 6-18) durch die Anisotropie der C=C-Doppelbindung erklären (Abb. 6-15). Das induzierte Gegenfeld hat infolge der π-Elektronenverteilung eine senkrecht zur Ebene der Bindungen stehende Richtung. Die Kraftlinien haben am Ort der olefinischen Protonen Richtungen, die am Kernort der Protonen das äußere Feld H_0 verstärken. Schematisch läßt sich dieses Verhalten durch einen *Anisotropiekegel* charakterisieren (Abb. 6-15). Abschirmung liegt in dem mit „+“ bezeichneten Teil des Kegels, „Entschirmung“ dagegen in dem mit „—“ bezeichneten Teil vor. Andererseits läßt sich auch die anomal niedrige chemische Verschiebung der Acetylenprotonen (vgl. Abb. 6-18) durch die magnetische Anisotropie der C≡C-Bindung deuten: Die Protonen liegen in einem Bereich, in dem die Feldlinien des induzierten Feldes dem erregenden Feld entgegengesetzt sind, sie befinden sich im Bereich der Abschirmung (+) des Anisotropiekegels (Abb. 6—15).

Dagegen ist der Anisotropiekegel der C=O-Doppelbindung wie bei der C=C-Doppelbindung so beschaffen, daß die Aldehydprotonen eine starke „Entschirmung" erfahren und deshalb bei extrem niedrigem Feld zu finden sind (Abb. 6-18).

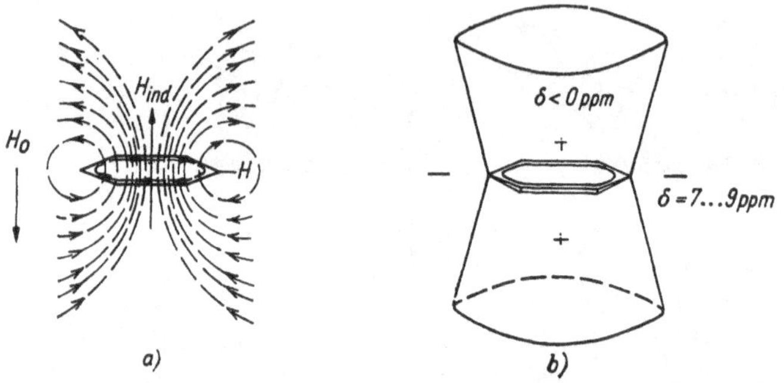

Abb. 6-16. Zur Erklärung des Ringstromeffekts in aromatischen Verbindungen.

(*a*) Durch das äußere Magnetfeld H_0 induzierter Ringstrom im delokalisierten π-Elektronensystem des Aromaten und das dabei aufgebaute Magnetfeld H_{ind} mit dem Feldlinienverlauf.
(*b*) Anisotropiekegel des Benzols unter Angabe der zu erwartenden chemischen Verschiebungen.

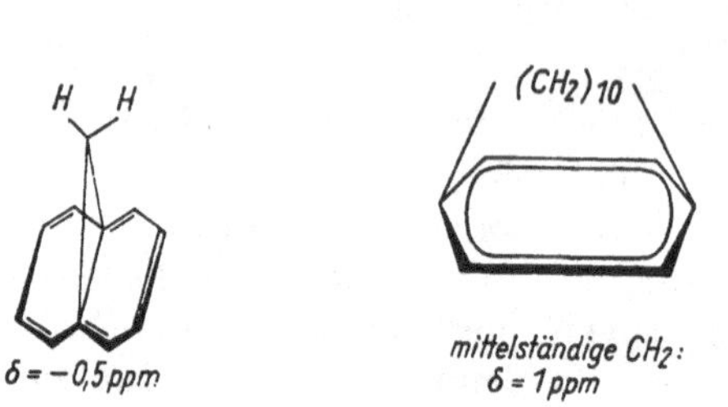

Abb. 6-17. Ringstromeffekt.

Beispiele für die chemische Verschiebung bei Lage der Protonen im positiven (abschirmenden) Bereich des Anisotropiekegels aromatischer Verbindungen.

Ringstromeffekt: Ein besonders starkes Gegenfeld wird in aromatischen Verbindungen induziert, weil hier die delokalisierten π-Elektronen im Magnetfeld einen Ringstrom bilden, der zur Ausbildung eines starken induzierten Magnetfeldes führt (Abb. 6-16). Im Innern des Rings ist dieses Gegenfeld dem erregenden Feld entgegengesetzt, aber am Ort der aromatischen Protonen stimmt wegen der geschlossenen Form der Feldlinien das Gegenfeld mit der Richtung des erregenden Feldes überein. Dieses Effekt bezeichnet man als *Ringstromeffekt* aromatischer Verbindungen, der durch die Größe des auf den Ringstrom (Durchmesser!) beruhenden induzierten Gegenfeldes zu besonders ausgeprägten chemischen Verschiebungen aromatischer Protonen zu niederem Feld (große δ-Werte) führt. Oberbzw. unterhalb der Ringebene sollte dagegen eine kräftige Abschwächung des äußeren Feldes erfolgen. Tatsächlich wurden extrem starke Verschiebungen zu hohem Feld (niedrige δ-Werte) für derartige Protonen gemessen (Abb. 6-17).

Empirische Korrelationen: Die unterschiedlichen chemischen Verschiebungen von Protonenresonanzfrequenzen in Abhängigkeit von der chemischen Natur der das Proton tragenden Gruppe gestattet die Aufstellung von empirischen Korrelationstafeln (analog zur Infrarotspektroskopie). Eine grobe Klassifizierung,

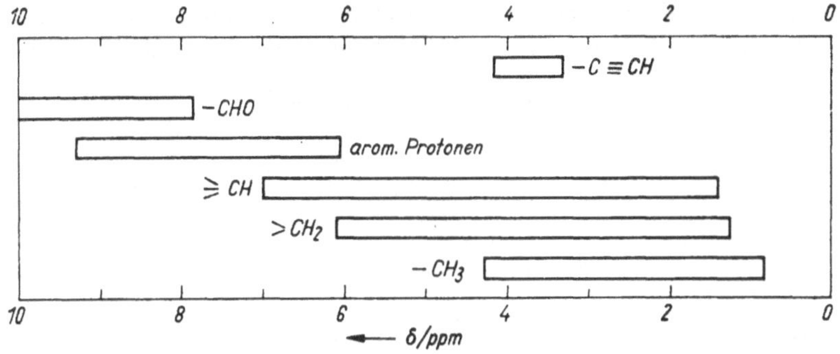

Abb. 6-18. Empirisches Korrelationsdiagramm für die chemischen Verschiebungen in der ^{1}H-*NMR*-Spektroskopie.

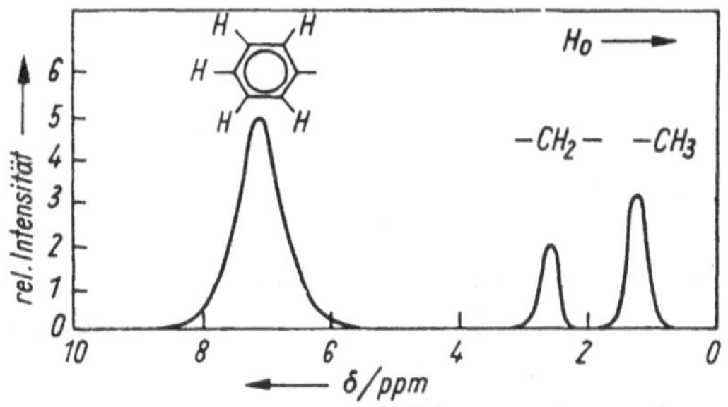

Abb. 6-19. ^{1}H-*NMR*-Spektrum des Äthylbenzols bei mäßiger Auflösung (schematisiert) unter Angabe der relativen Intensitäten der einzelnen Signale und ihrer Zuordnung zu den einzelnen Protonengruppen.

die wir zum größten Teil aus unseren bisherigen Überlegungen (Anisotropiebetrachtungen) oder aus elementaren Regeln der organischen Chemie ableiten können, finden wir in Abb. 6-18.

Zur Illustration wollen wir noch kurz das ^{1}H-*NMR*-Spektrum des Äthylbenzols (registriert bei mäßiger Auflösung) betrachten (Abb. 6-19). Wir beobachten drei Resonanzsignale bei 7,1; 2,6 und 1,2 ppm mit den relativen Intensitäten (Flächen unter den Resonanzsignalen) 5:2:3. In der *NMR* sind die relativen Intensitäten proportional zur Anzahl der die Resonanz verursachenden Kerne. Bei niederem Feld werden wir wegen des Ringstromeffekts die 5 aromatischen Protonen vermuten, was auch mit der relativen Intensität übereinstimmt. Die beiden anderen Signale sind demnach der Methylengruppe (relative Intensität 2) und der Methylgruppe (relative Intensität 3) zuzuordnen, denn für die aliphatischen Gruppen überwiegt die Abschirmung. Es muß deswegen ein höheres Feld aufgebracht werden, um bei konstanter Frequenz die Resonanzbedingung zu erfüllen.

Wir können zusammenfassen: Im Elektronensystem werden durch ein äußeres Magnetfeld Ströme induziert, die ein dem äußeren Feld entgegengerichtetes Magnetfeld aufbauen. Dadurch erreicht den Kern ein mehr oder weniger modifiziertes effektives Feld. Prinzipiell sind die induzierten Felder proportional der

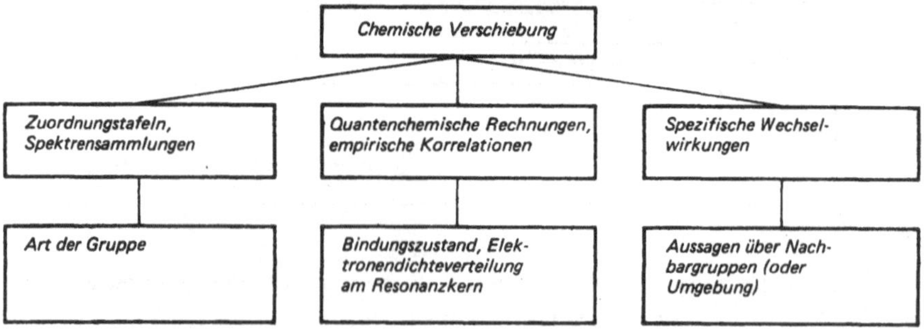

Abb. 6-20. Bedeutung der chemischen Verschiebung in der *NMR*-Spektroskopie für die Strukturanalyse.

Feldstärke des äußeren Feldes und diesem entgegengerichtet. Wegen der magnetischen Anisotropie verschiedener Bindungen oder Gruppen kann es aber vorkommen, daß wegen des Feldlinienverlaufs am Ort des betrachteten Kerns gerade zu einer Verstärkung des äußeren Feldes führt. Dieser Effekt ist besonders stark, wenn ein größerer Kreisstrom wie z. B. in den delokalisierten π-Elektronensystemen aromatischer Ringe entstehen kann (Ringstrom-Effekt).

Die Bedeutung der chemischen Verschiebung für die Strukturanalyse ist dem folgenden Schema zu entnehmen (Abb. 6-20).

6.4.3. *Indirekte Kernspin-Kopplung*

Die Kernspins nicht zu weit entfernter Atomkerne beeinflussen sich gegenseitig („Kopplung"). Wird die Wechselwirkung zwischen den Kernspins durch den Raum übertragen, so liegt eine *direkte* Kernspin-Kernspin-Kopplung vor. Die Wechselwirkung zwischen den Kernspins kann aber auch indirekt über die Bindungselektronen hinweg erfolgen. Wir sprechen dann von einer *indirekten* Kernspin-Kernspin-Kopplung. Für die Stärke der indirekten Kernspin-Kopplung ist demnach nicht der räumliche Abstand zwischen den koppelnden Kernspins entscheidend, sondern vielmehr die Effektivität der Vermittlung des gegenseitigen Einflusses über die Bindungselektronen hinweg. Betrachten wir einmal die indirekte Kernspin-Kopplung zwischen geminalen Protonen am Kohlenstoff, so erfolgt die Kopplung über zwei σ-Bindungen hinweg (Abb. 6-21). Je nach Kernspinorientierung (Einstellung des magnetischen Moments in Richtung oder entgegengesetzt zur Richtung des angelegten Magnetfeldes) parallel oder antiparallel zu H_0 wird

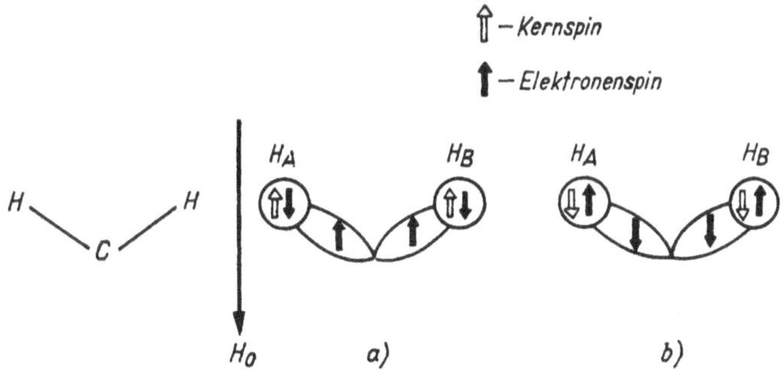

Abb. 6-21. Kopplungsschema zur Erklärung der indirekten Kernspin-Kernspin-Kopplung geminaler Protonen über die Bindungselektronen.

(*a*) Kernspinorientierung von H_A antiparallel zum äußeren Magnetfeld H_0, (*b*) Kernspinorientierung von H_A parallel zum Magnetfeld H_0.

von H_A aus auf das Proton H_B und umgekehrt von H_B aus auf H_A indirekt über die Bindungselektronen ein magnetisches Zusatzfeld übertragen, das dem H_0-Feld entweder gleich- oder entgegengesetzt gerichtet ist. Nach dem Schema der vektoriellen Kopplung in Abb. 6-21 beruht die Kopplung einerseits auf dem Bestreben der Elektronenspins der Wasserstoffatome H_A und H_B, sich antiparallel zu den zugehörigen Kernspins einzustellen, andererseits auf der antiparallelen Einstellung der Bindungselektronen, die vom Kohlenstoffatom herrühren, zu den von den Protonen herrührenden Elektronen, wobei aber entsprechend der HUND-schen Regel die beiden Elektronen des Kohlenstoffatoms in den betrachteten σ-Bindungen sich möglichst parallel zueinander orientieren möchten.

Wir werden also am Kernort H_B je nach der Kernspinorientierung von H_A ein positives oder negatives Zusatzfeld beobachten. Umgekehrt wird der Kernspin von H_B am H_A-Kern ein gleichgroßes Zusatzfeld hervorrufen. Betrachten wir nun eine Vielzahl von Molekülen, so werden 50% der Kernspins von H_A antiparallel (*a*), 50% dagegen parallel (*b*) zu H_0 orientiert sein (Abb. 6-21); dasselbe gilt für H_B. Wenn H_A und H_B magnetisch nicht äquivalent sind (d. h. unterschiedliche chemische Verschiebungen haben), werden wir statt des „ungestörten" H_A-Resonanzsignals zwei Signale halber Intensität beobachten, die um denselben Betrag verschoben rechts und links vom ungestörten Signal liegen. Anschaulich gesprochen, vermag der H_A-Kern die beiden Kernspinorientierungen des benachbarten Protons H_B zu „sehen". Analoges gilt auch für das H_B-Signal (Abb. 6-22). Der Abstand zwischen den beiden Dublettlinien ist ein Maß für die Stärke der indirekten Kernspin-Kopplung und wird als *Kopplungskonstante* J (gemessen in [Hz]) bezeichnet.

Wir können die indirekte Kernspinkopplung auch über mehr als zwei Bindungen hinweg beobachten, doch ist im allgemeinen bei mehr als drei σ-Bindungen die Linienaufspaltung durch die Kopplung so gering, daß sie nicht mehr aufgelöst

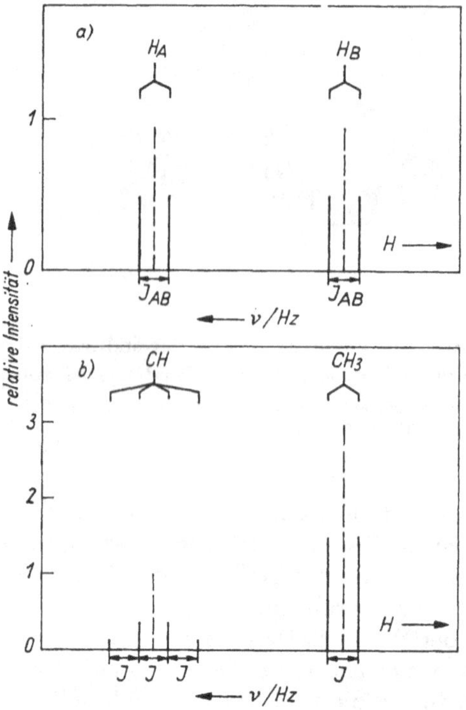

Abb. 6-22. (*a*) Die bei der indirekten Kernspinkopplung zwischen zwei Protonen resultierenden Linienaufspaltungen (schematisch).

Sowohl das ^{1}H-*NMR*-Signal von H_A als auch das von H_B werden in zwei Linien gleicher Intensität aufgespalten (Dubletts). Die Dublettlinien liegen rechts und links gleich weit von der ursprünglichen Position entfernt. In beiden Signalgruppen hat der Abstand der beiden Dublettkomponenten denselben Wert; er wird in Hz angegeben und als Kernspin-Kopplungskonstante J bezeichnet.

(*b*) Linienaufspaltungen bei der indirekten Kernspinkopplung zwischen den Protonen einer CH- und einer CH_3-Gruppe.

werden kann. Wesentlich besser wird die Kopplung durch π-Bindungen übertragen, so daß sogar über neun π-Bindungen hinweg ein Nachweis geglückt ist („long range"-Kopplungen).

Bei der Kopplung von Atomgruppen mit mehreren äquivalenten Kernen müssen alle denkbaren Kombinationen von Kernspineinstellungen berücksichtigt werden. So werden wir im Magnetfeld unter den Molekülen z. B. von Acetaldehyd

CH_3CHO einen Bruchteil finden, in dem alle drei Kernspins der magnetisch äquivalenten Methylprotonen in Feldrichtung orientiert sind, ein genau so großer Bruchteil hat die Orientierung aller drei Kernspins antiparallel zur Feldrichtung, größere Bruchteile haben Kernspinorientierungen, in denen zwei Kernspins parallel und der dritte Kernspin antiparallel bzw. umgekehrt zwei Kernspins antiparallel und ein Kernspin parallel zum Feld orientiert sind. Die statistischen Gewichte (Häufigkeiten) der Kernspinorientierungen entnehmen wir der schematischen Darstellung in Abb. 6-22b. Sie verhalten sich wie 1:3:3:1 für die Kernspinorientierungen mit der Quantenzahlsumme $+3/2$, $+1/2$, $-1/2$, $-3/2$. Auf das Methinproton können also vier verschiedene Zusatzfelder einwirken, von denen jeweils zwei den gleichen Betrag, aber unterschiedliches Vorzeichen haben. Umgekehrt werden auf die Methylprotonen je nach der Kernspinorientierung des Methinprotons zwei durch das Vorzeichen unterschiedliche Zusatzfelder gleichen Betrags einwirken (Abb. 6-22b). Das Signal der Methylprotonen des Acetaldehyds wird also in ein Dublett aufgespalten, die Intensität jeder Dublettkomponente beträgt 50% der Gesamtintensität. Das Signal des Methinprotons erscheint als ein Quartett, wobei die einzelnen Signale 1/8, 3/8, 3/8 und 1/8 der Gesamtintensität enthalten.

Ganz analog wird das Resonanzsignal der Methylengruppe (CH_2) im hochaufgelösten *NMR*-Spektrum des Äthylbenzols durch die Kernspinkopplung mit der Methylgruppe in ein Quartett aufgespalten. Umgekehrt bewirken die drei denkbaren Kernspinorientierungen der zwei Methylenprotonen eine Aufspaltung des Signals der Methylgruppe zu einem Triplett. Der Abb. 6-23 können wir entnehmen, daß dabei die Gesamtintensität auf die Triplettkomponenten im Verhältnis 1/4:2/4:1/4 (also 1:2:1) verteilt wird. Die Frequenz der mittleren Triplettlinie entspricht wegen des Zusatzfeldes Null bei den sich kompensierenden Kernspinorientierungen in der Methylengruppe der ursprünglichen Frequenz ohne Kopplung.

Verallgemeinern wir diese Beispiele, so werden durch eine benachbarte Gruppe mit n magnetisch äquivalenten Protonen am Ort des betrachteten Kernspins $n + 1$ verschiedene Zusatzfelder einwirken, wodurch das Resonanzsignal zu einem Multiplett mit $n + 1$ Komponenten aufgespalten wird. Die Intensitätsverhältnisse der Aufspaltungskomponenten werden durch das statistische Gewicht der Kernspinorientierungsmöglichkeiten, die ein Zusatzfeld von gleicher Größe und gleichem Vorzeichen erzeugen, bestimmt: Dublett 1:1, Triplett 1:2:1, Quartett 1:3:3:1 usf.

Die bisherigen Betrachtungen bezogen sich auf Kernspins mit $I = 1/2$. Bei n äquivalenten Nachbarkernen mit einem Kernspin I sind allgemein $2nI + 1$ Aufspaltungen zu erwarten. Das in der *NMR* häufig verwendete perdeuterierte Dimethylsulfoxid CD_3SOCD_3 hat immer einen geringen Rest unvollständig deuterierter Moleküle CHD_2SOCD_3. Das Protonenresonanzsignal wird durch die Kopplung mit den zwei Deuteriumkernen ($I = 1$, vgl. Tab. 6-1) in $2 \cdot 2 \cdot 1 + 1 = 5$ Komponenten mit einer Intensitätsverteilung von 1:2:3:2:1 aufgespalten. Aus der Größe der Aufspaltung kann man unter Berücksichtigung der unterschiedlichen g_K-Werte für ^{1}H und ^{2}D (vgl. Tab. 6-1) die sonst nicht direkt zu erhaltende Kopplungskonstante zwischen den magnetisch äquivalenten Protonen der Methylgruppe im Dimethylsulfoxid erhalten.

Da die indirekte Kernspinkopplung nur von der Kernspinorientierung zu einem äußeren Magnetfeld abhängt und die Größe der Kopplung nur durch die Fort-

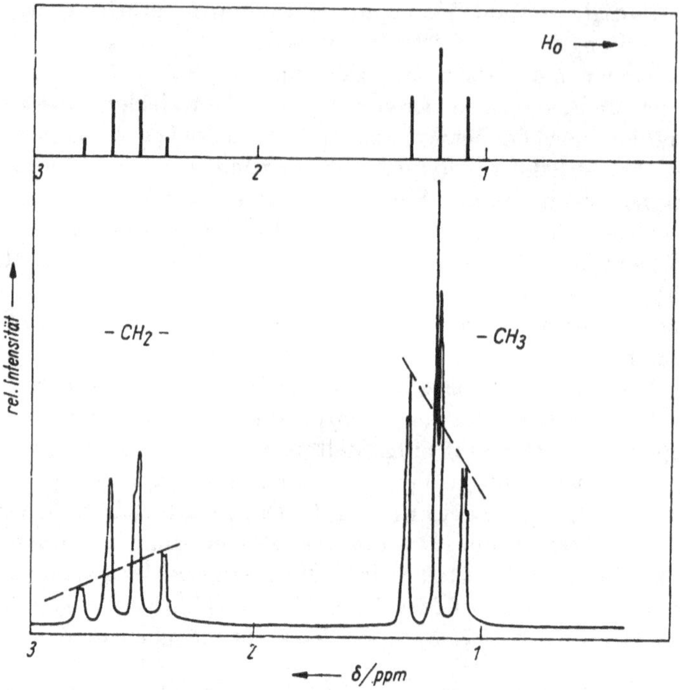

Abb. 6-23. Schematisches Strichspektrum und reales ^{1}H-*NMR*-Spektrum (60 MHz) von Äthylbenzol als Beispiel einer indirekten Kernspinkopplung von CH_2- und CH_3-Protonen.

leitung über das vermittelnde Bindungselektronensystem hinweg bestimmt wird, *ist die Kopplungskonstante J unabhängig von der Stärke des angelegten äußeren Magnetfeldes H_0*. Dadurch ist die Kernspinkopplung leicht von der chemischen Verschiebung unterscheidbar, die ja als Induktionsphänomen proportional der Stärke des äußeren Feldes H_0 war.

Als Beispiel betrachten wir in Abb. 6-24 den aliphatischen Teil des ^{1}H-*NMR*-Spektrums des Äthylbenzols, aufgenommen bei verschiedenen Feldstärken, die Resonanzfrequenzen von 60 MHz (oberes Spektrum) bzw. 220 MHz (unteres Spektrum) entsprechen. Ausnahmsweise sind hier die Spektren nicht in der δ-Skala aufgetragen, sondern in Hz geeicht. Wir sehen, daß die beiden Signalgruppen bei höheren Feldstärken weiter voneinander entfernt sind, die Abstände der Aufspaltungskomponenten (J) aber unverändert bleiben. Hohe Magnetfeldstärken vergrößern also die Differenz der chemischen Verschiebungen (in Hz!) bei konstantem J. Die bisherigen Betrachtungen gelten streng nur dann, wenn diese Verschiebungsdifferenz groß gegenüber J ist (praktisch reicht $\Delta\delta/J \geqq 6$ aus), wir sprechen dann von „Spektren 1. Ordnung". Höhere Magnetfeldstärken

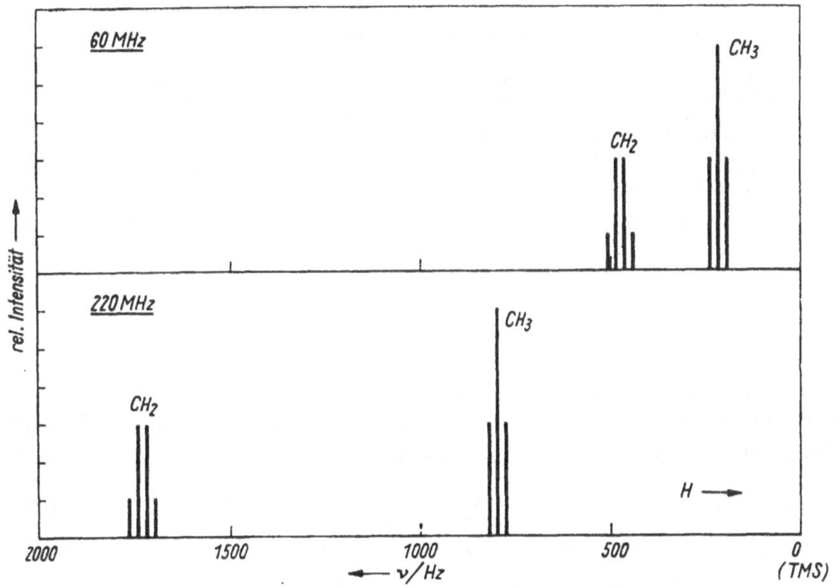

Abb. 6-24. Schematisierte Strichspektren der Äthylgruppe von Äthylbenzol, aufgenommen bei 60 MHz (oben) und 220 MHz (unten).

Die chemischen Verschiebungen in den beiden ^{1}H-*NMR*-Spektren sind ausnahmsweise in Hz angegeben, um die Unabhängigkeit der Kernspinkopplung von der Stärke des Magnetfelds zu veranschaulichen.

begünstigen also das Auftreten von diesem Spektrentyp. Wenn $\Delta\delta$ in die Größenordnung von J kommt, treten bedeutend kompliziertere Aufspaltungsbilder und Intensitätsverteilungen auf. Selbst im 60 MHz-Spektrum des Äthylbenzols können wir im aliphatischen Teil ($\Delta\delta/J = 11{,}4$) Abweichungen von der 1. Ordnung beobachten, denn die Intensitätsverteilung weicht von der erwarteten ab, wobei die „inneren" Komponenten intensiver als die „außen" liegenden sind (Abb. 6-23).

Neben einer bloßen Information über die Zahl der magnetisch äquivalenten Protonen einer Nachbargruppe aus dem Aufspaltungsbild können wir aus der Größe der Kopplungskonstante J noch andere wertvolle Aufschlüsse insbesondere über die Molekülgeometrie und die Ladungsverteilungen gewinnen. Durch die Messung der Kopplungskonstante J können also vielfältige Informationen über das untersuchte Molekül gewonnen werden, wie aus dem folgenden Schema hervorgeht (Abb. 6-25).

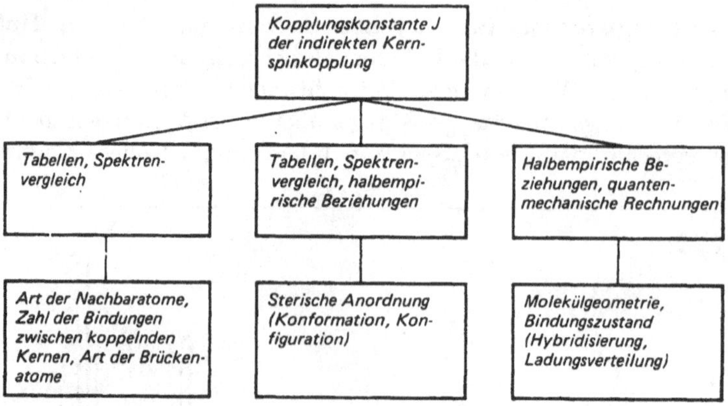

Abb. 6-25. Bedeutung der indirekten Kernspinkopplung für die Strukturanalyse.

6.4.4. *Linienform der NMR-Signale*

Wir hatten uns bisher nur mit der Frequenzlage (= chemischer Verschiebung) und den Intensitätsverhältnissen der *NMR*-Signale beschäftigt. Das am Kernort effektive Magnetfeld H_{eff} wird hauptsächlich durch folgende Größen bestimmt:

$$H_{eff} = H_0 + H_{dir} + H_\delta + H_J \tag{6-35}$$

Das äußere Magnetfeld H_0 wird modifiziert (*a*) durch direkte dipolare Wechselwirkungen (H_{dir}), (*b*) durch die Abschirmung der Elektronen (H_δ, chemische Verschiebung), (*c*) durch die indirekte (elektronen-gekoppelte) Kernspinwechselwirkung (H_J).

Einen Überblick über die Größenordnungen der einzelnen Terme in dieser Gleichung vermittelt die folgende Tab. 6-2.

Tabelle 6-2
Größenordnung der einzelnen Beiträge zum effektiven Magnetfeld H_{eff} am Kernort

Beitrag	Feldstärke [G]
H_0	10^4
H_{dir}	10
H_δ	$0 \cdots 10^{-1}$
H_J	$0 \cdots 10^{-2}$

Dipole erzeugen zusätzliche Magnetfelder, die direkt (durch den Raum übertragen) am Kernort als Term H_{dir} wirksam werden. Diese anisotrope Dipol-Wechselwirkung wird bei Flüssigkeiten durch die thermische Bewegung im allgemeinen ausgemittelt, da diese Bewegung schnell gegenüber dem Kernresonanzübergang ist. Befinden sich aber die Kerne über längere Zeit in derselben Position zueinander, so erfolgt keine zeitliche Ausmittlung mehr. Die dann verbleibende direkte dipolare Wechselwirkung kann sehr große Zusatzfelder am Ort des betrachteten Kerns verursachen (bis zu 10σ laut Tab. 6-2).

Die Kerne befinden sich dann je nach der momentanen Orientierung zu den Dipolen in Zusatzfeldern unterschiedlicher Größe. Wir werden in diesen Fällen kein scharfes *NMR*-Signal mehr beobachten, sondern ein mehr oder minder breites Signal. Dieser Fall liegt bei den Festkörpern vor, aber auch in sehr viskoser Lösung oder bei den Makromolekülen einschließlich den Biopolymeren. Wegen ihrer großen geometrischen Abmessungen ändern die Biopolymeren bei der thermischen Bewegung in der Lösung nur langsam ihre Orientierung. Dadurch können die anisotropen Dipol-Dipol-Wechselwirkungen nicht oder nur ungenügend ausgemittelt werden. In Abhängigkeit von der Flexibilität der Biopolymeren erhalten wir mehr oder minder verbreiterte Signale, bei starren Biopolymeren wie der *DNA*-Doppelhelix kann die Verbreiterung so groß werden, daß die Signale im Untergrund verborgen bleiben. Die Linienbreite der *NMR*-Signale wird somit zu einem Indikator der Beweglichkeit des Moleküls oder der Molekülteile. Diese wichtige Eigenschaft wird bei Strukturuntersuchungen an Biopolymeren häufig genutzt.

Bei kleinen Molekülen fehlt im allgemeinen diese Verbreiterung, da ja eine Ausmittlung der direkten Wechselwirkung erfolgt. Die Linienbreite wird dann durch die *Relaxationszeiten* T_1 (Spin-Gitter-Relaxation) und T_2 (Spin-Spin-Relaxation) bestimmt. Unter „Relaxation" versteht man allgemein das zeitliche Zurückbleiben einer Wirkung hinter der sie auslösenden Ursache; in der *NMR* bezeichnen wir damit den nach dem Resonanzübergang erfolgenden zeitlichen Verlauf der Energieabgabe von den Kernspins an die Umgebung (das Gitter (T_1)) oder an andere Spins (T_2). Erst durch diese Energieabgabe können die angeregten Kernspins wieder in den Grundzustand zurückkehren. Erfolgt die Resonanzenergiezuführung vor dem Verstreichen der Relaxationszeit oder in einem zu großem Maß, so stellt sich gleiche Bevölkerung der angeregten und nicht angeregten Kernspins ein, eine Resonanzabsorption ist dann nicht mehr möglich. Wir werden in diesem Sättigungsfall auch kein Signal mehr beobachten. Die Relaxationszeit T_1 charakterisiert als Spin-Gitter-Relaxationszeit den für die Wiederherstellung des thermischen Gleichgewichts im Spinsystem benötigten Zeitbedarf. Bei Flüssigkeiten bestimmt in der Regel T_1 auch die *Linienbreite* $\Delta\nu_{1/2}$, wobei über die HEISENBERGsche Unschärferelation gilt:

$$\Delta E \cdot T_1 \approx h/2\pi \tag{6-36}$$

oder mit $\Delta E = h \cdot \Delta\nu_{1/2}$:

$$h \cdot \Delta\nu_{1/2} \approx 1/T_1 \cdot 1/2\pi; \quad \Delta\nu_{1/2} \approx 1/2\pi \cdot 1/T_1 \tag{6-37}$$

Alle Vorgänge, die eine Verkürzung der Spin-Gitter-Relaxationszeiten T_1 bewirken, führen daher zu einer Linienverbreiterung (z. B. bestimmte paramagnetische Zusätze, worüber im nächsten Abschnitt 6.4.5. noch berichtet wird).

Schließlich kann die Linienform noch durch *dynamische Prozesse* (Austauschvorgänge) beeinflußt werden. Die Linienformanalyse erlaubt dann Rückschlüsse über die Verweilzeit des entsprechenden Kerns in den beim Austausch zur Verfügung stehenden Zuständen. Wir können also z. B. bei Enzym-Substrat-Komplexen aus der Konzentrations- und Temperaturabhängigkeit der Linienform von *NMR*-Signalen in günstigen Fällen nicht nur die Lebensdauer des Komplexes abschätzen (charakterisiert durch die Korrelationszeit τ), sondern auch die thermodynamischen und kinetischen Parameter (Gleichgewichtskonstante K, Geschwindigkeitskonstanten k_1 und k_{-1} der Assoziations- und Dissoziationsreaktion des Komplexes, Aktivierungsenergie) bestimmen. Wir werden später (Abschnitt 6.4.7.) einige Beispiele hierfür besprechen.

6.4.5. *Paramagnetische Verschiebung in NMR-Spektren*

Paramagnetische Substanzen können die *NMR*-Spektren auf zweifache Weise beeinflussen:

a) *Verschiebungen* der Resonanzlinien des diamagnetischen Moleküls, oft um ungewöhnlich große Beträge.
b) *Verbreiterung* der Resonanzlinien durch Verkürzung der Relaxationszeiten der Kernspinsysteme (vgl. Abschnitt 6.4.4.).

Die beiden Effekte Linienverschiebung und Linienverbreiterung treten nicht immer zusammen auf. Ausgeprägte Linienverbreiterungen ohne Verschiebung beobachtet man bei der Einwirkung paramagnetischer Ionen mit großer Elektronenspin-Relaxationszeit wie Mn^{2+} oder Cu^{2+}. Linienverschiebung ohne wesentliche Verbreiterung tritt dagegen nur dann auf, wenn die Elektronen-Gitter-Relaxationszeit der paramagnetischen Substanz sehr kurz ist. Zu dieser Kategorie gehören die in den letzten Jahren häufig eingesetzten *Verschiebungsreagenzien* wie Tris(dipivalomethanato)-europium(III) = $Eu(DPM)_3$ und Tris(dipivalomethanato)-praseodym(III) = $Pr(DPM)_3$. Während $Eu(DPM)_3$ zu tieferem Feld verschiebt, wirkt $Pr(DPM)_3$ entgegengesetzt durch Verschiebungen zu höherem Feld.

Verschiebungsreagenzien dienen zur Spektrenvereinfachung, da je nach der Stärke des gebildeten Komplexes und dem Abstand des entsprechenden Kerns die Verschiebung unterschiedlich groß ist. Außerdem können Molekülgeometrien und sogar Konformationen in Lösung bestimmt werden, da die Verschiebung ja eine stark vom Abstand zwischen dem jeweiligen Kern und der komplex gebundenen paramagnetischen Substanz abhängige Größe ist. Wir werden im Abschnitt 6.4.8. Anwendungen dieser „Lanthaniden-Sondentechnik" zur Konformationsanalyse von Nucleotiden noch kennenlernen.

Da einige wichtige Proteine bzw. Enzyme in der prosthetischen Gruppe paramagnetische Metalle (Fe^{3+}, Cu^{2+}, Co^{2+}, Mn^{2+}) enthalten, spielen die paramagnetischen Verschiebungen in den *NMR*-Spektren dieser Biopolymeren bereits ohne irgendwelche paramagnetischen Zusätze eine große Rolle. Die oft außergewöhnlich großen Verschiebungen erlauben eine Berechnung der Spindichteverteilung in der Nähe des Metallions. Die bei Ligandenbindung oder geringsten Konformationsänderungen auftretenden Elektronendichteänderungen können dann aus den Linienverschiebungen in der Umgebung des paramagnetischen Zentrums berechnet werden. Ausführliche Untersuchungen dieser Art liegen vor allem bei den Hämproteinen vor.

6.4.6. *Anwendungsmöglichkeiten der NMR zur Strukturanalyse von Biopolymeren*

In den vorangehenden Abschnitten hatten wir — oft in stark vereinfachter Form — die Grundlagen der *NMR* kennengelernt. Wir haben erfahren, daß einem *NMR*-Spektrum eine Reihe von Parametern entnommen werden können, die zusammen mit den daraus zu erhaltenden Informationen hier nochmals schematisch zusammengestellt sind (Abb. 6-26). Durch die Vielfalt der erhältlichen Informa-

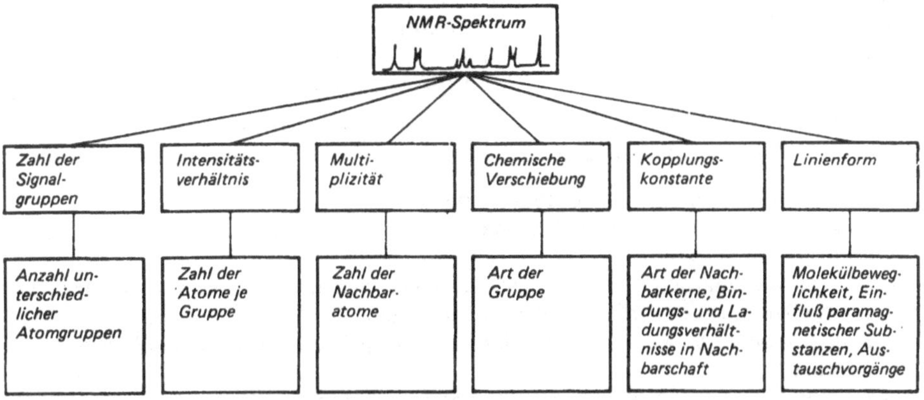

Abb. 6-26. Die in einem *NMR*-Spektrum meßbaren Parameter und die daraus zu gewinnenden Informationen über die Struktur der untersuchten Substanz.

tionen erscheint die *NMR* geradezu prädestiniert zur Strukturanalyse kleinerer Moleküle. Bausteine und nicht zu große Bruchstücke von Biopolymeren können ebenfalls auf diese Weise analysiert werden. *NMR*-Untersuchungen an den Biopolymeren selbst unterliegen jedoch häufig mehreren Einschränkungen:

a) Während bei kleinen Molekülen die rasche thermische Bewegung in Lösung zu einer zeitlichen Ausmittlung anisotroper Dipol-Dipol-Wechselwirkungen zwischen gelöstem Molekül und Lösungsmittel führt, ist bei großen Molekülen (Polymeren) die Umorientierung in der Lösung oft zu langsam, um eine Ausmittlung der dipolaren Wechselwirkungen zu erreichen. Das führt zu einer Linienverbreiterung (vgl. Abschnitt 6.4.4.). Ausreichend scharfe NMR-Linien treten nur dann auf, wenn sich einzelne Gruppen oder Segmente in Polymeren hinreichend schnell bewegen können.

b) Ist das betrachtete Biopolymermolekül aus sehr vielen gleichen Atomgruppen in nur geringfügig verschiedenen chemischen Umgebungen aufgebaut, so werden sich die *NMR*-Signale ebenfalls nur geringfügig unterscheiden. Es entsteht dadurch ein sehr komplexes Spektrum, in dem keine einzelnen *NMR*-Signale aufgelöst werden können, sondern nur noch breite „Berge" in den Resonanzbereichen auftreten. Dieser Effekt ist um so gravierender, je stärker die Linienverbreiterung ausgeprägt ist. Aber schon bei relativ kleinen Molekülen mit scharfen Linien wie z. B. Steroiden ist diese Überlappung im ^{1}H-*NMR*-Spektrum in bestimmten Bereichen ein bekanntes Phänomen.

Das zweite Problem der Überlappung kann teilweise durch Verwendung sehr hoher Magnetfeldstärken (^{1}H-*NMR*-Arbeitsfrequenzen von 220 bis 360 MHz) gelöst werden, wodurch bei gleicher Auflösung die absoluten chemischen Verschiebungen (in Hz) gegenüber den 100 MHz-Spektren um den Faktor 2,2 bis 3,6 anwachsen und dadurch die Auftrennung sich teilweise überlagernder Linien stark verbessert wird.

Eine andere Möglichkeit zur Vermeidung dieser Schwierigkeit besteht im Einsatz der *NMR*-Spektroskopie an anderen Kernen, vor allem an ^{13}C und ^{19}F. So sind z. B. in der ^{13}C-*NMR* die chemischen Verschiebungen im Vergleich zur ^{1}H-*NMR* um den Faktor 20 größer, so daß z. B. jedes C-Atom in einem Steroid eine getrennt im ^{13}C-*NMR*-Spektrum zu beobachtende Linie hervorruft.

Trotz dieser Einschränkungen sind aber in den letzten Jahren wertvolle molekularbiologische Informationen durch *NMR*-Untersuchungen an Biopolymeren vermittelt worden. Einige wichtige Beispiele werden in den nächsten Abschnitten besprochen. Prinzipiell lassen sich folgende Anwendungsmöglichkeiten abgrenzen:

1. Messungen der *NMR*-Signale von Biopolymeren:
   - Ungeordnete Zustände ohne Sekundär- und Tertiärstruktur (statistisches Knäuel, denaturierter Zustand).
   - Geordnete Strukturen (nativer Zustand) und Übergänge in den ungeordneten Zustand (Denaturierung; Helix-Knäuel-Übergänge).
   - Konformationsübergänge durch Milieueinfluß (pH, Temperatur, Salzeinfluß, Kationeneinfluß).
   - Änderungen bei Wechselwirkung mit anderen Substanzen.
   - Beeinflussung durch paramagnetische Bestandteile (prosthetische Gruppen) oder Zusätze (Metallionen, paramagnetische Verschiebungsreagenzien).
2. Messungen der *NMR*-Signale niedermolekularer Substanzen:
   - Bausteine der Biopolymeren: Aminosäuren, Di- und Oligopeptide; Nucleoside, Nucleotide, Di- und Oligonucleotide.
   - Wechselwirkungspartner (Komplexbildner): Substrat, Inhibitor, Effektor, Pharmaka u. a.
   - Paramagnetische Relaxationserhöhung (Verkürzung der Relaxationszeit der Protonen in der Hydrathülle eines paramagnetischen Metallions bei dessen Wechselwirkung mit einem Biopolymeren).

6.4.7. *Strukturanalyse von Peptiden, Polypeptiden, Proteinen und Enzymen mittels NMR*

Aminosäuren, Peptide und Oligopeptide: Die *NMR*-Untersuchungen an Aminosäuren, Modellpeptiden (wie N-Methylacetamid), Di-, Tri- und Oligopeptiden vermitteln eine genaue Kenntnis über die Lage der einzelnen *NMR*-Signale und deren Verschiebung z. B. durch Einbau der Aminosäure in eine Peptidkette oder durch Protonierung (bzw. Proton-Abspaltung) bei pH-Variation.

Neben den chemischen Verschiebungen sind bei diesen niedermolekularen Substanzen vor allem die Kernspin-Kopplungskonstanten sehr informativ. Sehr eingehende Untersuchungen befaßten sich mit der Abhängigkeit der vicinialen H—N—C_α—H-Kopplung vom Diederwinkel Φ (gibt die gegenseitige Orientierung von N—H- und C—H-Bindung an, vgl. Abb. 1-15). Durch geeignete Experimente und theoretische Berechnungen konnte diese Beziehung ermittelt werden (Abb. 6-27). Die Abhängigkeiten der Kopplungskonstanten von den Drehwinkeln der Peptidkette finden häufig Anwendung zur Konformationsanalyse biologisch wichtiger cyclischer Peptide (Peptidantibiotika, Peptidhormone) wie Gramicidin S, Vasopressin, Oxytocin, die aus rund 10 Aminosäureresten aufgebaut sind.

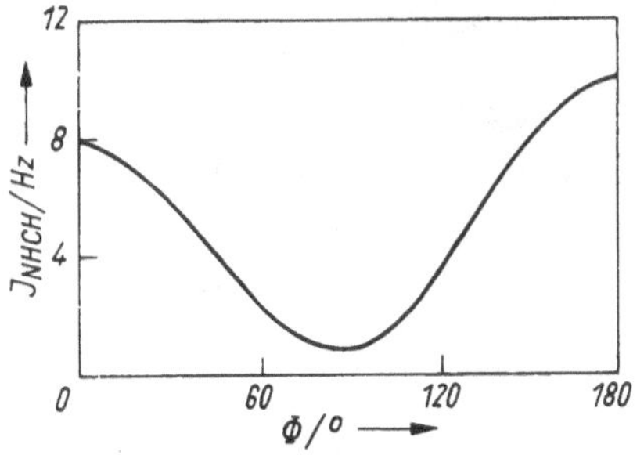

Abb. 6-27. Abhängigkeit der vicinalen Kopplungskonstante J_{HNCH} vom Torsionswinkel Φ der NH—C_α-Bindung (nach BYSTROV et al.).

Ungeordnete Polypeptide, denaturierte Proteine: Beim Übergang von den Oligopeptiden zu den Polypeptiden treten die bereits erwähnten Komplikationen auf: Bandenüberlappung der *NMR*-Linien gleicher Atomgruppen in etwas verschiedener chemischer Umgebung („Berge“) und Linienverbreiterung wegen der langsamen Umorientierung in der Lösung. Allerdings ist die Segmentbeweglichkeit in ungeordneten Polypeptidketten wegen der freien Drehbarkeit um die HN—C_α und die CO—C_α-Bindungen gewährleistet. Wir erhalten deshalb ziemlich scharfe ^{1}H-*NMR*-Signale mit Halbwertsbreiten um 10 Hz bei relativen Molekülmassen um 10000 Dalton. Oft sind die Signale aber noch wegen unaufgelöster Feinstruktur durch Kernspin-Kopplungen zusätzlich verbreitert.

Prinzipiell können wir das zu erwartende ^{1}H-*NMR*-Spektrum eines Polypeptids oder denaturierten Proteins aus den *NMR*-Parametern der Bausteine berechnen. Die chemischen Verschiebungen und Linienbreiten einiger wichtiger Protonenresonanzen der Aminosäurereste in D_2O-Lösung können wir der Tab. 6-3 entnehmen. Abweichungen zwischen gemessenen und berechneten ^{1}H-*NMR*-Spektren beruhen meist auf intramolekularen Wechselwirkungen zwischen Seitengruppen der Aminosäurereste.

Polypeptide mit geordneter Struktur; native Proteine: Größere Abweichungen zwischen berechneten und gemessenen ^{1}H-*NMR*-Spektren treten immer dann auf, wenn die Polypeptidkette eine geordnete Sekundärstruktur annimmt oder sich sogar zu einer definierten Tertiärstruktur faltet. Die zunehmende Versteifung des Molekülgerüsts bewirkt eine Linienverbreiterung der ^{1}H-*NMR*-Signale. Wir

Tabelle 6-3
Erwartete Lage und abgeschätzte Halbwertsbreite der ^{1}H-*NMR*-Signale in ungeordneten Proteinen (D_2O, 40 °C, neutrale Lösung) nach Messungen bei 220 MHz (nach McDonald und Phillips).

Protonen im Aminosäurerest	Chemische Verschiebung δ/ppm	Abgeschätzte Halbwertsbreite $\Delta\nu_{1/2}$/Hz
Leu-CH_3	0,89	15
Ile-CH_3	0,83	20
Val-CH_3	0,93	17
Ala-CH_3	1,41	18
Thr-CH_3	1,23	16
Lys-δCH_2 und βCH_2	1,68	30
Met-CH_3	2,06	10
Cys-βCH_2	3,02	12
His-C-4	7,07	10
His-C-2	7,91	10
Tyr-arom. H, ortho zu OH	6,82	17
Tyr-arom. H, meta zu OH	7,09	17
Phe, arom. H	7,26	30
Trp-Indol-C-2	7,20	10
Trp-Indol-C-5, C-6	7,04	15
	7,12	15
Trp-Indol-C-4, C-7	7,45	18
	7,54	18

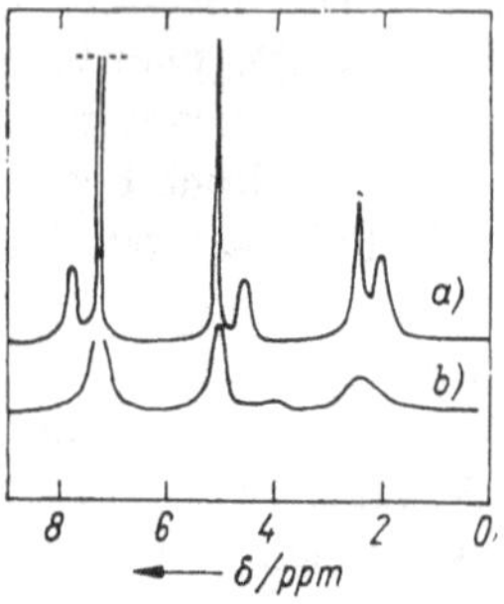

Abb. 6-28. Änderungen der Linienbreite im ^{1}H-*NMR*-Spektrum von Poly-γ-benzyl-L-glutamat beim Helix-Knäuel-Übergang.

(*a*) Spektrum des statistischen Knäuels (Lösungsmittel: 80% $CDCl_3$ und 20% Trifluoressigsäure). (*b*) Spektrum der α-Helix (Lösungsmittel: 98% $CDCl_3$ und 2% Trifluoressigsäure).

können die Beweglichkeitseinschränkung beim Übergang vom ungeordneten Knäuel zur geordneten α-Helixstruktur des synthetischen Polypeptids Poly-γ-benzyl-L-glutamat in allen Abstufungen dem ^{1}H-*NMR*-Spektrum entnehmen (Abb. 6-28). Im oberen Spektrum des statistischen Knäuels sind die Protonenresonanzsignale des Gerüsts wegen der Segmentbeweglichkeit nur wenig verbreitert, die der Seitengruppen sind mit zunehmendem Abstand vom Gerüst wegen der leichteren Beweglichkeit noch schärfer (Abb. 6-28a). Bei Ausbildung der geordneten Sekundärstruktur (hier der α-Helix) treten im ^{1}H-*NMR*-Spektrum starke Verbreiterungen auf, deren Ausmaß von der nun noch verbleibenden Beweglichkeit abhängt (Abb. 6-28b). Die Signale der α-CH-Protonen werden stark verbreitert und wegen der andersartigen chemischen Umgebung auch verschoben. Mit zunehmendem Abstand vom starren Gerüst nimmt die Verbreiterung der *NMR*-Linien der Seitengruppe (β-CH_2, γ-CH_2, Benzyl-CH_2, aromatische Protonen) wegen der zunehmenden Beweglichkeit ab.

In wäßrigen Lösungen von Proteinen sind die Vorgänge ungleich komplizierter. Durch die Faltung zur nativen Tertiärstruktur kommen eine ganze Reihe von Seitengruppen in das hydrophobe Innere des Biopolymermoleküls, während die außen gelegenen Seitengruppen nach wie vor in Wechselwirkung mit dem Lösungsmittel stehen. Dadurch werden die chemischen Verschiebungen von Protonen desselben Aminorests (z. B. Histidin) modifiziert, je nachdem, ob sich die Seitengruppe in einer polaren oder hydrophoben Umgebung befindet und ob noch weiter unten zu besprechende spezielle Einflüsse die Lage der Resonanzlinie beeinflussen.

Wenn sich auch die Linienverschiebungen im ^{1}H-*NMR*-Spektrum beim Übergang vom ungeordneten Zustand in die native Tertiärstruktur der Proteine nicht berechnen lassen, gibt es doch eine Reihe von Regeln, die eine Interpretation oder Zuordnung von Linien erlauben:

- Sehr große Linienverschiebungen (bis zu 90 ppm) werden für Protonen beobachtet, die sich in der Nähe paramagnetischer Zentren von Proteinen befinden.
- Geraten Protonen bei der Faltung zum nativen Protein in die Nähe aromatischer Seitengruppen (*Phe, Trp, Tyr, His*) oder aromatischer prosthetischer Gruppen (Porphyrin, Flavin), so können markante Verschiebungen durch den Ringstrom auftreten. Je nach der Entfernung zum aromatischen Ring und der Lage im Anisotropiekegel (vgl. Abschnitt 6.4.2.) können die Signale mehr oder weniger stark zu höheren oder niederen Feldern verschoben werden. Selbst bei 0,65 nm Abstand zu einem Benzolring beträgt die Verschiebung in der Ringebene noch +0,1 ppm, bei 0,55 nm Abstand in Richtung der sechszähligen Drehachse sogar noch −0,3 ppm!
- Elektrische Ladungen im Inneren des nativen Proteins können ebenfalls bei benachbarten Protonen große Verschiebungen hervorrufen.

Weitere Effekte werden durch H-Brücken, permanente Dipole, magnetische Anisotropie der Peptidgruppe und andere Faktoren induziert, ohne daß dafür bisher sichere Abschätzungen möglich sind.

Insgesamt führt also der Übergang eines ungeordneten Zustands in die Tertiärstruktur eines nativen Proteins zur Vergrößerung der Erwartungsbereiche für die ^{1}H-*NMR*-Signale bestimmter Protonen und zur Überlappung mit den Erwartungsbereichen für andere Protonen. Mit Erfolg genutzt werden folgende drei Spektralbereiche in den ^{1}H-*NMR*-Spektren nativer Proteine und Enzyme:

1. *Methylprotonen:* Wegen der starken diamagnetischen Abschirmung (vgl. Abschnitt 6.4.2.) liegen die *NMR*-Signale der Methylprotonen bei *hohen Feldstärken.* Bei bekannter Tertiärstruktur können starke Effekte wie z. B. Ringströme auf die Lage der Methylprotonenresonanzen abgeschätzt werden und somit zusammen mit anderen Methoden eine Zuordnung zu bestimmten Methylgruppen erleichtern.

2. *Aromatische Protonen:* Wegen des Ringstromeffekts treten diese Signale bei *relativ niedrigem Feld* auf. Es gibt nur vier aromatische Seitengruppen in Proteinen (*His, Tyr, Trp, Phe*), wobei die ersten drei wegen ihres häufigen Auftretens in aktiven Zentren von Enzymen besonders interessant sind. Die insgesamt geringe Anzahl dieser Seitengruppen und die isolierte Lage im ^{1}H-*NMR*-Spektrum erlaubt oft eine eindeutige Zuordnung. Vor allem die am niedrigsten (d. h. bei großen ppm-Werten) liegenden Signale der C-2-Protonen des Histidinrests (Proton zwischen den beiden N-Atomen des Imidazolrings, vgl. Formel in Tab. 1-1) sind eingehend untersucht worden.
3. *NH-Protonen:* NH-Protonen befinden sich im Gerüst der Polypeptidkette als Amidprotonen und in den N-heterocyclischen Ringen der Seitengruppen von *His* (Imidazolring) und *Trp* (Indolring). Bei *NMR*-Messungen in D_2O werden die NH-Protonen mehr oder weniger schnell ausgetauscht und entziehen sich somit dem Nachweis in der ^{1}H-*NMR*. Nur die sehr langsam austauschenden NH-Protonen von nativen Proteinen können bei nicht zu hohen Temperaturen über längere Zeit auch in D_2O-Lösung nachgewiesen werden. Üblicherweise wird aber zur Untersuchung der ^{1}H-*NMR*-Signale von NH-Gruppen in H_2O-Lösung gemessen. Die in H-Brücken gebundenen Protonen werden durch die starke „Entschirmung" zu *sehr niedrigem Feld* verschoben, so daß keine Störung durch das bei mittleren chemischen Verschiebungen liegende Wassersignal auftritt.

Die Schwierigkeiten der Zuordnung lassen sich nicht durch ^{1}H-*NMR*-Messungen im Verlauf der Renaturierung (Rückbildung der nativen Tertiärstruktur aus der denaturierten Form) beseitigen, weil die Linien nicht allmählich von der Position

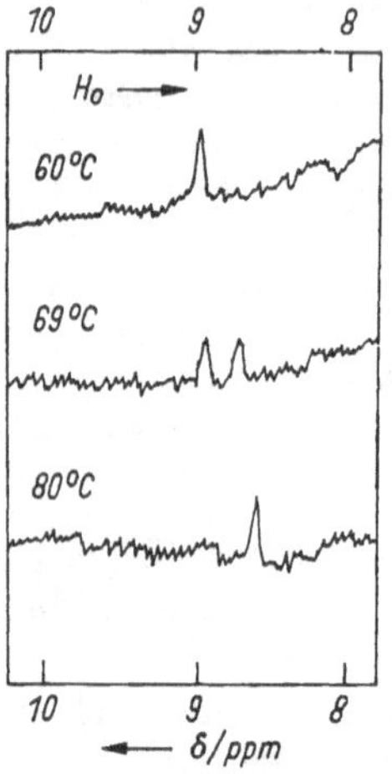

Abb. 6-29. ^{1}H-*NMR*-Spektrum (220 MHz) der C-2-H-Resonanzsignale des His-15-Rests von Lysozym (aus Hühnereiweiß, 10%ige D_2O-Lösung bei pH 3,3), im Verlauf der thermischen Denaturierung des Enzyms (nach McDonald et al.).

im ungeordneten Zustand auf die des nativen Zustands verschoben werden. Vielmehr beobachten wir bei diesem kooperativen Zwei-Zustands-Prozeß ein allmähliches Verschwinden der Linien der einen Form und in gleichem Maß das Anwachsen der Linien der anderen Form. So können wir bei der (reversiblen) thermischen Denaturierung des Lysozyms im Übergangszustand bei 69 °C die Linie des C-2-Protons des Histidinrests in Position 15 (*His*-15) bei ca. 9 ppm für den denaturierten und nativen Zustand getrennt beobachten (Abb. 6-29).

Protonierung der *His*-Reste verschiebt die C-2-Protonenresonanzlinien zu kleinerem Feld. Von den 4 in der Ribonuclease vorhandenen Histidinresten (*His*-12, *His*-48, *His*-105, *His*-119) können bei 100 MHz die Signale der C-2-Protonen getrennt beobachtet werden. Die unterschiedliche Position im Proteinmolekül spiegelt sich bei der Protonierung auch in unterschiedlichen pK-Werten wider, die in der angegebenen Sequenzreihenfolge 6,7; 6,2; 5,8; 6,4 betragen. Die ^{1}H-*NMR* kann also „innere" *pK*-Werte von protonierbaren Seitengruppen in nativen Proteinen messen. Die Zuordnung zu den einzelnen Histidinresten wurde durch die spektralen Änderungen bei Inhibitorbindung und bei enzymatischer Spaltung ermöglicht.

Im ^{1}H-*NMR*-Spektrum des denaturierten Enzyms Lysozym erhalten wir bei 220 MHz in H_2O-Lösung nur ein Signal für die NH-Protonen der insgesamt 6 Tryptophanreste (*Trp*), das bei niederem Feld als die Signale der NH-Amidprotonen liegt. In der nativen Form dagegen können wir 5 von den *Trp*-Resten als getrennte ^{1}H-*NMR*-Linien beobachten (Abb. 6-30). Die sechste *Trp*-Linie liegt vermutlich im Bereich der nunmehr durch die intramolekularen H-Brücken zu niederem Feld verschobenen Amid-NH-Protonenresonanzen. Auch hier gelingt eine partielle Zuordnung zu den 6 *Trp*-Resten des Enzyms durch die Änderungen im Spektrum bei Inhibitorbindung und beim H-Isotopenaustausch.

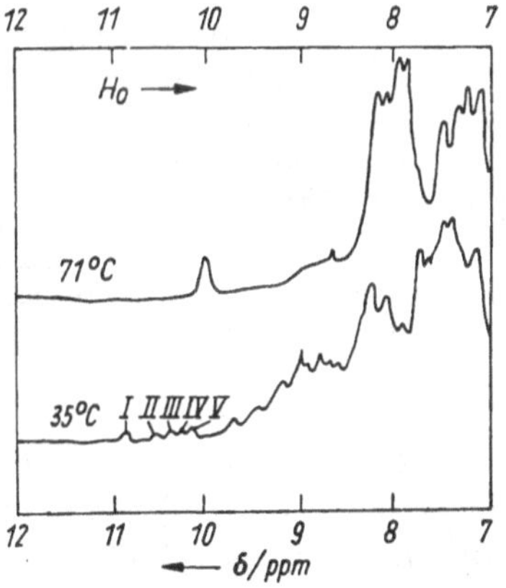

Abb. 6-30. ^{1}H-*NMR*-Spektrum (220 MHz) von Lysozym (15%ige H_2O-Lösung bei pH 3,3).

Abgebildet ist der Bereich der NH-Protonenresonanzen bei niederem Feld (nach GLICKSON et al.) und die Änderungen bei der thermischen Denaturierung. *71 °C*: Die NH-Protonen der 6 Tryptophanreste liefern in der denaturierten (entfalteten) Form ein einziges Signal bei ca. 10 ppm; *35 °C*: 5 der 6 Tryptophanreste können in der nativen (gefalteten) Form als getrennte NH-Protonenresonanzen nachgewiesen werden.

Selbst bei bekannter Tertiärstruktur eines Proteins können die ^{1}H-*NMR*-Signale nur von bestimmten Protonen exakt zugeordnet werden. Trotzdem sind eine Reihe von beachtlichen Resultaten vor allem bei der Wechselwirkung mit niedermolekularen Partnern erzielt worden.

Wechselwirkung von Proteinen und Enzymen mit kleinen Molekülen: Viele molekularbiologisch wichtige Reaktionen beruhen auf der Bildung eines schwachen Komplexes zwischen Protein (Enzym) und einem niedermolekularen Partner. Mittels der ^{1}H-*NMR* können derartige Komplexe von zwei Seiten aus untersucht werden:

— Es werden Änderungen im *Spektrum des Biopolymeren* gemessen und daraus Rückschlüsse auf Bindungsstellen, Konformationsänderungen und Bindungsmechanismen ermöglicht.

— Aus Änderungen im *Spektrum des niedermolekularen Partners* werden Informationen über Bindungsmechanismus, Stabilität und Kinetik der gebildeten Komplexe abgeleitet.

Die Ergebnisse beider Teiluntersuchungen lassen sich in günstigen Fällen so zusammenfügen, daß ein Modell des Komplexes aufgestellt werden kann. Das gelang z. B. für die Bindung der Inhibitoren 2'-, 3'- und 5'-Cytidinmonophosphat (*CMP*) an Ribonuclease. Bei Inhibitorzusatz verschieben sich die C-2-Protonenreso-

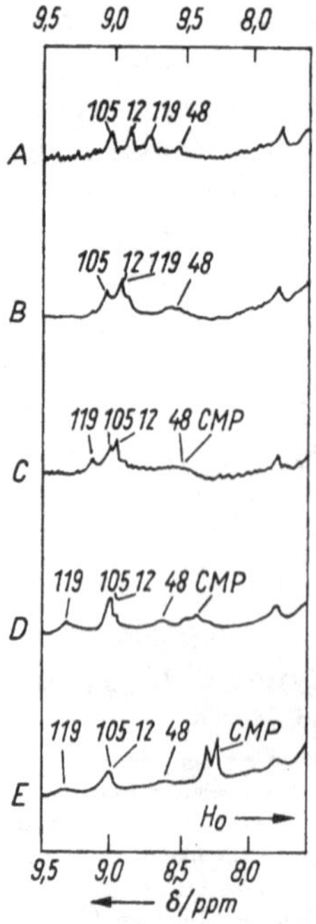

Abb. 6-31. ^{1}H-*NMR*-Spektren (100 MHz) im Bereich der Histidin-C-2-Protonen von Ribonuclease (pH 5,5; 32 °C).

Änderungen im Spektrum bei Zugabe des Inhibitors 3'-Cytidinmonophosphat (*CMP*); Inhibitorkonzentration: *A*) 0, *B*) $2 \cdot 10^{-3}$ M, *C*) $5 \cdot 10^{-3}$ M, *D*) $1 \cdot 10^{-2}$ M, *E*) $3 \cdot 10^{-2}$ M. Das Signal bei 7,8 ppm stammt vom C-4-Proton des *His*-105. Die anderen bezeichneten Signale gehören zu den C-2-*His*-Protonen bzw. zum *CMP* (nach Meadows und Jardetzky).

nanzlinien von 2 der 4 *His*-Reste. Diese beiden Signale sind *His*-12 und *His*-119 zuzuordnen, die sich im aktiven Zentrum befinden. Eine weitere C-2-*His*-Linie wird bei Inhibitorzusatz verbreitert und ist deshalb der im Innern des Enzyms gelegenen Gruppe *His*-48 zuzuordnen. Aus der beobachteten Verbreiterung kann auf eine Konformationsänderung des Enzyms bei der Bildung eines Enzym-Substrat (Inhibitor)-Komplexes geschlossen werden. Die bei Inhibitorzusatz unbeeinflußt bleibende vierte Linie schließlich muß dem Rest *His*-105 zugeordnet werden (Abb. 6-31).

Kombiniert mit den Änderungen im ^{1}H-*NMR*-Spektrum des Inhibitors 3'-*CMP* bei der Komplexbildung konnte ein Modell für den Enzym-Inhibitor-Komplex vorgeschlagen werden (Abb. 6-32): Die negativ geladene Phosphatgruppe des Inhibitors steht in elektrostatischer Wechselwirkung mit der NH_3^+-Gruppe von *Lys*-41 und gleichzeitig mit dem positiv geladenen Imidazolring des *His*-119. H-Brücken werden zwischen dem Basenrest und *Ser*-123 sowie *Thr*-45 gebildet. Hydrophobe Wechselwirkungen des Basenrests mit dem Imidazol- bzw. Phenylring von *His*-12 und *Phe*-120 vervollständigen das Bild.

Im *NMR*-Spektrum des kleinen Moleküls können bei Bindung an ein Biopolymermolekül zwei Effekte auftreten:

- Linienverschiebung, weil die Kerne im Komplex eine andere chemische Umgebung als im ungebundenen Zustand haben;
- Linienverbreiterung wegen der Beweglichkeitseinschränkung zumindest für die an der Bindung direkt beteiligte Molekülgruppe.

Beide Effekte sind Austauschphänomene (vgl. Abschnitt 6.4.4.).

Die beobachteten Größen von Verschiebungen und Verbreiterungen (gleichbedeutend mit Änderungen der Relaxationszeit) hängen von der Größe des entsprechenden Gesamteffekts im Grenzfall sehr starker Bindung aller Moleküle, vom

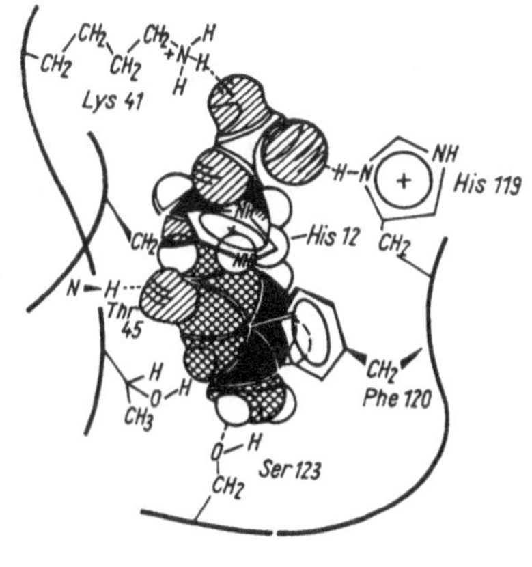

Abb. 6-32. Aus den in der vorangehenden Abb. 6-31 abgebildeten *NMR*-Spektren abgeleitetes Modell für den Enzym-Inhibitor-Komplex zwischen Ribonuclease und 3'-*CMP*.

Die Lage des Inhibitors im aktiven Zentrum der Ribonuclease ist von der Rückseite der „Tasche" her gesehen skizziert (nach Meadows, Roberts und Jardetzky).

aktuell gebundenen Teil der kleinen Moleküle und von ihrer Verweildauer im gebundenen Zustand ab. Die Verweildauer wird durch die *Korrelationszeit* τ charakterisiert. Es gehen also sowohl Gleichgewichtskonstante als auch Austauschrate zwischen freiem und gebundenem Zustand in das aktuelle *NMR*-Spektrum ein. Wie bereits erwähnt (Abschnitt 6.4.4.), können in günstigen Fällen einige der thermodynamischen und kinetischen Parameter ermittelt werden (K_{ass}, k_1, k_{-1}, E_A). Zumindest eine Abschätzung der Lebensdauer des Komplexes ist fast immer möglich.

Diese dynamischen Studien wurden besonders eingehend an den Inhibitorkomplexen des Lysozyms durchgeführt, für die auch Röntgenstrukturdaten vorliegen. Als Inhibitoren wirken hier N-Acetyl-D-glycosamin (*NAG*) und dessen Di- und Trimere $(NAG)_2$ und $(NAG)_3$. Am Disaccharid $(NAG)_2$ wurde beobachtet, daß nur die Linien der Acetylprotonen am reduzierenden Ende zu höherem Feld verschoben und verbreitet werden, während das Signal der anderen N-Acetylgruppe unbeeinflußt bleibt. Offensichtlich befindet sich die Acetylgruppe des reduzierenden Endes im Inhibitorkomplex tief in der „Tasche" des aktiven Zentrums des Lysozyms und ist dadurch stark immobilisiert. Der aus den *NMR*-Daten bestimmte Wert für die Dissoziationsgeschwindigkeitskonstante k_{-1}

$= 720\ s^{-1}$ ist in guter Übereinstimmung mit dem aus Temperatursprungmessungen ermittelten Wert von $k_{-1} = 950\ s^{-1}$. Für den Komplex mit dem Monomeren *NAG* konnten sowohl k_1 als auch k_{-1} bestimmt werden.

Analoge Messungen konnten an einer ganzen Reihe von Enzym-Inhibitor- bzw. Enzym-Substrat-Komplexen zu Aussagen über die Dynamik der gebildeten Komplexe genutzt werden. Außer den bereits erwähnten Enzymen wurden noch α-Chymotrypsin und Aspartat-Transcarbamylase in die Untersuchungen ein-

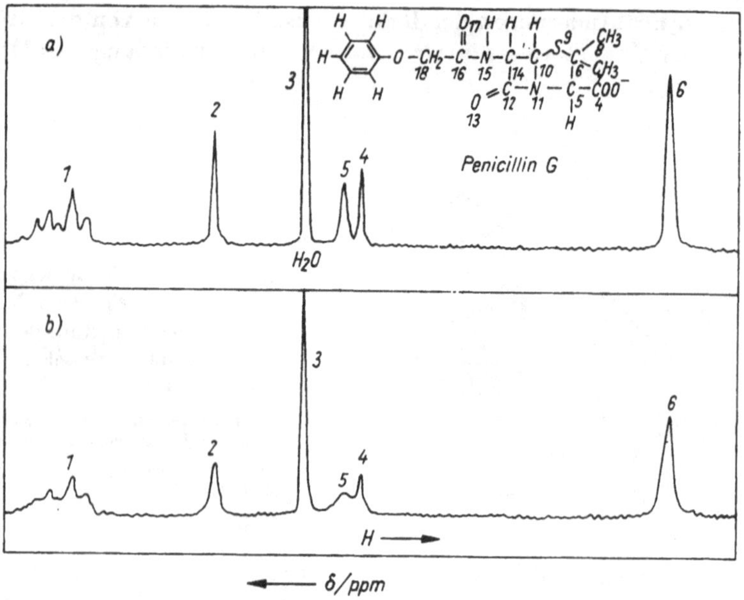

Abb. 6-33. ^{1}H-*NMR*-Spektrum des Penicillin G in D_2O-Lösung (*a*) und nach Zusatz von 10% Serumalbumin (*b*).

Linienzuordnung: *1* — Phenylprotonen; *2* — C_{10}—H und C_{14}—H; *3* — H_2O; *4* — C_5—H; *5* — C_{18}—H_2; *6* — C_7- und C_8-Methylprotonen (nach FISCHER und JARDETZKY).

bezogen. Auch Bindungen von Coenzymen an die Enzyme wurden untersucht. So konnte die Bindung des Coenzyms Nicotinamid-adenindinucleotid (in reduzierter und oxidierter Form) an verschiedenen Dehydrogenasen im ^{1}H-*NMR*-Spektrum bei 220 MHz analysiert werden. Während das oxidierte Coenzym im Komplex Linienverschiebungen zu niederem Feld zeigt, sind beim reduzierten Coenzym Linienverbreiterungen zu beobachten. Daraus kann eine lockere Bindung unter Entfaltung (Aufhebung der Basenstapelung zwischen Pyridin- und Adeninteil) des Coenzyms in der oxidierten Form und eine festere Bindung in der reduzierten Form geschlossen werden. Nur die 3-Phosphorglycerinaldehyd-dehydrogenase scheint das Coenzym in gefalteter Form zu binden, denn hier werden die Resonanzlinien zu höherem Feld verschoben.

Die Abstufung der Linienverbreiterung infolge der Beweglichkeitseinschränkung bei Bindung eines kleinen Moleküls an ein Makromolekül ist von der mittleren Verweildauer im Komplex (Korrelationszeit τ) abhängig. Aus den konzentrationsabhängig gemessenen Linienbreiten (oder nach Gl. 6-37 direkt durch Messung der Relaxationszeit T_1) kann so die Verbreiterungsreihenfolge Rückschlüsse auf den bindenden Teil des niedermolekularen Partners erlauben. Das ist für die Erforschung der Wirkungsweise von Arzneimitteln von Bedeutung.

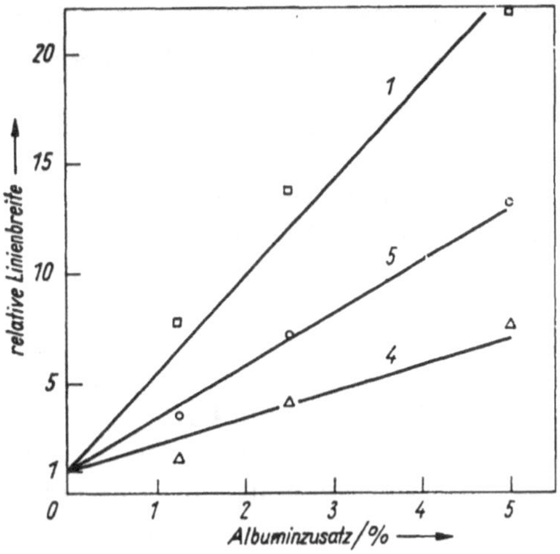

Abb. 6-34. Relative Linienverbreiterung im ^{1}H-*NMR*-Spektrum von Penicillin G (in D_2O) als Funktion der zugesetzten Serumalbuminmenge. Linienzuordnungen sind in der Legende von Abb. 6-33 angegeben.

So ist es von Interesse, welche der im Pharmakamolekül befindlichen Gruppen für die Anheftung an Serumalbumin verantwortlich ist, denn Serumalbumin dient als Transportmittel vieler Pharmaka. Entsprechende ^{1}H-*NMR*-Untersuchungen über die Linienverbreiterung bei Serumalbumin wurden an Penicillin G, einigen Sulfonamiden und an Acetylsalicylsäure vorgenommen.

Im ^{1}H-*NMR*-Spektrum des Penicillins bewirkt steigender Serumalbuminzusatz zunehmende Linienverbreiterungen einiger Linien (Abb. 6-33). Bei Auftragung der relativen Linienverbreiterung über der Proteinkonzentration (Abb. 6-34) ist die stärkere Verbreiterung der Phenyl- gegenüber den Benzylprotonenresonanzen zu ersehen, während die Protonenresonanzen des Penicillinsäurerests nahezu unbeeinflußt bleiben. Durch weitere *NMR*-Untersuchungen konnte ein hydrophober Bindungsmechanismus gesichert werden, wobei aromatische Seitengruppen des Serumalbumins mit dem Phenylring des Antibiotikums in Wechselwirkung treten (in Form einer Übereinanderlagerung der Ringebenen).

Auch für die Sulfonamide konnten aromatische Ringe als bindender Molekülteil an das Serumalbumin ermittelt werden. Derartige Untersuchungen können uns also Aufschluß über den *Wirkungsmechanismus von Arzneimitteln* geben und damit eine gezielte Synthese stimulieren.

^{1}H-NMR-Untersuchungen an Histonen: Die Aufklärung der Primärstruktur der einzelnen Histone ($F1$, $F2a_1$, $F2b$) ermöglichte eine weitgehende Interpretation der ^{1}H-*NMR*-Spektren. Salzinduzierte Konformationsänderungen konnten bestimmten Sequenzabschnitten zugeordnet werden. In neuerer Zeit wurde aus diesen Resultaten ein Modell für die Kontraktilität von Chromatin abgeleitet, das auf der partiellen Freisetzung des Histons $F1$ aus dem *DNA*-Komplex und auf der intramolekularen Histon-Histon-Wechselwirkung bei bestimmten Salzkonzentrationen (Kontraktion) bzw. auf der völligen Freisetzung dieses Histons bei höheren Salzkonzentrationen (Expansion) beruht.

NMR-Untersuchungen an ^{31}P-, ^{19}F- und ^{13}C-Kernen: Auch die *NMR* anderer Kerne hat erfolgreich zur Strukturanalyse von Polypeptiden und Proteinen beigetragen. Bei der Untersuchung der Wechselwirkung von Proteinen mit niedermolekularen Partnern wurden auch ^{31}P- und ^{19}F-*NMR*-Signale der kleinen Moleküle genutzt. Der Vorteil ist hierbei, daß meist keine Überlagerungen mit anderen Linien vorkommen.

Verbreiterung und Verschiebung des ^{31}P-*NMR*-Signals von 3'-Uridinmonophosphat bei der Bildung des Inhibitorkomplexes mit Ribonuclease dienten zur eingehenden thermodynamischen und kinetischen Analyse. Die Aktivierungsenergie des Dissoziationsprozesses $E_A = 3{,}5 \pm 1{,}0$ kcal/Mol und auch die Geschwindigkeitskonstanten stimmen wiederum gut mit Temperatursprungmessungen überein.

^{19}F-*NMR* wurde u. a. zur Charakterisierung der Inhibitor-Komplexe von α-Chymotrypsin mit N-Trifluoracetylderivaten von Phenylalanin und Tryptophan sowie von Lysozym mit N-Fluoracetyl-D-glucosamin verwendet.

In neuerer Zeit ist durch die stürmische apparative Entwicklung die ^{13}C-*NMR* in breitem Umfang zum Einsatz gekommen. Gegenüber der ^{1}H-*NMR* ist der Bereich der chemischen Verschiebungen um den Faktor 20 größer (Tab. 6-1), wodurch die Gefahr der Linienüberlappung wesentlich geringer wird. Auch die Linienverbreiterung wegen ungenügender Ausmittlung der anisotropen Dipol-Dipol-Wechselwirkungen fällt nicht so ins Gewicht, da wegen der längeren Relaxationszeiten der ^{13}C-Kernspins auch langsamere Umorientierungen in Lösung für das Auftreten hinlänglich scharfer Signale ausreichen. Daher können auch an Biopolymeren noch gut aufgelöste ^{13}C-*NMR*-Spektren erhalten werden. In den Spektren von Ribonuclease und Lysozym z. B. konnten eine Vielzahl von Linien beobachtet und teilweise auch bestimmten C-Atomen im Protein zugeordnet werden.

Ein weiterer Vorteil ist die Möglichkeit, die Relaxationszeit T_1 prinzipiell für jedes ^{13}C-*NMR*-Signal einzeln zu ermitteln. Dadurch können Aussagen über die Beweglichkeiten in allen Bereichen eines Moleküls und deren Änderungen z. B. bei Konformationsübergängen oder Wechselwirkungen getroffen werden. Als Beispiel sei die Bestimmung der unterschiedlichen Beweglichkeiten von Gerüst und Seitenketten des synthetischen Polypeptids Poly-γ-benzyl-L-glutamat im Helix- und Knäuelzustand genannt, auch die inneren Rotationen im cyclischen

Peptid Gramicidin S konnten damit ermittelt werden. Weiterhin ermöglichten die selektiven Relaxationszeitbestimmungen im ^{13}C-*NMR*-Spektrum die Analyse der verschiedenen Konformationszustände der Ribonuclease sowie der Enzym-Substrat-Komplexe von Pyruvatcarboxylase bzw. Pyruvatkinase mit Brenztraubensäure.

Isotopenanreicherung, Isotopensubstitution: Da der Kernspin für isotope Kerne völlig unterschiedlich ist (vgl. Tab. 6-1), kann durch selektive Isotopenanreicherung oder -substitution eine drastische Vereinfachung von Spektren oder zumindest eine einfache Zuordnung von *NMR*-Linien erzielt werden.

So kann eine Zuordnung der Linien eines bestimmten Aminosäurerests (z. B. *Phe*) im ^{1}H-*NMR*-Spektrum eines Proteins ermöglicht werden, indem Mikroorganismen mit perdeuterierten Aminosäuren gefüttert werden und nur die eine gewünschte Aminosäure in undeuterierter Form zugesetzt wird. Das ^{1}H-*NMR*-Spektrum der Proteine aus derartig gezüchteten Mikroorganismen enthält dann nur die Linien dieser einen Aminosäure.

In der ^{13}C-*NMR* wird häufig eine Anreicherung gegenüber der nur ca. 1% betragenden natürlichen Isotopenhäufigkeit vorgenommen. Auf diese Weise können die ^{13}C-*NMR*-Linien bestimmter C-Atome leicht identifiziert werden, weil sie durch ihre Intensität herausragen. Es kann so ohne zeitaufwendigen chemischen Abbau der exakte Nachweis geführt werden, an welcher Stelle im Endprodukt eines Biosynthesewegs ein bestimmter Baustein eingefügt wird. Aber auch zur Charakterisierung des dynamischen Zustands der Histidinreste in der α-Untereinheit der Tryptophan-Synthetase wurde diese Technik verwendet. Zu wachsenden *E. coli*-Stämmen wurde ^{13}C-angereichertes Histidin gegeben und dann das Enzym isoliert. Wie aus den selektiven Relaxationszeitmessungen hervorgeht, sind die dann leicht im ^{13}C-*NMR*-Spektrum identifizierbaren vier Histidinreste in der Proteinmatrix weitgehend immobilisiert.

Auch für die Analyse von Enzym-Substrat-Komplexen wurde die Isotopenanreicherung angewandt. So wurde an der Carbonylgruppe des Acetylrests ^{13}C-angereichertes N-Acetyl-L-tryptophan bei der Bindung an α-Chymotrypsin untersucht. Aus der Kopplungskonstante J_{CNCH} zwischen Carbonyl-C und dem α-CH-Proton läßt sich der Diederwinkel φ zwischen C_α und N (vgl. Abb. 1-15) bestimmen. Es ergibt sich eine Konformationsänderung des Substrat-Analogons bei der Bindung an das Enzym, der Winkel im Komplex läßt sich zu $\varphi \approx -30°$ abschätzen.

6.4.8. *NMR zur Strukturanalyse von Nucleinsäuren*

Konformationsanalyse von Nucleosiden und Nucleotiden: Nucleoside und Nucleotide können verschiedene Konformationen annehmen, die durch die Größe der Torsionswinkel $\chi, \psi, \varphi, \omega$ (Abb. 6-35) beschrieben werden. Außer diesen inneren Rotationen ist auch eine unterschiedliche Faltung des Furanoserings („ring puckering") möglich.

Der Torsionswinkel χ beschreibt die gegenseitige Anordnung von Base und Zucker zueinander, wobei zwei sich um 180° unterscheidende Vorzugslagen existieren, die als *anti*- und *syn*-Konformation bezeichnet werden. In der anti-Konformation liegt H-8 bei Purinbasen bzw. H-6 bei Pyrimidinbasen in Nähe der Phosphatgruppe. Die negative Ladung der Phosphatgruppe verschiebt bei *pD*-

abhängigen Messungen an 5'-Nucleotiden die Resonanzsignale der H-8- bzw. H-6-Protonen durch ihre „entschirmende" Wirkung zu niederen Feldern, während dieser Effekt bei 2'- oder 3'-Nucleotiden nicht auftritt. Eine noch sicherere Entscheidung über das Vorliegen der *anti-* oder *syn*-Konformation aus den ^{1}H-*NMR*-Spektren erlaubt der *Kern*-OVERHAUSER-*Effekt* (*NOE*). Der Effekt beruht auf der direkten, durch den Raum übertragenen Kernspin-Wechselwirkung. Man kann die bei dem speziellen Meßverfahren des *NOE* auftretenden Intensitäts-

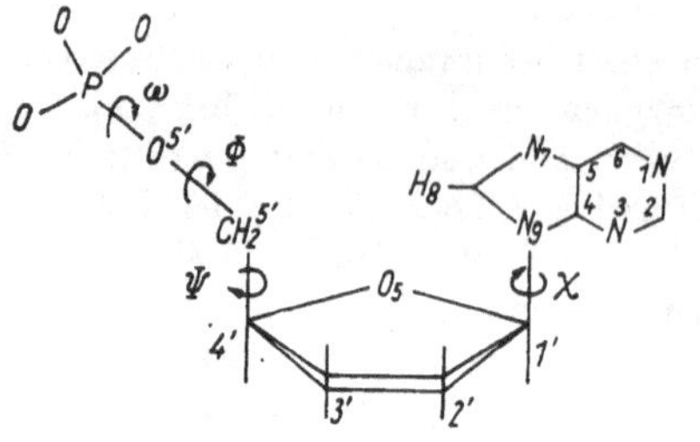

Abb. 6-35. **Zur Konformation der Nucleotide.**

Zusammen mit der Faltung des Furanoserings (vgl. Abb. 4-16) legen die Torsionswinkel χ, ψ, φ und ω die jeweilige Nucleotidkonformation fest (vgl. Abb. 4-17).

erhöhungen zum Nachweis der Nachbarschaft der wechselwirkenden Kerne nutzen. Bei Nucleosiden und Nucleotiden wird das Vorliegen einer direkten Wechselwirkung im *NOE* zwischen dem H-5' des Riboserests und dem H-8 bzw. H-6 der Base als Beweis der *anti*-Konformation gewertet. Weiterhin kann auch die Größe des Torsionswinkels χ der Kopplungskonstanten $J_{C1'-H1'}$ entnommen werden, die sich im ^{13}C-*NMR*-Spektrum bestimmen läßt.

Die bisherigen Resultate sprechen für eine Bevorzugung der *anti*-Konformation, doch sind die Energiebarrieren, für eine *anti-syn*-Umwandlung oft so gering, daß auch die Existenz von Konformerengemischen in Betracht gezogen werden muß.

In letzter Zeit sind sehr viele *NMR*-Untersuchungen zur Ermittlung der Konformationen bezüglich der C-4'-C-5'-, C-5'-O-5'- und O-5'-P-Bindungen (charakterisiert durch die Torsionswinkel ψ, φ und ω; Abb. 6-35) durchgeführt worden. Von besonderem Interesse sind dabei die Torsionswinkel ψ und φ, die in den Nucleinsäuren durch die Gerüstkonformation festgelegt werden. Den *NMR*-Spektren können die verschiedensten Kopplungskonstanten von ^{1}H—^{1}H-, ^{31}P—^{13}C- und ^{31}P—^{1}H-Kopplungen entnommen werden, deren Größe von der gegenseitigen Lage der koppelnden Kerne und der Anordnung der dazwischen liegenden Bindungen bestimmt wird. Aus kombinierten ^{1}H- und ^{13}C-*NMR*-Messungen können die bevorzugten Konformationen sowie ihre Populationen bestimmt werden.

Schließlich kann die Faltung des Furanoserings aus den vicinalen Kopplungskonstanten $^3J_{H-C-C-H}$ der ^{1}H-*NMR*-Spektren bestimmt werden. Es existieren zwei bevorzugte Faltungen des Furanoserings, bei denen entweder C-2' oder C-3' aufwärts zum C-5' hin gedreht erscheint. Diese Anordnungen bezeichnen wir als

„C-2'-endo“ bzw. „C-3'-endo“ (vgl. Tab. 1-10 u. Abb. 4-16). In den Nucleotiden wurde bisher immer die C-2'-endo-Konformation gefunden.

Eine weitere neu entwickelte Methode zur Konformationsanalyse von Nucleotiden mittels der *NMR*-Spektroskopie ist die *Lanthanidensondentechnik*. Hierbei werden die stark abstandsabhängigen Linienverschiebungen und Linienverbreiterungen in den *NMR*-Spektren bei Bindung von paramagnetischen Lanthanid-Kationen an die negative Phosphatgruppe (vgl. Abschnitt 6.4.5.) mittels Computer ausgewertet, um die räumlichen Abstände der einzelnen Kerne vom paramagnetischen Kation zu ermitteln und so ein Raummodell zu erhalten.

Wir können insgesamt feststellen, daß aus den *NMR*-Spektren (^{1}H, ^{13}C) unter Einsatz besonderer Techniken wie *NOE* und Lanthanidensonden eine völlige Beschreibung der Konformation von Nucleotiden in Lösung möglich ist.

Metallionenkomplexe der Nucleoside und Nucleotide: Zur Aufklärung der biologischen Wirkung von Metallionen ist eine genaue Kenntnis ihrer Wechselwirkung mit Nucleinsäuren und deren Bausteinen von Bedeutung.

Diamagnetische Metallionen führen nur zu einer Linienverschiebung ohne Verbreiterung. In günstigen Fällen können aus den ^{1}H- und ^{31}P-*NMR*-Spektren die Bindungskonstanten für die Komplexe oder die Stöchiometrie ermittelt werden. Besonders gut untersucht wurden die Komplexe Guanosin-Ca^{2+} und *ATP*-Zn^{2+}.

Paramagnetische Ionen wie Mn^{2+} und Cu^{2+} verbreitern in *NMR*-Spektren die Signale in Abhängigkeit von der Entfernung zum Metallion. Aus der Verbreiterungsreihenfolge läßt sich so die Bindungsstelle des Metallions am Nucleotid (Nucleosid) ermitteln. Zur Demonstration seien die ^{1}H-*NMR*-Spektren von Inosin (gelöst in Dimethylsulfoxid-D_6) bei Zusatz von Cu^{2+}-Ionen (Abb. 6-36) und die

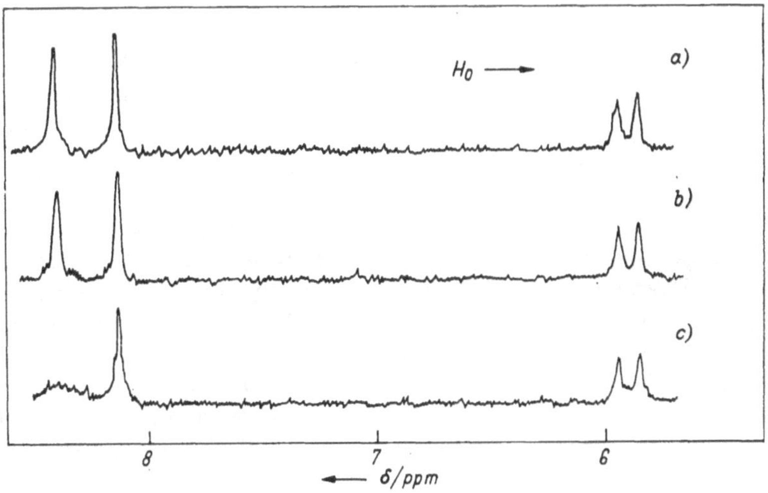

Abb. 6-36. ^{1}H-*NMR*-Spektren von Inosin (60 MHz; in DMSO-D_6).

(*a*) ohne Zusatz, (*b*) Zusatz von $2 \cdot 10^{-5}$ M Cu^{2+}, (*c*) Zusatz von $3{,}75 \cdot 10^{-5}$ M Cu^{2+}. Signalzuordnungen (von links nach rechts): C-8-, C-2- und (Dublett) C-1'-Protonen (nach FRITZSCHE).

Auftragung der konzentrationsabhängigen Linienverbreiterung im ^{13}C-*NMR*-Spektrum des 5'-*AMP* bei Mn^{2+}-Zusatz gezeigt (Abb. 6-37). Wegen der größeren Anzahl von C-Atomen gegenüber den C—H-Protonen in den Basenresten erlaubt die ^{13}C-*NMR* eine präzisere Lokalisierung der gebundenen paramagnetischen Metallionen.

Basenstapelung: Die Bedeutung der Basenstapelung für die Stabilität der *DNA*-Doppelhelix in wäßriger Lösung wurde bereits diskutiert (Abschnitt 1.4.). Die Tendenz zur Basenstapelung ist bereits in den freien Basen vorhanden, wie aus osmotischen Messungen und ^{1}H-*NMR*-Messungen in wäßriger Lösung hervorgeht.

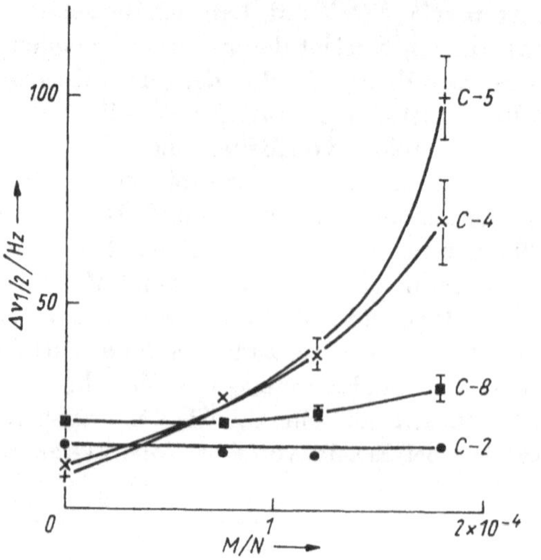

Abb. 6-37. Änderung der Linienbreite $\Delta\nu_{1/2}$ von ^{13}C-*NMR*-Signalen des 5'-Adenosinmonophosphats (D_2O-Lösung) bei Zusatz von Mn^{2+}-Ionen.

M/N ist das molare Verhältnis von Metallionen zu Nucleotid (nach FRITZSCHE, ARNOLD und KRUSCHE).

Die Basenstapelung führt wegen der starken gegenseitigen Beeinflussung durch den Ringstromeffekt bei den Purinbasen zu erheblichen Linienverschiebungen. Da sich die Protonen der beeinflußten Base im abschirmenden Teil des Anisotropiekegels der beeinflussenden Base (vgl. Abb. 6-16) befinden, erwarten wir eine Linienverschiebung zu höheren Feldern. In Purinnucleosiden führt die Basenstapelung in wäßriger Lösung zu einer bevorzugten Abschirmung des H-2-Protons durch den Sechsring der benachbarten Base gegenüber einer schwächeren Abschirmung der H-8 und H-1'-Protonen durch den Fünfring der benachbarten Base (Abb. 6-38 und Tab. 6-4).

Auch die Pyrimidinbasen und Pyrimidinnucleoside haben in wäßriger Lösung eine mit osmotischen Messungen nachweisbare Tendenz zur Basenstapelung, doch ist wegen des fehlenden Ringstroms ein Nachweis in den ^{1}H-*NMR*-Spektren nicht möglich. Jedoch kann durch Zufügen von Purin eine entsprechende Linienverschiebung der ^{1}H-*NMR*-Signale der Pyrimidinbasen in den Mischassoziaten Purin-Pyrimidinbase nachgewiesen werden. Die Größe des Effekts deutet darauf hin, daß rund 50% der Energie der Purin-Purin-Assoziation freigesetzt werden.

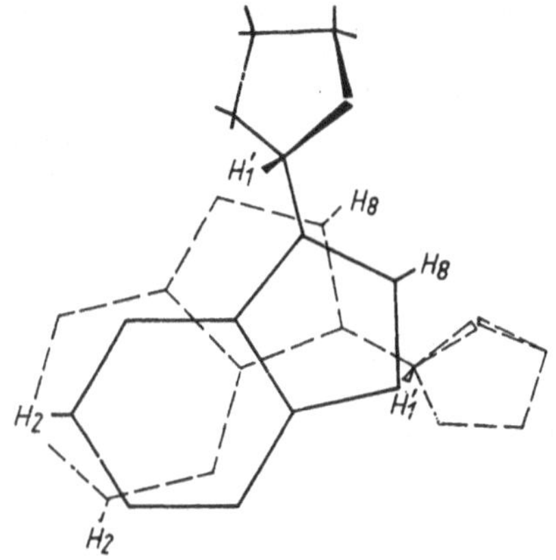

Abb. 6-38. Basenstapelung von Purinnucleosiden in wäßriger Lösung. Das obere Nucleosid ist mit ausgezogenen Linien, das darunter liegende mit gestrichelten Linien gezeichnet (nach TS'O et al.).

Tabelle 6-4
Durch die Basenstapelung in wäßriger (D_2O-Lösung bei der angegebenen Konzentration [mol/*l*] hervorgerufene Verschiebung der ^{1}H-*NMR*-Linien von Purin und Nucleosiden zu höherem Feld, bezogen auf unendliche Verdünnung (nach Ts'o).

Substanz	*c* [mol/*l*]	*T* [°C]	Differenz der chemischen Verschiebungen [ppm] H-2	H-8	H-6	H-1'
Purin	0,2	25	−0,210	−0,160	−0,237	
Adenosin	0,1	32	−0,247	−0,138		−0,115
2'-Desoxyadenosin	0,2	30	−0,247	−0,167		−0,163

Interessant ist die Basenstapelung in Dinucleotiden, in denen ja beide Basen durch eine Zucker-Phosphat-Brücke miteinander verknüpft sind und wir hiermit den kürzest möglichen Ausschnitt eines Nucleinsäurestranges vorliegen haben. Die *NMR*-Untersuchungen erlauben die Aufstellung von Modellen für die gegenseitige Orientierung der Basen in diesen Dimeren. Für alle 3', 5'-Dinucleotide konnte übereinstimmend *anti*-Konformation, bezogen auf den Torsionswinkel χ (Abb. 6-35), nachgewiesen werden. Weiterhin ist die Schraubenachse der Stapelung in 3'—5'-Richtung rechtsgängig. Obwohl die Daten fast nur an Ribosyldimeren gewonnen wurden, besteht eine gute Übereinstimmung mit entsprechenden Einzelstrangsegmenten der *DNA*-Helix.

Besser angenähert an die Verhältnisse in der *DNA* sind sicher die Pentadesoxynucleotide, wobei die an ihnen durchgeführten ^{1}H-*NMR*-Messungen wiederum für die Basenstapelung eine rechtsgängige Helix mit *anti*-Konformation der Basen bezüglich des Zuckerrests ergeben. Die konkrete Lage der Basen zueinander im Verband der Basenstapelung erweist sich aber als abhängig vom Zucker, d. h., *A* und *C* sind im Dinucleotid *ApC* anders angeordnet als im Di-desoxynucleotid *dApdC*. Somit spiegeln sich die letztlich auf die unterschiedlichen Zuckerreste beruhenden Strukturdifferenzen zwischen *DNA* und *RNA* bereits in der Geometrie der Basenstapelung von Dimeren wider.

Tabelle 6-5
^{1}H-*NMR*-Verschiebungen [ppm] des Guanosin-N-1-Protons und des Thymidin-N-3-H-Protons zu niederem Feld. Messungen bei −4 °C in einem 1:1-Gemisch von Benzol und Dimethylsulfoxid (nach Katz und Penman).

	Zusatz von			
	G	*C*	*A*	*T*
G (N-1-H)	0,12	2,25	0	0,02
T (N-3-H)	0	0,01	0,14	0

Basenpaarung: Das hervorstechendste Merkmal des Doppelhelix-Modells der *DNA* ist zweifellos die spezifische Basenpaarung über H-Brücken (vgl. Abschnitt 1.4.3.). Die *H-Brücken* verursachen eine Elektronendichteänderung an den beteiligten Atomen, so daß bei den NH-Protonen in der H-Brücke eine „Entschirmung" und somit eine *Verschiebung* der Resonanzlinie *zu niederem Feld* auftritt (im Gegensatz zur *Basenstapelung,* die *NMR*-Linien *zu höherem Feld* verschiebt!). Bereits an den Nucleosiden läßt sich die Komplementarität der Basen zeigen. Die N-1-Protonen des Guanosins und die N-3-Protonen des Thymins zeigen nur mit dem jeweiligen komplementären Partner große *NMR*-Linienverschiebungen (Tab. 6-5). Die anderen an der komplementären Basenpaarung beteiligten NH-Protonen (z. B. NH_2-Gruppen von Guanosin und Cytidin) werden ebenfalls zu niederem Feld verschoben. Zur Veranschaulichung sind in Abb. 6-39 das berechnete ^{1}H-*NMR*-Spektrum einer 1:1-Mischung von Guanosin und Cytidin beim Fehlen jeglicher Wechselwirkung (untere Kurve) und das beobachtete Spektrum (obere Kurve) gegenübergestellt. Alle drei Resonanzlinien der NH- bzw. NH_2-Protonen werden durch die Entschirmung bei Ausbildung der komplementären H-Brücken zu niederem Feld verschoben.

Wegen der geringeren Zahl von H-Brücken ist der *A* · *T*-Komplex schwächer als der *G* · *C*-Komplex, entsprechend reduziert sich auch der Effekt der NH-Resonanzverschiebung zu niederem Feld um eine Größenordnung (in Tab. 6-5: 2,25 ppm bei *G* · *C*; 0,14 ppm bei *A* · *T*). Zusammen mit den infrarotspektroskopischen Messungen dienen diese Resultate der *NMR*-Spektroskopie als Stütze für die Ansicht, daß die topologische und elektronische Komplementarität zur Ausbildung von ebenen Basenpaaren über H-Brücken bereits bei den frei beweglichen Bausteinen für die Paarungen $A \cdot T$ und $G \cdot C$ vorhanden ist.

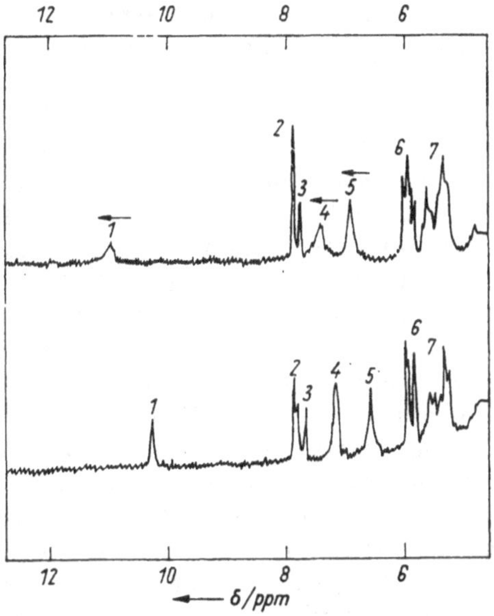

Abb. 6-39. Zur komplementären Basenpaarung in Guanosin-Cytidin(1:1)-Gemischen.

Untere Kurve: Aus den ^{1}H-*NMR*-Spektren von Guanosin und Cytidin durch Addition gewonnenes Summenspektrum. – Obere Kurve: Gemessenes Spektrum. Die Pfeile weisen auf die Verschiebungen der NH- bzw. NH_2-Protonenresonanzen durch die Ausbildung komplementärer Basenpaare hin (nach KATZ und PENMAN). Linienzuordnung: *1* – *Guo*-N-1; *2* – *Guo*-C-8; *3* – *Cyd*-C-6; *4* – *Cyd*-NH_2; *5* – *Guo*-NH_2; *6* – *Cyd*-C-5 und C-1'-Dubletts der Riboscreste; *7* – weitere Ribose-Protonen.

Da die komplementäre Basenpaarung auch die Lage der NH-Protonenresonanzen in Polynucleotiden und Nucleinsäuren beeinflußt, werden wir die Ausnutzung dieses Effekts zur Strukturanalyse von Nucleinsäuren weiter unten besprechen.

Polynucleotide: Die ^{1}H-*NMR*-Spektren werden oft als Kriterien benutzt, ob sich ein starrer Polynucleotidkomplex gebildet hat, dessen Linien stark verbreitert sind.

So bildet sich beim Mischen von *Poly*(A) und *Poly*(U) ein starrer dreisträngiger Komplex *Poly*(A) · 2*Poly*(U), dessen Linien unterhalb von 26 °C wegen der Verbreiterung durch die ungenügende Ausmittelung der dipolaren Wechselwirkungen nicht mehr beobachtbar sind. Eine ähnliche starre Tripelhelix bildet sich auch aus *ApA* und *Poly*(U), wobei die vor der Mischung scharfen ^{1}H-*NMR*-Linien unterhalb von 20 °C nicht mehr beobachtbar sind, sich jedoch bei Temperaturerhöhung verschärfen, weil dann die Basenpaarungen und andere Wechselwirkungen nach und nach aufgehoben werden und die Mobilität der Komponenten zunimmt.

Dagegen bleiben die ^{1}H-*NMR*-Signale von *Poly*(*U*) bei der Wechselwirkung mit Purin scharf, die Einlagerung (Intercalation, vgl. Abschnitt 3.10.) der Purine zwischen die Uridinreste führt demnach nicht zur Ausbildung einer starren Komplexstruktur.

Desoxyribonucleinsäure: Wegen der starren Anordnung der *DNA*-Doppelhelix können im ^{1}H-*NMR*-Spektrum der nativen *DNA* keine scharfen Signale beobachtet werden, denn die anisotrope Dipol-Dipol-Wechselwirkung wird wegen der zu langsamen Umorientierung des großen Biopolymermoleküls in der Lösung nicht mehr ausgemittelt (vgl. Abschnitt 6.4.4.). Von einsträngiger, geknäuelter *DNA* (z. B. nach thermischer Denaturierung) können dagegen ^{1}H-*NMR*-Signale erhalten werden. Im Verlauf der thermischen Denaturierung werden dabei zuerst die Methylprotonen der Thyminreste im ^{1}H-*NMR*-Spektrum sichtbar. Bei einer genauen Analyse können zwei getrennte Signale beobachtet werden, die in der thermisch denaturierten *DNA* (oberhalb 90 °C) bei 1,71 und 1,83 ppm liegen. Ein Vergleich mit *NMR*-Spektren von Oligonucleotiden ergibt, daß die Methylprotonen eines Thyminrests mit einer Pyrimidinbase als Nachbar in 5'-Richtung Linien bei 1,81—1,84 ppm ergeben, während bei einer Purinbase als 5'-Nachbar die entsprechenden Linien bei 1,61—1,68 ppm liegen. Diese unterschiedlichen Ringstromeffekte bei der Basenstapelung von Thymin mit Purinbasen (großer abschirmender Effekt, Verschiebung zu niederem Feld) einerseits und Pyrimidinbasen andererseits (kleiner oder gar kein Effekt) ist also auch im Strang der denaturierten *DNA* zu beobachten. Daraus muß geschlossen werden, daß auch bei diesen weit oberhalb des „Schmelzpunkts" T_m gelegenen Temperaturen ein beträchtlicher Anteil der Basen noch im Stapelungsverband verbleibt. Aus dem Intensitätsverhältnis der beiden Methylresonanzsignale ist die unterschiedliche statistische Häufigkeit von Purin- und Pyrimidinbasen als 5'-Nachbarn von Thymin auch in *DNA*-Proben gleicher Basenzusammensetzung, aber verschiedener Herkunft bestimmt worden. Demzufolge ist die statistische Sequenzhäufigkeit (Thymin-Purin)/(Thymin-Pyrimidin) aus den ^{1}H-*NMR*-Spektren zu ermitteln.

In der ^{13}C-*NMR* genügen wegen der dort viel längeren Relaxationszeiten wesentlich langsamere Umorientierungen von großen Molekülen, um die dipolare Wechselwirkung genügend auszumitteln. Im ^{13}C-*NMR*-Spektrum der *DNA* in D_2O-Lösung können tatsächlich eine Reihe von Signalen beobachtet und zugeordnet werden. Bisher konnten aber keine Aufspaltungen von Linien des Zuckerrests durch die ^{13}C-^{31}P-Kopplung erhalten werden, aus denen Aufschlüsse über die Konformation der Zucker-Phosphat-Kette abgeleitet werden können.

Bindung kleiner Moleküle an die DNA: Da die ^{1}H-*NMR*-Signale nativer *DNA* für einen Nachweis zu breit sind, stören sie auch die Beobachtung der ^{1}H-*NMR*-Signale von kleinen Molekülen und die Veränderungen beim Zusatz der *DNA* nicht. Bei Bindung eines kleinen Moleküls an die *DNA* tritt — ähnlich wie bei der Bindung an Proteine im Abschnitt 6.4.7. — eine Beweglichkeitseinschränkung auf, die zu Linienverbreiterungen im ^{1}H-*NMR*-Spektrum führen kann. Das Ausmaß der Linienverbreiterung wird durch die Beteiligung des betrachteten Kerns an der Bindung bestimmt. Ist die betreffende Gruppe von der bindenden Stelle genügend weit entfernt und durch freie Rotation um Einfachbindungen zu schnellen Umorientierungen in der Lösung befähigt, so wird die Linienbreite bei *DNA*-

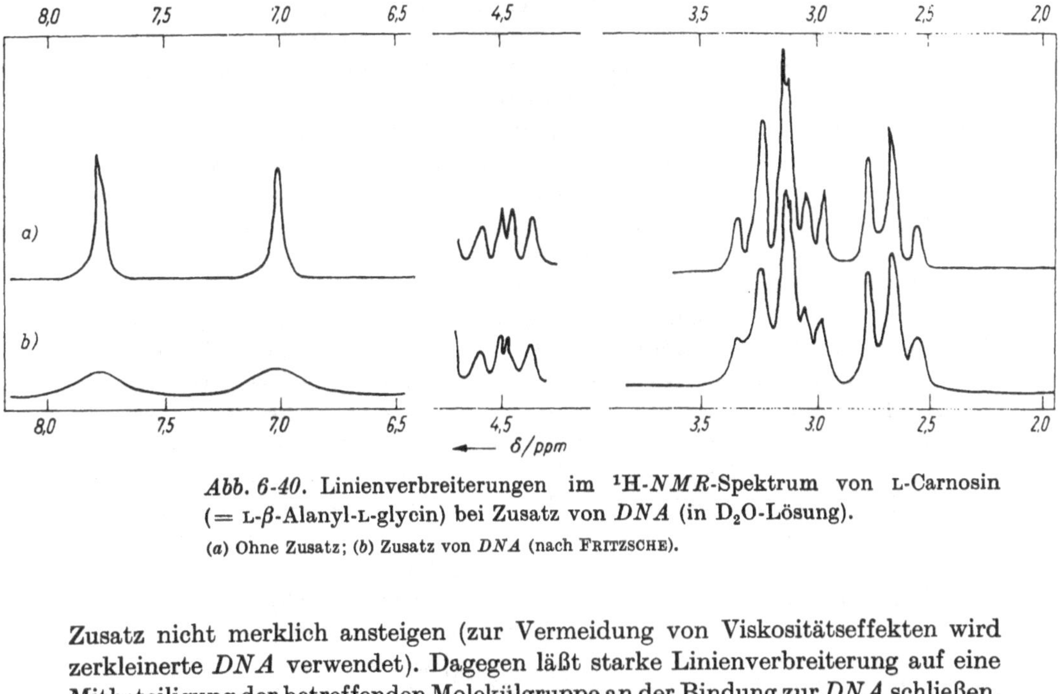

Abb. 6-40. Linienverbreiterungen im ^{1}H-*NMR*-Spektrum von L-Carnosin (= L-β-Alanyl-L-glycin) bei Zusatz von *DNA* (in D_2O-Lösung).
(*a*) Ohne Zusatz; (*b*) Zusatz von *DNA* (nach FRITZSCHE).

Zusatz nicht merklich ansteigen (zur Vermeidung von Viskositätseffekten wird zerkleinerte *DNA* verwendet). Dagegen läßt starke Linienverbreiterung auf eine Mitbeteiligung der betreffenden Molekülgruppe an der Bindung zur *DNA* schließen. Am Beispiel der Bindung des Dipeptids L-β-Alanyl-L-histidin (Carnosin) an die *DNA* können wir diese bindungsortabhängige Linienverbreiterung im ^{1}H-*NMR*-Spektrum erkennen (Abb. 6-40). *DNA*-Zusatz zur D_2O-Lösung von Carnosin verbreitert ausschließlich die Signale der C-2- und C-4-Protonen im Imidazolring des Histidinrests, während die CH- und CH_2-Signale im restlichen Molekül scharf bleiben. Demzufolge wird nur der Imidazolring durch die Bindung an die *DNA* fixiert, während der Rest des Dipeptids noch frei beweglich in die Lösung ragt. Derartige Untersuchungen wurden an einer Vielzahl von Aminosäuren, Aminosäurederivaten und Oligopeptiden durchgeführt. Es lassen sich daraus Rückschlüsse über die bei Protein-*DNA*-Interaktionen auftretenden Bindungsmechanismen und ihre Spezifität ziehen. Neben Proteinbausteinen sind auch *DNA*-Interaktionen mit Pharmaka und anderen biologisch aktiven Molekülen nach dieser Methode untersucht worden.

Transfer-RNA: Von vielen *tRNA*-Spezies sind sowohl Primär- als auch Sekundärstruktur bekannt. Nach dem allgemein akzeptierten Kleeblattmodell gibt es neben Bereichen komplementärer Basenpaarung auch Schlaufen ohne Basenpaarung, in denen die Segmentbeweglichkeit relativ groß sein müßte. In einer Reihe von Arbeitsgruppen ist man bemüht, die in den ^{1}H- und ^{13}C-*NMR*-Spektren verschlüsselten Informationen mit den bekannten Strukturvorstellungen zu korrelieren.

In der ^{1}H-*NMR*-Spektroskopie haben dabei zwei Arbeitsmethoden zu beachtlichen Resultaten geführt. Es handelt sich um die Lösungsmitteldenaturierung und um die Analyse der NH-Protonenresonanzsignale in H_2O-Lösungen.

Die (reversible) Lösungsmitteldenaturierung der *tRNA* wird durch steigenden Anteil von Dimethylsulfoxid (*DMSO*) an *DMSO*/D_2O-Gemischen ausgelöst. Das organische Lösungsmittel verdrängt dadurch schrittweise die geordnete Wasserstruktur, womit ein Abbau der Basenstapelung verknüpft ist. Es ist anzunehmen, daß die Lösungsmitteldenaturierung zuerst in den weniger starr fixierten Schlaufen ansetzt und erst dann die gepaarten Bereiche erfaßt. Mit steigendem *DMSO*-Anteil wird eine Signalverschärfung beobachtet, wobei im ^{1}H-*NMR*-Spektrum die modifizierten Basen wegen ihrer isolierten Linien leicht identifiziert werden können. Neben einer Verschärfung auf Linienbreiten um 10 Hz (in der nativen *tRNA* betragen die Linienbreiten 25—50 Hz) werden durch die Aufhebung der Basenstapelung die Linien zu niederem Feld verschoben. Die erzielten Resultate sprechen dafür, daß die modifizierten Basen vorwiegend in den flexiblen Bereichen der *tRNA* angeordnet sind. Daneben sind weitere interessante Resultate erzielt worden, z. B. wird die Sequenz $G—T—\psi—C$ im Verlauf der Denaturierung zuletzt mobilisiert und muß deshalb als stabilisierende Sequenz angesehen werden.

Wie bereits erwähnt, können in H_2O-Lösung die NH-Resonanzsignale von *tRNA* erhalten und bei hoher Arbeitsfrequenz (300 MHz) auch aufgelöst werden. Da jedes Watson-Crick-Basenpaar jeweils ein NH-Proton beisteuert (N-1-H des *G* im $G \cdot C$-Paar, N-3-H des *U* im $A \cdot U$-Paar), entspricht jedem im Bereich von 11—15 ppm nachgewiesenen Proton ein Basenpaar der *tRNA*. Auf der Basis einer einfachen Ringstromtheorie gelang auch eine Zuordnung der einzelnen NH-Protonenresonanzen. Die Theorie berücksichtigt nur die Einflüsse der nächsten Nachbarn (*A*, *U*, *G* oder *C*) auf die chemischen Verschiebungen der NH-Protonen eines betrachteten $A \cdot U$-, $A \cdot \psi$- oder $G \cdot C$-Basenpaares als additive Inkremente. Im ^{1}H-*NMR* (300 MHz)-Spektrum der Hefe-$tRNA^{Phe}$ lassen sich in dem angegebenen Bereich 19 Protonen nachweisen (Abb. 6-41). Das stimmt mit dem abgebildeten Kleeblattmodell ungefähr überein. Die nach der einfachen Ringstromtheorie berechneten chemischen Verschiebungen für die einzelnen Basenpaare sind unterhalb des gemessenen Spektrums eingetragen, die Übereinstimmung ist befriedigend. Durch Analyse der ^{1}H-*NMR*-Spektren von Fragmenten der $tRNA^{Phe}$ gelang eine weitgehende Zuordnung der beobachteten Signale (Zahlen oberhalb der jeweiligen Signalmaxima bezeichen das Basenpaar im Kleeblattmodell). Dabei ergibt sich, daß keine $G \cdot U$-Basenpaarung nachweisbar ist und durch diese Helixstörung wahrscheinlich auch das benachbarte Basenpaar *AU*-5 nicht gebildet wird: Bei 14,4 ppm ist nur ein Proton nachweisbar, das dem Basenpaar *AU*-6 zugeordnet werden muß. Ähnlich wie in den infrarotspektroskopischen Messungen ist auch bei den ^{1}H-*NMR*-Untersuchungen kein Anzeichen für die Ausbildung weiterer WATSON-CRICK-Basenpaare zu erkennen, im Widerspruch zu einigen aufgestellten Modellen der Tertiärstruktur der *tRNA* (vgl. Abschnitt 1.4.4.).*)

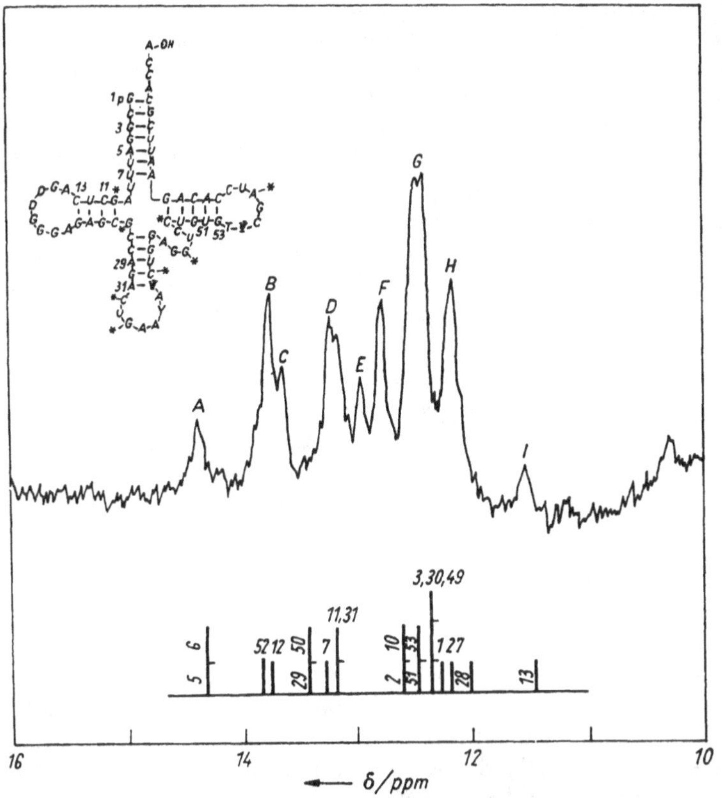

Abb. 6-41. ^{1}H-*NMR*-Spektrum (300 MHz) von Hefe-*tRNA*^{Phe} in H_2O-Lösung im Bereich der NH-Protonen der komplementären Basenpaare bei niederem Feld.

Die Zahlen oberhalb der Signale bezeichnen die Zuordnungen im abgebildeten Kleeblattmodell. Unter dem gemessenen Spektrum ist das nach einer einfachen Ringstromtheorie berechnete Spektrum schematisch angegeben (nach KEARNS und SHULMAN).

Andererseits konnten aber die ^{1}H-*NMR*-Spektren (wieder in Analogie zu den Schwingungsspektren) Hinweise über helical geordnete Bereiche mit Basenstapelung außerhalb der gepaarten Bereiche geben. In *tRNA*^{Glu} aus *E. coli* z. B.

*) Neuerdings konnten Tertiärstruktur-Basenpaare in den *NMR*-Spektren von *tRNA* nachgewiesen werden.

konnte gefunden werden, daß der Acceptorarm und der *TψC*-Arm (vgl. Abschnitt 1.4.4.) rechtsgängige Helices ausbilden.

Bisher haben die ^{1}H-*NMR*-Untersuchungen von *tRNA* in H_2O-Lösung folgende generellen Resultate geliefert:

a) Alle komplementären Basenpaare (*A* · *U*, *A* · *ψ* und *G* · *C*) steuern jeweils ein Signal mit der relativen Intensität 1 bei, dessen Lage durch ein einfaches Ringstrommodell auf ±0,2 ppm genau berechnet werden kann.

b) Die Zahl der beobachteten NH-Protonenresonanzen von *tRNA*-Basenpaaren stimmt zwar mit dem Kleeblattmodell überein, aber nicht mit der Ausbildung zusätzlicher Basenpaarungen in gefalteten Tertiärstrukturen (vgl. aber Fußnote S. 371).

c) Die Lage bestimmter NH-Protonenresonanzen ist nur interpretierbar unter der Annahme, daß auch in den nicht über H-Brücken gepaarten Bereichen teilweise eine helicale Ordnung des Polynucleotidstrangs vorliegt.

Übrige Ribonucleinsäuren: Ribosomale 5*S*-*RNA* aus Hefe hat nach analogen ^{1}H-*NMR*-Untersuchungen 21 ± 2 Basenpaare, die sich bei Mg^{2+}-Zusatz auf 28 ± 3 erhöhen, wobei 85% der Basenpaare *G* · *C*-Paare sind. Es kann angenommen werden, daß der leichtere Abbau von ribosomaler *RNA* gegenüber *tRNA* auf dem geringeren Anteil an gepaarten Basen beruht.

Auch ein Fragment der Boten-*RNA* (*mRNA*) des *R17*-Virus konnte kürzlich mit der ^{1}H-*NMR*-Spektroskopie untersucht werden. Bei 26 °C konnten ca. 16 Basenpaare und bei 40 °C noch ca. 8 Basenpaare nachgewiesen werden. Aus den *NMR*-Spektrum geht eindeutig hervor, daß der bei 40° geschmolzene Bereich die Initiatorregion enthält.

6.5. Ausblick

ESR-Untersuchungen an Biopolymeren werden durch den verstärkten Einsatz der Spinmarkierungstechnik noch weitgehendere Informationen über ihre Umgebung und Änderungen z. B. bei Interaktionen mit anderen Substanzen geben. Allerdings muß jeweils überprüft werden, ob der Einbau des Spinmarkers nicht zugleich einen Eingriff in die Konformation und biologische Aktivität des betreffenden Biopolymeren hervorruft.

NMR-Untersuchungen an Biopolymeren werden sicher in Zukunft noch weitreichendere Resultate als bisher liefern. Wir haben hier eine Methode zur Verfügung, die an einer Vielzahl von Meßsonden im Makromolekül feinste konformative Änderungen bei Milieuänderung oder Interaktionen mit biologisch aktiven Substanzen in wäßrigen Lösungen zu messen und auch zu lokalisieren gestattet. Weiterhin können auch Informationen über die Dynamik im Molekül und bei der Komplexbildung erhalten werden. Damit erweist sie sich der Röntgenstrukturanalyse überlegen, die ja an den Kristallzustand gebunden ist und nur ein statisches Bild vermittelt.

Hauptproblem ist die Ausschöpfung der gelieferten Informationen, d. h. eine Linienzuordnung zu einem bestimmten Baustein in einer bestimmten Position der Sequenz eines Biopolymeren. Selbst bei bekannter Tertiärstruktur sind hierbei nur Teilerfolge erzielt worden. Vielversprechend erscheint der Einsatz moderner Puls-FOURIER-Transform-Spektrometer mit supraleitenden Spulen zur Erzeugung höchster Magnetfeldstärken. Diese Kombination erlaubt eine maximale Linientrennung bei optimaler Empfindlichkeit. Somit werden neben den ^{1}H-*NMR*-Spektren z. B. auch die ^{13}C-*NMR*-Spektren in der Biopolymerenforschung in immer breiterem Umfang eingesetzt werden können. Die Technik der selektiven Isotopenmarkierung bzw. -anreicherung wird das Zuordnungsproblem sicher in der Zukunft einer teilweisen Lösung zuführen.

Literatur

A) *Allgemeine Literatur*

(1) Autorenkollektiv: *Analytikum. Methoden der analytischen Chemie und ihre Grundlagen.* 2. Auflage, Deutscher Verlag für Grundstoffindustrie, Leipzig (1972)
(2) H. A. STAAB: *Einführung in die theoretische organische Chemie.* 4. Auflage, Verlag Chemie, Weinheim (1964)
(3) A. ZSCHUNKE: *Kernmagnetische Resonanzspektroskopie in der organischen Chemie* (Wissenschaftliche Taschenbücher, Bd. 88). Akademie-Verlag, Berlin (1971)
(4) H. SUHR: *Anwendungen der kernmagnetischen Resonanz in der organischen Chemie.* Springer-Verlag, Berlin, Heidelberg, New York (1965)
(5) J. A. POPLE, W. G. SCHNEIDER und H. J. BERNSTEIN: *High-resolution Nuclear Magnetic Resonance.* McGraw-Hill Book Company, New York, Toronto, London (1959)
(6) S. J. WYARD (in deutscher Sprache herausgegeben von G. LASSMANN und W. DAMERAU): *Elektronenspinresonanz und andere spektroskopische Methoden in Biologie und Medizin.* Akademie-Verlag, Berlin (1973)
(7) G. SCHOFFA: *Elektronenspinresonanz in der Biologie.* Verlag G. Braun, Karlsruhe (1964)
(8) D. J. E. INGRAM: *Biological and Biochemical Applications of Electron Spin Resonance.* Adam Hilger Ltd., London (1969)

B) *Spezielle Literatur*

(1) R. E. SIEVERS (Ed.): *Nuclear Magnetic Resonance Shift Reagents.* Academic Press, New York (1973)
(2) G. N. LAMAR, W. D. HORROCKS und R. H. HOLM (Eds.): *Chemical Application of NMR in Paramagnetic Molecules.* Academic Press, New York (1973)
(3) A. F. CASY: *PMR Spectroscopy in Medicinal and Biological Chemistry.* Academic Press, New York (1971)
(4) K. WÜTHRICH: *Magnetische Kernresonanzspektroskopie in der Biologischen Forschung.* Naturwiss. **60** (1973) 221
(5) E. M. BRADBURY und C. CRANE-ROBINSON: *High Resolution Nuclear Magnetic Resonance Studies of Biopolymers.* Nature **220** (1968) 1079
(6) B. SHEARD und E. M. BRADBURY: *Nuclear Magnetic Resonance in the Study of Biopolymers and Their Interaction with Ions and Small Molecules.* Progr. Biophys. Mol. Biol. **20** (1970) 187
(7) J. J. M. ROWE, J. HINTON und K. L. ROWE: *Nuclear Magnetic Resonance Studies on the Biochemistry of Biomolecules.* Chem. Rev. **70** (1970) 1

(8) R. A. DWEK: *Nuclear Magnetic Resonance in Biochemistry. Application to Enzyme Systems.* Clarendon Oxford University Press, Oxford (1973)

(9) C. C. McDONALD und W. D. PHILLIPS: *Proton Magnetic Resonance Spectroscopy of Proteins,* S. 1–48. in: *Fine Structure of Proteins and Nucleic Acids* (Eds.: G. D. FASMAN und S. N. TIMASHEFF), Marcel Dekker, New York (1970)

(10) D. W. URRY und M. OHNISHI: *Nuclear Magnetic Resonance and the Conformation of Cyclic Polypeptide Antibiotics* S. 263–300, in: *Spectroscopic Approaches to Biomolecular Conformation* (Ed.: D. W. URRY), American Medical Association, Chicago (1970)

(11) B. D. SYKES und M. D. SCOTT: *Nuclear Magnetic Resonance Studies of the Dynamic Aspects of Molecular Structure and Interaction in Biological Systems.* Ann. Rev. Biophys. Bioeng. **1** (1872) 27–50

(12) K. WÜTHRICH: *Studien der räumlichen Struktur von Proteinmolekülen mit magnetischer Resonanzspektroskopie.* Chimia **24** (1970) 409

(12a) O. JARDETZKY und N. G. WADE-JARDETZKY: *Applications of NMR Spectroscopy to the Study of Macromolecules.* Ann. Rev. Biochem. **40** (1971) 605

(13) E. M. BRADBURY, B. G. CARPENTER und H. W. E. RATTLE: *Magnetic Resonance Studies of Deoxyribonucleoprotein.* Nature **241** (1973) 123

(14) A. ALLERHAND, R. F. CHILDERS und E. OLDFIELD: *Natural-Abundance Carbon-13 NMR Studies in 20-mm Sample Tubes. Observation of Numerous Single-Carbon Resonances of Hen Egg-White Lysozyme.* Biochemistry **12** (1973) 1335

(15) A. ALLERHAND und E. OLDFIELD: *Determination of Rotational Mobilities of Backbone and Side-Chain Carbons of Poly-(γ-benzyl-L-glutamate) in the Helical and Random-Coil States from Measurements of Carbon-13 Relaxation Times and Nuclear Overhauser Enhancements.* Biochemistry 12 (1973) 3428

(16) A. ALLERHAND und R. A. KOMOROSKI: *Study of Internal Rotations in Gramicidin S by Means of Carbon-13 Spin-Lattice Relaxation Measurements.* J. Amer. Chem. Soc. **95** (1973) 8228

(17) V. GLUSHKO, P. J. LAWSON und F. R. N. GURD: *Conformational States of Bovine Pancreatic Ribonuclease A, Observed by Normal and Partially Relaxed Carbon-13 NMR.* J. Biol. Chem. **247** (1972) 3176

(18) C. H. FUNG, A. S. MILDVAN, A. ALLERHAND, R. KOMOROSKI und M. C. SCRUTTON: *Interaction of Pyruvate with Pyruvate Carboxylase and Pyruvate Kinase as Studied by Paramagnetic Effects on ^{13}C Relaxation Rates.* Biochemistry **12** (1973) 620

(19) D. T. BROWNE, G. L. KENYON, E. L. PACKER, D. M. WILSON und H. STERNLICHT: *A Study of the Dynamic State of Histidine Residues in Tryptophan Synthetase α Subunit by ^{13}C NMR.* Biochem. Biophys. Res. Commun. **50** (1973) 42

(20) P. RODGERS und G. C. K. ROBERTS: *^{13}C-NMR Studies of the Conformation of N-Acetyl-L-tryptophan in Its Complex with Chymotrypsin.* FEBS Letters **36** (1973) 330

(21) T. YAMANE: *NMR Studies of Nucleic Acids* in: *Procedures in Nucleic Acid Research* Vol. II, S. 262–294. (Eds.: G. L. CANTONI und D. R. DAVIES). Harper and Row, New York (1971)

(22) H. FRITZSCHE: *Infrarotspektroskopie und kernmagnetische Resonanz in der Nucleinsäureforschung.* Z. Chem. **12** (1972) 1

(23) I. C. P. SMITH, H. H. MANTSCH, R. D. LAPPER, R. DESLAURIERS und T. SCHLEICH: *A Study of the Conformation of Nucleic Acids by Carbon-13 and Hydrogen Nuclear Magnetic Resonance Spectroscopy* in *Conformation of Biological Molecules and Polymers,* Proc. Vth Jerusalem Symposium on Quantum Chemistry and Biochemistry, Vol. 5, S. 393–398. Israel Academy of Sciences and Humanities, Jerusalem (1972)

(24) R. E. Schirmer, J. P. Davis, J. H. Noggle und Ph. A. Hart: *Conformational Analysis of Nucleosides in Solution by Quantitative Application of the Nuclear Overhauser Effect.* J. Am. Chem. Soc. **94** (1972) 2561

(25) C. D. Barry, A. C. T. North, J. A. Glasel, R. J. P. Williams und A. V. Xavier: *Quantitative Determination of Mononucleotide Conformations in Solution using Lanthanide Ion Shift and Broadening NMR Probes.* Nature **232** (1971) 236

(26) C. D. Barry, J. A. Glasel, R. J. P. Williams und A. V. Xavier: *Quantitative Determination of Conformations of Flexible Molecules in Solution using Lanthanide Ions as Nuclear Magnetic Resonance Probes: Application to Adenosine-5'-Monophosphate.* J. Mol. Biol. **84** (1974) 471

(27) F. Jordan und B. Y. McFarqhar: *Evidence for a Guanosine-Calcium (II) Complex: A Specific Nucleoside-Metal Interaction.* J. Am. Chem. Soc. **94** (1972) 6557

(28) H. Fritzsche, K. Arnold und R. Krusche: *Interaction of DNA and Metal Ions. A ^{13}C-NMR Study of Some Nucleosides and Nucleotides adding Cu(II) and Mn(II) Ions.* Stud. Biophys. **45** (1974) 131

(29) G. Kotowycz: *A Carbon-13 NMR Study of Binding of Copper(II) to Pyrimidine Nucleotides and Nucleosides.* Cand. J. Chem. **52** (1974) 924

(30) P. O. P. Ts'o: *The Hydrophobic-stacking Properties of the Bases in Nucleic Acids.* Ann. New York Acad. Sci. **153** (1969) 785

(31) A. D. Cross und D. M. Crothers: *A Proton Magnetic Resonance Study of Single-Stranded and Double-Helical Deoxyribooligonucleotides.* Biochemistry **10** (1971) 4015

(32) L. Katz und S. Penman: *Association by Hydrogen Bonding of Free Nucleosides in Non-aqueous Solution.* J. Mol. Biol. **15** (1966) 220

(33) H. Fritzsche: *DNA-Oligopeptid-Wechselwirkung. NMR-Untersuchungen zur Spezifität der Oligopeptid-Bindung.* FEBS Letters **23** (1972) 105

(34) E. J. Gabbay, K. Sanford und C. S. Baxter: *Specific Interaction of Peptides with Nucleic Acids.* Biochemistry **11** (1972) 3429

(35) J. L. Dimicoli und C. Hélène: *Interactions of Aromatic Residues of Proteins with Nucleic Acids. I. Proton Magnetic Studies of the Binding of Tryptophan-Containing Peptides to Poly(adenylic acid) and Deoxyribonucleic Acid. II. Proton Magnetic Resonance Studies of Tyramine and Tyrosine-Containing Peptides to Poly(adenylic acid) and Deoxyribonucleic Acid.* Biochemistry **13** (1974) 714 (I); 724 (II)

(36) M. P. Schweizer, S. I. Chan und J. E. Crawford: *Nuclear Magnetic Resonance Studies of Transfer RNAs in Solution* in: *Physico-chemical Properties of Nucleic Acids,* Vol. II, S. 187—211. (Ed.: J. Duchesne), Academic Press, London und New York (1973)

(37) D. R. Kearns und R. G. Shulman: *High-Resolution NMR Studies of the Structure of Transfer Ribonucleic Acids and Other Polynucleotides in Solution.* Acc. Chem. Res. **7** (1974) 33

(38) C. W. Hilbers, R. G. Shulman, T. Yamane und J. A. Steitz: *High Resolution Proton NMR Study of an Isolated Fragment of R 17 Bacteriophage mRNA.* Nature **248** (1974) 225

(39) B. R. Reid and G. T. Robillard: *Demonstration and Origin of Six Tertiary Base Pair Resonances in the NMR Spectrum of E. coli* $tRNA_1^{Val}$, Nature **257** (1975) 287

Register

Für die Genehmigung zum Abdruck der nachstehend aufgeführten Abbildungen und Tabellen danken wir den Verlagen

Academic Press Inc., London (England): Abb. 2-20, 2-33, 2-38, 2-43, 4-19, 4-20, 6-32, 6-39; Tab. 5-10, 6-5.
Academic Press Inc., New York (USA): Abb. 4-21, 5-26, 6-30.
American Association for the Advancement of Sciences, Washington (USA): Abb. 5-17.
American Chemical Society, Washington (USA): Abb. 2-18, 5-13, 5-16, 6-33, 6-41; Tab. 5-5, 5-13, 6-4.

American Chemical Society, Easton (USA): Abb. 2-53.
American Society of Biological Chemists, Baltimore (USA): Abb. 5-14.
VEB Deutscher Verlag für Grundstoffindustrie, Leipzig (DDR): Abb. 5-20.
Elsevier Scientific Publishing, Company, Amsterdam (Niederlande): Abb. 2-36, 2-39, 2-40, 2-47, 2-48, 5-21, 5-25, 6-36; Tab. 5-7, 5-9.
Federation of the American Society of Experimental Biology, Bethesda (USA): Abb. 2-45.
John Wiley & Sons, New York (USA): Abb. 2-8, 2-9, 2-25, 2-26, 2-42, 2-50, 2-51, 2-54; Tab. 5-8.
Macmillan Journals Ltd., London (England): Abb. 1-22, 2-37, 5-22.
Marcel Dekker, New York (USA): Abb. 5-18, 6-29; Tab. 6-3.
The National Academy of Sciences, Washington (USA): Abb. 2-41, 6-31.
The New York Academy of Sciences, New York (USA): Abb. 6-38.
North Holland Publishing Company, Amsterdam (Niederlande): Abb. 6-40.
Pergamon Press, Oxford (England): Abb. 6-27.
Springer-Verlag, Westberlin (Westberlin): Abb. 2-44.
Verlag Chemie, Weinheim (BRD): Abb. 3-7, 4-15.

FSC
www.fsc.org
MIX
Papier | Fördert gute Waldnutzung
FSC® C083411

Kolibri 360 GmbH
Ferdinand-Jühlke-Straße 7
99095 Erfurt, Deutschland
produktsicherheit@kolibri360.de